· 智慧城市系列丛书 ·

ZHIHUI SHENGTAI YINGYONG YU FAZHAN

智慧生态
应用与发展

中国测绘学会智慧城市工作委员会　组编

上册

中国电力出版社
CHINA ELECTRIC POWER PRESS

图书在版编目（CIP）数据

智慧生态应用与发展. 上册 / 中国测绘学会智慧城市工作委员会组编. —北京：中国电力出版社，
2023.1

（智慧城市系列丛书）

ISBN 978-7-5198-7351-6

Ⅰ. ①智… Ⅱ. ①中… Ⅲ. ①现代化城市–生态城市–城市建设–研究 Ⅳ. ①F291.1②X321

中国版本图书馆 CIP 数据核字（2022）第 244979 号

出版发行：中国电力出版社

地　　址：北京市东城区北京站西街 19 号（邮政编码 100005）

网　　址：http://www.cepp.sgcc.com.cn

责任编辑：王晓蕾（010-63412610）

责任校对：黄　蓓　郝军燕　李　楠

装帧设计：张俊霞

责任印制：杨晓东

印　　刷：三河市航远印刷有限公司

版　　次：2023 年 1 月第一版

印　　次：2023 年 1 月北京第一次印刷

开　　本：787 毫米×1092 毫米　16 开本

印　　张：34.25

字　　数：728 千字

定　　价：198.00 元（上、下册）

《智慧生态应用与发展》编写组

主　　　编　赵　昕

执 行 主 编　陈向东

副　主　编　张新长　马志勇　蔡永立　刘晶茹　韩宝龙　邹　涛
　　　　　　曾立民　李　洁　王飞飞　徐　沫

编写组成员（按姓氏拼音排序）

鲍　彪	鲍秀武	边　瑾	曹菲菲	曹向阳	曹晓波	曹艳丽	陈四瑜
陈玉萍	程　诚	程洁心	代　博	丁　露	董庆琪	范启强	方　宇
高　磊	郜　芸	耿跃云	贡金鹏	郭晨阳	郭宏凯	何原荣	花秀志
黄宝华	黄　俭	黄美奥	黄庆令	霍敬宇	姜　锋	姜欣飞	兰　海
李栋坤	李佳乐	李建军	李立公	李　萍	李骁奔	李樟云	梁嘉怡
廖　慧	廖　佳	廖通逵	林　昀	刘　畅	刘浩然	刘卫强	刘彦祥
刘艳彩	卢　奕	罗国占	罗晓蕾	马　涛	马亚琦	闵红平	牛明璇
潘伯鸣	乔琳琳	冉慧敏	邵嘉硕	申若竹	沈　前	沈　雨	束承继
孙鹏辉	孙晓敏	唐　华	田　芮	佟庆彬	王彩云	王　丹	王芬旗
王浩琪	王孟和	王如建	王　松	王唯真	王　卫	王晓利	王绪亭
王雅鹏	王宇翔	席珺琳	肖黎霞	肖廷亭	邢　斌	徐崇斌	闫新珠
杨丁阁	杨　佳	杨建军	杨庆周	杨肖龙	叶玉强	尹德威	尹　航
尹太军	尹子琴	于尔雅	于菲菲	于国华	余　方	余姝辰	俞珂俊
曾　伟	张怀战	张　淼	张明杰	张乃祥	张　培	张仕敏	张　伟
张　洋	张正军	张智舵	章长松	赵　倩	郑乔舒	钟　瑛	周奎宇
周利霞	周　睿	周婷婷	周　毅	朱小羽	朱亚萌	宗继彪	左　欣

《智慧生态应用与发展》编写单位

主编单位（按各章顺序排序）：

中国测绘学会智慧城市工作委员会

广联达科技股份有限公司

上海交通大学

北京首创生态环保集团股份有限公司

北京清华同衡规划设计研究院有限公司

中国科学院生态环境研究中心

中国测绘科学研究院

广州大学

参编单位（按拼音首字母排序）：

北京佰筑工程咨询有限公司

北京空间机电研究所

北京世纪高通科技有限公司

常州市测绘院

成都万江港利科技有限公司

城乡院（广州）有限公司

大理市截污治污中心

广州粤建三和软件股份有限公司

广州中工水务信息科技有限公司

国网雄安新区供电公司

国网综合能源服务集团有限公司雄安公司

航天宏图信息技术股份有限公司

河北雄安盛视兰洋信息科技有限公司

河北雄安市民服务中心有限公司

交通运输部天津水运工程科学研究院

京师天启（北京）科技有限公司

南京市测绘勘察研究院股份有限公司

宁波市测绘和遥感技术研究院

厦门理工学院

山东交通学院

山西省地质测绘院有限公司/运城市卫星遥感大数据应用中心

上海华高汇元工程服务有限公司

上海亚新城市建设有限公司

石家庄环安科技有限公司

苏州中科天启遥感科技有限公司

太极计算机股份有限公司

天津东方泰瑞科技有限公司

天津锐锟科技有限公司

天津生态城能源投资建设有限公司

天津水运工程勘察设计院有限公司

同方股份有限公司

武汉华信数据系统有限公司

武汉智博创享科技股份有限公司

云南省数字经济产业投资集团有限公司

中国科学院地理科学与资源研究所

中建三局第一建设工程有限责任公司

中建三局绿色产业投资有限公司

中科吉芯（秦皇岛）信息技术有限公司

中科绿色发展（北京）信息科技有限公司

中睿信数字技术有限公司

中冶京诚工程技术有限公司

序　一

人类只有一个地球，人类的未来取决于我们如何保护和利用地球生态系统及其所提供的自然资源。党的十八大提出"努力建设美丽中国"，党的十九大提出到 2035 年"生态环境根本好转，美丽中国目标基本实现"，习近平总书记在二十大报告中明确指出，从 2035 年到本世纪中叶把我国建成富强民主文明和谐美丽的社会主义现代化强国，并对推进美丽中国建设作出重大部署。建设美丽中国既是全面建设社会主义现代化国家的宏伟目标，又是人民群众对优美生态环境的热切期盼，也是生态文明建设成效的集中体现。

在习近平生态文明思想的科学指引下，我国围绕生态文明建设这一关乎中华民族永续发展的根本大计，开展了一系列根本性、开创性、长远性的工作，创造了举世瞩目的生态保护奇迹和绿色发展奇迹。过去十年，我国以年均 3%的能源消费增速支撑了平均 6.6%的经济增长，单位 GDP 能耗累计降低 26.4%，为全球碳减排作出突出贡献。全国地级及以上城市细颗粒物（PM2.5）年均值由 2015 年的 46μg/m^3 降至 2021 年的 30μg/m^3，成为全球大气质量改善速度最快的国家。全国地表水优良断面比例达到 84.9%，已接近发达国家水平。全国土壤污染风险得到基本管控。我国生态环境保护成就得到国际社会广泛认可，成为全球生态文明建设的重要参与者、贡献者、引领者。

建设美丽中国目标的提出，为打造智慧城市、建立人与自然和谐关系指明了方向，提供了遵循。科技进步更是给生态文明建设带来了新机遇，新型信息技术与生态环境保护相结合已成为时代发展的必然趋势。近年来，以 5G、人工智能、区块链等为代表的新一代信息技术广泛深入地应用到生态环境领域，卫星和航天遥感、无人机、倾斜摄影、先进传感器等为生态环境感知提供了先进手段，云计算、大数据、人工智能、区块链等为生态环境智能化管理与服务提供了技术支撑。生态环境部门通过大数据建设与应用，进一步实现综合决策科学化、环境监管精准化、公共服务便民化。信息技术的飞速发展和应用为智慧生态发展创造了新条件，对推动生态管理转型升级、促进我国生态环境保护事业发展产生了深远影响。

在此背景下，中国测绘学会智慧城市工作委员会联合北京首创生态环保集团股份有限公司、中国科学院生态环境研究中心、中国测绘科学研究院、广联达科技股份有限公司、北京清华同衡规划设计研究院有限公司、上海交通大学、广州大学等 50 余家单位，积极践行习近平生态文明思想，聚焦城市建设管理相关领域，组织编写了《智慧生态应用与发展》。本书以减污、降碳、自然生态保护、智慧化生态管理为出发点，以大气、水、土壤等生态环境要素为切入点，以物联网、大数据、5G 等新型信息技术为支撑点，旨在推动智慧生态与智慧城市的共生发展。

　　智慧生态是理念，更是实践；需要坐而谋，更需起而行。在建设美丽中国的实践中，我们必须坚持以习近平新时代中国特色社会主义思想为指导，深入贯彻新发展理念，坚持绿色低碳发展道路，充分发挥科技支撑作用，推动智慧生态应用与发展，让中华大地天更蓝、山更绿、水更清、智慧城市更美丽，不断提升人民群众生态环境获得感、幸福感、安全感。

全国政协副秘书长、九三学社中央副主席　赖明

序 二

"蓝天白云、繁星闪烁、清水绿岸、鱼翔浅底"是中国人自古以来的生态情怀，而生态环境的治理是一场没有终点的"马拉松"，人类社会要存续多久，生态环境就要治理多久，而且"要像保护眼睛一样保护自然和生态环境"。生态环境的治理是很难一蹴而就的，需要持之以恒、久久为功，在长远见效益。这也就决定了生态环境治理的关键在于系统性的长效治理，长江大保护、黄河大保护、河长制、山水林田湖草沙一体化保护等都是国家在生态环境系统性治理方面推出的重要抓手。想实现生态环境的系统性治理是非常困难的，特别是专业性人才的不足严重限制了治理的广度和深度，数字技术的出现使机器部分代替人工成为了可能，预期将成为生态环境治理破局的关键。

目前，数字技术已经并将持续地、深刻地改变社会，其在互联网、金融、制造、能源等很多领域的应用已经产生了很好的效果。我国在"十四五"规划中提出了"建设数字中国"的远景目标，陆续发布了"智慧城市"建设的系列指导意见，数字化、智慧化已经成为各行业未来的发展方向。

生态治理行业在水和大气在线监测方面有较长的历史和较好的基础，但因其半公益性的底色，数字化步伐相较其他行业略显滞后，存在理论研究有所不足、数字化建设路径还不够清晰、标准规范不健全、数据质量参差不齐等突出问题。此外，智慧化应用成功的关键在于对现实业务场景的提炼和超拔。我国的生态环境行业发展的很快，一些生态治理业内的政府部门和企事业单位自身管理水平没有跟上，对自身的业务没有进行系统性的梳理和提炼，也是导致很多智慧化案例的应用效果不佳的重要原因。

我国生态智慧化发展总体处在初级阶段，取得了一些成绩，但还面临着严峻的挑战，我们需要时时回顾走过的弯路，总结成功的经验，才能在智慧化的道路上走得更顺畅。

由中国测绘学会智慧城市工作委员会牵头，规划、设计、建设、运营、监管、设备制造等各领域专家联合编写的《智慧生态应用与发展》一书，正是在这一背景下应运而出。本书由生态环境领域各行业的专家编写，既有宏观的趋势分析，也有微观的案例分享，横向上包含了污染治理、生态修复、"双碳"转型、生态监管等业务领域，纵向上包含了智慧化在各领域的发展环境、应用框架、实施路径和典型案例，全面、系统地展现了数字技术在生态环境治理中的应用情况，客观、科学地分析了智慧生态面临的问题和发展趋势，对生态环境治理的同侪们具备很高的参考价值，也是相关行业从业者了解生态智慧化发展情况的优质媒介。

中国测绘学会理事长

序　三

建设生态文明是中华民族永续发展的千年大计。生态兴则文明兴，生态衰则文明衰。习近平总书记在党的二十大报告中强调，尊重自然、顺应自然、保护自然，是全面建设社会主义现代化国家的内在要求。必须牢固树立和践行绿水青山就是金山银山的理念，站在人与自然和谐共生的高度谋划发展。

促进人与自然的和谐共生，就必须推动智慧生态蓬勃发展。近年来，以物联网、大数据、云计算、人工智能、数字孪生等为代表的数字技术广泛应用，对智慧生态应用与发展产生了重要的推动作用，智慧生态已成为大势所趋，智慧生态时代正在加速开启。我们需要开拓新思路、融合新技术、运用新方法，将新一代信息技术与生态环境深度融合，做好从基础研究、关键核心技术突破到综合示范的全链条布局，提升生态环境协同治理能力，促进绿色低碳科技革命，"智慧生态化、生态智慧化"必将成为我国生态环境高质量发展的战略选择。

智慧铸就书籍，辛劳绘就成果。《智慧生态应用与发展》由中国测绘学会智慧城市工作委员会、北京首创生态环保集团股份有限公司、中国科学院生态环境研究中心、广联达科技股份有限公司等单位共同主编，参与编写的单位和专家作为智慧生态发展的倡导者与践行者，通过他们的调查研究、经验总结，完成了智慧生态应用与发展的顶层设计与底层应用对接，并将他们的科研成果汇集到本书中。

科技创新无止境，奋楫扬帆谱新篇。本书创新性地提出将"生态与智慧"进行深度融合的发展范式，并分别对数字化技术如何赋能"减污""自然生态""降碳"与"生态管理"四大领域进行详细、深入的阐述。通过在智慧生态实践过程中不断摸索，总结数字化技术与生态环境保护的最佳契合点与发力点，以期最大化发挥数字技术价值。本书基于"智慧减污"的实践总结认为，通过数字化技术可彻底变革生态环境发生污染事件后处理的传统模式，通过对环境数据的连续采集、实时监测，实现污染源头控制、过程监管，极大降低污染事故发生，防患于未然。同样，结合本书对"智慧自然生态""智慧降碳""智慧生态管理"等一系列实践案例的详尽阐述，我们可知数字化技术在解决生态行业决策不科学、治理不精准、成效难量化、管理难协同等行业痛点中扮演重要角色。未来，生态环境的治理将基于"智慧生态大脑"促进数据开放，支撑决策科学，量化生态成效、推动部门协作，最终实现生态环境治理的可视化、可量化、可优化。

新时代风鹏正举，新征程奋力前行。本书的编撰旨在引发学界和业界对该领域的思考与交流，以期为智慧生态行业破题，铸就百鸟争鸣、百花齐放的行业生态，共促智慧生态领域的理念创新与技术创新。祝愿全体的读者可以守正出奇、开拓创新，以多方的共同合作与不懈努力，不断擘画智慧生态发展的新盛景，不断织就绿水青山的美丽画卷，不断谱写美丽中国建设的新蓝图！

广联达科技股份有限公司董事长

目　　录

上　　册

下 册

第1章 智慧生态发展概述

1.1 智慧生态发展历程

"生态"一词来源于希腊语，最早于19世纪由德国生物学家Haeckel在《普通生物形态学》一文中将该术语描述为"生物关系总和及周围的外部世界、有机和无机生存条件的知识"。其后，"生态"的概念内涵经过众多学者的辨析解读而逐渐丰富。一般的理解是指生物在一定的自然环境下生存的状态，也指生物的生理特性和生活习性。从"结构‒功能‒流"的角度，生态被理解为生物与环境形成的结构关系和产生的功能，这些功能由物质流、能量流、信息流来反映。从"关系"的角度，生态是指生物与自然环境之间的关系，包括人类与自然环境的关系。总的来说，生态就是指一切生物的生存状态，以及生物与生物之间、生物与环境之间环环相扣的关系。

"生态文明"是从生态内涵基础上发展而来的概念。国内研究者关于生态文明的定义众多，如从生态文明演进角度的定义有形态说和结构说；但总体而言，生态文明的定义都强调其正面效应。有学者认为，生态文明是指人类认识与改造自然的进步状态和积极成果，是人类在自然生态环境保护与建设过程中所取得的一切生态成果的总和，它标志着人类生存发展所依赖的自然生态领域和生态环境建设的进步状态，自然生态环境建设的结晶体现为生态文明。生态文明遵循了人与自然和谐发展这一客观规律，保证其建立较合理的制度，获得较理想的物质和精神成果，从而成为以人与人、人与自然、人与社会和谐共生、良性循环、全面和可持续发展及繁荣为基本宗旨的文化伦理形态。

党的十八大以来，以习近平同志为核心的党中央站在战略和全局的高度，对生态文明建设和生态环境保护提出一系列新思想、新论断和新要求，为努力建设美丽中国，实现中华民族永续发展，走向社会主义生态文明新时代，指明了前进方向和实现路径。习近平同志指出，建设生态文明，关系人民福祉，关乎民族未来。他强调，生态环境保护是功在当代、利在千秋的事业，要清醒认识保护生态环境、治理环境污染的紧迫性和艰巨性，清醒认识加强生态文明建设的重要性和必要性，以对人民群众、对子孙后代高度负责的态度和责任，真正下决心把环境污染治理好，把生态环境建设好。

"十四五"是我国污染防治攻坚战取得阶段性胜利、继续推进"美丽中国"建设的关键期。随着新型基础设施建设与环保产业的深入融合，智慧生态将成为生态产业新的增长点，在生态环境保护中发挥更大作用。以可持续发展和"双碳"战略为目标，当前我国生态文明建设更加需要以数字化技术为核心驱动的生态环境高质量发展。以物联网、大数据、云计算、Web3.0 技术、人工智能等为代表的现代信息技术的广泛应用，意味着人类社会正式进入大数据时代，这对智慧生态应用与发展产生了强有力的推动作用。传统的生态工程、生态评价和生态管理等理论和方法，已经无法满足实现生态环境高质量发展的需要。数字化转型升级和智慧化生态应用将成为生态发展的大势所趋。随着数字化技术的生态应用水平不断提升、领域不断拓展、作用不断凸显，我国生态管理经历了从传统的单要素管理，到复合生态系统，再到智慧生态管理三个主要发展阶段。

1.1.1 单要素管理阶段

我国的生态管理始于 20 世纪 70 年代，面对日益严峻的环境污染问题，1973 年 8 月 5 日召开第一次全国环境保护会议，通过《关于保护和改善环境的若干规定》；1979 年 9 月，颁布了第一部《中华人民共和国环境保护法（试行）》，标志着我国生态环保探索的开端。其后又相继颁布了《大气污染防治法》《水污染防治法》等一系列关于污染防治和生态环境保护的法律。但严格意义上说这是污染治理，属于环境管理的范畴，或者说是对生态系统单个要素管理。

1.1.2 生态系统管理阶段

真正意义上的生态管理是从对生态系统的整体进行管理，即生态系统管理开始。早在 20 世纪 30 年代，英国植物生态学家 A G Tansley 提出了生态系统概念，认为生物和环境是不可分割的整体，生态系统是自然界一定空间的生物与环境之间相互作用、相互制约，具有特定结构和功能的集合体。生态系统管理是以一种综合社会和经济目标的自然资源管理方式来恢复和维持生态系统的健康、生产力和生物多样性以及生命的总体质量，承认生态系统是不断变化的，提倡保护后代人的需求，保留他们对我们现在还无法想象到的生态系统产品、服务和状态的选择权（Bormann et at. 1993）。

我国已故著名生态学家马世骏和王如松两位院士则在 80 年代提出了社会－经济－自然复合生态系统理论，并应用于生态工程和管理实践。王如松认为："复合生态管理旨在倡导一种将决策方式从线性思维转向系统思维，生产方式从链式产业转向生态产业，生活方式从物质文明转向生态文明，思维方式从个体人转向生态人的方法论转型。通过复合生态管理将单一的生物环节、物理环节、经济环节和社会环节组装成一个有强生命力的生态系统，从技术革新、体制改革和行为诱导入手，调节系统的主导性与多样性、开放性与自主性、灵活性与稳定性，使生态学的竞争、共生、再生和自生原理得到充分体现，资源得以高效利用，人与自然高度和谐"。复合生态系统理论的应用大大推动了我国生态系统管理的发展。

1.1.3 智慧生态管理阶段

21世纪以来，以大数据、物联网、云计算、Web3.0技术、人工智能等为代表的现代信息技术的广泛应用，意味着人类社会正式进入数字时代。数字化技术对人类社会发展乃至社会交互方式的变革都产生了全方位的推动作用，渗透到生活的每个角落，推动政府管理向数字治理和智慧治理方向转变。

生态治理数字化转型是通过大数据、人工智能等现代信息技术手段提升生态治理数字化和智能化水平。"空天地网"一体化技术为生态治理数据的全方位获取提供保障，大数据技术为海量多源异构生态治理数据的汇聚、融合、存储、挖掘提供支撑，而以移动互联网、Web3.0技术等现代信息技术为支撑，促使生态治理跨层级跨部门跨行业跨系统跨区域协同，发挥"社会协同、民主协商、市场补充、公众参与、科技支持"的系统整合作用，实现从不同主体、数据、资源、平台、网络、系统、技术和功能的简单相加向深度融合、智慧融合、智慧治理和智慧服务转变，从而提高各地区和各级政府的生态治理能力和治理效能，有效解决"信息孤岛、数字壁垒和数字鸿沟"等问题。

智慧生态管理是生态治理模式创新和治理技术创新的统一。数字赋能生态治理，不仅能为减污、降碳、丰物提供科技支撑，实现精准、科学、依法治理；也为创新生态规划、管理和服务提供了重要契机和条件，具有广阔的应用前景。

1.2 智慧生态概念与特征

1.2.1 智慧生态概念

"智慧生态"是智慧城市理念在生态领域的具体体现，是"智慧生态化、生态智慧化"融合发展的创新形式，是建立在高度信息化基础上的一个支持生态要素全面感知、生态数据实时评估、生态风险智慧预控、生态决策科学高效的智能化生态环境管理平台。智慧生态聚焦"水、土、气、生"等关键生态要素，运用"物联网、大数据、5G通信和智能设备"等软硬件技术手段，融合信息技术与生态模型及算法，提高对生态环境的监测水平、管理效率和决策能力，实现对生态环境监管的可视化、可量化和可优化。

1.2.2 智慧生态特征

"智慧生态"是物联网、大数据等信息化技术与生态环境新时代监管需求深度融合的产物。从这个角度来讲，"智慧生态"具有以下4个特征：

1. 以"智慧生态化、生态智慧化"为核心理念，实现信息技术在生态领域的融合应用

智慧与生态的融合发展是生态建设管理信息化发展的必然结果，智慧生态的落脚点

在"生态"，价值点在"智慧"。"智慧生态"是将生态业务架构体系要素与智慧手段深度融合，通过数字孪生技术链接自然生态与数字生态，运用感知、计算、建模等信息技术，通过软件定义，借助数字孪生对物理生态空间进行模拟和推演，直到达到最优方案后再决策实施，因此我们的智慧是生态的智慧，而生态是智慧化的生态。

2. 以物联网、大数据、5G 通信为技术支撑，保障智慧生态管理平台的有效性和可行性

物联网、大数据、5G 通信等新型信息技术保障了生态数据实时获取、高效传输、智能决策，夯实了智慧生态的能力基础。智慧生态以物联网、大数据、5G 通信等新型信息技术为支撑点，将传感器用于水体、土壤、大气、动物、植物等各类生态要素监测，并且普遍互联，形成"物联网"；与 5G 通信"互联网"整合在一起，实现万物互联。

3. 以生态算法模型为驱动引擎，强化数据分析预测水平、提升决策能力

生态算法模型是解决生态大数据分类和回归问题的有效手段，具体包括模拟、优化和决策分析等业务方向。其中，模拟主要告诉我们"会怎样"，而优化则主要告诉我们"可以怎样"，决策分析则告诉我们"应该怎样"。目前，随着环境系统分析方法的日趋完善，生态算法模型逐渐被用来解决世界范围内的生态环境问题，并取得一定的成果，成为提高智慧生态系统实用性的驱动引擎。

生态算法模型能够实现由空间模型到本体模型、机理模型、决策模型及过程模型的全流程构建，服务于生态环境领域的规划、治理、管理等全生命周期。

4. 以可视化、可量化、可优化为建设目标，提高对生态环境的监测水平、管理效率

智慧生态通过建立涵盖大气、水、土壤、动物、植物等生态环境要素的智能监控大数据体系后，构建基于数字孪生的生态信息模型体系，实现可视化、可量化、可优化的生态建设模式。可视化通过数字化生态信息模型，将生态环境场景可视化呈现；可量化基于在线化物联监测，结合生态指标体系，将生态资源和生态健康状态等动态反映；可优化基于海量生态大数据及业务算法模型，构建智能化的分析方法和预警决策体系，提高生态建设管理服务水平。

1.3 智慧生态建设框架

"智慧生态"建设框架主要包括：搭建包含水、土、气、动物、植物等生态环境要素监测体系；构建数字孪生支撑平台，包括时空中台、数据中台和物联中台；创建包含有智慧生态评价指标、生态价值核算指标及碳核算指标的生态指标评价体系；打造涵盖减污、降碳、丰物、治理主题的应用场景。概括地说，"智慧生态"建设框架包括监测层、平台层、指标层、应用层四部分内容，如图 1-1 所示。

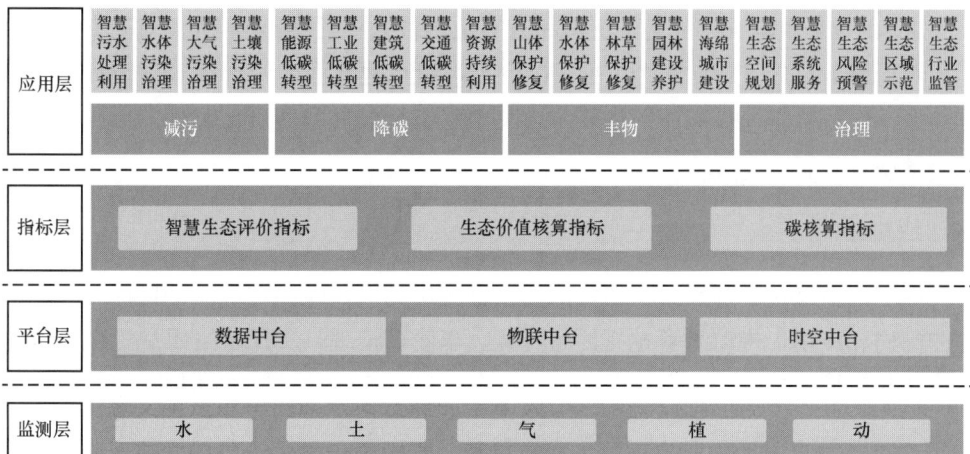

图 1-1 智慧生态架构

1.3.1 监测层

监测层主要通过采用卫星及无人机遥感、物联监测设备、视频监控等技术手段，以水、土、气、动物、植物等生态环境要素为监测对象，实时获取相关数据，为生态指标评价及业务应用提供数据支撑。

1.3.2 平台层

平台层包括三大中台：时空中台、物联中台和数据中台。时空中台主要包括空间信息模型引擎、流数据引擎、AI 人工智能引擎、遥感智能解译引擎、平台基础服务和平台运维管理等。物联中台以全域物联感知接入为基础，以开放共享应用赋能为理念，围绕终端设备统一接入和全生命周期管理，标准化物联数据的采集融合，构建物联网统一开放服务体系，支撑各类智慧生态智能应用的建设，实现物联服务能力的即插即用。物联中台包括适配接入系统、综合监控系统、产品管理系统、设备管理系统、数据管理系统、预警管理系统、运维管理系统、统一服务系统以及视频接入系统等模块。数据中台实现集数据采集汇聚、多源异构数据管理、时空大数据分析、生态数据服务于一体，为智慧生态应用提供大数据平台服务支撑。

1.3.3 指标层

生态指标层建设依据复合生态系统理论，按智慧生态评价指标、生态价值核算指标及碳核算指标几个评价方向进行设计。几个评价方向之间存在着密切关系：生态评价是看得见的生态价值表现，生态评价细分的基本指标也是碳核算的基础；生态价值和碳核算评价结果是生态评价进一步呈现，这些评价方向构成了指标体系的宏观层。

生态指标层遵循借鉴已有、参考政策、考虑需求、结合智慧的路径来构建。通过收集国内外最新标准，建立智慧生态相关领域指标数据库，然后从政府需求（中央精神和最新要求）、专家知识（符合科学逻辑和方案适用性）、人民群众需求（眼见为实、有参与感和获得感）和总体规划四个方面，结合当地特点建立面向管理需求的智慧生态管理指标体系；最后根据项目实施应用需求，突出生态代表性和智慧监测性的原则，建立智慧生态健康指数核心指标。

1.3.4 应用层

应用层涵盖减污、降碳、丰物、治理主题应用场景，最终实现一个目标。通过智慧生态的构建和应用，推动智慧地减污、降碳、丰物、治理，实现环境质量优良、生态系统健康、生态服务便捷、资源循环低碳，科学、经济、高效地打造人们美好的生态环境。

1.4 智慧生态关键技术

从人工处置到智能监测，从被动"应答"到主动预警，智慧生态关键技术在生态环境保护方面的效能正在彰显。物联网、大数据、云计算、人工智能、无人机、5G 等技术正成为生态环境领域不可或缺的手段，从"智慧生态"的概念和核心特征来看，"智慧生态"正是融合了生态领域和信息领域的多种技术手段来解决生态环境的管理问题，不仅直接作用于生态监测和污染防治等传统领域，也通过生态行业的技术创新和标准搭建，提升生态系统价值和生态服务功能。

从"智慧生态"的业务应用场景方面划分，智慧生态关键技术可分为天空地网一体化生态监测技术、智慧生态支撑平台、智慧生态算法模型、智慧生态标准四部分关键技术。

1.4.1 天空地网一体化监测技术

随着遥感技术的蓬勃发展，天空地网一体化生态监测技术已经广泛地应用于生态环境监测领域。"天"是利用各种卫星提供的遥感数据，发现问题存在的可能性。"空"主要是利用无人机遥感提供及时、可靠、专业的高分辨率低空影像。"地"是在地面借助物联监测设备，采用多种监测手段，实现精细化的综合监测。"网"是借助 5G 网络特有的优势，应用到远程操控和高清视频监测领域，进一步促进智慧生态领域相关应用的发展和进步。

借助天空地网一体化生态监测技术，能够实现多类型、多尺度监测指标的空间分布提取和总量的精确推算，为智慧生态的实际应用提供强有力的技术保障。

1. 卫星遥感监测技术

卫星遥感监测是对土地利用、土地覆盖与人类活动及其相互作用结果按一定时间周期和空间尺度进行动态观测，从数量、质量和生态 3 个维度表征各类监测对象及其变化状况。

针对我国自然资源保护、国土空间规划实施监督、生态修复及全球变化研究等对土地利用、土地覆盖及其相关地表参数指标动态变化信息的需求，根据当前我国陆地卫星数据覆盖及监测能力，卫星遥感监测体系包括全球宏观尺度监测和我国陆域范围季度监测、重点区域月度监测及重大事件的即时应急监测，总体框架包括全区域监测、全尺度监测、全要素解译、全流程控制和全生命周期管理等核心内容，如图1-2所示。

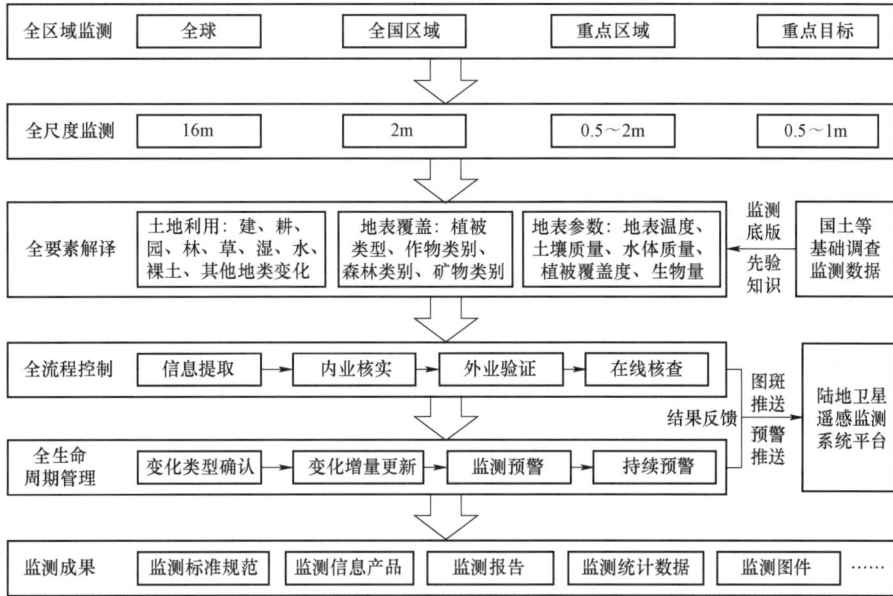

图1-2　卫星遥感监测体系

（1）全区域监测。针对全球范围，利用我国陆地卫星全球覆盖及高分一号16m等中分辨率卫星可年度覆盖全球主要陆域的能力，开展建设用地、农业用地、林地、草地、水体、湿地等土地利用、土地覆盖类型宏观变化监测。针对我国陆域范围，按区域分类型按需开展自然资源保护、国土空间规划实施监督、生态修复等专题监测。

（2）全尺度监测。针对不同监测频次要求，综合应用亚米、2m、10m、16m等不同分辨率卫星，开展多尺度监测，形成月度、季度、年度序列化监测产品。利用2m级国产卫星全国季度覆盖能力，开展全国陆域范围内400m²以上土地利用、土地覆盖等要素变化监测；利用亚米级卫星数据开展重点区域精细化监测，并采用多尺度卫星协同开展月度或更高频次变化监测和自然资源典型要素参数的定量反演；发挥陆地卫星虚拟星座和敏捷卫星灵活机动等优势开展即时监测，对重大违法事件和重大自然灾害等开展应急监测，实现7×24h即时响应；通过光学和雷达的协同应用，有效保证多云多雨多雾地区的数据覆盖，实现全天候观测；通过热红外、夜光等数据高频次覆盖和兼具白天、夜间成像能力，实现对森林火灾等全天时观测。

（3）全要素解译。充分利用可见光、高光谱、激光、热红外、雷达和重力等，开展全要素变化监测，数量指标包括土地利用/土地覆盖等要素类型的空间分布、边界、范围和面积，质量指标包括耕地种植状况、植被长势、水质、土壤状况等信息，生态指标包括生态系统服务功能相关的各类地表参数。

（4）全流程控制。建立监测图斑全流程处理模式，实现信息提取、内业核实、外业验证和在线核查等应用处理环节有效衔接，采用区块链等技术实现监测图斑处理过程的安全可控，确保监测信息产品流转过程可追踪、可回溯和责任可追究，保证监测成果质量可靠。

（5）全生命周期管理。采用面向对象方法和统一建模语言（UML），对各类监测信息产品进行自动化质量检查、对象化处理、数据入库及关联关系建立等处理，构建统一存储管理的监测成果数据库，包括月度、季度、半年、年度等序列影像产品数据、多源多载荷数据协同定量反演参数指标集、全要素地类样本数据和知识图谱，以及自然资源全要素、全尺度和即时监测信息产品。在此基础上，针对自然资源业务应用需求建立监测信息管理模型，对监测图斑的发生和演变情况进行全生命周期管理，实现事前预警、事中跟踪和事后评估等监测预警及监管等。

2. 无人机遥感监测技术

生态系统监测指标繁杂，单纯地依靠人力很难实现监测目的。地面监测、调查监测、资料分析等传统方法多是通过人为野外观测实现，容易受外界因素的影响，监测结果通常存在较大误差并且监测效率不高。而无人机遥感技术结合了低空航拍测量和遥感数据处理分析技术，可以利用较短的时间，更高效地完成对规定地域内各项监测指标原始数据的采集，在保证监测效率的同时保证监测结果的准确性。

（1）森林监测。目前，无人机遥感技术用于林分树高及冠层结构测定、森林生物量测定、森林病虫害和森林火灾监测。采用无人机搭载激光雷达，得到的数字表面模型和数字高程模型来提取林分树高，计算林分平均高，测定生物量。无人机搭载高光谱遥感对林地进行特征波段的提取，建立相关算法分类模型，对林地植被病虫害相关特征波长提取，可以用于林地病虫害监测。在森林火灾监测中，无人机遥感能实时回传的图像和红外热成像信息，有利于第一时间发现森林火情，了解火情信息，及时做出反应，将损失降到最低。无人机在火灾发生后迅速抵达火灾现场上空进行火情侦察，利用高空视角，提供了火灾发生后各个阶段的可见光，实时地将火势蔓延情况传送至防火指挥室，对拟定最佳救火方案意义重大。

（2）草地监测。无人机通过搭载多光谱相机、高清相机，可对牧草生长、草地覆盖度、生物量及草地健康状况等进行动态监测。

（3）农田监测。精准农业、智慧农业、互联网＋农业等现代农业很大程度提高了我国的农业生产力。尤其是无人机遥感技术，在农作物识别分类、产量预估、农田水热条件分析、生长状况及病虫害探测等诸多方面被广泛应用，见表 1-1。

表 1-1 无人机在农田监测应用

系统类型（无人机＋）	主要应用
GPS、高分辨率数码相机	定位、规划、植物识别
高光谱成像仪	病虫害监测、土壤分析、生物量测定
热红外扫描仪	灾害预警、水分胁迫监测、旱情监测、精准灌溉
激光扫描仪、合成孔径雷达	农作物株高、密度、生物量监测

（4）矿产和石油开采监测。矿产和石油资源的开采是人为对周围生态环境强制性改造的过程，将会给开采区及周围的自然环境造成不可逆转的破坏，引起当地水源、土壤污染，地表沉陷、地下水位下降等，引发严重的水土流失，甚至是山体滑坡等自然灾害。无人机遥感技术可以在短时间内获取大量开采区及周边地区的地形地貌和植被分布信息，通过这些相关数据的分析可较为客观地对开采区进行生态环境影响评价，进而为后期制定生态管护、恢复等方案提供参考。

（5）水土气污染监测。随着工业化、城市化的发展，大气、水资源、土壤资源的各种污染也在日益加剧。工厂废弃物的不达标排放、农药的过度使用等，导致水质富营养化、土地生产力下降等一系列的生态环境问题。利用无人机搭载多光谱相机、高清相机及空气监测设备，通过直接或间接的方式可实时地对水土气的污染现状进行动态观测，提供准确的水土气污染观测结果，明确污染程度及污染物分布状况，有利于相关机构做出准确的水土气污染评价，制定有效的污染治理方案。

（6）环境应急监测。无人机遥感技术在环境应急监测中的应用主要是对突发环境污染事件进行监测，包括空气环境污染事件、水环境污染事件、核污染事件和电磁辐射污染事件等。当污染事件发生时，可利用无人机搭载相关监测设备（如影像设备或者环境监测传感器）快速赶赴污染事故现场，对事故现场进行全方位快速环境监测，识别污染物种类、污染范围和污染程度，为应急方案的制定提供精确信息。无人机遥感技术可以弥补人工现场监测行动慢、危险难以防范的不足。无人机遥感技术不但能够保障工作人员的人身安全，还能降低应急监测难度。

3. 物联网生态监测技术

物联网（Internet of Things，IoT），是一种基于互联网并将信息交流范围朝物与物之间联系的方向进行扩展和延伸而产生的一种新型的信息技术。它是利用各种信息传感设备如射频识别、红外感应器等，连接互联网与物体，并通过对信息进行交换和通信的方式，实现物体识别、定位、跟踪、监控及管理等方面智能化和网络化。

目前，互联网技术与生态监测的融合成为大势所趋。物联网生态监测技术结合了现代的物联网技术与环境监测技术，可以确保生态环境监测者能够在第一时间全面、准确地获得有关生态环境监测对象各方面的信息，优化环境监测的分析和处理，减少信息的差异化，实现生态监测的信息化、网络化和智能化。物联网生态监测技术的应用领域主要集中在大气监测、水环境监测和生态监测等方面。

（1）大气监测。物联网技术应用于大气监测主要分为流动监测和固定在线监测两类。流动监测不但可实现监测功能，同时还可具预报功能。流动监测是未来我国物联网技术应用于大气监测的主要方式。固定监测是指通过在排污口安装监测设备，同时在监测范围内以网格的形式安装传感器的方式对大气进行监测的一种方法。监测因子包括二氧化硫、颗粒物、臭氧、氮氧化合物等，并将所采集的数据利用物联网系统的网络层传输至监控中心，从而实现了对大气的实时智能化监测。一旦监测范围内的大气发生了变化，相关工作人员通过网络迅速接收到传感器所感知到的信息并对其进行分析，加快了问题解决的速度，同时还提高了决策的科学性，为制定预防计划提供了信息依据。

（2）水环境监测。物联网水环境监测包括饮用水监测和水体污染监测两方面，其中利用物联网技术进行饮用水监测主要是通过在水源地安装传感器等设备，对居民用水水源地的水质进行实时检测，并对每日的检测结果进行分析，以及时了解当地水质情况，为相关管理部门制定相应的水资源保护、管理、利用等计划提供科学的信息依据。利用物联网技术进行水体污染监测则主要是对水体断面以及工业废水排污口进行监测，监测因子包括溶解氧、化学需氧量、氨氮、总磷等理化参数。物联网水环境监测促进了水资源的保护、管理、开发及利用等工作的顺利开展，为水资源的全面管理提供了真实有效的数据依据。

（3）生态监测。物联网技术在生态监测中的使用主要是通过传感器来采集各类生态区域的生物多样性以及噪声、湿度及温度等环境信息，然后再将所采集和收集到的数据传输至控制中心。在生态监测当中应用物联网技术不但使所采集的远程生态监测数据更加可靠，而且还使得数据传输更加及时。

4. 5G 高速网络传输技术

第五代移动通信技术（5th Generation Mobile Communication Technology，5G）是具有高速率、低时延和大连接特点的新一代宽带移动通信技术，5G 通信设施是实现人机物互联的网络基础设施。ITU 定义了 5G 八大关键性能指标，其中用户体验速率达 1Gbps，时延低至 1ms，用户连接能力达 100 万连接/km^2。

智慧生态建设利用 5G 高速网络传输技术，实现生态环境信息传感和数据采集，支持海量连接和高密连接，可优化生态环境监测图像传输技术，促进视频、图像传输更高清与更流畅，提高生态环境监测图像画质，同时加速数据传输效率，助力生态环境管理人员提高对目标区域环境的整体认知，快速判断目标区域的生态环境状况。

1.4.2 智慧生态支撑平台

1. 三维信息模型技术

三维信息模型平台是支撑智慧生态建设的底层支撑平台，实现生态各专业矢量、倾斜摄影、三维模型、二维模型数据等多源数据统一的管理、融合、调度、分发和展示的基础功能。

三维信息模型平台主要构建智慧生态基础建筑空间数据库，实现生态的空间信息数据及各专业数据的统一管理。将时空相关数据发布为统一的二三维生态空间信息服务，供各业务系统的使用。

三维信息模型平台基于 SOA 分层设计思想，包括基础设施层、数据层、支撑层、应用层和展示层。

2. 物联网平台接入与管理技术

物联网接入管理平台是基础性支撑平台，以物联感知接入为基础，以开放共享应用赋能为理念，围绕终端设备统一接入和全生命周期管理，标准化物联数据的采集融合，构建物联网统一开放服务体系，支撑各类智能应用的建设，实现物联服务能力的即插即用。

物联网接入管理平台主要包括适配接入系统、综合监控系统、产品管理系统、设备管理系统、告警管理系统、运维管理系统、统一服务系统以及视频接入系统等功能，通过"统一设备标识、统一设备接入、统一物联数据标准、统一资源共享"，构建物联资源一张图，实现物联设备的全域感知、统筹管理与维护，确保物联数据实时汇聚共享，支撑同步规划、同步设计、同步建设、同步发展。

平台提供 API、SDK、RESTful 等多种开发接口，开发者可根据 SDK 和开放的 API 服务，结合实际的场景应用进行相关功能的扩展和自定义，包括适配管理 API、设备管理 API、告警管理 API、数据管理 API 等，协助开发者根据平台标准协议类型和标准协议 SDK 快速接入真实设备至平台，实现设备自动注册、设备数据上报、告警事件主动上报等设备级功能。对设备设施等物联网要素进行全天候监测接入，形成基于基础数字档案的物联网"实时监护"动态数据库；实现全域物联网设备设施信息的智能感知、获取分析。

3. 大数据平台技术

大数据是采集、处理、分析、管理大规模数据的数据整合方式，其能力远高于传统数据库软件，且有海量的数据规模、快速的数据流转、多样的数据类型和价值密度低四大特征。为解决数据孤立、利用率低、分析指标零散等问题，搭建大数据平台，打造智慧生态的数字孪生基础底座，使物理实体生态与数字虚拟生态同生共存、虚实交融，全面提高生态全过程监管、数字资源整合、服务效能，实现生态的智慧化管理和可持续发展。大数据平台可以深入地挖掘数据价值，提升业务数据服务水平，引领业务向深层次发展。

大数据平台是数据的搬运工，以支撑业务线的数据接入作为主要目标。面向城市、生态项目级海量数据支持多种数据库、文档、图片、视频、物联网、空间数据等业务场景下全类型多源异构数据的统一集成。提供多种数据集成组件，支持多源异构数据的集成任务管理与监控。支持单表全量增量接入、支持接入任务的日志监控与定时调度，实现数字孪生数据的统一集成管理，包括数据源管理和集成任务管理、数据管理、数据分析、数据治理、服务管理等功能。

通过在大数据管理平台中开发各业务系统接口，对接各业务系统，实现对各业务系统数据的接入，然后进行预处理、加工和分析，并对外提供数据服务。大数据平台接入包括数据库直连和接口调用两种形式。数据库直连是编写脚本让客户端直接访问并操作业务系统数据库。接口调用是通过在客户端开发接口，通过 API 方式获取数据，这种方式是通过业务逻辑层和数据访问层获取数据，不是直连数据库获取数据。

1.4.3 智慧生态算法模型

生态算法及模型是解决大数据分类和回归问题的有效手段，主要包括识别诊断、模拟分析和决策管理等技术方向。其中，识别诊断技术主要告诉管理者"会怎样"，而模拟分析技术则主要告诉管理者"可以怎样"，至于决策管理技术则告诉管理者"应该怎样"。目前，随着生态环境分析方法理论的日趋完善，生态算法及模型越来越多地被用来解决生态环境问题，并取得一定的成果。在数字化浪潮的推动下，生态算法及模型可以被广泛运用于智慧生态预测分析中，成为提高智慧生态系统实用性、实时性的驱动引擎。

1. 识别诊断技术

识别诊断技术聚焦关键环境要素并有针对性地研发生态算法模型，能够准确识别生态环境的静态特征以及动态变化，并在数字世界进行精准映射，提出最优的诊断方案。比如鸟类的外观体型和声音都具有较高的相似度，如何凭借鸟类的声音或运动影像，识别出鸟的种类？识别诊断技术的解决方案是充分利用大数据技术和 AI 识别技术开发鸟类识别算法，当鸟类进入拍摄区域或发出叫声时，高速计算机能在数以百万计的图片、声音库中，利用识别诊断技术准确地匹配出鸟类种类，长期积累的鸟类识别历史数据能够对区域鸟类多样性状况做出精准诊断。

识别诊断技术还可以应用于水体污染溯源，植被健康诊断等业务方向。

2. 模拟分析技术

模拟分析技术通过数字孪生构建了现实世界的数字映射，实现对物理实体生态环境状况的精准映射，既描述各生态环境要素的静止状态，也描述其动态行为，还可以从大数据中推测生态环境未来的发展趋势，为管理者分析生态环境状况变化和生态修复方案决策提供充分的技术支持。

模拟分析技术能够在规划设计阶段对区域各类特征信息变化状态进行模拟，包括但不限于植被生长状况、空气污染物浓度、水量、水质、污染物扩散速度及范围、内涝预警等。更加贴近实际情况的模拟分析模型能够为项目管理和运营提供强有力的决策支撑，并且协助管理人员发现生态环境中潜在的隐患和问题。

例如，以植被恢复为模拟分析对象，以植被生长模型为技术核心，利用森林三维场景仿真、三维场景搭建与优化、生长过程动态模拟等三维模拟技术，结合方案内造林树种、造林密度、造林区域等规划内容，对不同生态工程方案进行三维可视化模拟，并模拟分析方案内森林结构、林分属性等信息，为决策者提供比选依据。

3. 决策管理技术

决策管理技术通过挖掘自然生态规律，提取凝练为模型算法后进行模拟和推演，由智慧生态系统给出最优方案后供管理者决策实施，这为管理者精准施策、精细化管理提供了技术支持。例如，在水系管理方面，以算法模型为核心的河网水动力－水质调度技术、河网水系流动性调控关键技术，以及智能互馈技术等多项技术共同集成了水系决策管理技术，为多目标水体联控联调技术的业务化运行提供了技术解决方案。

1.4.4 智慧生态标准

1. 动态评价标准

生态环境质量是多方面、多层次因素决定的复杂巨系统，因此需要依据系统论的原理将评价总目标（生态环境质量）逐层分解，同时突出区域生态系统特点、智慧监测性和可操作性。

评价指标确定之后，各指标量纲不统一，没有可比性，故必须对参评的指标进行标准化处理。可参考如下公式进行标准化：

$$a_i = \frac{X_i - X_{min}}{X_{max} - X_{min}} \times 10$$

式中，a_i、X_i、X_{max}、X_{min} 分别为某一指标的标准化值、实际值和环境质量标准的上限值和下限值。结合评价区域实际，参考国家、行业和地方规定的标准；背景或本底标准；类比标准以及公认的科学研究成果来制定各指标的生态环境质量标准。经标准化处理后指标数值变为 0～1（10、100 等）之间的无量纲化值。

目前可供参考使用的标准有 GB 3095《环境空气质量标准》、GB 3096《声环境质量标准》、GB 3838《地表水环境质量标准》、GB 15618《土壤环境质量 农用地土壤污染风险管控标准（试行）》、GB/T 14848《地下水质量标准》、HJ623《区域生物多样性评价标准》、SL190《土壤侵蚀分类分级标准》等。

2. 定量核算标准

（1）生态系统生产总值（Gross Ecosystem Production，GEP）。要准确评估绿水青山转化为金山银山的效能，直观综合反映生态系统为人类提供的产品质量水平，反映经济发展与生态文明建设的成效，亟须建立、完善能够全面监测生态系统对人类贡献的有效指标。

在过去以 GDP 为主导的国民经济核算体系中，一直未能将自然对人类的贡献尤其是生态系统调节服务产品纳入其中，这也是导致人们无法认识自然价值、无限索取自然、破坏自然生态系统的主要原因之一。GEP 是一个地区的生态系统为人类福祉和经济社会发展提供的各种最终物质产品与服务价值的总和，GEP 核算可以弥补目前考核评价体系中存在的缺陷，科学核算生态产品的经济价值，并通过政策创新使其转化成经济效益。

GEP 核算以技术规范、统计报表制度和自动核算平台为支撑。技术规范保证了 GEP 核算的科学性；统计报表制度保障了 GEP 核算的规范性和制度性；自动核算平台实现了 GEP 核算的可操作性和应用性，为生态产品的空间分布、供给状况和"两山"的互动转化提供依据，为政府采购、企业购买生态产品等提供数据支撑，促进生态产品价值实现。

具体可参考《陆地生态系统生产总值（GEP）核算技术指南》，指南中规定了陆地生态系统生产总值实物量与价值量核算的技术流程、指标体系与核算方法等内容。

（2）碳核算。目前，碳核算标准方法主要有三种方式：排放因子法、质量平衡法、实测法。

排放因子法是适用范围最广、应用最为普遍的一种碳核算办法，该方法适用于国家、省份等较为宏观的核算层面。

质量平衡法可以根据每年用于国家生产生活的新化学物质和设备，计算为满足新设备能力或替换去除气体而消耗的新化学物质份额。

实测法基于排放源实测基础数据，汇总得到相关碳排放量，包括两种实测方法，即现场测量和非现场测量。

目前国家主管部门已发布了电力、钢铁、有色金属、水泥、化工、民航等 24 个重点行业的温室气体排放核算方法，具体可参考执行。

3. 平台技术标准

智慧生态平台技术标准体系主要由四个方面构成，即模型分类和编码、物联数据采集规范、模型交付规范、应用统一规范，它们之间的关系如图 1-3 所示。

生态模型分类和编码：对生态业务涉及的资源、物、事、人、地、组织等进行编码，为生态全周期各要素赋予唯一标识码，统一对不同生态信息理解的一致性，便于各业务之间数据交互和协同。

物联数据采集规范：不同生态感知数据采集要求，各种生态终端数据的统一管理，实现生态物联服务能力集成。

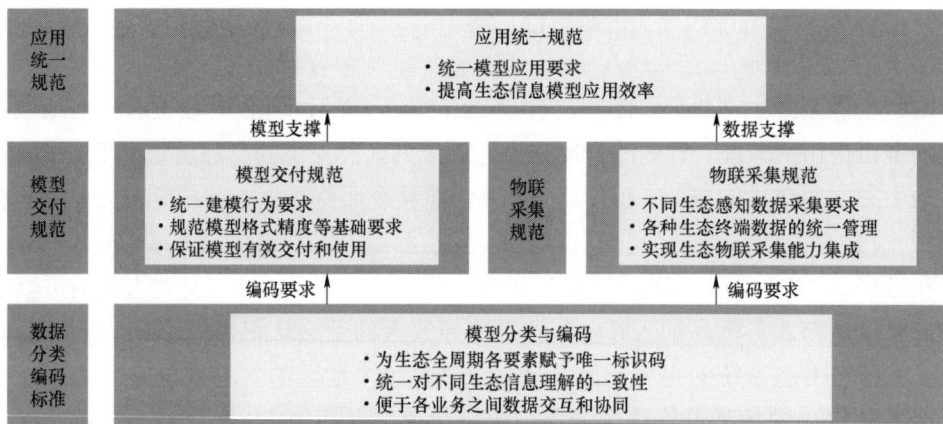

图 1-3　平台技术标准体系

模型交付规范：统一建模行为要求，规范模型格式精度等基础要求，保证模型有效交付和使用。

应用统一规范：统一生态信息模型应用要求，提高生态信息模型应用效率。

1.5　智慧生态核心价值

智慧生态推动生态高质量发展，即以智慧手段为支撑，通过建立新方法、新范式，开展科学的生态规划、高效的生态治理、优质的生态服务，实现生态环境质量优良、生态系统健康、资源循环低碳。

1.5.1　促进生态规划科学

智慧生态通过智慧规划系统的建设，科学的布局生态空间与建设空间，在保障生态格局完整性的基础上进行开发建设，优化生产、生活、生态空间布局，保障生态系统健康。基于数字孪生生态信息模型，构建全空间、全过程、全要素的时空信息平台，基于集成基础地理空间、生态规划及交通、市政等专项规划数据的数据库，形成规划一张图，辅助进行三维方案审查分析决策，助力部门提升审批管理效率，形成智慧规划应用服务闭环，促进规划为绿色发展建设服务。

1.5.2 助力生态高效建设

1. 生态模拟助力方案比选、科学决策

通过"分析—设计—评价—再设计"的循环设计路径，实现多方案比选。建立集成的生态模拟仿真系统，记录历史、呈现现状、推演未来，辅助科学的目标制定，选择合理且最优的生态解决方案。模拟仿真包括大气治理模拟、微气候模拟、水系统模拟、雨洪风险模拟、土壤治理模拟、能耗模拟、物理环境模拟、群落演替模拟等，可以集成多要素进行综合模拟预判，辅助进行生态规划方案比选，并进行科学的分析决策，直观可视的预测未来生态环境的发展水平与治理成效。

2. 智慧施工支撑高效施工

利用物联网、BIM、大数据、AI、5G 等核心技术，通过数据可视化整体呈现生态修复工程工地各要素的状态和关键数据，供项目部对进场施工队伍、工程进度、施工质量、安全生产及生态影响等相关数据进行多维度的分析，为施工生产提供智能风险预防和决策依据，由此实现建筑实体、生产要素、管理过程的全面精细化、数字化管控。在工地重点位置、重点施工区域设立视频监控点，实现视频数据采集。后端进行实时视频画面存储，同时前端可支持开启告警功能，实现线上或移动端告警信号接收，事件录像追溯，方便管理人员快速响应，及时处理问题。数字化应用平台集合了劳务实名制管理、复工复产管理、安全管理、质量管理、进度管理、材料管理、成本管理等现场管理应用。

1.5.3 推动生态精准管理

1. 生态要素动态监管，防患未然

促进生态的高效治理，强调对生态环境要素系统化监控，生态问题的精准化判断，生态策略的精益化实施。

智慧生态实现对生态环境的精细化治理和管控，通过对生态环境可视要素单体化、结构化和数字化，对山水林田湖草各对象进行动态化监测，实现全要素监测到"一草一木"，实时掌握生态资源状态。

2. 生态养护智能自动，按需启动

需要对生态问题精准感知与识别，才能科学地设定养护策略，实现投入产出比最大化。智慧生态通过物联网平台和智慧化生态监测设备，实时感知大气、水、土壤、生物、能源（矿）等生态环境要素运行参数，掌握生态的过去和当前状态，实现生态运行态势实时掌控，智能分析、追根溯源，找到问题核心源头，追溯到"一事一物"，提供最优的生态养护措施建议。

智慧生态通过对生态统一全空间化的编码贯通生态全要素场景，注重生态系统的整体性与全要素的协同性，实现生态的精细化实施，管理到"一方一土"。

最终智慧生态要达到生态系统"全健康未病防治、亚健康自然恢复、不健康科学修复"的效果。

1.5.4 实现生态服务优质

1. 保护绿色资源，促进价值转化

"人不负青山，青山定不负人。绿水青山既是自然财富，又是经济财富。"党的十九大报告中指出，坚持人与自然和谐共生，必须树立和践行绿水青山就是金山银山的理念，坚持节约资源和保护环境的基本国策。"两山论"是"存入"绿水青山，"取出"金山银山，让"颜值"与"价值"相得益彰。智慧生态提供生态保护修复、生态资源评估和生态效益评价，精准高效地进行评估和转化，使"两山论"有"物"可用，有"数"可查，有"量"可依。同时利用智能化手段开展生态教育，感受科普化、市场化、智慧化的生态服务新趋势。

2. 产生数字资源，催生新型业态

习近平总书记在给重庆举办的首届智博会的贺信中强调："加快推进数字产业化、产业数字化，努力推动高质量发展、创造高品质生活"。在推进产业生态化、生态产业化上作出示范，把"绿色＋"融入经济社会发展各方面、全过程，积极发展绿色产业、推广绿色建筑、打造绿色家园，着力打造数字经济、循环经济、生态经济三大高地。智慧生态通过"两化、两数"的融合发展，形成新的智慧生态产业，丰富生态产业图谱。

3. 融合绿色经济，螺旋上升发展

从绿色经济角度，智慧生态推动区域生态建设成效提升，促进区域价值提升，进一步推动高端产业聚集、促进地区经济发展，从而引领带动区域周边生态环境建设，由点及面，逐步形成正向生态建设循环；从数字经济角度，智慧生态建设过程中不断积累生态信用大数据，得以支撑精确开展生态补偿、生态交易等，从而促进绿色生态经济发展。同时绿色经济与数字经济两者互为支撑、互相促进，绿色经济建设是数字经济发展的前提，数字经济促进绿色经济建设。

1.6 智慧生态行业调研

为全面、客观地反映我国智慧生态行业发展现状，本行业报告编写组对全国与生态环境行业相关的政府监管单位、生态环境服务企业、科研院所、高校等单位的智慧化应用现状进行调查，并将其结果作为本章的主要内容。

1.6.1 智慧生态行业调研背景概述

本次主要采用线上问卷方式开展调研，本次调查共收到 226 份有效问卷，如图 1-4

所示，问卷调查被访对象主要分为以下三类：

第一类受访对象为政府各级生态环境主管部门，调研数量占比小。生态环境主管部门的生态环境信息化系统建设普遍，对智慧生态认同度较高，但信息化系统仍存在多头建设，各系统间协同性不高等问题。

第二类受访对象为生态环境服务企业，调研数量占比较多。企业性质以民营为主，整体经营状态良好，主要服务客户为政府、工业园区等，智慧化业务占比最高的为水环境监管及综合环境监管平台的建设。

第三类受访对象为科研院所及高校，调研数量占比较多。随着我国"双碳"目标的确定，相关从业人员公认碳排放管理将成未来新兴热点，而生态环境大数据缺乏及数据孤岛则成为智慧生态行业发展的主要限制因素，未来行业的进一步发展依赖政府机制的变革及技术的进一步发展。

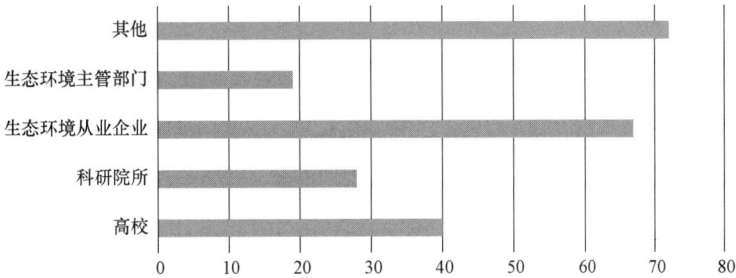

图 1-4　被访对象所在单位类型

1.6.2　智慧生态行业监管部门调研分析

1. 信息化系统应用现状

政府生态环境主管部门信息化系统建设较普遍，相关工作人员对信息化系统的认可程度高。

对于智慧生态行业政府监管部门而言，在日常工作中对环境智慧监管的需求较大，但大多数政府机构的生态环境信息化系统建设并未设置单独部门负责。调查显示近 70% 的被访对象所在单位没有设置专门的部门负责信息化建设工作。

政府生态环境主管部门对信息化系统认可和接受程度较高。据调研 85.3% 的受访者认为信息化系统可提升基层员工的工作效率；近 75% 的受访者认为信息化系统可提升中层员工管理效率及高层管理人员的决策效率；但仍有少部分人（15%～30%）认为智慧化系统会同时增加基层员工工作负担、提升工作管理的复杂程度，对决策贡献有限，如图 1-5 所示。

2. 信息化系统现存问题

目前政府行业主管部门的信息化系统建设仍处于初始发展阶段，系统的建设广度、应用深度、不同业务领域、不同部门之间的协同性亟待进一步提升。

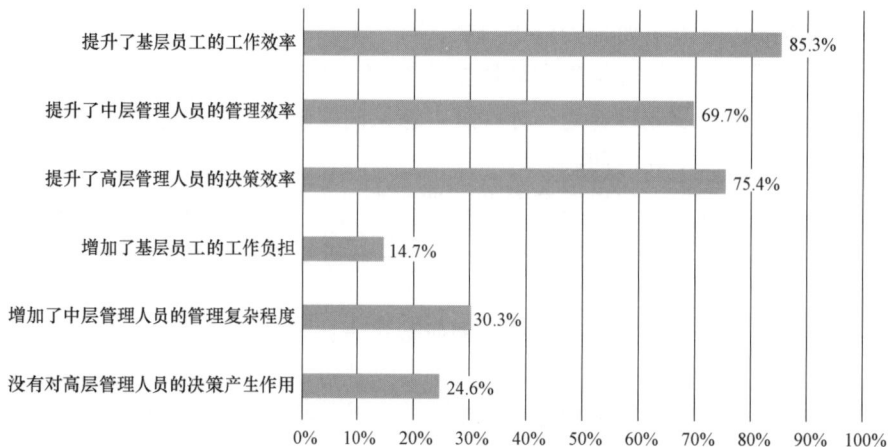

图 1-5 信息化系统的价值分析

目前绝大多数生态环境主管部门均涉及了生态环境信息化系统的应用，且多为个别业务单管理领域的应用。根据调研结果可知 51.8% 的政府部门信息化系统建设集中在单个领域，仅有不到 30% 的单位进行了全面的信息化系统应用，如图 1-6 所示。

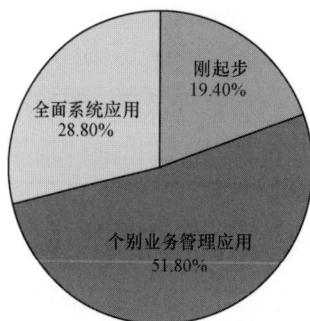

图 1-6 政府部门生态环境信息化系统总体应用情况

据对政府部门的信息化系统调研可知，目前建设内容主要集中于"三线一单环境分区管控系统、大气环境监测及管理、水环境监测及管理、固废监测及管理"等传统监管项目，而对"土壤监测、噪声监测、污染源排放及排污权管理控制"等项目的信息化管理则关注较少，如图 1-7 所示。

目前政府部门的信息化建设多处于发展初期。根据调研结果可知近 80% 的系统仍处于最初级的环境监测、数据收集、统计阶段；29% 的系统可进行数据智能分析及风险预测预警；而当前的大多数信息化系统无法达到人工智能学习及智能决策等高级阶段，信息化系统的应用深度亟待进一步发展，如图 1-8 所示。

当前大部分部门的信息化系统协同性不足，仅能满足本单位单业务部门的使用需求。根据调研结果可知 86.2% 的系统满足本单位单业务部门的信息化应用，约 70% 的系统可满足本单位横向业务部门的信息化协同应用，有 48.5% 的信息化系统可满足本单位纵向上下级部门信息化协同应用。由于政策体制、机制等客观因素影响，生态环境领域的跨区域协同、横向不同委办局间目前仍较难实现数据的共享与信息化协同应用，如图1-9所示。

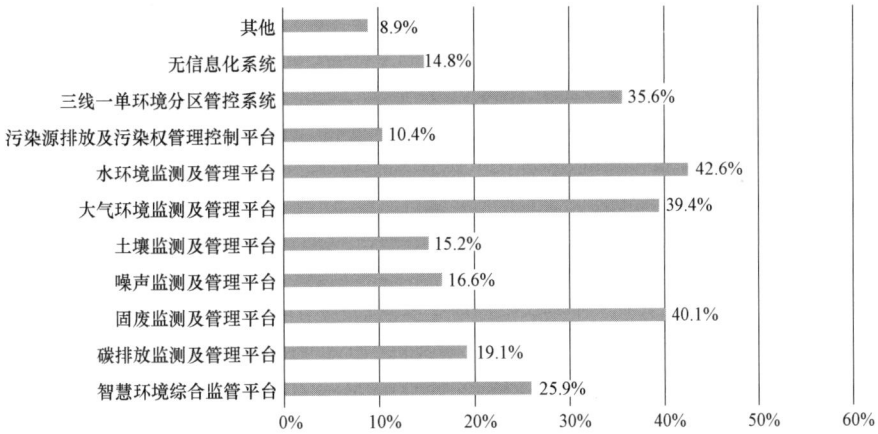

图1-7 政府部门生态环境信息化系统建设及使用情况

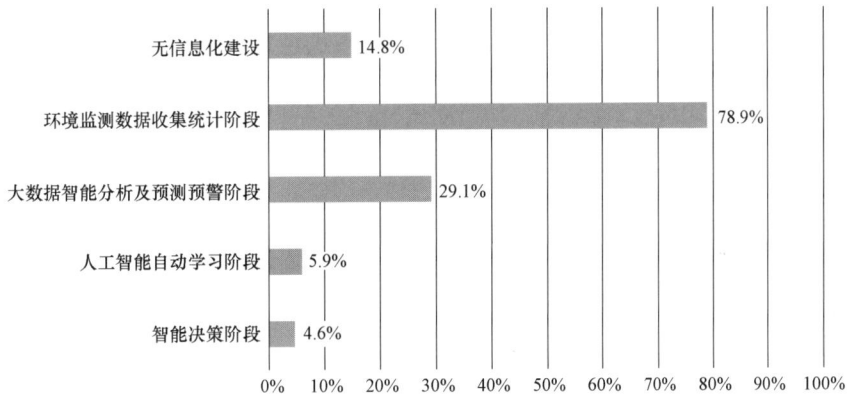

图1-8 政府部门生态环境信息化系统建设及使用情况

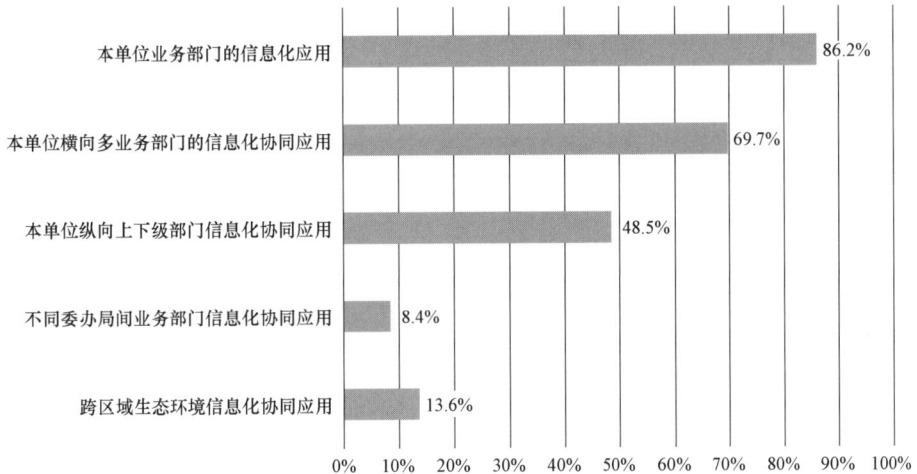

图1-9 政府部门生态环境信息化系统协同应用情况

3. 信息化系统市场需求

政府生态环境主管部门的信息化系统建设需求极大，但建设资金依赖财政拨款，资金多投向传统环保领域如水、大气监测，系统日常运维多为第三方负责。

国家政策引导下，生态环境主管部门十分关注信息化系统建设。根据调研结果显示，大多数部门均准备或正在制定信息化规划，其中有36.8%的部门准备制定信息化规划，34.1%的部门正在制定信息化规划，政府生态环境主管部门信息化需求强烈。同时，信息化整体建设模式呈现多样性特点，有单个业务线的单独规划（占比28.3%），亦有整个部门业务线的整体规划，但计划分系统分步实施（占比30.9%），如图1-10和图1-11所示。

政府生态环境主管部门的建设及运维资金市场化程度不足。据调查可知，大部分部门的资金来源于政府财政拨款，占比近60%；22.8%部门的资金还来源于生态补偿；而资金来源于社会资本（PPP、绿色金融等）的占比不足10%。数据表明我国生态环境领域的信息化建设及运营严重依赖政府投入，市场化模式仍未建立。但"十四五"期间国家大力倡导将社会资本引入生态环境领域建设，预判未来生态环境领域的市场化程度将会得到一定提升，如图1-12所示。

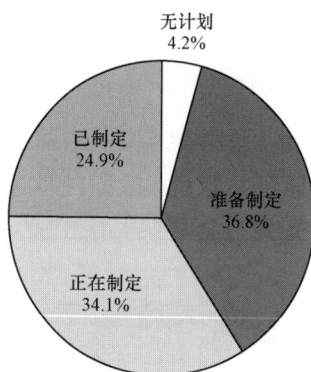

图1-10　政府部门生态环境信息化整体规划情况

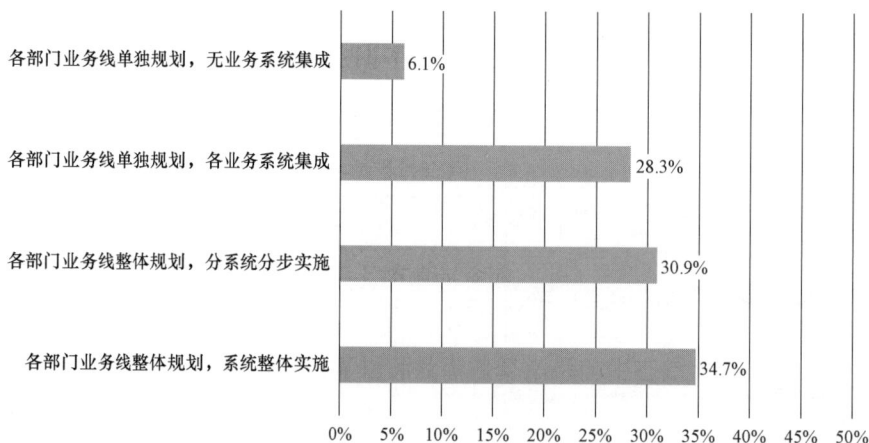

图1-11　政府部门生态环境信息化整体建设模式

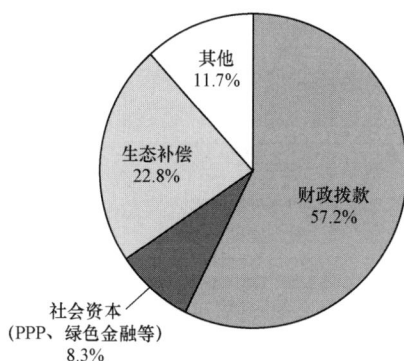

图 1-12　政府部门生态环境信息化建设/运维资金主要来源

信息化建设资金投入较多的仍为传统环保监测监管领域。根据调研结果显示，资金投入最多的方向为大气环境监测及管理平台，近 75%；其次为水环境监测及管理平台、智慧环境综合监管平台，近 70%；再次为三线一单环境分区管控、固废监测管理、碳排放监测方向，近 50%。而对噪声、土壤、污染源排放及排污权管理控制方向资金投入较少，如图 1-13 所示。

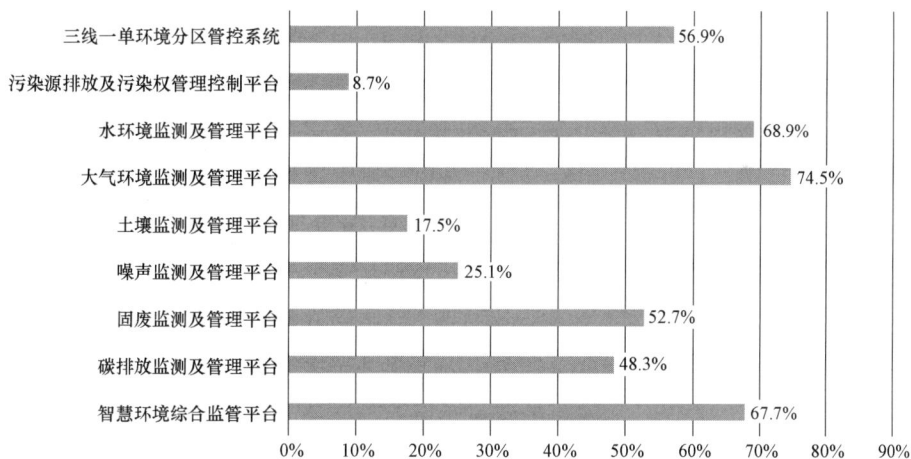

图 1-13　政府部门生态环境信息化建设资金主要投入的细分领域

由于信息化系统专业度较高，而政府主管部门人手不足，故目前信息化系统的运营主体多为第三方公司运营（占比 33.5%）或由第三方运营联合本单位自行运营管理（占比 28.5%），如图 1-14 所示。

1.6.3　智慧生态行业服务企业调研分析

1. 企业自身特点

智慧生态服务企业以民营为主，大部分为中等以上规模；本行业技术壁垒高企业一般需具备各类专业资质证书。

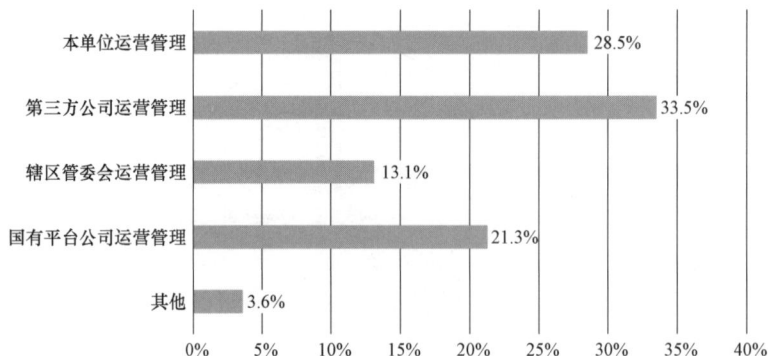

图1-14 政府部门生态环境信息化系统日常使用（运营）主体

　　我国智慧生态行业领域企业类型多样，提供智慧生态服务的企业中民营类企业较多，占比达62.3%，其次为国有企业，占比为31.1%。企业规模绝大部分为中等以上，根据调研可知，信息化团队20人以上企业占比63.6%，20人以下的小微企业仅占36.4%，如图1-15和图1-16所示。

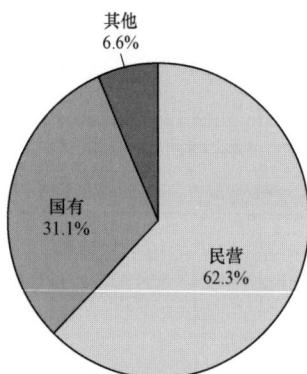

图1-15 智慧生态服务企业性质　　　　图1-16 信息化业务部门/团队的人数

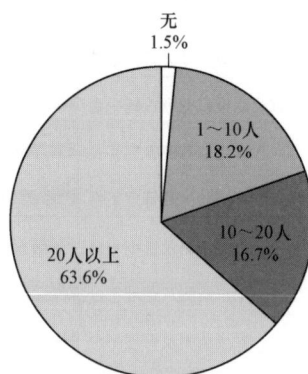

　　智慧生态行业因为其专业性较高，会有一定的技术壁垒，在承接工程项目时通常需具备各类专业资质证书。据调研分析，企业具备安全生产许可证比例最高，达40.9%；具备市政公用工程施工总承包资质、环境工程设计专项资质、环保工程专业承包资质的比例其次，分别为28.8%、24.2%和21.2%。因细分领域不同，相关服务企业还具备其他类型资质证书，如建筑机电安装工程专业承包证书等，如图1-17所示。

　　2. 市场经营状况

　　目前企业生态环境业务经营状态良好，主要客户为政府生态环境管理部门及有生态环境治理需求的企业、工业园区等。

　　据调研可知，目前大部分企业的生态环境相关业务经营状态良好，处于盈利状态，占比为54.6%；但也有的企业处于有盈有亏的状态，占比为37.9%；仅有7.6%的企业生态环境领域业务处于亏损状态，如图1-18所示。

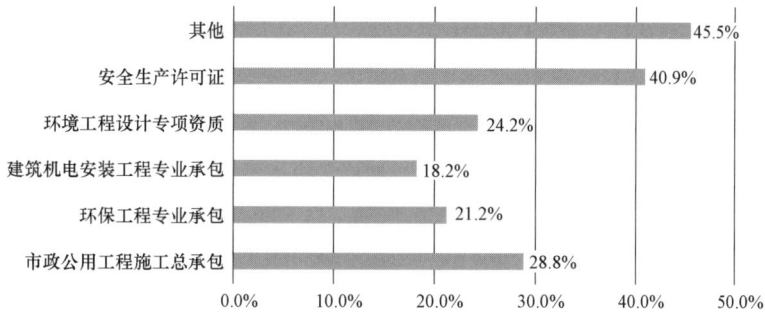

图 1-17 相关服务企业具备的资质情况

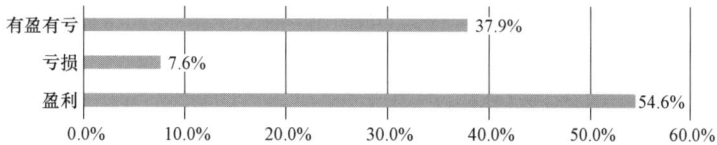

图 1-18 相关服务企业生态环境相关业务的盈亏情况

目前企业生态环境业务的服务对象仍以政府生态环境主管部门为主。据调研可知，有约 77.3% 的被统计企业服务对象为生态环境管理部门；其次为有生态环境治理需求的企业及工业园区，分别为 54.6%、51.5%；而生态环境公用设施建设占比相对较少，为 36.4% 左右，如图 1-19 所示。

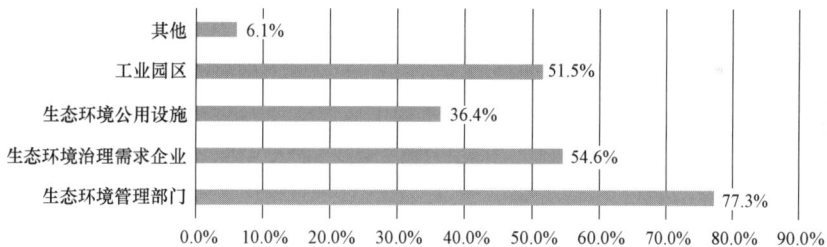

图 1-19 生态环境相关业务服务对象

3. 业务发展水平

生态环境信息化发展最快的两大细分领域为水体治理及生态空间规划，而智能化平台业务量最多的为环境综合监管平台、水环境监管平台。

生态环境业务领域繁多，其信息化应用水平各不相同。据调研可知，信息化应用程度最高的业务领域集中在水治理领域（水体污染治理、污水处理利用）及生态空间规划领域，有 35%~45% 的企业可提供本领域成熟的信息化系统；其次为自然生态相关领域（山体保护修复、林草保护修复、生态风险预警、生态系统服务）、节能低碳领域（海绵城市建设、能源低碳转型、建筑低碳转型）与大气污染治理、生态行业监管领域，有 24%~30% 的企业可提供本领域成熟的信息化系统；而土壤污染治理、水体保护修复、园林建设养护、工业及交通转型、资源可持续利用等领域信息化应用程度稍低，能提供其应用体系的企业比例为 13%~23%，如图 1-20 所示。

23

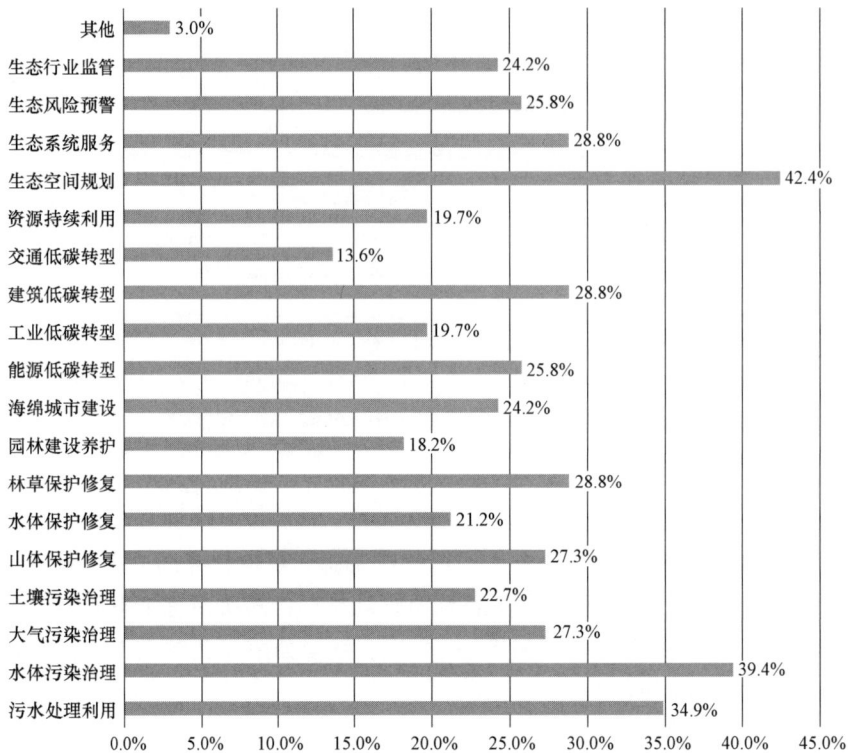

图 1-20 调研企业已实现的关键业务领域的信息化应用

在各企业承接的各类生态环境智能平台建设业务中，水环境监测及管理平台、智慧环境综合监管平台业务量最多，分别为46.1%和48.5%；大气环境监测及管理平台、土壤监测及管理平台业务量次之，均为27.5%；随着我国"双碳"目标的确立，碳排放监测及管理平台业务量也开始增多，为19.6%；而固废监测及管理平台、污染源排放及排污权管理控制平台、三线一单环境分区管控系统业务量相对较低，为10%~12%，如图1-21所示。

1.6.4 智慧生态未来发展调研分析

1. 行业发展方向预判

碳排放管理成为智慧行业未来新兴发展热点。除传统的水/污染源/大气环境监管外，生态环境质量综合监管、生态评估评价也成为未来主要发展方向。

随着国家双碳目标的确立，大部分企业开始着手布局与碳相关的信息化建设计划，据调研可知有40.4%的企业着手建立重点单位的碳排放监测管理平台，有35.6%的企业筹备建立碳排放/碳汇核算系统，而建立碳配额管理控制系统、温室气体排放清单统计系统的企业相对较少，分别为19.2%、14.9%；但仍有38.5%的单位尚未启动与碳相关的信息化建设，如图1-22所示。

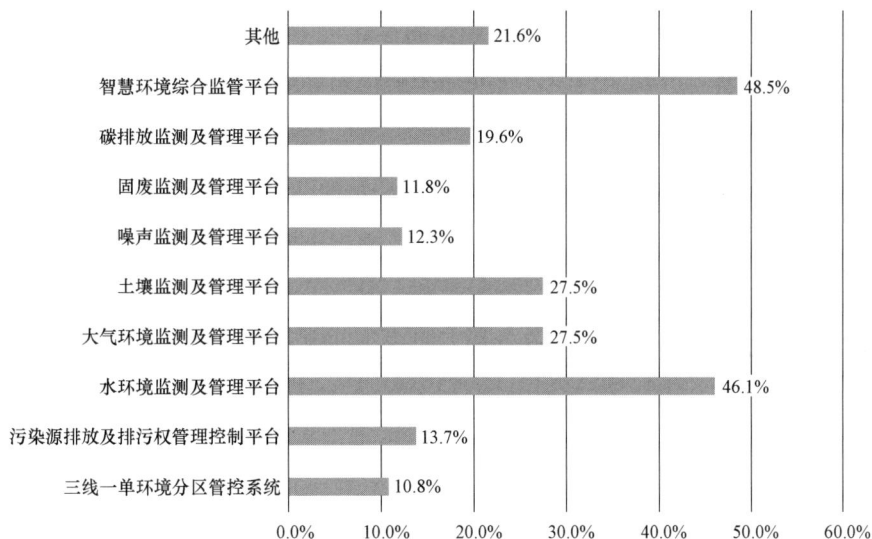

图 1-21　企业智能平台建设情况统计

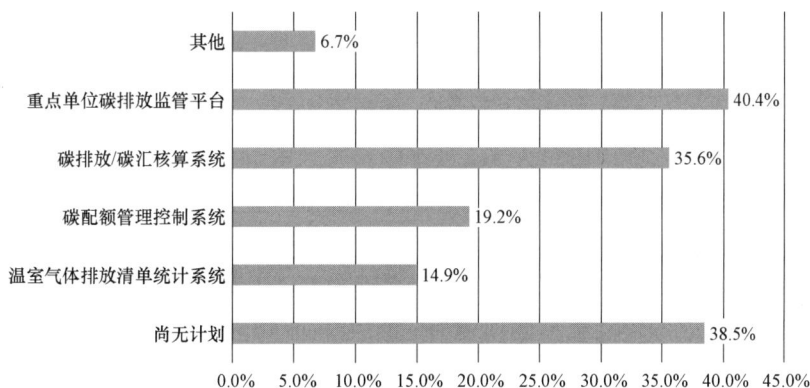

图 1-22　相关企业与碳相关的信息化建设计划

据调研显示，有超过 70%的相关从业人员认为十四五期间政府重点投资的信息化方向为碳排放管理，比例最高；有 65%～70%的从业人员认为污染源排放监管、水环境监管也是十四五的重点投资方向；有 62.5%的人认为生态环境规划审批、生态环境质量综合性监管为未来重点投资领域；有 55%～60%的人认为大气环境监管、土壤环境监管、生态环境评估评价为重点投资领域；认为固废监管、污泥处理监管、噪声监管为重点投资领域的人比例较少，分别为 49.0%、44.7%、35.6%，如图 1-23 所示。

2. 行业发展限制因素

生态环境基础数据缺乏、数据孤岛、数据分析决策能力不足、前沿技术应用短板成为限制行业发展的主要因素。

智慧生态行业发展趋势向好，但在发展过程中仍会存在一定限制因素，有将近 80%的从业人员认为生态环境基础数据的缺乏与数据孤岛问题是智慧生态行业发展的最大限制因素；其次有约 67%的人认为"缺乏规划统筹、系统重复建设、多头建设""数据分析能力有限，停留在数据收集统计阶段，智能决策能力不足""缺技术累积，大数据、AI、云计算等前沿技术在生态行业较少应用"对行业发展限制也较大；而"缺乏资金投入""行业统一的标准、指南缺失"也被认为是较大的限制因素，比例在55%～60%；有少部分人（约35%）认为缺乏领导支持也对行业发展有一定限制，如图1-24所示。

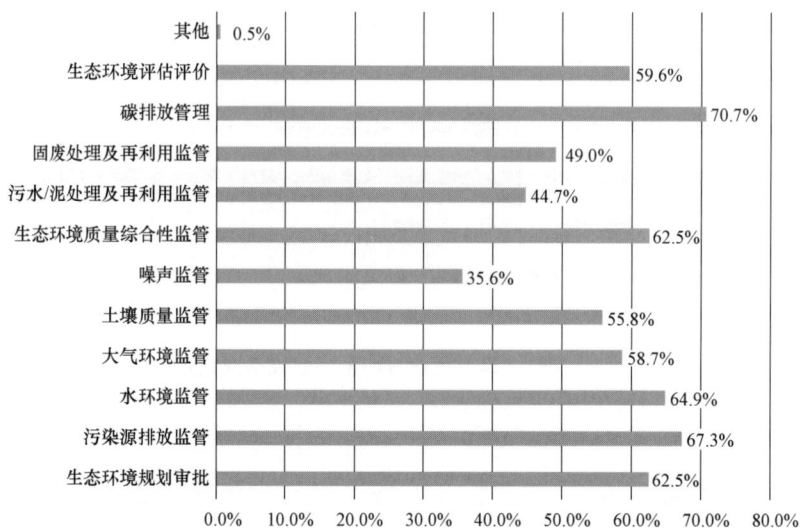

图1-23　预测十四五期间政府重点投资的生态环境行业信息化方向

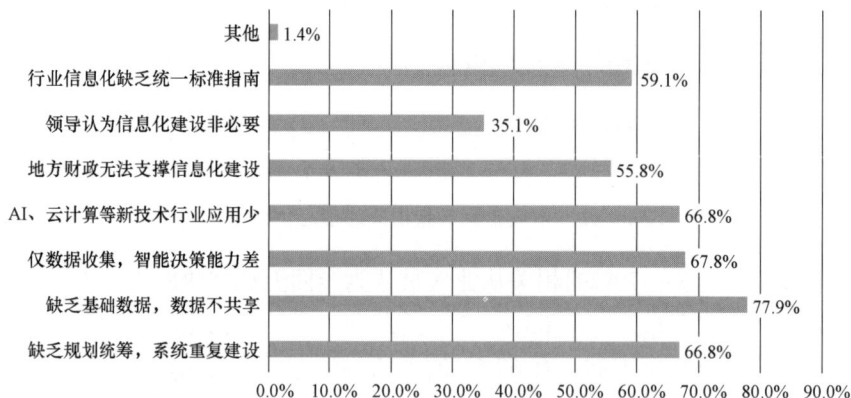

图1-24　限制生态环境行业信息化发展的因素

3. 行业发展实施策略

智慧生态行业进一步发展仍需要政府体制机制改革、城市管理信息化水平整体提升与技术进一步发展（如平台技术、生态监测技术）。

智慧生态行业的发展离不开城市管理体制、机制的创新发展，有近80%的受访者认为"政府部门体制机制改革、不同部门间管理协同""整个城市管理信息化水平的提升与带动"可有效促进智慧生态行业发展；有73%的受访者认为"政策对生态环境信息化行业的强制性要求"也对行业发展促进作用显著；还有近60%的受访者认为"将智慧生态信息化建设与绩效考核挂钩，明确责任机制与奖励方式"也会对行业发展起到一定促进作用，如图1－25所示。

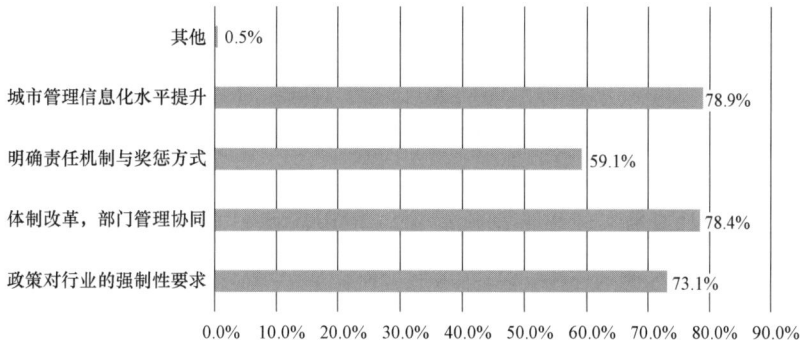

图1－25　促进生态环境领域信息化发展的方式

据调研显示，有约87%的相关从业人员认为平台技术（可视化支撑－GIA建模等技术、可量化－物联感知设备、可优化—大数据分析等）、生态监测技术（多光谱、激光雷达、卫星遥感、水/土/气/生领域物联监测、AI分析与识别等）是智慧生态行业发展的关键支撑技术；另外，有60%~70%的从业人员认为生态（水生态、水环境、水调度等）、生态核算（指标、碳核算、GEP）也是智慧生态的关键支撑技术；还有40%~50%的人认为生态修复技术、循环利用技术在智慧生态行业较重要，如图1－26所示。

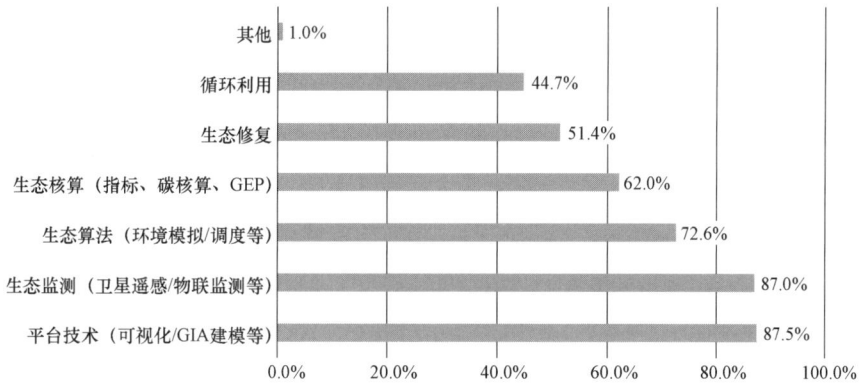

图1－26　智慧生态的关键支撑技术

参　考　文　献

[1] 郭晓虹."生态"与"环境"的概念与性质 [J].社会科学家，2019（02）：107－113.

[2] 沈清基.论基于生态文明的新型城镇化 [J].城市规划学刊，2013（01）：29－36.

[3] 王如松，李锋.论城市生态管理 [J].中国城市林业，2006（02）：8－13.

[4] 毛明芳.生态文明的内涵、特征与地位——生态文明理论研究综述 [J].中国

浦东干部学院学报，2010，4（05）：92－96.

［5］吴灿新. 人类大文明略论［J］. 佛山科学技术学院学报（社会科学版），2012，30（02）：10－16.

［6］王俊霞，王晓峰. 基于生态城市的城市化与生态文明建设协调发展评价研究——以西安市为例［J］. 资源开发与市场，2011，27（08）：709－712.

［7］周生贤. 走向生态文明新时代——学习习近平同志关于生态文明建设的重要论述［J］. 中国生态文明，2013（01）：6－9.

［8］章少民. 中国生态环境信息化：30年历程回顾与展望［J］. 环境保护，2021，49（02）：37－44.

［9］Bormann BT，Brookes MH，Ford ED et al.（1993）. A broad strategic framework for sustainable ecosystem management. East side Forest Ecosystem Health Assessment Volume V. U. S. Department of Agric. For. Serv. 62p.

［10］马世俊，王如松. 社会－经济－自然复合生态系统. 生态学报，1984，4（1）：1－9.

［11］徐敏，孙海林. 从"数字环保"到"智慧生态"［J］. 环境监测管理与技术，2011，23（04）：5－7.

［12］刘锐，詹志明，谢涛，等. 我国"智慧生态"的体系建设［J］. 环境保护与循环经济，2012，32（10）：9－14.

第2章 智 慧 减 污

2.1 减污智慧化概述

2.1.1 发展背景

1. 污染治理历史沿革

在工业革命前，由于生产力的限制人类集中活动的规模通常不大。除了人口庞大、居住集中的少量大型城市外，人类在生产和生活过程中产生的废弃物基本在自然物质循环中得以消解。

随着社会生产力的提升，人口数量迅速膨胀，人类活动急剧增加。两次工业革命大幅推动了人类对化石能源的利用，直接导致了远超生态环境容量的有害物质通过燃烧过程释放到环境中。同时，随着科学技术特别是化学的不断进步，在生产过程中产生了大量有毒有害且难以自然降解的化学物质。此外，还有一些在人类生产和生活过程中产生的无直接毒害的物质，由于其数量超过自然净化能力而引发了次生危害。

这些污染物以气态、液态或固态等形态进入自然环境，又通过大气沉降、水体扩散等物理化学过程和食物链等生物过程富集到人类周围甚至体内，引发了一系列严重的环境问题。特别是在 20 世纪初期，发生了广为人知的 "世界八大公害事件" ——比利时马斯河谷烟雾事件、美国洛杉矶光化学烟雾事件、美国多诺拉镇烟雾事件、英国伦敦烟雾事件、日本水俣病事件、日本四日市哮喘病事件、日本米糠油事件、日本富山骨痛病事件等严重的环境污染事件，引发了各国对污染治理的极大关注。

发达国家因为工业化程度较高、技术水平较为发达，经过漫长的治理过程基本实现了大部分污染物的收集和处理。而我国自 1949 年新中国成立以来，在短短数十年间经济飞速发展，工业化水平几乎从零起步，直到今天基本追平了发达国家数百年的发展成果。我们享受到了社会物质的极大丰富提供的便利，但同时也应注意到，经济爆发式增长背后带来的是污染问题的集中爆发。华北地区雾霾问题、太湖蓝藻问题、腾格里沙漠污染事件、珠三角地区重金属问题等污染事件，严重威胁了人们的健康和幸福。

正因为环境污染对人类的威胁日益紧迫，污染治理获得了社会的广泛重视而得以迅速发展。以四次世界性环境与发展会议为标志，人类对环境问题的认识发生了历史性转变，发生了四次历史性飞跃。

第一次飞跃是 1972 年 6 月 5 日至 16 日在瑞典斯德哥尔摩召开的联合国人类环境会议，世界各国开始共同研究解决环境问题。会议通过了《人类环境宣言》，确立了人类对环境问题的共同看法和原则。《人类环境宣言》原文引用了毛泽东主席的话，"人类总得不断地总结经验，有所发现，有所发明，有所创造，有所前进。"会议开幕日被联合国确定为世界环境日，每年的这一天世界各国都会举行丰富多彩的纪念活动。

第二次飞跃是 1992 年 6 月 3 日至 14 日在巴西里约热内卢召开的联合国环境与发展会议。会议第一次把经济发展与环境保护结合起来进行认识，提出了可持续发展战略，标志着环境保护事业在全世界范围启动了历史性转变。由我国等发展中国家倡导的"共同但有区别的责任"原则，成为国际环境与发展合作的基本原则。

第三次飞跃是 2002 年 8 月 26 日至 9 月 4 日在南非约翰内斯堡召开的可持续发展世界首脑会议。会议提出经济增长、社会进步和环境保护是可持续发展的三大支柱，经济增长和社会进步必须同环境保护、生态平衡相协调。

第四次飞跃是 2012 年 6 月 20 日至 22 日在巴西里约热内卢召开的联合国可持续发展大会。会议发起可持续发展目标讨论进程，提出绿色经济是实现可持续发展的重要手段，正式通过《我们憧憬的未来》这一成果文件。

以上四次会议为我国加强环境保护提供了重要借鉴和外部条件。我国环境保护大致可以分为五个阶段：

第一阶段：从 20 世纪 70 年代初到党的十一届三中全会。1972 年召开人类环境会议时，在周恩来总理的指示下，我国派出代表团参加了此次会议。会议后不久，1973年 8 月国务院召开第一次全国环境保护会议，提出了"全面规划、合理布局，综合利用、化害为利，依靠群众、大家动手，保护环境、造福人民"的 32 字环保工作方针。

第二阶段：从党的十一届三中全会到 1992 年。这一时期，我国环境保护逐渐步入正轨。1983 年第二次全国环境保护会议，把保护环境确立为基本国策。1984 年 5 月，国务院作出《关于环境保护工作的决定》，环境保护开始纳入国民经济和社会发展计划。1988 年设立国家环境保护局，成为国务院直属机构。地方政府也陆续成立环境保护机构。1989 年国务院召开第三次全国环境保护会议，提出要积极推行环境保护目标责任制、城市环境综合整治定量考核制、排放污染物许可证制、污染集中控制、限期治理、环境影响评价制度、"三同时"制度、排污收费制度等 8 项环境管理制度。同时，以 1979年颁布试行、1989 年正式实施的《环境保护法》为代表的环境法规体系初步建立，为开展环境治理奠定了法治基础。

第三阶段：从 1992 年到 2002 年。里约联合国环境与发展会议召开两个月之后，党中央、国务院发布《中国关于环境与发展问题的十大对策》，把实施可持续发展确立为国家战略。1994 年 3 月，我国政府率先制定实施《中国 21 世纪议程》。1996 年，国务院召开第四次全国环境保护会议，发布《关于环境保护若干问题的决定》，大力推进"一控双达标"（控制主要污染物排放总量、工业污染源达标和重点城市的环境质量按功能区达标）工作，全面开展"三河"（淮河、海河、辽河）、"三湖"（太湖、滇池、巢湖）水污染防治，"两控区"（酸雨污染控制区和二氧化硫污染控制区）大气污染防治、"一市"（北京市）、"一海"（渤海）（简称"33211"工程）的污染防治。启动了退耕还林、退耕还草、保护天然林等一系列生态保护重大工程。

第四阶段：从 2002 年到 2012 年。党的十六大以来，党中央、国务院提出树立和落实科学发展观、构建社会主义和谐社会、建设资源节约型环境友好型社会、让江河湖泊休养生息、推进环境保护历史性转变、环境保护是重大民生问题、探索环境保护新路等新思想新举措。2002 年、2006 年和 2011 年国务院先后召开第五次全国环境保护会议、第六次全国环境保护大会、第七次全国环境保护大会，作出一系列新的重大决策部署。把主要污染物减排作为经济社会发展的约束性指标，完善环境法制和经济政策，强化重点流域区域污染防治，提高环境执法监管能力，积极开展国际环境交流与合作。

第五阶段：党的十八大以来。党的十八大将生态文明建设纳入中国特色社会主义事业总体布局，把生态文明建设放在突出地位，要求融入经济建设、政治建设、文化建设、社会建设各方面和全过程，努力建设美丽中国，实现中华民族永续发展，走向社会主义生态文明新时代。这是具有里程碑意义的科学论断和战略抉择，标志着我们党对中国特色社会主义规律认识的进一步深化，昭示着要从建设生态文明的战略高度来认识和解决我国环境问题。

随着污染治理设施"大干快上"的告一段落，我国的污染治理行业已经进入高质量发展的新阶段。对质量和效率的更高追求需要新技术的支撑，而日新月异的智慧化技术正是助力污染治理行业发展的坚实踏板。

2. 减污智慧化发展环境

（1）政策环境。智慧化技术极大地提高了信息的流通速度，并可以在一定程度上取代繁重的体力劳动。随着国家对污染治理重视程度的不断提高以及国民环保意识逐步增强，国家制定和修订了一系列法律法规、政策和规范性文件，对智慧化产业的发展起到了至关重要的推动作用，相关政策见表 2-1。

表 2-1　　　　　　　　　　　减污智慧化相关政策

时间	颁布部门	政策名称
2022.02.18	生态环境部	《生态环境智慧监测创新应用试点工作方案》
2021.11.15	工业和信息化部	《"十四五"国家信息化规划》
2017.06.06	工业和信息化部	《关于全面推进移动物联网（NB-IoT）建设发展的通知》
2016.11.24	国务院	《"十三五"生态环境保护规划》
2016.03.07	环境保护部	《生态环境大数据建设总体方案》
2016.01.11	国家发展改革委	《"互联网+"绿色生态三年行动实施方案》
2015.07.26	国务院办公厅	《关于印发生态环境监测网络建设方案的通知》

时间	颁布部门	政策名称
2014.08.27	国家发展改革委等八部门	《关于促进智慧城市健康发展的指导意见》
2013.08.05	住房和城乡建设部	《住房城乡建设部办公厅关于公布 2013 年度国家智慧城市试点名单的通知》

（2）产业环境。污染治理产业已由工程为主的突击治理全面转向运营为主的长效治理，随着治理模式的逐渐成熟，通过常规手段提升治理效果与效率的空间收窄，信息技术的爆发为产业发展提供了全新破局点，而智慧化技术在互联网、金融、交通、能源等行业的极佳应用效果为污染治理产业提供了很好的示范。

经过数年的探索，污染治理的智慧化应用取得了一定成果，特别是在数据深度利用与可视化展示方面，智慧化平台已成为新时代污染治理项目的必选项。目前，行业已基本形成共识，即智慧化是污染治理产业下一阶段发展的核心支点。

（3）技术环境。物联网、大数据、云计算、人工智能等前沿信息技术为污染治理智慧化提供了坚实的技术基础，而监测设备、ICT 基础设施、云服务、数据服务、软件开发等产业链环节的日趋成熟也为污染治理智慧化应用的市场化发展提供了有力支撑。

2.1.2 行业现状

根据治理对象的不同，污染治理产业可以大致分为水污染治理、大气污染治理和土壤污染治理，而水污染治理又因治理节点的不同，可以进一步细分为污水处理和水体污染治理，其中污水处理是对已产生但未进入环境的污染物进行治理，而水体污染治理则是对已进入环境的污染物进行治理。

污染治理各细分领域的现状如下：

1. 污水处理利用

污水按来源可分为生产废水、生活污水和污染雨水。生产废水可以分为工业废水、农业废水及医疗废水，生活污水可以分为城镇生活污水和农村生活污水。目前污水处理行业的重点对象主要包括城镇生活污水、农村生活污水和工业废水。污水处理方式按照污水结构及处理方式可划分为集中式污水处理和分散式污水处理，以集中式污水处理为主。

污水处理利用产业的发展已进入成熟期。住房和城乡建设部（以下简称住建部）2021年 10 月 12 日发布的《2020 年城乡建设统计年鉴》显示，2020 年全国污水排放量 571.4亿 t，共处理 557.3 亿 t，污水处理率达到 97.53%，集中处理率达到 95.78%。住建部发布的污水处理率已经达到了国家发展改革委、住建部等部门联合印发的《"十三五"全国城镇污水处理及再生利用设施建设规划》中污水处理率 95% 的目标，但不代表我国的污水处理能力已经见顶。根据《"十四五"城镇污水处理及资源化利用发展规划》，"到2025 年，基本消除城市建成区生活污水直排口和收集处理设施空白区，全国城市生活污水集中收集率力争达到 70% 以上"，说明已收集的污水虽然已经得到了较好的处理，但存在大量未经收集的污水对环境持续造成污染，污水处理行业仍有较大市场空间。

2. 水体污染治理

水体污染的主要来源包括生活污水、工业废水等排放造成的点源污染，农业废水等排放造成的面源污染，以及水体内底泥释放造成的内源污染。在"十三五"期间，我国水体污染治理的重点在于城市黑臭水体整治。2015年9月11日住建部发布了《城市黑臭水体整治工作指南》，其中提出"控源截污、内源治理；活水循环、清水补给；水质净化、生态修复"的基本技术路线，基本可以概括水体污染治理的主要手段。

经过"十三五"期间的集中治理，城市黑臭水体基本消除，水环境质量得到较大改善。根据生态环境部2022年5月27日发布的《2021年中国生态环境状况公报》，全国地表水监测的3632个国考断面中，Ⅳ类水质断面占11.8%，Ⅴ类水质断面占2.2%，劣Ⅴ类水质断面占1.2%。河流国考断面中，Ⅳ类及以下水质断面占比13.0%，其中劣Ⅴ类水质断面占0.9%。湖泊国考断面中，Ⅳ类及以下水质断面占比27.1%，其中劣Ⅴ类水质断面占5.2%。我国的水体质量整体向好发展，但各地方乡镇仍存在大量黑臭水体，需要持续改善。

3. 大气处理利用

大气污染的主要来源包括工业生产排放、生活燃料燃烧、交通工具排放、农业散发等，最主要的来源为工业产生的烟气，而烟气治理中目前最主要的业务板块为除尘、脱硫、脱硝和挥发性有机物（Volatile Organic Compounds，VOCs）治理。

我国总体的大气质量不容乐观，以制造业为代表的第二产业仍是经济发展的重要支柱，虽然经过国家监管要求提高和产业结构性调整双管齐下的治理，每年工业废气污染物的排放量仍处于较高水平。根据生态环境部2022年5月27日发布的《2021年中国生态环境状况公报》，2021年全国339个城市中，121个城市环境空气质量超标，占35.7%，339个城市全年空气质量达到轻度及以上污染的天数比例达到12.6%。根据生态环境部2022年2月18日发布的《2020年中国生态环境统计公报》，2020年全国二氧化硫排放量中工业源占79.6%，氮氧化物排放量中工业源占40.9%，颗粒物排放量中工业源占65.6%，VOCs排放量中工业源占35.6%。未来的大气污染治理利用仍将以工业源废气治理为主。

4. 土壤污染治理

土壤污染的主要原因包括化肥农药污染、固体废弃物污染、工业生活污染和干湿沉降污染等。根据污染土地类型的不同，土壤修复业务板块可分为场地修复、矿山修复和耕地修复。

土壤污染来源复杂，检测相对困难。2005年至2013年我国开展了首次全国土壤污染状况调查。根据环境保护部和国土资源部2014年4月17日发布的《全国土壤污染状况调查公报》，全国土壤环境状况总体不容乐观，部分地区土壤污染较重，耕地土壤环境质量堪忧，工矿业废弃地土壤环境问题突出。全国土壤总的超标率为16.1%，其中轻微、轻度、中度和重度污染点位比例分别为11.2%、2.3%、1.5%和1.1%。污染类型以无机型为主，有机型次之，复合型污染比重较小，无机污染物超标点位数占全部超标点位的 82.8%。土壤污染情况严重，经过数年的治理，土壤治理修复初见成效，但因技术远未成熟，加之行业不够规范，导致土壤治理成效与预期相比稍显不足。

在污染治理的各细分领域，智慧化技术应用的先后与治理技术成熟度的高低基本相同，即在发展时间最长、技术管理最成熟的污水处理领域最先得到应用，随后是大气污染治理产业和水体污染治理产业，而在最"年轻"的土壤污染治理产业中智慧化技术发展和应用情况明显不足。

总的来说，污染治理产业智慧化技术应用的发展经历了自动化－信息化－智慧化的系列发展阶段。

在 20 世纪 70 年代，世界上即有污水处理厂开始应用在线监测技术和自动控制技术。作为智慧化的初级阶段，自动化阶段出现的在线仪表即是智慧化框架中感知层的雏形，而自动控制技术则是高级算法和辅助决策系统的雏形。

随着互联网技术的发展，污染治理向着信息化、平台化的方向迈进了一大步。通过将原本孤立的单厂、单项目用网络串联起来，极大丰富了数据的来源，实现了远程业务管理和支持，为智慧化的发展奠定了基础。

20 世纪 90 年代开始至今，通过对专家隐性知识的显性化，企业开始将高级的算法、模型、决策树等智慧化技术应用在实际业务管理中，取得了较好的效果。但总体上来看，污染治理产业的智慧化仍处于较初级的阶段。

在国内的污染治理行业中，污水处理领域也是智慧化技术应用和发展的前沿领域。2000 年前后污水处理的智能控制开始成为学界的研究热点，而智慧化污水处理厂的应用案例则直到 2008 年才见报道。2013 年 8 月 5 日住建部发布了《住房和城乡建设部办公厅关于公布 2013 年度国家智慧城市试点名单的通知》（建办科〔2013〕22 号），引发了行业的广泛关注，自此引发了国内环保行业智慧化的热潮。

经过数年的发展，国内减污智慧化技术的划分和应用场景逐渐清晰，纵向上形成了数据采集－数据传输－数据存储－数据应用－数据服务的业务链条，横向上形成了咨询服务－硬件制造－软件开发－运维服务的产业链条，智慧化技术在污染治理的各细分领域已得到了初步应用。

2.1.3 需求分析

污染治理行业的发展需要由资本密集和劳动密集向技术密集转型，而技术密集转型的深层需求其实是对数据和知识的需求。一方面，数据已成为新兴的关键生产要素，数据的价值在金融业、零售业、制造业等行业已经得到较为充分的利用；另一方面，技术人才的缺乏限制了行业的整体发展，污染治理产业要从资本密集和劳动密集向技术密集转型，对知识更高效的利用是实现产业转型的重中之重。

污染治理行业对智慧化技术的需求可以具体分为三个方面：数据采集与存储、数据分析与知识转化、数据应用与知识分享。

1. 数据采集与存储

污染治理产业政府监管的基本逻辑是"测－管－治－保",企业实施的基本逻辑是"技－投－建－运"。不论在政府端还是企业端,了解生态环境的本底情况都是开展污染治理工作的首要任务。而除了对环境数据的感知,还需要对污染治理的过程数据进行采集。

除了因技术限制未能实现对土壤污染物的自动取样监测外,对水污染物和大气污染物的实时在线监测手段已经较为成熟,数据的准确性和及时性基本可以得到保证。但目前在线监测采集的数据多为点状的孤立数据,缺少反映生态系统随时间和空间连续变化趋势的可视化数据,无法实现对区域化复合型污染的识别。

对治理过程数据的采集主要侧重于对治理设施、设备运行和工艺数据的采集,由于缺少统一的数据标准,不同项目或单位采集到的数据难以统一利用,极大地限制了数据规模效用的发挥。

要实现多源大数据的联合规模化应用,最重要的是要统一数据标准,保证不同厂商、不同设备、不同指标的数据能够按同一标准进行采集和存储,才有可能实现对海量数据的高效利用和共享。

2. 数据分析与知识转化

污染治理产业存在物理学、化学、生物学等多学科的交叉应用,污染治理过程复杂,数据量庞大且指标繁多,需要的不仅是基于已有模型、算法对数据进行分析处理,还需要通过对可能存在潜在关联的数据进行探索,获取行业尚不具备的相关知识,这种知识可能是极具价值的。

目前污染治理产业数据的分析方法还是以简单的算法和模型为主,其原因一方面是早期的相关算法、模型因数据来源有限难以迅速得到验证和演进,在接入海量数据后,反过来也将促进对污染治理过程的理论研究。另一方面,神经网络等机器学习算法使计算机代替人类探索数据内部的潜在联系成为可能,但该技术在污染治理产业还处于试验阶段。

分析是挖掘数据价值、数据向知识转化的过程,但现有的分析工具还不足以充分支持对海量多源耦合数据资源的开发,亟须各专业进行"政用产学研"合作研究。

3. 数据应用与知识分享

数据经过分析和处理后需要指导污染治理的设计、建设、运营、监管等过程。对于不成熟的污染治理过程,数据应为相关人员提供决策支持;对于已较成熟的污染治理过程,则应能通过设定好的决策程序实现实时、远程、自动控制和决策。

在污染治理产业,自动控制技术的发展由来已久,具有良好的硬件基础。但传统的自控基于的控制逻辑都较简单,只能实现单点的自动控制和决策,对于复杂的生态系统污染治理过程,需要的是基于复杂数据及分析结果的系统联合调控,即需要云计算、物联网和智能设备的支撑。

2.1.4 发展趋势

减污智慧化作为智慧环保建设的重要板块,出发点在于将物理世界充分映射到虚拟世界中,打通底层数据,进而利用信息技术手段探索出最优化的区域污染综合治理方案。因此,未来减污智慧化发展将呈现综合化、产业化、实体化三大趋势。

1. 综合化

随着"虚拟空间"的数字化系统平台与"物理空间"的智慧设施不断融合拓展,区域内的减污智慧互联网、物联网逐渐成形,其海量数据处理与纷繁的管理决策很难通过几个专业化方案获得有效解决。对数据开展全景式分析,为客户提供一站式服务将成为主流,减污智慧化发展将从"专业化"向"综合化"方向演变。

2. 产业化

一个区域内的污染问题涉及水固气土等多个领域,而智慧化更叠加了信息技术专业领域知识能力。因此,传统的污染治理主体和智慧化技术供应商将根据各自禀赋与偏好,组成大大小小的各类产业生态圈,彼此提供差异化价值,共同服务客户。

3. 实体化

随着各类数字化平台、系统等"虚拟空间"基础设施的完善,减污智慧化业务将逐渐拓展至污染治理各细分领域需大量投资的"物理空间"基础设施,对其进行智慧化改造与智慧化建设,以实现线上系统与线下设施之间的协同融合,系统性地提升整个治理设施的运行、管理效率。

2.2 减污智慧化总体思路

2.2.1 基本原则

1. 以国家战略布局为牵引

生态文明是国家的发展战略,生态环境治理的责任主体是各级政府,生态环境治理产业发展必须紧紧跟随国家的战略指引。

《中华人民共和国国民经济和社会发展第十四个五年规划和 2035 年远景目标纲要》(简称"十四五"规划)中将"推动绿色发展,促进人与自然和谐共生"作为我国"十四五"期间的重要发展目标,具体的实现路径中"持续改善环境质量"就是要"深入打好污染防治攻坚战,建立健全环境治理体系,推进精准、科学、依法、系统治污,协同推进减污降碳,不断改善空气、水环境质量,有效管控土壤污染风险"。

基于"十四五"规划,各部委相继印发了《"十四五"城镇污水处理及资源化利用发展规划》《"十四五"重点流域水环境综合治理规划》《"十四五"城市黑臭水体整治环境保护行动方案》《"十四五"土壤、地下水和农村生态环境保护规划》,并正在组织编制《"十四五"大气污染防治专项规划》,地方各级政府进一步组织编制了地区污染治理的相应规划,成为指导"十四五"期间污染治理发展方向的重要基线。

除生态环境相关的目标外，"十四五"规划首次将"加快数字化发展 建设数字中国"这一数字化目标列入五年规划，且排在"十四五"国家发展目标的前列，"推进产业数字化转型"这一目标为污染治理产业的智慧化发展提供了方向指引。

2. 以提质增效赋能为目标

污染治理产业智慧化应用在新时代的发展目标可以概括为：提质、增效、赋能。

传统的污染治理产业主要为资产密集型和劳动密集型，治理规模或者说"处理量"在迅速上升，但治理的质量和效率或者说"治理效果"和"治理成本"却始终不理想。智慧化技术可以将数据价值转化为知识，与各专业专家的知识一起借助智慧服务分享给全产业链，打破人才缺乏对产业发展的限制，即对产业进行"赋能"。

通过智慧化技术本身带来的巨大便利和其对人才资源潜力的巨大撬动作用，最终实现生态环境质量的提升，治理过程全要素生产效率的提升，产业人才水平的全面提升。

3. 以数据资产价值为驱动

相比于信息化时代，数字化时代的关键进步就在于将数据视作一项重要的新兴生产要素，让社会意识到了数据背后的巨大价值。

综观人类发展历史，每一次生产要素和生产关系的改变都迸发出了颠覆性的巨大活力，深刻的改变了文明的进程。数据作为新兴的生产要素，其价值已在多个行业得到验证，并无一例外地成为行业的新增长点，数据毫无疑问将成为这个时代推动社会进步的重要燃料。

智慧化技术不仅可以帮助污染治理主体挖掘、储存、沉淀数据资产，更是萃取数据资产多维度价值的重要工具，以数据资产价值为驱动的智慧化应用将为产业发展注入新动能。

4. 以跨域产业协同为抓手

污染治理本身即为综合性学科交叉应用的典型领域，智慧化技术的出现对产业发展又提出了传统业务模式融合信息技术的新需求。

智慧化行业链条涵盖软件开发、硬件制造、网络传输、数据服务等多个环节，而要实现区域性综合污染治理同样需要环境、水利、地质、大气、化学、物理、生物学等多个学科深度参与，智慧化与污染治理两者的结合更需要各方的深度协同。

因此要实现减污智慧化必须以跨专业、跨领域的产业协同为切入点，形成目标统一、平等互补的协同机制。

2.2.2 总体目标

减污智慧化的总体目标如下。

（1）提高污染治理效果。通过实时在线监测技术精准确定污染浓度、污染负荷和污染治理效果，通过模型、算法为优化污染治理决策提供直接或间接的支撑。

（2）增加业务运行效率。通过数据可视化技术提高业务人员反应速度，通过经智慧化技术重构的流程提高业务运行效率，通过大数据、云计算以及自动控制技术大幅减少资源无效浪费。

（3）撬动人力资源价值。通过模型、算法分析将数据转化为知识，通过知识库、专家辅助决策系统等技术将各领域专家的知识分享给广大一线业务人员。

（4）挖掘数据资产价值。通过大数据和机器学习技术探索数据潜在联系，通过数据服务能力创造直接经济价值。

（5）推动业务模式创新。通过智慧化技术与污染治理技术的深度融合创造新的业务模式，通过智慧化应用能力创造污染治理产业的新赛道。

2.2.3　总体框架

减污智慧化技术体系架构依据目前最新的信息化技术，同时兼顾未来的技术发展，保证技术的可持续演化，使得系统具备良好的实用性、先进性、扩展性、移植性及开放性。

减污智慧化技术总体框架如图 2-1 所示。

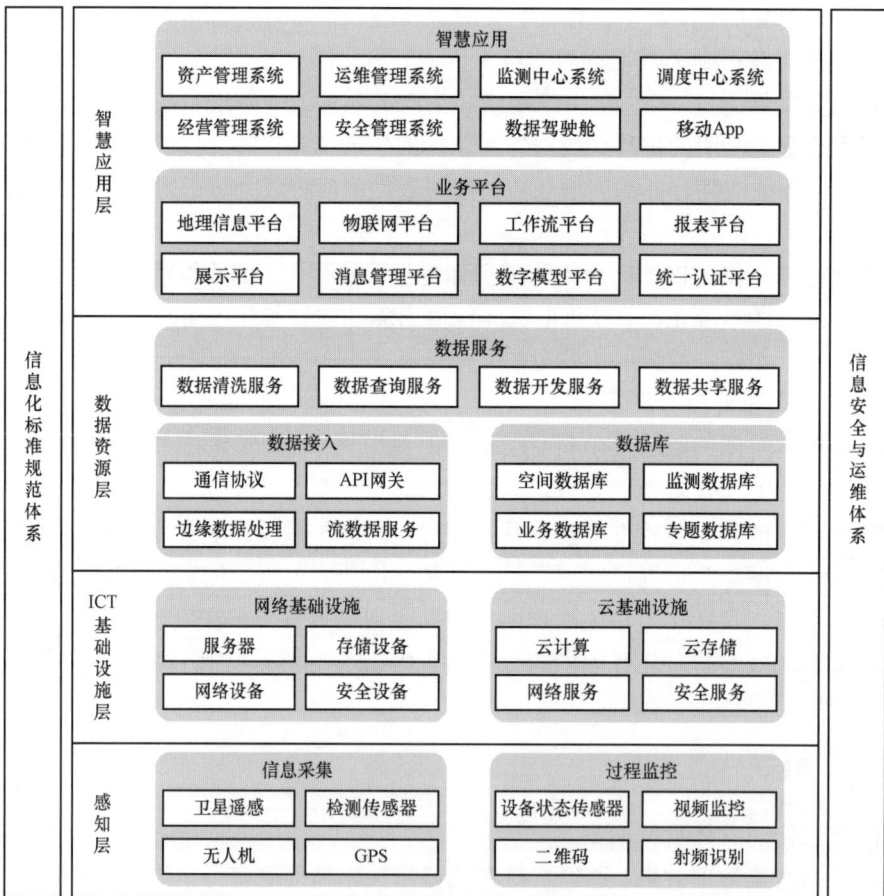

图 2-1　减污智慧化技术总体框架图

（1）感知层。感知层包括信息采集和过程监控两部分。其分布面广、硬件与软件耦合度高，其功能定位处于智慧系统的信息获取端和过程管理决策执行端，是信息工程与实体工程间的接口，是全要素信息的主要来源之一，属于不可代替和不应反复建设的共享资源。

（2）ICT 基础设施层。信息与通信技术（Information and Communications Technology, ICT）基础设施层包括网络基础设施、云基础设施和基础设施环境，是减污智慧化建设中不应重复建设的主要部分，为污染治理主体提供信息传输通道、安全基础设施运行环境，可根据前端业务需求按需自动扩容，实现故障转移、运维自动监控等。

（3）数据资源层。数据资源层是减污智慧化建设与发展的核心。依托信息化保障、信息系统运行环境和信息采集与工程监控，对数据资源进行建库分类，建立不同数据类的标准化存储、调用、共享交换、管理和更新，使数据资源真正发挥对业务和政务管理的支撑作用。

（4）智慧应用层。智慧应用层包括业务平台和智慧应用。各应用依托资源共享服务平台，实现功能个性化、资源共享与业务协同，用户则通过不同载体获取丰富展示内容。

（5）保障体系。保障体系由信息化标准规范体系和信息安全与运维体系组成，是支撑减污智慧化不断发展的基本保障。

2.3 减污智慧化实现路径

1. 加强跨专业人才培养和储备

减污智慧化综合性、系统性强，要实现智慧化技术在污染治理产业的顺利推广应用，需要环保、计算机、通信、制造等不同领域的技术融合创新、产业协同，亟须跨专业人才的支撑。

有数据显示，如今全球对跨领域复合型人才的需求已经达到了前所未有的高度，特别是具有信息技术相关背景的人才更是各行业争抢的稀缺资源，有限的跨专业人才资源成为污染治理与智慧化技术融合的首要限制因素。这就要求各污染治理主体要积极培养和储备跨专业人才，为传统业务的智慧化转型提供充足的人才资源。

2. 加快智慧化技术协同开发

业务与智慧化的深度融合成功案例已经广泛出现在金融、零售、娱乐、制造等行业，取得了令人瞩目的成就。减污智慧化转型初期出现的失败案例中，最主要的影响因素就是各方没有形成有效的协同机制，有些是污染治理主体过于强势，智慧化技术合作伙伴的意见得不到重视，导致智慧化体系不健全，有些则是污染治理主体缺乏主见，完全由智慧化技术合作伙伴主导，导致智慧化技术与实际业务存在显著脱节。

各行业智慧化转型的实践经验说明，要成功完成传统业务与智慧化技术的创新融合，就必须建立双方协同开发的全新伙伴机制，而非传统的甲乙方项目制机制。传统业务方应提供充足的市场信息和应用场景，智慧化技术方应提供可靠的技术图谱和技术服务，在平等互惠的协同机制下开展技术融合。

3. 拓展智慧化技术应用范围

在污染治理产业，现阶段智慧化技术应用范围基本限于在线监测、物联网、简单算法模型等技术，数字孪生、数据中台、机器学习等前沿技术尚未得到产业化应用，原因一方面在于业务和技术融合需要较大的投入，另一方面在于缺乏人才和机制的支撑。在实现人才积累和协同机制建设的基础上，可以借鉴前沿技术在其他行业的应用经验，小步快跑、稳健拓展智慧化技术在污染治理产业各业务场景的应用范围，探索数据价值变现的渠道。

4. 完善智慧化产品产业生态

现有智慧化产业链尚不完善，软件和算法的发展速度超过硬件发展速度，污染治理产业的智慧化产品体系单薄，没有形成专业服务于环保行业的完整产业生态。在促进智慧化产品产业生态方面，政府和行业应发挥积极推进作用，通过政策引导、行业交流等方式吸引更多智慧化技术产业链上下游合作伙伴加入污染治理事业，并通过协同开发积极探索应用场景，发挥数据价值，建设健全、健康的智慧化产品产业生态。

2.4 关键技术

2.4.1 感知技术

减污智慧化实施中关键的感知技术主要指利用传感器和物联网实现的实时动态监测技术。

实时动态监测技术的核心为感知器及其组成的网络，感应器主要包括射频识别（Radio Frequency Identification，RFID）标签和二维码标签等基本标识和摄像头、全球定位系统（Global Positioning System，GPS）、超声波、压力、陀螺仪等传感器件。其中，传感器作为污染治理产业获取实时动态信息的主要设备，它利用各种机制把被测量转换为电信号，然后由相应信号处理装置进行处理，并产生响应动作，常见的传感器包括流量计、水质监测仪、大气监测仪等。

2.4.2 模拟预测技术

减污智慧化实施中的模拟预测技术主要是指利用感知数据在模型基础上进行的模拟预测。

模拟预测包括数据准备、建模与数值计算、可视化表达以及模型评估与结果分析等。以大气污染模拟预测为例，大气污染模拟涉及地理学、大气科学、环境科学、计算机技术等诸多学科的理论和方法等。地理学可以为大气污染扩散模拟提供更加符合实际地学意义的地理边界条件（如土地利用、地形、建筑物等），大气科学和环境科学能够提供专业的大气环流模型和污染扩散模型，而计算机技术则为模拟系统的构建与实现提供支撑。采用协同的方式，将分布异地的多学科领域专家联系在一起，实现跨学科知识共享，有助于提高大气污染模拟的科学性，从而为大气污染治理提供更加合理的决策支持。

2.4.3　智能控制技术

减污智慧化实施中的关键智能控制技术主要指物联网技术，根据模拟预测或实施监测的结果进行智能控制。

物联网技术是通过射频识别、红外传感器、全球定位系统、激光扫描仪等信息传感设备，遵从约定的协议，将物理实体与互联网连接，并进行信息交换和通信，以实现物体的智能化识别、定位、跟踪、监控和管理的一种网络。借助各类传感设备，搭建在线监测系统，采集污染治理各要素的运行状态信息，并采用可视化的方式有机整合管理部门的各类设施数据，形成"减污物联网"。

2.5　智慧污水处理利用

2.5.1　应用框架

智慧污水处理利用物联网应用平台总体构架如图 2-2 所示。

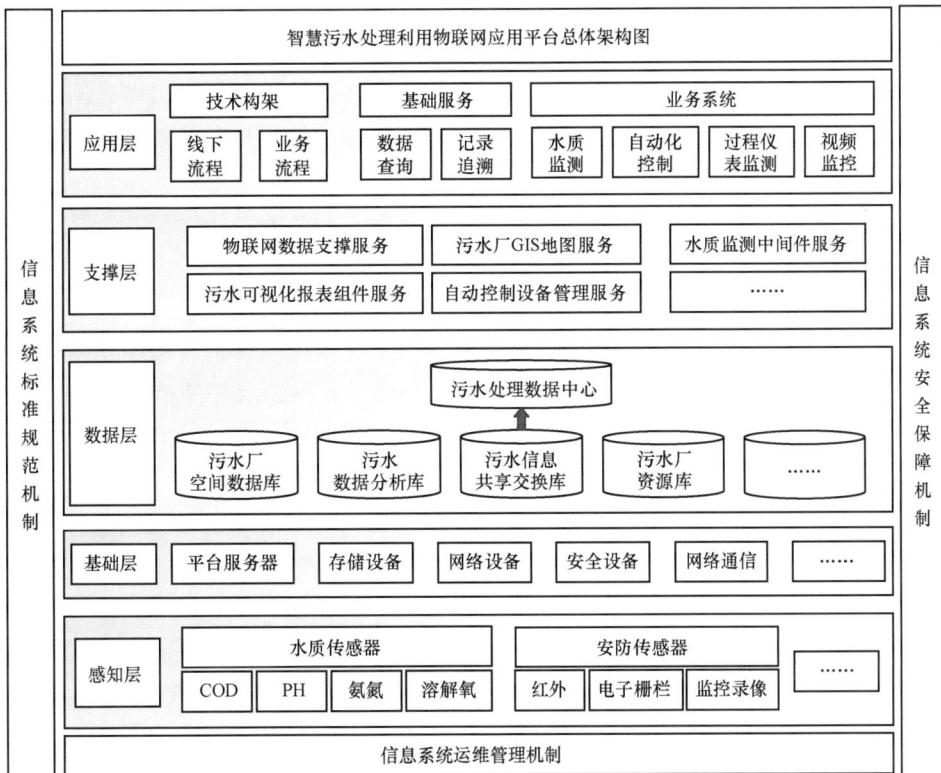

图 2-2　智慧污水处理利用物联网应用平台总体架构图

（1）感知层。包括信息采集和过程监控，用于识别现场环境和污水信息。感知层在污水处理中主要解决的是数据获取问题，它首先通过传感器、探头等设备，采集外部数据，然后通过传输技术传递数据。感知层所需要的关键技术包括检测技术、无线通信技术等。

污水处理厂感知层使用的主要设备有水质传感器和安防传感器两大类。水质传感器包括 COD、pH、氨氮、溶解氧等水质参数传感器；安防传感器主要用来监控厂区安全和设备安全，主要有红外设备、电子栅栏和监控录像等。

（2）基础层。信息与通信技术（Information and Communication Technology，ICT）基础设施包括网络基础设施、云基础设施和基础设施环境。网络基础设施是实现污水处理信息化最底层的基础设施，它包含是设备、介质和服务，设备指的是交换机、路由器和防火墙等诸多物理硬件设备；介质指的是传输介质，包括有线和无线两种；服务指的是将网络资源提供给人们使用的网络应用程序。

污水处理厂采用的 ICT 设备主要用于支撑数据采集和数据分析，通常有环境数据云存储器、网络交换机、水质处理服务器等。

（3）数据层和支撑层。数据资源包括数据存储、管理、交换和服务。数据存储服务指数据以某种格式记录在计算机内部或外部存储介质上，根据不同的业务需求采用不同的数据存储模式，满足相应的信息化应用；数据管理是利用计算机硬件和软件技术对数据进行有效的收集、存储、处理和应用的过程。其目的在于充分有效地发挥数据的作用。实现数据有效管理的关键是数据组织；数据交换是指在多个数据终端设备之间，为任意两个终端设备建立数据通信临时互连通路的过程。数据交换可以分为：电路交换、报文交换、分组交换和混合交换。

（4）应用层。服务和应用包括技术架构、基础服务和业务系统。污水处理厂业务主要分为线下流程和线上业务，一般提供的基础服务有数据查询和记录追溯，业务系统则包含水质监测、自动化控制、过程仪表监测和视频监控。

（5）保障体系。包括技术标准和安全标准。信息化建设不仅是靠领导支持、强力推行的行政手段，还要有科学的方法论，遵循客观规律。一般污水处理信息化体系采用信息系统标准规范机制和信息系统安全保障机制来保障系统成熟稳定运行。

2.5.2 应用功能

智慧污水处理利用应用功能包括城市集中生活污水处理设施、农村分散式生活污水处理设施和工业废水处理设施。

1. 城市集中生活污水处理设施

（1）"一张图"管全局。通过将数据电子化实现"一张图"管全局，结合设计城市集中生活污水处理设施基础数据使用情况，从而达到降低污水处理成本的目的。数字电子化同时也可以让公众参与进来，从而可以为他们提供信息、满足他们的需求。因此，公众可以在公开系统中获取有关城市污水处理的信息，可以根据城市的实际需求进行调整，确保突发可能情况下正常满足城市集中污水处理需求。数字电子化也为管网养护、城市内涝、应急预警等提供了可行方案。

通过大屏幕显示的"一张图"，可以一目了然地掌握城市实时污水量的状况，可以对各路管网污水排放、运行、处理等进行全程、动态管控。24小时监测、自动预警、精准定位等，"一张图"平台起到了关键作用，由大数据织起的"天罗地网"，让过去那些令人头疼的污水状况不明的情况无所遁形。系统通过铺设智能感知设备，可综合分析"源-网-管-口-河"拓扑关系，构建了完善的各环节污水管理实时感知系统，再通过设定阈值，可分类分级告警风险。智慧污水处理系统"一张图"如图2-3所示。

图2-3 智慧污水处理系统"一张图"

1）数字孪生。当前大环境的不确定性，加速了数字孪生技术在水务领域的采用，数字孪生提高了快速安全适应任何情况的能力，在实际系统中做出决定之前，可以虚拟地测试变化情况，以降低风险和成本，缩短时间。以物理建筑为单元、时空数据为底座、数学模型为核心、污水处理知识为驱动，对污水管理全要素和水利治理管理全过程的数字化映射、智能化模拟，可以通过在数字孪生中综合分析比对各要素，预演污水治理调度过程，动态调整优化调度方案，通过数字孪生流域动态掌握处理全貌，实现精准定位、影响分析，更好地支撑全流程联控联治。

数字孪生还可以预测各种问题，确定需要采取怎样的措施来预防紧急情况的发生，并将可能的后果降至最低，通过数字孪生技术可保持城市集中生活污水处理设施更加高效可靠的运行。

2）三维建模。三维建模是通过建模等方法将真实场景转化为虚拟仿真场景，它既可以与真实世界一一对应，也可以构建虚拟世界。三维建模也是数字孪生的基础。三维建模可以使得在数据成果开发应用的基础上，对污水处理设施及其内部管网有一个"看得见、摸得着"的感知，推进污水处理走向信息化、精准化。

3）建筑信息模型。在污水处理工程中合理的运用建筑信息模型（Building Information Modeling，BIM）能够在较大程度上提高工程成本的控制效率和准确性，进而减少市政污水处理过程中一些不必要的经济损失。在污水处理项目中使用 BIM 技术，通过构建污水厂机械设备的 4D 模型，可以对污水厂处理污水过程中的机器装置、电力设备进行动态掌握，提高污水处理效率，实时监控污水处理过程，跟踪污水处理进度，及时污水处理过程中的问题，并及时进行预警。由以往污水处理靠"经验判断，模糊分析"的方式，转变为"定量分析、预测预报"的精细化、智慧化管理方式，做到了监管规范化、水质监测可视化、风险预判精准化、养护监管智能化。

（2）工业物联网。近些年，工业物联网技术日渐成熟，应用领域也逐步不断延展。越来越多的污水处理项目中开始使用工业物联网方案来解决问题。将污水处理厂、污水泵站、污水处理站的物联网系统纳入同一个污水处理运营管理云平台系统，对其进行统一管理。工业物联网平台将污水处理厂、污水处理点、污水泵站等纳入同一个云端平台控制系统，在工业云平台可以统一化管理。在每个站点安装可编程逻辑控制器（Programmable Logic Controller，PLC）数据采集模块，完成站点设备 PLC 数据采集。数据采集是统一化管理的基础。手机和平板电脑等移动智能终端，通过物联网，实现设备远程监控和远程调试；建立营运管理系统，设立大屏幕展示，通过工业物联网系统，对整个污水处理进行远程营运管理。

工业物联网接入污水处理对比传统污水处理方式有较多优势。一是可以智能感知。通过智能感知技术可以实现无人值守运营，实现自动化控制系统并融合到物联网运营管理系统中，达到无人值守、远程控制管理和降低运营成本等需求。二是实现自动化控制。自动化控制操作改变了原有处理设施基本为人工手动、凭经验操作的现状。使用工业物联网解决方案后，在常规的设备上增加仪表，且所有设备、仪表接入 PLC 控制系统。系统会根据每个处理单元相匹配的仪表检测的数据调整设备运转，做到系统全自动化操作。污水处理厂的物联网系统如图 2-4 所示。

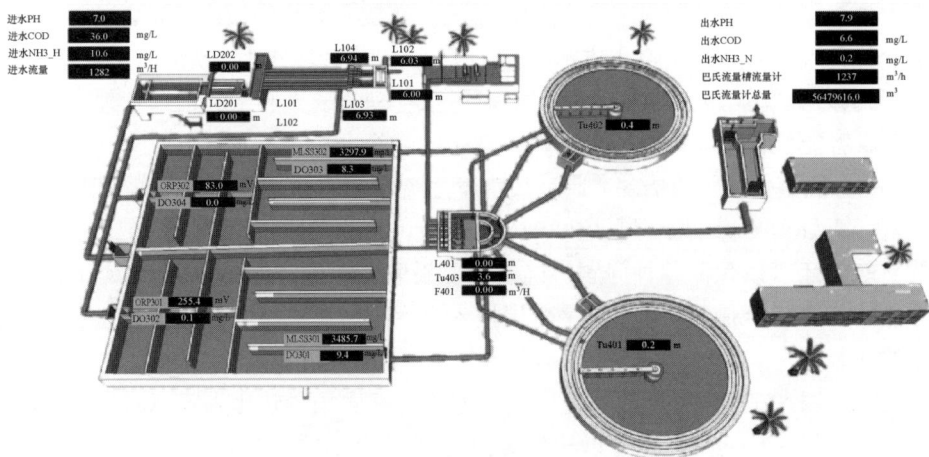

图 2-4　污水处理厂的物联网系统

（3）生产运行。

1）智慧运维。

a. 设备仪表台账。设备管理是企业经营的重要工作，通过信息化技术与现代化管理相结合，能更加有效地管理设备资源。设备台账将记录设备的详细信息，包括设备参数、维保资料等。通过建立设备信息库，以及设备在运行中，自动采集的设备参数、设备操作日志全方位记录，实现了设备整个生命周期的信息化管理。

b. 设备保养。在设备保养模块中，用户可根据自身工厂设备运维的需要，根据设备的具体类型及型号，设定保养的具体项目、制定保养周期及计划。系统会根据设备管理员设定的项目和计划，自动生成设备的保养工单。通过移动端 App，系统将保养工单推送给指定的工作人员，维保工作人员将按照推送的工单要求，执行设备的维保工作，将保养工作执行的过程，通过移动端 App 以图片、视频以及文字的方式记录到系统中。系统将整合保养记录以及保养工作的效率等数据，为设备保养工作提供数据支撑。设备保养记录如图 2-5 所示。

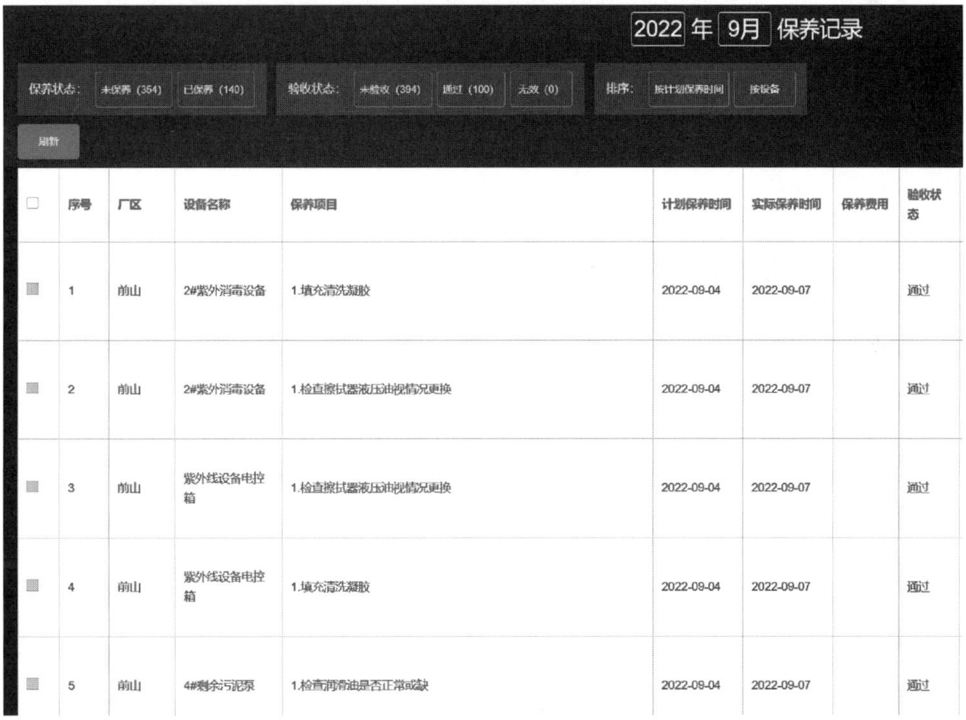

图 2-5　设备保养计划

c. 设备维修。智慧运营平台有多种报修方式：系统可通过自动采集的设备故障参数，判断设备的故障信号，故障信号将会自动产生故障报警信息。运行车间工作人员在执行巡检工单任务中，发现设备异常后，可直接通过移动端 App 进行设备报修。系统根据巡检人员提交的报修信息，自动生成维修工单，并通过移动端 App 推送给相关维修负责人。维修负责人需根据故障具体信息，指定相关维修执行人进行设备维修工作。维修工人员在执行维修工作中,需将维修工作的具体执行过程通过图片和文字的方式上传到系统中。系统会在设备病历卡中记录设备的故障及维修信息。

d. 设备电子病历。设备电子病历卡功能,通过一张图的方式,具体展示了设备的全生命周期信息,包括设备安装位置、设备状态、设备维保周期以及设备的自动采集参数信息。系统也将设备的维修记录、保养信息以及相关的维保资料显示在页面中,方便用户查询设备的维保历史信息,帮助设备运维人员改进设备维保策略及计划,提供全方位的数据支持。

2)智慧巡养。

a. 巡检管理。系统管理员可根据污水厂实际需要,通过巡检系统的配置功能,制订污水厂的巡检任务、巡检项目以及巡检计划。系统将通过设定的巡检项目以及巡检计划,自动生成巡检工单,通过移动端 App,推送给相关工艺段巡检负责人员。巡检工作人员将手持移动端 App 进行巡检工作,记录巡检的工作记录,并可通过图片和视频的方式上传巡检异常信息。

b. 养护管理。在养护管理功能模块中,养护工作人员根据污水厂养护工作的具体项目以及计划,制定养护策略。系统根据养护策略,会自动生成养护工单,通过手机 App 推送方式,告知工作人员。养护工作人员将根据手机 App 中的养护工单的执行流程,进行养护工作。并将养护工作的过程记录到系统中,形成工艺段或构筑物的养护记录档案。

(4)工艺模拟与调度。为满足处理水质的不断提高和运营管理的节能降耗,通常采用工艺模拟软件,对污水处理厂进行模拟,用于指导污水处理厂设计及运行,并取得良好的成效。通过对接 SCADA 系统,将生产工艺数据自动转存为工艺报表,记录生产水质、水量、药剂添加量、淤泥处理等重要的生产工艺数据,辅以人工修正功能,提供工艺报表的生成填报、审核功能,依据呈报文件模板自动生成工艺报告,便于管理者总结生产运行与工艺数据,统一输出呈报文件;依据进出厂水质、污染物削减量分析,开发厂站运行报表功能,方便分公司管理厂站运行数据,快捷、直观地查看厂站运行工况、送水量等统计分析情况,助力污水厂提质增效工作。

工艺管理模块功能包含:工艺日报表管理;污泥处置管理;水质分析;厂站日运行报表模板制定、报表导入导出;报表查询、详情查看、报表删除;工况统计;送水量统计等功能。

1)智能曝气。传统污水处理曝气方式依靠工人凭经验手动控制,如果曝气量不足,会导致工艺运行恶化,出水水质排放超标;若曝气量过多,会导致高能耗,造成运行成本增加。针对这一痛点,基于大数据和神经网络算法,加上模糊控制理论的智能控制逻辑,建立起"前馈+模型+反馈"的多因子智慧曝气控制方式。根据进水负荷、生物池出水氨氮的变化来实时调整溶解氧设定值,精确计算出鼓风机压力控制所需的最佳压力设定值,优化鼓风机的控制,在满足硝化反应完成和剩余碳有机物去除的情况下,最大程度上降低曝气量,实现了按实际所需供气,精准控制曝气量,使长期困扰传统水务行业的节能降耗成为现实。

2）智能加药。智能加药计算控制系统主要用于污水厂的化学除磷过程，其内嵌的智能加药模型可以根据进水总磷负荷，精确地计算药物投加量，并在出水端安装一套总磷检测仪，用于系统的后馈逻辑计算，不断校正模型参数。通过自动加药系统定量投加絮凝剂与混凝剂，可有效降低药物投加量，减少化学污泥产量，最大限度减少加药过程对后续工艺的影响，提高水厂的自动化运行水平。

3）智能碳源。城镇污水处理厂主要通过硝化和反硝化作用达到脱氮目的，上述生化作用需消耗碳源作为反应物。当污水中自带的碳源无法满足脱氮需求时，通常需要投加外碳源。传统人工调节的方式经常出现由于水质水量波动调节不及时 TN 超标及投加量过大等情况。

根据水质监测设备探查到的硝氮浓度，结合活性污泥反硝化速率计算出碳源投加量设定值。外加碳源进行反硝化的污水处理厂，通过智能碳源投加系统自动投加碳源，可在满足反硝化工艺要求的同时，有效降低碳源投加量，节省碳源费用，并避免因碳源过量投加影响出水水质。

4）应急调蓄。调节池是一种用于调节进出口流量的结构，在污水处理中用于避免各环节的处理设施承受污水高浓度变化带来的负荷冲击。应急调蓄系统采用先进的前馈＋后馈控制逻辑，在污水厂管网中布设检测设备实时监控各项水质情况。当管网中出现超标污水，通过传感器的信号传输，开启阀门把超标污水引入调蓄池中进行预处理后再进入正常的处理流程。

（5）运营决策分析。城市集中式运营决策有很多种，每个城市采用的主要污水处理技术、水环境污染成因、城市污水处理状况、技术发展特征与存在问题不尽相同，所以对运营策略分析显得尤为重要，根据城市实际制定化合适的运营策略更符合城市污水处理需求。通过对城市污水处理厂的调研，结合城市当前运营项目的实际情况，分析城市污水处理在运行管理中存在的问题。通过对这些存在问题的论述分析，能为各级主管部门及运行管理专业人员提出一些运营策略，将这些客观存在的问题从不同方位、各自职能加以解决，使城市污水处理的运营决策真正收到实效。

1）污水处理厂试运行管理。污水处理工程试运行不同于一般市政给排水工程的试运行。前者包括复杂生化反应过程的启动和调试。该过程缓慢耗时长，并受环境条件和水质的影响。通过实际试运行结果，确保污水处理达到排放标准。通过试运行检验土建、设备和安装工程的质量，建立相关设备的档案材料，对相关机械、设备及仪表的设计合理性、运行操作注意事项等提出建议。对某些通用或专用设备进行带负荷运转，并测试其能力。如水泵的提升流量与扬程，鼓风机的出风风量、压力、温度、噪声与振动等，曝气设备充氧能力或氧利用率等。

2）运营统计总览。通过整体经营统计页面（见图 2-6），总览区域经营的重要数据，主要包括生产水量、减排任务等重要指标、厂区平面图、设备完好率统计、污水厂在线监测数据、预报警信息和污水厂的泵站在线监测数据，实现各污水处理站关键数据指标的实时获取、站点的集中管理、异常信息的智慧告警和统计分析、巡检维修任务的智慧调度等，加速提高运营单位的运营管理能力，降低运营成本。

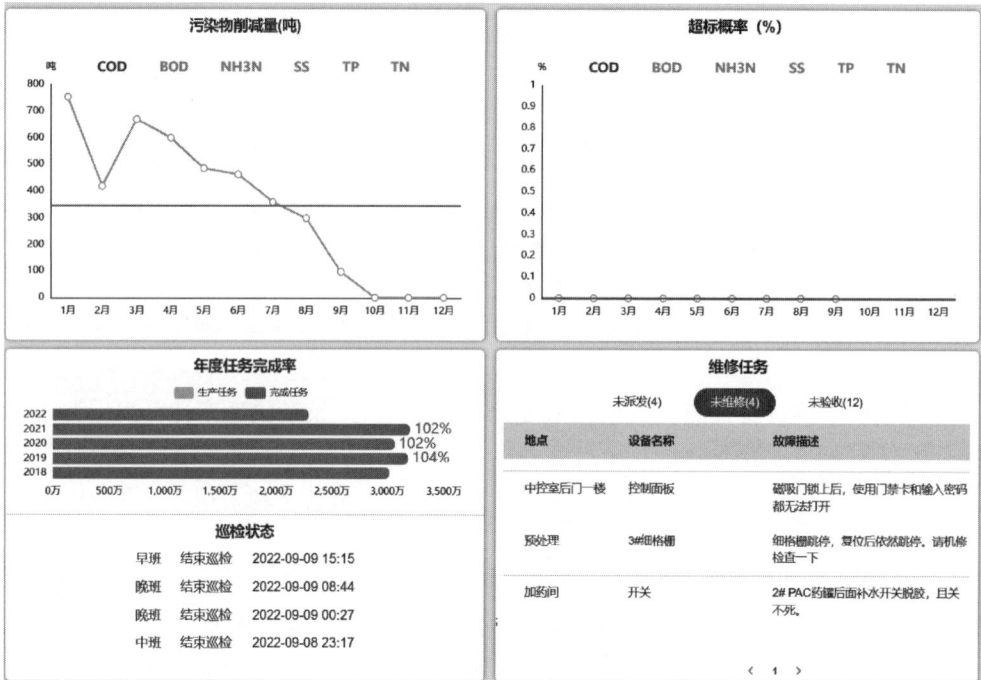

图 2-6　经营分析统计图

3）生产运营数据分析。通过管控平台查看污水处理厂经营统计生产数据，包括指标任务分析、水质分析、成本分析和收入分析。

指标任务分析：统计厂区近一年内的产水量情况，主要包括总产水量和日均产水量，如图 2-7 所示。打开厂区经营统计－生产数据－指标任务，可根据厂区选择和统计范围选择进行筛选统计。

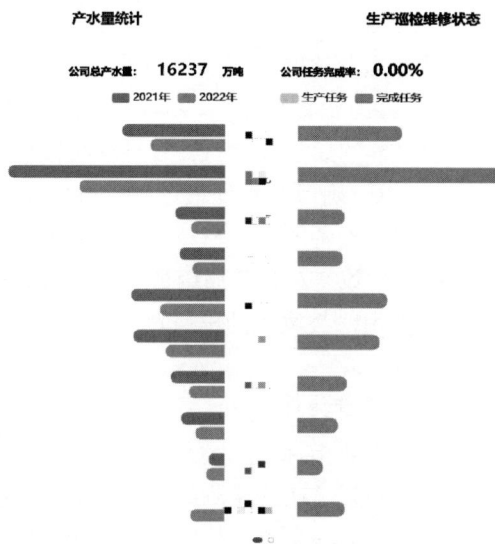

图 2-7　产水量分析

水质分析：基于运行日报表里各厂所填写生产水质数据，统计厂区水质的年度、月度平均值，如图 2-8 所示。统计的水质指标包括 COD、BOD、NH_3H、SS、TP、TN、PH。可根据实际需要，选择指标类型（进水水质、出水水质、减排量、去除率）、统计范围进行筛选统计。

平均出水水质（mg/L）　　　　　　　　　　　　　↓下载

COD	11.4	13.47	14.29	17.97	20.76	12.92	20.18	18.45	0.00
BOD	0.97	1.29	1.27	1.67	1	0.84	2.6	1.4	0.97
NH_3N	0.09	0.35	0.14	0.61	0.48	0.62	1.4	0.73	0.42
SS	2.2	2.56	3.84	3.04	2.91	4.62	2.5	4.59	1.41
TP	0.37	0.23	0.21	0.15	0.21	0.39	0.06	0.13	0.06
TN	8.21	9.04	8.93	10.03	6.15	7.24	6.56	8.98	8.32
PH	6.91	7.2	7.38	7.13	7.31	7.29	7.33	7.41	0.00

图 2-8　水质统计表

成本分析：根据厂区的水量生产成本情况，分生产线进行统计，如图 2-9 所示，主要包括水费、电费和药剂费成本。其中水量、电费统计的数据来源于经营月报表，药剂费数据统计来源于报表的导入，根据实际需要，选择生产线和统计范围进行统计。

药剂名称	所属厂区	总库存	单位	最后入库日期
PAC		5315.294	吨	2022-09-08
次氯酸钠		2709.94	吨	2022-09-04
柠檬酸		292.9	吨	2022-03-20
乙酸		20.13	吨	2021-03-11
氢氧化钠		19.71	吨	2020-03-23
硫代硫酸钠		9.57	吨	2020-07-15
PAM		4.755	吨	2019-11-15
乙酸钠		-742.359	吨	2022-05-12

图 2-9　药剂管理工单

收入分析是基于系统上经营月报表各厂填写的厂区付费水量收入进行统计。以柱状图的形式展示厂区付费水量收入情况。

4）水质管理决策。污水处理厂（站）水质管理工作使各项工作的核心和目的成为确保"达标"的重要因素。水质管理制度应包括各级水质管理机构责任制、各级检查制度、排放标准和水质检查制度、水质量控制和清洁生产系统等。

5）自动化控制决策。在污水处理厂实际运行中，通过智慧水务的建设和污水处理厂自动化系统现状和处理措施的分析，利用污水处理厂自动化控制系统进行信息收集及信息共享，这一功能的实现是智慧水务实际应用案例的体现，也给智慧水务系统未来的发展方向提供了实施经验，同时实现智慧水务给污水处理自动化控制也带来了好处。

对突发的事件，基于智能化的监测、科学合理的决策，处理工作会更加高效、可行。更全面的感知：通过信息收集的全面性、信息处理的快速性，可以全面地把握全局的水务信息状况，能更加主动地服务。依靠先进的技术进行监测，及时发现问题，及时做出合理的方案，及时处理问题，更自动地控制："智慧水务"控制沿用"工业4.0"的模式（由集中式控制向分散式增强型控制发展），在集中控制的模式条件下，可以分为防洪工程控制体系、水源工程控制体系、城市供水工程控制体系、城市排水工程控制体系和生态河湖工程控制体系。更科学的决策：基于数据云，依靠智能仿真、智能诊断、智能预报、智能调度、智能控制和智能服务于一体，对水务做出科学的决策，更及时的应对。

2. 农村分散式生活污水处理设施

（1）"一张图"管全局。农村分散式生活污水处理设施大多采用一体化污水处理设备，生活污水中的主要污染物为氨氮和化学需氧量，因此，多数地区采用建立一套独立的、专属的处理系统，外加一套全流程的可视化运行看板模式。

通过"一张图"可视化看板，确保自动监测系统运行正常，以及定期对设备进行维护保养，使该系统始终处于良好的运行状态，监测数据准确无误。系统设计者将水质、流量、液位等数据电子化处理，通过在线图表实现预报预警以及历史数据统计。将排水单元（分单元内、集中式农污、分散式农污）及分散式农污污水收纳面、污水处理设施、泵站、管网集中展示在地图上，形成农污市政排水设施管理"一张图"，总览农污市政设施的分布情况，实现对一体化污水处理设备实时数据采集、分析、报警、智能控制、设备状态监控等功能，将数据和信息进行整理、分析、评价，通过云网络与污水处理设备、污水处理系统实现互联，可使污水管理工作中的大量重复工作自动化，显著提高人员工作效率。农村分散式生活污水处理监测系统"一张图"如图2-10所示。

（2）工业物联网。农村分散式生活污水处理设施因大多采用一体化污水处理设备，故对工业物联网有较为广泛的应用，尤其是现代传感器技术和自动控制技术。分散式一体化处理设备实时水位监测模块要求接入设备的液位数据，接入低洼点、泵站处等处的水位、流量监测数据，实时反映水位运行状况，并进行实时在线水位监测。分散式一体化处理设备报警管理模块则要求建立报警的分类、分级管理，建立水位、流量、水泵、视频、井盖等的报警阈值，实时监测。达到报警阈值时，触发报警，对各类报警进行集中报警和处理，并按报警的级别通知相关的人员处理。结合管网运行情况与污水厂运行情况，形成排水设施运行"一张网"，分析雨量、进水池水位、污水浓度等信息，对提质增效成果进行检验，如图2-10所示。

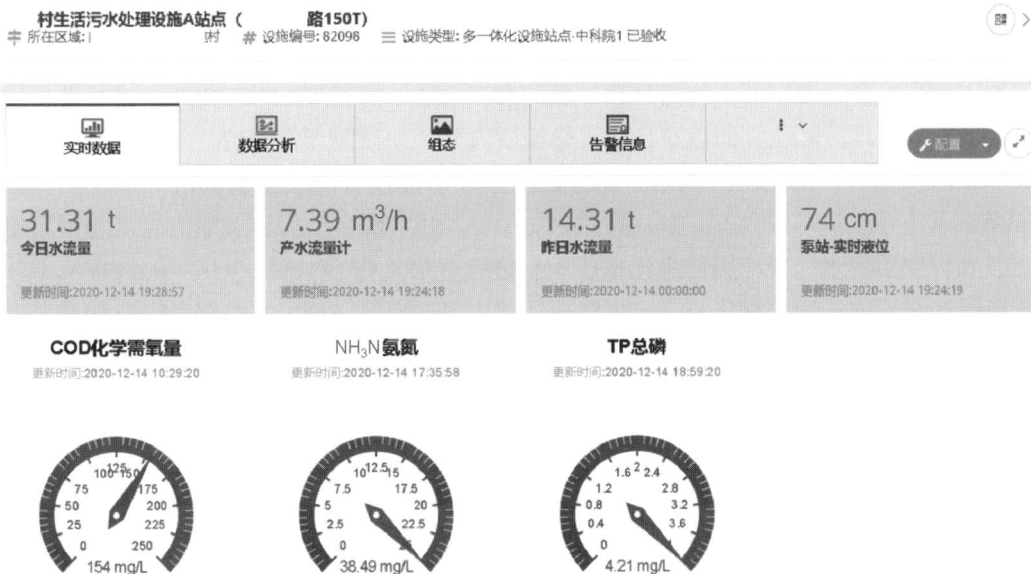

图 2-10　一体化污水处理数据实时监测

通过工业物联网技术，可以在线查看站点设备运行状况，可通过现场摄像头查看设备真实情况，精准了解故障原因，实现支持远程控制设备开关和远程设置设备开关时间。该系统已实现全天候实时监测断面水质，泵站运行情况监控，排口水质实时监测，点源、面源监控轮播，通过自动化监测、模拟预报分析，构建污水处理预报模型、溯源分析模型，从而对预见期内的污染实施预报，为全流程农村污水处理提供了有力的保障。通过物联网实现泵闸站远程控制和一站式调度管理（见图 2-11），解决信息反馈渠道多且混乱、人员与泵闸站无法统一调度的业务痛点，提高防涝应急调度整体效率。

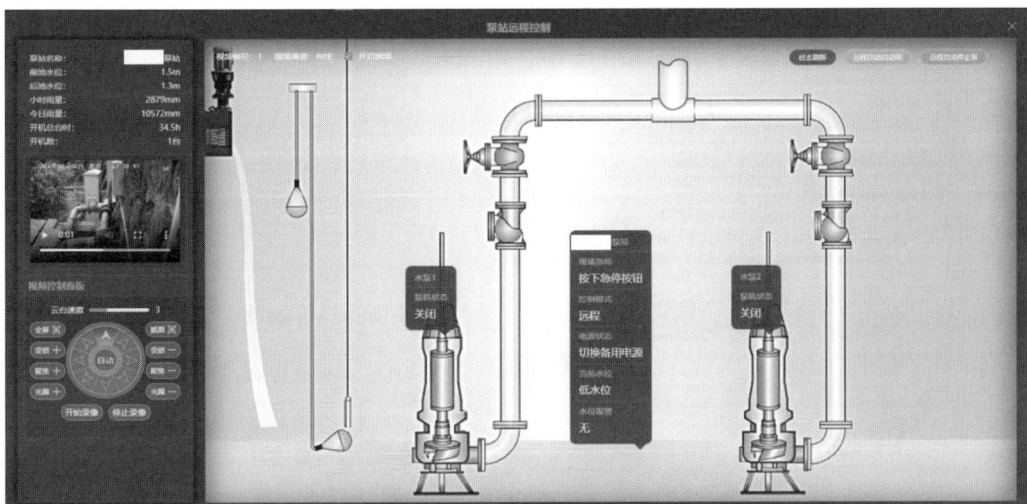

图 2-11　泵站远程控制

（3）生产运行。

1）设施巡检。农村分散式生活污水处理设施巡检内容一般为：定时清除格栅所截栅渣；加强汛期巡视，增加除污次数，保证水流畅通；格栅除污机工作时，监视设备的运转情况，发现故障应立即停车检修；格栅前遇到大块杂物及漂浮物，及时清捞，以防损坏除污机部件；每次除污机维护、检修工作完毕后及时清理格栅机内外卫生，保持干净。

农村生活污水处理应用信息化巡检系统进行巡检工作，对水质净化厂的设备及工艺状况进行巡检并实现信息化记录，可实现巡检人员、巡检时间、原始记录、巡视异常报告等都如实记录，形成巡检、维修的忠实记录，实现数据真实反映工艺状况，记录数据可查可考。系统应用于巡检任务，为其人员、设备及工艺管理提供信息化手段，减少统计分析与各项考核工作量，减轻资料管理人员与基层管理人员的劳动强度。如图2-12所示，是农村生活污水处理应用信息化巡检系统的界面。

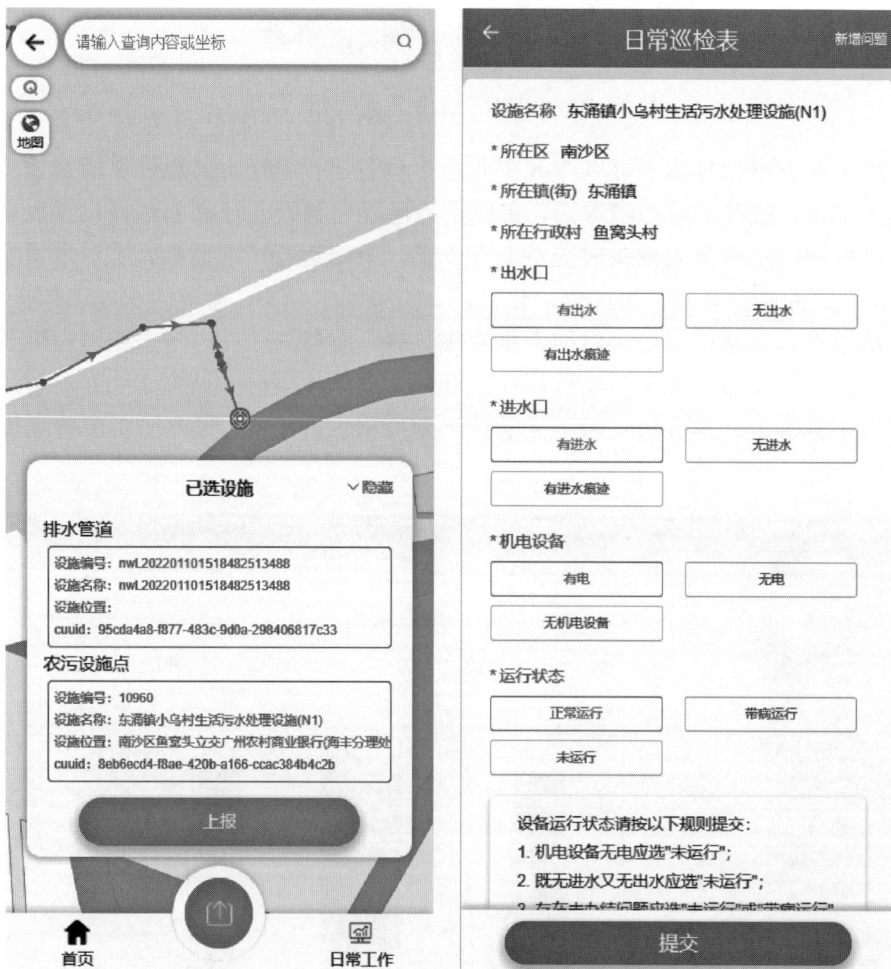

图2-12　信息化巡检界面

2）设备维修。污水处理厂的大型工艺设备分布分散，而且大部分安装于露天、半露天场所，少量设备安装于井内和地下室等场所，不通风且潮湿，电气设备所处的环境较为恶劣。在巡视的过程中，应随时紧固有松动的螺钉，对被腐蚀的电器及其配件应及时予以处理或更换，以免埋下事故的隐患。

为保护设备及其人身安全，应在电气设备上安装相应装置，如漏电保护器、空气开关、熔断器、限位开关、紧急停止开关、低液位报警开关和潜污泵报警装置等。一旦发现这些零部件有故障，果断停机，及时加以维修或更换。在这过程中，要按章操作。

3）设备保养。农村分散式生活污水处理设施需要定期进行设备保养，包括定时检查阀门井内设备工况，井内有无积水；检查桥式行车运行情况；检查刮渣板刮渣情况及出渣口是否畅通；检查虹吸回流是否正常，回流井内回流阀开度是否合适；池面浮渣，出水堰上绿苔及时清理，保持池面卫生；桥式行车、污泥回流泵、污泥外排泵、各管线阀门定期维护保养。设备的计划预修制设备在使用过程中，零部件、关键部件会不断"磨损"影响设备的性能、效率和安全。根据设备的"磨损"规律，通过日常保养有计划地进行检查和修理，保证使设备经常处于良好状态的工作制度。

（4）运营决策分析。农村分散式生活污水处理设施通常为一体化处理设施，运行决策可通过信息化数据进行分析。一般是对设施是否正常运行、出水是否达标进行监测，从而判断是否增派巡检、维修队伍。污水处理系统的经营统计分析界面如图2-13所示。

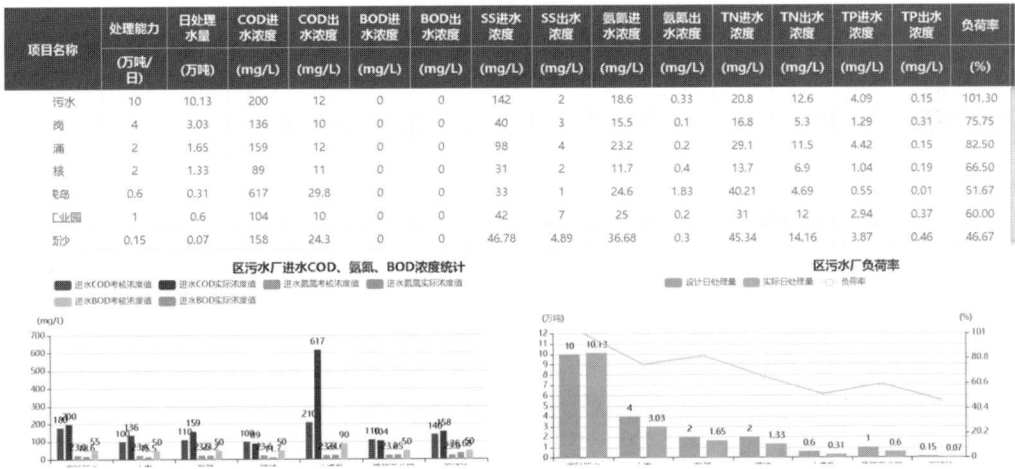

项目名称	处理能力	日处理水量	COD进水浓度	COD出水浓度	BOD进水浓度	BOD出水浓度	SS进水浓度	SS出水浓度	氨氮进水浓度	氨氮出水浓度	TN进水浓度	TN出水浓度	TP进水浓度	TP出水浓度	负荷率
	(万吨/日)	(万吨)	(mg/L)	(mg/L)	(mg/L)	(mg/L)	(mg/L)	(mg/L)	(mg/L)	(mg/L)	(mg/L)	(mg/L)	(mg/L)	(mg/L)	(%)
污水	10	10.13	200	12	0	0	142	2	18.6	0.33	20.8	12.6	4.09	0.15	101.30
岗	4	3.03	136	10	0	0	40	3	15.5	0.1	16.8	5.3	1.29	0.31	75.75
浦	2	1.65	159	12	0	0	98	4	23.2	0.2	29.1	11.5	4.42	0.15	82.50
核	2	1.33	89	11	0	0	31	2	11.7	0.4	13.7	6.9	1.04	0.19	66.50
皂岛	0.6	0.31	617	29.8	0	0	33	1	24.6	1.83	40.21	4.69	0.55	0.01	51.67
广业园	1	0.6	104	10	0	0	42	7	25	0.2	31	12	2.94	0.37	60.00
划沙	0.15	0.07	158	24.3	0	0	46.78	4.89	36.68	0.3	45.34	14.16	3.87	0.46	46.67

图2-13 经营统计分析

2.5.3 典型应用场景

🅿 典型案例1："一张图"管控平台

广州市南沙区"一张图"管控平台集排水设施一张图、在线监测预警预报、排水单元监管、农污考核专题、农污建管专题、提质增效专题、排水设施巡检、领导驾驶舱、排水系统水力模型及移动端为一体，以排水管网、污水厂、农污设施、泵站等排水设施管理为主线，整合监测设备全生命周期数据，结合排水系统水力模型分析，实现南沙区排水业务的综合管理。该项目不仅为南沙区排水信息化综合管理提供了一整套的流程规范与技术工具，对协助南沙区水环境治理也起到了重要作用。

在大量考察、论证数据分析的基础上，"一张图"管控平台中规划设计了污水管理信息系统。污水管理信息系统综合应用大数据、物联网、微服务、分布式、地理信息系统、动态时间规整等科学技术方法和手段搭建的广州市中心城区提质增效专题管理系统，以微服务、分布式理念，搭建统一的南沙区排水信息化系统。基于物联网、地理信息系统（Geographic Information System，GIS）一张图实现排水设施、在线监测信息的汇聚、互联及可视化管理，方便管理者宏观掌握排污管网运行总体情况；对排水设施地理空间大数据和在线监测物联大数据进行汇聚、处理、展示，并通过动态时间归整（Dynamic Time Warping，DTW）技术和数据分析预警报警功能，协助高效、多维、针对性的分析污水系统存在问题，辅助进行河水倒灌、降雨渗漏、外水进入可疑管段等具体场景分析，为污水系统升级改造提供数据支撑。

充分利用了管网普查成果，借助现代物联网、GIS、网络通信、传感控制、计算机等信息科技手段，建立了涵盖城市污水处理"全生命周期"的信息化管控系统。实现了"一张图"实时动态展示、对污染源、管网、泵站、处理厂的水质水量监控。同时实现了多部门联动应急指挥、多维数据预警预报等功能。

系统投用以来运行情况良好，达到了预期效果，充分挖掘、利用、整合环境监测、气象、雨情、城市排涝等相关资源，实现管理信息资源共享，大大提升了南沙区污水处理公共服务质量。污水厂鸟瞰图如图 2-14 所示。

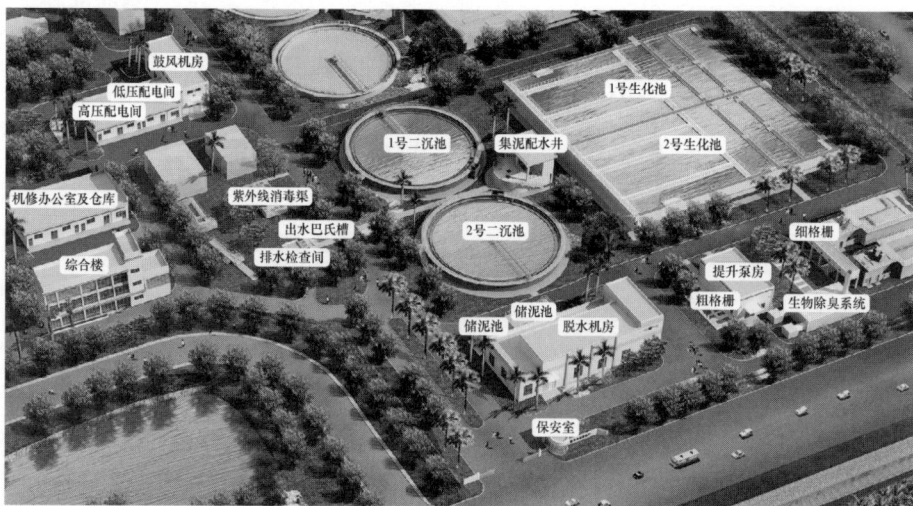

图 2-14　污水厂鸟瞰图

典型案例2："互联网＋"模式污水排水管理系统

广州增城区污水管网系统将排水系统中的污水管渠、污水处理厂、污水提升泵站、接驳井、雨水口、排口等设施数据整合入库。以污水进厂方向和污水管收水情况为参考，梳理并以可视化方式展现新塘镇排水管网的主干管、干管、次管形成脉络全景图。全景图可用于协助分析污水具体流向，判断是否通往合适排口；通过理清新塘镇排水管网家底并建立排水设施一张图，协助用户管理排水管网数据。借助该系统，相关部门可全面掌握城市排水现状、及时采取防汛排涝措施，可实现城市排水系统的全方位监控和全局化调度管理。

项目实施后，在减员增效、节能降耗上均有突出表现。集约化运营管理的实施，不仅实现了管理组织架构调整，分厂中控室可实行无人值守或少人值守；同时，经过集约化综合运营，原材料、动力成本等同比实现大幅节约。项目借助模式调式，培养了一批适应智慧水务背景下的新型复合型运营人才。在污水运营管理平台的智慧大脑的助力下，实现了生产运营设备管理等全方位人机协同，以智慧助力运营管理，以运营管理提升智慧应用，形成"业务＋技术双轮驱动"的发展合力。通过管网问题分析模块，帮助工作人员发现管网数据中存在的问题，实现快速完善排水管网数据，配合在日常运行过程中对管网数据的动态更新，最终达到完善管网数据的目的。基于准确的管网数据，在管网养护过程中，实现精确化养护对管网问题实现早发现早修复并降低新员工培训成本。

典型案例3：工业物联网智慧污水处理应用

工业物联网智慧污水处理应用方案由污水数据采集终端、无线传输设备、数据管理中心等部分组成，可针对点式污水处理厂实现从线下运维到线上决策全流程管理。分布在各监测点的监测终端自动采集污水的流速、流量、pH 值、COD、氨氮、硝氮、亚硝氮等数据，通过无线数传电台，将数据传输到接收终端上，进行实时监测、管理。

基于物联网技术的系统平台，在污水处理过程中自动控制系统来自感知层设备（传感器）、网络层设备以及应用层来进行组建。感知层设备监测污水各项指数情况，网络层的无线通信设备将感知层设备的数据上传至应用层设备，再由应用层设备对数据进行相关处理。通过实时的检测和控制相应地点的污水，实现污水监测、净化、过滤、处理和排出等目的和保障。

系统实施包括现场监测设备的安装、综合信息管理平台的建设、建立企业动态决策支持系统。现场监测设备的安装：在各工艺流程安装监测水位、水量、水质等的传感器和现场监控设备，24 小时实时监测采集污水厂工艺流程和运行状态。综合信息管理平台的建设：即建立完善的企业综合化的信息管理平台，解决各层级间信息传递脱节、信息孤岛问题，将污水处理过程中的信息流全面带动起来，整合优势资源，最大程度提高各运营单位的生产运行及管理水平，从而全面提升整体运营水平。建立企业动态决策支持系统，系统包括：可视化综合指挥大屏，展示水厂的相关运营数据，如水厂处理水量（总处理水量、日处理水量）、设备运行率、出水达标率等，通过 GIS、数据采集与监视控制（Supervisory Control And Data Acquisition，SCADA）系统，实现远程监控和指挥；Web、App，管理员登录系统，远程监测数据、操控系统。直观反映全区、各镇街、各村农污设施运行情况，展示农污设施基本信息、实时运行数据、监控视频等信息，实现农污设施远程监管，辅助用户开展农污设施运维管理工作。

在方案中，利用不同点位设备进行连接，在控制终端接收信号，以此摆脱传统有线数传的使用操作不灵活、维护麻烦、布线多、成本高等痛点。同时，无线方案还支持多个多种终端，进行数据采集及控制。提升管理人员高效协作性，无线控制距离高达 1.8km，完全满足对地表以下的污水管道进行数据采集。

典型案例 4：农村分散式生活污水处理设施物联网智慧平台

依托互联网、云计算、大数据等技术，结合农村生活污水水质测算需求，设计集综合监控、站点管理、智能调度、运营管理、统计分析等多功能于一体的农村分散式生活污水处理设施物联网智慧平台。以污水减量化、分类就地处理、循环利用为导向，科学规划安排农村生活污水治理工作。采取农村污水处理设施统一运维，运用"互联网＋"的新理念，实现广域网运营监控系统，将"智慧农污"推向农村。采用就近接管镇级污水处理厂和建设一体化污水处理设施两种治理模式，农村生活污水处理设备运行情况、水质情况等可通过互联网远程监控，节约人力成本的同时，也有效提高监管效能。

农村污水处理设施量大面广，运维监管令人头痛，通过物联网智慧＋模式长效运维和高效监管、最大限度地发挥设施污染治理作用。基于信息化手段开展农村生活污水处理设施运行的远程智慧监管，大幅度提高运维效率、降低运维成本。通过智慧化治污，围绕持续改善水环境，解决水环境污染问题。

通过远程集中监管农村污水处理设施，及时发现设施运行异常并报警，促进了设施的正常运转，提高了运维效率，断面自然村农村污水治理实现全覆盖，生活污水治理实现了行政村全覆盖，水主要污染物浓度得到有效控制。直观反映各标段、各镇街、各村乃至每条管线工程建设进展，实现工程进度从宏观到具体的总体把控。对工程安全问题报警提示，加强跟踪督办能力，加快安全问题处置效率，实现工程安全隐患问题的强效监管。农村生活污水智慧管理平台的界面如图 2－15 所示。

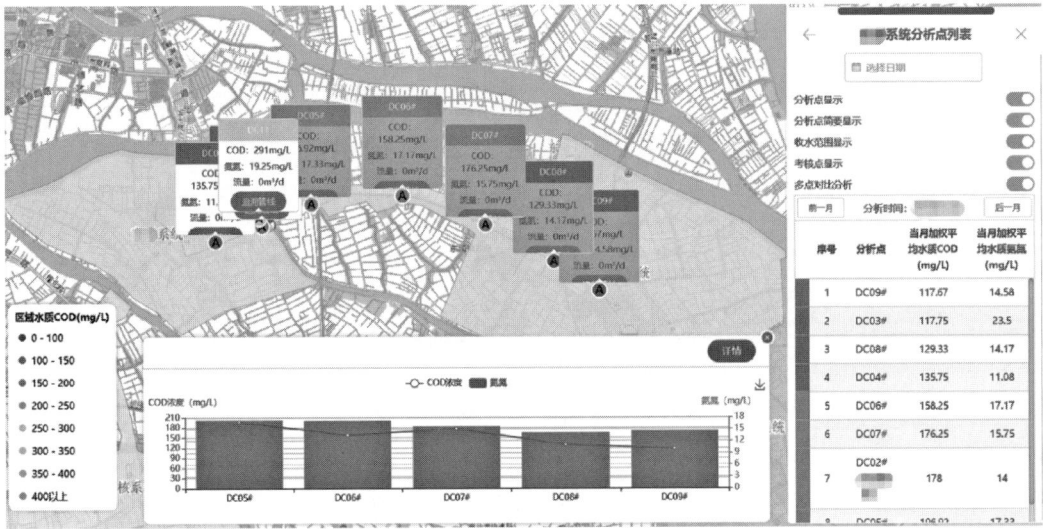

图 2-15 农村生活污水智慧管理平台

典型案例 5: 南沙区农污信息化管控平台项目

根据《广州市水务局关于印发广州市农村生活污水治理查漏补缺工作方案的通知》(穗水农村〔2018〕58 号)的有关要求,开展了南沙区农村污水查漏补缺工作。针对南沙区隐蔽、复杂、动态的地下排水管网,需要通过信息化、智能化、物联网等现代技术及时掌握排水管网动态运行状况以及开展智能监测管理;通过可视化的方式展示各种管网设施的专题信息,使得相关部门能够全面、准确、及时掌握排水管网信息以及实现智慧决策。

平台可直观反映南沙区 7 个镇街共计 49 个村的设计管线各标段、各分部分项、各设施的建设进展,为各施工单位申请进度结算提供重要凭据,实现农污工程进度从宏观到微观的垂直精细化管控。通过在管网关键节点设立分析点,抽取检验水质和布设在线监测设备,掌握管网收集污水动态,运用污水收集系统,让用户不仅能从处理终端,更能在收集过程中,从管网节点逐级掌握污水水质情况,实现管网拓扑关系自动预警上下游水质异常点,提高溯源工作效率,保障提质增效成果。

农村污水一体化设施的数据接入:制定标准的数据传输协议,提供给设施建设单位,以便设施建设单位将农村污水处理设施的实时监测数据及时传输至指定数据库,实现标准入库(当前系统已接入约 200 个站点的数据)。管道水位-水质监测数据接入:制定标准的数据传输协议,对接设施建设单位,确保管网关键节点(约 100 个)的水位-水质监测数据及时传输至指定数据库,实现标准入库(当前系统已接入 135 水位、水质监测点)。南沙区农污信息化管控平台管网总览图如图 2-16所示。

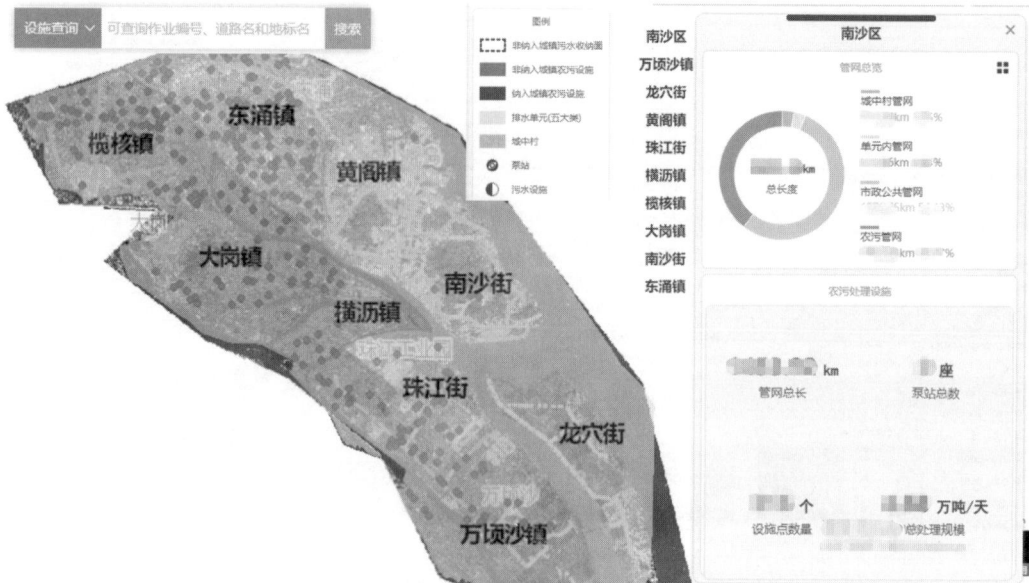

图 2-16　南沙区农污信息化管控平台管网总览图

2.6　智慧水体污染治理

2.6.1　应用框架

水环境综合治理具有多目标、多维度的特征,项目的设计与建设具有一定的复杂性,目标涉及水环境、水资源与水安全等多重目标,生命周期涉及设计部门、建设部门、运营部门等多个部门,空间尺度涉及项目、地块、汇水区、流域等不同范围。基于水环境综合治理的复杂性,需从水务系统的整体考虑,以智慧化的理念对全系统实现联动联调,提升系统运行管理效率。

系统的整体架构以河道水环境治理整体架构为基础,考虑系统的多目标与复杂性,架构设计既需要符合当前水环境治理的基本需要,同时也要满足未来水务扩展需要。其核心理念指运用新一代信息技术,通过智能设备实时感知水环境状态,采集水务信息,并基于统一融合的公共管理平台,将海量信息及时分析与处理,并利用模型对未来水环境状态预测预警,辅助进行决策支持,以更加精细、动态的方式管理全流域的水资源调度、水环境监测、系统管理和服务流程,并辅助决策,以提升城市水务管理与服务水平。

系统由八层应用支持体系、两大运行保障体系共同构成,其中应用支持体系包括基础数据资料层、监测数据采集传输层、专项数据库层、网络与硬件设施层、应用软件支撑层、模型与算法层、自控指令下达层、业务应用层;保障体系包括信息安全体系和标准规范体系。智慧水体污染治理系统架构如图 2-17 所示。

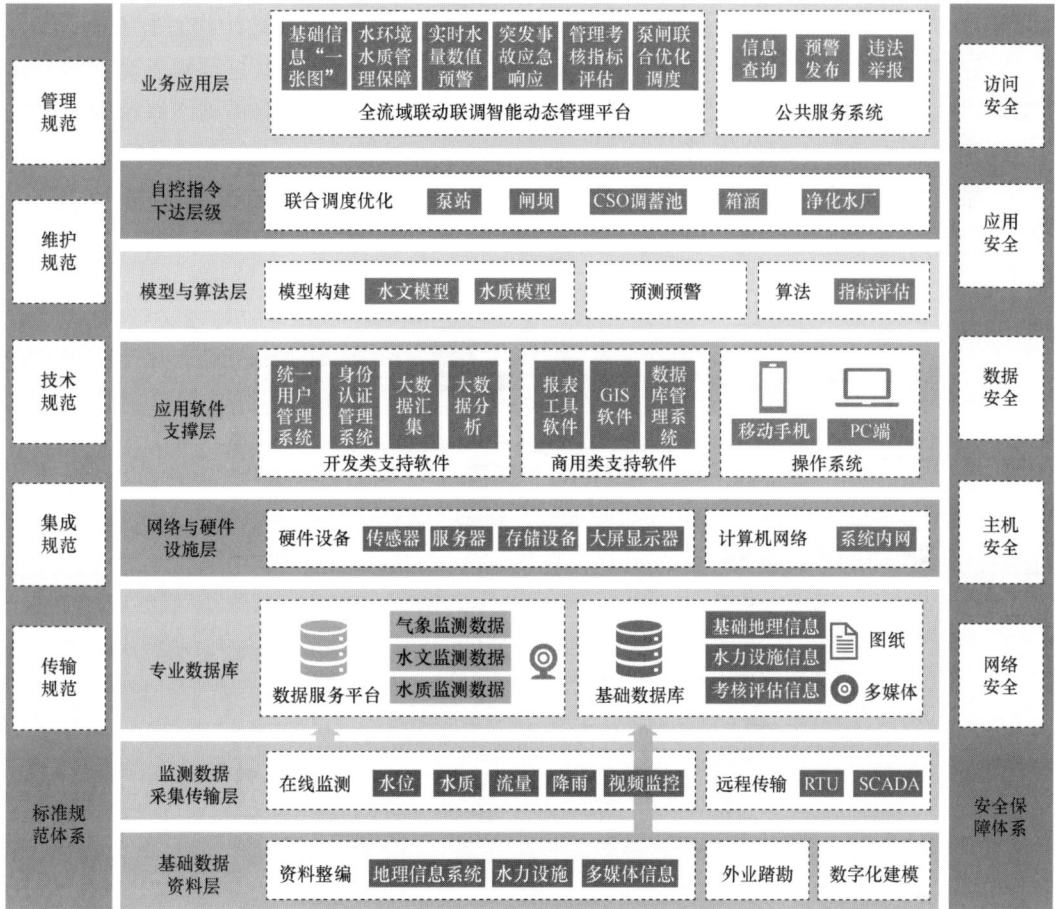

图 2－17　智慧水体污染治理系统架构图

（1）基础数据资料层。基础数据资料是指流域汇水区范围内与项目建设、运行相关的自然、人工要素，包括地理要素、水文要素、设施要素等；所有的河道、泵、闸等数据，并通过外业踏勘核实数据；对没有基础数据的资料，按照标准进行数字化建模。基础数据资料是项目整体数据库的重要组成部分，是项目设计、建设、运营的基础，也将列入系统专项数据库的设计建设内容。

（2）实时监测信息采集与传输层。实时监测信息采集与传输层级在系统中用于采集、传输各类监测与监控信息，主要包括河道主要断面、主要排口、闸坝、泵站、CSO调蓄设施、污水处理厂等重要环节的水文、水质监测，采集数据用于构建水力、水质模型，同时用于动态监测体系的构建。

（3）专业数据库层。专项数据库基于系统特殊性要求定制开发，满足水环境类项目治理目标需求。包括基础支持数据库，数据服务平台，对全流域的基础空间地理信息、前期基础数据整理入库，气象、水文、水质监测数据整理存储。

（4）计算机网络与硬件设施层。硬件设施为系统提供基础的硬件支撑环境，包括支撑各类应用运行和各类数据存储的服务器、存储、备份、显示及会商环境等。硬件设施的设计和建设，根据业务应用的需求进行建设或在已有硬件设施之上进行扩充。

计算机网络主要用于服务器与各设备终端、各管理用户、公众进行信息交互的载体渠道。根据智慧水务系统的应用范围、重要性和安全性要求，计算机网络系统需要采取一定保密措施与因特网进行隔离。

系统数据传输与建设架构逻辑如图 2−18 所示。

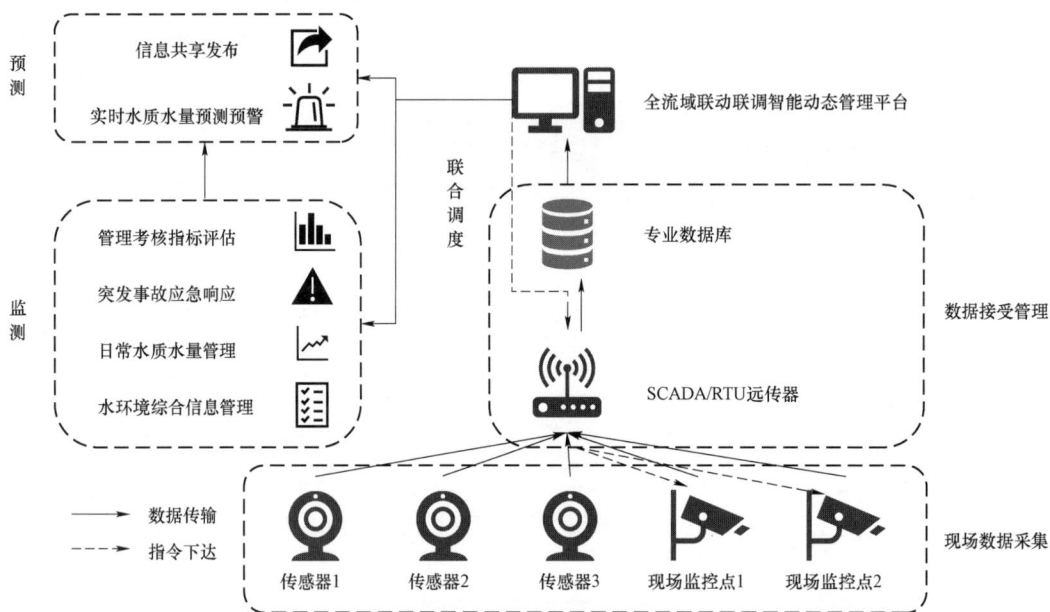

图 2−18 系统数据传输与建设架构逻辑

（5）基础应用软件支撑层。提供统一的技术架构和运行环境，为系统提供通用应用服务和集成服务，为资源整合和信息共享提供运行平台。主要由商用支撑软件和开发类通用支撑软件共同组成。

（6）模型与算法层。模型与算法是系统分析与决策的核心。利用基础数据资料以及监测数据，模型能够对水环境系统现状进行模拟，同时对未来做出预测。系统采用不同的算法，对管理考核指标进行计算评估，并在不同优先级以及预设目标的前提之下，生成用于动态调控的运行指令。

（7）业务应用层。业务应用是系统功能的集中展现，包含监测与监控数据展示处理、模拟预测展示输出、预警发布、全流域优化管理调度、信息发布、公众服务等业务应用功能，可实现多系统信息联动，同时也承担与用户交互的功能。

（8）自控指令下达层。自控指令的下达实施，是"智慧化"的最直接体现。指令的审核、传输、下达实施需要经过安全可靠的链路保障实施，通过多系统联动联调，在预测预警的基础上，实现在异常事件下的全流域泵站、闸门、调蓄池等设施的整体调动、自动响应。

（9）标准规范体系。标准规范体系是支撑智慧水务系统设计、建设和运行的基础，是实现应用协同和信息共享的需要，是节省项目建设成本、提高项目建设效率的需要，也是系统不断扩充、持续改进和版本升级的需要。

（10）安全保障体系。安全保障体系是保障系统安全应用的基础，包括物理安全、网络安全、信息安全及安全管理等。

2.6.2 应用功能

河湖黑臭水体及污染源多维度巡查监管平台是基于卫星遥感、人工智能、大数据互联等信息化技术的支持，采集河湖黑臭及污染源数据信息，自动识别、预警河湖黑臭及污染源问题，自动根据辖区智能派单至相应的主管部门工作人员进行复核、跟踪、闭环管理，精准溯源并建立大数据分析模型以不断优化监测体系预警效果，深化应用科技化设备、智慧化平台以实现差异化巡河、精细化管理，应对黑臭及污染源反复性问题。业务应用功能流程如图 2-19 所示。

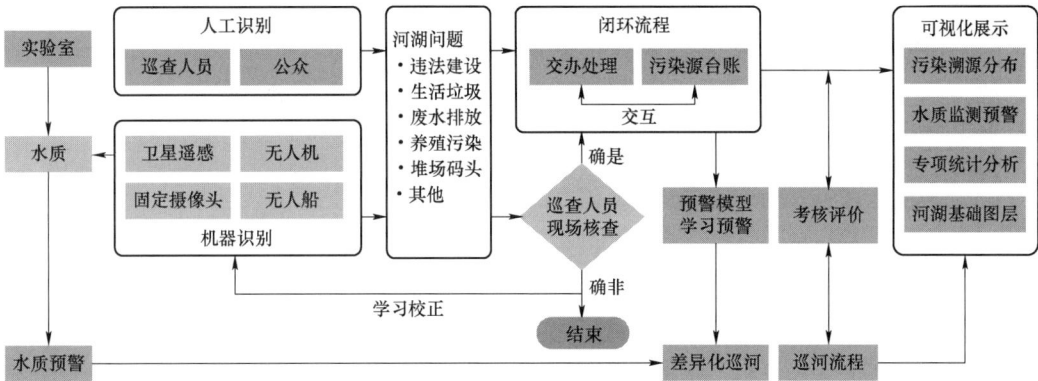

图 2-19　业务应用功能流程图

1. 多维度全面识别水体污染问题

多维度全面识别水体污染问题功能实现对黑臭水体与污染源全过程的网格化溯源、实时监控与动态追踪。利用卫星遥感、人工智能、大数据、移动互联等信息化技术手段，采集并汇总河湖水库、小微水体的监测监控数据信息，通过基于大数据的机器学习方法实现黑臭水体及污染源的智能识别与自动判断，并对可能发生水污染的河流和河涌进行预警，针对河湖黑臭与污染源问题发现效率较低的问题，实现对黑臭水体与污染源从发生、繁衍到处理的网格化溯源、实时监控与动态追踪。

（1）智能识别与上报。

固定摄像头监控视频图像、无人机遥感影像识别：通过摄像头对相应河涌水面进行智能监控监管，基于卷积神经网络训练无人机遥感观测样本，生成图像识别模型，自动识别出相应河涌出现的水质、垃圾漂浮物、晴天排污口溢流等问题并推送到河涌问题疑似库。

遥感水质反演：通过选取水质实测数据，建立 BP 网络水质评价模型，通过水体污染遥感定量反演总磷、化学需氧量、溶解氧、氨氮等指标，识别水质类别，实现水质变化的趋势跟踪。

无人船水质监测：系统对于无法通行的偏远、险峻地带且长期水质较好地河段，使用无人机等辅助设备开展巡查工作，相关部门可以委托第三方单位进行无人机或无人船巡航。然后系统管理员根据第三方单位巡查后提供的巡航数据录入系统。通过无人船快速检测并记录相应河涌的 pH 值、溶解氧、电导率、氨氮、温度等指标，实时传输至系统，自动识别出相应河涌出现的水质问题。

（2）人工上报。

实验室检测：即通过实验室检测出相应河涌的氨氮、总磷、溶解氧、透明度、氧化还原电位等指标，由实验室工作人员录入系统，水质监测单位工作人员进入水质信息管理页面，可对不同来源的水质数据增删查改，可以逐条修改，也可以通过电子表格批量导入。水质信息页面如图 2－20 所示。

行政区	全部		水体名称	请输入关键字		黑臭情况	请选择	
变化趋势	请选择		报送月份	2022-03		查询	新建	批量导入

序号	河涌ID	河涌	行政区	氨氮（mg/L）	溶解氧（mg/L）	透明度（cm）	氧化还原电位（mV）	监测时间	报送时间	操作
1	AHD030201020200	三丫涌	天河区	4.6400	3.9900	30.0000	96.0000	2022-03	2022-03-28	修改 删除
2	AHD030904000000	三庹涌	黄埔区	1.3200	3.9800	31.0000	115.0000	2022-03	2022-03-28	修改 删除
3	AHD030348040000	上滘涌	番禺区	5.2000	3.9200	29.0000	121.0000	2022-03	2022-03-28	修改 删除
4	AHC011404050200	上邵涌	增城区	1.3100	3.1300	水深不足25cm，清澈见底	102.0000	2022-03	2022-03-28	修改 删除
5	AHD030357000000	下市涌	荔湾区	2.7400	4.5900	35.0000	148.0000	2022-03	2022-03-28	修改 删除

图 2－20　水质信息页面图

巡查上报：巡查人员及公众可通过移动端上报相应问题。系统通过智能派单，根据疑似库中的问题位置，将问题推送给相应片区的巡查人员进行确认。同时计算疑似库中人工智能识别上报问题的准确率，并反馈确认结果给分析模块，用以提高问题识别准确率并作用于河涌预警模型。

2. 全链条智能预警处理

系统贯通黑臭水体与污染源监测和处理的闭合流程，汇聚监测监控数据、人工巡查数据与微信公众投诉信息，为水污染防治相关工作人员提供了方便快捷的信息化办公服务微模块，包括在线复核、实时分类上报问题、事务交办流转处理、问题跟踪等，高效驱动河湖黑臭问题处理，可实现对黑臭、水污染问题的及时排查与闭环处理，形成以信息化支撑业务工作、以长效机制带动信息化应用效果的精细化掌上治水管理模式。

（1）问题处置闭环。实现问题受理、问题转办、问题办结、问题复核等业务流程流转以及处理。建立由属地统筹，各职能部门协同落实的问题处置机制，确保流域内各类问题妥善解决，依托责任机制和高效闭环的信息系统解决了涉水涉污问题部门协同不力的痛点难点。平台串接了几乎所有涉水部门，包括环保部门、水务、农业、城管等，甚至把一部分个体商户和物业单位也纳入解决问题的责任主体，确保解决河道流域内垃圾问题、散乱污问题、临河违建问题、农业面源污染问题、工业企业偷排等各类问题。如上述无人机拍摄影像通过智能识别，识别出疑似违章后，河长需现场核实责任河涌范围内的疑似问题，确认问题无法自行解决，可将问题通过系统上报至上级单位，上级单位转给相关职能部门跟踪处理，执行处置流程。

（2）污染源独立台账。针对垃圾黑点、散乱污、临河违建、畜禽养殖、黑臭小微水体等，建立"以流域为体系、以网格为单元""挂图作战、销号管理"的污染源独立台账，实现污染源摸查、污染源审核、污染源销号等业务流程流转以及处理，掌握污染源上报后的整体处理情况，进行污染源全生命周期建档追踪。污染源台账如图 2-21 所示。

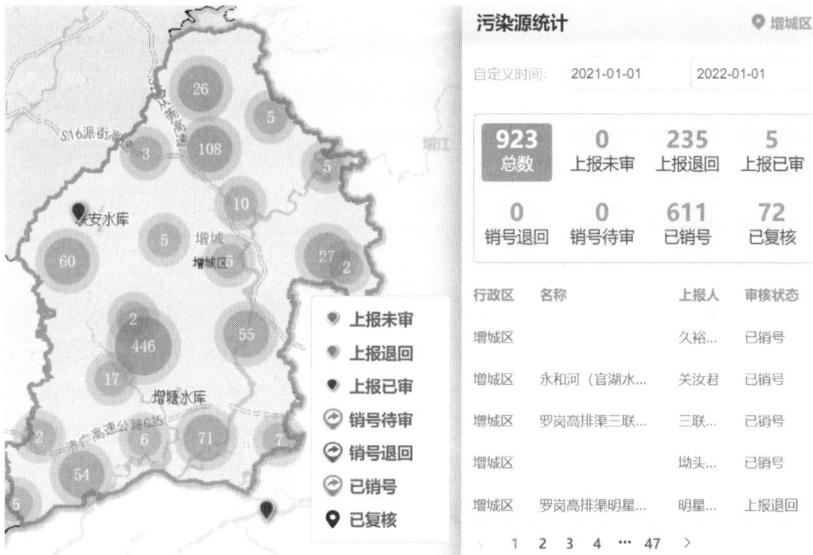

图 2-21　污染源台账图

3. 动态化预警巡查

基于多源数据信息与人工智能学习模式，建立水环境污染风险预警模型，实现高精度的水污染智能溯源识别，并基于预警结果构建三色预警的差异化巡河机制，推出以水环境质量为导向的差异化河湖巡查办法，促进巡河履职正向激励机制的形成。针对现有河湖水质预警对水质监测覆盖要求高，而现状水质监测点又相对较少的问题，在为河长减负的同时有效提高水污染防治工作的效率与质量水平。

（1）水质模型预测。系统会根据河涌以前检测的水质数据对河涌次月水质情况进行预测，对于没有实测水质数据的河涌则利用有监测数据的河涌，采用机器学习方法训练得到河涌基础数据，问题动态数据与河涌水质数据的关联关系，并基于随机森林分类器对其水质进行预测预警，实现水质变化的风险预判。

（2）水环境预警。根据水质信息预警河涌水质不达标情况，优先级为实验室＞卫星水质反演＞模型预测。通过黑臭河湖水体预警分析模型筛选出高风险河涌，加上重点河流水质监测数据以及政府通报、舆情信息等，对河湖进行水质预警，基于河涌分级预警的需求，设置三个预警等级：不需预警、黄色预警和橙色预警，分别对应河湖水体的三种水质等级状态：优五类（V－，包含Ⅰ、Ⅱ、Ⅲ、Ⅳ类）、五类（V）和劣五类（V＋）。数据模型每日都会根据系统中当前月份的通报曝光河涌信息、水质信息、巡河上报问题等相关数据进行分析，生成次月河涌预警信息。水质展示界面如图2－22所示。

图2－22　水质展示界面图

（3）差异化巡河－河长预警巡河。基于水环境质量监测及预警，制定河涌差异化巡查制度，当河涌次月水质出现预警时，会提高河长对相关河涌巡查频率要求，河涌水质好、问题少则河长少巡，水质差、问题多则多巡，以实现巡查督导资源的高效配置。预警巡河模块展示河长的预警巡河履职计划信息，详情可查看河长巡河进度，方便督促河长完成履职计划。

4. 多源融合一张图

将一张图作为平台开发底图，获取全国遥感影像和即时影像服务，汇集实时动态更新的基础河涌地理信息数据、水质信息监控数据以及污染源、问题等基础数据，进行跨专业跨部门多维度多角度分析，实现全市河涌水体巡查监管动态信息全覆盖监管与统一展示。以一张图为基础对各类河涌管理工作的信息数据与变化过程进行完整记录和系统分析，提供自由图层组合叠加，基于所见范围、所见内容的地图导出，及结合专题报告需求的图、文、表的综合导出功能，强化了河涌管理调度可视化，提升了数据内容的一致性和功能服务的承接性。通过各基础信息数据与动态信息数据间的数据融合和信息流动，有效提高了地理信息资源的综合利用率，提升了河长制信息资源共享应用水平，增强了河长制信息化支撑服务能力，实现了基于电子地图的数据信息实时联动与查询展示，实现了信息由静态存储向动态过程化管理的转变，为各类业务应用提供规范、权威和高效的可视化数据支撑，并通过完整记录基于业务相关产生的对象间关联关系，支持面向不同业务应用时的关联信息服务，为数据成果的应用服务提供便捷的支撑。

（1）基础信息全覆盖。河涌基础专题图层包含河流（涌）、湖泊、水库、小微水体、网格、流域边界、河道控制线、行政区划边界与公示牌等图层信息，列表展示包括河道长度、水面面积、河道起点、河道讫点、行政网格、流域网格、排水户等河涌分段信息，主要作用是将河涌的基础信息与地理空间关联起来，在地图上展示用户需要查看的河涌信息，实现河涌周边基础信息的全覆盖。

（2）业务信息全覆盖。实现业务动态信息的全覆盖，专题的图层包括污染源分级作战图、溯源分析、巡航展现、问题热力图等业务信息。通过污染源分级作战图，统计污染源信息，并展示各区域污染源数量、地理位置信息和状态信息，如"散乱污"、临河违建、垃圾堆放等。通过污染源扩散模拟，根据污染源所在的流域面利用渐变颜色模拟污染扩散情况。巡航展现用于展示无人电子设备的巡航轨迹信息，地图上展现无人机巡航轨迹、无人船巡航轨迹。选择巡航轨迹，可查看巡航拍摄的视频并模拟巡航动态轨迹重现无人电子设备巡航情况。问题热力图在地图上展示巡查问题、公众投诉信息及其状态，清晰显示问题点分布情况，实现问题高发热点区域分析的功能。

（3）监控信息全覆盖。利用太空卫星遥感大数据、固定摄像头的监测新技术相互协作、相互支撑的多尺度监管方法，采集卫星影像、视频流、水质监测、监测站常规水质因子等数据，监测监控在地图上展示各监测点的实时视频、水质等信息，同时列表展示各监测点的水质信息，实现监测监控信息的全覆盖，专题的图层包括视频监控、水质监测、卫星反演、雨量水位等监测信息。

监测监控专题图如图 2-23 所示。

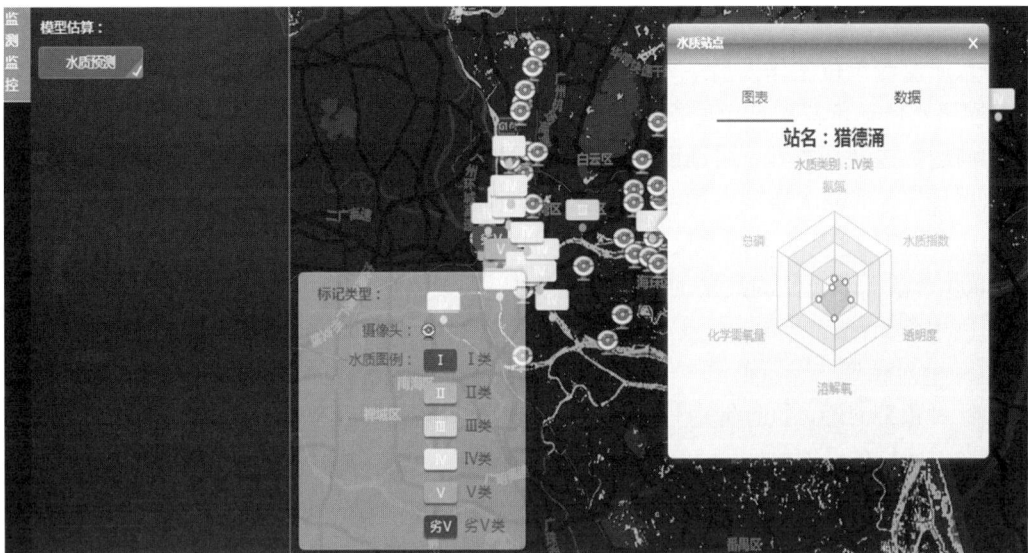

图 2-23　监测监控专题图

2.6.3 典型应用场景

平台在河湖黑臭水体及污染源管理方面的应用场景分为两类进行展开描述，一是利用卫星遥感水质监测、无人船水质监测、河长巡河问题上报以及公众微信投诉等问题，通过建立河湖黑臭水体预警分析模型，分析出河湖预警级别；二是结合无人机巡河以及河长巡河两种方式针对预警河涌进行针对性巡查，通过无人机巡河识别河湖问题，协助河长现场核实问题，通过系统的事务处置流程对问题进行闭环处理。应用场景流程如图 2-24 所示。

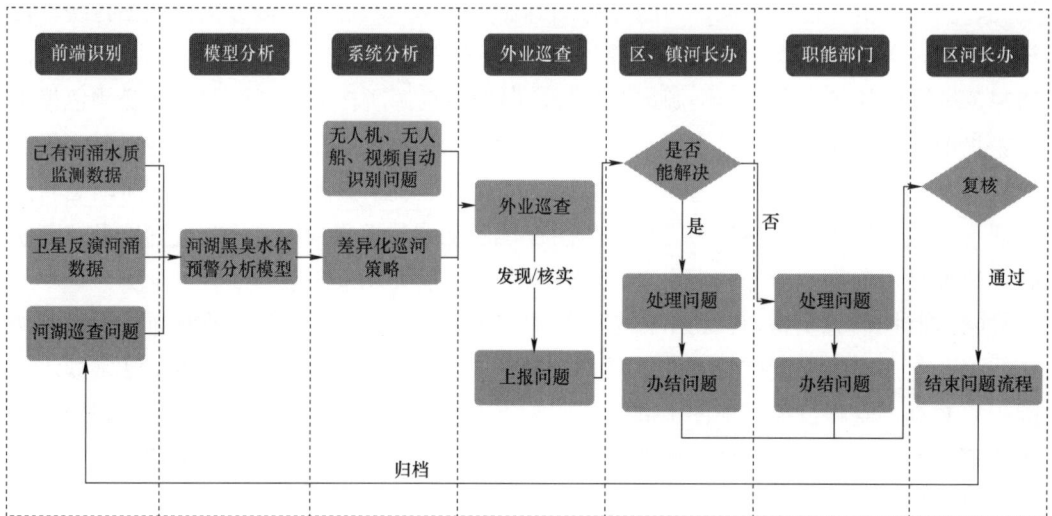

图 2-24 应用场景流程图

1. 河涌水质预警

水质监测单位工作人员录入水质数据后，系统通过选取现有河涌水质实测数据建立 BP 网络水质评价模型，运用卫星遥感反演出河湖水质等级数据。同时结合河湖巡查发现的问题数量及严重性，通过黑臭河湖水体预警分析模型筛选出高风险河涌，对河湖进行水质预警，河涌水质发生预警时需要对该河涌实施重点巡查。截至 2021 年 12 月，反演了广州全市 1368 条河涌，反演学习水域样本多达 500km²；自 2020 年 10 月起，每月对 1000 余条无水质监测数据的河涌进行预测，至 2021 年 12 月共预警河涌 1683 条，其中红色预警 50 条。

2. 针对性巡查上报问题

针对预警河涌，执行针对性的无人机、无人船巡查以及差异化巡查，提高巡河效率以及发现问题的及时性。

（1）无人机、无人船巡查上报。采用"科技与人工相结合，巡查与监管齐并进"的手段，构建整合卫星遥感、无人机、无人船、摄像头与人工巡查的河涌黑臭及污染源多维度监测体系，以体系化、科技化手段实现对所有水体全天候、全覆盖、无死角的精细化实时动态管控，实现自动化、精准化、智慧化的监控分析。改变了以往依赖人海战术的传统监管手段，大大减轻巡查人员的工作量，提高黑臭及污染源溯源精确度与效率。对于无法通行的偏远、险峻地带河段，操控无人机或无人船巡航计划和路线来完成巡河计划，视频影像在线上传至系统。系统通过图像识别算法识别出河涌出现水体污染问题，并把问题推送至系统疑似库，责任巡查人员现场核实确认问题。截止至 2021 年 12 月，利用无人机已累计巡飞 1000 余架次，共计 700 多公里的河涌，识别河湖问题 6000 余宗，辅助河长处理问题 400 余起，大大减轻巡查人员的工作量，提高黑臭及污染源溯源精确度与效率。

（2）执行差异化巡河策略。耦合大数据挖掘技术，建立基于大数据挖掘的水质分类预测模型，采用机器学习方法构筑黑臭及污染源问题与水质的关联关系，建立多元巡河问题数据驱动的水质预测模型，为河涌管理提供了智能化模型方法。以所辖河涌的实际情况为重要动态考量因素，优化巡查工作计划，把"人员用在刀尖上"，有效提高水污染防治工作的效率与质量水平。基于逐月滚动水环境预警结果，精准定位河湖风险，可优化巡查资源调度，实现了差异化的靶向巡河。自 2021 年 4 月差异化巡河机制实施以来，通过关注关键少数高风险河湖，抓住重大问题，巡河次数相比 2022 年同期减少 24%，上报问题维持不变，重点问题上报率提高 7%，达到了基层减负和提质增效的双赢。

（3）问题交办处置。根据自我运行过程中发现的黑臭及污染源预警事件，在溯源分析诊断的基础上，依据河涌全要素数据信息资源匹配识别相应的事件复核、处理负责人，实现智能派单、智能调度与应急处置，缩短黑臭及污染源从发现到处理的时间间隔，驱动预警事件的及时交办处理，减少懒政、怠政，有效提高黑臭及污染源管控效率，减少河涌黑臭及污染源扩散繁衍风险，实现河涌的精细化、网格化管理。针对河长确认上报的水体污染问题，在系统中提交至管理部门，管理部门转给相关职能部门跟踪处理，执行处置流程并在系统中流转记录问题处理过程。自 2017 年 9 月平台上线运行至 2021 年 12 月，河湖问题台账累计 11.64 万宗，平均每宗流转 3.4 次，已办结 11.59 万件，平均办结时长 19.03 天，上报问题办结率达 99.34%。

（4）业务协同。借助信息化技术实现水污染防治各部门之间的联合执法、协同治理全业务流程的规范化、标准化、程序化，形成基于信息平台的各级协同工作模式，实时记录以全面跟踪反映业务处理的全过程，简化传统问题上报处理工作的呈送与审批流程，提高黑臭水体及污染源的精细化管理水平，实现在统筹协调、决策部署上的及时联动、业务协同、高效流转、闭环办理。

2.7 智慧大气监测治理

空气污染问题日益受到各级政府以及社会公众的高度重视，从实时的数据监测公布到空气质量数值预报及预报产品的发布，我国在空气质量监测和预报方面取得了一定进展。随着计算机技术的高速发展、空气污染监测手段的提高和人们对大气物理化学过程认识的深入，开发并利用先进的人工智能、大气化学模式等进行我国空气质量的智能监测与预报，对于减少大气污染灾害、提高人民生活质量都具有积极的意义。

综合利用卫星遥感、无人机、激光雷达、地面站网、物联网、人工智能等技术手段对目标区大气污染进行天地一体化智慧监测管理，打通从监测数据获取到最终污染源（如煤炭厂、供热站、分散燃煤锅炉）锁定和污染治理技术链路，实现重点区域的全覆盖、准实时监测，并基于动力溯源和数值模式结合的模型驱动方法，实现专项整治的事前、事中、事后的全过程监控、预报、溯源、治理环节，全方位提升空气质量监察以及污染物排放监管能力水平。在实现智慧大气监测方面主要工作包括研发基于遥感大数据的大气环境监测技术、研发基于遥感＋5G＋北斗技术的大气环境和温室气体准实时监测系统和基于云的基础服务架构及 SaaS 服务等。

通过智慧化系统建设增强大气污染防治能力，助力大气环保的精细化管理。从事前的监测端发力，丰富监测手段，提升监测精确度；加强事中管控，构建线上治理工作闭环；完善事后评估，在数据沉淀的基础上，通过深度学习和模拟演练算法，提供解决方案。这种技术可以对实时的数据进行监测，可以随时掌握一些大气污染的指标，然后采取相应的措施来改善或者提前采取一些措施来预防这种环境质量的变化，使环境质量维持在一个相对平衡的状态。一些遥感技术还具有快捷、方便、全方位的技能。遥感技术在智慧环保大气领域中的应用可以更好地保护环境，提高现有的环境质量，把遥感技术在智慧环保大气领域中的应用发挥到最大化。

2.7.1 应用框架

（1）感知层。包括卫星遥感、无人机、视频监控、地面监测站点等空天地立体监测网络。

从天基、空基、地基 3 个维度提供全时域监测监管，进行多源数据融合，打破数据孤岛，提供宏观监管到微观监管、平面监管到立体监管多元服务。利用先进的物联网技术，打造物联网数据采集接入平台，可满足万台设备的高性能接入，实时获取设备状态，可查询数据报。

（2）ICT 基础设施。在遥感、地理信息、通信和卫星导航定位等技术一体化应用的时代，对海量多源异构数据的管理和处理、实现高效的业务化生产是实现智慧大气监测治理的基础。智慧大气监测治理的 ICT 基础设施主要包括服务器、数据存储设备、操作系统、GIS 软件、数据库软件、云计算平台、5G 网络、物联网、数据存储管理和交换的数据存储管理系统、PIE－Engine 遥感数据处理云平台。

（3）数据资源。卫星遥感数据包括 MOIDS Terra/Aqua、MESRI FY－3A、AHI Himawari－8 和 AGRI FY－B 等用于监测颗粒物浓度的卫星数据，OMI/Aura、TROPOMI/Sentinel 5P、EMI/GF－5、GOME－1/ERS－2、SCIAMACH/ENVISAT 等用于气态污染物监测的卫星数据。无人机可根据需求定制特定谱段和特定时空分辨率的数据。

地面监测数据包括环境监测站点数据以及激光雷达监测数据。环境监测站点主要是全国针对 PM2.5、PM10、SO_2、CO、N_2O 和 O_3 6 类大气污染物浓度和空气质量指数的监测站点。"十三五"规划提出在全国范围内建立实时大气污染国控质量监测站点网络（简称国控站点）后，国控站点数量迅速增加，2013—2019年中国大陆地区国控站点覆盖站点数量分别为820、944、1494、1467、1486、1494、1464个。激光雷达走航服务及平扫服务能够有效采集辖区大气污染源重点区域数据，可以对垂直方向的扬尘、气溶胶污染过程以及污染迁移、区域内污染源分布、污染源变化特征以及污染源对周围的影响等方面进行监测，激光雷达监测数据根据用户需求不定期的提供。

专题产品数据包括各级行业应用部门生产的大气监测产品等。

（4）保障体系。包括稳定的数据源和行业技术标准指导，如大气环境监测技术标准、环境影响评价技术导则。

风云系列气象卫星数据由中国气象局提供，全国国控和省控监测站点的大气污染浓度和空气质量数据由各级环保部门提供，可以保证稳定的数据来源。行业技术标准有《大气环境监测技术标准》《环境影响评价技术导则》，在标准中对采用的空气质量监测技术手段等进行了规范说明。

2.7.2 应用功能

智慧大气监测主要通过卫星遥感、无人机、视频监控、走行巡查、站点布设等手段构建空天地一体化的立体监测感知网络，通过系统建设增强大气污染防治能力，助力大气环保的精细化管理。智慧大气监测治理流程如图2-25所示。

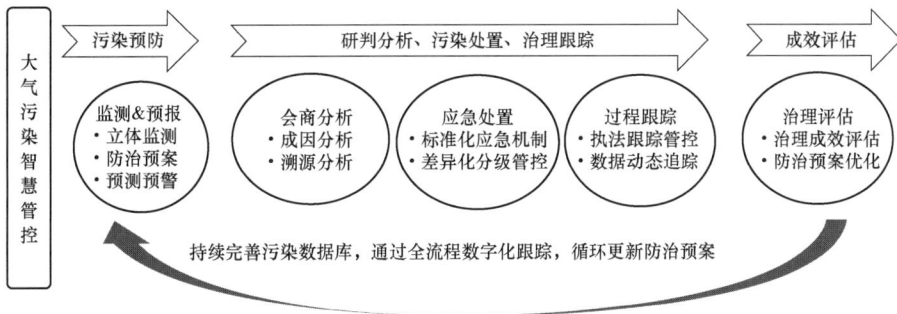

图2-25 智慧大气监测治理流程图

1. 智慧大气污染监测

大气污染是近年来备受关注的环境问题。它主要来自工业生产、生活和交通运输三方面的人为活动。大气污染问题不仅造成严重的环境问题，同时也给广大人民群众的健康造成了严重影响，根据美国伯克利地球组织（BerkeleyEarth）2015年的最新研究，中国每年死于空气污染的人数约为160万人。综合利用各种监管技术手段，提升大气环境监测监控能力，完善"天空地"一体化监测体系，对区域内的大气环境进行实时监测，实现提前预警、及早介入、有效管控，不断完善大气环境保护的解决方案，无疑是坚决打好大气污染综合防治攻坚战有效技术手段之一。

目前的监测手段，主要以环境站点监测+走航监测为主，建设成本相对高昂，站点设置少，空间分布不均。国控、省级站点的城市自动站的数量平均约额约为 10 个/市。站点监测的范围有限，90%的站点位于面积占比 10%的市区，影响对重污染排放企业、工地、郊区等监测区域的准确率。且站点密度低、分布不均匀，平均 50km² 面积约有一个监测点。

由于以点代面的方法导致数据时效性不足，监测范围达不到精细化管控的目标，且无法实现对监测体系中时空动态趋势分析、污染减排评估、污染来源追踪、环境预警预报等能力的深度挖掘。智慧大气污染监测可以解决目前监测站点少、站点建设成本高、精细化管理不足等监测难的问题。

（1）功能描述。通过采用大气污染物（$PM_{2.5}$、PM_{10}、SO_2、CO、N_2O 和 O_3）浓度和空气质量指数（Air Quality Index，AQI）来描述大气污染状态。通过卫星遥感的颗粒物监测卫星、气态污染物监测卫星和全国布设的国控、省控和乡镇级的大气站点监测等多源数据开展大气污染监测，实现对大气污染物浓度和空气质量指数的小时级别的监测。遥感监测的空间分辨率可达到 1km，时间分辨率可以达到 1h。

（2）技术说明。传统的基于离散的监测站点数据较难大尺度空间上的变化情况，对总体变化特征的描述困难，随着大尺度应用和精细化监测需求的增加，利用遥感、机器学习手段结合地面监测站点数据进行空气质量监测的方法逐渐广泛应用于实际监测业务中。

1）多源数据。数据包括全国布设的针对以上 6 类大气污染浓度和空气质量指数的监测站点的监测数据和卫星遥感数据。颗粒物监测卫星有 MOIDS Terra/Aqua、MESRI FY-3A、AHI Himawari-8 和 AGRI FY-B 等，气态污染物监测卫星有 OMI/Aura、TROPOMI/Sentinel 5P、EMI/GF-5、GOME-1/ERS-2、SCIAMACH/ENVISAT 等。

a. 颗粒物监测卫星。MOIDS 传感器于 1999 年随地球观测系统 Terra 卫星发射到地球轨道，2002 年随另一枚地球观测系统 Aqua 卫星升空，该装置在 36 个相互配准的光谱波段捕捉数据，覆盖从可见光到红外波段，每 1~2 天提供地球表面观察数据一次。它们被设计用于提供大范围全球数据动态测量，包括云层覆盖的变化、地球能量辐射变化，海洋陆地以及低空变化过程。

FY-3 卫星是我国新一代系列化、业务化运行的极轨气象卫星。B 星（FY-3B）是该系列的第二颗星，于 2010 年 11 月 5 日发射。星上装载的微波湿度计 MWHS 于 2010 年 11 月 11 日开机工作。该载荷工作状态稳定，性能良好，所有指标满足任务要求，灵敏度和探测精度均达到国际先进水平，已在轨正常运行 10 周年（寿命考核为 3 年），累计获取约 242G 字节的有效遥感数据，是迄今为止国内寿命最长的星载微波辐射计。通过微波湿度计 MWHS 能够解决三维大气探测难题，能够获取全球、全天候、三维、定量、多光谱的大气、地表和海表特性参数，大幅度提高全球资料获取能力。FY-3 卫星运行状态如图 2-26 所示。

Himawari-8 卫星气象卫星是日本宇宙航空研究开发机构设计制造的向日葵系列卫星之一，重约 3500 公斤，设计寿命 15 年以上。该卫星于 2014 年 10 月 7 日由 H2A 火箭搭载发射成功，主要用于监测暴雨云团、台风动向以及持续喷发活动的火山等防灾领

70

域。数据于 2015 年 7 月 7 日开始运营，Himawari－8，以取代 MTSAT－2（也称为 Himawari－7）。以往的静止卫星大部分每小时只能获取一次全盘区域，H8 的观测频率提高到每 10 分钟一次，对某些特定目标区域每 2.5 分钟甚至 0.5 分钟可以实现一次观测，高频次的观测使得对云层等气象因子的动向的持续观测能力得到极大提升。

卫星名称	发射时间	停止时间	运行状态	过赤道时间
FY-3A	2008年5月27日	2018年2月11日	■ 停止运行	
FY-3B	2010年11月5日	2020年6月1日	■ 停止运行	
FY-3C	2013年9月23日		■ 运行于性能退化的状态下	10:15 降交点
FY-3D	2017年11月15日		■ 正常运行	14:00 升交点
FY-3E	2021年7月5日		■ 测试中	05:30 降交点

图 2－26　FY－3 卫星运行状态

　　b. 气态污染物监测卫星。Aura 卫星主要针对地球臭氧层进行观测研究，于 2004 年 7 月 15 日发射升空，是近极地、太阳同步轨道卫星，设计寿命为 6 年，围绕地球一圈约为 100 分钟左右，重复观测周期为 16 天，一天绕地飞行 14 或者 15 圈。在 Aura 卫星上供搭载了四个对地观测仪，分别是：高分辨率动态临边探测器、微波临边探测器、对流层放射光谱仪、臭氧监测仪。臭氧层监测仪由荷兰和芬兰共同研制，工作原理是通过观测地球大气和地球表面的后向散射辐射来获取信息，其可通过的波长范围在 270～500nm 之间，波谱分辨率为 0.5nm，轨道扫描宽度为 2600km，空间分辨率为 13km×24km，全球扫描仅需 1 天，可利用臭氧在 331.2nm 和 317.5nm 波段处的强吸收特性来进行反演。

　　Sentinel－5P 是欧空局于 2017 年 10 月 13 日发射的一颗全球大气污染监测卫星，卫星搭载了对流层观测仪（Tropospheric Monitoring Instrument，TROPOMI），可以有效地观测全球各地大气中痕量气体组分，包括 NO_2、O_3、SO_2、HCHO、CH_4 和 CO 等重要的与人类活动密切相关的指标，加强了对气溶胶和云的观测。TROPOMI 是目前世界上技术最先进、空间分辨率最高的大气监测光谱仪，成像幅宽达 2600km，每日覆盖全球各地，成像分辨率达 7km×3.5km。TROPOMI 传感器根据大气中水分子和其他痕量气体的光谱吸收响应特征，并充分借鉴了之前的大气痕量气体卫星传感器全球 O_3 检测仪（GOME）、SCHIMACHY 等，尤其是 OMI 的高光谱测量窗口设置经验，在 3 大光谱测量区域、7 个波段设置了针对性更强、测量更加精密的超光谱成像仪。

　　痕量气体差分吸收光谱仪（Environmental trace gases Monitoring Instrument，EMI）搭载在我国高分 5 号卫星上，该卫星于 2018 年 5 月 9 日发射成功，用于测量 240～710nm 波长范围内的地球后向散射和太阳辐射，光谱范围覆盖紫外和可见光，光谱分辨率为 0.3～0.5nm，EMI 可见光谱段在轨观测数据的对流层 NO_2 柱浓度探测能力。EMI 载荷每天随着卫星围绕地球旋转 14～15 圈，在地球上受到阳光照射的一面从南极运动到北极，每个通道各自扫描形成一轨数据。

2）空气质量监测手段。为了解决目前监测站点少、站点建设成本高、精细化管理不足等监测难的问题，基于国控、省控和乡镇级的大气污染监测站点数据以及Himawari−8等卫星数据，通过对比线性回归和几种机器学习方法在大气污染物监测结果中的表现，详细见表2−2。机器学习是一种人工智能的科学，能够自动地学习并在经验的学习中改善具体算法的性能，综合对比几种机器学习方法的监测结果和的精度发现，梯度下降算法的拟合优度最高。因此可利用极限梯度提升模型等机器学习的方法实现小时级大气污染监测，通过优化大气环境参数反演模型，提高大气环境遥感反演的精度和时空分辨率，空间分辨率可达到1km。业务部门利用该技术手段开展大气监测和治理业务，经过一段时间后，利用该手段大气污染高精度监测范围提高、空气质量优良天数明显提升、污染物浓度增长趋势得到有效遏制等效果。

表2−2　　　不同机器学习方法的监测结果和的精度分析（以京津冀地区为例）

污染物	模型	EVC	MAE	RMSE	R^2
O_3	线性回归（Linear Regression）	0.3115	9.7518	14.2849	0.3115
O_3	支持向量机（Support Vector Regression，SVR）	0.2489	9.9075	15.1925	0.3849
O_3	线性SVR（LinearSVR）	0.1658	52.7076	56.6530	0.2097
O_3	多层感知器（Multi−Layer Perception，MLP）	0.1112	12.0233	17.0204	0.1604
O_3	极限梯度提升模型XGBOOST	0.9359	2.4446	3.6503	0.9425

2. 大气污染溯源

"溯源"是大气污染防治工作的基础，唯有精准快速地找出污染源头，才能更好地开展大气污染治理、防控等系列工作。由于地形、压强梯度、热力等多种因素影响，大气污染物随着复杂的气流变化而产生多变的传输轨迹，同时，多种污染源的叠加，加大了大气污染源识别的监测难度。因此，如何进行溯源定位成为大气污染监测过程中的难题。通过快速对区域大气污染源进行溯源定位，有助于实现"测−管−治"联动，为科学治理大气污染提供新方法、新技术。

（1）功能描述。污染溯源技术是污染物浓度监测结果的综合应用，其原理是利用点监测或线监测设备的监测结果，结合风向数据，计算污染物在空间中的概率分布，或利用适当的路线规划，移动量测位置以达到标定污染源位置的目的。主要是基于气象大数据和人工智能污染物识别的溯源技术，通过来源方位和来源构成分析实现对大气污染物的精准溯源，为区域大气污染问题的综合治理提供技术支持。

（2）技术说明。由于地形、压强梯度、热力等多种因素影响，大气污染物随着复杂的气流变化而产生多变的传输轨迹，同时，多种污染源的叠加，加大了大气污染源识别的监测难度。污染排放清单、空气质量模式等技术手段解析大气污染数据，模拟不同行业、不同企业对监测指标的逐时浓度贡献率，完成污染物及其空间分布、时间变化趋势的分析、诊断和识别，并开展区域PM2.5、PM10等污染物的来源解析，实现重点企业与监测点位的"点对点"逐小时溯源，为区域主要大气污染问题的识别提供技术支持。

1）多源数据准备。收集多源数据，包括大气环境站点监测数据、区域污染源排放数据、气象资料数据等等，利用多源数据快速汇聚技术实现对多源数据的整理，建立高分辨率动态排放清单，整合区域大气污染排放数据库。

2）大气污染溯源分析方法。

a. 基于在线设备的污染溯源方法。基于大量的监测设备，建立园区及周边地区的污染强化观测网络体系，需大量专业技术人员运行维护且成本较高。在获得充分的数据之后，计算特定空间中污染物的浓度分布等高图，然后由等高图的高点区域标定污染源位置。利用这种方式需要使用大量的硬设备才能达到良好的效果，适合应用在污染物浓度稳定、分布变化较小的区域。

b. 基于气象条件的污染溯源方法。分布概率预测法方法不需大量监测设备以及移动设备，通过结合气象数据，使用浓度分布的方式，利用监测点在各方向污染物出现概率来计算污染源逸散位置。同时，烟流预测法基于少量监测设备，能够结合气象数据或高斯扩散模式，推估污染的位置。

c. 基于模型计算的污染溯源方法。传统的空气质量模型主要分为欧拉模型和拉格朗日溯源模型。其中，欧拉方程采用平流扩散方程，所有格点上均需求解偏微分方程，扩散过程是浓度梯度的函数，适用于多源污染源、多化学转换，对于点源会引入虚假扩散。拉格朗日方法是在粒子路径上求解方程，只需要计算粒子周围，适用于电源模拟，多点源模拟会影响计算效率。拉格朗日烟囱团模型中污染源每隔一段时间释放一个烟囱、每个烟囱团包括一定质量的污染物，烟团沿着其中心点轨迹移动，烟团大小超过格点分辨率时，发生分裂，烟囱内污染物均匀分布。

拉格朗日混合单粒子轨道模型（Hybrid Single Particle Lagrangian Integrated Trajectory Model，HYSPLIT）由美国国家海洋和大气管理局和澳大利亚气象局联合研发，该模型专门用于计算和分析大气中污染物质的输送以及扩散轨迹，该模型能够处理多种气象要素、多种物理过程以及不同类型污染排放源多种场景的输送、扩散和沉降模式，已经被广泛地应用于多种污染物在各个地区的传输和扩散的研究中。

利用 HYSPLIT 模型结合全球预报系统（Global Forecast System，GFS）气象预报数据进行污染溯源，借助多维复合尺度气象数据，对污染物进行解析并锁定排放源头。在获取大气污染监测数据后，云平台进行数据分析，然后进行污染解析并且锁定排放源。HYSPLIT 模型前向模拟是模拟目标地区气流流向的一种形式，主要用来解释目标地区气体或者颗粒污染物对别的地方造成的影响，是用来解释汇的问题。向后模拟是模拟目标地区的气流流向的另一种形式，主要用于解释目标地区气体或者颗粒污染物是由于什么来源造成的影响。

3. 空气质量预报预警

利用卫星遥感、无人机、视频监控、走行巡查、站点布设等空天地一体化的立体监测手段，基于大量的污染观测数据及气象预报数据，融合少数样本过采样、在线学习等多种技术方法，实现城市/站点常规污染物（PM2.5、PM10、O_3、NO_2、CO、SO_2）的预报，满足群众获取空气质量预报预警信息，以及管理部门及时、准确、全面掌握空气质量信息和大气污染发展态势的需求，为大气污染联防联控政策制定和实施及会商工作提供重要技术支撑，减小污染天气造成的危害和损失。

（1）功能描述。基于区域排放清单及本地污染源数据库，利用空气质量模型，并结合气象模型和机器学习模型，建立大气污染预报预警，当预报出现不利天气条件和持续空气污染超标，系统能够通过平台，动态展示污染过程的天气形势、污染物浓度演变、污染源来源等变化，通过重污染情景分析，对需要启动的预警等级、持续时间、重点关注的排放源相关措施等关键问题，提出污染控制目标与方向。

（2）技术说明。对采集到的数据进行入库处理，空气质量模型为核心，融合资料同化、集合预报、深度学习等先进技术，实现区域污染物未来浓度数值预测。

1）多源数据准备。收集多源数据，包括大气站点监测数据、卫星遥感和无人机监测数据、气象数据和地面走航数据。利用多源数据快速汇聚技术实现对多源数据的汇聚和管理。

2）空气预报预警方法。空气质量预报模式系统和污染源处理技术是目前大范围灰霾天气预警及综合治理的重要手段，其在全国的推广应用将有利于提高实际的业务预报水平，增强防灾减灾能力，取得显著的社会经济效益。

a. CMAQ（Community Multiscale Air Quality）模型。CMAQ 模型为美国环境保护局开发的第三代空气质量模型，它把大气看成一个整体，可以模拟复杂的大气污染物之间的物理与化学反应，主要用于污染物浓度模拟预测与污染物源解析研究。

气象场是大气污染物在环境中的驱动力，中尺度气象模式提供的网格气象数据，构成了所有三维空气质量模型的基础，决定了 CMAQ 模型需要以下参数：坐标系统和地图投影、网格分辨率（单元格大小）、网格的最大覆盖空间（水平地理范围）、最大垂直网格范围（模型顶部高度）、时间范围（开始/结束日期；气象更新频率等）。CMAQ 在处理排放源信息时，需要依赖外部程序估算污染源的排放量大小、位置、时间变化。排放源清单处理模块需要确保排放物输入必须在相同的水平和垂直空间尺度上，并且覆盖与空气质量模型模拟中使用的相同时间段。排放清单必须用 CMAQ 模型支持的化学参数来表示挥发性有机化合物（Volatile Organic Compounds，VOCs）排放和网络通用数据表单（Network Common Data Form，net CDF）。

以唐山区域为例设置空气质量模拟方案，如下：评估由天气研究预报（Weather Research and Forecasting Model，WRF）模式模拟提供所需气象场，采用第三代空气质量模型 CMAQ 模拟大气化学组分变化。WRF－CMAQ 模式采用三层嵌套，各嵌套区域网格数、空间分辨率及预报时长设置见表 2－3。其中，第三层嵌套区域主要包括京津冀地区、辽宁南部、山东北部等区域。

表 2－3　　　　　　　各嵌套区域网格数、空间分辨率及预报时长设置

区域	网格数	空间分辨率	预报时长
第一区域	205×173	27km	172h
第二区域	577×478	9km	172h
第三区域	238×298	3km	172h

b. 嵌套网格空气质量预报系统（Nested Air Quality Prediction Modeling System，NAQPMS）模型。NAQPMS 是在充分借鉴吸收了国际上先进的天气预报模式、空气污染数值预报模型等的优点，并结合中国各区域、城市的地理、地形环境、污染源的排放资料等特点的基础上所建立的数值预报模式系统。此系统在计算机技术上采用高性能并行，空气污染数值预报模式等的优点集群的结构，低成本地实现了大容量高速度的计算，从而解决了预报时效问题；在研制过程中进行了自然源对城市空气质量影响的前沿研究，设计了东亚地区起沙机制的模型；并采用城市空气质量自动监测系统的实际监测资料进行计算结果的同化。在此基础上的业务系统实现了高度自动化、较高的预报准确率，并能快速投入日常业务工作。

NAQPMS 模式系统的业务系统由四个子系统构成，即 ftp 数据自动下载系统，中尺度天气预报系统（MM5），空气污染预报系统（NAQM）和预报结果分析系统。每日 0 时，FTP 数据自动下载模块就会从互联网上将所需要的数据下载下来；然后自动运行中尺度气象模式（MM5）为污染模式输出气象场；气象场输出结束后套网格空气质量模式［包括扩散、平流/对流过程、干湿沉降、气溶胶、化学过程（CBM/RADM2）子模块］自动开始运行，运行结束后输出模式系统预报的 API 指数以及在网页上生成污染物浓度以及气象场预报的效果图。

3）预报精度分析方法。以 AQI 为例对预报精度进行分析，AQI 等级准确率和首要污染物准确率计算方法如下：

城市预报结果为空气质量级别范围时，如果实况空气质量等级在预报结果范围内（包含跨级预报），则记为准确。以月、季度或年为单位计算该城市空气质量级别预报准确率

$$G_{\text{city}} = \frac{\text{预报空气质量级别准确的天数} n}{\text{总预报天数} N} \times 100\%$$

根据《环境空气质量指数（AQI）技术规定（试行）》（HJ 633—2012），首要污染物被定义为 AQI 大于 50 时，IAQI 最大的空气污染物为首要污染物；若 IAQI 最大的污染物为两项或两项以上时，则并列为首要污染物。当实况空气质量为优时，无首要污染物，不做首要污染物准确率评估。当评估时段内实况空气质量为优的天数占比超过 70% 时，城市不进行首要污染物准确率评估。以月、季度或年为单位计算该城市首要污染物预报准确率 P_{city}。

$$P_{\text{city}} = \frac{\text{预报首要污染物准确的天数} n}{\text{实况非优的总预报天数} N} \times 100\%$$

利用该模型可以对冬空气质量和大气污染物预测得到很好的结果。通过对唐山 2018 年的预测结果分析可知本模式对冬季颗粒物（PM2.5，PM10）具有一定模拟效果，可实际用于冬季污染预报。本模式对夏季臭氧污染模拟较好，趋势和量值都较好吻合。本模式对其他污染物（SO_2、NO_2、CO）模拟还存在较大上升空间，但由于实际应用中，O_3 和 PM 为目前重点关注污染物，其污染调优优先级在 O_3 和 PM 之后，且没有 O_3 和 PM

等污染复杂。

2.7.3　典型应用场景

1. 大气颗粒物遥感监测

包括数据类型、获取方式、时空尺度、监测结果的分析发布等。

PM10、PM2.5 颗粒物污染已对大气环境和公众健康构成了巨大威胁。准确获取颗粒物的时空分布、来源及传输路径是衡量其污染影响、制定颗粒物减排和防控政策的重要保障。基于静止卫星对区域空气质量实时观测，获取小时级别的卫星遥感数据，经过系统平台反演计算，可以实时展示区域每个小时的大气颗粒物状况。将每天平均浓度值前 50 位的网格作为 PM2.5 的热点区域，在地图上按照 1km×1km 划分网格显示，并统计出热点网格分布所属的区县及中心点坐标，热点内分布的企业以及企业类型。

SaaS 化服务可提供每天多次 PM2.5/PM10 专题图、热点网格专题图及专题报告等产品服务，可基于浏览器、App 等进行历史数据的查询浏览，帮助掌握辖区大气颗粒物污染情况。同时，支持将监测结果以及热点网格分布、热点内分布的企业及企业类型等相关信息，同步推送至 App 端，指导相关县区的一线执法人员前往现场，开展核查。PM2.5 浓度分布示例如图 2-27 所示，空气质量监测报告如图 2-28 所示。

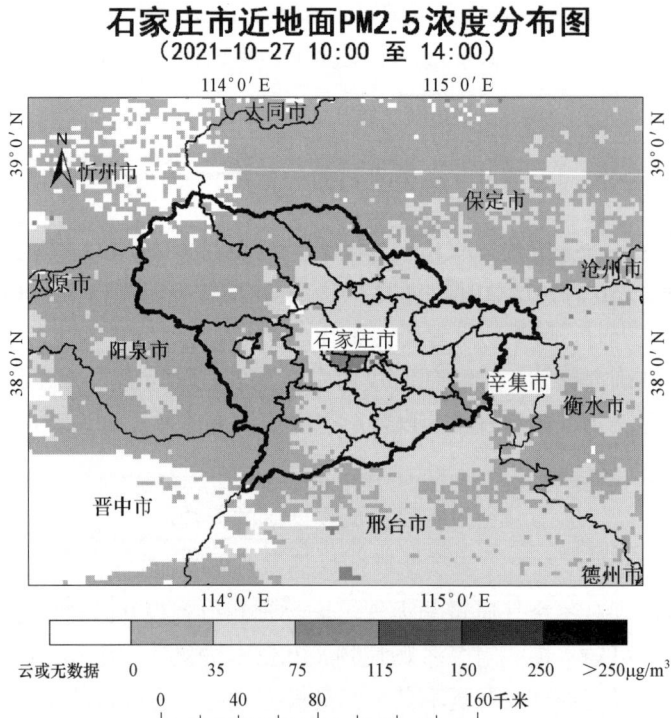

图 2-27　PM2.5 浓度分布图

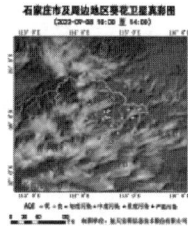

基于卫星遥感的石家庄市
空气质量分析日报

2022 年第 252 期，总第 1767 期

石家庄市生态环境局　　　　　　　2022 年 09 月 09 日

2022 年 09 月 08 日，基于葵花八号 AHI 数据与 NPP-VIIRS 对石家庄市的空气质量进行监测，发现桥西区的近地面 PM$_{2.5}$ 与 PM$_{10}$ 平均浓度最高，污染最重的 5 个热点网格分布在建成区、化工园区。另外，09 月 08 日全市共监测到秸秆焚烧火点 0 个（不包括云覆盖下的火点信息），涉及 0 个区县。具体结果如下：

一、各县区热点反馈情况

09 月 07 日热点网格监测共涉及 6 个县区，桥西区（20 个）、正定县（9 个）、长安区（7 个）、栾城区（6 个）、新华区（5 个）、裕华区（3 个），热点网格反馈情况如下：

1. 热点网格总反馈率为 60%。

2. 污染热点核查未发现企业违规排放情况。但存在道路扬尘、交通拥堵、机动车尾气污染等现象。

二、石家庄市 PM$_{2.5}$ 和 PM$_{10}$ 浓度分布专题

（一）石家庄市真影图及地面监测站点情况

基于葵花八号 AHI 数据制作了 09 月 08 日石家庄市真影像（11 时）并叠加地面监测站点的 AQI 数据（10 时至 14 时），如上图所示。09 月 08 日观测时刻石家庄市无云层覆盖。地面监测站点的 AQI 数据显示，共有 47 个有效站点，其中 34 个站点空气质量为良，13 个站点空气质量为优。

（二）石家庄市 PM$_{10}$ 与 PM$_{2.5}$ 浓度分布图

基于葵花八号卫星数据反演的可见区域的 PM$_{2.5}$ 和 PM$_{10}$ 浓度，得到石家庄市近地面 PM$_{2.5}$ 和 PM$_{10}$ 浓度分布图，如下图所示。可以看出，09 月 08 日，石家庄市 PM$_{2.5}$ 质量浓度低于 85.36ug/m^3，PM$_{10}$ 质量浓度低于 137.79ug/m^3，通过对各县的区域统计分析得到桥西区的 PM$_{10}$ 与 PM$_{2.5}$ 平均浓度最高。

图 2-28　空气质量监测报告

2. 秸秆焚烧火点监测

包括数据类型、获取方式、时空尺度、火点提取的方法、监测结果的分析发布等。

焚烧秸秆产生大量烟雾和颗粒性粉尘，尤其是焚烧时间比较集中，容易造成局部地区环境恶化。有的严重地方甚至影响实现，给交通造成影响。近年来，秸秆露天焚烧导致火灾事故频频发生，据相关数据统计显示，在麦收期间由焚烧秸秆引起的火灾占火灾起数的大部分。

针对屡禁不止的秸秆焚烧现象与日趋严重的大气污染问题，构建一套"空、天、地、人"一体化的联合监测模式，综合运用卫星遥感、无人机、摄像头视频与人工巡查四种方式相互结合，彼此补充，对监测区域内的秸秆焚烧与大气环境进行全面、快速、多手段的实时监测，同时提供多种预警手段，方便业务人员第一时间获取预警信息。并提供气象实况监测与气象预报功能，为决策指挥提供支撑。预警方式多样，主要支持网页端预警、邮件预警、短信预警和手机 App 预警等手段。秸秆焚烧现场如图 2-29 所示，秸秆焚烧预警如图 2-30 所示。

秸秆焚烧卫星监测优选国内外卫星数据与实地高清摄像头监测数据，结合自主研发的高精度火点判别深度学习算法，实现火点信息准确提取。

数据监测来源稳定，自有卫星数据接收系统，满足卫星数据的快速获取，保障可以提供持续性监测服务。可以提供每日监测报告的发布，如图 2-31 所示。

图2-29 秸秆焚烧现场图

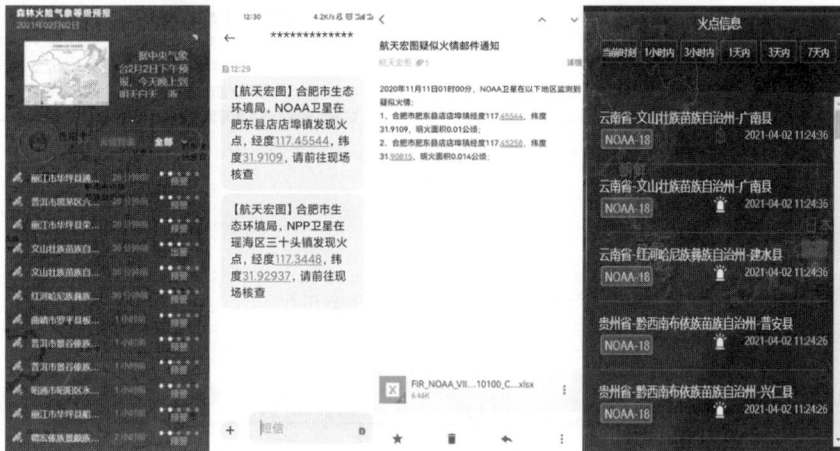

图2-30 秸秆焚烧预警方式

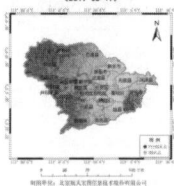

图2-31 卫星遥感秸秆焚烧监测报告

3. 大气污染物溯源

包括数据介绍、大气污染物溯源方法、溯源结果的分析发布等。

溯源问题之所以成为棘手问题是由于大气运动受到热力、梯度力、摩擦力、地形阻挡等因素，形成曲折复杂的流场，污染物随也传输的气团轨迹动态多变，同时监测点参数有限，无法识别多种污染源叠加的快速变化。大气污染溯源分析需要多源数据的支撑，包括大气污染物监测数据、气象资料数据、区域污染源排放数据、环境站点监测数据等。目前精度较高的溯源分析方法主要有大数据融合与后向轨迹的方法、三维流场重构技术与机器学习污染时间识别技术结合的方法。

后向轨迹聚类就是根据气团轨迹的空间相似度，对所有轨迹进行分组聚类，以判断研究区在不同时间段主导气流的方向和污染物的潜在来源。机器学习污染事件识别技术是利用上万组大气化学痕量组分数据，包括颗粒物硝酸盐、硫酸盐、铵盐及其他几十种可溶性盐的阴阳离子、含碳组分、金属、元素以及 117 种 VOCs 与对应污染源源谱，构建机器学习模型，模型自动快速识别空气质量参数对应的污染来源判定污染事件，在内置共性通用识别算法基础上，还持续学习当地污染类型与对应事件，不断提升识别精度。在大气物理与大气化学两个层面交叉验证，对本地污染的来源方位、来源构成进行重现，结合污染源清单还可以进行污染来源趋势预测。

大气污染溯源分析利用多方位大气污染监控手段，结合水平大气污染溯源激光雷达、颗粒物区域走航监测数据，借助多维复合尺度气象数据，结合机器学习污染事件识别技术，采用后向轨迹追踪算法，通过三维立体动画重塑再现污染气团扩散流动轨迹，重构多维流场，实现区域立体流场结构的仿真重构及污染气团轨迹过程的精细再现，从而物理锁定污染物来源。大气污染溯源分析展示如图 2-32 所示。

图 2-32 大气污染溯源分析展示

4. 限停企业偷排监测治理

包括通过无人机和车辆走航等手段对限停企业偷排情况监测治理方法、治理效果。

首先通过大气污染热点网格遥感监控系统实现全天候的污染物智能监测、结合携带红外热成像云台相机的无人机和车辆走行等手段对限停企业偷拍情况进行监测和核查。详细步骤如下：

（1）重点偷排企业或范围的圈定：提供两种方式的限停企业偷排监控的核查范围。一种方式，基于大气污染热点分布专题图、石家庄限停企业分布图，叠加、输出高风险限停企业偷排名单及分布、范围；另一种方式，通过历史偷排监控行为结果，抽查部分限停企业或区域失信企业的偷排情况。

（2）针对重点区域开展无人机航拍/车载移动监测取证筹备活动：根据高风险限停企业偷排名单及分布，规划飞行/走航路线，悬停点，选择搭载的监测传感设备，成立航拍小组，开展取证活动。

（3）数据核查与处理：对无人机航拍图片、视频、红外影像数据等，卫星影像数据等综合处理，获取违规企业偷排证据。

（4）制作限停企业偷排专题报告产品。

无人机＋车辆走行设备的限停企业偷排核查如图 2-33 所示。

图 2-33　无人机＋车辆走行设备的限停企业偷排核查示意图

限停企业偷排专题产品是对区域内限停企业偷排情况生产情况（含企业名称、经纬度信息、偷排照片等）和数量以专题报告的方式生产专题产品，每周提供一次产品。

环保部门对污染物超标排放的企业，一般采取限产或停产等手段进行处罚。但是，对于企业来讲，可能在收到停产或限产惩罚后，仍然偷偷开工生产。为了保证环保部门执法的有效执行，需要针对企业的限停等惩罚进行监督，避免企业钻取漏洞，违规生产的行为出现。

5. 重污染天气预警和应急管理

基于现有 7 天高精度多模式数值预报结果，分析未来天气形式及空气质量发展趋势，结合各类观测站等数据，制定未来一周空气质量预报；根据大气污染发展情况，召开应急研判，对日常大气污染预报进行校验，同时充分解析卫星、雷达、走航等综合立体观测数据，预判未来1～3天空气质量，确定预警等级。

当预报出现重污染过程，基于本地多级预警相应措施工具库及减排测算参数化方案，制定出多套应急减排预案。针对重污染过程制定应急预案，快速完成各种预案对应的各类污染物减排量的计算，评估不同预案实施后的空气质量改善效果和变化趋势，筛选出最佳方案。基于应急研判和模型预测评估所筛选的最佳方案，结合本市实际工业生产情况，部署实施减排方案，做好减排实施过程的监督、落实。

通过对大气污染事故预测模拟和图像表征，直观展示突发事故中污染物扩散范围以及浓度分布情况，辅助污染源清除和空气质量长期提升等工作。基于大气数值预报模式，运用计算机集群处理技术，在中短期预报时段内对一定区域大气质量状况进行定量、快速预报。同时，提供重污染天气预警、突发大气污染事件仿真模拟预案，结合实际监测数据，组成事前预防、事中管控、事后评估的监管体系。

空气质量预报系列产品如图2-34所示。

图2-34 空气质量预报系列产品

2.8 智慧土壤污染治理

2.8.1 应用框架

智慧土壤污染治理，是在土壤污染全生命周期管理中通过综合配套采用一系列智慧化手段来减缓、控制土壤污染风险，从而降低土壤污染治理的经济和环境成本，达到污染土壤治理与再利用目的的方法统称。

智慧土壤污染治理框架具体可以分解为四个层面：感知层、传输层、平台层和应用层。

（1）感知层。借助各类数据采集设备、传感器、监控摄像机、无人机、GPS终端等设备，采集、获取污染普查、重点监管企业数据、土壤污染现状调查结果、水文地质信息、文献资料等数据，集成有效的污染土壤风险管控大数据平台，支撑环境调查、风险评估、污染修复、受体保护、跟踪管理等。

（2）传输层。以互联网、电信网以及传输介质为光纤的城市专用网作为骨干传输网络，以全域覆盖的无线网络（如 Wi-Fi）、移动 4G、移动 5G 为主要接入网，组成数据传输基础设施。

（3）平台层。包括软件资源、计算资源和存储资源，为智慧环保提供数据存储和计算，保障应用层对于数据汇聚的相关要求。利用面向服务的体系架构（Service-Oriented Architecture，SOA）、云计算、大数据等技术，通过数据和服务的融合，支撑承载应用中的相关应用，提供应用所需的各种服务和共享资源。

（4）应用层。基于环保行业和环保领域的智慧应用及应用整合，如样点布设、污染物检测、数据管理、一张图展示、协同办公、场地调查、质量评估、环保执法、应急管理、土壤修复、辅助决策、风险评估与预警、污染物扩散预测、模型库、三维数字地球展示、全生命周期管理等。

智慧土壤污染治理应用框架如图 2-35 所示。

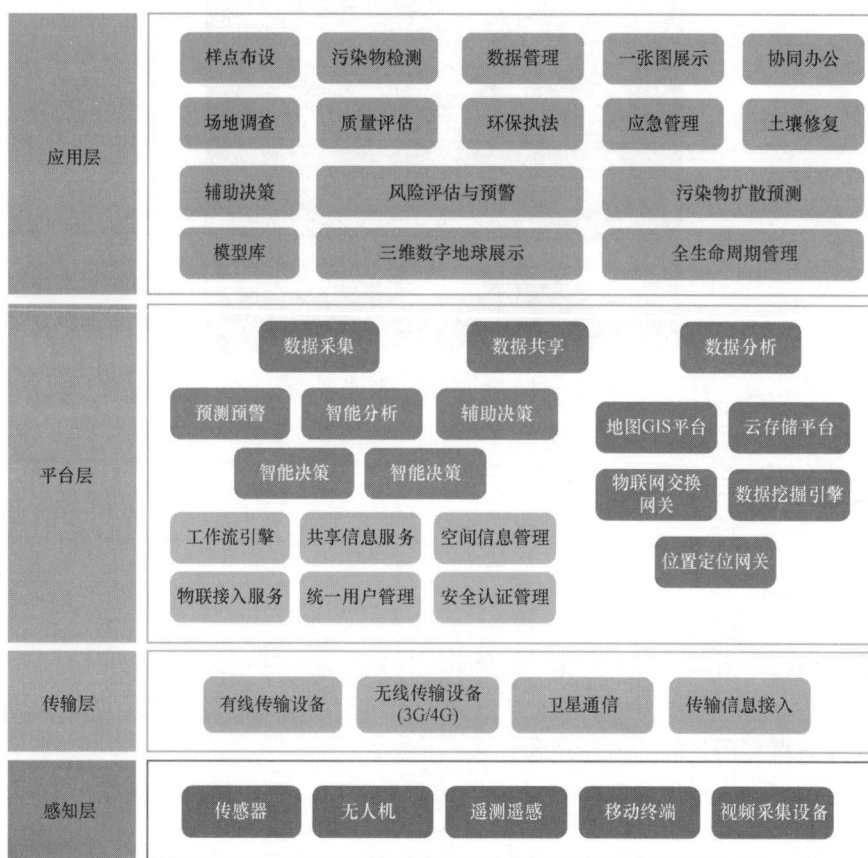

图 2-35　智慧土壤污染治理应用框架图

82

2.8.2 应用功能

1. 数据管理功能

数据管理功能包括污染普查、重点监管企业数据、土壤污染现状调查结果、水文地质信息等各类数据的采集、测试化验加工、数据分析和数据展示等。

（1）数据采集。智慧化技术手段主要为移动端设备，主要服务于外业探勘过程中的数据采集以及采样点布设。

1）外业数据采集。传统的与位置相关的数据采集时在纸质地图上标会采集信息，然后在纸质的表格中记录采集相关属性信息。回到办公室后需要把采集的图形信息进行手工数字化，同时把与其相关的属性数据录入数据库。随着 GIS、PDA 技术及移动互联网的飞速发展和不断进步，使得和位置相关的数据采集不受时空限制，能够做到数据的实时采集和上传。提高数据采集的质量和可用性。

移动端设备支持数据新增、修改、删除、查询、展示、导入、导出、更新等；支持移动端采集数据同步更新系统。充分利用信息化技术录入手段，满足随时随地采集有效数据，整个功能充分体现了快速、高效的特点。

2）采样点布设。监测点位布设对土壤调查结果的影响较大，因此必须通过提高土壤环境调查工作中布点的科学性，来提升污染场地土壤环境调查的工作效率，为最终监测结果的代表性、准确性提供保障。

根据环境信息与污染源信息初步判断污染物的产生以及运移，分析得到采样点位的自动和手动布设位置。

按照输入值自动划分网格（可设定非监测区），按照常用的监测点位布设方法（包括系统随机布点法、系统布点法及分区布点法等），可自动避开非监测区；支持检测点的手动输入、删减、合并和拆分、位置调整、编号、坐标导入和导出；支持监测点的平面展示；支持监测点按属性查看（如按地层、标高、范围等）；支持监测点的属性编辑。

（2）数据测试化验加工。由于农药、化肥、生长素的大量使用，以及工业三废的污染，土壤污染物含量超标的现象屡见不鲜。这不仅毒害了生态系统，还会通过食物链进入人体，直接或间接危害人体器官的健康。因此，有必要加强对土壤中污染物的检测，并采取相应措施，减少土壤污染。检测土壤中污染物的方法很多，除了传统的实验室检测方法外，还可以使用土壤检测仪现场检测不同土壤污染物的含量。

污染物检测针对现场检测可直接获得污染物浓度的情况，实现污染物浓度值快速获取；实现监测数据的管理、数据校准、采样加密判断、评价分析以及图形输出和打印等。

（3）数据分析。针对采集获取的各类数据进行综合性分析，以评估土壤污染状况、研判土壤污染趋势。主要应用场景包括采样点布设、污染源头识别等。

污染源头识别：结合多源环境数据以及潜在污染企业信息，将区域工业企业进行分类，结合地理分析识别区域重金属污染源头。

（4）数据展示。数据展示应用场景包括一张图展示、三维数字地球展示、全生命周期管理等。

1）一张图展示。支持土壤环境监测、地下水环境监测、重点监管对象、污染地块管理、管控与修复项目、从业单位、农用地、建设用地等要素的展示；支持土壤环境质量地图以及对区域内相应数据的查询、管理等功能；支持通过点、矩形查询以及图形到属性查询的功能；支持对重点企业、工业园区、监测点位等数据的查询；支持数据的报表输出，并用线性图显示各污染因子的变化情况。

2）三维数字地球展示。

a. 三维场景显示。系统提供真实的还原地形风貌，实现地上地物要素的模拟三维显示，为用户提供美观、便捷的三维展示引导服务，同时提供三维飞行漫游。

b. 三维数字地球框架。提供三维数字地球框架，支持土壤污染模型、地下水模型和三维地质模型库等其他业务库的叠加、融合显示浏览。

c. 三维量算。根据不同的属性值提供距离量算、面积量算、体积量算等方便用户快速量算自定义的区域，选定区域溶质（污染物）总量计算。

d. 三维数据管理。提供属性建模三维对象的编辑，包括选择，移动、旋转、缩放和被选择对象的贴地等基础编辑功能。可实现简单建筑等三维对象的添加，同时支持对名称、大小、填充色、材质、可见度等参数进行个性化设置。

e. 模型动态显示。通过建立属性模型方法库，实现属性（包括各种污染物、地下水、地质体）的参数及参数的大小进行筛选显示，并根据实验室计算结果进行污染迁移动态模拟显示。

3）全生命周期管理。对用地实施"全生命周期"管理，是要对地块的利用状况实施全过程动态评估和监管，其目的是提高土地利用的质量和效益。

土地全生命周期管理是随着时间的推移，对土地的权属、空间区位、出让年限、土地使用绩效等信息的演绎过程进行全要素、全周期管理，以实现对土地各"生命环节状态和属性的实时记录、查询和统计，有利于加强建设用地批后全程综合监管。

面向地块，建立全生命周期（在产–关停并转–评估–修复–移除清单–收储–出让等）管理体系（记录、查询、溯源、跟踪）；支持对环评项目、安全管控、修复项目、地块转让管理。

2. 辅助决策

辅助决策应用场景包括场地调查、污染物扩散预测、质量评估、土壤风险评估与预警、土壤修复、应急管理、环保执法、模型库等。

辅助决策面向员工及管理者的日常运作和管理需求，提供风险评估、风险管控、治理修复等建议辅助管理决策。

（1）场地调查。可直接从测量数据生成平面图、地形图、三维地质图，手动或坐标输入划分场地边界；支持自动和手动布点；根据土壤规划应用功能，自动划分用地土壤类别，敏感用地与非敏感用地识别；支持土壤环境背景值编辑；根据土壤类别、用地规划等、手动和自动选择关注污染物；自动根据某个规范设定值筛选超标项；实现土壤/地下水环境质量评价；系统提供常规统计、数据处理、数据检验、异常参数、多元统计等功能；在不同比例尺的网格化土地质量等级色块图上，叠加相应比例尺的土壤类型或土地利用类型图层，根据叠置结果，分别统计出不同土壤类型和不同土地利用类型的土地质量等级的面积和所占比例；文件输出：根据提供的调查报告格式模板输出调查报告、污染物平面分布图、柱状图（竖向曲线）、剖面图，输出各种统计表格。

（2）污染物扩散预测。实现标签点/监测井编辑，可直接从平台读取勘察测量数据；支持点、线、面编辑及简单测量计算，圈定污染范围、调查范围等（例如自动获得线周围 200m 区域范围），并支持 Excel、txt、dxf、shp 等文件格式的导入、导出；野外渗水试验、压水试验和抽水试验数据录入及图表生成，并进行水文地质参数的计算；利用有限差分法进行网格剖分，并可进行网格的局部加密，可以手动添加或删除；具备作图功能（点线面编辑），与剖分网格关联，进行边界条件的设定，并可进行属性识别及编辑；地质及水文地质条件输入及局部编辑，建立概化模型；实现地下水流三维模拟，并支持数据的输出编辑及可视化输出；支持质点追踪；实现污染物在包气带的溶质运移模拟；支持多组分污染物的溶质运移模拟；考虑地下水溶质运移过程中的对流、弥散、吸附及相应的化学反应；溶质运移结果的文本保存及可视化输出；建立流场和迁移模型；系统提供连续动态模拟显示功能，支持专业分析软件计算结果的三维时空变化显示；三维地下水流径追踪，流动时间及流速动画显示（流向、流速三维显示）；模拟污染物在地下水中迁移过程及其时间空间分布规律；提供已有污染状况或模拟污染物泄漏条件下，不同工况及设定条件下的土壤污染扩散模拟；满足不同设定时间值（如日、周、月、年等）扩散统计；设定时间参数下，显示模拟非稳定流过程中观测点水头和污染物浓度的动态变化；采用不同控制措施的效果预测。

（3）质量评估。

1）系统支持信息输入，修改工程信息、添加影像数据和添加场地边界，支持对已添加的场地边界进行显示控制，支持查看场地标准和选择场地标准，选择关注污染物进行分析评价。

2）系统支持进行质量评价，进行单指标污染物统计、超标分析和样本超标率统计，生成内梅罗指数土壤质量评价图、超标范围图对场地进行土壤质量评价，可以通过专题图例设置控制图件的分级颜色和透明度等，人为调整自动化图件成果。

3）系统支持快速打开已保存的图件，如监测点平面位置图、超标范围图和内梅罗指数土壤质量评价图等。

4）系统支持依据入库数据进行污染物属性体建模，并提供模型删除、属性过滤、平面剖切和模型出图等功能。

（4）土壤风险评估与预警。我国土壤环境评估与预警研究尚不成熟，主要集中在土壤环境各单指标的预测预警或土壤环境质量预测预警,不能全面反映土壤环境安全的变化,因此,我国亟须建立一套全面的、准确的、及时的土壤环境风险预测预警体系,服务并指导于国土资源管理、农业生产布局和土壤修复治理等工作。

（5）土壤修复。

1）根据污染物种类、污染程度、污染范围、污染物浓度和量级、土壤性质、地下水位等条件,在不同控制目标的下常用修复方法的自动筛选。

2）根据《地下水污染修复（防控）工作指南》修复技术的初筛:利用矩阵评分法进行修复技术的初筛,评分因子包含但不限于技术可接受性、成熟度、有效性、修复时间、修复费用、环境影响,同时各因子权重可以进行编辑,并筛选出三种得分最高的三种技术方法进行下一步评估;将地下水常见修复技术与地下水修复技术评价参数表导入数据库。

3）根据地下水污染情况及修复方法、修复目标,对修复工程量进行计算;基于修复目标值,对修复检测结果进行检验。

（6）应急管理。加强应急管理,提高预防和处置突发事件的能力,是关系国家经济社会发展全局和人民群众生命财产安全的大事,是构建社会主义和谐社会的重要内容;是坚持以人为本、执政为民的重要体现;是全面履行政府职能,进一步提高行政能力的重要方面。通过加强应急管理,建立健全社会预警机制、突发事件应急机制和社会动员机制,可以最大限度地预防和减少突发事件及其造成的损害,保障公众的生命财产安全,维护国家安全和社会稳定,促进经济社会全面、协调、可持续发展。

应急管理实现对环境突发事件及时响应、快速处置,实现指挥中心对突发环境事件现场的"零距离"处理和指挥。

支持物资管理、预案管理、突发事件管理、智囊团管理。

（7）环保执法。当前,生态环境保护工作任重道远,生态环境执法工作依然面临执法能力无法满足量大面广的执法工作需要等问题。如何破解瓶颈,提升环境执法效能化水平,是摆在环境执法人员面前的一个重要问题。

环保执法包括数据展示、查询、新增、修改、删除;针对超阈值生成警报信息,短信推送通知;数据批量导入、批量导出;现场环保执法当场录音录像、一键上传。解决了"执法人员少、执法任务重"的矛盾;提高了环境事故应急处理能力,保障了环境安全。

（8）模型库。模型库包括疑似污染地块点位识别、疑似污染地块范围识别、疑似污染地块污染潜势渐进识别、风险评估及预警、污染物扩散预测模拟等模型。

1）疑似污染地块点位识别:基于经多源地理大数据完善的全国企业用地名录信息,对企业所在地指标信息进行补充、完善和规范化,如补齐所在地的行政区划信息到乡镇级别（至少应到区县级别）,对名录中没有及时与行政区划调整保持一致的区划信息进行调整等。结合企业所在地指标和网络地图 POI 信息,经信息爬取获取其初步的经纬度信息，并按照项目统一的空间信息数学基础进行坐标系转换。

2）疑似污染地块范围识别：主要是通过运用面向对象技术采用合适的分割参数对原始影像数据进行处理，实现从基于像元的遥感影像分类过渡到基于对象的遥感影像分类，有助于提高分类的精度。再通过以后的数据构建训练集，采用深度学习技术从训练集中自动学习有效特征。深度学习在特征提取和建模上都有着显著优势，它通过对网络的学习，模拟人类大脑处理数据的过程，由深度网络获得数据的本质特征，并通过对低层特征整合，来表达高层特征，具有良好的泛化能力。再利用该技术对原始的影像数据进行无监督学习，最终实现分类的目的。

3）疑似污染地块污染潜势渐进识别：结合社会经济统计数据、重大污染事件新闻等信息，对疑似污染地块是否影响周边受体进行判别分析，以确认是否为污染地块。由于污染地块直接污染土壤、水体和大气等，进而影响居民健康、农田产量和植被健康。因此疑似污染地块的判别综合考虑直接污染的受体和间接影响的敏感受体，通过疑似污染地块周围是否存在居住地、学校等敏感受体的初步筛查、基于重大污染事件新闻报道的辅助判别、基于历史社会经济统计数据（如作物产量）的趋势分析以及基于高空间分辨率遥感影像的土壤污染判别模型和水体污染判别模型等，建立多层逐级判别体系对地块风险进行快速识别。

4）地块潜在风险筛查：在企业地块基础信息调查的基础上，根据地块土壤和地下水污染源、污染物迁移途径和受体等基础信息资料，分析企业地块的相对风险水平，并根据多个地块的相对风险水平划分地块关注度，为确定需开展初步采样调查的地块提供依据。

5）污染物扩散预测：针对地下水中的污染物提供一维点源和二维点源的泄漏模拟，针对不同的污染物通过设置相关参数，模拟污染物的扩散情况。系统提供两种不同的污染物扩散模拟方法，方法一是针对固定区域预测不同时间污染物运移情况，方法二是固定时间区域内污染物变化情况，并生成相应的预测成果。

6）环境风险评估与预警：构建环境风险评估与预警模型，得到地块风险评估结果，并对超标准地块进行预警。包括：集成展示污染地块的镉、砷、锡、铅等重金属污染物的模型计算分析结果；暴露情景、暴露途径等详细调查分析结果，支持查询数据详情；提供镉、砷、锡、铅等重金属污染物分区管控区划；实现土壤重金属污染警情推送（系统展示与短信推送）；提供土壤环境风险系列专题图发布服务；评估并展示污染地块影响范围及敏感用地；展示评估结果超标准的地块，并实时预警；支持按照国家标准与规范生成报告模板，支持报告在线预览、导出、编辑。

2.8.3 典型应用场景

1. 采样点布设应用场景

土壤是人类赖以生存的物质基础，土壤环境质量会对生态环境安全及人体健康产生影响。若不及时对污染场地进行调查、治理和修复，将会对周边环境和人员造成危害。由于我国污染场地数量较多且分布广泛，不同场地污染类型及污染程度等均存在较大差异，土壤点位布设和现场采样方法等都会对场地调查结果产生较大影响。建设用地土壤污染状况调查监测点位布设，直接影响了调查结果的真实性及代表性。对于土壤监测点位的合理布设，在场地调查过程中尤为重要。

自动布点图如图 2-36 所示，手动布点图如图 2-37 所示。

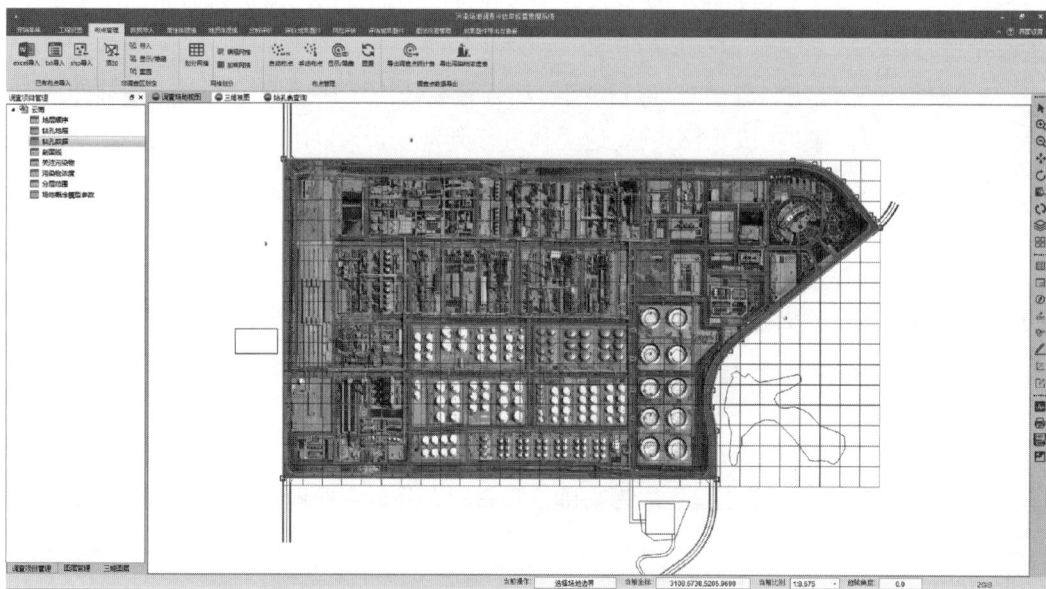

图 2-36　自动布点图

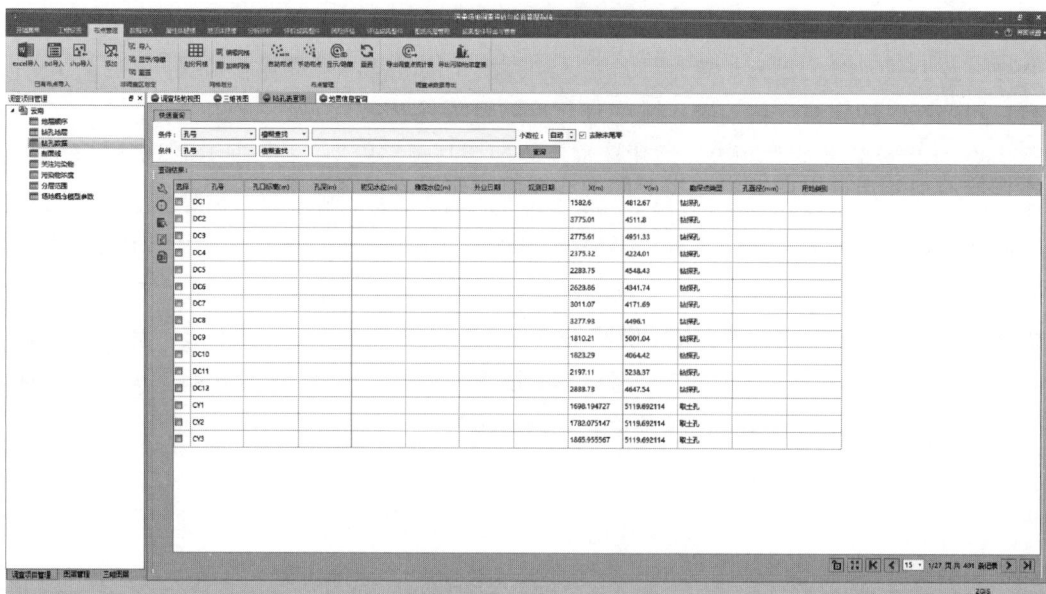

图 2-37　手动布点图

2. 污染物检测应用场景

魏长河，雷梅等人通过大数据平台公共数据收集和物质平衡方法估算了中国 8750 个非金属矿的累积镉排放量，解决了中国土壤镉污染来源分配问题。实现了对中国有色金属行业镉排放空间异质性的更精细描述，并通过引入排放强度替代企业站点密度，使得后续中国土壤镉监测更具针对性。

可见光红外扫描仪（Visible and Infrared Scanner，VIRS）定量反演，近距离、机载和星载运载设备能够以低成本覆盖大面积，已被用于土壤污染检测，这种方法可以直接或间接通过污染物与土壤成分（例如铁氧化物、土壤有机质、黏土矿物）的相关性，远程监测土壤污染，机器学习模型能够有效拟合遥感信号与目标物质之间的复杂非线性关系，因此被广泛应用于土壤污染检测中。机器学习算法遥感解译土壤污染如图 2-38 所示。

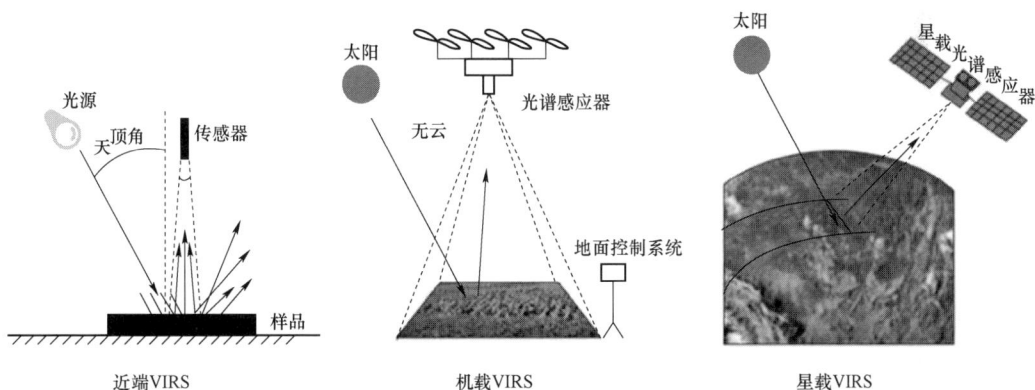

图 2-38 机器学习算法遥感解译土壤污染

来源：Jia，X.，et al.，VIRS based detection in combination with machine learning for mapping soil pollution. Environmental Pollution，2021. 268：p. 115845.

3. 数据管理应用场景

根据土壤环境质量监测和调查结果数据，将土壤污染状况、土壤重点监管企业名单、企业土壤自行监测数据、排放污染物名称、排放方式、排放浓度、排放总量等信息构建预置库，可以方便第三方应用的调取与集成。通过数据驾驶舱功能可以掌握本行政区土壤污染防治目标、重点行业重点金属排放下降目标，以及土壤污染状况、污染防治项目等全程信息。

4. "一张图"展示应用场景

"一张图"是集成了遥感、土地利用现状、基本农田、遥感监测以及基础地理等多源信息，叠加场地调查、质量评估、风险评估、土壤修复等业务流程，共同构建统一的综合监管平台，实现土壤治理的"天上看、网上管、地上查"，从而实现土壤动态监管的目标。"一张图"展示示意图如图 2-39 所示。

图 2-39 "一张图"展示示意图

5. 全生命周期管理应用场景

为了建设用地地块所有者对地块进行全过程高效管理和监督，利用土壤调查分析数据对建设用地土壤污染风险管控和修复监测六个阶段全流程进行分析研究，提出一套全生命周期的信息化管理方法。该方法不仅能将各阶段无序凌乱的纸质资料和电子数据进行信息化管理，而且还能充分利用相关地质环境的大数据成果，基于取样分析数据建立污染物三维高精度属性模型，进行场地污染物修复治理设计和施工靶向治疗。

6. 场地调查应用场景

伴随着社会经济的发展，我国存在潜在污染的建设用地数量巨大、分布广泛，并逐步显示出其危害性，与当前生态文明建设要求严重不符，亟须摸清污染场地台账，加强污染场地管理。由于我国对污染场地问题关注的比较晚，污染场地的调查与管理尚处于起步阶段，缺乏全国尺度的污染场地基础台账信息；结合欧美发达国家经验，污染场地调查评估需要花费较大的人力、物力和财力。场地调查土壤采样点示意图如图 2-40 所示。

7. 质量评估应用场景

质量评估应用于对土壤污染程度进行评定，包括内梅洛指数、综合污染指数评价等。内梅罗指数土壤质量评价图如图 2-41 所示，综合污染指数土壤质量评价图如图 2-42 所示，超标样点分布图如图 2-43 所示，浓度等值线图如图 2-44 所示。

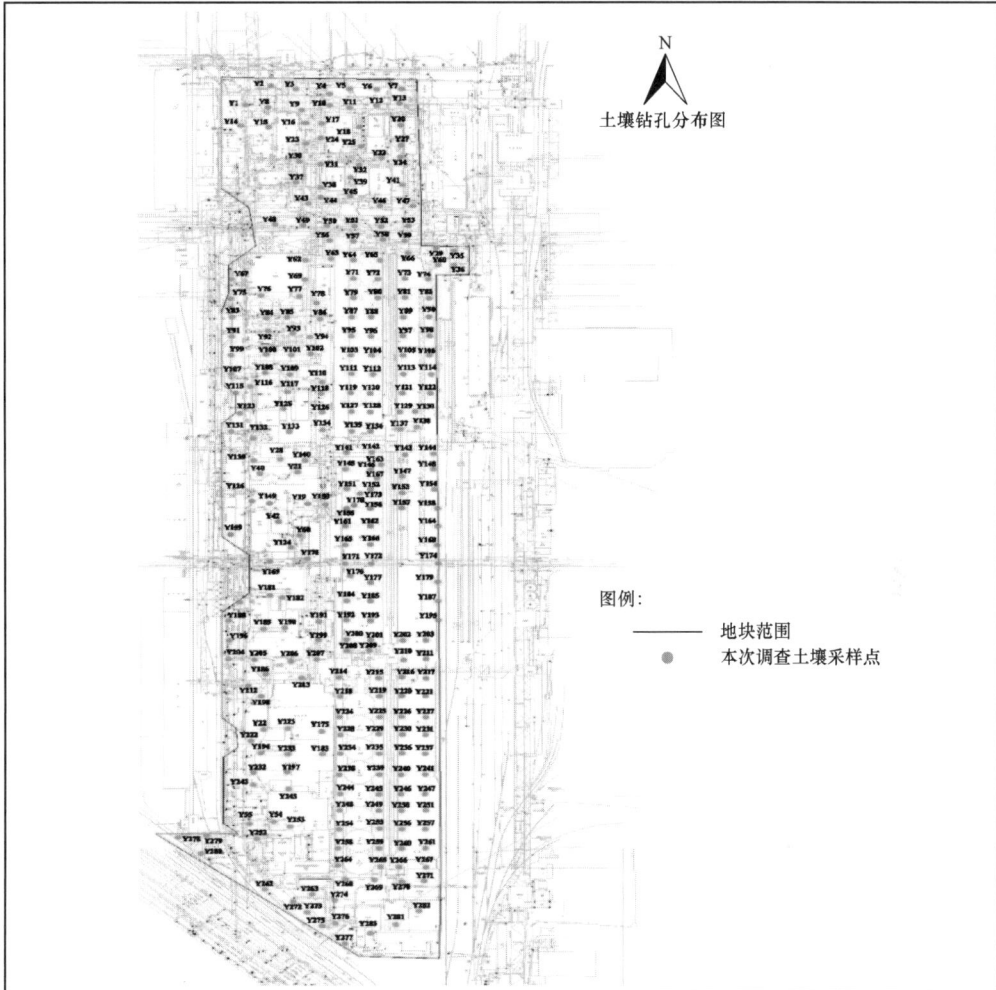

图 2-40　场地调查土壤采样点示意图

来源：首钢园区焦化厂原料地块详细调查与风险评估报告。

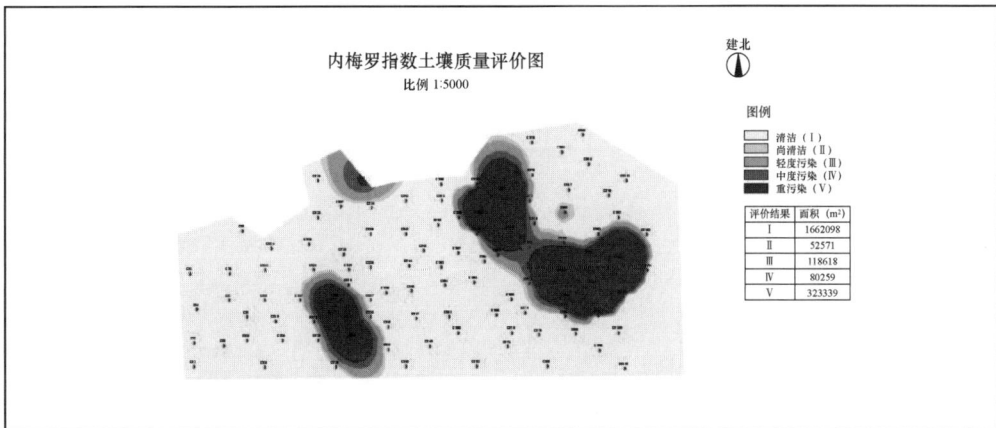

图 2-41　内梅罗指数土壤质量评价图

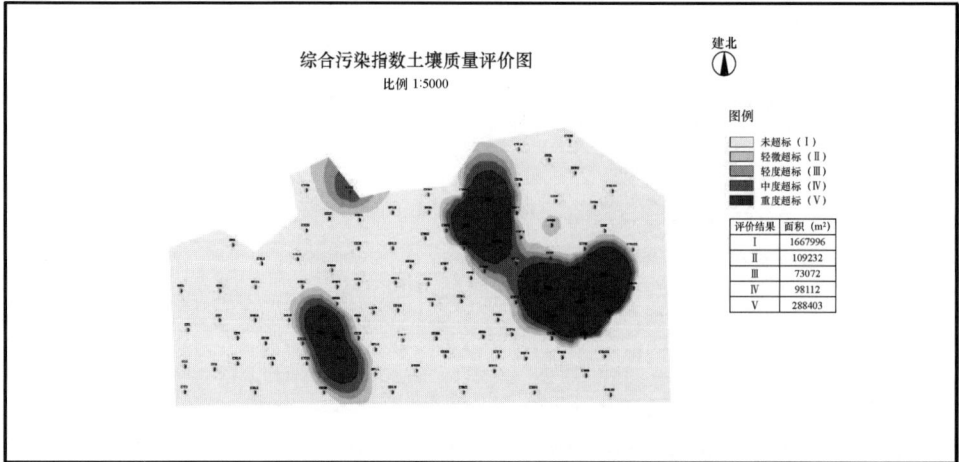

图 2-42　综合污染指数土壤质量评价图

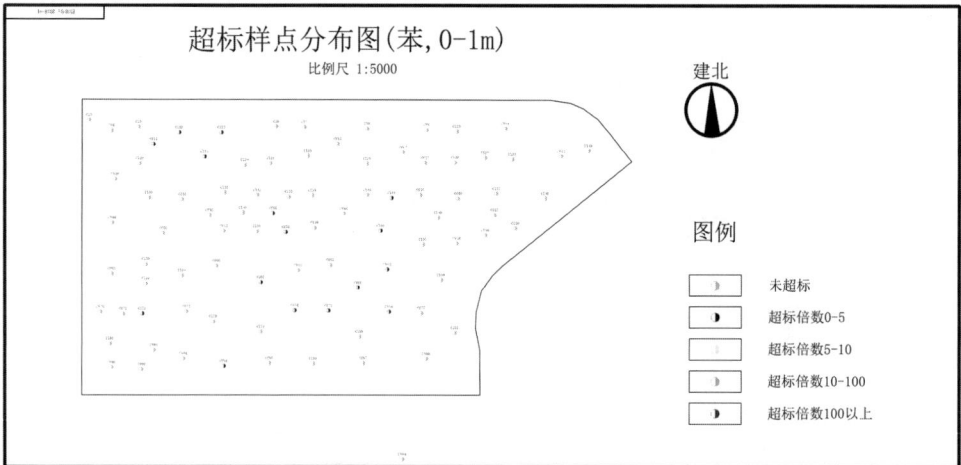

图 2-43　超标样点分布图

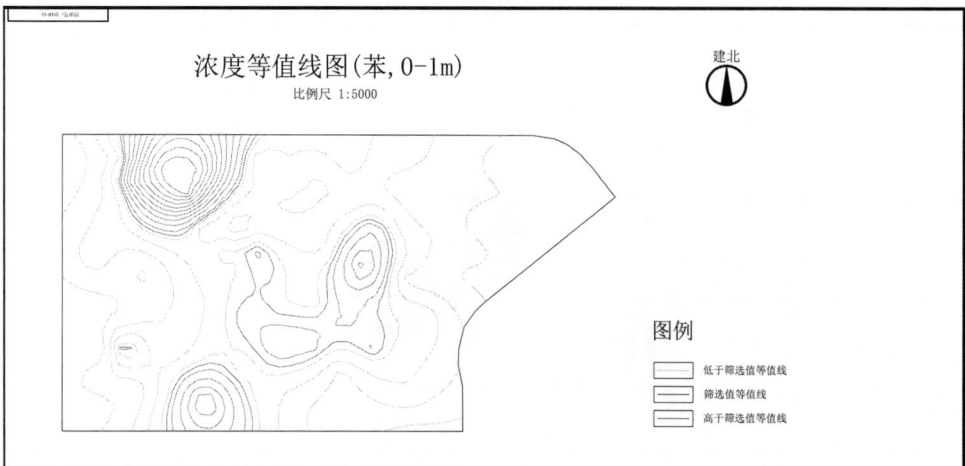

图 2-44　浓度等值线图

8. 土壤风险评估与预警应用场景

借助高风险污染场地数据库，综合考虑直接污染的受体和间接影响的敏感受体，通过污染场地周围是否存在居住地、学校等敏感受体的初步筛查、基于重大污染事件新闻报道的辅助判别、基于历史社会经济统计数据的趋势分析以及基于高空间分辨率遥感影像的土壤污染判别模型和水体污染判别模型等，建立多层逐级判别体系，实现土壤风险评估与预警场景模拟与预测。

9. 污染物扩散预测应用场景

污染物扩散预测主要应用于模拟污染物扩散过程，预测其影响范围、空间分布特征和时间动态变化，针对模拟结果提出对应的应对策略来防止造成大面积污染。污染物属性建模如图 2-45 所示，运移参数设置效果如图 2-46 所示，三维污染物运移趋势预测图如图 2-47 所示。

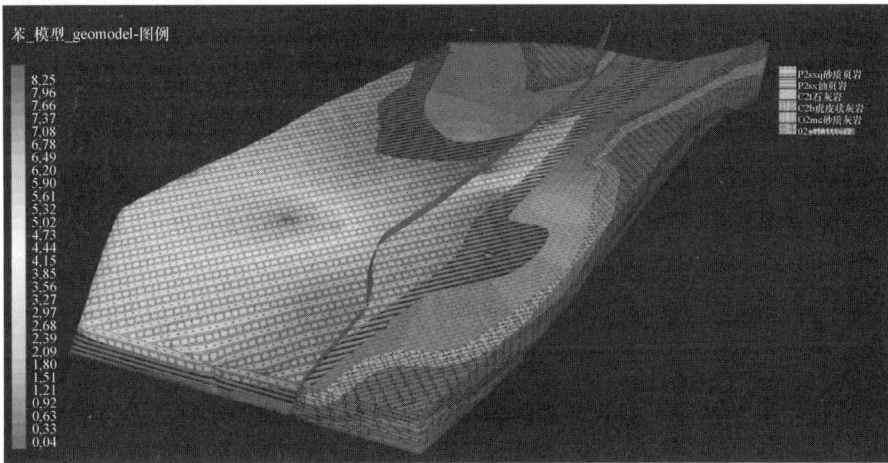

图 2-45　污染物属性建模

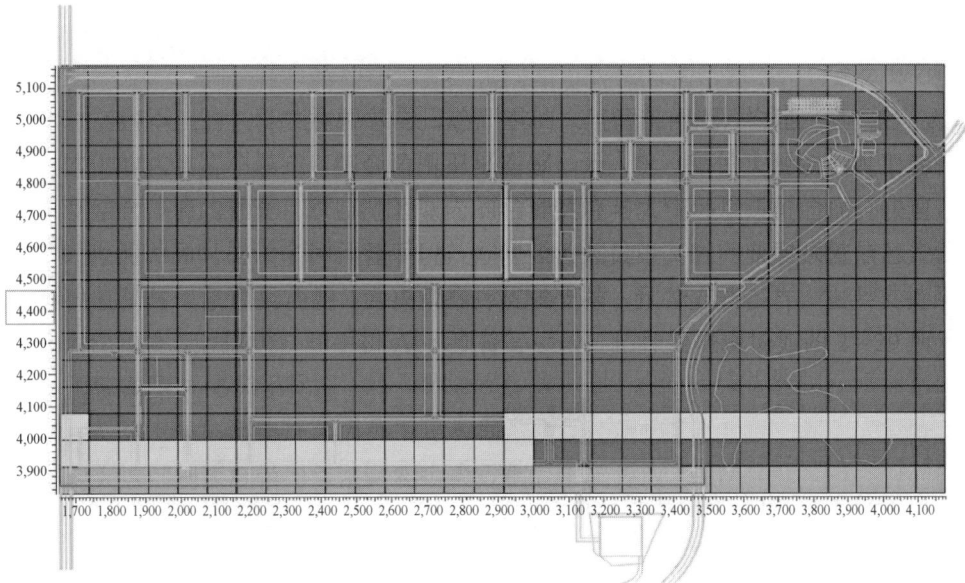

图 2-46　运移参数设置效果

图 2-47　三维污染物运移趋势预测图

10. 土壤修复应用场景

土壤修复主要应用于需要修复的土壤，并对此提出对应的修复方案，并对修复情况进行实时跟踪。

污染场地修复施工现场信息化管理平台主要有修复施工进度、厂区视频监控、材料情况、工艺工况监控、施工环境检测、现场人员管理、设备状态管理、质量控制监测等功能。

11. 三维数字地球展示应用场景

三维数字地球展示主要应用于动态展示土壤中检测污染物含量、风险评估结果、修复情况等，可实时掌握土壤污染情况。三维数字地球展示示意图如图 2-48 所示。

图 2-48　三维数字地球展示示意图

12. 疑似污染场地空间范围识别应用场景

借助高分遥感影像区和 Google Earth 影像，基于污染场地类型和典型场景，构建污染场地影像标识识别样本库。再基于 U－Net 深度学习模型和构建的识别样本库进行污染场地的空间范围识别。最终，结合精度判别模型验证识别精度，如果大于 85%，则说明识别效果较好，该结果可信度较高，可以在一定程度上代替传统的人工大范围采样方法。

13. 环保执法应用场景

有效解决环保突出问题，突出散乱污整治，健全环境监管网格化，利用在线监控、无人机等信息化手段，对企业用地（地块）进行监管。环保执法示意图如图 2－49 所示。

图 2－49　环保执法示意图

14. 应急管理应用场景

基于企业画像和地块信息将可能发生风险的地块及关联企业统一管理。对污染泄漏、渗透、扩散，废弃物爆炸等突发环境事件，具备风险快速判断、事故定性分析、影响范围评估、应急处置方案制订等多种功能。并能够结合专家建议、应急物资管理等机制，提供快速响应、快速处置等可选方案，从而有效防止风险扩散。应急管理示意图如图 2－50 所示。

15. 协同办公应用场景

协同办公实现地块的信息化、网格化管理，并可实现多部门 OA 协同办公，提高管理效率。协同办公示意图如图 2－51 所示。

图 2-50　应急管理示意图

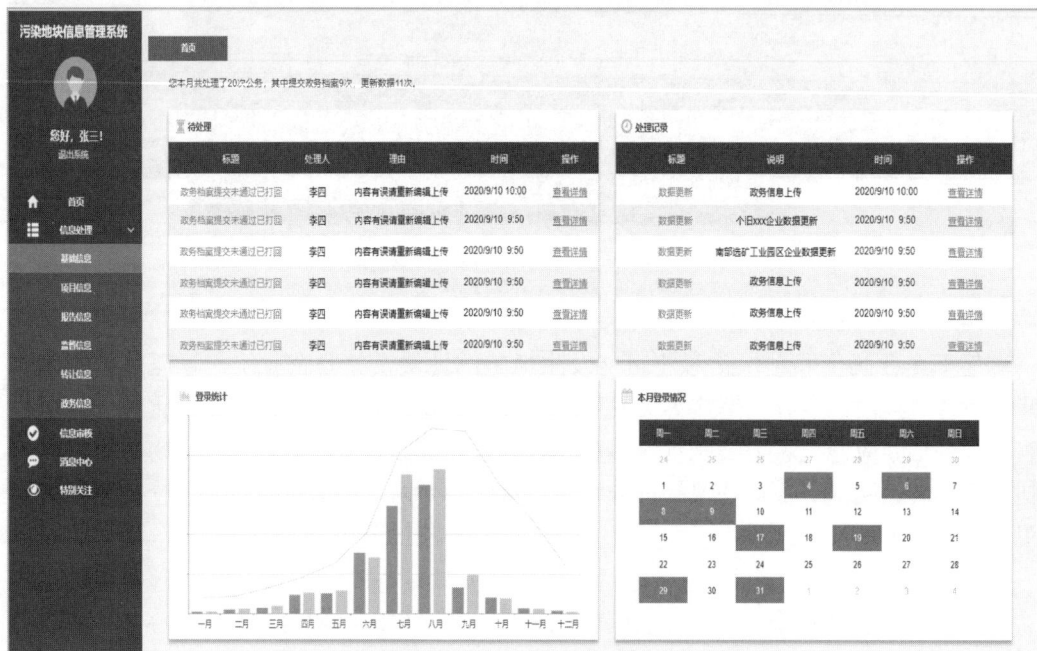

图 2-51　协同办公示意图

16. 辅助决策应用场景

辅助决策系统实际上就是经验数据收集、分析、结论得出、预警提示等一系列功能的集成体，针对地块风险、应急事件提供决策。

参 考 文 献

［1］徐敏，孙海林．从"数字环保"到"智慧环保"［J］．环境监测管理与技术，2011，23（04）：5－7＋26．

［2］刘锐，詹志明，谢涛，姚新，孙世友，候立涛．我国"智慧环保"的体系建设［J］．环境保护与循环经济，2012，32（10）：9－14．

［3］中国信息通信研究院．中国数字经济发展白皮书［R/OL］．中国信息通信研究院，2021．http：//www.caict.ac.cn/kxyj/qwfb/bps/202104/t20210423_374626.htm.

［4］刘文清，杨靖文，桂华侨，谢品华，刘锐，卫晋晋．"互联网＋"智慧环保生态环境多元感知体系发展研究［J］．中国工程科学，2018，20（02）：111－119．

［5］中国测绘学会智慧城市工作委员会．智慧水务应用与发展［M］．北京：中国电力出版社，2021．

［6］谢丽芳，邵煜，马琦，张金松，张土乔．国内外智慧水务信息化建设与发展［J］．给水排水，2018，54（11）：135－139.DOI：10.13789/j.cnki.wwe1964.2018.0462.

［7］张建云，刘九夫，金君良．关于智慧水利的认识与思考［J］．水利水运工程学报，2019（06）：1－7.DOI：10.16198/j.cnki.1009－640x.2019.06.001.

［8］王保云．物联网技术研究综述［J］．电子测量与仪器学报，2009，23（12）：1－7．

第3章 智慧自然生态

3.1 概述

3.1.1 城市自然生态系统信息化相关概念

城市自然生态系统是城市生态系统的子系统。城市生态系统是指特定区域内的人口、资源、环境（包括生物的和物理的、社会的和经济的、政治的和文化的）通过各种相生相克的关系建立起来的人类聚居地或社会、经济、自然的复合体，分为社会生态、经济生态、自然生态三个子系统。

城市自然生态系统以生物结构和物理结构为主线，包括植物、动物、微生物、人工设施和自然环境等，以生物与环境的协同共生及环境对城市活动的支持、容纳、缓冲及净化为特征，在满足城市居民的生产、生活、游憩、交通等活动中发挥重要功能，具体表现为生产功能、能量流动功能、物质循环功能和信息传递功能。

"山水林田湖草"是有机的自然生态系统。2013 年，习近平总书记在《关于〈中共中央关于全面深化改革若干重大问题的决定〉的说明》中首次提出"山水林田湖是一个生命共同体，人的命脉在田，田的命脉在水，水的命脉在山，山的命脉在土，土的命脉在树。"2017 年 8 月，中央全面深化改革领导小组第三十七次会议将"草"的内容补充纳入。因此，城市自然生态系统包含山、水、林草、园林等自然生态子系统。

另一方面，1997 年召开的首届全国信息化工作会议将信息化定义为："信息化是指培育、发展以智能化工具为代表的新的生产力并使之造福于社会的历史过程。"信息化具有电子化、智能化、全球化、非群体化、综合性、竞争性、渗透性、开放性等特征。

城市自然生态系统信息化则是指面向城市自然生态系统决策、管理、服务工作，采集、治理、开发和利用数据资源，推动信息技术与城市自然生态系统业务深度融合，不断提高城市自然资源与自然生态系统治理体系与治理能力现代化水平的过程。

城市自然生态系统包括山、水、林草、园林等自然生态子系统，则城市自然生态系统信息化建设相应分为智慧山体、智慧水体、智慧林草、智慧园林等城市自然生态系统信息化领域。

3.1.2 城市自然生态系统信息化发展需求

党中央、国务院高度重视信息化工作。"十四五"时期，信息化进入加快数字化发展、建设数字中国的新阶段。2021年的《"十四五"国家信息化规划》对我国"十四五"时期信息化发展作出部署，提出"完善城市信息模型平台和运行管理服务平台，探索建设数字孪生城市。实施智能化市政基础设施建设和改造，有效提升城市运转和经济运行状态的泛在感知和智能决策能力。推行城市'一张图'数字化管理和'一网统管'模式。"根据党中央、国务院关于网络安全和信息化建设的新要求，结合城市自然生态系统业务需求的新变化，顺应 5G、物联网、区块链、云计算、移动互联网、大数据、人工智能等信息技术的新发展，以"推动生态环境质量持续改善"为核心服务目标，坚持"业务驱动"与"技术引领"，自然资源和生态环境信息化也在高速发展，自然资源部、生态环境部等相关部门制定了一系列方案，如 2019 年发布的《自然资源部信息化建设总体方案》。

管理上，随着我国城市化进程推进，城市自然生态系统也存在多种问题，如山体塌陷、水污染、林草面积锐减、园林绿化疏于管护等，给城市自然生态系统的管理、应用及发展带来巨大压力。同时，城市自然生态系统具有业务难度大、对象种类繁、覆盖范围广、参与主体多等特征，对全面监管、精细管理、科学决策需求迫切，信息化必不可少。实时动态监管要求监控体系全覆盖，高效协同管理要求业务运行信息化，精准决策管理需要建立科学、定量和动态的决策支撑体系，这些管理需求都需要城市自然生态系统信息化。

技术上，新基建为城市自然生态系统信息化提供了技术支撑，但也面临新的数据及技术需求。随着我国信息技术水平的不断提高，信息技术引入城市自然生态系统是必然趋势。以 5G、人工智能 AI、云计算、大数据为代表的新基建，将不断推动城市自然生态系统信息化发展。同时也提出了数据标准体系亟待统一、需要多源数据融合和深度挖掘等数据需求及数据获取需要先进的采集技术、科学分析需要尖端的数值模拟与人工智能技术、综合决策需要成熟的云计算信息化技术、执法监管需要高精度的监控以及 AI分析技术、运行保障需要高稳定性的野外智能监测技术等技术需求，需要通过城市自然生态系统信息化逐步解决。

3.1.3 行业现状及发展趋势

在国家信息化发展战略推动下，自然资源和生态环境领域信息化发展迅速，城市自然生态系统信息化已经具备良好基础，在山、水、林草、园林等方面，各自形成了较为完善的信息化体系。在调查监测方面，城市自然生态系统数据获取手段正在不断优化与更新，而且数据处理的智能化、自动化水平也在不断提升，可以通过自动化或者半自动化的方式实现从野外采集到内业处理再到成果生成等全套工程化实施；在监管决策方面，已改变过去基于某事简单的统计分析的方式，而是在多源大数据思想下，通过数字化、规则化、模型化和自动化，实现基于模型体系支撑的分析和决策，使分析成果更加科学、准确和实用；在互联网+政务服务方面，已改变过去简单的流程自动化，而是基于城市自然生态系统相关现状和规划数据，实现了一体化、数字化、规则化、模型化、自动化和协同化的带图审查。

同时，已有的信息化基础与城市自然生态系统统一管理的实际需求相比，还存在较大差距，面临信息技术运用存在差距，信息系统整合难度增大，数据共享利用存在不足，基础保障能力相对薄弱，网络安全风险形势严峻等问题。山、水、林草、园林等方面各自建立的数据库、应用系统和网络基础设施在建设机制、技术标准和应用模式上存在较大差异，统一的城市自然生态系统信息化尚未形成；且受业务机制和技术手段的限制，数据的准确性、时效性和系统性也存在较大差距；现有的数据库互联互通和信息共享不足，业务应用系统关联度低，与其他业务部门的共享协同不畅；数据深度挖掘应用不够，面向社会公众和企事业单位的信息化服务还不够充分，基于互联网的社会化服务能力需要大幅提升；在网络信息安全保障方面还需要全面加强，信息化建设和应用的相关机制有待完善，亟待更加全面系统的统筹。

虽然城市自然生态系统信息化现状仍存在问题，但基于现有良好基础和国家信息化战略推动，仍具有较好的发展前景，发展趋势明朗。在山、水、林草、园林等已有信息化基础上，将多项矛盾冲突的标准、多套同类属性的网络、多种分散异构的数据、多个功能相似的系统，通过改造、整合、完善、扩展，形成协调一致的系列标准、相对统一的"一张网"、集成整合的"一张图"、协同联动的一套系统，并统筹基础设施、加强安全防护、提高数据质量，提升服务效能。

3.2　总体思路

3.2.1　总体原则

立足已有基础，统筹整合山、水、林草、园林等信息化资源，运用移动互联网、云计算、大数据、物联网、人工智能等新一代信息技术，通过完善、优化和创新，建设城市自然生态系统"一张网""一张图""一个平台"，并以此为基础构建城市自然生态系统调查监测评价、城市自然生态系统监管决策、"互联网+城市自然生态系统应用服务等多应用体系，实现城市自然生态系统业务的信息化管理，明显提升部门间数据共享、业务协同和社会化服务水平。

基于城市自然生态系统运行管理的特点和要求，城市自然生态系统信息化建设与应用要基于以下原则：

1. 先进性原则

要求采用的系统结构应当是先进的、开放的体系结构；采用的计算机技术、网络技术应当是先进的，同时要融入先进的管理技术、标准和流程，保证系统的科学性并适用于较长的时期。

2. 实用性原则

最大限度地满足实际工作要求，是每个信息系统在建设过程中所必须考虑的一种系统指标，它是自动化系统对用户最基本的承诺。从实际应用的角度来看，系统总体设计要充分考虑用户当前各业务层次、各环节管理中数据处理的便利性和可行性。

3. 可扩充、可维护性原则

根据软件工程的理论，信息化平台维护在整个软件的生命周期中所占密度或重度或相对密度是最大的，因此，提高系统的可扩充性和可维护性是提高管理信息系统性能的必备手段。

4. 安全保密原则

采用操作权限控制、设备钥匙、密码控制、文档加密、系统日志监督和数据更新凭证等多种手段防止数据被窃取和篡改。

5. 可靠性原则

需要采用具有容错功能的服务器及网络设备，选用恰当的硬件设备配置方案，出现故障时能够迅速恢复并有适当的应急措施；每台设备均考虑可离线应急操作，设备间可相互替代；采用数据备份恢复、数据日志、故障处理等系统故障对策功能；采用网络管理、严格的系统运行控制等系统监控功能；年累计宕机时间不能超过 2 小时。

6. 经济性原则

在满足信息化需求的前提下，应尽可能选用价格便宜的设备，以便节省投资，即选用性能价格比优的设备。智慧项目须按工期实施，尽快投入使用，在较短的时间内达到投资目的，从而体现系统的经济性。

7. 高可扩展性原则

信息化建设要充分考虑已用和今后可能应用的信息系统的数据集成，提供开放的数据接口，确保不同平台之间的数据集成。需具备基础功能和 SaaS 服务能力，满足高可扩展性，方便未来对新功能模块添加。

3.2.2 总体目标

完善对山水林草等自然资源的动态监测和态势感知能力，推进单项调查走向综合调查，立足山水林田湖草整体的城市自然生态系统角度，实现全域、多尺度、多类型资源状况和变化的统一的调查监测评价；推进二维调查走向三维调查，实现地上地下三维一体化监测评价，实现对城市自然生态系统的全时全域立体监控；在土地、地质、水务、林草、园林绿化等部门的数据中心、网络、数据资源、应用系统等已有工作基础上，运用移动互联网、云计算、大数据、物联网、人工智能等新一代信息技术，通过整合集成、升级再造，实现信息化应用质的提升，建成以山水林草等自然资源"一张图"为基础的城市自然生态系统大数据体系，基本形成"数据驱动、精准治理"的城市自然生态系统监管决策机制，促进自然资源利用节约高效，生态环境总体改善；"互联网＋城市自然生态系统政务服务"体系全面建成联网运行，服务事项标准统一、整体联动、业务协同，城市自然生态系统政务服务和共享开放能力全面提高。

3.2.3 总体框架

城市自然生态系统信息化的总体框架由感知层、基础设施层、数据资源层、业务平台层、应用层、用户层、保障和规范体系构成（见图3-1）。

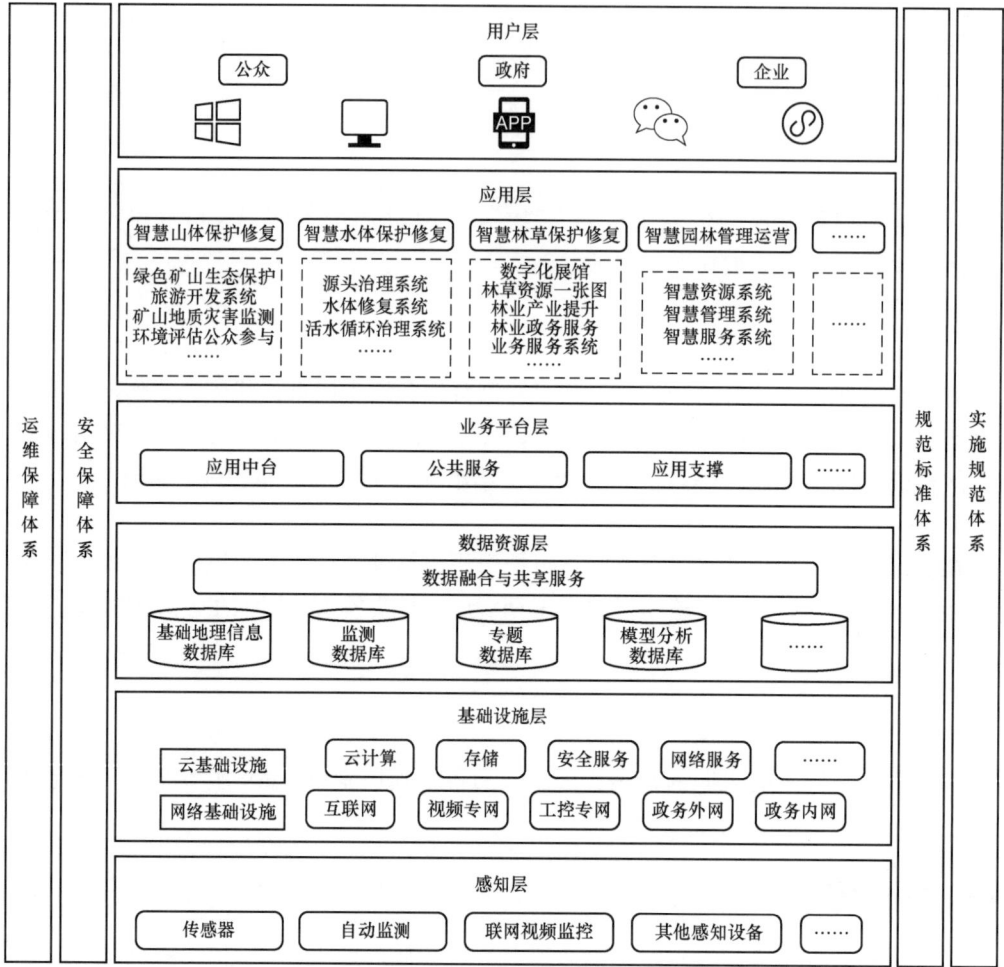

图3-1 城市自然生态系统信息化系统总体框架

1. 感知层

感知层通过各种物联网设备提供对各类基础设施监测监控信息的实时、动态感知与传输服务，是系统平台各种实时数据的来源。感知层的主要功能包括数据采集、数据管理、终端管理、档案管理、控制、异常分析、运行维护管理、权限和密码管理、安全防护等，为城市自然生态系统信息化管理提供数据支持。

2. 基础设施层

基础设施层即指计算机硬件支撑中心，解决信息资源的硬件支撑问题，包括网络设施基础、云基础设施、安全管理等。网络基础设施主要包括网络支撑与全面智能感知数

102

据,特别是视频数据的互联互通,打通最后一公里,实现智慧感知设备的全面接入,实现统一、高速、稳定、安全、弹性的网络通信环境;云基础设施须充分利用各地的云资源,提供计算资源、存储资源、网络资源等服务,构建统一的云服务,提供城市自然生态系统信息化的基础支撑能力,为各类业务应用提供安全、稳定、可靠、按需使用、弹性伸缩的基础设施服务。

3. 数据资源层

数据资源层是城市自然生态系统信息资源共享和业务应用系统支撑的保障环境、城市自然生态系统信息系统数据资源共享的服务平台,基于云计算等技术完成对相应数据的统一整合与集中管理,进行数据分析挖掘,实现数据的综合利用。集数据存储、管理、交换、服务等功能为一体,实现城市自然生态系统数据有序共享、适度开放,深化城市自然生态系统大数据应用,支撑城市自然生态系统治理现代化建设。主要包括基础地理信息数据库、监测数据库、专题数据库、模型分析数据库等各类数据库建设。

4. 业务平台层

业务支撑平台为智慧应用提供统一的开发、运行和集成环境,打造城市自然生态系统信息化基础能力共享的大中台。分为应用支撑、公共服务和应用中台三部分。其中,应用支撑为上层应用系统的开发、集成提供各类中间件支持,具体包括接入网关、API网关、工作流引擎、微服务框架、容器等;公共服务是为全系统提供统一使用的各类基础应用系统,避免重复建设,包括统一认证、统一用户管理、统一消息、统一报表、地理信息共享、数据共享、事项目录共享等;应用中台是以场景化业务为中心,将后台资源进行抽象包装整合,转化为前台可重用共享的核心能力,通过类似信息转发的方式,实现后端业务资源到前台易用能力的转化。

5. 应用层

应用层针对不同的用户提供与城市自然生态系统管理相关的应用服务,覆盖城市自然生态系统管理需求的多个方面。遵循"整体设计、统筹规划"的理念,分别按业务管理提供包含智慧资源、智慧管理、智慧服务等各类城市自然生态系统应用服务,满足各业务部门及各业务维度的管理需求。智慧应用依托业务平台层,最终实现功能个性化、资源共享与业务协同。

6. 保障及规范体系

建立平台建设相关的各类保障及规范体系,包括规范标准体系、实时规范体系、安全保障体系和运维保障体系。大体可分为安全体系及技术标准体系两大类。技术标准体系结合地区特点,注重实践经验的固化,在遵循、实施现有国家行业及地方标准基础上,规划、设计可支撑当地城市自然生态系统信息化建设与发展的标准,从总体设计标准、支撑技术与平台标准、基础设施标准、应用型平台标准、管理与服务标准、安全与保障标准等维度开展。安全体系则是依据城市自然生态系统信息安全相关标准规范,结合国家政策文件中有关网络和信息安全治理要求,从规则、技术、管理等维度进行综合设计。

3.3 关键技术

3.3.1 基础数据调查技术

基础数据是指支撑城市自然生态系统信息化建设所需要的基础地理信息、土地与规划、自然资源、生态环境等相关方面的现状数据及资料。完成各类城市自然生态系统基础资产的数据调查是开展城市自然生态系统信息化建设的首要任务，基础数据调查技术则是首要手段和实现路径。

应用基础数据调查技术要坚持"依法依规、系统全面、真实客观、数据共享、应用导向"的原则。坚持依法依规，贯彻落实国家政策及地方相关规定要求，遵循相关法规标准，做到科学合理、严谨规范地进行数据调查；坚持系统全面，以分级分类的调查要素为指导，系统性、多维度地关注整体性数据与侧重点情况，以便全面地提供基础数据支撑，系统性治理"城市病"；坚持真实客观，客观进行现场调查核对，做到数据清、情况明，确保调查工作内容真实、数据准确、资料可靠；坚持数据共享，充分运用数据共享机制，坚持数据资源共享，科学规范利用大数据，切实保障数据安全；坚持应用导向，基础数据调查应具有针对性，成果充分用于实践，为城市自然生态系统信息化工作提供数据支撑。基础数据调查成果也可与其他数据互联互通，用于城市规划、建设、管理等其他领域。

因调查对象和调研目的等不同，智慧山体、智慧水体、智慧林草、智慧园林等城市自然生态系统信息化建设具体领域需灵活采用不同基础数据调查技术。

未来，要做好软硬件配合，推进城市自然生态系统信息化调查与动态监测，消除数据壁垒，促进各部门各领域数据共享互通。

3.3.2 实时动态监测技术

实时动态监测技术作为城市自然生态系统信息化技术库的基础，是以建立指标科学、实时在线、因地制宜的，并且分层级、分功能、可追溯与可监管的综合一体化监测网络为原则，充分利用监测感知设备，将采集到的各类信号解析、转换为可用信息并储存；再根据不同的业务需要，利用无线传输等技术将相关信号传递到相应的部门，再由相关部门决策人员根据相关信息做出决策。在实时动态监测数据的应用上，应根据区域实际情况因地制宜制定布点方案，选定监测指标进行实时在线监测，对各类监测设备的历史监测数据进行同比环比分析、趋势分析等，多方位了解监测数据的变化规律，再与模型结合进行分析评估，科学合理地分析异常情况，并通过可视化展示对异常情况进行目标标记与异常数据记录，便于发现问题及时整改，也可为应急事件提供科学调度的数据依据。

检测动态可以由"可视化一张图"、综合查询等多种方式进行展示，实现对城市自然生态系统生态环境及各类设施设备运行工况的实时感知；通过定制各类监测数据的分析算法，实现数据"超越限值""小幅度变化"或者"是无变化"等多维分析计算；通过对原始监测数据展开深度分析，预设各类异常识别算法，能对可疑数据进行筛查并对异常数据进行剔除，有利于提高城市自然生态系统数据监测准确度。实时动态监测技术逐步替代了以往的静态监测，由定点监测转换为全覆盖监测，进一步发挥了城市自然生态系统生态监测的数据价值，为分析判断事故原因、危害及采取对应对策提供依据。

3.3.3 数字孪生技术

数字孪生，是综合运用感知、计算、建模等信息技术，通过软件定义，对物理空间进行描述、诊断、预测、决策，进而实现物理空间与赛博空间（Cyberspace，可以理解为数字虚拟空间）的交互映射。是充分利用物理模型、传感器更新、运行历史等数据，集成多学科、多物理量、多尺度、多概率的仿真过程，在虚拟空间中完成映射，从而反映相对应的实体装备的全生命周期过程。简单来说，数字孪生就是在一个设备或系统的基础上，创造一个数字版的"克隆体"。

从本质上来说，数字孪生是一项借助数字空间孪生模型，对物理空间真实本体进行模拟的技术。数字孪生早期主要用于军工及航空航天领域，通过优化生产管理流程和生产资源配置等方式，提高军工产品的生产效率。而后，数字孪生的概念应用也进一步扩展到了城市领域，并用于智慧城市建设。因为城市是极为复杂的，每一个城市都是独一无二、不支持物理复制的生态系统，所以，我们需要借助数字孪生技术，构建一个数字空间的虚拟城市，进行仿真、试验和试错，提升城市的管理和运营效率。该技术一定程度上弥补了虚实城市空间在精准映射、高效交互以及决策优化存在的不足，逐步成为新一轮科技革命的核心驱动技术和国家数字化转型的抓手。

总的来说，目前数字孪生技术在城市自然生态系统全生命周期管理实践中仍处于起步和探索阶段，应用还较为有限，还存在一些基础技术问题尚待解决。未来还需要多种技术深度融合，充分集成，助力城市自然生态系统信息化建设，实现全过程精细化、智能化和一体化管控，有效提升综合管理水平。

3.3.4 决策反馈模型

在大数据时代背景下，精准决策反馈模型充分利用理论创新与技术创新的双重驱动，以数据为支撑，基于严格的空间经济学理论，以模拟城市不同生态系统、生态要素之间的逻辑循环关系为核心，通过情景分析的方式对城市未来生态系统中各种可能的空间政策进行战略性评估，同时依照城市活动的不同时空维度，在不同的模型模块中模拟不同的城市活动，为城市自然生态系统信息化建设提供科学的政策建议；紧紧围绕"精准"这一核心理念，基于对城市自然生态系统大数据的处理、分析、建模、可视化及决策应用，精细、准确地剖析城市自然生态系统问题，有助于提升城市自然生态系统信息化水平与综合管理效率。

城市自然生态系统信息化建设离不开决策反馈模型，智慧山体、智慧水体、智慧林草、智慧园林等具体领域采用不同决策反馈模型。如在智慧水体领域，通过搭建数学模型可模拟城市内涝,同时也是验证涝水通道、排水管渠、城市内河和 LID 设施等功能与效果的根本方法。

3.4　智慧山体保护修复

3.4.1　需求分析

现代社会的快速发展离不开矿产资源的支持,而在利用矿产资源的同时,也使当地原有的生态环境遭到严重破坏,因而,对矿山生态环境的恢复成为我国最急需解决的问题。

1. 生态文明

绿水青山就是金山银山。以习近平新时代中国特色社会主义思想为指导,深入贯彻落实党的二十大精神,牢固树立绿水青山就是金山银山的理念,推进美丽中国建设,坚持山水林田湖草沙一体化保护和系统治理,统筹产业结构调整、污染治理、生态保护、应对气候变化,协同推进降碳、减污、扩绿、增长,推进生态优先、节约集约、绿色低碳发展。随着生态文明建设的全面深入推进和"双碳"目标的提出,矿山生态修复工作显得愈加紧迫和必要。

矿山生态环境问题根据表现形式和影响结果,可归为四大类:一是矿山地质灾害,包括地面塌陷、地面沉陷、地裂缝、崩塌、滑坡、泥石流等;二是矿区含水层破坏;三是矿区地形地貌景观破坏;四是矿区水土环境污染。

2. 经济发展

矿业开发活动对社会经济发展和生态文明建设具有重大且深远的影响。矿产资源是社会经济发展的重要物质基础。我国 92% 以上的一次能源、80% 以上的工业原料、70% 以上的农业生产资料、30% 的生活用水都来源于矿产资源。"两山论"精准阐述了经济发展与生态保护之间的关系。中华人民共和国成立 70 年多来,得益于矿产资源开发,我国建成了包括能源、钢铁、有色、化工、非金属及建材在内的比较完整的矿业及其原材料加工工业体系,形成了煤炭、电力、石油、天然气、新能源、可再生能源全面发展的能源供给体系。

在有效综合利用矿产资源的同时,做好矿山环境保护工作已成为各级政府落实生态文明建设的重要工作。自然资源部(原国土资源部)十分重视矿山地质环境的管理与保护工作。自 2006 年以来,自然资源部(原国土资源部)、中国地质调查局先后部署开展了全国重点矿集区、矿山环境问题区的遥感监测工作。2015 年起,部署开展了全国陆域矿山地质环境现状、矿山环境恢复治理等现状调查与动态监测工作;组织全国遥感地质调查队伍、数百名技术专家开展遥感地质解译与野外查证工作,调查内容包括矿山开发占地情况、矿山地质灾害分布情况、矿山环境恢复治理情况等。

3. 城市发展

由于矿产的不可移动性,过去,采矿规模相对较小,采矿远离城市地区,范围相对较小。当前，随着城市化的发展，一方面采矿业与城市的距离越来越近，必须结合附近城市的社会和经济发展考虑对矿山的修复；另一方面，采矿规模也在增长，修复方法肯定不会是单一的植被修复。矿山修复不仅必须考虑当地的经济和社会发展，而且还必须考虑每个地区自然条件的差异。因此，矿山修复的目标和方向也应因地制宜。

矿山在长期开采运行过程中出现严重的环境污染情况主要体现区域性：破坏了区域动植物系统，导致区域水系结构出现了严重的损毁。矿山生态环境治理及修复是地方环境可持续发展的关键。因此，综合利用生态学及科学方法，对矿山土地生产力恢复及矿山生态系统维护具有非常重要的意义。矿山环境治理应与城市景观效果、土地利用和城市功能区定位充分融合，美化矿山生态环境的同时创造城市景点，引导消费趋势，提高附加效益，实现土地快速增值。治理完成后，当地的建设用地量显著增加，植被恢复取得良好成果。新增建设用地采取市场公开竞争手段出让，回收治理资金的同时推动产业发展，从整体上提高了生态修复的生态效益、经济效益、民生效益、社会效益。

4．地质安全

矿山地质环境问题总体呈现多样性、复杂性、多因性和复发性、地域性、集中性与严重性、群发性与共生性等特点。不同类型矿山产生不同的环境地质问题。

（1）能源矿山采空会引起地面塌陷、地裂缝，土地、植被资源占压破坏以及疏干排水对含水层的破坏。

（2）金属矿山的废水、废渣中有毒有害物质含量高，会导致水土污染问题日益严重，采矿弃渣、尾矿的不合理堆放压占破坏土地、容易诱发泥石流等。

（3）非金属矿山最突出的问题是容易造成地形地貌景观的破坏。

（4）地下开采矿山则面临地面塌陷、地裂缝以及山体开裂诱发的崩塌、滑坡、含水层破坏等问题。

（5）露天开采矿山则需要解决采坑及外排土场压占破坏土地、露采边坡失稳诱发地质灾害等问题。

3.4.2　总体框架

科学开展某一矿山生态修复，首先要查明矿山生态环境自然要素和人工要素特征，以及人工要素对自然要素的叠加作用，在此基础上，才能准确判定矿山生态环境要素破坏方式与程度，进而选择适宜的生态修复模式，制定修复方案，开展修复工程。智慧山体保护修复的全生命周期管理，主要包括摸清自然格局，全面掌握废弃矿山情况，以高精度山体时空地理框架为基础，全方位感知排查山体保护修复信息，拟订方案并进行模拟优化，再进行保护修复实施及生态监测追踪，最终实现智慧山体保护修复闭环。

1．自然格局

开展山体环境调查监测，查明山体环境现状。收集开采时间、闭矿时间、矿山类型、四至范围等矿山基本信息，采集原生土壤、流域、气象、微生物、动植物等信息，进行详细摸底，确定初步方案，构建扎实的矿山生态本底，建立山体保护修复知识图谱，为日后实施修复提供依据。

为全面掌握废弃矿山的情况，建立废弃矿山信息系统的管理办法。该系统收集了所属区域所有的废弃矿山的有关情况，包括每个废弃矿山的遗址地理信息、废弃矿山主要组成部分的情况描述、推荐治理恢复方案的可能成本、需要治理程度的排序等。

2. 感知排查

为实现各种数据统一存储、管理和调用，采用北京时间，统一坐标系统、投影和高程基准。综合运用高分遥感数据、无人机、三维激光扫描仪等专业测绘装备，采用地面测绘结合无人机低空测绘相结合的方式，获取山体修复区域正射影像、倾斜三维影像、三维激光点云、全景影像等测绘数据，为山体保护修复提供精确监测数据。

（1）山体感知。

1）地形地貌建模。地形地貌模型能直观展示地形地貌空间分布、城市形态，形成真实的三维地理环境。利用 1:2000 比例尺的 DEM 和高分辨率卫星影像制作地形地貌模型。地形地貌建模流程如图 3−2 所示。

2）建立山体实景三维模型。无人机倾斜摄影具有机动灵活性好、时效性强、分辨率高、成本低等优势。使用无人机对废弃矿山进行倾斜摄影三维建模，可以获得更高精度的三维数据。无人机的飞行作业高度在 50～500m 范围内，在进行低空摄影测量时，可获取监测点完整精确的要素信息，可以对其坡度、坡向、高程、厚度、深度、产状等多个要素进行高精度（0.1m 以下）测量，以便对生态修复后的矿山进行全方位分析（见图 3−3）。

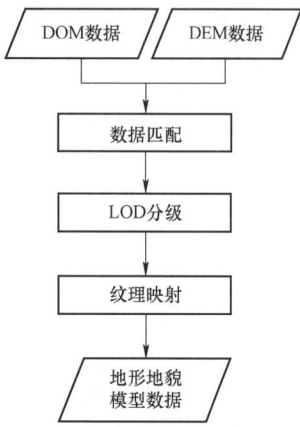

图 3−2　地形地貌建模流程图

图 3−3　某村落实景三维模型

108

倾斜航空摄影地面分辨率宜为5cm。航空摄影像片旁向重叠度宜为70%～80%，航向重叠度宜为75%～85%。根据摄影测量原理，对获得的倾斜影像数据进行数据预处理、多视角联合平差、模型重建、实景三维模型修改、检查等过程，如图3-4所示。通过山体实景三维模型的建立，可以清晰准确地掌握山体及周边的地形、地貌，矿山结构、工程布局、开采状况等，实现大场景下的所见即所得；针对山体恢复治理工程，可以对各类恢复治理措施、规格、面积等信息进行全面监测，全面掌握高陡边坡治理后的坡度角、实际治理面积，矿坑回填深度、方量，覆土绿化的覆土厚度及实际面积等，大大提高山体监测的效率和准确度。

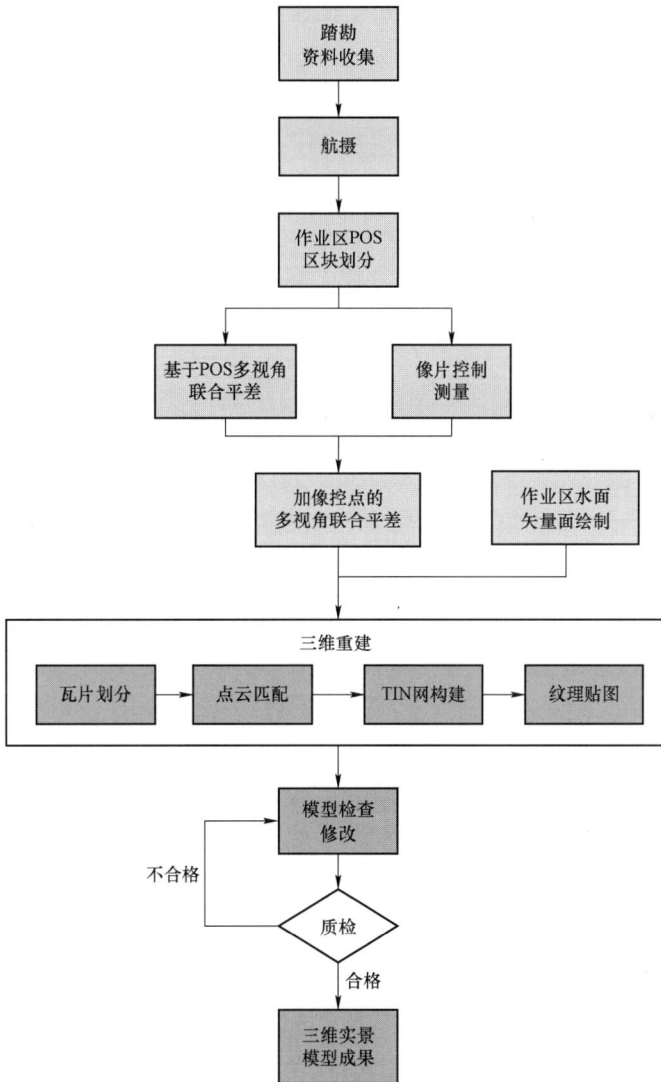

图3-4 倾斜摄影流程

3）激光扫描提取地形空间模型。激光雷达是对通过激光测距技术探测环境信息的主动传感器的统称。它利用激光束探测目标，获得数据并生成精确的数字工程模型。

根据工作方式，激光雷达系统上可分成三大类：脉冲式激光雷达、相位式激光雷达和光学三角式激光雷达。废弃矿山生态修复过程中运用最为广泛的当属脉冲式激光雷达。

根据工作平台以及装载位置不同，可将激光雷达分成三种。

一是机载激光雷达。机载激光雷达系统包括位置姿态系统、激光测距系统、机载平台以及控制系统。机载激光雷达具备获取数据速度快、尺度大与精度高等优点，机载激光雷达扫描定位的绝对精准度可控制在 10cm 左右，其航飞高度最大可达 6000m。由此可见，机载激光雷达系统在废弃矿山生态修复应用中具备明显的优势。

二是地基激光雷达。该类雷达又可分为移动式地基激光雷达和固定式地基激光雷达两种形式。移动式地基激光雷达主要是将激光雷达设备安装在车顶，通过车辆行驶动态扫描获取数据（见图 3-5）。而固定式地基激光雷达则是将激光雷达设备安置在固定的地方扫描获取数据，由数码相机、笔记本电脑、激光扫描仪以及电源等构成。地基激光雷达具备野外操作性强的特点，能够快速收集一定范围内的高密度点云数据。因此，十分适用于废弃矿山生态修复监测。

三是便携式激光雷达。该类雷达具有便于携带、测量速度较快、操作灵活方便的优势，又被称为手携式激光雷达，但测量精准度一般，适宜在范围较小的废弃矿山生态修复工作中使用。

图 3-5　移动式地基激光雷达

4）激光扫描提取植被模型。激光雷达对植被有很强的检测能力。基于激光雷达（LiDAR）技术提取植被结构参数有两种方法：一是利用冠层高度模型（CHM）直接提取，二是三维点云数据归一化后直接提取。获取样地高精度 DEM，提取裸露采矿废弃地样地高程、坡长、坡度、坡向、坡面汇水区等地形参数。不同生态修复阶段采矿废弃地的植被参数随投影分辨率的变化大致相同，植被盖度越高的废弃地，植被参数对投影分辨率变化的敏感性越强，植被生长越密的地方对投影分辨率的选择要求越高。

（2）土质层位。根据钻探和物探工作方法的探测精度，首先使用钻探方法，然后使用高密度电法。钻探采用工程钻机及其配套设备回转钻进，地下水位以上进行干钻，地下水位以下采用泥浆护壁钻进，基岩采用合金钻头钻进。高密度电阻率法探测仪器采用高密度电法测量系统，电极采用不锈钢电极（见图3-6）。分布式高密度测量系统具有存储量大、测量准确快速、操作方便等特点，解释工作更加方便直观。根据钻探鉴别成果，按其成因类型、土层结构及其性状特征划分为土质层位。

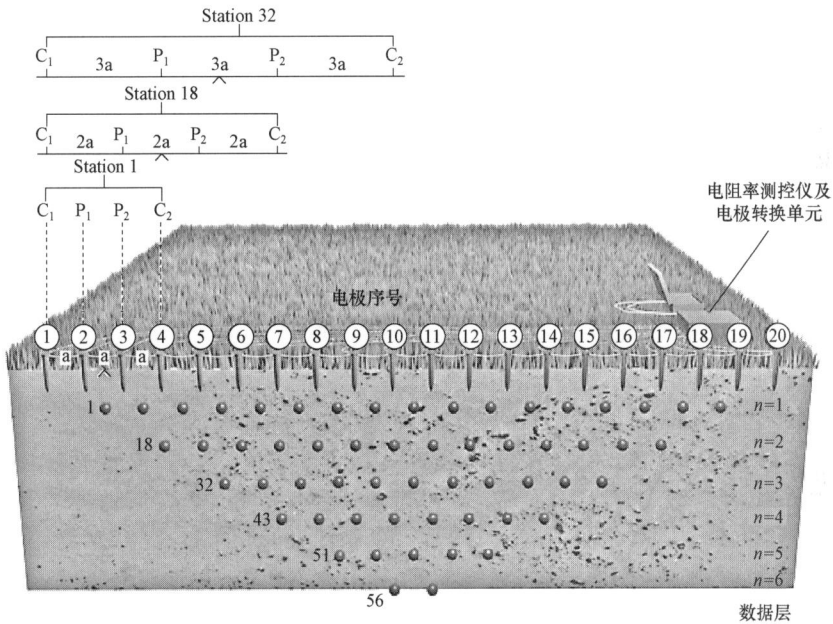

图3-6 高密度电法现场测试示意图

（3）生态督察。铁塔装"天眼"监测预警涉矿违法行为。利用铁塔高位加挂360°高清摄像头，接入自然资源在线巡查系统，对涉矿违法行为定时抓拍、录像进行违法取证，进行24h全天候实时动态监测，实现对各类违法行为监测、识别、预警、分析、判断和处理的闭环管理（见图3-7）。基于视频智能识别技术实现通过智能分析，实现违建自动预警、多级联动，使事故或者违法行为降低到最低，通过充分利用实时监管系统，由"被动管理"向"主动发现"转变，实现自然资源监管由"人防"向"技防"转变，监管手段从"人工巡查"向"智能监管"和"人工巡查"相结合的转变。

（4）数字化建模。构建矿山三维地质模型可以真实模拟矿山生态环境，能帮助管理人员节省现场勘查时间。矿山卫星影像图、正射影像、矿山倾斜模型、边坡平台BIM模型、地质、地形、矢量（矿山设计CAD图纸、红线）等数据快速精准融合加载。

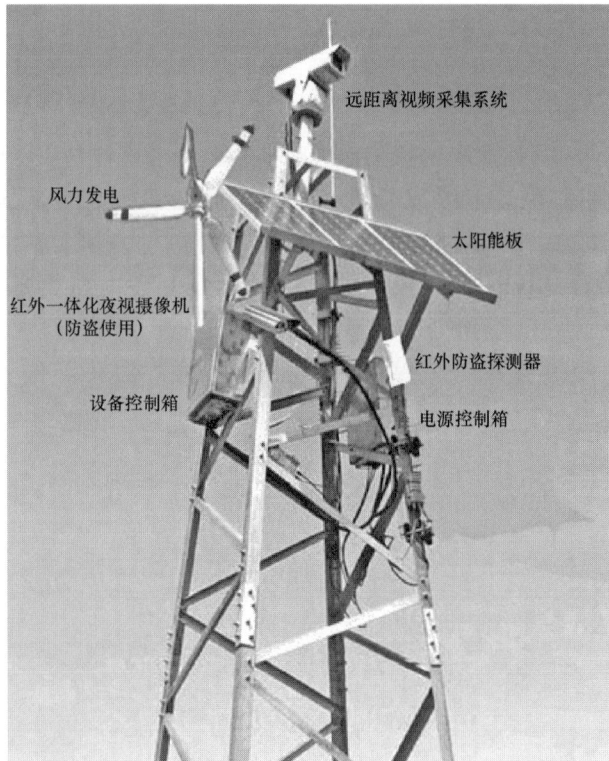

图 3-7　塔基高位监控

3. 方案模拟

对山体保护修复方案进行数字化模拟、可行性研究、辅助规划设计、施工，以视频、图片、数据等形式汇聚在平台，实现信息共享、有据可依、指挥高效。通过后期数据追踪分析，还能确切掌握生态修复的实际效果，进行后期管护。主要包括：

地形开挖：利用三维地质模型，既能实时计算平面地形和斜面地形的土方量，还能根据不同高度进行调整，计算出对应的土方量。高精度土方量计算满足工程填挖方费用概算及方案优选。

造价计算：自定义构件材料价格，快速计算构件工程量、工程造价，实现设计成本核算。

虚拟放样：倾斜模型虚拟放坡，叠加翻模成果直观看到矿山修复效果。

环境美化：快速批量布置小品模型，高效辅助矿山环境美化设计。

投资看板：工程投资可视化，平台边坡总方量、构件数量、用料分布及工程造价一张看板全展示。

成果导出：矿山修复设计成果快速导出，包括 CAD 图纸、高清截图、虚拟漫游视频，辅助矿山修复设计方案汇报。

4. 山体保护修复实施

（1）土体修复。土地污染生态修复技术包括工程修复技术、物理-化学修复技术、生物修复技术以及联合修复技术等。其中工程修复技术包括客土技术和换土技术等。客土技术是在被污染的土地上覆盖上非污染土地；换土技术是部分或全部挖除污染土地而换上非污染土地。

在地质修复技术中回填整平技术最为常见。通过回填整平可以使矿区不再有大的坡度和沟坎，也可维持地表基底稳定；同时对矿山开采造成的坡面和裸露地标进行加固和稳定，防止地质灾害的发生。根据地质情况还可通过疏通土方构建沟渠等方式进行土地复垦，对塌陷地进行地质改良。

上述均可使用激光扫描或倾斜摄影技术进行精准的土方计算，利用三维仿真技术进行填土、换土方案模拟。

（2）构建矿山生态修复保护系统。

第一步通过安装摄像头、传感器，实现数据的可更新和可追溯，既能发现盗采，也能对异常数据进行预警，以便提前决策，及时采取应对措施。

第二步是构建矿山三维地质模型。通过三维地质模型，工作人员不用去现场探勘，就能完成多方向坡度测量，标记出预计坡度和危险坡度，并直接查看修坡后的效果。

第三步是构建矿山大数据平台。既有矿种业务、土壤类型等分类，也有当地水土气、原生植物在开采前、开采中、开采后修复等阶段的信息，以视频、图片、数据等形式汇聚在该平台，实现信息共享、有据可依、指挥高效。通过后期数据追踪分析，还能确切掌握生态修复的实际效果。

（3）智慧给排水。矿山废弃地普遍保水保肥性差，缺少土壤肥力、土层薄，甚至没有土壤。有些土壤被污染不利于植物的生长，没有植被恢复的土壤条件，边坡存在严重的水土流失。另有部分矿区降雨量少，还存在无可利用水源的问题。

矿山开采中弃渣的不合理排放，可能堵塞沟道，影响小流域行洪排水；开采过程中由于地形扰动，排水系统破坏等问题，也常出现排水不畅现象。

有些矿山地理位置偏远、地形复杂，修复过程中往往需要额外建设提水工程和电力设备，这一因素不仅带来了较高的投资成本，也降低了矿区植被覆盖率及矿山地质生态修复的效果。

生态修复项目管护期结束后，灌溉难以保证；部分矿山多位于远离电网的偏僻地区，基本无灌溉设施，建设提水工程和电力设备投资成本较高。太阳能作为一种源源不断的清洁能源，具有低碳、环保、节能等优势。太阳能光伏提水灌溉技术具有不受地形限制、不依赖电网、组建机动灵活、全自动运行、无污染、安全可靠、维护简单等优点。自动控制光伏提水灌溉技术和矿山复绿工程相结合，可以有效提高矿区复绿植被成活率，从而提升矿区生态环境治理效果。

5. 生态系统监测追踪

矿区水土环境污染，主要体现在矿坑排水、矿石加工所产生的废水排放、废石废渣淋滤水渗入地下、矿区生活废水排放会导致区域水文和水文地质动态破坏，地下水和地表水储量衰竭，水质恶化。水体和土壤遭受有害物质污染，会导致森林与耕地范围减少，栖息条件恶化，野生动物数量减少，农作物收获量和林业产量下降，畜牧业和渔业产量减少。

（1）水质监测。在矿山开采过程中，矿区疏干排水、矿区裂缝及塌陷等问题的发生会直接影响矿区开采模块地下储水结构发生变化，进而导致地下水位下降、大面积疏干漏斗出现、地表径流变更等问题发生。再加上矿山开采阶段矿坑水、废水淋滤水等工业废水的排放，对矿山周边水源造成了严重的污染。

监测主要内容为雨量监测、地下水位监测、地下水质监测、流量监测等。

（2）土体土质监测。在矿山开采过程中，由于露天矿坑开挖、井工矿抽排地下水等作业，会直接破坏地表植被。进而导致矿山开采区域地下水位出现大幅度下降，逐渐形成大面积人工裸地。此时若出现大面积降雨，则会在矿山地面起伏及沟槽的作用下加速地表水流动，最终促使水土冲刷加剧。

在矿山开采后需要将表土清除并覆盖新土或矿渣，而采矿过程中大型采矿设备的重型荷载作用，会导致矿渣或新土逐渐坚硬、板结。再加上矿区地面采空塌陷问题的发生及矿山固体废渣的排放，会直接导致土壤产生裂隙。随着土壤裂隙的扩大，土壤养分会逐渐流失，矿山固体废渣中毒害成分会直接渗入土壤中，造成严重的酸碱污染、重金属污染、有机毒害物质污染。

监测主要方法为利用卫星定位系统、传感探头进行表面变形监测、内部位移监测、土质监测等。

（3）微生物监测。矿渣土质改良是矿山生态修复"重中之重"。从源头土壤改良作为切入点，作为矿山生态修复重点，大剂量施入功能性微生物有益菌，可解决矿山生态修复中最棘手的"重金属超标"难题。

土壤是矿山环境治理及生态修复作业正常运行的前提，也是岩石圈表面植被存活生长的关键因素。其不仅可以提供植被存活生长所需的矿物质元素、水分，而且可以为生态系统中生物部分、无机环境相互作业提供载体。这种情况下，土壤内酸碱值、土壤结构、母质、营养状况等因素，就直接影响了矿山环境治理与生态修复效果。

监测主要方法有理化指标监测、肥力成分监测、土壤分布遥感监测。

（4）植物生长监测。在进行废弃矿山水土流失修复的过程中，可运用激光雷达技术采集生成等高线以及较高密度废弃矿山 DEM，提取反映水土流失实际情况的数据信息模型，通过多期的 DEM 叠加分析和模型演变，测算出水力侵蚀的力度和深度，从而采取相应的措施，避免滑坡、崩塌及泥石流等地质灾害发生。

提取植被破坏面积。经过相关研究表明，通过激光雷达影像就能区分植被以及非植被，但很难进一步细化区分地物。由于实际废弃矿山生态环境非常复杂，在进行废弃矿山土地覆盖与植被分类，以及提取破坏面积的覆盖时，往往同时需要采用激光雷达技术与传统遥感技术进行植被区分和图斑提取。因此，在使用激光雷达技术的过程中，建议配合使用光学遥感数据，使废弃矿山植被破坏面积的统计更准确。

监测主要方法有现场监测及卫星、无人机遥感监测。

（5）物种多样性监测。通过设置固定样地、样线、样点的方式，对区域内植物、鸟类、哺乳动物、昆虫等生物类群进行观测，及时掌握各生物类群动态变化情况。通过对固定样地、样线、样点内各生物类群的长期定位观测，可以实现区域生态系统的结构、关键生态过程和主要生态功能的长期、全面监测和研究，对保证区域生态安全、保障沿线水质安全、完善生态监控与监测预警体系具有重要的作用。

利用"互联网+大数据+自然保护地"管理模式，依托红外相机和人员巡护相结合，及时收集数据、上报信息，对野生动植物进行综合监测，实现看得到野生动植物、管得住人员出入山，为恢复野生动物栖息地森林植被，持续对其生存环境进行改善，确保野生动物数量增长和自然生态原貌不走样。

监测主要方法有直观监测、鸣声监测、踪迹监测、自动监测（红外相机）。

3.4.3 应用综述

习近平总书记参加首都义务植树活动时指出，森林是水库、粮库、钱库，现在应该再加上一个碳库。之后，习近平总书记赴海南考察调研，再次深刻指出：绿水青山是水库、粮库、钱库、碳库。

1. 绿色矿山生态保护

绿色矿山是钱库。绿水青山在一定条件下能够转化为"钱库"，要建立在"水库""粮库""碳库"平稳健康运转的基础上。2007年5月，宁波市决定全面启动梅山岛开发建设，宁波市北仑区春晓镇干岙茅洋山普通建筑用石料矿于2008年开工建设，这个矿山是保障梅山岛的专用石矿。当年，茅洋山石矿的采矿权挂牌出让，收取出让金9060万元、治理备用金4455万元。矿山分两期建设和生产，基建及生产期历时十年时间，开采深度+5m至−205m，采剥总量3300多万m³。该矿山肩负为宁波梅山保税港区的建设提供陆域回填宕渣的重任，系当年全省单个标的最大的工程性矿山。该矿山开采过程中注重绿色环保，边开采边治理，于2010年获评"省级绿色矿山"，成为省内最大的凹陷式开采的工程性矿山。

绿色矿山更是风景秀丽的水库。水资源是地球生命赖以生存的基础，它为"粮库"提供必要的水分来源，通过向产业系统输送维系"钱库"。它还是地球生态系统中最大的"碳库"，支撑着生态系统中植物群落的总初级生产力，维持植物对二氧化碳的贮存。茅洋山石矿摒弃传统破坏性开采，而是边开采、边治理，一层层台阶如一条条整齐的飘带环绕山间。矿山下部还在开采，上部已绿意盎然。以"全生命周期"理念，将当前的开采与将来的利用结合起来，将矿山开采对生态环境的损害降到最低，最终实现发展方式的高质量变革，让人与自然和谐共生。该矿山闭坑后，茅洋山石矿将"变身"成为一个库容量600万m³的水库，不仅是缺水的梅山保税港区水资源储备库，还将成为绿水青山环伺的休闲观光好去处，（见图3−8）。

茅洋山石矿在开采的10年时间里，以石料支撑起了宁波梅山物流产业集聚区、保税港区、国际海洋生态科技城这些重大产业平台的建设；将来，茅洋山废矿又将变身为城市"海绵体"，更有力地支撑起梅山区域的开发建设。

2. 旅游开发

文化旅游开发是矿山生态修复上的全新模式。废弃矿山文化旅游产品设计是促进该

图 3-8　宁波市北仑区春晓镇干岙茅洋山石矿

区域文化旅游发展的核心。在修复生态的同时充分盘活遗矿资源,将城市转型与生态文明建设有机结合起来,以促进资源的效益转化。

废弃矿山是长期以来不规范开采留下的生态负债,对废弃矿山进行生态修复需要一大笔资金投入。通过转变思路,创新政策保障新模式,通过"做活"土地文章,以废弃矿地整理出的宝贵土地资源为杠杆,撬动生态环境的修复。宁波是典型的软土地区,建筑物容易下沉。对于底盘与地面只有 2cm 的方程式赛车来说,一点点的路面沉降都会是致命的。废弃矿场的本身就已经是岩石层,完全不必担心地面沉降,赛道在建设和维护上,省了一大笔费用,而且更安全。大家都说"垃圾就是放错地方的资源",以前都认为废弃矿山是"包袱",但如果用统筹的眼光看,废弃矿山不仅是资源,更是全新的发展空间。对赛车场的建设运营方来说,这块废弃矿山,简直是一处堪称完美的"宝地"。

北仑梅山港爬山岗赛道,全长 4.015km、23 个弯道,随山势起伏高度差 24m,最终获得 FIA 国际汽联和 FIM 国际摩联双认证。除了 F1 级别以外的赛事,都可以在这里举行。宁波政府通过转变发展方式、统筹规划全局,实现了资金自给自足,不仅将废弃矿山打造成了绿水青山,还把绿水青山转变成了金山银山(见图 3-9)。

3. 矿山地质灾害监测

综合运用灾前灾后高分遥感数据、三维激光扫描仪、无人机等专业测绘装备,采用地面测绘结合无人机低空测绘相结合的方式,获取受灾区域三维激光点云、正射影像、全景影像、倾斜三维影像等测绘数据,及时掌握灾情信息,为相关部门灾后救灾,灾后重建提供了精确监测数据(见图 3-10)。

图 3-9　宁波北仑梅山港爬山岗赛道

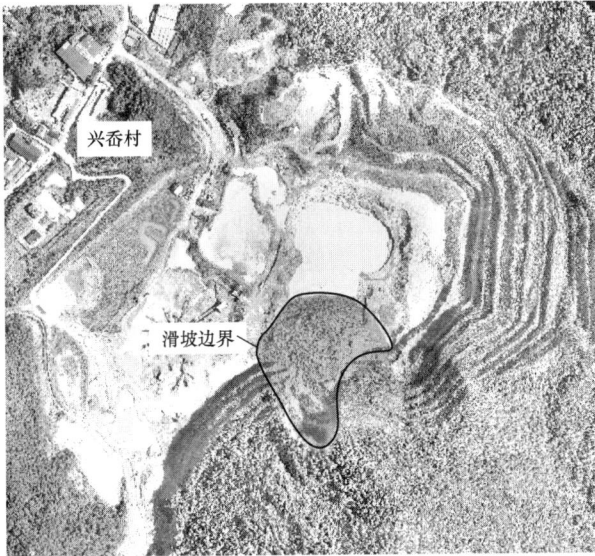

图 3-10　兴岙村滑坡边界

4. 环境评估与公众参与

建立环境影响评估指标体系与评估方法。利用遥感手段动态监测资源开发引发的土地资源破坏和地质灾害问题，以及山体环境治理恢复成效等；建立集数据录入、查询、处理及实时更新等多功能于一体的山体环境信息系统，为山体环境管理提供了数据支撑。

调动公众参与矿山生态文明建设。生态文明是人民群众共同参与、共同建设、共同享有的事业。作为生态文明建设的重要组成部分，绿色矿山建设离不开广泛的公众参与。公众参与是实现社会和谐、共享的有力体现，是建设绿色矿山的重要保证。绿色矿山建设的公众参与者范围应该包括企业员工、周边社区居民以及利益相关者，公众参与应贯穿矿山建设、开发、闭坑全过程，参与内容包括资源利用、节能减排、科技创新、企业文化、社区和谐等建设方面，参与的方式主要有信息公示、座谈听证论证、民意调查等。

为保障公众参与，应注重培养公众公共精神、加强相关制度建设。

3.4.4 发展趋势

1. 智慧生态修复模式创新

以生态修复为主的闭坑矿山，按照"谁治理、谁受益"的原则，充分发挥财政资金的引导带动作用，鼓励社会资金参与，大力探索构建"政府主导、政策扶持、社会参与、开发式治理、市场化运作"的矿山地质环境修复和综合治理新模式。对各种安全隐患，如陡坡、落石、危岩、滑坡、地裂缝等进行预先治理，在此基础再进行植被和生态恢复，使其与周边生态环境相协调一致。在有条件、有需求和可行的情况下，尽量能进行生态环境重建，开发建设一个新的环境，形成新的产业，如矿山公园、生态园区、康养中心、深坑酒店等。

坚持创新发展理念，破除矿山地质环境修复和综合治理的投入、政策、科研等机制障碍；创新开展尾矿残留矿再开发、资源综合利用、矿山废弃地复垦利用、集体土地流转利用等，引导社会资金、资源、资产要素投入，积极探索利用 PPP 模式、第三方治理、政企合作与企企合作等市场运行模式，进行生态修复与综合治理。

"开发式治理"主要涉及安全、生态和资源利用三个方面标准要求，生态修复和环境综合治理不仅要符合安全标准和生态标准，还要兼顾资源再利用。治理后再利用是其追求的最佳目标，即利用它开发成休闲公园、果园、林地或建设用地等，形成新兴产业，有投入有回报，以充分发挥其资源环境效能。

2. 智慧生态保护技术创新

正在生产的矿山处于一个动态过程，随着生产活动的进行，生态环境也随之发生不同的变化。这种变化有些是可控的，有些是不可避免的。所以在生产全过程中，如何解决矿产资源开发与生态环境保护之间的关系问题，是绿色矿山建设中需要妥善解决的主要矛盾。通过技术创新，采用新技术、新工艺和新装备，不断改进生产方式、提高生产效率，使生产各个环节尽量避免和减少对环境的污染与生态植被的破坏。矿产资源的开发必须在确保安全环保的前提下，合理开采、科学开采、高效开采，实现资源效益、经济效益、环境效益、社会效益的协调统一。

以生态保护为主的生产矿山，坚持"预防为主，防治结合""在保护中开发，在开发中保护""谁破坏，谁治理""边生产、边治理、边恢复"的原则，严格执行"三同时"制度，通过开展矿山环境保护与治理、资源综合利用和污染防治、土地复垦和地质灾害防治、三废治理与循环利用，实施清洁生产、节能减排，发展循环经济，在确保安全环保的前提下，充分合理开发和科学高效利用资源，实现企地文明和谐，建设绿色矿山。

3. 智慧山体保护修复支撑"双碳"目标

我国是矿产资源消耗大国，在保障工业化进程和城市化进程的推动过程中，能源消耗所产生的温室气体已造成严重的生态问题。我国于 2021 年对国际作出承诺，将于 2060 年实现碳中和，以高质量发展改变高耗能的粗放发展模式。我国能源消耗的主要来源是煤炭资源，在全球"碳中和"背景下，实现矿区碳中和已成为我国实现社会主义新时代生态文明建设整体布局的一项重要途径。

绿色矿山要突出对国家重大战略的生态支撑，着力提升生态系统质量和碳汇能力。大力推进废弃矿山生态环境治理和矿地综合利用，加快推进 CCUS（二氧化碳捕集、利用与封存）技术研发和推广应用，在强减排条件下实现行业低碳持续稳定发展。通过生态修复后的生态系统结构和功能相对完整的植被覆盖可实现碳源向碳汇转换，对固碳释氧、缓冲气候变化影响、实现"双碳"目标作用巨大。

3.5 智慧水体保护修复

3.5.1 需求分析

1. 水环境污染现状

随着我国社会生产力的发展，水资源短缺和污染的现象越来越严重。水资源的严重短缺与水环境的严重污染，不仅困扰着国计民生，更是对社会经济的可持续发展形成极大的制约。

总体上看，水环境恶化趋势尚未得到根本扭转，水污染形势仍然严峻。从我国河流的水污染现状来看，国家环境监测网地表水监测断面中水环境质量现状来看，湖（库）的富营养化问题日益严重。从我国海洋水环境质量现状来看，我国近岸海域污染状况仍未得到改善，局部水域污染严重，并且无论赤潮面积还是赤潮发生的次数，都呈现出明显的上升趋势，值得引起重视。从地下水水质状况看，地下水污染存在加重趋势的城市仍然在增加，大部分地区硝酸盐、亚硝酸盐含量呈现上升趋势。很多地区的浅层地下水已经由于地表水的污染而受到严重污染，对广大农民的饮用水安全产生了不可忽视的影响。

水环境污染的根源来自工业排放的废水、污水，城镇生活污水以及农业化肥、农药流失等。目前我国生活污水排放量已经超过了工业废水的排放量，大部分未经处理的生活污水直接排放到水体中，加剧了水污染。又由于农业化肥、农药的低效利用，使大量营养物质随地表径流流入水体，加重了水体污染。在农业污水中，农药、化肥含量比较高。由于我国水土流失比较严重，致使大量农药、化肥随表土流入江河湖库，受到不同程度富营养化污染的危害，从而导致水质恶化。城市生活垃圾引起水污染的，多为各种洗涤剂和污水、垃圾、粪便等无毒的无机盐类。生活污水中含氮、磷、硫、病菌多，也进一步加剧了水污染。工业排污废水中，有很多废水超标排放，致使许多河流遭到污染，河段鱼虾绝迹，城市水域也面临严重污染。地下水和近海域海水也正在受到污染，供饮用和使用的水正在不知不觉中减少。

2. 政策背景

2015 年国务院印发《水污染防治行动计划》共计十条，简称"水十条"。要求强化源头控制，水陆统筹、河海兼顾，对江河湖海实施分流域、分区域、分阶段科学治理，系统推进水污染防治、水生态保护和水资源管理。随着我国城市化进程日益加快，水务行业的重要性也日益凸显，目前已基本形成政府监管力度不断加大、政策法规不断完善的良好局面，智慧水务的发展也越来越受到关注。

环境监测是环境保护的重要基础。为了避免数据造假现象，《中华人民共和国水法》明确规定，企业要保证监测仪器的正常运行，禁止篡改伪造监测数据。没有安装监控装备、没有与环保部门联网或者没有保证其正常运行的会被处以 2 万元以上 20 万元以下的罚款，情节严重的、逾期不整改的，将责令企业停产整顿。如果用篡改数据掩盖非法排污，并由此发生污染，还会构成刑事犯罪，将被依法追究刑事责任。

《城镇排水与污水处理条例》于 2014 年 1 月 1 日起施行，条例明确要求县级以上地方人民政府应当根据城镇排水与污水处理规划的要求，加大对城镇排水与污水处理设施建设和维护的投入。国家鼓励城镇污水处理再生利用。工业生产、城市绿化、道路清扫、车辆冲洗、建筑施工以及生态景观等，应当优先使用再生水。县级以上地方人民政府应当根据当地水资源和水环境状况，合理确定再生水利用的规模，制定促进再生水利用的保障措施。

3.5.2　总体框架

当前水环境的治理理念是"源头减排、过程阻断、末端治理"全过程防控水污染的治水模式。智慧水体修复就是在污染水体的源头减排、河涌水体的修复治理及长期的运维管理中，利用智慧化技术和手段，协助构建水资源合理开发、水污染控制和水环境改善的技术体系，提高水环境治理过程中各环节的管理效能、信息化建设，从而达到有效改善流域水循环和水环境，治理流域水污染的目的。智慧水体修复利用物联网应用平台架构如图 3-11 所示。

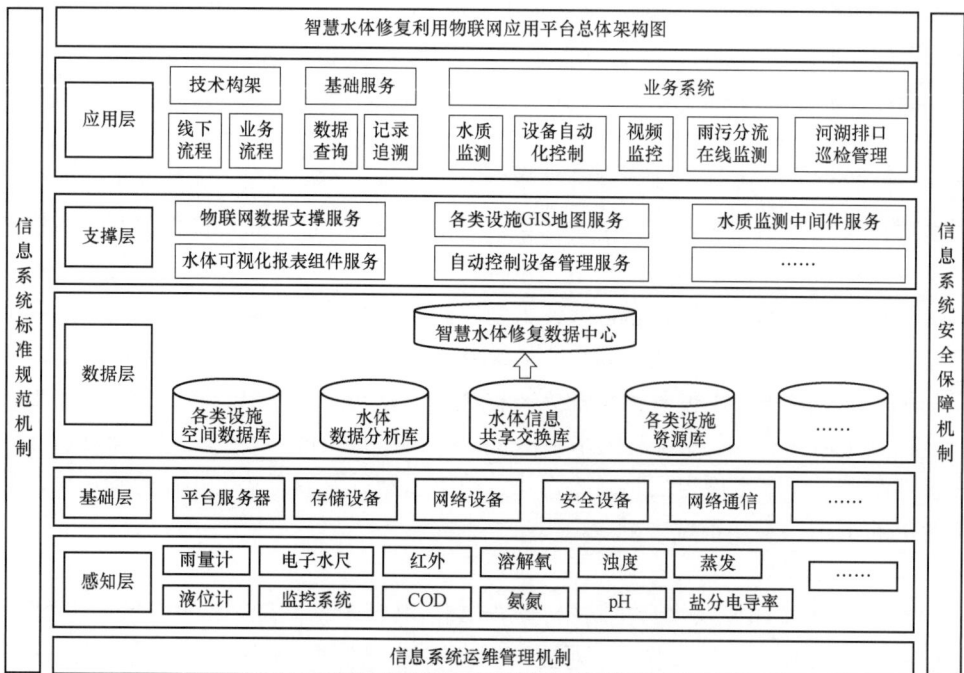

图 3-11　智慧水体修复利用物联网应用平台架构图

120

（1）感知层。包括信息采集和过程监控，用于识别现场环境和水体信息。感知层在水体修复处理中主要解决的是数据获取问题，它首先通过传感器、探头等设备采集外部数据，然后通过传输技术传递数据。感知层所需要的关键技术包括检测技术、无线通信技术等。

智慧水体修复感知层使用的主要设备有水质传感器、液位传感器和红外传感器等。

（2）基础层。包括平台服务器、存储设备、网络设备、安全设备和网络通信等。信息与通信技术（Information and Communications Technology，ICT）基础层包括网络基础设施等，网络基础设施是实现水体修复信息化最底层的基础设施，它包含设备、介质和服务，设备指的是交换机、路由器和防火墙等诸多物理硬件设备；介质指的是传输介质，包括有线和无线两种；服务指的是将网络资源提供给人们使用的网络应用程序。采用的ICT设备主要用于支撑数据采集和数据分析，通常有环境数据云存储器、网络交换机、水质处理服务器等。

（3）数据层。包括各类设施空间数据库、水体数据分析库、水体信息共享交换库和各类设施资源库等，同时涵盖了各类数据的存储、管理、交换和服务功能。数据存储服务指数据以某种格式记录在计算机内部或外部存储介质上，根据不同的业务需求采用不同的数据存储模式，满足相应的信息化应用；数据管理是利用计算机硬件和软件技术对数据进行有效的收集、存储、处理和应用的过程。其目的在于充分有效地发挥数据的作用。实现数据有效管理的关键是数据组织；数据交换是指在多个数据终端设备之间，为任意两个终端设备建立数据通信临时互连通路的过程。数据交换可以分为：电路交换、报文交换、分组交换和混合交换。

（4）支撑和应用层。支撑体系包括物联网数据支撑、可视化报表组件、GIS、自动控制设备管理、水质监测中间件等。应用层包括技术架构、基础服务和业务系统，主要分为线下流程和线上业务，一般提供的基础服务有数据查询和记录追溯，业务系统则包含水质监测、自动化控制、雨污分流在线监测、视频监控和河湖排口巡查。

（5）保障体系。包括技术标准和安全标准。信息化建设不仅是靠领导支持、强力推行的行政手段，还要有科学的方法论，遵循客观规律。采用信息系统标准规范机制和信息系统安全保障机制来保障系统成熟稳定运行。

1. 源头治理

区别于城区排水系统，本章节水体的"源头"指排入水体的"岸上"来水，主要由污水处理达标排放、雨水汇流构成。但由于城镇化发展进程与排水规划、管理不同步，历史问题日益凸显，水体源头面临着溢流污染、面源污染的风险。水体的修复离不开源头环节的治理，既要落实基础的污废水处理环节，更要杜绝合流制下水道溢流（Combined Sewer Overflow，简称"CSO"）污染事件、减少初雨面源污染。

（1）CSO合流制溢流污染治理。合流制管网系统本身的特点决定了易造成大量的混合雨污水溢流至受纳水体的问题。在城镇化建设初期，大多地区采取合流制的排水体制，及时新建城区实行雨污，且受限于经济、人文因素全面完成雨污分流改造的挑战极大，局部甚至大部分的合流制仍将长期存在，因此需要探索与合流制长期共存的排水管理模式，尽可能发挥现有合流设施的作用，降低乃至杜绝合流制溢流污染。

1）管网低水位运行。为克服地下工程的隐蔽性，需将不可见问题变为可见，解决管道设施长期高水位运行问题从而降低合流制溢流污染。污水系统降水位一方面要确保设施运行规模满足城镇排水需求，另一方面结合运行监测与相关勘测、核查工作，定位外水入侵点。

利用信息化、智能化手段，支撑设施运行能力复核，支撑河涌水倒灌、山水进入、污水干管缺陷排查工作。技术手段可实现设施基础数据可视化与运行动态可感知；良好的数据基础可实现设施电子病例、设施数据智能诊断分析，支撑设施问题现场复核；现场复核一方面可动态更新设施基础数据，一方面可确认设施问题，将隐蔽的设施问题变为可探查、可量化的问题清单，支撑工程改造方案设计，切实降低管网运行水位。

a. 设施运行规模及能力复核。依据城镇排水与污水处理规划及实际用水量资料，按照当地的污水排放系数，并考虑一定量的地下水入渗量，复核污水厂处理能力、泵站抽排能力、排水管网过流能力及健康状况是否能够满足当前及近期需求。

污水厂处理能力复核。核定污水厂服务范围内用水排水量、管网转输量，对比污水厂污染物削减效能及超负荷运行情况，评估污水厂能力是否满足需求。

泵站抽排能力复核。核定泵站服务范围内的用水排水量，对比污水泵站设计规模和运行情况，评估污水泵站污水抽排能力是否满足需求。

排水管网过流能力复核。核定管网收水范围内的用水排水量，结合发展趋势，评估管网设计管径和流速是否符合标准要求。

现有排水设施健康运行状况评估。评估排水设施结构性、功能性缺陷情况。

b. 外水入侵分析。

分析外水入侵点，应开展河涌水倒灌、山水进入、污水干管缺陷排查。

排查河涌水倒灌。建立排口信息管理台账，并纳入城镇排水设施地理信息数据库，开展重点排口、管网关键节点的水量数据的动态监测与分析关联性，满足排口溯源需求，对排口与污水管网设施之间可能路由进行绘制，从而排查倒灌点、混接点的可疑区域。通过采用动态时间规整（DTW）算法，分析污水系统与河道水位的关联关系，如果是正相关性，此部分污水系统可能存在河涌水倒灌的极大可能性（见图3-12）。

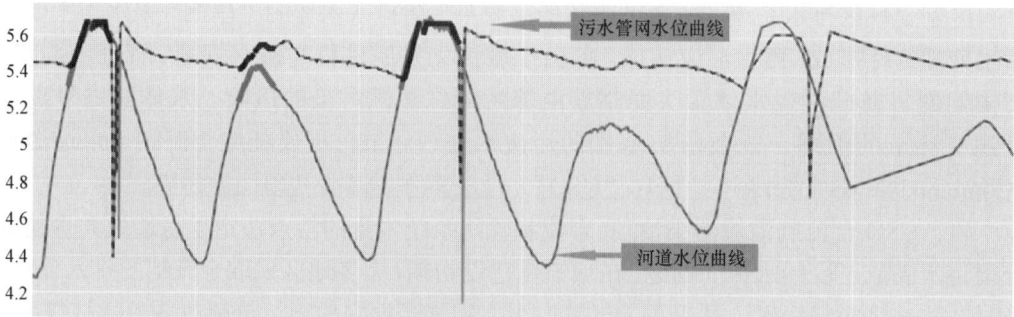

图3-12　采用DTW（动态时间规整）算法分析污水系统与河道水位关联关系

122

排查山水进入。调查山水周围的地理、地貌、交通和管道渠箱分布情况，并建立山水信息台账，标记山水与排水管网交汇区域作为重点排查对象；开展流量、水质监测工作或下游混错接调查，逐级排查山水入渗点并形成问题清单，支撑管道修复工程的开展。

排查主次干管。基于厂站网的收水范围，在末端开展管网运行水位、污水浓度的监测检测，分析厂站水量监测数据与管网运行水位关系；依据数据分析结果，逐级排查，初步判断截污主干管是否存在外水进入，对可疑区域开展管网检测工作，确认问题点具体位置。

进行管道检测、问题排查高水位管道时，需通过临时性措施降低水位，以达到管道检测条件。因此，污水系统降水位既是管网探测、问题排查的工作前提，也是各项工程措施的工作成果，各项工作相互制约又相辅相成，需有机结合、共同发力，形成排水系统运行维护的良性循环。

2）管网预腾空调度。通过排水管网预腾空调度，实行洪涝联排联调，统筹调度，提升城市排水防涝工作管理水平。根据气象预警信息科学合理及时做好河湖、水库、排水管网、调蓄设施的预腾空或预降水位工作。部署水务系统隐患排查，应急准备及风险预判，加强城市泵站、闸门的值班值守和全面排查，保障设施正常运转，重点部位管控，提升污水处理厂抽升能力，实现降低管网运行水位，落实污水管网预腾空调度保障，解决雨情水情管网溢流风险。

3）排口溢流监测与溯源。针对河道排口需要解决旱天污水直排、雨天合流制溢流等问题。避免一边污染一边治理的无效性投入，降低污染物总量，提升河道整体水质。对重点排口溢流进行全天候监测，实现点位联动报警溢流问题可追溯，提高监管效率，实现减少污水入河。

流量监测是排口调查工作的重要内容之一，排口流量的排放方式一般分为明渠和管道两种方式。在实际工作中，排污口形状和排水方式存在多样化，因此，采用单一测定方式或完全依靠单一仪器可能会受到限制，需结合排污口实际情况和现场地形，采用多种流量监测方法。

暗管隐蔽性强，通过无人机搭载可见光及热红外传感器巡查，能高效、快速获取流域内污染源信息、空间分布等信息，从而对排口进行密切监控。

（2）初期雨水面源污染控制。通过加大管网建设力度，将城区雨污分流，提高入水浓度，腾出污水处理厂处理空间；加大力度消化渠内混合污水，为汛期来临腾出渠道空间，加大渠道纳污能力；充分利用现有农村污水处理设施，对已建一体化设备、人工湿地等设施，在初雨之前统一检查，实施必要的整改、升级改造，确保设施正常运行，尽可能多收集处理污水。

1）小区正本清源。针对小区内雨污管网进行溯源排查、修复破损管网、纠正错混接管网、补齐管网空白区等，进行"正本清源"改造，达到排水口晴天不流不合格水、雨天污水管水量不明显增加。

正本清源项目还开发了指导检查系统，在排水管网系统基础上，建立正本清源改造项目管理一张图，实施无纸化和数据化全过程监管，并可实时动态更新，随时随地上网监管（见图 3 – 13）。

图 3 – 13　小区正本清源日常监管

2）源头海绵控污。综合采取"渗、滞、蓄、净、用、排"等措施，构建低影响开发海绵雨水系统，使部分降雨就地消纳和利用。规划以区域湖泊、大型绿地为蓝绿网络中大尺度面状海绵，以城市道路系统、线性河涌为蓝绿网络中尺度线型海绵，以城市社区、公共建筑为蓝绿网络小尺度点状海绵，实现源头减污、源头截污、源头控污。经验表明：在正常的气候条件下，典型海绵城市可以截流 80%的雨水，同时降低了径流污染。

通过信息化手段进行源头海绵控污，做到源头可查、污染可控。常见的海绵控污采用摄像头等实施设备，实时监控关键污染点位，方便管理人员进行污染溯源巡查和污染溯源分析。

a. 溯源巡查。通过在水污染高发区、河道垃圾高发区安装视频监控，及时发现存在明显污染的河段或者河道垃圾等。根据水环境自动监测微型站监测情况，在经常出现污染峰值的断面周边安装摄像头。摄像头要求无市电、无网络环境正常工作。

b. 污染溯源分析。根据警告信息和相邻水环境自动监测微型站的污染趋势曲线进行分析，利用溯源模型以及专业数据分析软件分析定位高污染的区域，实现溯源。还可将排水单元与河涌排口关联分析（见图 3 – 14），若发现有异常排放的排口，可通过关联分析，快速圈定可疑排水单元范围，重点排水户排查，支撑排口快速污染溯源，为河涌治理提供辅助支撑。

3）市政雨污分流。雨污分流指将雨水和污水分开，各用一条管道输送，进行排放或后续处理的排污方式。雨水通过雨水管网直接排到河道，污水则通过污水管网收集后，送到污水处理厂进行处理，避免污水直接进入河道造成污染。且雨水的收集利用和集中管理排放，可降低水量对污水处理厂的冲击，保证污水处理厂的处理效率。雨污分流处理对于削减污水排放量、改善水环境和促进水资源有效利用发挥了重要作用，是缓解水资源匮乏的重要举措，但对雨污分流实际效果评价就要提高环境管理科学化、信息化水平。

图 3-14 河涌排口关联分析

智能雨污分流在线监测系统是较为常见的信息化手段，充分依托无线网络广覆盖、高带宽、可移动性的特点，提供集数据传输、视频监控、报警等多功能为一体的综合应用系统。同时，使用与工业上广泛应用的自动化控制系统进行无缝对接，实现闸门/阀门的自动一体化控制。数据采集终端应用在各种水利/环保/工控行业的在线监测系统，在稳定性、安全性、传输流畅性、图像的清晰性，已经受到客户的认可和青睐，并已经在很多行业得到了应用。

4）渠箱清污分流。部分区域内雨污分流错混接问题，导致路段渠箱清污未分，污染物与污水随渠箱排入河涌。同时，流入污水管道的雨水量增大，导致污水管道内污水浓度低，管道水位高。针对这种情况可对渠箱末端截污设施进行改造，根据现状实际资料，渠箱末端设截污堰/截污槽/截污闸，渠箱清污分流之后，废除现状截污堰，恢复渠箱雨水通道功能，实现渠箱清污分流（见图 3-15）。

部分地方采用合流制排水系统的渠箱，按该地区的设计暴雨重现期设计的，相对于旱流污水量而言，管径很大。由于旱流时渠箱内流量较小、流速慢，达不到自清流速的要求，污水内固体杂质较容易沉积，一旦沉积时间较长，沉积物中的有机部分会腐败分解，加重污水中的污染物负荷。下雨时，渠箱内水流速度随流量的增大而逐渐增大，旱季时沉积的固体杂质将被翻起，特别是降雨初期，合流污水中污染物负荷会因此而加重。因此针对这类情况渠箱清污分流也会显得尤为重要。

渠箱清污分流可实现源头减量、沿程减压、末端减负、河涌减污，促使污水系统提质增效，实现河涌长制久清。

125

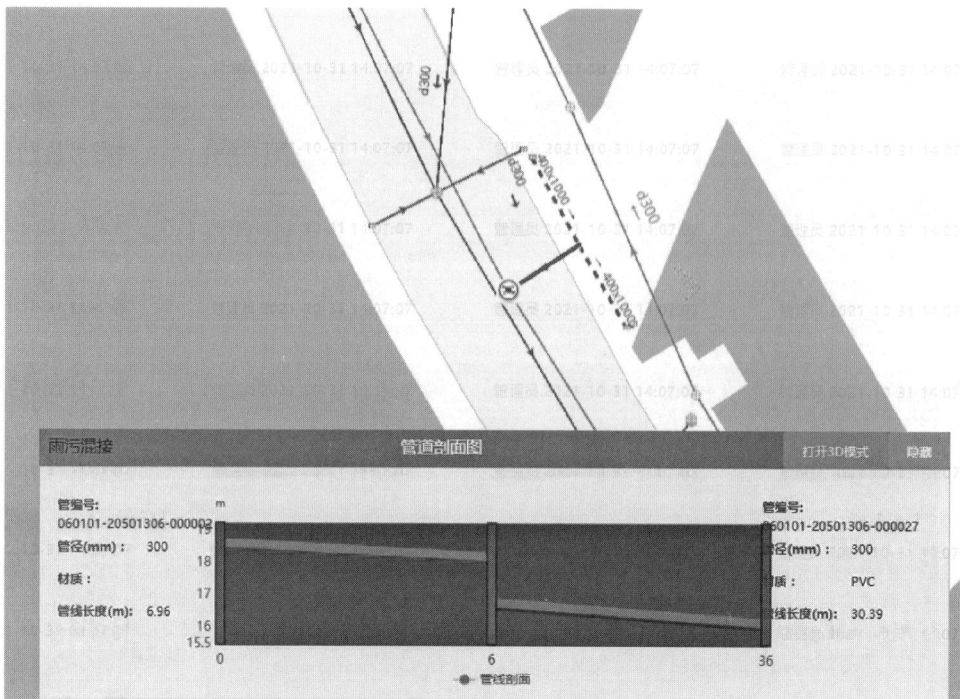

图 3-15　利用排水设施数据智能诊断，辅助排查雨污混接问题

（3）城市污废水预处理设施运行监管。污水预处理设施是污水进入传统的沉淀、生物等处理之前根据后续处理流程对水质的要求而设置的处理设施。在管网末端、泵站、污水处理设施的节点井位置安装在线监测装置，可对污水处理运行情况进行监督。

1）污水处理厂规范运营。

a. 建立规范运营制度。督促污水处理厂建立健全日常规范化运营管理机制，设置岗位责任制、环保设施运行等各项管理制度，完善设施运行、污泥运输、设备维修等记录；要求在线监测第三运营方定期核对各种仪表、在线监测和中控室数据，对运转不正常或设备出现故障时及时维修更换，确保数据的准确性及上传率。

b. 智能管控。设备集成把雨水通过地下管网汇集到雨水池中，实时监测雨水池的水质。当水质超过排放标准时，通过提升泵，使雨污水进入污水处理厂处理，处理合格后排入外界水域；如果雨水池中的水质符合排放标准，则打开雨水池排放水泵，雨水直接排入外界水域。

（a）精细化、系统化管理。系统采用层层管理的设计思路，将感知层、网络层、运营管理层、应用服务层实行四位一体化，汇集智能监测、自动控制、计算机应用和通信网络等各个层面技术，配备视频监控、UPS 电源、综合防雷等辅助系统，构筑智能化监管、数据远程监测、大数据分析、安全预警提醒、自动化控制、多点同步管理等优势，形成层级衔接、上下联动、部门协同的水环境发展新格局。

（b）实时监控系统。实时监控系统是感知层与运营管理层之间的关键系统，通过实时对设备运行状态、现场状况、水质、水量等信息进行监测，并可将数据信息实时反馈

126

至可视化云平台，实行自动化控制。

（c）告警管理系统。可视化掌控发生水环境的状态，实时追踪处理事件全生命周期状态，并迅速发出智能化预警告警，提高系统的运营维护的效率。

（d）数据分析与研判子系统。通过数据分析与研判子系统为监管人员提供当前数据与历史数据，可自动化整理分析，并生成各类相关性分析图表，有助于监管人员直观地查看数据以及分析结果，为其采取的应对措施提供科学依据。

（e）巡查管理系统。巡查管理系统主要巡查水环境的记录、问题、统计、安全等。针对巡查异常，系统会自动发出报警，有效提升巡查效率，降低巡检投入的人力物力；专业提供丰富且大量的数据报表巡检，减少设备故障的问题。

（f）远程维护系统。远程维护系统有助于加强对水环境的智能化管理，包括对工艺、设备等参数的优化调整，设备的运行测试和启停开关、远程诊断调试现场的电控系统、远程上下载等，有效实现对水环境的智能监管，促使水环境的管理工作更加高效化。

（g）水环境监管系统。监管水资源质量的状态、分布、变化规律等，并对各种水体实时监测值采用不同颜色标识，有助于监管人员直观地获取水体水质评价信息。

c. 智慧污水处理。基于物联网的污水处理系统，企业可以通过物联网云平台读取微生物数量、污染指数、净化器的使用情况数据，根据这些数据以及利用云平台实时监控，分析出设备的处理效果。通过云平台在 Web、微信、App 就可以查看到设备数据，做到远程管理。

（a）设备分析。可查看当前运行设备数、总电器设备数、设备运行时长、设备故障次数、设备库存量；以柱状图、饼状图详细展示设备运行时长数据、设备故障数据、设备保养数据、设备分布情况等。

（b）水质分析。根据系统已收集生产数据，按厂站统计分析 COD、TN、NH_3-N、TP、SS，根据日月年 3 个时间维度查看各个指标项的趋势图。

（c）智能曝气。基于机理模型和大数据分析的智能气量计算、智能污泥处理计算、智能配水计算，加上基于模糊控制理论的智能控制逻辑，使长期困扰传统水务行业的节能降耗成为现实。

（d）智能加药除磷。智能加药除磷计算控制系统主要用于污水厂的化学除磷过程，其内嵌的智能加药模型可以根据进水总磷负荷，精确计算药物投加量，并在出水端安装一套总磷检测仪，用于系统的后馈逻辑计算，不断地校正模型参数。通过自动加药系统定量投加絮凝剂与混凝剂，可有效降低药物投加量，减少化学污泥产量，最大化减少加药过程对后续工艺的影响，提高水厂的自动化运行水平。

（e）智能碳源。智能碳源投加系统采用先进的前馈＋后馈控制逻辑，根据硝氮浓度与活性污泥反硝化速率计算碳源投加量设定值。外加碳源进行反硝化的污水处理厂，通过智能碳源投加系统自动投加碳源，可在满足反硝化工艺要求的同时，有效降低碳源投加量，节省碳源费用，并避免因碳源过量投加影响出水水质。

2）分散式污水设施规范运营。分散式污水设施处理站为减轻黑臭河道、改善水环境发挥了积极作用。对分散式污水处理站建成后的运行管理应该建立相应的考核制度及有效长效管理制度，避免出现因分散式污水处理采用的工艺不同、运行管理不够专业精细等原因带来的污水处理设施闲置或不正常运行情况。

a. 水质污染告警。可根据水质质量本底值和污染特征设定，或者自定义进行设定污染报警规则，系统同时实时推送各个分散式污水处理设施水质异常情况，及时告警并触发污染分析功能。

b. 在线监控终端采集。通过在线监控终端采集分析分散式污水处理设施抽水泵、曝气装置等设备的工作状态、工作时间、间隔时间等参数特征，根据各种工艺特征测算菌群数量及细菌分解时间，进而判断站点的污水处理效果，为区域分散式设施"分期分类"整改及建设提供科学的数据支撑，提升污染防治的精细化水平，实现精准治污。该模式使用的监控设备简单、运行维护易行，且信息化程度较高，配备的监控平台可实时查看各站点运行情况，补齐了人工监管短板。

c. 无人值守。依靠远程监控系统，可使分散式设备的维护问题简化：一方面系统根据设定的时间定期提醒相应的设备需要维护，管理人员只需按照提示定期巡检即可，保证了设备保养的及时率；另一方面当某套装置出现运行故障，系统立即报警并通知工作人员进行故障排除和维修，保证了装置的正常运行，提高了设备故障的响应率和响应时间。

3）排污（直排水体）许可与许可后监管。加强区域污水直排巡查管理，完善直排水体许可和许可后监管机制，保障区域排污的稳定运行。实地查看直排水体管理台账记录、在线监测设备等情况，工作人员对区域的水量水位进行核对，保障许可直排的水体合格排放。对检查中发现的问题，由区域责任人进行整改监察，水务局持续跟进督办整改进度并进行许可后监管工作。

2. 水体水质治理

智慧水体水质治理在现有的监测体系基础上，选用高可靠、模块化的智能硬件设备，不断加强和完善水文、排水设施、河湖水质等方面的监测手段，借助物联管理平台实现物联感知数据的接入、集成、共享与利用，为城市涉水业务提供准确、及时、全面、可靠、直观便捷的辅助工具。

（1）智慧能源系统。集 IoT 技术、移动互联网、监控技术、Web GIS 技术、Spring Cloud 微服务框架、Web Service 软件技术、数据库技术等云物移大智的连接融合，更安全、高效、经济、智慧的运营管理模式、更精益的运营效率，让水厂变得更智能。

1）能效管理功能。实现对污水数据、发电数据、环境数据、安防数据及配电房设备运行实时数据和分类设备用电量数据的统一管理和分析。

2）智能碳源功能。城镇污水处理厂主要通过硝化和反硝化作用达到脱氮目的，上述生化作用需消耗碳源作为反应物。当污水中自带的碳源无法满足脱氮需求时，通常需要投加外碳源。传统人工调节的方式经常出现由于水质水量波动调节不及时总氮（TN）超标、投加量过大等情况发生。

根据水质监测设备探查到的硝氮浓度，结合活性污泥反硝化速率计算出碳源投加量设定值并自动投加碳源。

（2）智慧生态岛系统。根据海岛信息化发展的实际需求，契合海洋信息化发展趋势，打造智慧生态岛系统管理平台，实现生态岛治理更现代、运行更智慧、发展更安全。建设一套海漂垃圾收集装置，通过在岛周边水域布置海漂垃圾收集装置，在风浪流共同作用下，实现对漂浮垃圾进行自动拦截，收集汇入到水上垃圾桶；开发建设一套可搭载水位、水质监测设备的综合实验平台，并利用该平台开展整体水动力试验、物联网研究和水上休闲服务研究等，对接智慧生态岛系统对水质进行长期监测研究，实现水质状况预警预报和智能化管理；开发建设分布式屋顶光伏系统、风光互补路灯系统、多浮子式直驱发电系统和微网能量管理系统。

（3）智慧水循环系统。智慧水循环系统基于新型的测量传感设备，依托城市水文模拟仿真软件，通过物联网、云计算和大数据平台，构建了整套的城市感知系统，完成对城市水循环过程的全方位立体监控，解决"有多少水、水在哪里、水往哪里去"的问题。

智慧水循环系统可以广泛服务应用于海绵城市建设、城市内涝监测预警、城市水文监测系统等信息化工程及科研项目，为智慧城市建设提供数据来源及数据增值服务，保证监测数据的效用最大化，高效有序地推进城市水文系统和生态环境改进，保证智慧城市建设的效果。

（4）智慧漂浮物回收系统。智慧漂浮物回收系统对湖泊水面上出现的漂浮物（塑料泡沫、垃圾袋、河道漂浮植被等）进行 $7 \times 24h$ 监测，一旦发现异常自动报警，并将报警信息推送至监控中心，并保存相关信息，提醒相关工作人员，进行有效监管，方便事后查询管理。

基于智能视频分析，自动对视频图像信息进行分析识别，无须人工干预；对水面监控区域中的漂浮物进行检测，有效地协助管理人员处理，并最大限度地降低误报和漏报现象，提高工作效率，促使水务行业智能化和高效化发展。

通过智慧漂浮物回收系统提升湖泊环境；坚守湖泊生态保护红线，坚持人与自然和谐共生，科学规划生产空间、生活空间和生态空间；强化流域空间管控和生态减负，确保生态环境质量更好。

（5）智慧清淤系统。城市河湖是城市社会发展不可缺少的部分，是城市水系的载体。我国对湖泊环境的管理主要集中在水质，但对于一些处于富营养化状态的湖泊，水体会因沉积物中污染物质的释放而在长时期内维持富营养或水质恶化状态。

在融合无人船、清淤机器人、物联网技术的智慧数字清淤系统下，通过远程遥控精准把控船的速度和方向，通过监测清淤机器人的液压回路将数据反馈到操作系统中，检测机器人动作状态，分析机器人行动阻碍，配备三维姿态传感器结合操作系统的三维可视化显示及水深传感器，可对机器人所处的深度进行监测，确定机器人的位置，并通过线缆将数据回传到界面上，大大降低了传统清淤方式对河湖生态系统的影响，以数字之力推动水环境的改善。

3. 活水循环

城市化的发展直接或间接地改变着水环境和水循环的自然过程，大面积的天然植被和土壤被现代化建筑、设施所代替，不透水面积增加，从而降低了降水渗入量，改变了自然区域的蒸发条件。城市水循环应该遵循水循环的自然规律，为了经济社会的持续发展，许多地方开始深刻研究城市化对城市水循环要素的影响，部分地区采取科学的对策，健全城市水循环系统，提高城市水资源承载能力和水环境容量，促进城市的可持续发展。

（1）水动力模型。开展水动力模型模拟分析，分析沿程各站水位模拟过程与实际过程，采用演算模型耦合，建立了水力联通的预报模型，可实现空变化条件下水位的快速模拟及比对分析，可即时反映不同应用场景对干流水位影响的差异，为城市活水循环决策提供技术支持。

1）水文模型。

a. 产流计算方法。在计算地表产流量时，首先将计算区域划分成若干个子汇水区（排水区），将每个子汇水区概化成一个概念模型。每一个子流域概化为一个非线性蓄水池，其流入项有降水和来自上游子流域的流出量；流出项包括蒸散发、下渗和出流量。蓄水池的容量为最大洼地蓄水量，蓄水池中的水深由子流域的水量平衡计算得出，并且随着时间不断更新。

地表产流是指降雨经过损失变成净雨的过程。每个子流域产流由 3 部分组成：透水面积上的产流不仅要扣除洼蓄量，还要扣除下渗和蒸散发引起的初损；有洼蓄不透水面积上的产流等于其降雨量减去蒸散发和洼蓄量；无洼蓄不透水面积上的产流等于其降雨量减去蒸发损失。三种类型地表单独进行产流计算，子流域出流量等于三个部分出流量之和。

b. 汇流计算方法。地表汇流过程是指将各分区的净雨汇集到出口控制断面或直接排入河道的过程。地表汇流计算采用非线性水库模型，由连续方程和曼宁方程联立求解。模型需要输入研究区域的面积、三种不同地表的曼宁糙率、子汇水区宽度、子汇水区坡度及有洼蓄地表的洼蓄量。

2）一维管网水动力模型。针对排水管网，建立一维水动力学模型。采用圣维南方程组作为非恒定流控制方程，包括连续方程和运动方程。

管网的汊点是相关管网汇入或流出点。汊点处的水流情况通常较复杂，目前对管网进行非恒定流计算时，通常使用近似处理方法，即汊点处各支流水流要同时满足流量衔接条件和动力衔接条件。

3）一维管网水质模型。管网水质模型的控制方程为一维对流扩散方程，一维对流扩散模型是模拟在水流和浓度梯度的影响下，管道污染物质随时间和空间迁移转化的规律。采用时间和空间中心隐式差分格式离散对流扩散方程。定解条件为浓度的初值与边界值。也存在模型假定污染物在管网系统中的模拟为连续搅动水箱式反应器。

在模拟连接导管的水质时，假定在导管中的水是充分混合的。通过一个活塞式的装置搅拌使水混合均匀更合理一些，这样可使水流在管道中的传输时间和污染物在管道中的传输时间相差最小。时段末，流出连接导管污染物浓度可以由质量平衡方程算出，对计算时段内可能发生变化的项目，如流量和管道容积等，则取其在时段中的平均值。

对蓄水单元节点处水质的模拟，采用与上述连接管道相同的方法。而对于没有储水容量的节点，该节点处的水质浓度简单的由进入该节点水体污染物浓度表示。

污染物在传输系统中的模拟假定为连续搅动水箱式反应器（CSTR），即完全混合一阶衰减模型。模型在调蓄节点处、管段中的模拟原理一致，所有进入没有调蓄体积的节点处的水流充分混合。

（2）活水调水补水调度。活水调水补水调度包括城市河湖补水换水与跨流域补水调水。

1）城市河湖补水换水。城市河湖分为补水类型和换水类型：补水指引水入河湖后，在原地蒸发渗漏的湖泊、湿地等需要人工补水；换水指引水入河湖停留一段时间，进行定期换水。

治理内河黑臭，想要做到标本兼治，清淤截污是重点，从长远来看，则要通过活水补水，让水多起来、动起来，实现水质提升。通过水系治理实现内河水多、水动，通过纳潮引水、自循环补水、打通断头河等措施，实现内河活水调水调度。控制河水流出速度，实现水位可控；通过水位调控闸，布置在河道末端，提升内河水位；通过建在两河交汇处的水量分流闸，实现河道水量分配；通过精确调度，合理分配不同河道的水量，实现精确补水。调水补水极大地改善了河道水生态环境，提升了水质标准。

2）跨流域补水调水。重大跨流域调水工程是调节水资源时空分布不均、促进区域社会经济可持续发展的重要措施。工程的建成来之不易，工程的调度运行更需精益求精、精确精准，统筹加强需求和供给管理，处理好开源和节流、存量和增量的关系。

开展区域水总量控制和细化制定水量分配方案，进行精确精准调水，加强从水源到用户的精准调度，同时通过信息化建设，完善系统完备、科学合理的调水智能体系建设，可以提升调水安全保障能力。通过区域协调调水补水，缺水省市改善了水资源短缺问题和生态环境状况。

3.5.3 应用综述

随着科学的发展、时代的进步、人口的迅猛增长，人类赖以生存和发展的环境受到污染，水环境受到破坏，生态系统也会随之遭到破坏，环境问题已从地域性走向全球性，水环境治理共同关心和解决全球性的环境问题。本章节从水环境源头治理、水体修复治理和活水循环三部分内容及各种治理现状、目前存在的问题和典型案例进行阐述。

1. 水环境源头治理综述

水环境，容纳着一座城市一片区域发展的潜力和资本。近年来，各省市不断提高城市水环境治理的战略地位，逐步形成部门齐抓共管、社会公众积极参与的格局。水环境源头治理是水污染治理的重点任务，水环境源头治理主要指的是排水管网建设及为附属措施，目前在源头治理方面，国内还存在较多不足。

（1）治理现状。

1）管网建设现状。由于管网未能真正做到雨污分流，导致污水收集率偏低。污水管网已覆盖县城所有街道和生活区，但是由于雨污水管未完全分流、管网不健全等客观原因，污水收集率偏低，从而导致污水处理率上不去；虽然新建、扩建、改建小区等要求完全按照雨污分流制建设雨污水管网，但是由于城市污水老管网未能实现雨污分流，造成雨污合流现象仍然严重。很多城市或区域污水处理提质增效工作推进缓慢，污水管网历史欠账较多，管网错接、漏接、混接等问题突出，导致水体治理成效不够显著。

我国城市管网建设、管理远远跟不上城市的发展速度，其混乱无序的建设管理现状，已成为制约我国城市发展建设和国民经济稳定快速发展的瓶颈之一。城市管线的更新管理较慢，未能实现专属部门动态管理。传统的管理办法对各种管线路由、位置、标高、图形以及历史资料基本由手工计算和绘制，查询、统计和分析难度较大，管理效率低下，造成人力、物力和资源的极大浪费。很难为施工提供有效的技术支持。

2）水环境监测信息化现状。随着水环境源头治理措施大力推进，伴随着水环境监测信息技术也蓬勃发展，水环境监测方式可以划分为三类：自动监测、常规监测和应急监测。根据各个流域的不同特点，一般采用自动监测和常规监测相结合的方式，开展对流域水环境的监测工作。目前，我国十分重视信息化工作的推进和发展。随着信息获取与传输技术在水利监测中的普及，水环境监测信息化技术也得以丰富和发展。为了全面获取水利信息，卫星遥感、水下探测、无线通信、物联网等信息化技术得以快速应用和发展。但水环境监测信息化技术应用中也存在一些问题，主要有基础设施建设有待加强，由于我国水环境监测信息化技术起步略晚，加之其他原因，造成目前水环境监测相关的基础设施并不完善，很多时候仍需要常规检测承担大部分监测工作的内容，并且具备自动监测站条件的单位，往往会出现因自动监测站技术不够成熟，而造成数据上传延误或者分析结果有误的情况，因而丧失了自动监测的优势。同时适应该技术的配套业务管理、操作人员存在专业技术薄弱现象。

（2）典型案例。爱尔兰的 Smart Coast 系统和澳大利亚的 Lake Net 系统，也都是针对湖泊设计的水环境监测系统。其结合了无线通信和嵌入式系统技术。该系统可以对湖泊中的磷酸盐浓度进行监测，同时也能实现水位、水温等信息的在线采集、分析等。通过监测数据的在线采集和实时传输，极大地提高工作效率，使水环境监测工作的时效性得以大幅提高，并且可以根据观察到的实时数据，及时发现河流、湖泊的问题所在，快速制定解决方案，实现数据信息的在线传输与反馈，从而使该技术更加智能化与人性化。

2. 水体修复治理综述

（1）治理现状。我国从改革开放开始大力发展市场经济，大量超标准的工业废水排放入我国各水域，久而久之，我国水环境污染越来越严重。近年来，随着我国经济持续健康高速发展，我国环保意识不断加强，政府出台了多项政策对我国水环境治理工作提出明确的发展目标。水环境生态治理行业包括污染源治理、环境修复和生态建设三个部分的系统工程。我国水污染源治理技术已相对成熟，其过程已消除了大部分工业、农业等行业带来的各类污染和有害物质，但还需要通过环境修复和生态建设实现水环境品质的提升。我国现阶段主要采用生物–生态方式对富营养化水体进行水环境生态的修复，主要就是以食藻虫为引导的富营养水生态修复方法。

（2）目前存在的问题。

1）污染源种类复杂。城镇化建设快速发展，小镇常住人口逐年增多，大量生活污水未经处理直接倾倒入周边河流水体，致使相当多的乡村河系是黑臭水体，河床中堆积污泥，严重影响水资源和水环境的质量。部分农村地区生活污水未经处理作为农家肥使用，一定程度上造成土壤污染。比如，都市度假农庄在带来经济发展的同时，也带来了一些水污染问题。因为，在农庄模式下，农村居民的聚居模式逐渐由原先的分散状态发展为相对集中的生活方式，生活污水量大大增加，但污水收集设施和处理能力明显滞后，致使黑臭水体增加。加之在广大农村地区生活垃圾逐年增加，无害化垃圾处理技术相对缺乏，未对生活垃圾中有毒有害废弃物进行分类收集，大多采用填埋方式处置生活垃圾，并且由于当地相关部门的疏忽，填埋场长期处于粗放管理状态，致使垃圾填埋场有大量垃圾渗滤液产生，渗滤液中的成分复杂多样，各类污染物加剧了对周边流域的水环境的污染。其中，增加尤为显著的是化学需氧量（COD）、生化需氧量（BOD）、氨氮、总磷和粪大肠菌群。此外，工业园区污染源复杂，大多数工业园区收集各类企业污水经混合后进行集中处理，难以实现分质分类处理。

2）污水收集、处理设施不符合实际需要。城镇和广大农村地区的生活污水具有水质成分复杂、差异性和波动性较大等特点，尤其在农村地区，节假日水质水量出现不可控因素，传统的单一式的收水模式无法保证进水水质水量的稳定，也难以实现对排水进行有效监控。因此，需要采取必要的分类、分质收集方式，以保障污水处理厂的稳定运行。此外，对于企业排放的污水，目前污水处理厂建设并没有从技术角度对工业污水处理达标排放的可行性进行论证，也没有从工业污水的特征污染物入手提出污染控制思路，而是主要照搬城市生活污水处理厂的设计思路，在建设过程中缺少预处理及废水水质调控手段两个重要环节，给污水处理的整体达标排放造成了很大困难以及安全隐患，甚至导致有的污水处理厂自从建成后就一直无法达标排放。目前大多环保工程项目重工程设施建设，严重缺乏后期设施系统运行、管理和维护的资金基础。

3）管理机制不畅，导致效率不高。水污染修复体系主要涉及废水预处理、排入管网和集中处理等多个环节，各环节的责任主体和管理部门均不同。废水预处理装置一般由企业自行建设和运行管理，污水管网由市政部门建设和运行管理，企业纳污管由市政部门审批管理，污水处理厂由第三方企业运行管理，预处理装置排放口和污水处理厂排放口由环保部门监管。这些是典型的多头管理。比如，在污水处理厂运行不正常时，污水处理厂通常会把责任推到管网污水进入污水处理厂时水质不符合设计标准要求，认为环保部门对排污企业监管不到位，导致预处理未能达标。是否允许企业污水排入网管系统由市政部门决定，而排放达标与否是环保部门监测与确定，即使企业被监测到未达标排入管网也是后话。不能强制要求企业在每一环节自设监测设备，监测部门也容易出现管理空缺和漏洞，这些让后端处理企业难以及时掌握相关情况并启动应对措施。这种多方监管机制，使得政府管理与监督部门、污水处理厂运营商和企业之间职责不清，未达标排放问题难以根除。

（3）典型案例。郴州市西河湿地公园位于湖南省郴州市东河组团南片区，是一座集运动、休闲、娱乐于一体的生态型、开放型公园。由于历史原因，该公园原地貌大面积的地表以下 1～2m 深范围内为人工堆积的尾矿砂，原西河河水亦受上游采矿污染，水质较差。为了从根本上改善该片区的城市形象，通过采用"生态修复与景观规划"相结合的手段来建造一个"绿色生态，健康休闲"的新概念湿地公园。在西河水环境修复治理方面，采用湿地生物链恢复技术净化污水，并通过雨水的拦截、回收及湿地的过滤、吸附等技术，实现水资源的可持续利用，提高环境容量，形成一个与环境相互交融、并可供欣赏、有环保教育特点的滨水景观。水、岸、动植物和人作为主角，共同演绎了"自然和谐，灵动共生"的生态新生活。

（4）水体修复治理过程中运用的智慧技术。

1）河湖巡查管理平台。河湖巡查管理平台的建设，可以有效提升河道管护能力和河湖长制信息化水平。一是实现移动管理，让巡查更有效率。河湖巡查管理平台实现河长移动管理，当发现各类涉河污染情况时，可通过手机平台实时上传图片视频，反馈具体情况，处理人员接到任务指令后在规定时间内到现场处理，实现受理、执行、督办、考核的闭环，确保事件处理全流程跟踪；二是丰富河道管护手段，实现河道管护的高效性、便捷性、长效性和实时性。从人管到技术化管理的转换，不断增强公众河湖保护意识和参与意识，促进河湖长制的有序开展，打好碧水保卫战，让群众有获得感、幸福感、安全感；三是可以有效遏制"四乱"问题的发生，为"守护好一江碧水"提供了有力的保障。同时，能及时掌握河堤的检查维护，排除安全隐患，筑牢防洪屏障，保证堤防安全，更大程度上抵制了夜间偷采的违法行为。

2）无人机/船应用平台。无人机/船作为一种具有高性能、多功能、低风险、节能型设备，已经被广泛应用于各个行业领域中，在环保生态领域亦可大展身手，这些无人系统装备在流域生态环境保护中的应用，实现区域生态环境保护智能监测、联防联控（见图 3-16）。

图 3-16 移动巡河圈

a. 无人船巡逻执法。巡逻执法无人船替代管理人员在河湖库进行 24h 昼夜巡查执法，对非法捕捞、盗采砂石、违规游泳等破坏水资源行为进行警示驱离、取证执法。云洲的巡逻执法无人船已经在多个河湖库取得了成功的应用，例如美丽的武汉东湖，秋冬季是发生湖区养殖鱼类偷盗的高发期，因湖区面积大，非法捕捞行为多发生在深夜，巡逻取证难度大，工作强度高。小型巡逻执法无人船 ME70 搭载红外摄像头，对湖区进行昼夜水面巡逻拍摄，并实时回传视频信息至湖区监控中心，对东湖生态环境保护工作起到积极作用。

b. 无人机水资源用地勘查。以往水资源用地信息化管理、基本情况调查和巡视成图步骤，大多数选用人工勘察方式，相关工作人员手持监控摄像头，立在地形较高的地区对江河或湖水完成拍照，用船舶对水环境开展调研。这样就无法迅速、精确地深入调查工作，因此，在深入调查管理工作时，需要充分发挥无人机的主要作用，凭借无人机对需调查地域开展高清航拍和监控。无人机可以在短期内开展规模性航行，同时开展查验工作，这样就可以快速地认识到水源的基本资料。无人机可以根据航拍测绘，掌握地表水环境基础信息和调查报告，根据无人机的实时监测数据信息，综合分析水环境情况，可运用高新科技制作电子地图。因此，应用无人机可以极大地提高工作效果和质量，有利于水资源的充分开发。

c. 无人机开展动态性水环境监测。过去开展水环境动态监测时，相关工作人员需要带上监控摄像头对水利枢纽浮标完成拍照。同时，由于可从舱室里获得水位线的细节，相关工作人员借助船舶实时监控系统水面。而在水环境动态性检测工作方面，大面积的水环境无法得到精准的数据信息，从而造成工作效能降低。所以，需要科学合理地运用无人机，对河道环境，尤其是地形奇险、环境恶劣的水利枢纽开展动态性监测。无人机不受环境和地形条件的干扰，做到实时、准确地进行监控。通过对江河上游、下游的实时监测，可以很快掌握实际水文情况。在大规模的水环境中，无人机还能够依靠自身优势，对环境污染的水环境开展巡视监管，掌握水环境的数据信息。

d. 无人机对洪涝灾害开展有效研究。以往洪水灾害产生后，有很多实用的直升机在灾区上空，拍摄水灾的标准和洪灾的具体情况。每当碰到大规模旱灾少水时，对每个地域的定损工作通常选用手工定损的方式，造成定损工作效能不高。在没有全景图的情形下，水环境警示通常选用人力乘船的方式，进行水位区划工作，但没有给予参照。这类工作方法不能在产生洪水灾害时快速采取行动，此外，人工拍照的图像与鸟瞰图像的画面质量和立体性存有较大的差别。洪灾发生后，一般都会造成严重的损坏，采用人工定损的方法作业工作量大，效率低。因此，当洪灾发生后，需要合理使用无人机对灾区进行快速的巡查与监控。无人机不受地形、地貌等影响，可以迅速抵达受灾地区，及时公布受灾状况，为相关防汛工作给予合理数据信息。无人机还可用以耐旱，在工作人员进行郊外调研时，降低工作人员工作劳动量。无人机可以把握各地区的水流量贮备，从而有效地开展引水工作，为耐旱给予合理帮助。了解江河等水环境的水位线转变，能迅速地对水环境警戒线和水源情况开展检测和研究，组成分辨率更高一些的图像，从而提高工作质量，为工作人员给予帮助。

3. 活水循环综述

（1）应用现状。活水畅流是黑臭水体整治，提升区域水环境的重要环节之一，目前我国很多城市正在优化完善方案，摸清底数，分析原因，找准对策，以问题为导向，结合自身实际情况，贯彻活水方案并积极实施，以确保提升城市水体整治成效。

补水系统调度是根据补水目标及调度，结合河道水质需求、降雨潮位信息及水质净化厂、水库供水情况，各责任单位协同优化再生水配置的工作。通过补水调水可复苏河湖生态环境，促进河道外重点湖泊、湿地生态修复和改善，有效改善湖泊湿地生态系统。

（2）目前存在的问题。随着水环境治理目标往"水活、水清、水美"转变，当前的城市水环境治理中仍缺乏系统性、循环性、平衡性，尤其是活水循环工程上仍存在调水系统设计和运行的随意性、过度性，如过度依赖城市内部的闸泵系统、理想化设计补水路线、随机补水、补水范围存在局限性甚至多处反向调水等多个问题，已有的活水循环系统中调水设施由于运行费用过高而形同虚设。如何提高城市内部复杂拓扑特性河网的水流交换能力和水力连通性，增强水体流动性，在提高水环境容量、改善水质的同时，保证活水循环工程边际成本和效益的均衡，最终实现治理成本最小、效益最大，成了当前活水循环方案设计的一大难题。因此，通过水环境数值模拟手段，不断优化活水循环方案，并使之高效益、低成本应用具有非常现实的意义。

（3）典型案例。苏州高新区建成区包括狮山街道、枫桥街道、浒墅关开发区约80km²。由于受到自然地形中部较高、东西部较低的限制，东西向河道受到天然阻隔，在枯水或少雨季节缺少来水补给，河道流动性差，水动力不足。同时，随着城市建设拓展，建成区域河网蓄水面积降低，河道自净功能退化，河道纳污容量已不能满足各类污染对水体的侵蚀，大部分河道水质常年指标为Ⅴ—劣Ⅴ类，遇到高温季节部分河道发黑发臭，影响城市居住环境。为改善河道水质，提升城市品位，从治黑向水环境提升纵向推进，苏州高新区借鉴先进地区的成功做法，在持续开展城市控污截污、河道清淤整治的同时，坚持系统治理、标本兼治的原则，采取引水畅流工程措施，沟通城乡河网水系，打通断头浜，改善水动力条件，恢复城市河道生态功能。

通过引水泵站及控制闸坝建设，恢复建成区河网水动力，实现河网有序流动格局，修复水体自净功能。通过培育适宜藻类、浮游生物等的生长环境，刺激沉水植物、挺水植物和鱼类等的繁衍，让生物消耗水体中氮磷含量，进一步改善了水质。

3.5.4 发展趋势

1. 国内外发展趋势

水体修复污染防治是一项复杂的系统工程，尽管我国在水污染和智慧水体修复方面做了大量富有成效的工作，但目前还存在一些制约因素和需要进一步研究完善的问题，与一些发达国家还有较大差距。

（1）水环境源头治理发展。

1）合流制溢流控制发展。从世界范围看，合流制溢流（CSO）控制是国际上许多

136

国家都长期面临的重大问题，有些已经较好地控制了溢流污染带来的影响，有些仍然深受其困扰并还在摸索之中。

我国许多城市已开展研究与实践，针对 CSO 污染控制，积累了宝贵经验。但总体来说，我国 CSO 污染控制在法律法规及政策的支撑与保障、标准规范的约束与指导、规划布局的科学合理性等方面还存在一些问题或缺少一定共识。

早期美国大量城市建设采用合流制管网，开发建设过程中，合流制排水系统的溢流污染问题逐渐突显。自 20 世纪中叶起，美国国家层面提出 CSO 控制的相关要求，各城市根据地方特点长期开展溢流控制相关工作，实施大量系统性改造工程，至今已经有效减少了溢流污染的排放总量，大幅降低了溢流污染的危害，但针对大量保留城市合流制系统的区域，仍在持续开展溢流控制的相关工作。

2）初期雨水面源控制污染发展。初期雨水污染存在较多影响因素，其中包含不透水层面积、汇水面积、环境污染负荷以及降雨间隔等方面，其中初期雨水污染和环境污染负荷程度关系比较大。

我国城市初期雨水流行路径一般是通过路面雨水箅子进入城市雨污水管涵，大部分直接进入河道，少量进入污水管网至污水处理厂处理。根据城市初雨流行路径，通常采用收集方法的是在雨水口设置工程措施对其实施截流。

国外对雨水收集相关研究较早，德国要求对污水进行治理，同时也要求对雨水进行收集利用，建造了大量的雨水池，对自然地形进行截留、处理和利用，以及人工设施渗透雨水。当前，已经形成了较为成熟、完整的雨水收集、处理、控制与渗透技术及其配套制度体系，是全球上雨水资源利用技术较先进的国家之一。

（2）水体修复发展。

1）国内智慧水体修复发展。自 2015 年"水十条"发布以后，党的十九大将生态文明建设提升至千年大计，我国水环境治理行业进入了政策密集发布期。目前水环境治理理念已经从传统的以"末端治理"为主的思路，转变为"源头减排、过程阻断、末端治理"全过程防控水污染的治水模式，流域水环境综合治理将成为未来的主旋律。从大环保到大生态，流域治理工程是复杂的系统工程：流域综合治理并非单纯的环保工程，而是涵盖内容更广大的生态工程，细化来看，大致可分为截污工程、生态治理修复工程、清淤工程、引水补水工程，以及流域治理后的水质在线监测、运营管理等。

在国内当下，如何建设智慧水体修复众说纷纭。然而多是先射箭后画靶，拿着方案找场景。如何建设真正实用的智慧水务及水体修复信息化，或许是每位水环境管理者都在思索的难题。不同城市禀赋不同，水环境现状不同，资金承受能力不同，在技术快速迭代的当下，长远规划无实际意义，利用成熟手段解决主要问题，是智慧水体智慧水环境智慧水务建设的基底。

2）国外先进国家智慧水体修复发展。早在 19 世纪末至 20 世纪初，欧美国家就开始重视流域水环境的综合治理，但早期的流域治理仅限于防洪、供水、航运等单一目标。20 世纪 50 年代以来，随着流域经济快速发展和人口剧增，人类对流域水资源利用和水环境破坏的强度不断加大，流域水污染控制与治理逐步成为流域治理的重要内容。进入 20 世纪 90 年代，以流域协调发展为目标的流域综合治理得到越来越多管理者和科学家的重视，强调全流域自然与人文各要素的综合治理是实现流域协调发展目标的前提和条件。

发达国家城市建设历史悠久，信息化建设也颇具成效。美国近年来发起的水联网项目，重点强调水务数据的集成与共享，并制定了路线图分地区逐步推进。水联网是美国水务数据共享计划的产物，这个项目汇聚了全美各级的水务相关数据，目前处于全球领先地位。欧洲在新一轮智慧城市建设中发力，推出了相当宏观的数字计划，F4W（FI WARE 4 WATER）作为其分支也予以重点支持，可谓是全球最大手笔。

（3）活水循环治理发展。

1）国内活水循环发展。目前国内活水循环和清水补给主要是通过城市再生水、清洁的地表水等作为治理水体的补充水源等方式，增加水体流动性。这种处理技术效果明显，但需要设置泵站、铺设管道等，施工难度较大，工程建设和运行较大，同时在调水的过程中要防止引入新的污染源。

2）国外水循环治理发展。巴黎作为法国首都，其水循环系统堪称世界范围内大都市中的典范。1852 年，著名设计师奥斯曼主持改造了被法国人誉为"最无争议"并基本沿用至今的水循环系统。他认为，城市的排水管道如同人体的血管，应潜埋在都市地表以下的各处，以便及时吸收地表渗水。城市的排污系统则如同人体排毒，应当沿管道排出城镇，而不是直接倾泻于巴黎的塞纳河内。

另一座法国著名城市里昂的水循环处理则是因地制宜，充分借助了自然的力量。城市水循环并不过分突出地下排水管的作用，城市中的数个社区区域内各有低洼地面，其雨水收集充分借助了地面走势的特点，让雨水通过精密设计的水渠流入这些低洼地域。市中心的中央公园便建立在一片低洼地中。当地建筑设计师在建造该公园时，特意留出了一个容量为 870m³ 的储水池。

2. 智慧水体技术的发展

（1）环境传感器技术的发展。传感器是一种能够对当前状态进行识别的元器件，当特定的状态发生变化时，传感器能够立即察觉出来，并且能够向其他的元器件发出相应的信号，用来告知状态的变化。智慧城市建设、自动驾驶、智慧交通等都着重体现了传感器中"感知"的重要性。

目前国内在水质自动监测技术发展中，一方面包括在线分析仪如 COD、TOC、BOD、氨氮、总氮、总磷等仪表蓬勃发展，但其灵敏度、可靠性、新分析方法的采用及商品化程度等与发达国家还有较大差距；另一方面就是在远程测控系统及形成中心站、托管站、流动式子站与固定子站的水质自动监测系统网络中数据传输技术的发展上，还要适应通信技术进步，实现升级换代。

相比于固定子站，手持式水质采集器携带方便，可快速测定 COD 氨氮、pH 值、悬浮物、电导率等多项水质参数，可直接浸入水中实现水质的在线检测（见图 3-17）。测试过程无化学试剂，测试速度快，维护工作少，仪器寿命长。人机交互采用液晶触摸屏和按钮两种方式，操作简单方便。产品自带 GPS 定位和 4G 通信模块，可联通后台直接定位测量点信息和上传测量数据，产品还自带蓝牙模块，连接手机后可做拍照录像等更多功能。

图 3-17　手持式水质采集器

一般流动式子站与手持采集设备均内置电池供电的低功耗设计，采用 NB-IoT 窄带物联网通信实现广覆盖和大连接优势，保证长期连续监测。应用于排水管网、水体动态感知的水位计、流量监测仪、原位水质监测仪等产品，均需通过 CMA 认证的第三方检测机构的 IP68 防护等级、盐雾防腐、高低温湿热工作试验、电磁兼容试验等检测认定。常见的水体应用传感器如下：

1）水位传感器。水位计是常用的水位传感器，采用超声波反射测量原理，由远传主机、超声波传感器、压力式水位传感器组成。适用于排水管渠、调蓄池、排水口及河道的水位在线测量及预警，满足排水设施非满流、满流、管道过载及淹没溢流等状态的水深或水位监测（见图 3-18）。

图 3-18　水位传感器

超声波技术的水位计，通过发送超声波，当发出的超声波遇到水面后会产生回波，探头通过收发超声波的时间差求出探头到水面的距离，再通过换算得出水位的深度。该产品自带水面波动滤波、屏蔽干扰物复合算法，提供更加精确稳定的水位监测数据。

2）水质 pH 值传感器。含电解液的玻璃电极测量溶液中的 H^+ 离子浓度，溶液与参比电极产生一定的电势差，从而换算出 pH 值。产品内置温度传感器，自动对温度进行补偿。

3）水质盐分电导率传感器。对电极施加交流电压，并测量产生的电流大小，电导率与测量电流相关。主要应用于排水管网或农村污水水质电导率参数检测。在日常的污水化验项目中，电导率是作为一个常规性的参数化验进行。

4）溶解氧传感器。采用荧光法测量溶解氧，发出的蓝光照射在荧光层上，荧光物质受到激发发出红光，而氧浓度与荧光物质回到基态的时间成反比。采用该方法测量溶解氧，测量时不会产生氧消耗，数据稳定，性能可靠，不存在干扰，安装和校正简单。

5）悬浮物传感器。产品采用双角度光路测量（135°、90°），光源在经过水样中悬浮物颗粒产生散射、折射和反射现象，从而换算出颗粒悬浮物的质量大小。90°散射光受颗粒物尺寸影响较小，常被用作悬浮物浊度测量，而135°检测光路可用于补偿色度或环境光的影响，内置清洁刮刷，可减少日常维护工作。

6）氨氮传感器。用于观测水面蒸发在不同时间上变化规律的仪器，可直接与蒸发桶使用以监测水面蒸发量。此传感器是新一代高精度传感器，具有测量范围大、准确度、分辨率高、有反相极性保护及限流保护、安全防爆等特点。

7）蒸发传感器。采用高精度、高稳定性扩散硅压力敏感芯片，通过高可靠性的放大电路，将被测液体的液位信号转换成电流、电压等信号。

8）排水原位水质监测仪。结合水质分析传感器技术、低功耗技术和物联网云端技术的高精度、高用户体验产品，支持测量多种关键水质参数传感。设备即放即用，配合无线传输模块，极大地简化测量系统安装、数据传输管理和超标报警处理流程，可对测量系统进行远程配置，修改参数适应不同测量需求，大大降低运维成本。

（2）无线传感网技术的发展。该概念起源于美国国防先进技术研究计划部署中的一个研究项目。由于无线传感网结合了感测、运算以及网络联结的功能，不同传感器在其感测范围之内监控和侦测周围环境与特定目标的状态，并通过无线网络将这些状态回归到主机，系统管理者在收到这些信息时，就能据此做出适当的处理。

因其满足较强的环境适应能力，环境监测的传感器节点经常安放于环境较为恶劣、人迹罕至的区域，得到广泛的应用。

（3）3D视觉感知技术的发展。3D视觉感知是人工智能和物联网时代的关键基础共性技术。随着底层元器件、核心算法等技术的快速发展，3D视觉感知技术逐渐由工业领域向消费级领域推广。

从3D感知前端设备获取现场视频图像，大大改善了在未知的自然环境进行远程探索和干预工作，可以广泛、准确地了解复杂的地形和水情，提高对工作环境的认识，较容易完成有效的干预任务。

3. 未来发展与建议

（1）水污染修复制度建设。伴随着水生态治理的不断深入，西方国家逐步意识到必须要通过制度建设，建立长效机制。随着认识和探索的不断深入，水生态保护与治理体制机制等制度建设经历了从分散到集中、从松散到强化、从低级到高级、从政府到市场的转变过程。

为改变由于长期以来采取分割式管理模式所带来不同程度资源破坏与生态环境恶化问题，人们逐渐意识到，以流域为整体单元进行资源可持续开发利用、生态环境整治和社会经济可持续发展统一规划和综合管理，才能达到人与自然和谐的可持续发展目标。推进流域综合管理需要在政府、企业和公众等共同参与下，应用行政、市场、法律手段，对流域内全面实行协调的、有计划的、可持续的管理，促进流域公共福利最大化。

（2）信息化监测。随着时代的进步、科技的不断发展，水环境监测技术为了顺应时代的要求，向着信息化方向发展，为生态环境保护工作保驾护航。

监测工作是进行生态保护和修复的基础性工作。监测工作的重点从对污染源监控转移到对环境质量监控上来，同时随着自动化技术的迅速发展和遥感技术、无线传输应用，使得对大区域环境质量系统监控成为现实（见图3-19）。在线监测是未来发展方向，可以在极短时间内观察到水体污染浓度变化，预测未来环境质量，实现污染的预警预报。努力提高流域水环境综合管理技术、监控和预警技术以及综合整治技术，以构建水资源合理开发、水污染控制和水环境改善的技术体系，从而达到有效改善流域水循环和水环境，治理流域水污染的目的。

图3-19　河涌实景三维演示

跨越行政区界、打通水域交叉，构建一套对河湖科学的监督、监管和指挥决策的综合管理平台，实现河湖水系全域一张图，各级部门纵横一张网，实现河湖管护工作的高效、便捷、实时等目标。建设巡河线路模拟、突发事件人员调度、现场多视频会议等更高级的应用，全面提升河湖巡查管理水平。

（3）软硬件配合。无人机/船配备红外热成像摄像头、照明、警笛和喇叭等，按照值班人员规划的巡逻航线自主执行任务，使值勤人员在室内基站可清晰观察实时情况，一旦发现警情，可进行拍照、录像、警示和喊话等操作，可远程操控无人机/船追击、抵近和拦截。通过集成不同部门的信息渠道获取监测数据、气象信息、地理地质信息、社会经济信息等管理相关信息，可以消除各部门间存在的信息孤岛、一数多源的局面，通过统一的构架实现信息资源的整合、资源的共享应用，最终形成闭环，真正实现部门间信息的共享和业务的协同，推进智慧环境管理信息化建设上新水平。

3.6 智慧林草保护修复

3.6.1 需求分析

1. 政策需求

2009 年 2 月，国家林业局正式颁发《全国林业信息化建设纲要（2008—2020 年）》和《全国林业信息化建设技术指南（2008—2020 年）》，逐步建立起功能齐备、互通共享、高效便捷、稳定安全的林业信息化体系，促进林业决策科学化、办公规范化、监督透明化和服务便捷化，提升林业信息化水平。国家林业局要求各地各单位在林业信息化建设过程中，认真遵照执行，为发展现代林业、建设生态文明、促进科学发展提供有力保障。

2016 年 3 月 22 日，国家林业局正式印发了《"互联网＋"林业行动计划——全国林业信息化 "十三五"发展规划"》。在"十三五"时期，林业信息化发展要全面融入林业工作全局，"互联网＋"林业建设将紧贴林业改革发展需求，通过 8 个领域、48 项重点工程建设，有力提升林业治理现代化水平，全面支撑引领"十三五"林业各项建设。重点工程的 8 个领域包括 "互联网＋"林业政务服务、"互联网＋"林业科技创新、"互联网＋"林业资源监管、"互联网＋"生态修复工程、"互联网＋"灾害应急管理、"互联网＋"林业产业提升、"互联网＋"生态文化发展以及"互联网＋"基础能力建设。

党的二十大报告对未来一个时期党和国家事业发展，尤其是林草事业发展作出了最新战略部署。报告中"推动绿色发展，促进人与自然和谐共生"这一部分内容和林草工作息息相关，为新时代生态文明建设提供了根本遵循和行动指南，体现出习近平生态文明思想的科学思维，与习近平总书记对塞罕坝机械林场的重要指示批示精神一脉相承，要一体学习、一体领会、一体贯彻，在知行合一、学以致用上下功夫。"推进国家安全体系和能力现代化，坚决维护国家安全和社会稳定"这一部分内容与林草防灾减灾关系紧密，要切实统筹安全与发展，完善林草火灾和病虫害风险监测预警体系，提高防灾减灾救灾处置保障能力。

2. 数据需求

（1）数据标准体系亟待统一。历经多年建设，我国各级林业管理部门业已积累了大量数据，既有常规的统计数据，如生物多样性、疫源、林产、社会经济等，也有根据保护治理的需求获取的各类监测数据，如林区环境监测、水文监测、电子条码、气象监测等。但各类数据往往是各主管部门为特定目的服务，数据单一、分散、碎片化、静态化、孤岛化问题突出，各部门都只掌握与管辖林区相关的小部分数据，数据共享协调机制不健全，难以形成数据合力。因此，系统建设首先要通过驱动各部门间的共享机制建设，制订规范的数据传输标准、接口设计，以及订阅服务等，通过打通各管理单位之间的数据壁垒，做到信息互通和数据共享，实现监测/监控体系数据与流域内各部门现有数据的融合交互，充分发挥数据的价值，填补流域环境管理数据标准化、信息化、智慧化空白。

（2）前端硬件设施需要完善。目前林业前端物联网技术设备不够成熟、完善，辽阔的地域、复杂的地形，林区通信条件差，且由于不同的生产商和供应商对于相关技术设备设计的理念和技术评估标准缺乏一致性，使得林业经营智能系统缺乏有效信息支撑。因此，直接造成在成熟的物联网下林业数据获取困难，严重制约了林业生产信息采集、处理和发布的实效性，降低了林业资源管控能力和生产经济效益。

（3）林草管理需要多源数据融合和深度挖掘。林业是一个完整的生态系统，林业本身固有的地理生态属性与人类社会经济行为叠加构成了林业动态变化的复杂图景，其内部的响应深刻地反映着林业的变化。因此，针对影响林业资源的社会经济发展水平、生产生活方式、自然地理背景、生态过程等因素组成多维、多元、多尺度复杂的系统，综合获取系统性大数据是智慧林草的基础与根本。系统建设中需要进一步打破信息孤岛化的格局，对林业天空地一体的监测和监控数据进行汇集、清洗、整理并入库，根据决策者需求对数据展开多维度分析和大数据挖掘。为不同的分析场景提供定制化数据服务。

3. 技术需求

（1）数据获取需要先进的采集技术。近年来随着物联网、无人机、卫星遥感、NB-IoT 和 5G 通信等各种现代化数据采集技术的蓬勃兴起，在诸多大型项目实践过程中积累了技术基础与建设经验，同时也带动了技术的深度创新。先进的数据采集技术可以增强对林业区域内的各要素的全方位监测监控能力，进而为林草的智能管理决策支持体系提供灵活、高效、安全、可靠的数据支持。

（2）科学分析需要尖端的数值模拟与人工智能技术。通过林区数值模拟技术与多种人工智能技术的融合，形成智慧林草体系的数据，对多源数据进行深度分析，为决策者解析林业复杂的森林资源、水文水质、气象、动植物及生态变化过程，确定生态变化的来源、归宿以及对目标林区的影响程度，并通过工程效益评估和智能设计模块，对工程措施的不同实施规模、位置、组合、次序等对应的效益进行量化分析，帮助对管控方案进行优化比选，使管理模式从盲目的被动应对逐步过渡到主动管控。

（3）综合决策需要成熟的云计算信息化技术。信息化技术的快速发展是推动林业智慧化的有力支撑。通过基于云计算的"一张图"的决策环境搭建，决策者可以直观掌握林区资源、环境、气象、水文、水质、视频等要素的实时状况，结合遥感火情预警和森林生态变化趋势预判，以及不同工程和管控措施情景下的林区生态响应等，真正实现"一站式"的决策模式，大大提升决策的效率、透明度和可靠性。

林区生态系统颇为复杂，管理对象与影响变量众多且相互影响，需要基于智慧林草的基础数据和运行过程中产生的海量数据进行大数据挖掘和清洗，结合智慧决策体系对多源多维数据进行智能解析和推断，从而为长效治理的潜在逻辑提供基于大数据的科学推断。

（4）执法监管需要高精度的监控以及 AI 分析技术。在广袤的林区巡逻或执法时需要高精度定位技术辅助执法管理准确有效地进行林事安全管理。对于夜间、雨雾天气下对于违采、违捕等违禁行为的精准监控依赖于高精度的监控技术。在综合执法过程中，需要便于携带并且在运动情境下能够精准清晰捕捉画面和视频的图像采集与处理技术。对于林区网络信号差的特点，视频传输技术需要支持多种方式才能有效地满足巡查需要。通过 AI 智能分析，可以高效的将各类违法行为记录在案，完成智慧化执法过程。

（5）运行保障需要高稳定性的野外智能监测技术。林区环境形势复杂，天气多变，野外的监测设施需要高度智能化，能够应对环境的变化和干扰。特别是在林区发生的大雨和大雾对于前端监测设施运行造成的干扰，需要高稳定性的技术与实施策略来抵御环境变化风险，从而为野外智能感知体系的正常稳定运行提供保障。

4. 管理需求

（1）实时动态监管要求监控体系全覆盖。针对林区全局性环境基础数据掌控不清、监控环境要素有限、布点不够、频率不足、不能实时掌握林区资源状况、生态变化及资源时空分布说不清等问题，综合考虑林区生物多样性、环境、水文、气象、土壤、视频监控等因素，通过新思路、新技术、新方式整合及构建多维度、多尺度、多元化的物联感知监测网络，覆盖林区林地、林木、野生动植物、微生物和环境的立体感知体系，补齐林业感知监控数据体系短板，对林业的社会经济状态、资源监管、林业政务、应急响应、生态状况等开展全过程动态监管，实时动态获取林区生态环境态势。

（2）高效协同管理要求业务运行信息化。林业按照各级管理部门职责职能进行管控，部门之间存在信息壁垒，相互间协同监管效率不高，监管工作主要以人工为主，手段落后，效率低下、监管力度较弱。系统建设需从林业业务监管实际出发，采用先进的信息技术，实现业务流程信息化管理，提高工作效率和降低管理风险，实现以数据为核心驱动力的智慧化管理机制。

（3）精准决策管理需要建立科学、定量和动态的决策支撑体系。在目前林业信息化实践中，林业管理目标普遍缺乏科学依据和可行性分析，智慧林草技术方案设计仍然存在盲目性，无法为林业的资源监管、林产提升、林政业务及公共服务发展提供坚实的支撑。针对上述问题，系统建设中必须建立一整套科学、定量、动态、适应性的决策技术支撑体系，以林业业务需求和精准目标导向为特色，研究与分析生成智慧型决策所必需的林业基础信息、林业和生态尺度响应关系的模拟等基本要素，从而可以为林业的资源监管与恢复提供全面的、实用的、动态的和可更新的科学决策支撑，避免了决策的无助与盲目。

3.6.2 总体框架

智慧林草架构由天空地一体化物联感知系统、基础支撑平台、智慧林草综合管理平台、智能化数字展馆四部分组成（见图 3－20）。其中：

（1）天空地一体化物联感知系统：是系统的"基础感知层"，主要由各种遥感、水文、环境、气象、土壤、视频等监测设备和网络组成，结合 5G、NB－IoT、边缘计算、3S、北斗等前沿技术，是智慧林草的神经末梢，负责收集各种传感器数据，为智慧林草各个应用系统提供原始的数据来源。

（2）基础支撑平台：是系统的"基础支撑层"，主要负责云林业多来源、多类型数据的"汇聚、融通和应用"，以及天空地一体化物联感知的智能监测、分析、预警、控制等。通过云计算、大数据、AI 算法、数据管理平台和体系化的基础软硬件支撑服务，打造先进的智慧林草数据共享、服务、治理能力，从而实现未来和智慧城市平台及各类应用需求对接，以及为未来大数据交易中心战略提供支撑。

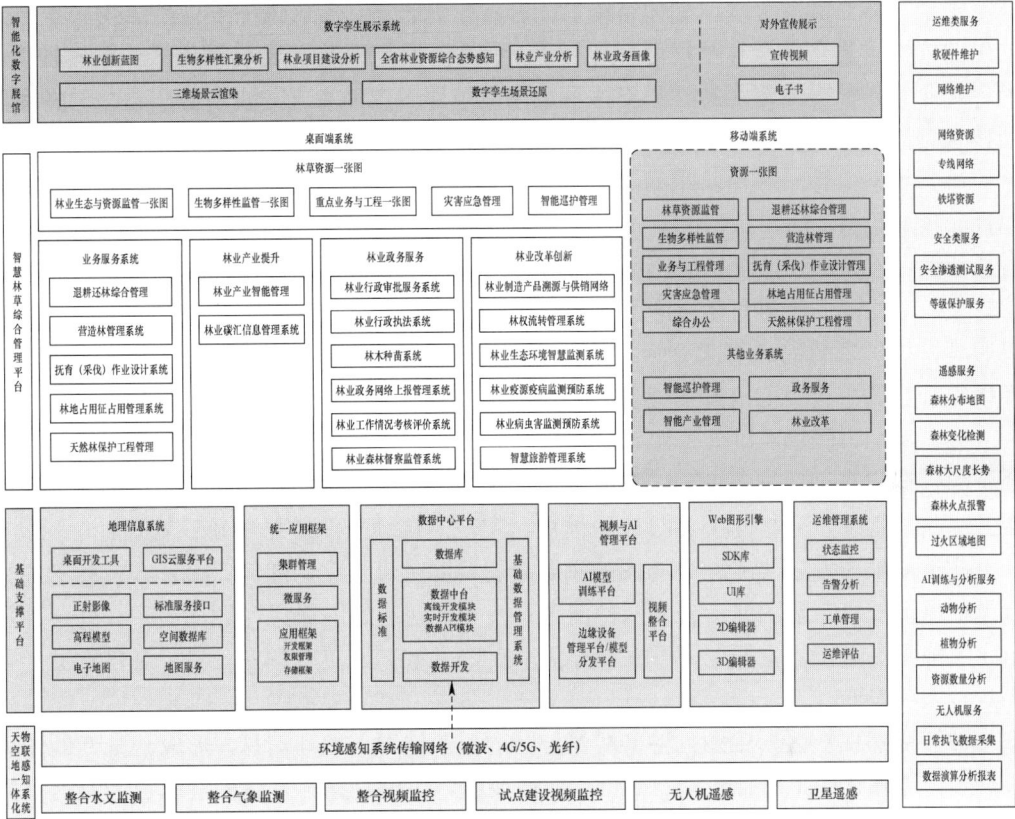

图 3－20 智慧林草系统总体框架

智能化数字展馆

数字孪生展示系统 / 对外宣传展示
- 林业创新监图 | 生物多样性汇聚分析 | 林业项目建设分析 | 全省林业资源综合态势感知 | 林业产业分析 | 林业政务画像
- 三维场景云渲染 | 数字孪生场景还原
- 宣传视频 | 电子书

运维类服务
- 软硬件维护
- 网络维护

网络资源
- 专线网络
- 铁塔资源

安全类服务
- 安全渗透测试服务
- 等级保护服务

遥感服务
- 森林分布地图
- 森林变化检测
- 森林大尺度长势
- 森林火点报警
- 过火区域地图

AI训练与分析服务
- 动物分析
- 植物分析
- 资源数量分析

无人机服务
- 日常执飞数据采集
- 数据演算分析报表

智慧林草综合管理平台

桌面端系统

林草资源一张图
- 林业生态与资源监管一张图 | 生物多样性监管一张图 | 重点业务与工程一张图 | 灾害应急管理 | 智能巡护管理

业务服务系统
- 退耕还林综合管理
- 营造林管理系统
- 抚育（采伐）作业设计系统
- 林地占用征占管理系统
- 天然林保护工程管理

林业产业提升
- 林业产业综合管理
- 林业碳汇信息管理系统

林业政务服务
- 林业行政审批服务系统
- 林业行政执法系统
- 林木种苗系统
- 林业政务网络上报管理系统
- 林业工作情况考核评价系统
- 林业森林督察监管系统

林业改革创新
- 林业制品产品溯源与供销网络
- 林权流转管理系统
- 林业生态环境智慧监测系统
- 林业疫源疫病监测预防系统
- 林业病虫害监测预防系统
- 智慧旅游管理系统

移动端系统

资源一张图
- 林草资源监管 | 退耕还林综合管理
- 生物多样性监管 | 营造林管理
- 业务与工程管理 | 抚育（采）作业设计管理
- 灾害应急管理 | 林地占用征占用管理
- 综合办公 | 天然林保护工程管理

其他业务系统
- 智能巡护管理 | 政务服务
- 智能产业管理 | 林业改革

基础支撑平台

地理信息系统
- 桌面开发工具 | GIS云服务平台
- 正射影像 | 标准服务接口
- 高程模型 | 空间数据库
- 电子地图 | 地图服务

统一应用框架
- 集群管理
- 微服务
- 应用框架（开发框架、数据接口框架、存储框架）

数据中心平台
- 数据标准
- 数据库
- 数据中台（离线开发框架、实时开发框架、数据接入模块）
- 数据开发
- 基础数据管理系统

视频与AI管理平台
- AI模型训练平台
- 边缘设备管理平台/模型分发平台
- 视频整合平台

Web图形引擎
- SDK库
- UI库
- 2D编辑器
- 3D编辑器

运维管理系统
- 状态监控
- 告警分析
- 工单管理
- 运维评估

天空地物联感体化知系统

环境感知系统传输网络（微波、4G/5G、光纤）
- 整合水文监测 | 整合气象监测 | 整合视频监控 | 试点建设视频监控 | 无人机遥感 | 卫星遥感

（3）智慧林草综合管理平台：是系统"综合业务层"，主要负责智慧林草各个综合管理业务流程的应用和管理。通过数字孪生场景还原与展示、生态监管平台、重点业务与工程管理系统、灾害应急调度、示范性专项工程、林业产业提升、林业政务服务、林业改革创新、公共服务建设、其他相关系统、智慧林草 App 和运维支持服务等模块对智慧林草资源监管、应急调度、林政业务、林产业务、执法、公共服务等业务进行智能化综合管理。

（4）数字化展馆。建设数字化展馆，面向公众的展示平台，重点展示单位发展历史数据展示、资源展示、生物多样性展示、成果展示。

3.6.3　应用综述

通过对智慧林草进行统筹规划和综合治理，实现对林业资源、业务和服务的科学化、智慧化、系统化、定量化、精准化和动态化管控。

1. 林草资源监管一张图

基于互联网、大数据、物联网先进技术，以资源整合和信息共享为突破口，以完善体制机制为保障，建立统一的林业资源动态监测管理平台，对森林、湿地、荒漠、生物多样性资源进行精确定位、精细保护和动态监管，形成布局科学、高效便捷、先进实用、稳定安全的林业资源管理信息化格局，为林业资源管理、监测和评价提供及时、科学、准确的依据。建立健全林业资源管理与更新体系，促进林业资源管理方式的根本转变，为各级业务人员提供翔实的信息支撑和应用支撑服务，为领导提供林业资源管理决策辅助技术支撑服务，为公众提供林业资源信息查询浏览服务。

（1）生态监管一张图。空间数据进行有效整合，实现海量矢量、影像、地址编码、图片、三维数据、环境数据的管理，在此基础上提供多种空间信息服务，包含元数据与目录服务、矢量地图服务，遥感影像服务，三维数据服务等。通过这些服务建立基础遥感影像、基础电子地图和环境电子地图的集中维护和共享机制，此外建立统一的地理编码服务，提供资源信息快速上图的技术手段，提供基于服务架构的开发接口，降低 3S 环境综合业务平台中 GIS 相关功能开发的技术难度和数据工作量。

（2）湿地一张图。湿地资源管理通过林业信息化手段，实现湿地数据的采集，对湿地资源数据成果进行规范管理，形成湿地一张图，主要提供地图展示、查询浏览、湿地资源更新与管理、分析与统计等应用模块，实现对湿地资源数据的统一管理。

实现湿地资源各类专题分布图的浏览查看，同时以文字、图例、图表方式展示各类专题数据情况。专题图展示分为两种情况：一种是定制好的成果专题图展示，另一种是自定义成果专题图。业务人员可以根据需求自定义方案配置专题图，支持对自定义专题图进行服务发布。

（3）自然保护区一张图。将自然保护区的资源情况、地理信息，形成一张专题图进行展示，能够在图上进行查询、定位、详情展示。如果有异常告警的情况也会有提示为保护区人员等配备专业设备，让其能够安全高效地完成巡检任务、处理定位突发事件、一键求救等，并对非林场人员及可疑人员进行识别，给予标记告警提示，起到安全防盗的预警作用。

利用大数据分析报表对保护区的森林情况、生物多样性情况产生相应的专题报表，并结合三维模型将结果可视化呈现。

（4）森林公园管理一张图。森林资源是林业生产中的重要数据资料，是生产单位林业经营管理活动和各级资源管理部门决策的重要依据，是实施天然林保护工程和森林资源管护经营责任制的基础数据。森林资源档案管理系统可以提高资源管理水平，提高劳动生产率，为领导决策提供快速、准确的信息服务：对林地面积、林种、树种、林相、立木蓄积、幼林株数、种植年份等信息实现录入、查询、统计功能；能自动更新森林火灾档案，自动生成火灾档案记录并支持在线打印，为研究分析森林火灾发生的季节、原因、掌握森林火灾发生规律等提供依据；支持经纬度信息定位，输入经纬度信息，能实时将位置显示在地图上，便于确认位置。

（5）国有林场一张图。国有林场专题综合监管充分利用互联网、地理信息技术和遥感技术，以国有林场数据为基础，构建国有林场资源监管平台，有效解决国有林场森林资源监管、保护以及培育情况，实现管理方式创新和监管体制创新，为国有林场资源管理、业务办理提供有效工具，全面提升国有林场资源监管水平。

（6）荒漠化和沙化一张图。展现各级行政区域各类型沙化土地和有明显沙化趋势土地的分布、面积和动态变化情况；展现荒漠化土地的分布、面积等在时间尺度上的动态变化过程；展现自然和社会经济因素对土地荒漠化、沙化和石漠化的影响，并对土地荒漠化、沙化和石漠化状况、危害及治理效果进行分析评价，形成相应的专题图层为防沙治沙和防治荒漠化提出对策与建议，为国家决策服务数据支撑。

（7）草原生态一张图。主要内容是对草原生态的分布及生存环境状况、利用状况加以分析形成专题图层，从而直观地掌握草原生态的变化趋势，为决策提供支撑。

（8）环境综合一张图。接入环保厅现有数据，对林业区域的气象、水文数据进行直观地展示，对决策提供帮助。通过监测设备，将收集到的数据、预测数据进行对比分析，结合模型，结合"一张图"将预警区域、类型等直观地呈现，并可以跟踪查询。

（9）红线专题一张图。通过专题图的方式对林地红线、湿地红线、公益林红线、物种保护红线、荒漠化红线、古大珍稀树木红线等进行区域动态划分，能够将红线划分结果用二三维的形式展示出来。并通过区域分级管理制度，定制化地管控每个相应分级的红线区域。系统对分级情况、制度情况都有智能识别能力。

（10）林业卫星影像专题。森林资源的开发、利用和保护需要掌握资源的动态变化，及时做出决策显得尤为重要。采用国内外低、中、高分辨率卫星影像实现森林类型、林木定量信息、病虫害及火灾损失等方面的全局监测，同时可采用航空和无人机航拍影像补充关键区域，进行重点监测。森林遥感监测主要包括森林资源调查、森林动态变化分析、森林生物量估测、森林火灾监测、森林病虫害监测、林业生态工程监测等。

2. 生物多样性监管一张图

对野生动植物的数量、分布及生存环境状况、利用状况加以分析形成专题图层，从而直观掌握生物多样性变化的趋势。

（1）在不同时间、空间尺度上的监测。监测时间因监测的对象、所需的结果以及所采用的手段不同而不同，长期的监测可能需要很多年，或者几十年。但它无疑能反映出生物多样性是否已经得到了有效保护。

监测的空间尺度包括地方监测、地区监测。地方监测由当地的资源及需要而定，如对保护区域、湿地、人工林内单个生态系统或生境的监测；地区监测包括对一个或多个生态系统、大型河流、海湾和大型海洋生态系统监测。

（2）在不同层次上的监测。

1）基因监测。内容包括遗传变异与濒危植物、遗传变异与家养动物的繁育、跟踪个体起源的遗传标记。

2）种群监测。包括种群大小与密度、种群结构、种群平衡（Population equilibrium）、种群分析，影响种群的人口压力变化。

3）物种监测。包括对关键种、外来种、指示种、重点保护种、受威胁种、对人类有特殊价值的物种、典型的或有代表性的物种的监测。

4）生态与景观监测。内容包括生态系统过程、景观片断化、生境破坏及其他干扰的影响；种群抵抗人类干扰的变化趋势；对全球气候变化的影响；由于某个关键种（或关键的分类单元）的灭绝而可能导致的生态学变化，森林覆盖与土地利用对生物多样性的影响。

5）保护区监测。包括以下 4 个方面：保护区管理的有效性；保护区关键特征的状态（所保护的物种、生境、生态系统或景观的状态）；保护区面临的威胁；保护区的利用及其社会、经济效益。

因此构建以下 6 种方式来加强保护区的监测体系：

（1）视频直播。建设无人机视频追踪野生动物直播视频，由飞行器进行现场拍摄，将图像和数据信息通过无线传输链路传到地面站。地面站既可以通过有线网口或 5G 网络把图像和飞行数据信息传送到指挥中心平台，提供指挥人员现场信息，同时可以与指挥车结合，将图像信息实时传回指挥车大屏，通过指挥车进行移动指挥，并可以实现实时视频直播。

（2）植被生长动态监测、评价、预警。利用卫星遥感技术对植被的生长情况进行实时的监控，通过 AI 智能对比分析，集合未来气象环境变化的预测，将涨势进行一个模拟评价，并展示到三维场景中，如果涨势情况偏高或者偏低都达到相应的阈值都会触发预警，提示到场景中，AI 也会结合处理经验给出相应的预处理方案供相关人员进行决策。

（3）野生动植物种群动态监测、评价、预警。野生动植物（犀鸟、滇金丝猴、长臂猿、绿孔雀等）监测系统结合物联网设备对野生动植物状态进行感知，结合北斗定位技术实时监测动物的空间位置信息，结合移动互联网技术实时进行数据信息传输，并对获取的海量数据进行灵活高效处理，实现对野生动植物动态监测，提高野生动植物资源监测、管理、保护和利用水平。对种群数目，数量的变化进行监控，异常时产生告警，预警，例如蝗虫大量繁殖之类的情况，锁定区域进行专项处理。

（4）外来入侵动植物监测。通过定期抽样，巡查的方式对全区域的物种情况就行输入，也可以结合监控影像利用 AI 对疑似外来物种信息进行识别，给出风险提示。定位可疑范围，再进行详细勘察，防止入侵事件发生。

（5）鸟类环志监测。利用 GPS、北斗等生物卫星定位设备对鸟类进行安装跟踪。实现对迁徙路线的跟踪掌握，对区域环境对迁徙路线变化影响的研究提供数据支撑。

（6）古树名木一张图。古树名木已经建设视频监控系统，整合该系统的数据，形成古树名木管理一张图。

古树名木信息管理系统基于物联网、地理信息、北斗/GPS 技术建立古树名木保护系统，实现古树名木档案管理，养护管理、专家会诊、公众科普，实现古树名木资源全方位的展示、查询、维护，为古树名木资源保护提供支撑。

3. 重点业务与工程一张图

通过一张图，集中监管各种重点业务与工程，包括营造林、退耕还林、天然林保护工程、抚育（采伐）作业、林地征占用等，从设计、工程项目建设管理、工程效益评估等方面进行大数据分析以及成果展示。

4. 退耕还林管理系统

工程管理实行政府分级负责制和主要领导任期目标责任制，把国家确定到省的退耕还林工程目标、任务、资金、粮食、责任逐级分解到市、县、乡政府和有关部门，层层签订责任状，把任务目标完成情况作为对干部和班子进行年终考核的主要指标，严格检查和考核。

省政府对退耕还林负总责，负责全省退耕还林任务的组织落实，研究制定全省退耕还林有关政策和办法，解决工作中出现的重大问题。市政府负责本市退耕还林工程的安排落实、督导检查等工作，解决工程实施中出现的问题，制定适合本地的政策和办法等。县政府负责将工程建设任务落实到乡、村、农户，组织工程实施、检查验收和政策兑现。

一系列的数据呈现到一张图上，让退耕还林项目的动态实时展示，为决策任务的安排做有效支撑（见图 3-21）。

图 3-21 退耕还林专题

5. 抚育（采伐）作业设计系统

系统为林区森调队伍提供一个省工、省时、省力的现代化生产管理工具，实现森林采伐全过程、全方位信息化管理；为森林资源数据库提供三类调查等基础数据（天然林）。

（1）采伐数据管理。对采伐数据管理包括伐前测树因子、采伐测树因子、经理小班因子、作业小班因子、采伐许可证、采伐作业证、伐区验收证等进行收集录入。

（2）采伐设计管理。通过在线 GIS 编辑对造林作业区域进行划分，种植类型就行选择，形成相应的设计样图。通过 GIS 的方式对现有造林作业设计进行展示，按照各个设计方案的不同进行动态筛选叠加。可以同已经执行过的历史方案进行对比展示。根据模拟的效果，形成造林方案，对方案进行增删改查的维护。

（3）造林结果分析对比。通过 AI 分析结合实际造林收益情况对比展示得出方案的优劣性，不断调整并优化，形成专题分析报告和对比效果图。

（4）伐区调查管理。包括三类调查计划的调整和计划下达，调查内容的核实，数据小班上报。

（5）伐区监管。监督是否按照计划执行，并进行设计质量检查和作业质量检查，对情况形成报表和可视化的展示，实现对采伐过程的质量负责。

6. 林地占用征占用管理系统

接入林地占用征收管理系统数据，在系统中显示通过征收途径获取的林业产业区域，以数据面板呈现林地征收费用、征收流程进度、征收材料完整度等数据，保障征收工作的全程公开化、透明化，体现征收工作成果成效（见图3-22）。

图3-22　林地征收管理

7. 天然林保护工程管理

天然林保护工程综合业务管理系统以天然林保护工程信息为基础，实现工程文档、技术资料更新上传、数据查询和表格定制等电子政务功能，为天然林保护工程管理部门在森林管护、资金管理、档案管理、生态效益评估等各方面的管理提供全面支持（见图3-23）。天然林保护工程管理信息系统的建立，有助于管理部门准确了解天然林保护工程建设的现状、存在的问题以及提出合理化对策，有助于今后制定切实可行的林业发展对策，以便更好地对天然林保护工程建设进行有效管理。

8. 林业数据开放共享服务

平台对各级林业部门以及环保、水利开发数据共享服务，共享各类成果资料，同时开放数据上传平台，丰富各类林业数据，建成林业数据开放共享平台。同时面向社会开放部分脱敏数据，提供有偿数据服务。提供的服务主要包括：丰富的林业数据库资源、多维度的数据统计方式、基于全文的数据检索、数字数据定制采集及数据智能预测分析。

图 3-23　天然林保护工程专题

9. 空天地一体化物联感知体系建设

针对生物多样性进行物联感知的监测，涉及范围包括植被监测、野生植物监测、野生动物珍稀物种监测以及环境要素监测。针对植被监测、野生动植物的监测目前重点采用的是视频监控以及卫星遥感等方式。其中，卫星遥感的监测重点是针对大范围的监测，无人机遥测的重点是针对一定范围的机动性监测，视频监控的重点是针对野生动物的生活习性、生活规律、行为模式的监测。

10. 数字化展馆建设

智能化数字展馆基于数字孪生全要素场景技术还原林业资源全要素场景，实现地形、道路、旁山体、植被等，并能够根据气象情况模拟白昼光照环境与四季变化，为数字孪生智慧林草运营管理提供林业数字化基础呈现。

3.6.4　发展趋势

1. 林业立体化感知体系全覆盖

大力推进林业天空地一体化感知系统的规划布局和建设应用，形成全覆盖的林业立体感知体系。建成具有管控、网络服务等功能的 IPv6 网络运行管理与服务支撑系统，建成完备的林区无线网络及林木感知、林区环境感知、林业管理智能感知等方面林业物联网，形成全覆盖的林业感知和传输网络；构建林业遥感卫星、无人遥感飞机等监测感知的林业"天网"系统，实现对林业资源的动态监测和自动预警、全面监测和相互感知；建成"一张网、一平台"的应急感知系统，实现国家、省、地、县等四级林业管理部门应急感知系统的应急联动，为各级林业部门提供高效、精准的应急指挥服务。

2. 林业智能化管理体系协同高效

加快林业基础资源信息整合，加大物联网、云计算、大数据等信息技术在林业管理方面的创新应用，形成全覆盖、一体化、智能化的智慧林草管理体系。建成功能强大、服务完善的林业资源数据中心，实现林业信息资源的共建共享、统一管理和服务等，提高智慧林草数据的有效性和准确性；建成集约整合的林业网站群及林业办公网，实现资源整合及服务的统一，提升林业政务部门管理效率及便捷度；建成智慧林政管理业务，改变传统行政审批模式，实现林农、林企、林业组织等办事不出门、网上可办事，提高行政审批的时效性；建成智慧林草决策平台，为林业生产者、管理人员和科技人员提供网络化、智能化、最优化的科学决策服务，政务管理更加科学高效。

3. 林业生态化价值体系不断深化

全面加强林业资源监管保护及重点工程监管，积极推进林业文化体系建设及创新示范，林业文化和生态理念深入人心，形成不断完善的林业生态价值体系。建成一体化管理的智慧营造林管理系统，帮助管理者及时掌握营造林建设现状和发展动态；建成先进智能的林业资源监管系统，实现对林业资源的实时有效监管，为提高宏观决策的科学性和有效性提供技术保障；建成智能化的生物多样性保护系统，及时掌握生物多样性现状及动态变化情况，为加强野生动植物保护提供支撑；建成林业重点工程监督管理平台，实现对重大工程项目的动态管理，提高工程管理的科学规范水平。

4. 林业一体化服务体系更加完善

全面促进物联网、云计算、大数据等新一代信息技术在林业服务方面的创新应用，形成更加智能便捷的智慧林草服务体系，为积极发展民生林业打下坚实基础。林产品生产、加工和销售业转型升级，林业生物产业、新能源产业和新材料产业、碳汇产业等新兴领域快速发展；建成智慧旅游管理平台，一批功能完善、特色突出的品牌旅游区逐步建成，生态文明的价值彰显；建成三维智能化的林业地理信息系统，实现林企、林农科学植树造林，为林业管理部门实时了解各区域情况提供支撑；建成一流的林业产业提升平台，为林农、涉林企业和广大社会用户，提供林业方面最权威、最全面的信息、知识及电子商务服务，实现线上、线下相结合的林业智慧商务新模式；建成一体化的林业社区管理系统，为林农群众提供便捷、高效的服务。

5. 林业规范化保障体系支撑有力

全面建设智慧林草标准及综合管理体系，形成科学、完善的标准制度，有力推进智慧林草的有序建设，保障智慧林草的成功实现。建成一套规范的智慧林草标准体系，包括总体指导标准、信息网络基础标准、信息资源标准、应用标准和管理标准等，使智慧林草建设有章可循；建成具有一定法律约束力的智慧林草基本法规，如智慧林草信息基础设施及安全等方面的管理办法，使智慧林草建设有法可依；建成完善的智慧林草运维体系，从组织架构、管理考核、人员培训等方面保证智慧林草的高效建设，达到事事有人管、有奖惩；建成有效的智慧林草安全体系，从物理安全、网络安全、系统安全、应用安全、数据安全、制度保障等方面形成立体的防护网，保障智慧林草的安全运行。

3.7 智慧园林管护运营

3.7.1 需求分析

1. 生态需求

2017年全国两会上，习近平总书记提出了"城市管理应该像绣花一样精细"的总体要求。实现城市管理精细化，成为全国各城市政府的一项重要任务。党的二十大报告提出，必须牢固树立和践行绿水青山就是金山银山的理念，站在人与自然和谐共生的高度谋划发展。聚焦建设生态友好的现代化新型城市，持续改善生态环境质量、促进经济社会发展全面绿色转型，创建更加整洁、安全、干净、有序、公正的城市环境，全面提升城市的吸引力、竞争力和内在魅力。

城市园林绿化是城市唯一具有生命力的重要基础设施。随着城市化进程加快，城市园林绿化养护管理的面积越来越大，绿地数据越来越庞大和复杂，通过综合运用地理信息、互联网、物联网等先进技术进行城市园林科学化、精细化、智能化管护运营，建立智慧园林管护运营信息平台已成为行业发展的大势所趋。因此，智慧园林作为智慧城市的重要组成部分具有极大的人文生态内涵，是"人与自然对话的窗口"，逐渐被人们研究和应用到城市生态文明建设的应用中，是进行生态园林城市创建的基础，在新型智慧城市建设中扮演着重要作用。

2. 数据需求

（1）构建统一的数据标准体系。园林绿化专题数据是进行智慧园林建设的基础性数据。基于统一的坐标系统，依据统一的数据标准和分类标准，在空间、时序、比例尺上对各类园林绿化数据进行标准化整合、分层，有利于形成统一的数据底板，整合一批满足当前管理、监管决策与服务需要，统一标准、相互关联、适时更新的园林绿化数据。同时，通过对园林数据生产者、使用者在数据使用过程中的思维习惯、使用原则进行调查，设计出最常用的属性元素。构建统一的数据标准体系，有助于对园林绿化数据进行统一规范的管理，不仅可以增强业务部门、技术部门对数据定义和使用的一致性，消除各部门间的数据壁垒，还可以减少数据转换，促进系统集成，促进资源信息共享。

（2）城市绿化多源空间数据融合。利用无人机、移动测量设备、三维激光扫描仪等现代化测绘技术进行空地一体化协同作业，一次性快速高效获取精度高、覆盖全的空间地理信息数据。通过开展多源点云数据融合建库，严格配准的多源点云数据、高清影像、全景影像数据进行街景发布后，能以人行、车行的视角进行浏览，场景具有360°全景可视、3D量测等功能。该功能用于园林绿化数据的采集工作，可以大大提高外业实地调查的整体作业效率，降低劳动强度。园林绿化数据成果经过标准化处理，可导入各园林绿化各专项信息系统，服务于智慧园林的日常管理，同时为"智慧城管"的建设提供数据支撑。

因此，研究多源影像、点云数据深度融合技术，解决多源数据的基准统一、精度匹配、数据互补增强、数据标准化建设等问题，是进行智慧园林建设的重要数据需求。

（3）建立准确精细的智慧园林数字资产"一张图"。智慧园林数字资产"一张图"实现了园林数据的全景可视，实现各类园林绿化数据的精确查询与分类统计，为"智慧园林"框架打下坚实的数据基础。

（4）实现城市园林绿化管养运营监管评估"一体化"，强化城市园林绿化养护精细化管理是城市绿化可持续发展的基本需求之一，通过城市园林绿化管养与运营监管评估一体化系统建设，实现对园林养护行为精细化跟踪管理。基于地理信息技术，建立标准化的综合养护考核管理标准，形成养护上报、事件派发、处置反馈、监管考核、考核得分、考核加分、养护资金发放的闭环管理流程，以图标形式输出多样化的养护统计数据，实现综合养护的精细化管理，便于管理部门能全面、实时了解掌握绿化养护公司的养护工作情况和养护计划的完成情况。精细化的养护管理有助于落实园林养护经费使用情况，单位养护财政支出有据可依，进一步提高养护资金利用率，节约了大量人力、物力和财力，为推动园林绿化事业更加健康、高效的发展提供有效支撑。

（5）建设智慧园林综合管养运营信息"一平台"。运用"互联网＋"思维和地理信息、物联网、大数据云计算、移动通信、智能终端等新一代ICT技术与现代生态园林相融合，构建智慧园林综合管养运营信息平台。依托当前最先进的测绘、普查、检测手段，从园林设施数据普查建库、重点树木健康档案建设着手，结合园林物联网实时监测感知，构建基于精准园林设施时空信息数据的能力支撑平台，融合城市园林管理与服务监督，整合多种应用，实现城市园林绿化管理的本底数据可视、总量信息可计、养护过程可控、指标计算可达的精细化、智能化管理目标。

（6）构建城市园林管养运营智能监测"一张网"。建设城市园林管养运营智能监测"一张网"，就是建设生态城市前端感知系统。园林绿化的精细化管理依赖全方位全天候的城市园林数据感知采集平台，运用物联传感设备实现土壤墒情、土壤肥力、空气质量等园林植物生长环境数据的定期采集，以及养护人员、车辆等的实时位置的感知，基于地图直观展现实时数据变化情况，实现园林绿化环境的智能分析，为园林管养运营提供有效实时数据支撑，辅助养护管理决策。

3. 管理需求

（1）辅助园林主管部门科学决策。城市园林绿化调查数据是城市规划建设和城市发展变迁研究的重要数据之一，这些数据和利用其所分析出来的结果是城市园林绿化主管部门制定城市规划和城市绿化决策的重要依据。因此调查数据的准确性和调查方法的科学性至关重要。通过开展城市园林绿化等级评价和国家园林城市系列达标评价，可以客观评估城市园林绿化发展水平。实现建成区绿化覆盖率、绿地率、公园服务半径覆盖率等量化指标的智能测算，有助于客观了解城市园林绿化量化水平；通过数据测评实现公园服务半径覆盖分析、公园选址推荐分析、古树名木保护范围分析等功能，从空间和时间的维度分析城市园林绿地的分布和变化情况，辅助园林绿化主管部门决策开展项目建设、公园选址等工作。

（2）辅助园林项目高效协同管理。通过对城市园林绿化各类数据进行采集，建成智慧园林绿化基础数据库、智慧园林综合管护运营平台，提供空间数据编辑处理、属性数据维护更新、专题数据制图、绿化规划建设管理、养护考核管理等功能。同时，以城市基础地理空间数据为底图，基于地图对城市绿地现状数据、绿地规划和管理数据等各类园林绿化资源数据进行展示、查询和统计，在"一张图"上分层次、分类别地宏观上展示和分析智慧园林建设情况。不仅可以指导园林主管部门进行绿地的养护和管理，指导和规范园林绿化市场，还可以辅助园林主管部门参与生态修复、湿地保护及其基本建设项目绿化设计方案的编制，进行项目的高效协同管理。

4. 技术需求

（1）绿化数据获取需要先进的采集技术。近年来，全国各地为提升城市园林绿化建设水平，构建宜居的生态园林城市，全力推进园林绿化建设与养护管理，同时面向园林绿化信息化管理的需要，纷纷开展城市园林绿化数据采集和测绘工作，并对园林绿化数据采集的内容和精度均提出了较高的要求。采用常规测绘手段获取园林绿化要素作业效率低、错误率高，无法完全满足园林绿化数据采集的要求。目前，城市园林绿化数据采集方法主要基于 3S 技术，包括：

1）传统采集方法：RTK、全站仪组合获取绿化数据信息。

2）航测采集法：通过航测获取高精度的影像数据，内业人工采集绿化信息，外业辅助调绘。

3）三维激光扫描采集方法：通过各种移动激光扫描设备获取绿化点云数据，内业处理获绿化信息，外业辅助调绘。

4）多源数据融合采集方法：对多源空间数据应用遥感解译等技术，进行园林绿化数据普查测绘，外业辅助调绘。

（2）空间大数据实时指标计算方法。通过各种技术手段获取的大量园林绿化现状数据，还需利用智慧园林管护系统进行指标分析实时在线计算工作，实时指标计算采用 GeoMesa 处理大规模空间数据。GeoMesa 是一套地理大数据处理工具套件，其可在分布式计算系统上进行大规模的地理空间查询和分析。智慧园林管护系统利用 GeoMesa 结合 Spark、Hadoop 实现对时空数据的索引、计算、查询和转换，并将海量的时空数据存储到数据库中并进行计算。

3.7.2 总体框架

1. 建设目标

智慧园林将监管目标根据不同的管理视角在空间上做一个简单的点线面逻辑划分，点管理包括古树名木、人员位置等要素，线管理包括行道树、绿化带等等，面管理包括各类公园等。运用信息技术手段做好点线面上的管理，达到一个全景可视、过程可控、问题可溯、绩效可评、指标可算的管理目标。

（1）全景可视。全景可视就是解决有多少、在哪里、生长现状怎么样的问题，通过本底数据建设，形成城市绿化园林的一本明细账，为城市绿化园林的建设、养护、管理提供准确完整、清晰可见的数据，实现园林资产动态实时掌握，绿地类型、面积、种类实时更新。

（2）过程可控。过程可控强调园林养护和建设的精细化管理，整个过程是实时可视可控的。平台将园林管理人为经验与管理数据结合，应对城市园林管理的新要求，加强对一线作业人员的监督，提升工作效率。针对园林应急事件，第一时间掌握现场情况，及时处理。通过精细化养护过程管理，实现养护实施情况的有效跟踪，从而落实园林养护经费使用情况，单位养护财政支出有据可依。

（3）问题可溯。平台基于园林网格化管理模式，结合先进的 GIS/IoT/BPM 等技术，实现园林基础信息资源的细分和深度整合，养护与管理数据留痕，实现问题可溯，管理有据可依。

（4）绩效可评。绩效可评是量化的考评绩效，平台为城市园林管理和养护工作人员提供一个工作流程自动化、任务作业规范化、互动、高效的工作平台，根据合同管理制度及评分考核规范，实现系统自动绩效考评，减少人为主观因素影响。

（5）指标可算。根据城市园林绿化评价指标的各项内容，可实时计算各类评价指标。

2. 技术架构

运用"互联网＋"思维和物联网、大数据云计算、移动通信技术、智能终端等新一代信息技术，与现代生态园林相融合，构建智慧园林精细化管护运营平台。系统支持从领导到科室到标段班组的三级管理模式，给园林绿化规划、园林工程建设、养护管理、社会化服务等提供科学管理依据，实现了端到端的全流程覆盖，满足了城市园林绿化管理单位的日常管理需求（见图 3-24）。

3. 智慧园林数据库建设

通过智慧园林数据库建设，将园林绿化数据管理起来，方便查阅和统计各类绿化植物的信息，既能控制整个绿化总貌，又能对细节处了如指掌，实现彻底的管理。

（1）规划绿线建设。按照建设部出台的《城市绿线管理办法》规定，绿线内的土地只准用于绿化建设，对于园林管理部门来说，能可视化的展示绿线规划成果，与园林现状数据比对，并进行查询统计分析是十分必要的。通过技术手段将规划绿线 CAD 底图数据转换为 GIS 数据，最终呈现在智慧园林系统上（见图 3-25）。

（2）一绿一档数据建设。基于多目标分析的多光谱遥感解译技术生产绿地覆盖数据，同时区分乔灌木和草地；依据《城市绿地分类标准》，综合应用高精度地形图、高分辨率正射影像、无人机航拍等技术生产现状绿地数据，并建立动态更新机制（见图 3-26）。

（3）一树一档数据建设。利用车载移动激光扫描和无人机航拍技术，快速、准确地通过激光点云、全景影像、倾斜摄影测量模型等获取树木的空间位置及属性信息，包括行道树空间坐标、树高、冠幅、胸径、树种、外观照片等（见图 3-27），建立行道树信息数据库并进行动态更新维护。利用深度学习技术，实现图像智能识别，辅助判断树种（见图 3-28），提高数据处理效率。

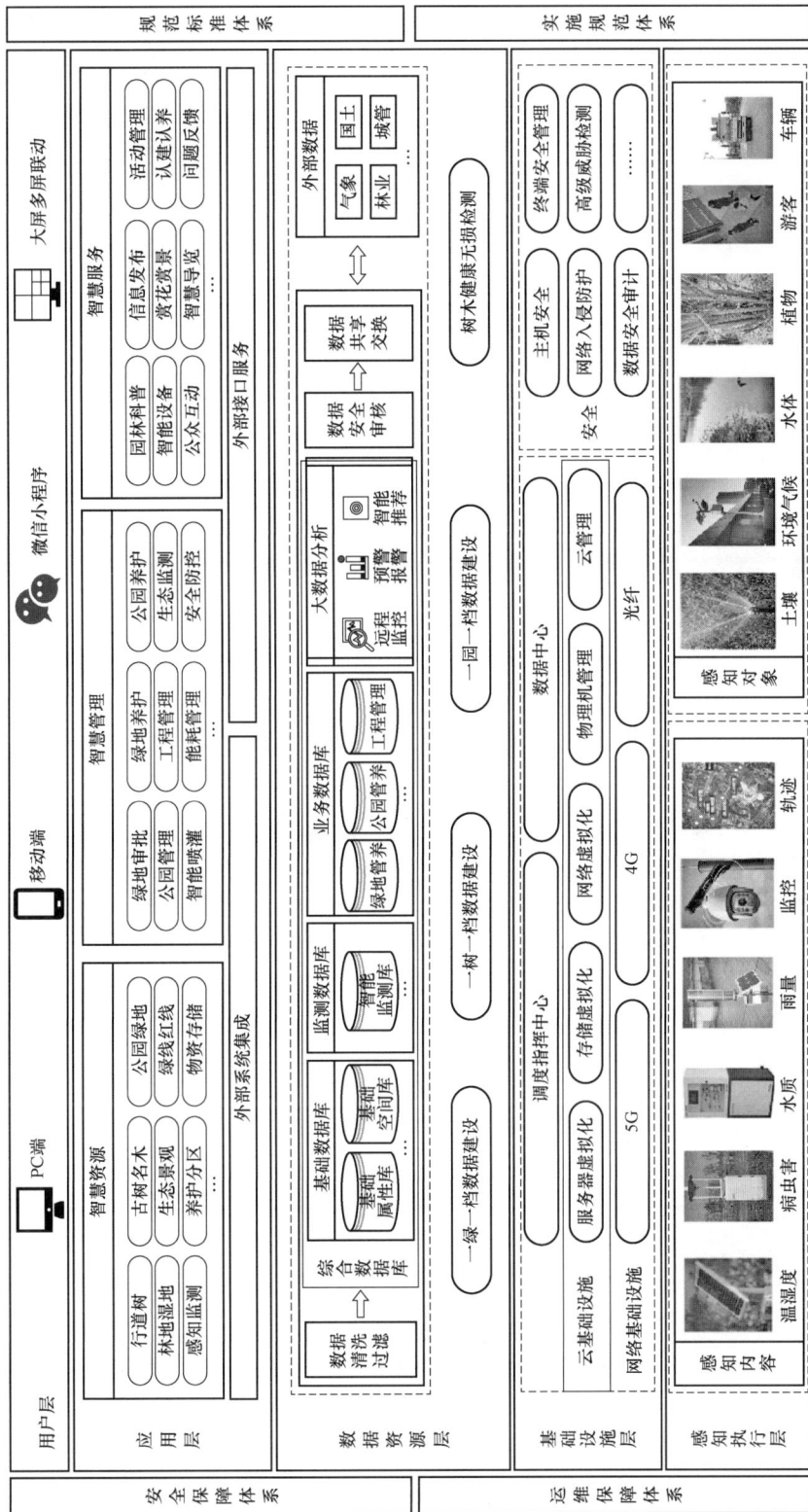

图 3-24 总体架构图

157

图 3-25 规划绿线数据

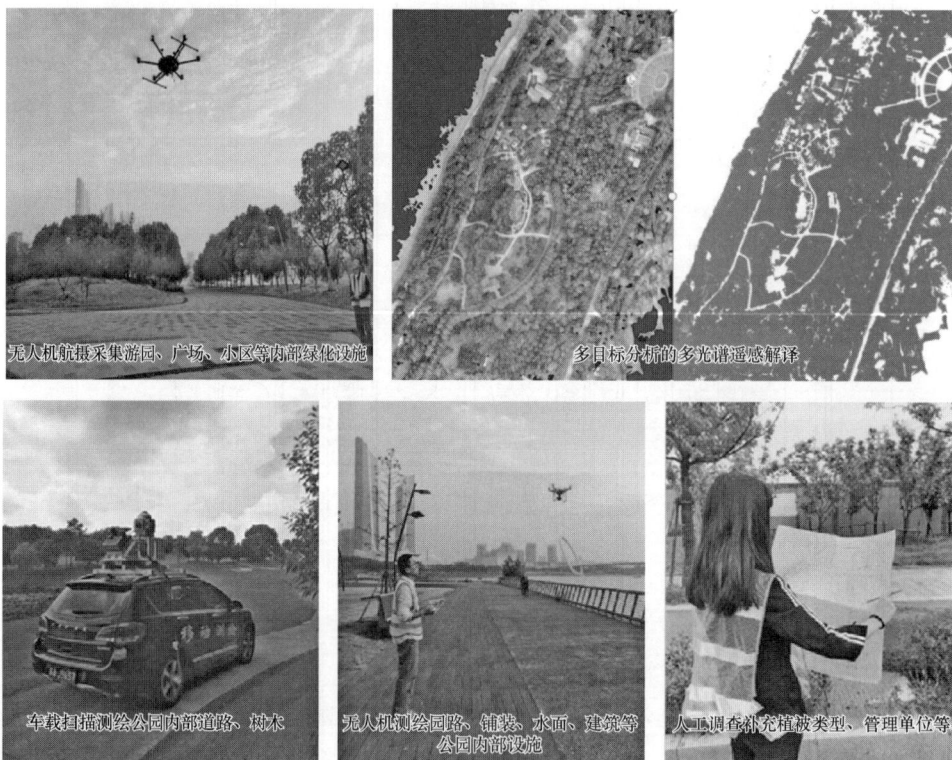

图 3-26 绿地数据采集

（4）一园一档数据建设。通过台账和现场调查建立综合性公园、专类公园、社区公园、湿地公园的一园一档，包括公园的名称、设立时间、等级、管理归属、基本资产等信息，来作为宏观管理的基础数据，通过车载扫描、无人机、人工调查来建立公园的详档（见图3-29）。

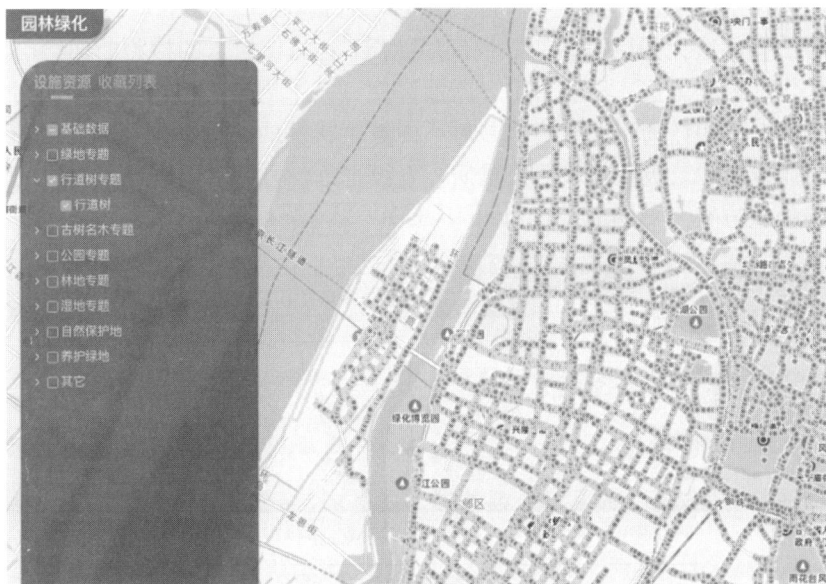

图3-27　行道树信息管理

图3-28　树种智能识别

图3-29　公园专题

（5）树木健康无损检测。利用树木健康无损检测技术，识别危树险树，结合园林专家的经验，为树木的保护、修复和移除提供科学依据。

通过对法桐健康无损检测获取法桐健康状况，对每棵树木的检测断面给出详细的描述性表格，包括检测单位、检测方法、断面高度、立木周长、植物学名、通用名称、树木坐落、树木编号和详细断面报告，并对不同健康状况的法桐划分健康等级，分为一级健康、二级亚健康、三级微病、四级重病、五级垂危，可针对不同健康等级的法桐制定不同的养护处置方案（见图 3-30 和图 3-31）。

图 3-30 树木健康监测

基本状况：

　　此树正在腐烂，并已形成腐朽木。

　　40%健康；
　　15%正在病变；
　　45%已经腐烂。

详细信息：

　　腐烂部分在8号点处已经达到木质表层；在3号和11号点处也非常接近木质表层。

　　在1、9、11号点处，新木生长开始增加。

　　从检测到的腐烂形式上推断，真菌是从树木根部和枝干入侵。

　　经常检查树木的安全状态，是否需要砍伐依赖腐烂速率。

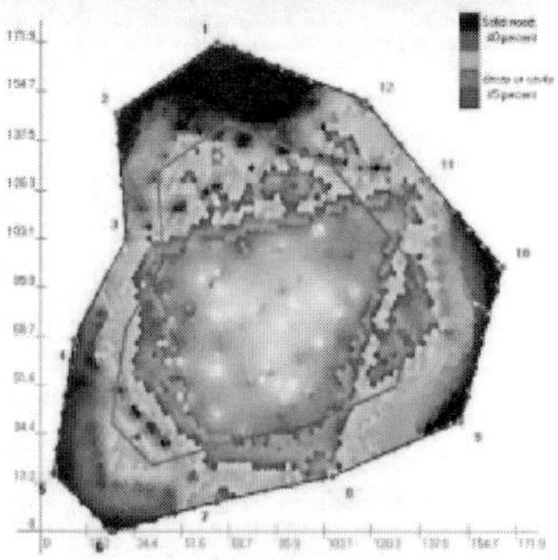

建议：
　　此树保留，加强养护，48个月后复查

检查者：（签字）　　　　　　　年　　月　　日

图 3-31 行道树健康检测报告样例

160

（6）生态园林数据库建设。基于生态园林数据现状，全面梳理管理工作中所需的相关信息，对各类现状绿地、城市绿线、道路、河流、居住用地以及其他数据进行分类分层，将预处理后符合数据规范要求的数据，分类导入数据库中，形成生态园林数据库（见表3-1）。

以城市绿地为例，需对每一块绿地的属性进行标准化制作，包括行政区代码、行政区名称、绿地名称、绿地类别代码、绿地类别名称、绿地面积、绿地位置、建成时间等。

表3-1　　　　　　　　　　　　生态园林数据库

数据集	图层名称（数据小类）	几何特征
创建区范围	创建区范围	面
道路数据	步行道、自行车道	线
	达到林荫路标准的步行道、自行车道	线
	道路中心线	线
	道路断面线	线
城市绿地数据	公园绿地	面
	防护绿地	面
	广场绿地	面
	附属绿地	面
	区域绿地	面
	生态绿道	面
	规划绿地	面
古树名木数据	古树名木树桩原点	点
	后备古树名木	点
河流数据	河流中心线	线
	河道岸线	线
	单侧绿地宽度大于或等于12m的河道滨河绿带	面
居住用地	居住用地	面
	公园绿地服务半径覆盖的居住用地	面
其他数据	全民义务植树基地	面
人口数据	人口数据	—
指标数据	生态园林城市指标数据	—

（7）绿地项目数据库建设。通过板块申报、城管局审核的工作机制，形成绿地项目储备库，包括绿地所属区域、绿地类别、项目名称、投资主体、性质（新建/改建）、（新增/改建）绿地面积、投资额等。实现绿地项目申报审核流程的优化与管理，并建立动态更新机制，实现绿地项目管理的流程可控，有效提升管理效率（见图3-32）。

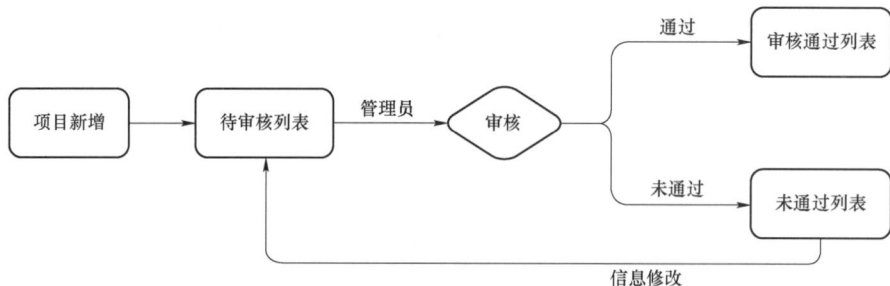

图 3-32　绿地项目上报审核流程

4. 智慧园林综合管护运营平台建设

（1）领导驾驶舱系统。领导驾驶舱是基于数据中心构建的综合资源管理系统大数据可视化集成展现与分析平台（见图 3-33）。通过对园林养护系统业务与数据的融合分析，实现多业务、多层级、多维度、多形态的信息组织、关联分析与趋势预测，全面展示各管理对象的宏观运行态势，以及各养护管理业务情况，为园林日常运营各要素、资源、事件的科学管理及重要事件的高效组织指挥、决策提供重要的信息支撑，辅助园林管理部门决策。

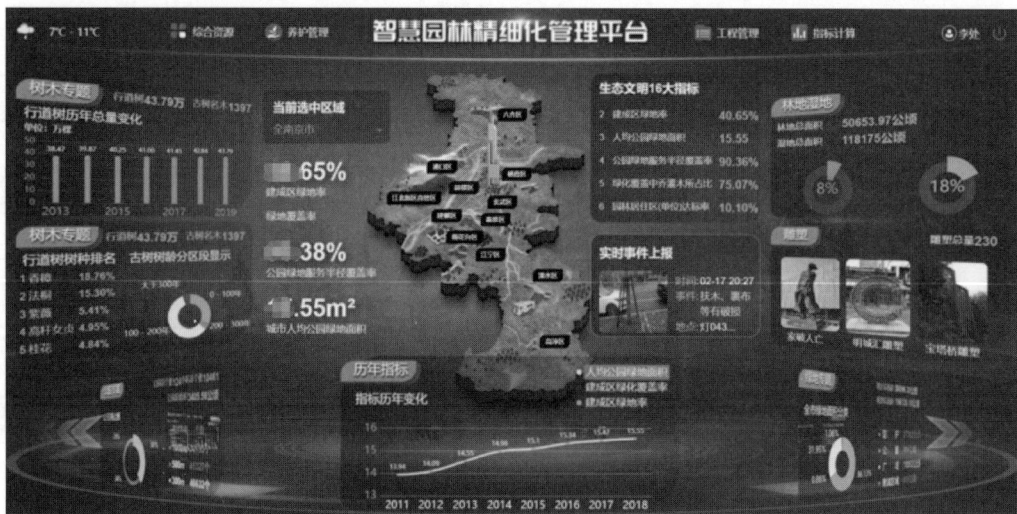

图 3-33　领导驾驶舱

显示滚动显示各类数据。包含指标类统计、绿地类统计、行道树统计、古树名木统计、工程类统计、公园雕塑统计、养护日报统计、养护监督统计等信息。

（2）综合资源管理系统。应用综合资源管理系统可以查看前期数据建设的各类成果数据，实现各类数据的精确查询，同时进行各类本地数据的统计（见图 3-34～图 3-46）。

（3）绿化规划建设管理系统。面向园林绿化规划具体流程管理，提供年度扩绿计划、绿化提升改造计划和绿化方案技术服务的信息化管理（见图 3-37 和图 3-38），便于管理部门对扩绿计划的整体把握，全面指导绿化规划的建设。

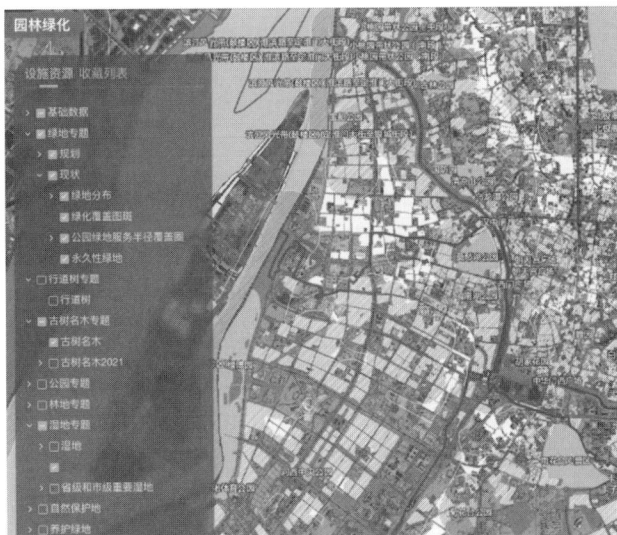

图 3-34　综合资源

图 3-35　古树名木查询

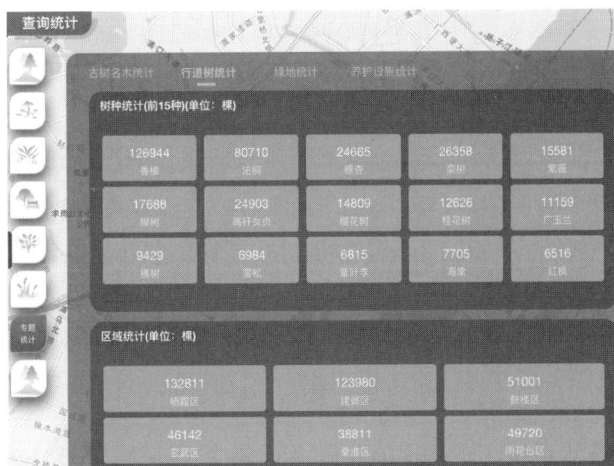

图 3-36　专题统计

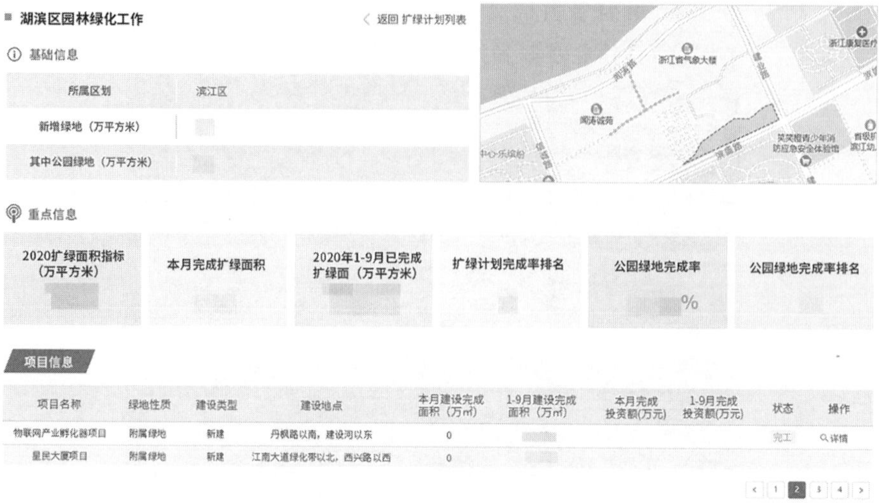

图 3-37　扩绿计划管理

图 3-38　道路景观规划

（4）园林智能监测系统。园林智能监测系统包含人轨迹、车轨迹、土壤墒情、空气质量等实时数据展现，历史数据查询及曲线图展现，历史数据趋势性分析等以及重点关注位置处视频监控。基于地图直观展现指标变化情况，可实现园林绿化环境的智能分析，是建设生态城市前端感知系统。

通过运用物联传感设备实现土壤墒情（土壤温湿度、土壤 pH 值）等园林植物生长环境数据的定期采集，并支持监测自动报警（见图 3-39）。

通过接入养护人员轨迹信息与养护车辆轨迹信息，为养护计划的实施和跟踪提供实时数据（见图 3-40 和图 3-41）。

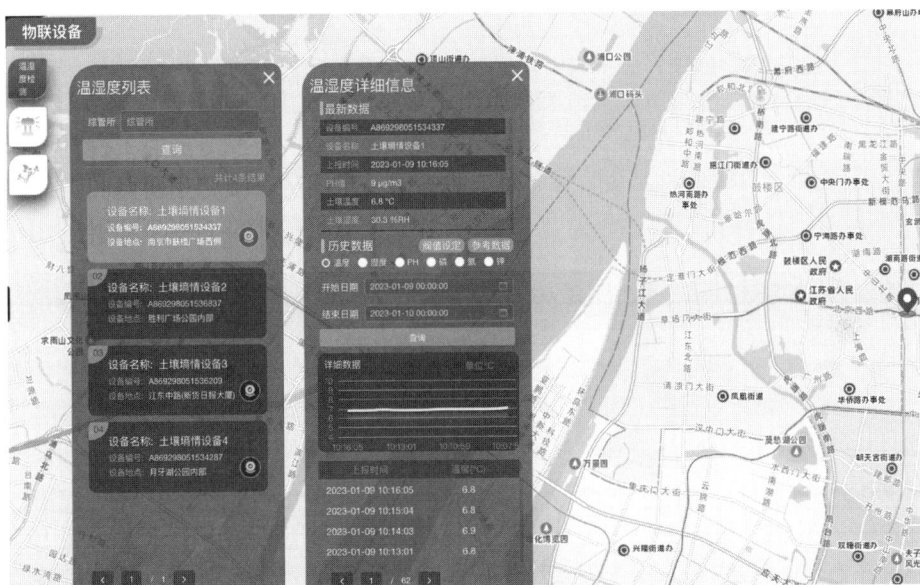

图 3-39　土壤墒情监测

图 3-40　养护车监测

图 3-41　人员轨迹监测

通过运用物联传感设备实现空气质量监测（PM2.5、PM10）等园林植物生长环境数据的定期采集。

通过接入绿地广场等重点关注位置处的监控视频，实现现场情况的实时监控监管。

（5）工程管理系统。工程管理系统模块实现对重大园林工程进度的有效跟踪，建设单位和监理单位可通过"园林 App"上报工程进度情况以及发现的问题（见图 3-42）。系统支持工程资料进行上传、操作，工程信息的统计分析操作。整个工程过程实时可视可控，满足工程管理信息化的需要，同时也是重大园林工程各个阶段成果的综合资料库。

图 3-42　工程管理系统

（6）养护监督考核管理系统。养护监督考核管理系统面向园林主管部门、养护公司、养护监理单位，构建养护上报、养护监督、养护统计与养护考核流程体系，基于移动巡查、物联网监测、绿地管养监控等数据采集手段，全面及时地掌握城市园林绿化事件的发生情况，明确各类事件处置的责任主体，通过监督管理考核评价，形成常态化闭环管理模式，确保养护工作的有效实施，全面提高城市园林绿化的养护监督管理水平。

（7）生态园林数据管理子系统。数据管理子系统辅助加强绿地数据监管，以及园林、城市绿化、风景名胜区的保护、建设、管理，针对绿地数据的查询、统计、指标计算、报表统计等需求进行开发，主要模块有数据展示及信息查询、数据对比、指标分析、统计报表、数据更新和数据审核（见图3-43~图3-48）。

（8）生态园林项目管理子系统。项目管理子系统服务于城市管理局业务中的绿地项目上报工作，可实现绿地上报的系统化、流程化，解决纸质化项目上报的信息错误或定位不准等问题，同时提供了各个项目在地图上的直观显示和按需求统计，便于管理和审批（见图3-49和图3-50）。

图3-43　信息查询功能

图3-44　数据对比功能

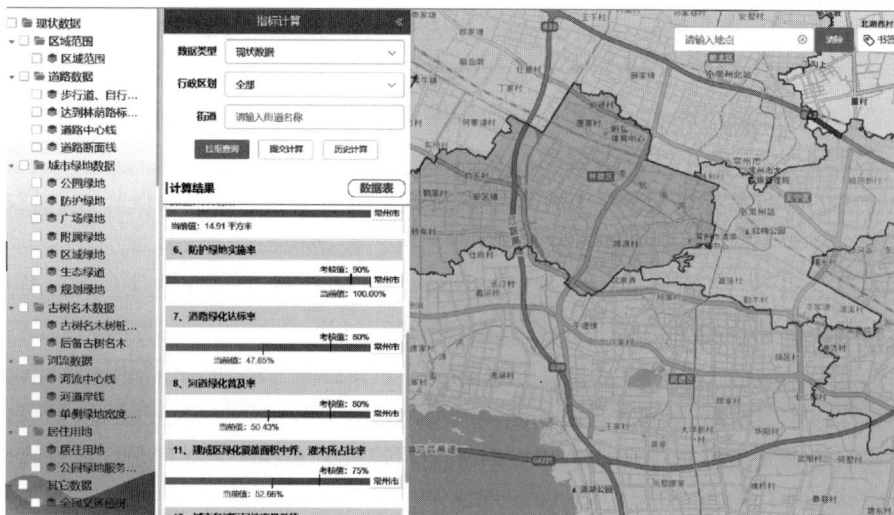

图 3-45　指标计算功能

图 3-46　报表统计功能

图 3-47　数据更新功能

图 3-48　数据审核功能

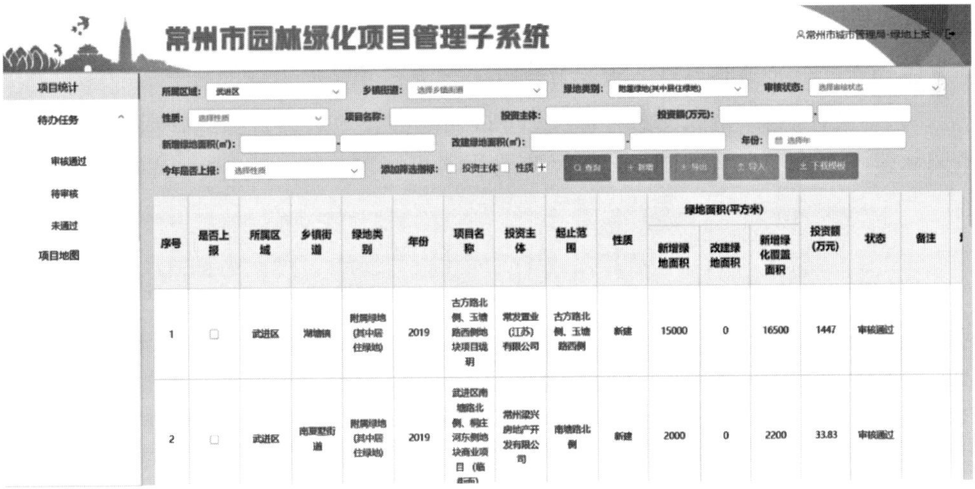

图 3-49　项目统计功能

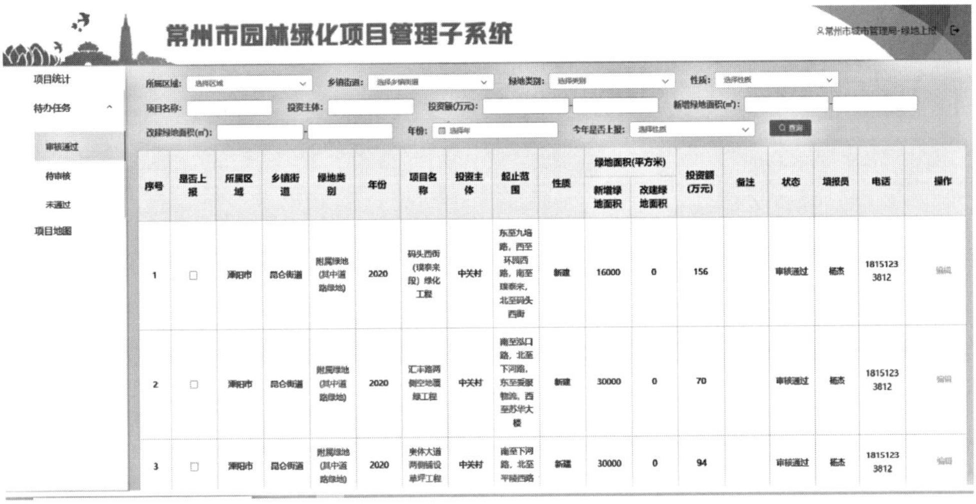

图 3-50　待办任务功能

（9）运维管理系统。运维管理子系统实现对整个应用系统的配置和管理，是对养护组织、养护公司、养护人员基本信息进行管理，包含组织管理、用户管理、角色管理、功能权限管理等功能，使养护服务更加高效、安全、便利。

根据不同层级的用户，实现用户权限的分配与管理，管理不同用户的数据浏览权限、功能使用权限。建立管理机制，实现系统权限的灵活管理，可配合实际用户变化情况开展用户权限管理。

（10）园林 App 系统。养护公司和建设单位通过"智慧园林 App"的上传功能以图文方式证明养护行为及工程建设的真实性，监理单位通过"智慧园林 App"的监督上报提交养护问题和工程建设问题并通过流程跟踪并关闭问题，园林主管部门通过该系统可以获得各类统计信息，从而确保养护工作和工程建设的有效实施。

"园林 App"移动智能终端设备打破了时间和位置的局限性，与平台系统相辅相成，实现了养护"随身"，使得园林养护更加便捷，养护问题处理更加及时。同时实现了园林数据的查看"自由"。另外数据接入物联传感设备、视频监控系统、自动喷淋系统，实现了园林自动化管养。

1）园林统计。园林统计模块可以在手机端看到绿地规划、绿地现状、道路绿化等各类园林资产的统计数据，实现园林数据自由查看（见图 3-51）。

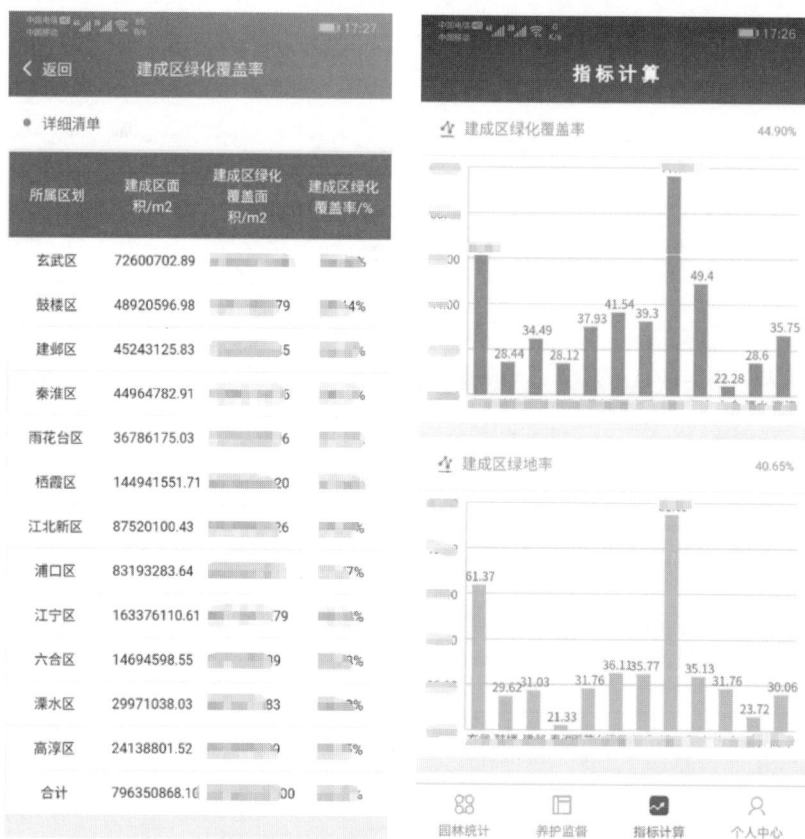

图 3-51　园林统计

2）养护监督。

a. 养护打卡。针对养护队人员，完成对各个标段人员打卡是否在线、考勤打卡次数统计等，使养护人员管理更加高效、便利。

b. 养护监督。督察员在现场发现问题，在系统内填写问题信息，拍摄问题照片，系统自动记录空间位置、自动填充上报日期，提交后进入问题工单列表，并可以实时查看整改进度（见图 3 - 52）。

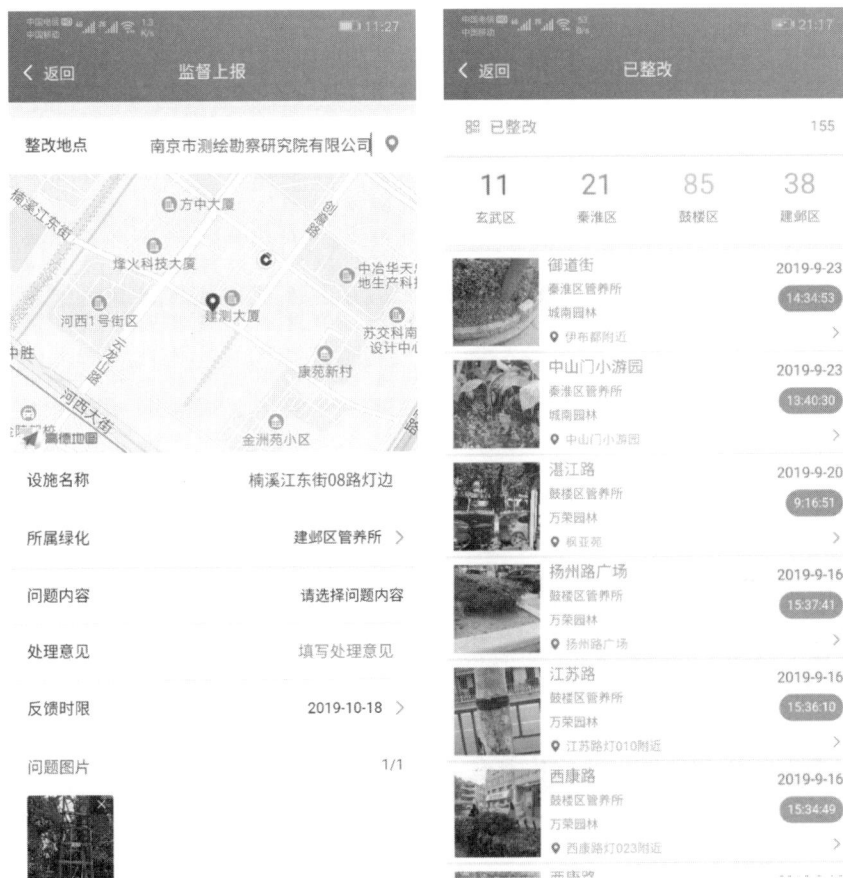

图 3 - 52　养护监督

3）问题处理。养护队收到督察员上报的问题工单并接收处理，现场处理后拍照、填写处理描述信息、系统自动记录空间位置、系统自动填充上报日期，系统自动关闭该问题（见图 3 - 53）。

4）工单列表。存放养护问题和养护整改的任务池，分为监督工单和计划工单，监督工单由监督员发起，计划工单由养护队管理员发起，所有工单以时间轴的形式表现处理流程，是工单处置的入口。

5）管养自动化。数据接入自动喷淋系统，很好地实现了园林自动化管养（见图 3 - 54）。

图 3-53 问题处理

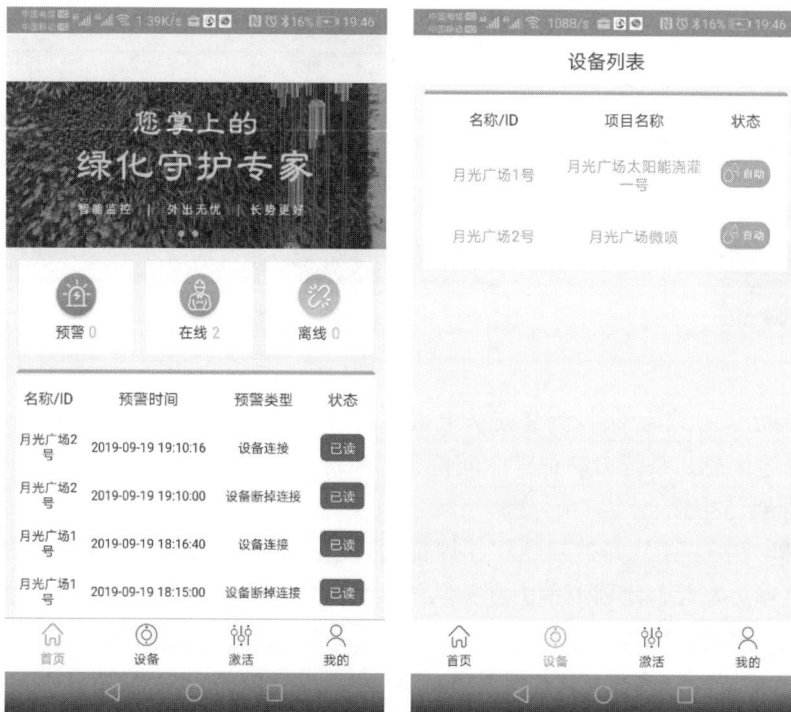

图 3-54 自动化浇灌

6）实时数据。包含视频监控、土壤墒情、空间质量等实时数据展现，历史数据查询及曲线图展现，历史数据趋势性分析等，实现养护监测数据随时看。

7）考核统计。基于监督问题和养护计划，提供周、月、季度、年时间域统计，提供面向个人的统计、面向问题类型的统计、面向问题区域集中度统计等，实现系统自动绩效考评，减少人为主观因素影响。

3.7.3 应用综述

1. 全生命周期管理

全过程记录园林绿化从建设工程立项、方案审查、工程招投标、工程施工质量安全监督、竣工验收、移交长效管理等阶段所产生的数据，并把各个环节的数据串联起来，从任意节点都能追溯，了解地块的前世今生（见图3-55）。

图3-55 全生命周期

2. 园林绿化一张图

通过园林一张图可查看城市园林绿化的各类成果数据，包含行道树、古树名木、路侧绿地、带状公园、街旁绿地、居住区覆盖、绿地覆盖、湿地、湿地公园、林地等。

3. "畅游绿园"智慧游园

公园是市民在城市中接触自然最重要的载体之一，智慧公园是智慧城市建设的重要组成部分。"畅游绿园"智慧公园应用场景面向公园的智慧化运营管理，重点加强公园管理模块建设，实现公园绿化管理精细化、养护灌溉精准化、设施管护智能化、业务监管高效化，提升公园管理效率、降低公园管理成本；面向公园游客的人性化交互体验，构建公园导览、智能监控、公众互动等模块，进一步提升城市公园为市民服务能力，把公园打造成为城市休闲的重要承载区，全面提升公园为民服务水平和精细化管理水平，满足人民群众对公园优美环境、优良秩序、优质服务、优秀文化的新需求、新期待。

4. "绿色家园"智慧服务

"绿色家园"智慧服务以线上线下相融合的创新服务模式，搭建园林绿化公众服务与互动通道，建立与现有业务管理系统的数据的双向互通连接，开发绿色专题图、绿色认养、花事花展、公园评比、智慧绿道等便民智慧服务模块。基于园林绿化基础数据库，制作古树名木专题图、赏花地图等绿色专题数据用于对外开放。推出绿色认养模块，将有特色、有代表性的古树名木面向社会征集养护人，让市民参与到古树的日常管养、保护中来。建立起与市民互动的渠道，发布年度花卉活动、游园活动、园林相关文创活动，增强绿化建设成果的宣传力度。推进园林信息化建设由"投入"转向"产出"，解决园林绿化治理中市民群众主动参与积极性不高、政府与公众互动沟通渠道不畅等问题，更快释放园林资产生态为民的价值，加强市民对绿色家园的参与感和获得感，畅通绿色惠民服务渠道，打造绿化惠民的应用示范。

5. 生态园林城市创建

通过总结提炼专业制图人员长期积累的实践经验，按照国家相关制图规范，配制成可定制绿化专题地图模板。基于设定的模板进行快速制图，编制展示生态园林城市、智慧园林成果的系列地图，并按要求完成地图设计、地图编辑和地图印刷工作。

6. 园林绿化指标实时计算

指标计算模块基于绿化园林空间化本底数据，实现图文一体化，为用户提供一键式的指标计算功能，同时可按照生态园林城市等指标计算要求一键生成指标计算汇总表格和清单表格，可极大降低申报材料编制时的数据查找和计算工作，也确保申报材料数据与同步提交的矢量数据的一致性。

7. 绿地申报与日常管理

城市园林绿化管理部门负责城市重点园林绿化工程建设项目的指导、管理和组织实施，参与生基本建设项目绿化设计方案的编制、论证和审核，负责城区有关绿地的养护和管理，指导辖市、区绿化建设、养护和管理。过去城市绿化工程建设项目管理主要通过线下人工管理，且主要靠 Excel 等工具进行数据汇总，及时性、动态性、全面性较差。填报的资料内容繁杂，管理部门工作人员需要人工对接收到的信息进行整理加工，缺乏完善的数据处理、分析功能，信息利用效率低下。

通过系统化思维和大数据理念，并借助信息化手段，简化工作环节，推进流程再造，整合要素资源，提高服务水平和推进效率。运用"互联网＋"大数据思维，通过市级、区级各部门共建共享的模式，整合绿地项目，实现项目基本情况、新增/改造绿地面积、投资额等各类要素信息的数据集合，通过数据采集、处理、分析和评价，形成统一的项目管理子系统，实现压力传导、工作推动，为编制园林管理相关专业规划、绿地系统相关规划和指导协调绿化工作提供决策辅助。

8. 园林知识在线科普

园林知识在线科普主要分为病害科普、虫害科普、植物科普三个模块，是城市园林绿化的知识库，为城市园林的建设、养护、管理提供了科学的依据，有效减少的园林植被防护操作不当造成的绿损。

3.7.4 发展趋势

1. 生态园林城市可持续发展

在当前大力倡导生态文明建设的发展背景下，生态园林城市是城市可持续发展的必由之路，生态园林城市建设正成为这个时代的中国城市发展的重要标杆。而城市园林绿化是城市唯一具有生命力的重要基础设施，对"国家生态园林城市"的申报工作起到极大的促进作用。

进一步做好城市园林绿化建设、监督和管理工作，实现构建美好绿色生态宜居城市的目标。面对越来越庞杂的园林绿地数据，亟待建立智慧园林管护运营信息平台对城市园林进行科学化、精细化、智能化管护运营。园林绿化工作既是面子工程也是民生工程，是推动园林绿化健康发展的重要手段，是城市生态文明建设的重要内容和具体落实，是城市再现绿水青山的基础工作。

因此，当前大数据背景下智慧园林的建设将对生态园林城市可持续发展起到极大推动作用。

2. 城市园林绿化从"互联网＋"到"智慧＋"

智慧园林是结合大数据、云计算、物联网、空间地理信息 GIS 等先进技术，将生态园林赋予"互联网＋"的思维，实现园林智慧化服务与管理。

3. 数字孪生技术与智慧园林融合

近年来，随着物联网、人工智能、大数据和云计算等技术的发展，数字孪生对智慧园林产生了新影响。在改善生活环境的过程中，智慧园林建设将进一步和数字孪生技术互相融合，向着多元与包容的方向发展，更好为使用者服务。但是，目前在智慧园林领域涉及有限，基于数字孪生技术的智慧城市建设后续还需要不断地探索和尝试，摸索出匹配当下国内环境形势的建设路径和模式。

参 考 文 献

[1] 沈清基. 城市生态与城市环境 [M]. 上海：同济大学出版社，1998.

[2] 何强，井文涌，王翊亭. 环境学导论 [M]. 北京：清华大学出版社，1994.

[3] 金岚. 环境生态学 [M]. 北京：高等教育出版社，1992.

[4] 王发曾. 城市生态系统基本理论问题辨析[J]. 城市规划汇刊，1997（1）：15－20.

[5] 彭天祥，葛城峰，罗乐焕. 浅谈激光雷达在废弃矿山生态修复中的应用[J]. 浙

江国土资源，2021（03）：41-42.

[6] 刘晓慧. 绿色矿山，生态文明建设的关键一环 [N]. 中国矿业报，2017-08-26（002）.

[7] 刘艾瑛. 智慧矿山让生态修复有据可依 [N]. 中国矿业报，2020-02-26（002）.

[8] 赵哲，李艳华，玄凯. 光伏提水灌溉技术在矿山复绿工程中的应用研究——以枣庄市徐庄镇工矿废弃地复垦项目为例 [J]. 南方自然资源，2022（03）：55-59.

[9] 杨智，刘乐，李郑. 无人机倾斜摄影测量技术在废弃矿山环境恢复治理中的应用 [J]. 能源技术与管理，2022，47（02）：7-9.

[10] 吕国屏. 基于地基激光雷达的矿山植被生态参数提取研究 [D]. 南京：南京林业大学，2018.

[11] 李燕. 矿山环境保护及生态恢复技术分析 [J]. 世界有色金属，2019（11）：248-250.

[12] 王志华. 学习贯彻党的十九大精神，构建西藏现代文化产业，推进西藏生态文明建设 [J]. 西藏研究，2018（01）：9-14.

[13] 王富强. 建设美丽灵台再出发 [N]. 平凉日报，2017-11-20（004）.

[14] 黎文豪. 基于生态修复理念下的滨水景观设计研究 [D]. 沈阳：鲁迅美术学院，2021.

[15] 黄国勤. 树立正确生态观统筹山水林田湖草系统治理 [J]. 中国井冈山干部学院学报，2017，10（06）：128-132.

[16] 习近平. 习近平生态文明思想重要论述摘编[J].新湘评论,2020(20):21-22.

[17] 宏峰. 发达国家矿山土地复垦一瞥 [J]. 国土资源，2013（07）：62-64.

[18] 张涛，王永生. 加拿大矿山土地复垦管理制度及其对我国的启示 [J]. 西部资源，2009（01）：47-50.

[19] 刘铸民. 生态修复工程管理现状与存在问题、治理措施研究及对策建议 [J]. 低碳世界，2022，12（04）：196-198.

[20] 黄容. 坚持生态优先建设美丽奉节 [J]. 今日财富，2020（17）：67-68.

[21] 李强. 8种植物在废弃煤矿植被恢复中的应用 [J]. 防护林科技，2015（08）：22-23+45.

[22] 李瑞强. 废弃矿山客土袋绿化技术研究 [J]. 林业科技情报，2017，49（02）：126-128.

[23] 王晋宇，刘兴滨. 高密度电法在庄子河煤业采空区探测中的应用 [J]. 山西煤炭，2013，33（10）：63-64+67.

[24] 李世东. 中国林业一张图：思路探索与建设示范 [M]. 北京：中国林业出版社，2018.

[25] 徐明. 森林生态系统碳计量方法与应用 [M]. 北京：中国林业出版社，2017.

[26] 李怒云. 中国林业碳汇（修订版）[M]. 北京：中国林业出版社，2016.

[27] 周国逸，尹光彩，唐旭利，等. 中国森林生态系统碳储量——生物量方程

［M］．北京：科学出版社，2018.

　　［28］李世东．智慧林业概论［M］．北京：中国林业出版社，2017.

　　［29］王兵．广东省森林生态系统服务功能评估［M］．北京：中国林业出版社，2011.

　　［30］方陆明，吴达胜，楼雄伟，等．森林资源智能化监测及平台研究与应用［M］．北京：中国林业出版社，2021.

　　［31］冯峻极．论"互联网＋"是智慧林业的新机遇［J］．国家林业局管理干部学院学报，2015，14（4）：7－9.

　　［32］彭杰伟．基于SWOT分析的广西智慧林业建设研究［J］．林业经济，2014，36（5）：125－128.

　　［33］李清锋，孔明茹，黄英来．基于高可用云计算的中国智慧林业大数据系统探究［J］．世界林业研究，2017，30（6）：63－68.

　　［34］吴振江，李俊枝，李顺龙．"互联网＋"智慧林业的发展策略［J］．东北林业大学学报，2019，47（5）：105－107＋117.

　　［35］王建武．"智慧林业"在森林资源管控中的应用和思考［J］．吉林农业，2018（6）：38－39.

　　［36］马建浦．通信技术在我国智慧林业建设中的应用［J］．世界林业研究，2016，29（4）：72－76.

　　［37］徐志刚．物联网技术在智慧林业中应用的探讨［J］．电子技术与软件工程，2014（7）：19.

　　［38］余茂源．国内智慧林业研究综述［J］．黑龙江生态工程职业学院学报，2017，30（2）：6－8.

　　［39］胡利娟．打开人与自然对话窗口［J］．中国科技财富，2016（10）：50－51.

第4章 智 慧 降 碳

4.1 概述

智慧城市是运用物联网、云计算、大数据、空间地理信息集成等新一代信息技术，促进城市规划、建设、管理和服务智慧化的新理念和新模式。2016年4月，习近平总书记在网络安全和信息化工作座谈会提出，要以信息化推进国家治理体系和治理能力现代化，分级分类推进新型智慧城市建设。新型智慧城市是"以为民服务全程全时、城市治理高效有序、数据开放共融共享、经济发展绿色开源、网络空间安全清朗为主要目标，通过体系规划、信息主导、改革创新，推进新一代信息技术与城市现代化深度融合、迭代演进，实现国家与城市协调发展的新生态"。

《中华人民共和国国民经济和社会发展第十四个五年规划和2035年远景目标纲要》明确提出："以数字化助推城乡发展和治理模式创新，全面提高运行效率和宜居度。分级分类推进新型智慧城市建设，将物联网感知设施、通信系统等纳入公共基础设施统一规划建设，推进市政公用设施、建筑等物联网应用和智能化改造"。以大数据为核心要素，大力发展新型智慧城市，已成为我国各级政府提升治理能力、改善城市运行管理、培育壮大数字经济、重构公共服务体系的新动力、新途径。

智慧城市概念提出之日起就与城市发展面临的现实问题息息相关，而绿色低碳是其中最重要的目标之一。"十四五"时期，我国生态文明建设进入了以降碳为重点战略方向，推动减污降碳协同增效、促进经济社会发展全面绿色转型、实现生态环境质量改善由量变到质变的关键时期。"碳达峰、碳中和"上升为"十四五"期间重要的国家战略目标，也标志着我国告别高资源投入模式，转向以技术进步、创新驱动和制度改革促进经济社会高质量发展和全面现代化的新发展模式，从而开启了我国生态文明、绿色发展的新篇章。智慧城市与绿色低碳协同发展也成为新型智慧城市的重要创新内容。

我国智慧城市建设已成燎原之势，在实现城市可持续发展、提升城市综合竞争力等方面起到了极大的作用。在"十四五"数字中国建设和"双碳"背景下，新型智慧城市建设通过物联网和大数据实现碳感知、碳预测、碳优化和碳减排，将为"双碳"目标的实现提供有力抓手。

4.1.1　实现"双碳"目标是一场广泛而深刻的变革

工业革命以来全球经济社会发展，温室气体的排放大幅增加，大气中的温室效应不断增强，导致全球气候变暖。1827 年，法国科学家 Jean-BaDtlste Fourler 就指出地球大气层存在与温室相似的热量保存机制，即所谓的"温室效应"。1860 年，英国科学家通过测量二氧化碳和水蒸气对红外辐射的吸收，证明了温室效应的存在。人类生产生活中消耗的煤炭、石油、天然气等化石能源燃烧会产生大量二氧化碳，是温室气体当中最主要的成分，2019 年，全球碳排放量为 401 亿 t 二氧化碳，其中 86% 来自化石燃料利用。应对全球气候变化危机，核心就是减少人为活动产生的二氧化碳排放。

1988 年，世界气象组织和联合国环境规划署建立了政府间气候变化专门委员会（Intergovernmental Panel on Climate Change，IPCC），IPCC 的作用是在全面、客观、公开和透明的基础上，为决策者提供对气候变化的科学评估及其带来的影响和潜在威胁，并提供适应或减缓气候变迁影响的相关建议。1990 年，IPCC 发表了《第一次评估报告》，确认了气候变化问题的科学基础，促使联合国大会作出制定《联合国气候变化框架公约》的决定。1992 年，联合国大会通过《联合国气候变化框架公约》，我国于当年 11 月经全国人大批准该公约，成为《联合国气候变化框架公约》首批缔约国。

1997 年，联合国气候变化框架公约参加国在日本京都制定了《〈联合国气候变化框架公约〉京都议定书》（以下简称《京都协议书》），其目标是"将大气中的温室气体含量稳定在一个适当的水平，进而防止剧烈的气候改变对人类造成伤害"。《京都议定书》的签署是为了人类免受气候变暖的威胁。要求发达国家从 2005 年开始承担减少碳排放量的义务，而发展中国家则从 2012 年开始承担减排义务。2005 年 2 月 16 日，《京都议定书》正式生效。这是人类历史上首次以法规的形式限制温室气体排放。

2015 年 12 月 12 日，《巴黎协定》在第 21 届联合国气候变化大会（巴黎气候大会）上通过，于 2016 年 11 月 4 日起正式实施。《巴黎协定》的最大贡献在于明确了全球共同追求的"硬指标"。《巴黎协定》指出，各方将加强对气候变化威胁的全球应对，把全球平均气温较工业化前水平升高控制在 2℃之内，并为把升温控制在 1.5℃之内努力。只有全球尽快实现温室气体排放达到峰值，本世纪下半叶实现温室气体净零排放，才能降低气候变化给地球带来的生态风险以及给人类带来的生存危机。

2018 年，联合国政府间气候变化专门委员会（IPCC）第 48 次全会在韩国仁川召开，会议审议通过了《全球 1.5℃增暖特别报告》。该报告指出，若全球气温升温不超过 1.5℃，那么在 2050 年左右，全球就要达到碳中和；若不超过 2℃，则 2070 年全球要达到碳中和。气候变化问题日益引起国际社会普遍担忧，各国纷纷提出向低碳社会转型的愿景目标，全球约 120 多个国家和地区以立法、法律提案、政策文件等不同形式提出或承诺碳中和目标。

中国历来重视生态文明建设，积极实施可持续发展战略。在应对气候变化领域，中国先后提出了一系列具有远见的目标、政策与行动。2009 年 9 月，国家主席胡锦涛在哥本哈根联合国气候变化峰会时首次提出中国 2020 年减排目标，即争取到 2020 年单位国内生产总值二氧化碳排放比 2005 年有显著下降；非化石能源占一次能源消费比重达到 15%左右；森林面积比 2005 年增加 4000 万 ha，森林蓄积量比 2005 年增加 13 亿 m^3；大力发展绿色经济，积极发展低碳经济和循环经济。2009 年 11 月 25 日，国务院总理温家宝主持召开国务院常务会议，会议决定，到 2020 年我国单位国内生产总值二氧化碳排放比 2005 年下降 40%～45%，作为约束性指标纳入国民经济和社会发展中长期规划，并制定相应的国内统计、监测、考核办法。《中国应对气候变化国家方案》《国家应对气候变化规划（2014—2020 年）》《国家适应气候变化战略》等一系列政策文件相继出台，引导我国低碳发展；低碳试点示范深入推进，全国碳排放权交易市场和应对气候变化立法工作进程不断加快，应对气候变化工作成效明显。

2015 年，中国向《联合国气候变化框架公约》秘书处提交了中国国家自主贡献目标，提出 2030 年左右碳排放达峰等一系列远景目标。2016 年 4 月 22 日，国务院副总理张高丽作为习近平主席特使在《巴黎协定》上签字。同年 9 月 3 日，全国人大常委会批准中国加入《巴黎协定》，成为完成了批准协定的缔约方之一。

2020 年 9 月 22 日，国家主席习近平在第 75 届联合国大会上发表重要讲话，提出："应对气候变化《巴黎协定》代表了全球绿色低碳转型的大方向，是保护地球家园需要采取的最低限度行动，各国必须迈出决定性步伐。中国将提高国家自主贡献力度，采取更加有力的政策和措施，二氧化碳排放力争于 2030 年前达到峰值，努力争取 2060 年前实现碳中和。"

此后，国家相继出台各类政策，支持碳达峰碳中和目标实现。2021 年 3 月 13 日，我国发布《中华人民共和国国民经济和社会发展第十四个五年规划和 2035 年远景目标纲要》提出："积极应对气候变化。落实 2030 年应对气候变化国家自主贡献目标，制定 2030 年前碳排放达峰行动方案。完善能源消费总量和强度双控制度，重点控制化石能源消费。实施以碳强度控制为主、碳排放总量控制为辅的制度，支持有条件的地方和重点行业、重点企业率先达到碳排放峰值。推动能源清洁低碳安全高效利用，深入推进工业、建筑、交通等领域低碳转型。"

2021 年 5 月 26 日，碳达峰碳中和工作领导小组第一次全体会议提出"当前要围绕推动产业结构优化、推进能源结构调整、支持绿色低碳技术研发推广、完善绿色低碳政策体系、健全法律法规和标准体系等，研究提出有针对性和可操作性的政策举措。"

2021 年 10 月，中共中央、国务院印发《关于完整准确全面贯彻新发展理念做好碳达峰碳中和工作的意见》：到 2025 年，绿色低碳循环发展的经济体系初步形成，重点行业能源利用效率大幅提升，为实现碳达峰、碳中和奠定坚实基础；到 2030 年，经济社会发展全面绿色转型取得显著成效，重点耗能行业能源利用效率达到国际先进水平，单位国内生产总值能耗大幅下降，二氧化碳排放量达到峰值并实现稳中有降；到 2060 年，绿色低碳循环发展的经济体系和清洁低碳安全高效的能源体系全面建立，能源利用效率达到国际先进水平，非化石能源消费比重达到 80%以上，碳中和目标顺利实现，生态文明建设取得丰硕成果，开创人与自然和谐共生新境界。

2021 年 10 月，国务院印发《2030 年前碳达峰行动方案》。"十四五"期间，产业和能源结构明显优化，重点行业能源利用效率大幅提升，严格控制煤炭消费增长，绿色低碳循环发展的政策体系进一步完善。到 2025 年，非化石能源消费比重达到 20%，单位 GDP 能耗比 2020 年下降 13.5%，单位 GDP 碳排放下降 18%，为实现碳达峰奠定坚实基础。"十五五"期间，产业结构调整取得重大进展，清洁低碳安全高效的能源体系初步建立，重点领域低碳发展模式基本形成，重点耗能行业能源利用效率达到国际先进水平，非化石能源消费比重进一步提高，煤炭消费逐步减少，绿色低碳技术取得关键突破，绿色生活方式成为公众自觉选择，绿色低碳循环发展政策体系基本健全。到 2030 年，非化石能源消费比重达到 25%，单位 GDP 碳排放比 2005 年下降 65% 以上，顺利实现 2030 年前碳达峰目标。

我国还处在城镇化、工业化中高速发展阶段，作为世界上最大的能源生产国和消费国及最大的发展中国家，中国将用 30 年左右时间完成全球最高碳排放强度降幅，用全球历史上最短的时间实现从碳达峰到碳中和。这是一场"广泛而深刻的变革"，是立足新发展阶段、贯彻新发展理念、构建新发展格局的内在要求，是党中央统筹国内国际两个大局作出的重大战略决策。这一承诺彰显了我国积极推动构建人类命运共同体的大国担当，为我国应对气候变化、推动生态文明建设和绿色发展明确了方向，描绘了蓝图。

4.1.2 城市是双碳目标的重要应用场景

城市是指工商业、交通运输都比较发达，非农业人口集中的地方，城市是人口集聚和产业集聚的结果。城市化，又称城镇化，是指随着一个国家或地区社会生产力的发展、科学技术的进步以及产业结构的调整，其社会由以农业为主的传统乡村型社会向以工业（第二产业）和服务业（第三产业）等非农产业为主的现代城市型社会逐渐转变的历史过程。伴随着的城市化对生态环境发展的负面影响是全球可持续发展的巨大挑战。目前，全球有超过一半人口，将近 40 亿人居住在城市，预计到 2030 年将增至 50 亿。城市占用全球 3% 的土地面积，却产生了 60%～80% 的能源消耗和 75% 的二氧化碳排放。可以说，在全球碳排放进程中，城市扮演了重要角色。

改革开放以来，我国社会和经济的迅速发展，城镇化进程持续推进。截至 2021 年年末，我国常住人口城镇化率达到 64.72%。城市碳排放主要来源于城市经济、城市建筑和城市交通等领域的人类生产和消费活动。工业是产生碳排放最多的产业部门，工业发展通过增加对化石能源的利用来加速二氧化碳的排放，人口不断涌向城市，增加了城市的住房以及交通等基础设施的负担，间接改变了人们的消费水平和方式，加速了对能源的消耗，引发了二氧化碳的快速排放。城市建成区面积的扩大会导致绿地面积的减少，尤其是森林和草地面积，从另一方面减少了碳汇，增加了二氧化碳的排放。因此，城市作为碳排放的空间载体，受城市化和工业化的"双轮驱动"，碳排放压力巨大。

目前我国是世界上第一大碳排放大国，2020 年我国碳排放总量超过 100 亿 t，占世界总量的 28% 左右，碳排放总量近 5 年年均增速约为 1.25%。但是人均碳排放量依然较低。研究表明，2019 年，我国生产端人均二氧化碳排放量为 7.28t，消费端人均二氧化碳量 6.41t，人均累计排放 157.39t 二氧化碳，虽然人均碳排放超过全球平均水平，但人均累计排放量还低于全球平均 209.62t 的水平。由此可见，随着经济的发展，我国对于化石燃料的需求仍旧较大，总体的碳排放量还会增加，特别是在生产和生活活动高度集聚的城市区域，其实现"双碳"目标的压力更大。

相关研究结果表明，中国城市碳排放与经济增长呈现初步脱钩苗头，但二者关系并未达到最脱离状态。在经济发展水平高的城市范围内，深圳经济增长基本脱离碳排放，上海、北京、天津、广州、苏州实现碳排放与经济增长二者协调，而重庆、唐山的经济增长依然高碳特征严重。中国城市的碳排放与经济增长脱钩程度存在一定程度的空间正相关性。东部地区基本都属于弱脱钩，中西部地区夹杂着强脱钩、弱脱钩、扩张性负脱钩和强负脱钩，区域内部差异较大，见表 4-1。

表 4-1　　　　　　　　　　　城市碳排放与经济增长脱钩类型

聚类类型	城市	数量	脱钩类型
第一类（高 GDP、高碳排量、经济发展与碳排放关系协调）	上海	1	弱脱钩
第二类（较高 GDP、较高碳排量，经济发展与碳排放关系协调）	北京、天津、广州、苏州	4	弱脱钩
第三类（较高 GDP、较高碳排量、碳排量严重超过相符的经济发展水平）	唐山、重庆	2	弱脱钩
第四类（较高 GDP、较低碳排量、碳排量低于相符的经济发展水平）	深圳	1	强脱钩
第五类（较低 GDP、较高碳排量、碳排量超过相符的经济发展水平）	鄂尔多斯、邯郸、长治、平顶山、榆林、太原、运城、临汾	8	一半弱脱钩、一半扩张性负脱钩
第六类（较低 GDP、较低碳排量、经济发展与碳排放关系协调）	其他城市	270	强脱钩、扩张性负脱钩、弱脱钩、强负脱钩

据 2018 年城市碳排放数据显示，我国城市碳排放的集中度较高，碳排放排名前 10% 的城市贡献了全国总量的 50%。由于城市化和工业化所处的发展阶段不同，城市的碳排放结构也存在较大差异。目前我国已有 80 多个城市明确提出了碳达峰目标年份，城市碳达峰行动在速度、强度和质量上均存在较大差异。研究表明，从碳排放达峰的趋势来看，中国城市可以划分为 5 种类型：低碳潜力型城市、低碳示范型城市、资源依赖型城市、传统工业转型期城市和人口流出型城市，不同城市应采取不同的达峰行动和方案见表 4-2。

表 4-2　　　　　　　　　　　城市碳达峰趋势类型

达峰趋势类型	城市特征	排放占比	典型城市	达峰目标建议	达峰规划与行动重点
第一类（58 个）	人口流出型城市	15.9%	沈阳、哈尔滨、大同、运城等	2023—2025 年	协调低碳发展与经济增长、就业的关系
第二类（89 个）	传统工业转型期城市	37.8%	邯郸、保定、包头等	2030 年	积极运用低碳技术改造和提升传统产业
第三类（4 个）	资源依赖性城市	1.9%	鄂尔多斯、乌海、嘉峪关等	2026—2029 年	提高资源的使用效率，构建多元化产业体系

达峰趋势类型	城市特征	排放占比	典型城市	达峰目标建议	达峰规划与行动重点
第四类（23个）	低碳示范型城市	20.6%	北京、上海、天津、广州、深圳等	2020—2022年	引领消费侧低碳转型，建设新型达峰示范区
第五类（101个）	低碳潜力型城市	23.7%	贵阳、福州、赣州等	2026—2029年	建立低碳产业体系，发展创新型绿色经济

城市是人类聚居的主要场所，也是承载生产消费活动的主要载体，城镇化对二氧化碳排放表现出显著的正向影响。城市必然是我国开展碳减排行动和实施"双碳"目标的主阵地，是开展碳减排工作的核心载体，是"双碳"目标实现的最大应用场景。而智慧城市建设则成为"双碳"目标全面实现的强有力抓手，不断推动城市工业、建筑、生活、交通等领域的低碳转型，为城市碳达峰和碳中和提供内生动力和引擎。

4.2 降碳智慧化总体思路

4.2.1 智慧技术全方位赋能碳中和

数字智慧技术能够为经济社会绿色发展提供网络化、数字化、智能化的技术手段，在助力全球应对气候变化进程中扮演着重要角色。数字智慧技术可赋能构建清洁低碳安全高效的能源体系，助力产业升级和结构优化，促进生产生活方式绿色变革，推动社会总体能耗的降低。我国碳达峰碳中和"$1+N$"政策体系中明确提出要推动大数据、人工智能、5G 等新兴技术与绿色低碳产业深度融合；推进工业领域数字化智能化绿色化融合发展。智慧化正成为我国实现碳中和的重要技术路径，为应对气候变化贡献重要力量。

社会系统的碳减排、碳达峰，以及实现最终的碳中和，需要人工智能技术全方位的支撑。智慧化对碳中和的支撑主要作用在两个维度：一是行业维度，通过能源、制造业、交通、建筑等领域智慧化工作的深入推进，逐步构建并不断完善智慧能源、工业 4.0，智慧交通、绿色低碳建筑等体系，实现多个行业和领域的节能降碳；二是对"双碳"工作的直接支撑，包括碳核算与"碳家底"摸查工作、碳达峰碳中和路线预测推演、碳监测与预警、碳决策与优化等领域，都需要数字智慧系统的支撑。

"净零计算"可以在全球、区域和国家净零战略中发挥重要作用。数字技术部门的用电量和碳足迹，包括隐含排放量，应与其收益成正比。在数据标准、质量和监管方面加强全球协调将能够实现可靠地收集、共享和使用相关数据，从而更好地量化温室气体排放，并支持减少排放的应用。

同时，可以在城市、区域、国家乃至全球层面创建自然和经济系统的"数字孪生"，以最大限度地减少排放，提供决策信息并促进可持续发展，还可有助于政府探索"假设"情景和干预措施的影响。全球协作对于为净零系统的计算和数据基础设施建立可信赖的治理框架至关重要。科技行业应以身作则，科技公司应公开报告其能源使用情况以及直接和间接排放量，并优化可再生能源的使用。需改进全球研究和创新生态系统以支持相关技术进步，并利用由政府推动的免费或低成本"数字共享"平台。

据全球电子可持续发展推进协会（GeSI）的研究，智慧化在未来十年内通过赋能其他行业可以减少全球碳排放的 20%。《全球通信技术赋能减排报告》（The Enablement Effect，全球移动通信系统协会（GSMA）与碳信托（Carbon Trust）合作撰写）显示，2018 年移动互联网技术使全球温室气体排放量减少了约 21.35 亿 t，几乎 10 倍于移动互联网行业自身的碳排放量，而这些赋能减排主要通过智慧建筑、智慧能源、智慧生活方式与健康、智能交通与智慧城市、智慧农业、智慧制造等领域的应用来实现。

4.2.2 智慧能源构建零碳能源保障体系

我国电力行业以火力发电为主，电力直接碳排放占我国碳排放总量的40%，碳达峰、碳中和目标下电力系统面临着从高碳排放向以新能源为主体的新型电力系统转变。在构建清洁低碳安全高效的能源体系和源网荷储一体化的新型电力系统的过程中，智慧化技术发挥积极作用，实现广泛互联、智能互动、灵活柔性、安全可控。

智慧化是电力行业碳减排的着力点。通过加强电网运行状态大数据的采集、归集、智能分析处理，实现设备状态感知、故障精准定位，人工智能技术应用将促进传统电网升级、电网资源配置能力提升，以数字化推动电网向智慧化发展，全面提升智能调度、智慧运检、智慧客户服务水平。智慧化助力电力行业碳减排的着力点包括数字技术赋能输配电网智能化运行，推动城市、园区、企业、家庭用电智能化管控系统构建，智慧化储能系统加速实现规模化削峰填谷。

输配电网智能化运行是电力行业碳减排的重要保障。我国输配电损耗占全国发电量的 6.6%左右，随着未来我国电气化率进一步提升，社会用电量将持续增长，输配电网络损耗将成为不容忽视的能源浪费。目前，电网公司已经逐步利用智能化技术，助力实现输配电网路的智能运维、状态监测、故障诊断等，助力提升电网管理水平，降低输配电网络损耗，达到节能降碳效果。

电网海量数据的深度挖掘可有效降低电力系统碳排放。电网在运行时会产生大量数据，通过数据挖掘，可从大量的实际运行数据中提取出隐含的有价值的数据，可视化运用计算机图形学和图像处理技术，与数据挖掘结合，能够快速收集、筛选、分析、归纳、展现决策者所需要的信息，实现复杂数据的可视化呈现，进而为电力系统碳减排决策提供支撑和保障。

综合利用人工智能、物联网、大数据等先进技术推动实现电网低碳化运维，降低电网系统的自身消耗与碳排放。基于物联网技术实现线路监控、设备巡检及电网设备的实时管控，提高设备故障响应速度。利用云计算、大数据技术构建重过载预警模型，有效预测配电变压器重过载情况。以数据分析和机器学习为核心，实现业务应用健康度量化评估和自动化干预、系统故障原因分析，实现快速、精准定位。

电力用户侧的智慧化应用是"互联网＋智慧能源"体系典型场景之一，基于先进数字技术的智慧用能体系，能够助力电力使用者精细化管理自身能源消耗、精准快速定位高能耗、高碳排放用电环节、智能分析用户用电行为，从而优化电力调度和匹配方案，达到提升用电效率、降低碳排放的目的。

通过人工智能算法实现用户侧智慧用能。机器学习技术具有良好的聚类/分类和辨识能力，能够被用于智慧用能领域，为综合能源系统合理定价和能源结构优化等提供理论支持。通过物联网管理平台，用户能够实时查看用电统计和数据分析的可视化图形展示。通过区域划分展示，管理员能够查看各区域实时功率、实时用电等用电情况。平台将采集的数据进行统计分析，转换为可视化图表的形式，并预估未来能耗，便于用户开展节能减排工作。

区块链助力用户自主的能源服务安全对等化发展。用户自主的能源服务主要是以智慧能源中的灵活性资源为核心，用户能够自主提供能量响应、调频、调峰等灵活的能源服务，以互联网平台为依托进行动态、实时的交易。区块链技术的去中心化特征可实现智慧能源中能源用户、能源装备企业、设备间的对等、广泛互联；区块链技术的信息共享、智能合约特征可实现智慧能源中各相关主体对于各类信息的广泛交互和充分共享，助力提升系统运行质量和效益效率水平，实现构建智慧服务系统的目标。

储能可以实现发电曲线与负荷曲线间的快速动态匹配，因此具有平抑波动、匹配供需、削峰填谷、提高供电质量的功能，是构建能源互联网的核心技术。智慧储能系统通过促进储能系统技术与信息技术的深度融合，实现储能系统的数字化和软件定义化，进而与云计算和大数据等数字技术紧密融合，实现储能系统的互联网化管控，提高储能系统运维的自动化程度和储能资源的利用效率，充分发挥储能系统在能源互联网中的多元化作用。如目前用户侧存在大量分散闲置电池储能资源，通过采用电池能量交换系统和电池能量管控云平台等数字化手段，可以将海量的碎片化闲置电池储能资源盘活为电网可以调度利用的大规模分布式储能系统，实现基于"虚拟电厂"的配电网储能系统，有力支撑了储能系统的推广应用和能源互联网的发展。

4.2.3　工业 4.0 助力制造业降碳

作为老牌工业强国，德国拥有强大的机器和设备制造业，在信息技术领域也表现出很高的水平和能力。在开拓新型工业化的探索中，他们提出了一个崭新的概念：工业4.0。这一概念最早在 2011 年德国举办的汉诺威工业博览会上提出。在 2013 年的汉诺威工业博览会"上，《德国工业 4.0 未来项目实施建议》发布，较为系统全面地阐述了新一轮工业革命的形态、内容、面临的挑战和应对之策。报告认为，工业 4.0 时代将实现由物联网与服务互联网构成的"智能工厂"，由网络技术决定生产制造过程，并实现实时管理。工业制造业在第一次工业革命实现了机械化，在第二次工业革命实现了电气化，在第三次工业革命实现了自动化，而今，通过工业 4.0，将步入"分散化"的新时代。

工业 4.0，用一句话来概括，就是以智能制造为主导的生产方法。它通过信息物理系统构建标准化的智能工厂，采用动态配置的方式实现智能生产。智能工厂是工业 4.0的本质。对于智能产品和智能服务，现代人并不陌生。无论是日常使用的智能手机，还是建设中的智慧城市、智能电网，都给人们带来了前所未有的便利。而工业 4.0 则是要实现工厂本身的智能化。在智能工厂中，人类、机器和资源能够互相通信，就像社交网络中一样自然。智能产品"知道"它们如何被制造出来的细节，也知道它们的用途。它们将主动地与制造流程"交谈"，回答诸如"我是什么时候被制造的""对我进行处理应该使用哪种参数""我应该被传送到何处"等问题。

在智能工厂中，产品从设计到制造，整个过程中产生的数据源源不断地汇总成一个即时更新的"产品数据库"，让厂商能够对生产流程的每个细节实现动态化、精细化掌控，并根据生产需要及时做出相应改变。即使在生产过程中出现问题和故障，也可以灵活应对，优化决策。通过这种新型生产模式，生产者也可以用较低的成本让客户充分实现个性化的订制需求。世界上最先进的数字化工厂已经开始进行智能工厂的探索。例如西门子公司位于德国安贝格市的电子制造工厂中，真实工厂与虚拟工厂同步运行，真实工厂生产时的数据参数、生产环境信息都会反映到虚拟工厂平台，人则通过虚拟工厂对真实工厂进行把控。工厂超过 3 亿个元器件都拥有自己的"身份信息"，它们来自哪条生产线、是由何种材质制造的、当时使用了哪些工艺和配件、加工时的参数是多少，都被一一录入。当一个元件进入某道工序时，机器就可以根据这些"身份信息"，灵活调整生产参数，以达到精密加工、减少出错、节约能耗的目的。

动态配置的生产方式是工业 4.0 的核心。它主要是指从事作业的机器人（工作站）能够通过网络实时访问所有与生产相关的信息，并根据信息内容，自主切换生产方式、更换生产材料，将生产作业调整到最匹配模式。动态配置的生产方式能够实现为每个客户、每个产品制定不同的设计、零部件构成、产品订单、生产计划、生产制造、物流配送方案，杜绝整个链条中的浪费环节。过去的传统生产线生产的是统一设计、统一标准的产品，而在动态配置的生产线中，在生产之前或生产过程中，都能够随时变更最初的设计方案。例如，过去想要推出一款新车，可能需要设计人员设计 3 年、生产模具 1 年、建设工厂 4 年，总共至少需要 8 年的时间。而在实现动态配置的智能工厂生产线中，固定的生产线概念消失了，采取的是动态、有机的模块化生产方式。就像在一些科幻电影中那样，正在进行装配的汽车能够自主地在生产模块间穿梭，接受所需的装配作业，一条生产线能同时生产多个车型。每个车型都能自动选择适合的生产模块，进行动态的装配作业。如果生产环节、零部件供给环节出现瓶颈，生产线还可以及时调度其他车型的生产资源或者零部件，继续进行生产。动态配置的生产方式能够动态管理设计、装配、测试等整个生产流程，既保证了生产设备的运转效率，又可以使生产种类实现多样化。在这种具有高度灵活性的生产条件下，客户可以根据个人喜好选择车型、车辆配置，甚至可以实现当月定制，下个月就生产出来。

不难看出，工业 4.0 的核心是以智能化动态配置为核心，借助工业互联网、5G、大数据等技术，实现资源的优化配置和订单式个性化生产。一方面，以智能化技术为核心的工业 4.0 生产体系，可有效提高资源能源利用效率，降低工业生产过程的能源消耗与碳排放，直接助力碳中和目标的实现。另一方面，工业 4.0 背后的大数据与智能化系统，使得对产品的碳溯源成为可能，工业 4.0 使得数据成为生产力的同时，也保留了对数据进行自动溯源的可能，从而确保了碳排放的精准溯源，助力构建产品碳足迹核算体系和生命周期降碳体系。此外，工业 4.0 的生产过程优化是基于特定算法和参数，而能耗和碳排放的控制，既是优化算法的目标之一，也是重要的控制性变量，因此随着碳中和得到全社会的认可和重视，工业 4.0 生产过程优化算法中能耗和碳排放的考虑权重，也将进一步上升，进一步赋能制造业碳中和。

4.2.4 智慧零碳交通

交通运输行业是能源消耗和温室气体排放的主要行业之一，碳排放量约占总量的 10%，从发达国家经验来看，交通能耗最终将占终端能耗的 1/3，未来我国交通运输总体需求仍将保持增长趋势，这意味着我国交通运输行业碳排放还将继续增长，2030 年碳达峰存在一定挑战。从我国交通运输碳排放结构来看，营运性公路和非营运性公路碳排放分别占比 50.7% 和 36.1%；以单位货物周转量来看，公路运输的能耗和污染物排放量分别是铁路运输的 7 倍和 13 倍。同时，我国乘用车平均油耗比欧洲标准高 1.0～2.0L/100km，比日本高 2.0～3.0L/100km。公路运输和城市交通优化将是交通领域碳达峰的关键。

交通领域的碳减排，其手段和方法与交通污染减排是共通的。交通系统污染物的减排，核心在于能源结构的调整（如发展新能源汽车）和降低单位里程的能耗，因此在大多数的场景中，交通系统的污染物减排必然伴随碳排放的减量。车辆的智能化、出行结构的优化和出行效率的提升、电动汽车的充放电优化、新能源汽车与可再生能源协同是智慧化技术促进交通领域碳减排的核心着力点。

基于大数据和智慧化技术，对交通环保多源融合模型进行分析研究，对促进动态交通仿真技术和交通环境评价技术的发展，满足国家需求，节能降碳减排技术的发展与应用都具有非常重要的理论价值和现实意义。在对机动车排放模型定量分析的基础上，既能为环境影响评价提供有力的支持，也是通过城市交通综合管理、规划来解决环境问题的重要工具。同时，也为政府有关部门制定环境管理制度、合理进行城市规划以及建设管理提供决策依据，具有重要的实用价值。

机动车承载力智能化分析将实现大规模交通流实时仿真、机动车尾气排放量化分析和路网结构影响分析三大功能，可在资源环境、社会经济外部约束和城市特定土地利用结构、交通设施条件下，保证城市交通服务水平和运行效率，并利用智慧管理等技术，确保城市交通系统所能承受的最大出行规模，即交通系统的可承受最大容量，从而实现城市交通体系的节能与碳减排。

大规模的交通流实时仿真基于地图、人口出行等数据的快速、准确的交通流实时仿真，研究兼容多种机动车排放模型的交通污染排放源的动态更新，实现模型快速、便捷的参数自定义。交通仿真模型是利用系统仿真技术来研究交通行为并对交通运动随时间和空间的变化进行跟踪描述的数学模型。通过并行计算技术，实现大规模实时交通模拟仿真，可以动态、实时、准确仿真交通流，包括某个位置交通是否拥堵、是否畅通，复现交通流的时空变化，深入地分析车辆、驾驶员和行人、道路以及交通的特征，有效地进行交通规划、交通组织与管理、交通能源节约与物资运输流量合理化分配。IBM 已经开发了交通实时仿真器 Mega Traffic 并在日本进行应用。

机动车尾气排放模型在交通流实时仿真的基础上，实现尾气排放的动态预测和监测，研究机动车数量限制对于尾气排放的影响，以及路网结构改变对于尾气排放的影响等。机动车尾气排放的污染物不仅与机动车本身有关，还与驾驶行为有关，因此需要收集机动车参数和机动车行驶参数，其中机动车参数包括机动车的车型、所在地车型分布、燃油类型、加油站的油品质量等。机动车行驶参数与交通仿真模型相结合，获取行车速度、机动车数量/密度的分布信息。

路网结构影响分析利用包含尾气排放量化模型的交通流仿真器，探究路网结构设计对交通流和污染物扩散的影响，分析并评估不同因素带来的影响。对于新道路建设，评估路网结构的变化对交通污染排放的影响；对于旧道路改造，评估不同时间的施工对交通污染排放的影响。路网信息是交通仿真器的重要输入，其参数的改变，尤其是路网结构的变化，必将产生显著的影响。对这些影响效用进行分析，将指导路网建设和改进。

4.2.5 绿色智能低碳建筑

绿色低碳建筑，是指从建筑设计、建筑施工、建筑流程控制、建筑物使用和建筑的后期维护和保养乃至建筑物的报废回收的整个完整生命周期内，尽量降低能源消耗，提高能源利用率，减少二氧化碳的排放量，从而使建筑项目对环境的压力大大降低，赋能建筑碳中和的实现。低碳建筑运营维护阶段管理，主要是指建筑竣工后，被使用者利用居住的阶段。这一阶段一般时间较长，因此低碳建筑运营维护阶段管理周期也跨度较大，这在很大程度上影响着低碳建筑生命周期长度。低碳建筑的运营维护管理也是牵涉众多，内部外部因素、自然人为因素等都在一定程度上加大了低碳建筑运营维护阶段管理的难度和强度。这一部分的管理需要借助智慧化的技术和手段，及时反馈信息，共同监督，明确各方责任，督促所有者应该按照相关规范和智慧管理系统的要求和建议，科学使用建筑物，有效延长建筑寿命，提高能源利用率，降低能源损耗。物业管理方应该实施监督建筑的维护和使用情况，及时做好记录，并负责智慧建筑系统的运维。低碳管理方应该间隔一段时间进行建筑物的损坏程度和能源耗用考察，及时记录研究。

建筑运行能耗是指建筑在使用过程中消耗的能源，建筑运行阶段碳排放包括直接和间接碳排放。建筑直接碳排放指建筑运行阶段直接消费的化石能源带来的碳排放，主要产生于建筑炊事、热水和分散采暖等活动；建筑间接碳排放指建筑运行阶段消费的电力和热力两大二次能源带来的碳排放，间接碳排放是建筑运行碳排放的主要来源。建筑设计施工和建材生产带来的碳排放，也称为建筑隐含碳排放。直接、间接和隐含碳排放三项之和可称为建筑全生命周期碳排放。从建筑的全生命周期来看，建材生产运输碳排放占比为55%，运行阶段碳排放占比43%，施工阶段碳排放占比2%。通过数字技术赋能建筑的运行管理，绿色智慧建筑为建筑碳达峰、碳中和提供了有效途径。

绿色低碳建筑的内涵，是指建筑具有可持续发展的特性：节能减排，最大限度地减少碳源（温室气体的排放），同时增加碳汇（吸收消耗空气中的二氧化碳），减少总的碳排量，从而减轻建筑对环境的负荷；与自然环境的融合和共生，做到人及建筑、自然的和谐、持续发展；提供安全、健康、舒适的生活空间。从低碳建筑的内涵上看，我们此前提出的绿色建筑、生态建筑也是低碳的，可以说，低碳建筑的建设和发展并不是一个全新的领域，只是在低碳经济时代，低碳的概念及碳交易市场促使了低碳建筑概念的形成，要求通过碳排量计算来评价建筑。低碳经济加速了低碳建筑的研究和发展。

北京市于 2006 年率先开展了国家机关办公建筑和大型公共建筑分项用电计量项目研究，并初步实现了分项用电数据稳定持续的获取、传输、存储和分析，这就是最初的建筑能耗监测系统，也是绿色低碳智慧建筑综合管理系统的雏形。建筑能耗监测系统针对国家大型公共建筑进行能耗监测活动，主要通过信息化手段，采用数据采集设备对目标建筑进行信息采集及能耗监测，通过有线网络和无线网络进行数据传输，为监测部门和决策部门提供信息化决策支持，从而降低用能，提升节能效果。

江苏省自 2007 年开展能耗监测调研与研究，并于 2008 年起实施能耗监测项目试点，依托省级建筑节能专项引导资金落实了分项计量工程项目和数据中心建设。2010 年，江苏省住房和城乡建设厅按照住建部关于国家机关办公建筑和大型公共建筑能耗监测工作的要求，出台了《公共建筑能耗监测系统技术规程》，从建筑用能的分类、分项、建筑能耗监测的范围，以及分项计量工程的设计、施工、检测、验收和运行维护的全过程提出了技术要求。江苏省建筑能耗监测与信息管理系统具备各种建筑能耗实时分类/分项计量、数据采集与存储、数据统计与分析、数据发布与远传等各项基本功能，已先后应用在南京、无锡、常州、苏州等市级监测中心，实现了对辖区内大型公共建筑能耗动态监测的目标。该系统可展示 3 个主要页面——建筑信息配置页面、建筑能耗统计查询页面和实时监测页面，其中建筑能耗统计查询页面包括各类日常工作的数据报表，以及对应不同度量值、不同展示维度的数据图表。

基于软件工程的思想，绿色低碳智慧建筑管理系统的总体架构包括建筑能耗数据采集子系统、建筑公共设备数据采集与管理子系统及绿色低碳智慧建筑数据中心等。其中建筑能耗数据采集子系统、建筑公共设备数据采集与管理子系统由被监测建筑中的各计量装置、智能电表、数据采集器和数据采集软件系统组成，由自动计量装置实时采集，通过自动传输方式实时传输至数据中心；数据中心接收并存储其管理区域内被监测建筑和数据中转站上传的数据，并对其管理区域内的能耗数据进行处理、分析、展示和发布。整个系统的带宽、容量、运算速度、准确性、安全性、稳定性等都有很高要求。

绿色低碳智慧建筑管理系统的建立，为机构运行管理人员直至管理层提供了便捷、直观和高效的节能减碳管理平台。在此平台上，通过采集、分析各分项计量数据，可以判定建筑或楼层节能情况、碳排放情况，并针对建筑及楼层不同的使用功能、用电设备和用电时段等特征，提出节能降碳管理和改进的方案。

要实现建筑的低碳化，可采用的方法有：

（1）遵循就近、低碳的原则选择建筑材料。就近选择材料，减少材料的运输距离，从而减少运输过程中消耗燃料而形成的碳排量。材料的低碳应从两方面考虑：一方面，选择低碳建筑材料；另一方面，采用钢结构、竹木材料、金属墙板、石膏砌块等可回收建筑材料，可提高建筑寿命期结束后资源回收利用率。

（2）增加可再生能源的利用。建筑在使用过程中，可充分利用太阳能、风能、地热能、生物质能等可再生能源，应根据环境条件和建筑的使用特点，选择合理的可再生能源类型。例如太阳能的利用要考虑日照时间和强度；城市高层建筑和郊区风力资源较丰富时，可有效利用风力发电。

（3）回收利用水资源。地球上可供人们利用的淡水资源紧缺，建筑应考虑水的回收利用，设计中水回用系统，将灌溉、冲厕等用水与饮用水系统分离，在节约水资源的同时，减少污水过度处理过程中的能源消耗，达到间接减排的目的。

（4）合理利用建筑通风，增强建筑物门窗气密性。建筑设计对自然风的影响要从两个方面考虑：一方面合理设置建筑门窗，引入自然通风，以满足室内换气和夏季通风散热的要求；另一方面，又需要保证建筑物密闭性，避免空气渗透造成热损失。

（5）改善建筑物围护结构的热工性能。建筑物的屋顶、门窗和墙体是建筑室内外的热交换通道，减少围护结构的室内外传热，稳定室内温度，可以减少能量损失，进而减少采暖、空调等设备的能量消耗。

（6）采用高效的建筑设备。随着人们生活条件的改善和经济的发展，暖通空调的应用越来越广泛。当前在暖通空调专业领域，也展开了节能减排的大量研究：通过提高设备运行效率减少能耗；采用智能中央控制系统，根据环境条件启动设备，避免过度负荷形成浪费；使用可再生能源空调系统；研究夏季利用冷凝热的热水供应等，显著提高了空调系统能源利用率。

（7）增加碳汇，减少总排量。低碳要求"开源节流"：一方面通过上述方法，采用节能减排的方式减少温室气体的排放，是为"节流"；另一方面，还应当考虑对二氧化碳的吸收，增加碳汇，即"开源"。自然界通过植物的呼吸作用、生物的分解产生二氧化碳，同时通过光合作用消耗二氧化碳，达到自然界的碳平衡。目前最实用的增加碳汇的方法是建筑结合绿化，加强建筑绿化的功能性设计，利用植物的光合作用减少建筑碳排放总量。

（8）使用者的低碳生活方式也是发展低碳建筑的一个重要方面，主要从节电节气和回收等方面改变生活细节，降低建筑能耗。低碳生活方式是日本低碳社会的一个核心内容，其中的一些生活方式直接影响建筑能耗。例如日本环境省从 2005 年起提出民众夏天穿便装，秋冬两季加穿毛衣的倡议；夏天要求男士不打领带，将空调温度由原先的26℃调到 28℃，秋冬可调到 20℃。据统计，仅夏天空调温度调高 2℃一项，即可节能17%；如果换算成石油，日本全国每年可节约原油 155 万桶。

4.3 降碳智慧化实现路径

4.3.1 多尺度的智慧化碳排放监测体系

碳监测是督促各层级落实减污降碳、源头治理要求的重要手段，也是国家温室气体清单编制和国际谈判的重要支撑；碳监测也有助于主动适应气候变化需求，加强气候变暖对我国承受力脆弱地区影响的观测和评估等工作。碳监测可以推动完善核算体系，也可以对核算结果进行协同校核，是碳排放权交易的重要支撑。同时依托现有环境空气监测网络，能够为推动重点地区"双碳"目标实现提供支撑。

从监测目的上，碳监测包括排放监测和环境浓度监测。排放监测是指通过设备监测、数值模拟、统计分析等手段，获取某个二氧化碳或其他温室气体集中式排口中温室气体排放浓度和总量。环境浓度监测是指通过基于电化学或光学等手段的监测设备和工具，结合模型反演等手段，对大气中温室气体（主要是二氧化塔）浓度数据进行实时监测。

从监测尺度上，碳监测可分为微观、中观和宏观监测。微观碳监测目的是通过对重要的碳排放源和碳汇上碳通量的监测，支撑碳排放核算、碳交易等工作。中观碳监测是对重点工业园区、核心城市或乡村、代表性区域等范围内二氧化碳的源、汇，以及流动情况进行监测或模拟，从而对区域二氧化碳的排放、吸收，以及迁移流动图景等有更全面的了解和把握。宏观碳监测是在全国或全球对二氧化碳浓度的动态迁移与演化等进行监测与模拟分析，其目的是分析海洋、原始森林等大区域的碳汇功能，研究二氧化碳及其他温室气体对全球变暖的真实贡献，建立或修正全球变暖模型。

我国气象、生态环境、农业、职业卫生及石化工业等部门均提出了二氧化碳测量方法标准，涉及的方法原理有离轴积分腔输出光谱法、非分散（不分光、非色散）红外光谱法、傅里叶红外光谱法、气相色谱法及奥氏气体分析仪法等。这些方法根据原理、采样方式、样品基质及特性不同，适用于各类应用场景。

其中农业、职业卫生及石化工业的二氧化碳测量方法主要是为了解决产品组分、职业防护等特定领域问题。从温室气体测量角度出发，在环境大气方面，气象部门提出了较为完善的测量方法体系，以离轴积分腔输出光谱法（GB/T 34286—2017《温室气体二氧化碳测量　离轴积分腔输出光谱法》、QX/T 429—2018《温室气体　二氧化碳和甲烷观测规范　离轴积分腔输出光谱法》）和气相色谱法（GB/T 31705—2015《气相色谱法本底大气二氧化碳和甲烷浓度在线观测方法》）为主，生态环境部门提出的便携式傅里叶红外仪法（HJ 920—2017《环境空气　无机有害气体的应急监测　便携式傅里叶红外仪法》）仅适用于应急监测；在污染源废气方面，生态环境部门提出了非分散红外法（HJ 870—2017《固定污染源废气　二氧化碳的测定　非分散红外吸收法》），而奥氏气体分析仪法（GB/T 16157—1996《固定污染源排气中颗粒物测定与气态污染物采样方法》）由于测试精度不高以及现场工作不便利性，在实际工作中应用不多。

在温室气体（二氧化碳）测量领域，与环境大气二氧化碳测量方法体系相比，污染源废气仅有一个手工测量方法，无在线监测技术规范，而碳源监测是实现碳中和的重要保障。国际上对于温室气体排放测算有排放因子法与直接测量法两种方法，直接测量法在精确度上优势较为明显，也是排放因子法中排放因子的基础来源。

此外，除上述方法以外，近年来，基于无人机和低空卫星红外遥感的碳浓度监测技术也逐步得到应用。碳卫星的出现与应用逐步弥补了地面监测的不足，成为高效获取大尺度范围内二氧化碳浓度的重要渠道。

太阳光穿过大气时，大气中的不同气体分子对太阳辐射有着不同程度的吸收，例如大气中的臭氧主要吸收太阳辐射中波长较短的紫外线，二氧化碳则主要吸收波长较长的红外线。因此卫星遥感可以通过搭载探测仪，精细测量气体吸收太阳辐射的情况，从而反演出大气中二氧化碳的浓度。

2009 年，日本发射了世界首颗专门从太空监测温室气体浓度分布的卫星；随后在 2014 年，美国也发射了用于监测二氧化碳的卫星。2016 年，我国成功发射了自主研制的"全球二氧化碳监测科学实验卫星"，该卫星能够定期获取全球二氧化碳分布情况，一举解决了我国空间二氧化碳观测从无到有的问题。

此前，联合国政府间气候变化专门委员会（IPCC）曾制定《2006 IPCC 国家温室气体清单指南》，为世界各国建立国家温室气体清单和减排履约提供最新的方法和规则。在 2019 年的指南修订版本中，基于大气浓度反演温室气体排放量的方法被正式列入其中，这意味着利用卫星遥感等方式获取碳源、碳汇现状与变化情况已经成为国际认可的一项评估方法。

1. 轨道碳观测卫星 – 2

轨道碳观测卫星 – 2（OCO – 2）是美国航空航天局（NASA）第一颗研究二氧化碳排放的卫星。NASA 希望通过 OCO – 2 观测了解陆地与海洋吸收之外的二氧化碳在全球大气中的不均匀分布，对碳排放、碳循环进行精确地测量，提高对温室气体的自然来源与人为排放的理解，改善全球碳循环模型，更好地表征大气中二氧化碳的变化，进而更准确地预测全球气候变化。

OCO – 2 将均匀采样地球陆地和海洋上空的大气，在为期 2 年时间里对地球受到太阳照射的一半区域每天进行 50 万次采样，以确定的精度、分辨率和覆盖率提供区域地理分布和季节变化的完整图像。OCO – 2 仪器的 3 个高分辨率光谱仪将对太阳进行光学谱监测，聚焦到不同的色带范围，分析测定特定颜色被二氧化碳和氧分子吸收的情况。这些特定颜色被吸收的光量与大气中二氧化碳浓度成正比，研究人员将在计算模型中引入这些新数据以建立量化全球的碳源与碳汇。

OCO – 2 光谱仪的设计目标是测量太阳光经过地表反射之后，太阳光将两次穿过地球大气层。大气层中的二氧化碳分子和氧气分子具有非常特殊的光谱特性，因此，当光线抵达 OCO – 2 卫星有效载荷时，太阳光将在这些特殊谱段上损失相应的能量，OCO – 2 的光栅光谱仪将太阳光散射开来，就可以获取相应谱段上的二氧化碳和氧气的吸收能量，从而测量出当地大气中二氧化碳和氧气的气体含量。

2. "伊吹"卫星

日本环境部、日本国家环境研究所，及日本宇宙航空研究开发机构利用温室气体观测卫星"伊吹"（GOSAT）获得的数据和晴天观测的数据分析，提供全球大气中二氧化碳和甲烷的气柱平均浓度的数据产品。采用由此获得的二氧化碳气柱平均浓度，用大气传输模型的反解分析（逆模型解析），来测算全球各区域二氧化碳的吸收和排出的净值情况（来自自然和人为的二氧化碳的净吸收排放）。

日本 GOSAT 是世界上第一颗专门用于探测大气二氧化碳的超光谱卫星。GOSAT

的轨道高度为 666km，每天绕地球 14 圈，回归周期为 3 天，其上搭载的 TANSO-FST 传感器是一台迈克尔逊干涉仪，可获得 3 个短波红外范围的窄波段（0.76μm、1.6μm 和 2.0μm）和一个热红外宽波段（5.5～14.3μm）的吸收超光谱。TANSO-FST 的瞬时视场为 15.8mrad，对应地表水平面高度上的天底"脚印"直径 10.5km。TANSO-FST 获得的超光谱波谱数据经处理可获得 X 二氧化碳产品。

GOSAT 短波红外二氧化碳二级产品是 GOSAT 单点观测的大气整层的 X 二氧化碳，它由 GOSAT 获取的 3 个短波红外吸收光谱采用最优估计的方法反演得到。GOSAT 短波红外波谱经云滤除及其他预处理，获得可用于反演的无云吸收光谱，在获取先验知识基础上，采用最优估计方法反演大气 X 二氧化碳，最后经质量滤除，得到整层大气的 X 二氧化碳产品。

观测传感器是 GOSAT 卫星的核心部门，主要包括傅里叶变换光谱仪（FTS）、云和气溶胶成像仪（CAI）。FTS 用于温室气体探测，CAI 用于同步收集云和气溶胶信息。两者合称为 TANSO（Thermal And Near-infrared Sensor for carbon Observation）

3. 碳卫星（代号 TANSAT）

碳卫星（TANSAT）是由中国自主研制的首颗全球大气二氧化碳观测科学实验卫星。

碳卫星总质量 620 千克，搭载一体化设计的两台科学载荷，分别是高光谱二氧化碳探测仪以及起辅助作用的多谱段云与气溶胶探测仪。

TANSAT 卫星主要有 3 种观测模式，分别是天底观测模式、耀斑观测模式和目标观测模式。探测仪器的视线指向当地的最低点（即天底观测模式，Nadir observation）或者是闪烁的光点（即耀斑观测模式，Glint observation），还可以瞄准选定的地球表面校准和验证点（即目标观测模式，Target observation）。天底观测模式提供了最佳的水平空间分辨率，并有望在部分多云地区或地形上产生更多有用的 X 二氧化碳探测。耀斑观测模式在黑暗、镜面表面有比较大的信噪比，预计在海洋上会产生更有用的探测结果。通常，碳卫星在天底观测模式和耀斑观测模式之间交替进行。目标观测模式是在碳卫星验证点上进行的，并收集成千上万的观测数据，大量的测量减少了随机误差的影响，并提供了识别目标附近 X 二氧化碳场空间变异性的信息。

目前，碳卫星已经对外共享了经过定标后的 L1B 光谱数据集，所有产品文件都是以层次型科学数据格式 HDF-5 发布。这种格式有助于创建逻辑数据结构，通过将数据产品组织到文件夹和子文件夹中，每个文件对应一个轨道连续模式的数据集。

作为中国首颗碳卫星载荷，高光谱温室气体探测仪、多谱段云与气溶胶偏振成像仪为温室气体排放、碳核查等领域的研究提供基础数据，为节能减排等宏观决策提供数据支撑，增加了中国在国际碳排放方面的话语权。

综上，目前在物理技术和设备层面，碳监测的技术和手段已经较为多样和成熟，需要开展碳监测技术与智慧化技术的结合应用的探索。GOSAT 卫星提供了系列化的智慧化应用产品，分为多个级别，包括：

（1）L0 级产品：地面接收站接收到的原始干涉图、相应的未定标图像数据级辅助数据。

（2）FTS-L1A 产品：包括原始干涉图、定标数据、时间记录信息、传感器状态参数和尺度转换相关参数。

（3）FTS-SWIRL1B 产品：经过相位校正、傅里叶逆变换，并经过辐射定标、光谱定标、几何定位后的短波红外光谱数据。

（4）FTS-TIRL1B 产品：经过黑体辐射定标后的热红外光谱数据。

（5）CAIL1B 产品：经过辐射定标、几何校正后的光谱数据。

（6）FTS-SWIRL2 产品：根据二氧化碳和甲烷吸收光谱反演得到的二氧化碳和甲烷平均柱浓度。

（7）FTS-TIRL2 产品：利用 FTS 热红外波段反演得到的二氧化碳和甲烷垂直廓线资料。

（8）CAIL2 产品：云标示产品。

（9）FTSL3 产品：根据二氧化碳和甲烷浓度数据，经过克里金插值后得到的全球 $2.5° \times 2.5°$ 月平均浓度分布数据。

（10）CAIL3 产品：包括全球辐射分布、全球反照率产品、NDVI、全球云及气溶胶属性产品。

（11）L4A 级产品：全球划分为 64 个区域，利用 FTS-SWIRL2 数据结合地表观测数据，经大气传输模型反演得到的二氧化碳月平均通量产品。

（12）L4B 级产品：基于 L4A 产品得到的全球 $2.5° \times 2.5°$，6h 平均三维二氧化碳浓度产品。

碳监测卫星的一个重要应用领域与研究温室气体与全球变暖的关系，因此需要同步对地面温度进行遥感监测。近年来，与地表温度（LST）反演、大气辐射传输相关的应用需求增长较快，大气辐射传输的过程研究与定量化反演蓬勃发展，如大气辐射传输理论模型等。

下一步，需要集合遥感、土地利用、社会经济地理数据以及基础地理信息等多源信息，共同构建统一的"双碳"时空监管平台，助力推进"双碳"与时空大数据结合，探索碳的时空分布特征，对碳排放量和空间分布、强度进行量化客观监测和溯源，实现资源开发利用的动态监管。

首先，建立"双碳"专题数据库，统一管理多源异构数据，整合海量时空地理数据、遥感影像数据、三维动态建模数据以及各级各类图表数据规范化管理，满足各级各类数据管理需要。

其次，"双碳"时空信息多维度分析，梳理数据与各业务流程之间的逻辑关系，加强空间分析能力，实现海量空间数据快速组织，实现检查入库、数据更新、编辑查询、统计输出、交换发布等一体化数据综合管理，增强快速响应多用户、大数据下的数据服务能力。

最后，优化"双碳"时空大数据可视化展示，优化可视化渲染效果，二维地图与三维建模相结合，多维度展现"双碳"时空分布特点。

4.3.2 智慧能源监测统计体系

碳中和除了需要监测碳排放量和环境碳浓度，还需要对各种能源使用数据、涉碳原料的使用数据、碳汇利用数据等进行监测，其中能源使用数据的精细化监测是碳中和目标实现的重要保障。能源监测的主要目标是提高能效管理，通过监测系统，管理者可以监察城市各个部门、园区各个企业，以及企业内部各部门生产和能源消费的实际情况，深入分析各环节的资源利用效率和节能降碳潜力，及时发现问题并加以解决，以最大限度地提高能源利用率，从而达到全面节能降碳的目的。

据国外统计资料，企业每年8%能源损耗源于没有能源监测及维护计划，每年12%的损耗源于没有管理及控制系统。另外，从政府管理角度，政府和企业之间缺乏一个有效的能耗监控平台，使得企业能耗信息不准确不全面，导致政府节能监管渠道不畅。为了更好地促进社会领域的能源节约和碳减排，特别是重点工业企业和主要建筑的节能降碳管理，亟须建立智慧化能源及碳排放管理系统以及能源监测和评估体系，建立政府综合能源监测数据仓库，实现能源监测数据的采集与分析，打破"信息孤岛"，有机规划整合现有相互孤立的能源信息数据，优化重组数据流程，提高数据利用率，完善统计核算与监测方法，提高能耗监测的准确性和及时性，实现能源管理的数字化、可视化、智能化。实践证明，信息通信及数字智慧化技术的应用可以有效推动节能降耗，对实现绿色低碳发展起到显著作用。

智慧能源监测统计系统应包括智能采集设备、网络通信传输、能耗监测分析、部门企业与建筑用能统计、用能情况业务管理和集中展示，实现对重点用能领域、用能行业企业与主要建筑能源消耗动态数据采集、监测和分析，帮助政府主管部门精确了解能源消耗情况，从而实现能源的科学管理和利用，达到降低能耗的目标。

智慧能源监测统计系统主要功能包括：

（1）企业能耗数据采集：能耗数据采集通过智能采集设备采集到各类型能源消耗信息，包含煤、油、水、电和气等。基于健全的能耗监测指标系统、科学的能源计量管理和完善的能耗数据采集管理，保证了监控平台能够准确地跟踪监测各行业企业能源消耗情况。

（2）灵活可定制的能耗数据统计报表：智慧能源监测统计系统通过准确的能耗数据采集实现对能耗的统计。用户可以进行实时数据和历史数据查询，根据不同的查询条件，实现对不同区域、行业、企业的能源消耗的统计分析，并自动生成各类报表。

（3）多维度能耗数据对比及趋势分析：智慧能源监测统计系统应支持动态多曲线对比分析功能，可以按连续时间段、特定时间段灵活对比分析统计不同行业、企业、建筑之间的能耗。智慧能源监测统计系统还可以做到管理的可追溯性，实现查询分析，对行业、企业、建筑进行历史对比分析。智慧能源监测统计系统可以进行多种关联数据的比较分析和行业企业间的多因素关联分析。与此同时，智慧能源监测统计系统结合历史数据，实时数据及政府节能降耗目标，预估重点耗能行业企业的能耗指标，供政府参考，同时按照能源配给、行业能耗等指标进行预警。

（4）能耗监控业务流程管理：能耗监控业务管理是保证智慧能源监测统计系统正常运行的重要功能模块，其中包括用能企业主要建筑信息管理、能耗监测点管理、节能市场管理、能耗监测指标和能源计量管理等。

（5）基于大数据的智能节能决策支持：利用区域能耗监控平台，智慧能源监测统计系统可以更准确地把控不同区域、不同行业企业能源消费情况，有针对性地制定相应政策，来加强企业节能，成为"聪明的决策者"。实现能源监测数据的采集与分析，打破"信息孤岛"，有机规划整合现有相互孤立的能源信息数据，优化重组数据流程，提高数据利用率，完善统计核算与监测方法，提高能耗监测的准确性和及时性。

4.3.3 碳排放智慧核算与核查体系

碳排放数据是"双碳"工作最重要的基础数据，碳排放的核算工作是"双碳"工作的基础，既要确保精度、准确度与可信度，又需要简化计算的流程，降低复杂度，提高核算的效率。因此，基于自动化、智慧化的碳排放监测与能源监测体系，形成碳排放智慧核算核查平台，是降碳智慧化的核心环节。

碳排放智慧核算核查系统的建设应以原始数据可溯源、核算过程透明化、核算结果标准化为原则。原始数据可溯源指参与碳排放核算的所有原始数据，包括能耗数据、碳监测数据、工艺过程参数等，均需要实现源头采集和不可篡改，并可在需要的时候，向有权限的机构提供完整的签名数据，这是碳排放智慧核算核查系统建设中最重要的原则。核算过程透明化指碳排放核算所采用的方法、使用的参数等均清晰明了，符合国家和国际相关标准。核算结果标准化第一层意思是核算的结果应该采用统一的标准化量纲，如甲烷、氧化亚氮等温室气体应统一换算成二氧化碳当量（一般应为 100 年尺度）；第二层意思是核算结果应明确其核算边界和置信区间。依据国际标准，碳排放的核算包括 3 个边界，范围 1 指物理边界内的直接碳排放；范围 2 指外购电力、热力、冷力、压缩空气等产生的间接碳排放；范围 3 指生命周期尺度的其他碳排放。因此碳排放结果的核算边界至少有 5 种合理的组合：范围 1、范围 2、范围 3、范围 1＋范围 2、范围 1＋范围 2＋范围 3。此外，任何核算过程都不可避免地需要忽略一些排放量极少的过程环节，应明确忽略的原则。

在多尺度的智慧化碳排放监测体系和智慧能源监测统计体系基本建立的情况下，建设碳排放智慧核算与核查体系，并形成相应的系统平台，是水到渠成的事。从系统开发和运行的角度，碳排放监测体系与能源监测体系的数字化和智能化为碳排放智慧核算与核查体系的建立提供了基础数据的保障，因此碳排放智慧核算与核查系统建设的重点是如何内置各行各业的碳排放核算方法，并可根据行业和企业实际情况，动态构建碳排放模型，即构建行业和企业的碳数据孪生模型。

但考虑原始数据可溯源的原则，碳排放智慧核算核查系统更需要关注数据的安全存储、不可篡改和回溯，并且需要尽量保证最原始数据的可靠性。从这个角度分析，基于区块链的数据存储溯源方法，是碳排放智慧核算核查系统的最优选择。区块链技术是分布式的网络数据管理技术，利用密码学技术和分布式共识协议保证网络传输与访问安全，实现数据多方维护、交叉验证、全网一致、不易篡改。作为新一代信息通信技术的重要演进，数据不可篡改、透明可追溯等特征，使得区块链技术正在成为解决产业链参与方互相信任的基础设施——打造信用价值网络，必将在全球经济复苏和数字经济发展中扮演越来越重要的作用。

目前，区块链技术架构已趋于稳定，围绕产业区块链场景实际需求，相关技术朝着"高效、安全、便捷"持续演化。联盟链主要服务于企业级应用，其关注重点在节点管控、监管合规、性能、安全等方面。其中，密码算法、对等网络、共识机制、智能合约、数据存储等核心技术进展相对缓慢，运维管理、安全防护、跨链互通等扩展技术发展较快，且与其他信息技术融合趋势明显，行业焦点逐步由核心技术攻关转向为面向场景优化为主。

区块链与物联网的结合可以弥补两者自身缺陷，实现物理－数字世界可信链接，保障链上链下数据一致性。一是物联网设备可有效提升上链数据真实性。利用物联网终端设备安全可信执行环境，可以将物联网设备可信上链，从而解决物联网终端身份确认与数据确权的问题，保证链上数据与应用场景深度绑定。二是区块链为数据要素流转和价值挖掘提供可信保障。区块链记录的准确性和不可篡改性也让隐私数据变得有据可循，而且在安全方面更易于防御和处理。通过将区块链作为数据市场确权和交易基础技术，可推动数据市场交易规范化，助力物联网由数据采集走向场景应用深度融合。三是区块链促进物联网应用拓展。万物互联的时代使得数据价值越发凸显，区块链提供的安全性和透明度为解决当前物联网面临的问题提供了新的思路。区块链将加速物联网应用拓展，丰富"区块链＋物联网"智能应用场景，并为服务商和消费者开辟新的机遇，加速行业融合创新。

因此，基于区块链技术实现碳排放监测和能源监测数据的可信存储，是典型的区块链与物联网相结合的应用案例，既可解决终端监测设备所采集数据的长期存储和防篡改问题，确保数据可信，也可由此创建区块链进入物理世界的一条真实通道，共同构筑智能应用市场的数据基石，为下一步开展基于隐私计算的碳中和人工智能模型的建立、训练提供解决方案，加速碳中和宏伟目标的实现。

4.3.4 "双碳"智慧管理平台

"双碳"智慧管理平台应以同时服务于企业和政府碳中和相关领域工作为核心目标，为企业提供碳分析核查、碳资产管理、碳足迹认证、碳中和方案策划等系列服务；同时形成面向政府的企业动态碳账户管理系统，支撑碳管制体系和以碳为核心的技术创新体系的建立，助力产业升级。因此，"双碳"智慧管理平台应分别建立面向企业和政府两级的服务体系，建设服务平台，并建立两者间动态交互的相关机制与标准，如图 4－1所示。

在企业级，针对企业碳管理与优化的需求，建立企业碳管理服务体系。企业碳管理服务体系以服务于企业对其自身碳排放与碳资产进行管理、调控与优化为核心，做好企业"第三方碳管家"的角色，形成"平台＋咨询＋服务"的架构，即 1 个企业碳管理云平台，1 个碳管理咨询团队，1 个第三方专业碳服务团队。

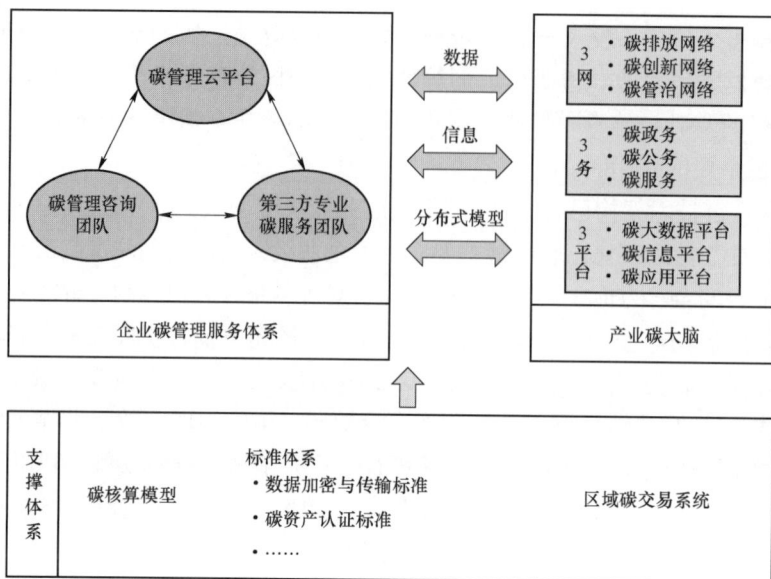

图4-1 "双碳"智慧管理平台总体架构

在政府级，针对政府部门对企业碳排放进行管理的需要，建设产业碳大脑，以政府为主要用户，定位为政府的决策支持工具，构建"3网3务3平台"的体系架构。3网即碳排放网络、碳创新网络、碳管治网络；3务即碳政务、碳公务、碳服务；3平台即碳大数据平台、碳信息平台、碳应用平台。

企业碳管理服务体系以企业为服务对象，产业碳大脑以政府为服务对象，两者相互独立。但两者存在密不可分的关系：在数据层面，企业碳管理云平台可为产业碳大脑提供所需的部分数据；在信息层面，企业可以获得对企业发展有参考意义的信息，也可以帮助发现自身存在的问题；在应用模型层面，则需要两者结合，构建基于联邦学习之类的分布式大数据分析模型。

碳管理云平台以企业为核心，采用"一企一平台"的架构，除为企业提供能源管理相关功能外，还为企业提供碳排放核算分析、碳资产动态管理、碳排放监控等功能。碳排放核算分析为企业摸清家底，并帮助企业分析"双碳"转型发展中存在的问题；碳资产动态管理为企业将碳资产进行认证，并通过碳交易等行为，帮助企业取得额外的收益；碳排放监控借助硬件设备对企业的实时能源消耗数据和直接碳排放数据进行自我监测，实现数据的可核查、可溯源，并及时发现问题。

碳管理咨询团队与第三方专业碳服务团队都将在平台的支持下，为企业提供专业的定制化碳服务。碳管理咨询为企业提供碳排放、碳核查、碳资产等方面的专业咨询服务，帮助企业解决突发问题。第三方专业碳服务团队是为企业提供全方面碳相关服务，包括碳资产认证与管理、碳资产交易、碳中和产品认证、企业绿电设备管理、峰谷储能设备维护等。

产业碳大脑以政府为核心服务对象，将为政府提供以企业为单元的碳排放管理、企业碳竞争力排名、企业碳绩效画像、产业碳排放全景及溯源等功能；并建立产业层面的企业碳账户系统、碳资产管理体系，支撑碳达峰、碳中和等工作的开展；从碳创新促进产业发展的角度，提供针对性的措施建议，实现"约束－动力"转化；帮助地方政府协调对接专业研究团队，提供专业支持。

"双碳"智慧管理平台可提供多种专业化的服务，比如：

1. 碳排放核算与企业碳账户管理

通过企业碳管理服务平台和产业碳大脑协同合作，实现企业碳排放核算和碳账户管理的功能。其中企业碳管理服务平台提供碳排放核算与直测两种计量手段的数据采集、计算与报告生成；产业碳大脑实现企业碳排放数据的汇集，并拓展建立动态碳排放管理清单，指定企业碳管理服务平台所用的计算标准和计算模型，并反馈审核意见。

具体而言，平台将通过企业碳账户管理数据库及信息采集、填报模块，高效、低成本获取和管理企业碳排放相关数据。并基于系统内建的产业碳排放核算模型，完成企业碳排放量核算，摸清企业碳排放底数。

在产业碳大脑内，建立企业碳账户，完整准确记录各个企业的碳排放量、碳排放配额、自愿减排数量等，有效落实分解企业碳排放责任，实现对区域各企业主体碳排放量动态监测和碳减排潜力的挖掘。

此外，如果企业安装了二氧化碳－CEMS（连续式烟气二氧化碳排放监测）系统和设备，平台可实现碳排放直测计量，提供碳排放监控、智能质控、智慧运维等功能。

2. 碳资产管理

企业碳资产管理是碳核算与碳账户管理功能的自然延伸。平台可以将绿电、峰谷储能，以及企业通过设备更新、管理效率提升、自动化与智能化改造等实现的碳减排额度，纳入碳资产管理平台的统一管理。并探索结合区块链技术，实现碳资产的认证，支撑区域或行业碳交易体系的建立。

3. 碳足迹分析

碳足迹分析是产品碳标签和碳中和认证的核心支撑方法，针对企业构建碳足迹分析模型，完成碳足迹核算的需求。平台将针对特定行业，建立通用的碳足迹分析模型。基于通用碳足迹分析模型，企业可根据自身生产特征，建立针对特定产品的碳足迹分析模型，或者建立以企业经济活动为评价对象的碳足迹分析模型。

生命周期数据库是碳足迹分析的核心支撑工具，针对目前我国生命周期数据库建设严重滞后的问题，平台在核算产品或企业碳足迹时，优先选择企业自身特征的生命周期数据库，其来源包括企业生产数据，以及企业通过调研得到产业链节点上的关键生命周期数据；其次选择国内通用生命周期数据库，最后再根据工艺、设备等情况，选择国际数据库中作为替代数据源。而同时，平台在为企业提供碳足迹分析服务的同时，也是逐步积累数据，建立我国的生命周期数据库的过程。

4. 碳中和技术创新

碳中和转型需要全方面科技创新体系的支持，既需要在技术设备、产业结构、发展模式等多个层面开展创新，也需要在能源结构、数字化、智能化、监测体系等领域开展创新。

对县域、镇域尺度的工业体系，为实现降低碳排放和实现碳中和，存在多种创新途径，如对技术设备进行提升改造，通过数据化智能化改造，实现节能降耗的同时实现碳减排等。政府也可通过引导产品进行升级，实现产业链的变革；或者通过推进能源结构的调整，实现碳的减排。

上述创新都可实现碳的减排，但如果将经济、环境等多个因素纳入作为限制性要求，就存在优先级的问题。如果进一步加入时间尺度作为变量，在 5 年尺度、10 年尺度、30 年尺度上，上述问题（创新链优先级）可能会有不同答案。

产业碳大脑需要结合大数据、人工智能、情景分析、多目标优化等方法，尝试给出上述问题的答案，并给出决策建议，促进产业体系的升级。

5. 探索政府实现节能、降碳、减污、增效多目标的协同发展

在有限资源投入和产业规模的限制下，通过构建基于技术参数与绩效特征的多目标优化模型，探索多种技术、措施的优化组合模式，实现节能、降碳、减污、增效等多效益的协同发展。

4.4 智慧能源低碳转型

4.4.1 应用概述

1. 落实国家"双碳"政策

能源活动是碳排放的最主要来源，《中华人民共和国气候变化第一次两年更新报告》显示，中国温室气体排放总量中，能源活动排放占比达 78.5%。能源行业转型升级也成为我国碳达峰、碳中和目标落实和路径选择中的重点。"双碳"目标对我国能源行业转型提出了新的更高要求。一方面，要求能源行业以提高质量和效率为导向，转变长期以来高投入、高消耗、低效率的粗放式发展方式，切实推进质量变革、效率变革；另一方面，要求能源行业以绿色和低碳为导向，从不同能源品种、从产业链上中下游、从产供储运销各环节，全方位推进减污降碳，壮大清洁能源、节能环保等绿色产业，助力碳达峰和碳中和目标实现。

2. 保障能源供给安全

近来，欧洲天然气、电力、油品短缺问题愈演愈烈，全球能源价格加快上涨，我国部分区域局部时段也出现了能源供需偏紧问题，此次能源供应问题进一步凸显了加快能源转型升级的必要性和紧迫性，也体现出转型过程中的艰巨性和复杂性。

中国是世界上最大的能源生产国，能源自给水平保持在 80% 以上。但我国人均能源资源拥有量相对较低，原油、天然气对外依存度分别超过 70%、40%，油气资源保障成为我国能源安全的核心问题之一。能源发展面临资源短缺、环境保护的双重约束，这要求我们以保障能源安全为前提，加快形成清洁低碳、安全高效、多元互补的现代能源供给体系，着力提高能源自主供给能力。

能源作为经济社会发展的重要物质基础，有别于一般的工业品。因此，加快推动能

源转型，减少化石能源进口，将属地性特征强的可再生能源逐步发展成为能源供应的主体，有利于从根本上解决能源供应安全问题，这已成为全球各国的共识。特别是在很多国家和区域已明确提出碳中和承诺的背景下，碳关税、碳壁垒蠢蠢欲动，世界经济版图和产业竞争格局面临深刻重塑，加快发展低碳清洁能源，不仅是新冠肺炎疫情之后各经济体绿色复苏的重要发力点，更是各国抢占未来低碳技术产业制高点的一致行动。正因为此，欧盟委员会公布的应对能源价格上涨政策"工具箱"中，仍强调了将继续加大可再生能源投资，降低对进口能源的依赖，并将其与提高能源效率一起作为未来提高能源安全保障能力的中长期手段。

3. 推动社会绿色发展

改革开放以来，中国经济加速发展，目前已成为成第二大经济体、绿色经济技术的领导者，全球影响力不断扩大。事实证明，只有让发展方式绿色转型，才能适应自然规律。同时，我国社会主要矛盾已经转化为人民日益增长的美好生活需要和不平衡不充分的发展之间的矛盾，而对优美生态环境的需要则是对美好生活需要的重要组成部分。中央财经委员会第九次会议强调，要把碳达峰、碳中和纳入生态文明建设整体布局；要推动绿色低碳技术实现重大突破，抓紧部署低碳前沿技术研究，加快推广应用减污降碳技术，建立完善绿色低碳技术评估、交易体系和科技创新服务平台。未来，中国将着眼于建设更高质量、更开放包容和具有凝聚力的经济、政治和社会体系，形成更为绿色、高效和可持续的消费与生产力为主要特征的可持续发展模式，共同谱写生态文明新篇章。

随着新能源技术水平和经济性大幅提升，能源结构低碳化转型逐渐成为可预见的现实。据能源基金会的分析报告表明：到 2050 年面向中国碳中和的直接投资可以达到至少 140 万亿元。碳中和相关的投资将在未来 30 至 40 年为经济增长提供可观的投资推动力。其中，直接的风光电地热能等可再生能源利用技术，间接支持的储能技术、精准天气预测技术、柔性输电技术、可中断工业负荷技术等持续进步，可再生能源与信息、交通、建筑等领域交叉融合，为绿色投资市场开辟了更加广阔的前景。

绿色能源转型为行业赋能，在以国内大循环为主的新阶段下，将成为国内行业产业发展新的增长驱动力和应对外部大环境需求的竞争优势。新能源行业，风能、光伏、水电等相关产业链在能源转型的大趋势下获得多重利好。同时，低碳化、电气化、智能化、高能效在工业制造业、建筑业、交通业等不同领域中成为发展大趋势，在原材料、制造生产、产品流通、产品维护等多个流程上，通过实现绿色化创造出转型机遇。

随着绿色能源转型的不断推进，消费需求也在不断潜移默化的改变，许多产业迎来经济复苏的新机遇。社会上绿色生活方式逐渐形成，绿色消费理念不仅减轻环境负担，同时带来多样化的新能源产品，有利于促进市场复苏，激活经济动力。

4.4.2 总体框架

1. 整体技术架构

能源是城市建设、发展的血液，智慧能源是智慧城市建设的核心模块之一。随着全社会数字化转型的逐步深化，能源供应也逐步向综合能源供应、智慧能源管理发展，以能源生产、传输、存储、消费以及能源市场深度融合为特征的新型智慧能源管理系统（IEMS）（见图4-2）应运而生。

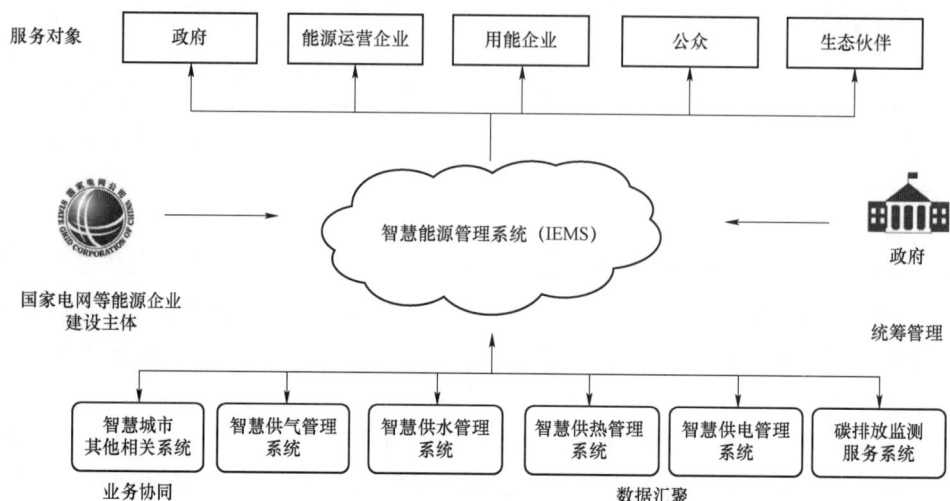

图4-2　IEMS系统整体业务架构

　　智慧能源管理涉及城市综合能源系统管理与单体综合能源项目管理，系统以整合多类能源信息为基础能力，进一步实现城市能源（电、冷、热、气、水）综合管理与综合能源运营全业务支撑（生产、调度、营销）。IEMS系统与智慧城市各类系统交互运行，从智慧城市获取政务等相关基础数据，实现城市运行的智慧管理，同时与智慧交通等其他智慧模块互动，提升智慧生活体验。

　　IEMS系统一般以构建综合能源共享服务为核心理念，应具备灵活、开放、可扩展的技术架构，方便多类能源子系统接入与各类其他系统实现数据交互，并随着业务发展不断实现平台的演进，同步积累数据价值，沉淀业务能力，快速响应多场景的前台业务变化，提升应用开发效率，进一步加强综合能源和新兴业务价值创新能力。

　　IEMS系统架构可采用"大中台、小前台"的设计理念，系统一般包括前台应用、业务中台、数据中台、AI中台和物联管理中心（见图4-3）。前台应用是面向不同客户、不同场景的业务应用集合；业务中台是细粒度、可复用的共性业务集合，为前台提供可重用的业务服务能力；数据中台实现数据统一规范与各类数据的共享，提供统一的数据分析、计算处理等数据服务；AI中台基于数据中台，结合相关模型算法，对数据进行创新应用，提供规模化智能服务构建能力；并基于中台构建物联管理中心实现对数据的采集存储与感知设备的管理。

　　在"3060"战略目标下，传统IEMS系统依托能源管理的坚实基础和能碳管理优势，持续向碳管理方面发展。围绕能源资源计量信息化、智能化建设，实现全口径"能—碳"计量、监测和数据统计，支撑区域（城市或项目）范围内用能数据的在线采集、实时监控和集中管控，并开展碳排放计量精准监测与施策服务。

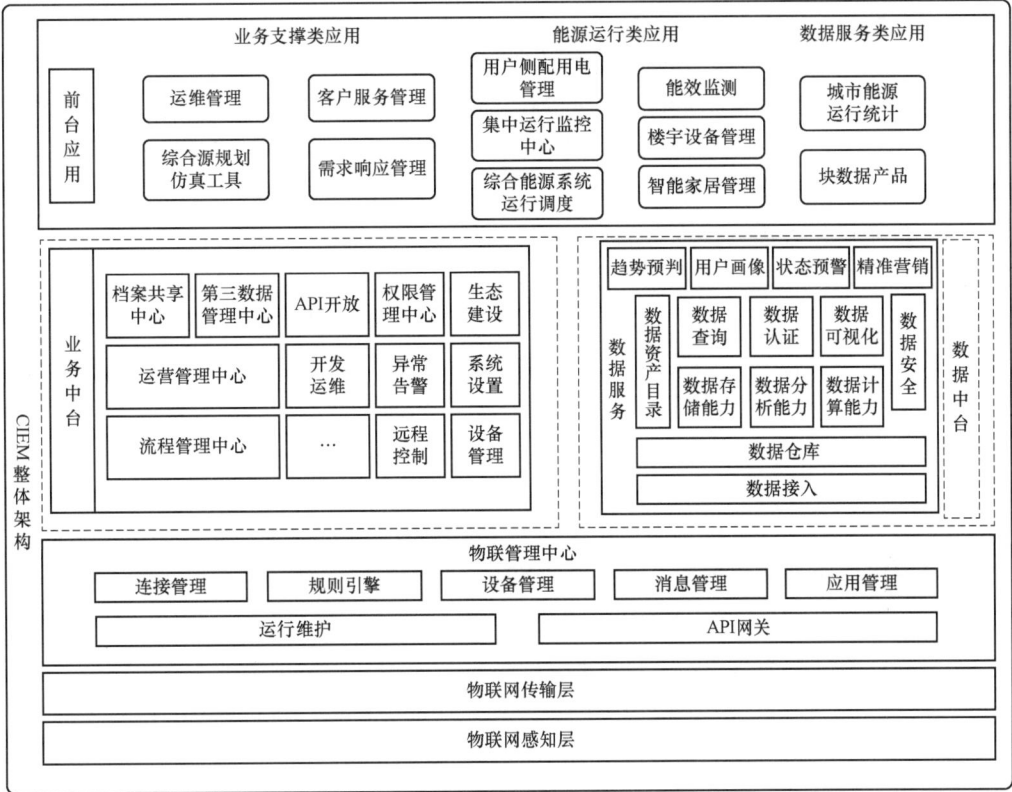

图 4-3　IEMS 系统整体技术架构

基于智慧能源的碳管理系统一方面面向政府，实现全类涉碳数据的监测计量，提升政府部门管控能力，精准引导施政施策方向；另一方面面向企业，提升低碳生产水平，促进企业清洁低碳转型，建立企业与金融机构等各类碳服务商的连接，提供涉碳信息渠道和绿色资信依据，构建完整的低碳计量服务体系。

2. 关键技术应用

智慧能源管理系统的关键技术主要包含人工智能算法、分布式服务架构、智能感知技术、智能化分析预测技术、多能互补优化调控技术、综合需求响应技术、综合能源运行评价技术、用户画像技术等。

（1）人工智能（Artificial Intelligence，AI）算法。根据能源系统发展趋势与运行特点，系统设计中多采用的分布式模块化技术，使各模块既能相互配合，又能独立运行，数据互通得以实现。同时，AI 算法基于 IEMS 系统和智能采集终端，经过数据清洗、模型构建、迭代训练等环节，赋能碳排放计算、数字化碳盘查、减排方案、碳抵消策略、碳风险分析等关键业务链，实现"监、管、控、调、统"全周期碳监管服务，并不断跟进反馈学习。

（2）智能感知与互联网协议第六版（Internet Protocol Version 6，IPv6）。智能感知技术包括数据感知、采集、传输、处理、服务等技术。智能传感器获取综合能源服务中涉及的冷热能源站、用户侧配电设备、充电网络及用户侧各类联网用能设备、分布式电

203

源及微电网的运行状态参数经过处理、聚集、分析，提出改进控制策略。在系统层面设计分布式的数据采集节点、数据存储和处理节点，响应高并发的采集需求，为将来接入海量数据提供良好的横向扩展能力。同时，面向海量传感，IPV6 技术能提供更为安全高效的接入方案，实现全域物联网建设运行，因此，平台层建设对 IPV6 的兼容支撑，在未来智慧城市发展中具有重要意义。

（3）智能化分析预测技术。智能化分析预测技术在电力方向的应用与研究主要集中在电力负荷主成分分析、确定影响电力负荷的主要因素、负荷预测建模及负荷预测算法。无论能源互联网形态是微电网还是广域电网，灵活的能源调度与自治管理都需要智能化的分析预测技术作为支撑，分为短期分析、中期分析和长期分析，同时充分考虑天气、人口分布、能源形态与分布等多因素，从而为能源的生产、配置与消费决策提供前期支撑。

（4）多能互补优化调控技术。通过对冷、热、电等多种能源的生产、传输、转换、存储、消费等环节进行有机协调与优化，形成多能协调运行，用户负荷闭环动态反馈。一方面实现了能源的梯级利用，提高能源的综合利用水平；另一方面利用各能源系统间在时空上的耦合机制，实现对多种能源的综合管理与协调互补。

（5）综合需求响应技术。综合需求响应技术与能源互联网中多能源互联网络及多能源市场具有强伴生关系，是电力需求侧响应理论在能源互联网中的扩展。综合需求响应技术是依托于用户侧的多能源智能管理系统，通过电力市场、天然气市场、碳交易市场等多个能源市场价格信号引导改变用户综合用能行为的机制和手段。在能源互联网中，多种用户侧需求响应资源的优化调度将提高能源综合利用效率。

（6）综合能源运行评价技术。构建包含能源环节、装置环节、配网环节和用户等环节的综合能源系统效益评价指标体系，反映经济效益、社会效益、环境效益，并将指标融入各环节中。通过设计科学的评估指标、方法和标准，对综合能源系统投资、建设、运行和效益进行系统科学的评估。

（7）用户画像技术。以客户为分析对象，根据客户在用电量、业务办理等方面的用能（电）行为分析，以及负荷特性、用电习惯等客户用能行为特征分析方法研究；采用智能算法，将客户合理分类，进而制定差异性服务策略；针对客户的生产情况、行业景气指数等数据，采用时间序列预测法，实现用能（电）量预测，辅助能源运营商进行差异化营销、需求响应管理等。

（8）数字孪生技术系统通过实时监测计量、大数据云计算、虚拟现实、增强现实等技术整合运用实现全域碳排放和能源计量数字孪生管理。充分利用精细化物理模型、智能化监测传感器、历史运维数据，集成多领域、多参数、多时空尺度的仿真过程，在系统空间中完成对 IEMS 系统和碳排放监测系统的真实映射，反映建筑、产品全生命周期过程，通过实时更新与动态演化助力企业低碳转型。基于数字孪生技术在碳排放源锁定、数据分析、监控预警等方面的显著成效，实现对各类能源折碳核算及用能负荷的精准分析、预测和诊断，助力企业降低运营成本和能源消耗水平，实现低碳转型、节能增效目标。

3. 具体业务架构

IEMS 系统一般设计涵盖能源供给、能源消费、能源技术和能源体制设计方面各类功能与应用，衍生形成了面向区域级、园区级、楼宇级、家庭级等不同用能场景的智慧能源管理解决方案。系统构建冷、热、电多种能源协同的能源保障体系，实现"人—信息—能源"统一协调的创新服务，支撑智慧城市数字化城市是能源互联网方案的关键要素，也为企业拓展综合能源服务市场的核心竞争力。

（1）综合能源系统运行调度。综合能源系统运行调度模块服务于综合能源运营商开展综合能源系统运行管理。用户可通过智慧能源管理系统直观、快速地了解能源站及其站内各类设备的运行、生产情况，及时发现异常。同时智慧能源管理系统采用大数据技术，结合气象数据、负荷预测数据和历史运行数据、通过模型计算，自动生成本地系统调控策略，实现综合能源系统的优化调度和运行，辅助综合能源运营商提高运营效率，降低运营成本。

（2）综合能源规划仿真工具。综合能源规划仿真模块是辅助综合能源服务商开展综合能源规划设计的信息化支撑工具。在开展综合能源规划的过程中，智慧能源管理系统结合当地资源禀赋信息、历史运行数据及负荷类型，实现规划期负荷预测，以经济性、可靠性、清洁性等为规划目标，通过模型测算分析，自动形成科学的能源类型配比和设备清单，并测算经济效益。通过不断验证、优化、模拟、评价，生成最优能源规划方案，实现数字同步能源规划。

（3）集中运行监控。集中运行监控模块为综合能源运营商提供了一个多能源系统统一监控运营、统一指挥调度的管理平台。结合地理信息系统（GIS），用户可以直观地了解所有项目运行情况，实现对冷热能源站、分布式发电站、配电系统、充电桩及储能系统等进行跨系统、多区域的集中运行监视和数据分析，并支持层层下钻，了解系统、设备乃至元件的运行状态，协助综合能源服务公司快速定位运行故障，统筹管理运行资源。

（4）用户侧配用电管理。用户侧配用电管理模块实现对配电系统、分布式发电、储能系统和充电设施等设备一张图监测。用户可以直观地了解设备运行状态及相关参数，并实现远程控制，全面保障用电安全。同时智慧能源管理系统通过分析运行数据，计算设备可能发生故障的概率，将未来可能发生的故障灭杀在萌芽中，进一步提高系统运行安全系数，降低体系运行成本。

（5）能效监测。能效监测模块为用户提供多维度的能效计量监测和统计分析功能，让用户直观掌握水、电、气、热等各类能源消耗情况、能源整体流向及能源使用占比等信息，全面实现能源使用透明化，同时通过横向对比，标准对标等方式，辅助用户鉴别自身能效水平，精确查找用能问题，提升能源使用效率。

（6）楼宇设备管理。楼宇设备管理模块为楼宇用户提供楼宇内部空调、给排水、照明、电梯等各子系统运行状态、关键参数等信息的实时监测、分项计量与多维展示，可广泛用于园区、商业楼宇、公共建筑等各类场景，有效提高智能化管理水平。

（7）智能家居管理。居民用户可通过手机 App 实现家电的用能监测和远程控制。用户可根据生活习惯，设置不同模式实现对家居设备的一键管理。通过四表联合抄收，实现用户多能源联合账单发布，一站式缴费和查询。

（8）运维管理。运维管理模块是综合能源服务商与用户之间的重要纽带。用户可通过手机 App 进行一键报修，运维人员在接到报修信息后，可以快速定位故障位置，在完成维修后，运维人员将通过手机 App 记录维修状态。用户可以通过手机 App 实现运维全过程监控，运维完成后用户可以对运维工作进行评价。运维人员也可以制订巡检和维保计划，在快速响应用户需求的同时，提升运维工作的准确性、及时性，提高综合能源系统运维效率，提升客户满意度。

（9）需求响应管理。需求响应管理模块为供电公司开展需求响应业务提供信息化支撑。通过评估分析签约的需求响应资源，科学制订需求响应计划，进行响应负荷分解并远程调控签约用户；基于签约用户的负荷特性分析及响应潜力的预测，对需求响应进行模拟仿真预演，提前验证需求响应计划效果；在需求响应计划执行期间，实时监测参与用户的负荷情况、响应时间，便于及时进行响应负荷调控；计划执行结束可快速对需求响应执行效果进行分析，完善用户响应潜力评估，提高需求响应的智能化，充分调动用户参与需求响应积极性。

（10）城市能源运行统计。城市能源运行统计模块服务于政府相关部门，从城市维度角度，实现对水、电、气、热等能源生产、消耗、预警等情况的全景式监测和统计分析，全方位呈现城市能源运行情况，为政府能源规划、城市管理提供决策支持。

（11）块数据服务。块数据服务模块面向全社会提供"能源＋行业"数据增值服务，将能源数据与各行各业相结合，面向政府、企事业单位及个人的数据应用需求，基于大数据技术，在城市规划、交通管理、房地产建设、商业投资等领域，充分发挥能源数据价值，推动数据变现，建设多元化能源数据运营体系，为用户提供定制化的数据增值服务。

（12）客户服务管理。支撑能源运营商进行高效供能服务的管理工具，对用户业务办理、投诉、故障报修等业务进行全面支撑。

4.4.3 应用综述

综合能源服务业务属于新兴业务，综合能源服务具有客户需求多、项目点多面广、技术类别复杂、服务模式多元化等特点，涵盖能源规划设计、工程投资建设、多能源运营服务以及投融资服务等环节，服务内容主要有多元化分布式能源服务（包括多能源综合监测、运行调控、需求侧管理、智慧用能等）、"互联网＋"能源服务（包括运维管理、运营支撑、块数据服务、统一门户）等。

1. 传统 IEMS 功能

传统能源行业各企业所拥有的信息系统仅支撑自身业务功能，行业壁垒导致综合能源的统一管理运行存在多种困难。大量能源企业积极向综合能源运营商转型。IEMS 系统支撑其综合能源服务业务全面开展，参照常规能源管理。综合能源管理系统一般包含信息共享中心、能源监控中心、生产调控中心、客户服务中心、交易运营中心。

信息共享中心包括数据管理、数据接入、数据存储、数据分析、块数据服务等业务，可面向政府、企业、个人、电动车运营商等开展基于能源大数据的辅助决策，主要内容为辅助政府进行城市运行管理、帮助企业和个人开展能源差异化服务。

能源监控中心包括综合能源监控、城市能源管理等业务，主要内容为实现城市电、气、热、水等的整体运行监测、信息采集与管理、能源统计分析，风险预报警等，提供城市能源供给与使用的多元全景展示服务。

生产调控中心包括运行调控、需求侧管理、运维管理等业务，运行调控对多能运行进行优化，需求管理将需要响应的指标进行分解，对预案进行模拟仿真、监控执行效果，对智能楼宇、智能家居、智慧路灯等与用户直接相关的设备进行远程控制与管理，并对实施效果进行评价。

客户服务中心包括智慧用能、客户服务等功能，主要内容为服务业务办理、服务工单处置、电子渠道运营监控分析、服务信息统一发布及客户门户等。

交易运营中心包括能源零售管理、购能管理、运营管理等业务，主要内容为综合能源业务的客户管理、合同管理、交易服务、结算服务、竞价服务、计量管理等。

2. 基于能源的碳管理服务

据相关数据统计，2021 年能源碳排放占总碳排放的 47%左右，各级能源企业承担着重要的低碳转型责任，在推进综合能源发展的同时，各类能源主体应该意识到碳管理的重要意义，积极加强自身碳管理的同时，参与到碳交易市场中来。碳管理依托于碳监测，继而开展碳盘查/核查，参与碳交易、碳金融等业务，碳监测无论对于城市治理还是企业管理，都成为开展碳相关业务的基础工作，而碳排准确监测的实现，就离不开能源监测的可靠支撑。

目前，一些大城市、能源企业、大型互联网公司在积极建设各自的碳排放监测系统，主要对能源使用等方面进行统计，进而动态评估区域内碳排放、碳汇、碳减排水平，及时了解和掌握各地区、各行业或自身的碳排放、碳汇、碳减排情况，开展全社会/自身主体"碳达峰、碳中和"进程分析，为统筹与控制碳排放量提供准确的决策数据支撑。

各类企业的碳监测依托于 IEMS 系统进行分析计算，而城市级碳监测平台由于多能行业数据壁垒存在，多采用电－碳折算的方式进行统计分析，作为宏观参考。碳监测平台依托城市级 IEMS 系统，汇报电、气、冷、热、油、水全口径数据，实现居民、企业用户精准碳核算、绿色评价，并形成碳报告与碳档案，服务企业、金融机构，有力支撑减排降碳行动开展。

4.4.4　应用案例

1. 园区级场景——市民服务中心

雄安市民服务中心智慧能源管理系统作为雄安新区首套落地应用的园区级智慧能源管理系统（见图 4-4），秉承"你用能·我用心"服务宗旨，为园区提供水、电、冷、热、气的实时监测、分析、管理服务，范围覆盖园区各类计表 1468 个、传感器 168 个、充电桩 200 个，有力保障园区能源的正常供应。其中供水和供气是从自来水公司和燃气公司直接接入到园区的；供电是从市民服务中心西侧奥威路 110kV 变电站接入到园区的五个低压配电室，供园区办公和生活用电，同时园区还有两个充电桩配电室，在园区

ABCD 四个区域共建设 200 个交直流充电桩；供冷、供热和生活热水由智慧能源站供给，能源站则由地源热泵、冷热双蓄及污水源热泵组成。园区总共有 1510 口地源热泵井，国网雄安新区供电公司联合产业单位承建了其中 510 口井的建设，能源站利用浅层地热，通过循环泵，向整个园区提供冬季供热和夏季供冷服务。

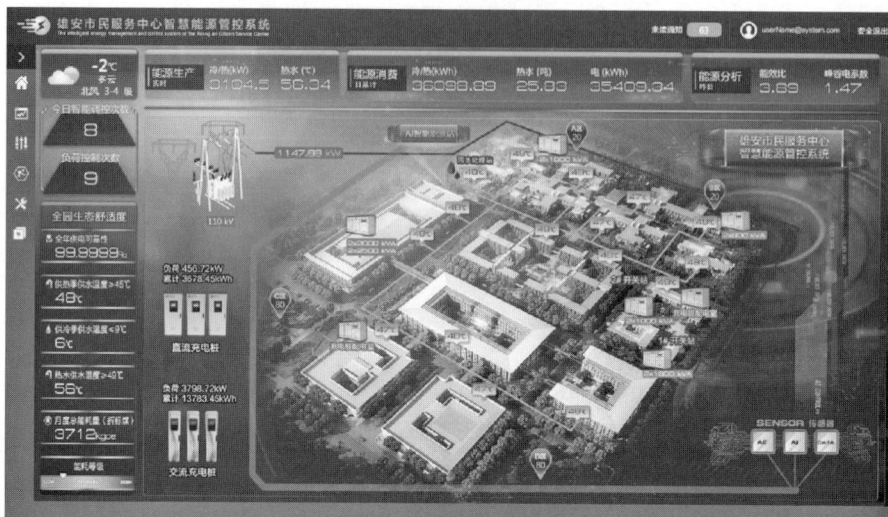

图 4-4　雄安 CIEMS 智慧能源管理系统 - 园区级

2. 家庭级场景——雄安高质量建设试验区

雄安高质量建设试验区智慧能源管控系统是 CIEMS 首个在居民社区落地的应用场景，是整个社区能源管理的智慧大脑。在该项目中 CIMES 分为社区级、家居级两个层级，实现了对用采系统、多表服务平台、配电自动化系统、锅炉系统的数据贯通与联动。平台功能涵盖智慧家居、能源监控、能源分析、配电管理、能源服务商城、系统设置、审计日志等（见图 4-5）。

图 4-5　雄安高质量建设试验区能源管理系统

3. 站区级场景——剧村"1+5+X"城市综合体（多站）

剧村"1+5+X"城市综合体智慧能源管理系统按照能源消费节约化、能源管理智能化的模块化思路建设，全面打造管理剧村附属区域的能源管控大脑。该系统建设了全面的数据感知网络，获取实时天气、环境和综合能源等运行数据，广泛接入光储零碳能源微系统、低压直流照明、站网互动（S2G）充电站、综合能源站（智慧暖通）、智慧配电、智慧照明等场景。依托对不同能源系统负荷及供能的预测，结合时间尺度差异，兼顾经济和环境成本，运用多时间尺度、多目标优化调控技术，在线生成绿色最优、经济最优等控制策略，支撑综合能源的优化调控，实现多种能源协同互补、能源高效利用。建立电、冷、热多能流耦合混合整数优化规划模型，采用多能流之间耦合交换、分配和存储技术，提出了规划与运行综合能源系统混合整数优化规划理论，分别构建了光电储、充储、供冷、供热、供热水等模式，实现了电、冷、热供需平衡，支撑了综合能源系统的运行优化，提高了能源利用率（见图4-6）。

图4-6　剧村多站融合能源管控系统

4.4.5　发展趋势

目前，世界范围内综合能源仍处于前期发展阶段，仍然欠缺成熟的基础理论和技术体系。欧洲地区（以德国为例）侧重能源系统和通信系统的集成，旨在对能源系统进行全环节数字化改造，建立以新型信息通信技术、通信设备和系统为基础的高效能源系统；北美地区（以美国为例）依托电力电子、高速数字通信和分布控制技术，建立韧性智慧电网架构，重点研发融合信息通信系统的分布式能源体系，旨在形成能源系统互动融合、关联主体即插即用的新型能源网络；日韩地区（以日本为例）强调互联技术与能源网络的深度融合，侧重于构建区域级能源互联网，实现分布式可再生能源可靠消纳和冷-热-电-氢多能源综合利用，探索区域小型综合能源系统的灵活性与经济性。

国内综合能源发展也处于起步阶段。在党中央"碳达峰、碳中和"目标下，国内数字经济新业态新模式蓬勃发展，各大能源企业均在努力探索，积极探索构建新型电力系统。

当前，国内初步形成以城市智能电网技术为基础，以物联网、区块链等数字技术应用为特点的城市智慧能源系统技术发展体系。上海，以城市智能电网为基础形成分层交互、环节协同、系统融合、多链融通能力，支撑现代智慧城市、韧性城市发展；天津，围绕"终端建筑智慧化、区域供能互联化、多能信息融合化、产城管控集约化"目标，重点打造综合能源协调优化与高效利用的智慧能源体系；江苏，以能源管理示范工程创新泛在物联、智慧运行综合能源管理平台，构建"坚强智能、安全可靠"能源网络新形态，实现能源互联网的全面运行状态感知、安全态势量化评估、广域智能协同控制、全域自然人机交互。雄安新区大力推进智能城市建设，搭建起以"一中心四平台"为核心的智能城市基础框架，以城市级规划逐步形成高水平能源供给体系。构建绿色的电力供应体系、清洁的热力供应体系、完备的天然气供应体系、科学的氢能供应体系、完善的成品油供应体系。逐步建成多能互补的分布式综合能源站，科学利用地热资源，统筹天然气、电力、地热、生物质等能源供给方式。

4.5 智慧工业低碳转型

4.5.1 应用概述

1. 政策环境

近年来，绿色低碳发展成为热门话题。国家正大力出台政策，以传统行业绿色化改造为重点，以绿色科技创新为支撑，以法规标准制度建设为保障，促进工业低碳转型。

2021年2月22日，国务院印发《关于加快建立健全绿色低碳循环发展经济体系的指导意见》。意见提出，坚定不移贯彻新发展理念，全方位全过程推行绿色规划、绿色设计、绿色投资、绿色建设、绿色生产、绿色流通、绿色生活、绿色消费，使发展建立在高效利用资源、严格保护生态环境、有效控制温室气体排放的基础上，统筹推进高质量发展和高水平保护，建立健全绿色低碳循环发展的经济体系，确保实现碳达峰、碳中和目标，推动我国绿色发展迈上新台阶。其中第四点，着重提到要推进工业绿色升级，推行产品绿色设计，建设绿色制造体系。

在国务院印发的《2030年前碳达峰行动方案》中，将工业领域碳达峰行动作为重点任务，要推动工业领域绿色低碳发展，推动钢铁行业、有色金属行业、建材行业、石化化工行业碳达峰，并坚决遏制高能耗、高排放（"两高"）项目盲目发展。该方案指出，工业是产生碳排放的主要领域之一，对全国整体实现碳达峰具有重要影响。工业领域要加快绿色低碳转型和高质量发展，力争率先实现碳达峰。

2. 工业生产现状

工业工程的发展已有近百年的历史，虽然我国的工业化起步较晚，但是经过改革开放40多年的发展，尤其是21世纪以来，工业化进程快速推进，工业经济规模跃居世界首位。据统计，2021年中国规模以上工业增加值同比增长9.6%，这一数据反映出中国经济的强劲韧性以及应对新冠肺炎疫情冲击的政策有效性，中国持续成为世界经济引擎。

我国已经是一个高度工业化的国家，工业能源消费占全国的比重始终在70%以上，工业煤炭消耗占全国能耗的50%左右，其中钢铁、建材、石化、化工、有色、电力六大行业能耗占工业能耗的70%以上。

对于二氧化碳的排放来说，70%以上来自于工业生产或生成性排放。以钢铁行业为例，其二氧化碳排放量约占全国二氧化碳排放总量的15%～17%。据测算，2005年至2019年我国工业二氧化碳排放量涨幅约为75.68%。因此推进工业绿色低碳发展是实现"双碳"目标的重中之重。

在相关政策的指导下，工业领域开始从高速发展模式转向高质量发展模式，加快淘汰落后产能，大力发展使用新能源。2016～2019年，规模以上企业单位工业增加值能耗下降超过15%，节能成本约4000亿元。2019年我国碳排放强度比2005年下降48.1%，而工业碳排放强度下降达57.8%。工业绿色低碳发展成为主旋律，对降低全国碳排放强度贡献巨大。

3. 工业低碳转型面临问题

在工业发展以及工业绿色化、低碳化取得耀眼成绩的同时，我们还要清醒地认识到，我国工业低碳转型仍然面临诸多问题。

能源结构不平衡，对化石能源依赖严重。在我国的能源消费结构中煤炭占比接近70%，煤炭更是我国工业的主要燃料和原料，工业煤炭消耗约占全国的50%左右。煤炭消耗量大，利用率低直接导致了工业单位能源消费碳排放量水平较高。近些年，虽然清洁能源和可再生能源快速发展，工业领域能源消费结构持续优化，煤炭占比开始下降，但"以煤为主"的能源消费结构在短期内难以改变，我国工业碳排放量的降低需要一个过程，不可能一蹴而就。

高耗能的重工业和化学工业占比高，仍存在产能过剩现象。2019年重工业和化学工业能源消费量占工业能源消费总量的比重达90.89%。同时高端制造业占比低，部分领域耗能高、排放高，但生产的产品附加值较低，如占世界56%左右的粗钢产量、57%左右的水泥产量。虽然在遏制"两高"产业发展方面取得了一些成就，但仍需要持续坚持，依规实行总量削减、淘汰落后、减少低附加值产品，坚持高质减量的发展道路。

工业绿色发展不系统、不平衡和不协调。我国工业经济发展存在区域发展不平衡，绿色制造体系建设不系统的问题，发达地区、高端产业资金雄厚，技术先进，更有条件和能力全面控制碳排放。因此需要相关的政策扶持，分区域、分行业逐步推进，区域协调发展。

关键领域的技术创新能力不足，转化应用能力不足。2020年，我国专利发明有效量位居世界第二，但是有效量与申请量之比仅为0.26，产业转化率仅为34.7%。根本原因在于我国基础科学研究投入仍存在短板，对多学科综合研发支撑重视不够，企业研发、转化科技成果的动力不足。创新是工业发展的核心动力，在加大创新投入的同时，要鼓励自主创新，完善创新生态系统，为创新营造良好的社会氛围。

4.5.2 应用框架

中国工业高端化、智能化及绿色化发展趋势，促进了数字经济蓬勃兴起，推动了数字经济与实体经济深度融合。工业互联网、云计算、大数据、人工智能等新一代信息技术赋能传统工业已经成为推动生产方式绿色化，实现高质量发展的重要路径。

智能技术作为工业转型的重要抓手，不仅能有效优化生产工艺流程，提高设备使用效率，提升产品质量，实现生产效率和节能减排"双提升"；同时也能通过工业互联网、大数据、人工智能等领域的数字基础设施建设，协同工业制造产业链各主体间的资源要素融通共享，有效优化资源配置模式，进一步提升资源配置效率。

以钢铁工业为例，大部分企业已不同程度实施智慧能源管控、智能生产管理及设备智能运维等技术，对产品质量、成本、能效进行持续优化提升，从而实现柔性化及智能化的协同制造，推动业务转型及低碳转型。本章将从钢铁工业的智慧能源、智能生产及智能运维三方面介绍工业低碳转型中的智能化技术的应用情况。

1. 智慧能源管控系统

钢铁行业整体属于高能耗产业，每年消耗的能源量数额巨大，是企业成本的重要组成部分，也是碳排放管理的基础，借助智慧能源管控技术，对企业整体能源的生产、输送、使用进行监控管理，有助于企业及时掌控自身能耗水平，并可持续优化和降低能耗成本，因此对整个钢铁行业绿色健康发展有非常重要的意义。

钢铁行业智慧能源管控系统是广泛运用物联网、数字化、无人值守、大数据等相关技术，对钢铁工厂多个工序和多条生产线的水、电、风、气等能源介质进行集中监视和一体化管控，并通过构建能源平衡及预测模型动态预测企业未来能源平衡和负荷变化，有效提高能源循环利用和自给比例，协助企业节约能源外购成本。

（1）技术架构。钢铁行业智慧能源管控系统应用架构分为基础设备层、数据平台层和智能应用层，功能如下：

1）基础设备层：包括自动化、数字化功能，可实现与应用层的指令交互、状态反馈、触发报警、闭环控制，具备数据传输标准接口。

2）数据平台层：包括数据采集、处理、存储、归档、传输、安全功能，支持多种协议，具备开放性和共享性，可实现数据的自组织、自检查功能，及企业服务总线 ESB 的应用功能。

3）智能应用层：在实现监视与控制、管理优化基础上，宜实现预测与调度的自平衡、自优化功能。

钢铁行业智能工厂能源管控系统应用架构如图 4-7 所示。

（2）主要内容。

1）基础设备层以钢铁企业为例，能源管控系统的基础设备包括标准/专用控制设备、能源管网及计量仪表设备、执行机构、继电保护装置、物联装置、环保监测装置、视频设备、通信网络及传输设备等。

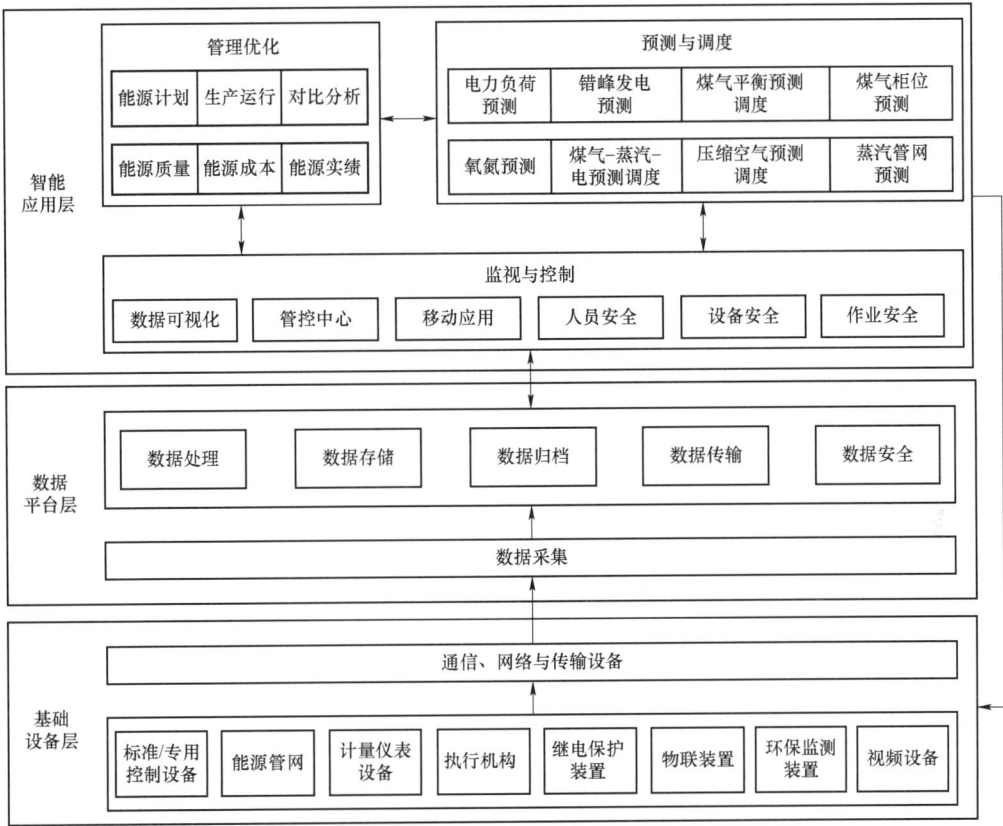

图 4-7 钢铁行业智能工厂能源管控系统应用架构图

a. 标准/专用控制设备。配备完善的可编程逻辑控制器（PLC）/分布式控制系统（DCS）或随设备成套专用控制系统对能源系统产能单元、耗能单元、能源循环综合利用单元进行控制及报警。

b. 计量仪表设备。配备完善的能源介质计量仪表设备，一级（用于外购能源介质的贸易计量）、二级（厂际间计量）、三级（工序间计量）、四级（设备级计量）计量设施配备完善，满足精度要求、具备远传功能。

c. 继电保护装置。所有电力发电站、配电站等应配备电力系统专用综合继电保护系统，继电保护系统作为电站的区域控制系统，预先采集电力数据，与数据平台可以直接通信。

d. 物联装置。煤气、一氧化碳、氢气报警仪等专用仪表设备应配备射频等物联装置，便于物联网接通、人员定位等。

e. 环保监测装置。能源管控系统配备污染物排放量、二氧化硫、氮氧化合物、一氧化碳、废水、空气质量以及灰尘、颗粒物等监测装置。

f. 视频设备。配备视频设备监视关键岗位和区域的生产及设备运行状况，包括前端音视频采集设备、音视频传输设备，后端存储、控制及显示设备。

g. 通信、网络与传输设备。用于数据采集的隔离网关、计算机网络、通信接口等设备，同时配备数字化对讲进行在线沟通和跟踪，同时采用无人机监测空气排放实时数据。

2）数据平台层。数据采集内容包括能源系统运行数据、计量数据、动力公辅系统状态和故障信息、与能源调度相关的公司主体生产单元信息等，达到能源、动力系统的综合监控和管理要求。

a. 数据采集范围。主要包括变电站系统、空压站系统、水处理系统、煤气系统、自发电系统、蒸汽系统、氧氮氩系统、主要能源介质管网、主要用能工序设备等设施。同时能源综合管控系统数据采集预留后期项目的数据采集接入能力。

b. 能源数采模块具备的功能。具有生产数据的实时采集功能；采集和存储的所有数据保证准确、可靠、唯一；可按客户要求设置采集和存储数据的时间间隔和精度；包括实时数据的采集、在线质量检测设备数据、实验室分析化验数据的采集以及其他数据源（如 Oracle、SQL Server、Excel 等存储的数据或人工录入的数据等）的采集等。

3）智能应用层。智能应用层包括监视与控制、管理优化、预测与调度三个部分。

a. 监视与控制。主要通过数字化能源管控、能源管控中心、移动应用 App 来实现。① 数字化能源管控。建立企业的三维数字化工厂模型，实现对 GIS 技术和 BIM 技术的无缝集成，基于三维模型实现能源动态调度、能源平衡监视、能源管网信息、移动巡检定位、设备虚拟装配、应急联动指挥等功能。支持大屏幕、可视化、AR/VR 形式展示数字孪生体。② 能源管控中心。集自动化技术、视频技术、通信技术、信息技术、大数据技术为一体，建立企业能源管控中心，实现生产监视、能源监视、环保监视、能源计量监视、能源报警与控制、安全监控等功能；同时实现远距离的跨工序、跨区域的大规模管控功能，对全流程能源系统运行进行智能感知、智能分析、智能预测和调度，支撑能源管理组织体系的建立与优化。③ 移动应用 App。移动应用 App 应实现监控信息、报警信息、报表信息汇聚，及时向技术人员和管理人员推送定制化信息，实现远程决策和管理。

b. 管理优化。主要包括能源计划、能源生产运行、能源实绩、能源对比分析、能源质量、能源成本六部分。

能源计划。根据能源消耗历史平均值和供能状况制定标准定额，依照自生产系统中获得的生产及检修计划信息，计算出各工序能源介质的需求，生成能源生产与消耗计划，包括电力计划、煤气计划、氧氮氩计划、压缩空气计划、用水计划等，并对计划进行调整。

能源生产运行。帮助调度人员完成生产调度运行的日常管理，内容包括：能源介质运行方式变更管理、停服役管理、调度值班日志管理、能源事故管理、能源优化调度方案等。

能源实绩。对各种能源介质实际发生量、用户的使用量、放散量等数据进行采集、抽取和整理，取得能源生产运行数据，实现工序、班组和重点用能单台设备的能效指标

214

考核，自动生成日、班、月能源实绩报表。

能源对比分析。对同一时期（季节）能源生产实绩与生产计划进行对比分析，评价能源生产计划的执行情况。通过对各工序能源介质的实绩单耗值和计划单耗值的比较，评价能源的使用水平。

能源质量。系统应能实现能源质量的跟踪监视，避免不合格的能源介质供应，确保整个能源系统的优质、稳定。对能源介质的质量数据进行管理与预警，当介质质量不符合标准时，系统可报警提示、做出判断、调整操作。

能源成本。能源消耗要匹配到每个工序的日、班、月，对应到订单、批次、炉次、品种，宜对应到单根、单卷颗粒度，由生产系统提出委托单，能源系统进行数据匹配，并对能源成本进行分析。能源系统自身还应具备面向吨钢综合能耗等能源指标的能源专业成本管理。

c. 预测与调度。主要包括：电力负荷预测、错峰发电预测、煤气平衡预测调度、煤气柜位预测、氧氮预测、煤气 – 蒸汽 – 电预测调度、压缩空气预测调度、蒸汽管网预测七部分。

电力负荷预测。通过历史用电负荷变化曲线、电网负荷曲线，实时监控用电负荷变化和重大耗电设备的运转状况的关联，尤其是重大的间歇冲击型负荷（比如精炼炉、大型轧机等），并对未来一小时的用电负荷进行预测，当总的用电负荷接近负荷约束时，及时提示短期内调整负荷错峰运行，避免超出额定容量。

错峰发电预测。根据能源供需平衡状况、用电负荷变化、峰谷平时段外购电的费用、自发电的成本（燃料成本、用电成本）等要素建立预测模型，充分考虑各用户的有功需求、无功需求、蒸汽需求，同时结合机组设备能力限制、检修计划、燃料供应情况、负荷变化曲线、机组爬坡曲线、煤气柜位变化等因素制定成本最优的发电计划。

煤气平衡预测调度。在平衡没有打破时，通过煤气柜位的变化，预测未来煤气平衡状态，自动调整煤气柜位，实现动态调度平衡；当煤气平衡被破坏时，系统通过计算各煤气当前平衡性状态预测，自动平衡全厂煤气。自动化调度主要基于调度优先级表以及用户自采用调度策略动态产生，根据煤气调度策略建立调度策略规则组，配置合理调度优先级别，提供动态调度策略参数。

煤气柜位预测。依据转炉的生产计划、历史煤气消耗建立转炉煤气柜位预测模型，提前预测煤气柜柜位变化，当柜位预测出到达上限或下限的时间小于预先设定的时间时，发出警报，通知运行人员保证煤气柜安全，通知下游用户保证主生产用户安全。

氧氮预测。提供氧氮生产、使用的实时信息、图面显示、异常通报，作为是否调整制氧机组生产模式的依据。根据氧氮用量变化、制氧机组生产状况以及炼钢、高炉、轧钢等工序生产计划，计算出未来氧氮预测量，可提前多个炉次提供管网压力预测曲线。

煤气 – 蒸汽 – 电预测调度。在实现煤气、蒸汽预测基础上实现峰谷发电优化调度，利用转炉吹炼节奏、高炉换炉节奏及计划检修、非计划停产等工况信息，对高炉煤气、焦炉煤气、转炉煤气不平衡量及不平衡时段进行预测，使煤气优先分配给效率高的机组，蒸汽优先从效率低的机组抽出使用，对转炉煤气柜加压机进行分时运行控制，实现煤气利用率最高。

压缩空气预测调度。通过对用气单元的气动设备、气力输送设备、高温检测设备及清扫设备的压力、流量、湿度和温度的分析，预测分析用气的不规律导致管网压力的波动范围，通过控制空气压缩机启停或流量，自动控制管网压力，减少空气的消耗。

蒸汽管网预测。通过疏水量化管理和蒸汽管网计算，对蒸汽管网疏水和保温情况进行系统分析，更换优质疏水阀，并对疏水阀状态、疏水温度、疏水流量通过无线网络技术进行集中采集，及时预测和发现疏水阀泄露、管段保温不良问题，及时整改。对蒸汽管网进行水力－热力计算，预测和掌握管网中蒸汽流向、流速、温度、压力及冷凝水分布，提示采取相关调度措施。

2. 智慧生产系统

生产领域是工业制造最为广泛的领域，智能生产是智能制造的核心环节，通过智能装备、物联网、大数据、人工智能等技术与制造过程全流程相融合，优化工业生产的工艺流程、提高设备使用效率、提升产品质量，改善生产管理，从而促进工业数字化转型。以钢铁生产为例，智能生产包括全流程计划管理、生产过程控制、全流程质量管控及碳排放管理等的关键要素。

（1）全流程计划管理。全流程计划管理是建立基于供应链的物流需求计划、生产订单、产能平衡为一体的全流程生产计划策略模型，建立生产计划制定各工艺环节的生产目标及工艺约束、生产过程物流变化与衔接关系，建立以生产订单为驱动的一体化生产计划，实现一体化全流程的生产计划、排产之间相互影响及相互约束。

1）生产订单管理。生产订单的处理包括成品入库日期的要求，质量的要求以及一旦发现物料不符后的数量补充等诸如此类的基础数据。生产订单分析用于控制所有的已知订单，包括实际订单的合并状况，生产完成进度，生产积压的构成及积压程度，以及即将进行的生产。

2）全流程计划管理。一体化计划排产将炼钢、连铸、棒材、高线、带钢主线关键生产单元有机集成实现整体优化的多工序多约束组合优化问题，其目标是在特定的资源下，使生产过程中各工序之间保持物流平衡和时间平衡、最小化操作成本、最大化生产效率、最大化准时交货率和最大化设备利用率。

通过建立多要素多目标的一体化优化排产决策模型和求解算法，建立在各个生产单元基础上全厂调度优化模型，解决各个生产单元之间的一体化计划优化排产问题和优化协调问题，建立一体化优化计划平台，特别是轧钢对炼钢提出的多目标综合调度问题。

3）整体的产能平衡功能。具有能力及时间平衡功能，解决可用能力与待排订单的数量引起的能力需求之间的矛盾。

a. 计划标准管理。为满足产品类型多样化的需要，建立一体化排产优化和智能决策算法、基于价值链的全成本优化算法、基于多目标和多种不确定条件的一体化生产计划和动态排产策略的智能决策算法，实现全流程一体化销售高级排产计划。统一的生产订单产线分配有利于实现优化产能、降低成本、保证质量。计划排产结果可进行人工调整，调整要考虑到生产状态、生产工艺、合同交货期等要求。

b. 一体化计划。实现工序计划标准管理，包括炼钢、棒材、高线、带钢生产标准管理。实现自动炉次设计、坯料设计，根据所选择的订单，经过炉次、坯料设计模型计算，设计成加工生产线能够加工、炼钢厂能够生产的钢水、坯料。

c. 一级调度管理。根据生产现场情况，将符合生产条件和要求的生产工序计划，下达给各作业产线，完成对实际生产的组织、管理和指导。通过大量生产信息的获取，可及时了解掌握生产现场情况，对已安排的生产工序计划进行相关的调整，系统要能及时通知相关部门做出相关调整，以减少负面影响。

（2）生产过程控制。钢铁工业的过程控制系统用于对生产线的跟踪、过程控制和单体设备基础自动化控制，主要功能是接收上层生产管理系统的计划，并结合收集的生产过程数据，建立数据模型或专家系统，对控制层进行参数设定，使得生产过程在最佳状态下运行。过程控制系统通过标准化企业的操作和智能化调节控制，实现了各工序生产过程的自动化、少人化和智能化闭环管理，稳定和提高了企业产品质量及生产效率。目前，钢铁企业各工序流程均已配备了过程控制系统，如高炉专家系统、智能炼钢过程控制系统、连铸过程控制系统、轧钢过程控制系统等。

1）高炉专家系统。高炉专家系统是建立在人工智能、专家知识库、模糊推理等技术基础上，适合我国高炉炉料结构和冶炼特点的智能化专家预报系统。高炉专家系统根据大量的高炉设计和实施经验，充分结合大数据技术，提炼出多个系列的专家规则组，可对高炉炉热状态、燃料比消耗、各种事故预警进行整理归纳分析，实现事前预报、事中建议、事后分析，全面满足高炉炉长操炉需要。通过自动分析高炉的各项生产工艺参数，对高炉悬料、偏料、炉凉等各种异常炉况进行提前预报，并给出高炉调节建议，减少炉况波动，阻止异常炉况发生，协助工长维护高炉顺行，同时，通过智能化、标准化的操作，减少燃料比消耗，保障铁水温度成分稳定、产量稳定，更好地满足下游炼钢生产要求，提高全流程经济效益连铸过程控制系统。

2）智能炼钢过程控制系统。智能炼钢过程控制系统包含铁水预处理、转炉、精炼等工序，可对炼钢全流程各工艺段的冶炼物料添加、冶炼事件、吹炼节奏、冶炼终点温度和成分进行全自动智能化一键炼钢。核心冶炼模型包括：转炉原辅料计算模型、转炉合金加料计算模型、转炉吹氧控制模型、转炉碳含量及温度预测模型、精炼合金计算模型、精炼成分预报模型和精炼终点温度预报模型等。通过上述动态模型和静态模型的结合，实现对各冶炼工序产量、质量和成本的全方位管控。

3）连铸过程控制系统。连铸过程控制系统包含自动开浇控制技术、在线调宽技术、结晶器专家系统、凝固传热模型、二冷水模型、软压下模型、重压下模型、质量跟踪判定模型、切割优化模型等控制技术和优化模型。模型控制技术结合凝固传热原理，能抑制异常干扰对冷却效果的影响，最大可能地减少铸坯表面温度波动，精准控制温度偏差，同时，准确地计算凝固终点位置，通过动态轻压下设定控制铸坯精度，使铸坯内部晶粒破碎和滑移，可得到较细的晶粒，降低铸坯中心疏松和偏析，大大提升内部质量。同时针对连铸坯的表面质量、内部质量、夹杂缺陷等典型缺陷建立专家判定规则，通过大数据算法优化各缺陷判定规则组的参数组成和权重系数，实现连铸全过程质量动态跟踪和在线铸坯质量判定。

4）轧钢过程控制模型。智能轧钢过程控制系统包括钢管、高线、中厚板、棒线等智能控制系统，可全程跟踪控制物料接收、切割、加热、轧制、锯切、冷床、挂牌、入库和发运等生产工序，实现对设备、计划、作业、物料、能源等生产要素的智能化管理与监控，满足智能燃烧控制、轧制模型计算、智能盘库、跟踪定位等功能要求。

加热炉燃烧模型可根据钢种自动选择加热制度，实现加热炉的全自动燃烧控制，大大降低加热炉的操作强度，在提高钢坯加热质量的同时，可大量节省燃气消耗。

棒材负偏差在线测量系统模型，可取代传统人工计算负偏差的办法，将负偏差公差带控制在 5%以内，负偏差控制精度可提高 0.2%～0.4%，为用户创造了巨大经济效益，同时降低了对负偏差控制操作人员的技术要求。

穿水冷却温度闭环控制模型，可提高出口控温精度，精确控制轧件的头尾不冷段长度，减少头尾切损，极大提高成材率，使生产更加稳定。

厚板轧制专家模型，在轧制规程计算上采用集成化设计理念，将粗轧和精轧两个工艺过程看成一个整体，统一考虑成形、展宽和延伸三个轧制阶段的轧制过程，同时计算粗轧和精轧的轧制规程，可自由选择中间坯厚度，有效控制粗轧和精轧的生产节奏和轧制负荷。

（3）全流程质量管控。当前我国制造业正向高质量发展迈进，生产特点由传统大规模、批量生产向多品种、高标准、柔性定制转变，这些都对生产工艺和产品质量提出了更高的要求。钢铁工业作为典型的长流程工业，生产工艺复杂，大型设备集中，生产过程充满复杂的物理及化学变化，因此质量精准管控难度较大，随着云计算、大数据、人工智能、物联网等新技术的发展，基于工业大数据构建全流程质量分析系统辅助企业进行质量分析，已成为行业主流的质量管控手段。

1）基于大数据的全流程数据集成及存储技术。基于大数据技术抽取所有工序的生产、控制、工艺、能源介质、设备运行、质量参数等数据及图像视频资料，用于全流程质量分析，具体包括：

a. 各工序投入（原辅料、合金、自制半成品和自循环物料以及能源介质等）、产出数据（产成品、半成品、副产品、回收品以及能源介质等）。

b. 各工序生产工艺参数数据（生产过程参数、质量过程参数等）。

c. 工序设备状态、批次生产开始结束数据、停机检修、故障数据等。

d. 能源消耗以及发生的计量数据（给排水、电力、蒸汽、氧氮氩气、煤气系统等全厂能源介质）和环保数据等。

e. 全流程全工序全产品的质量数据、过程质量数据以及检化验数据和物理数据等。

2）过程质量实时监控与告警。实时监控模块通过产线概况监控和工序监控两个层级实现炼钢生产过程从全局到细节的综合监控管理，监控内容包括炼钢轧钢全流程的关键工艺参数、实时炉次属性信息、实时指标趋势、实时事件、检化验结果等各类信息。能够掌握各区域内各工序生产状况，实时识别指标异常波动，自动发现质量风险，智能推荐应对措施，第一时间消除质量隐患有效避免质量问题。

a. 过程质量追溯。过程质量追溯模块从一级系统、二级系统、MES 系统采集炼钢和轧钢全流程数据，以炉号为主线将炼钢工序关键指标关联整合，以轧批为主线将轧钢工序过程数据进行整合，根据炉号与轧批号的关联关系，实现炼轧全流程追溯。通过工序流程追溯复现各工序详细生产过程的工艺参数曲线、关键事件等信息。

b. 过程质量评价。过程质量评价模块以质量指标数据为基础，以工艺标准为依据，采用多种评分算法，对生产工艺指标和质量检验结果进行综合评价。通过建立的质量评价模型可实现对各工序、班别、钢种、指标等生产过程能力进行评估打分，直观显示了产品生产的质量情况，从而协助工艺人员找出最佳工艺参数组合，细分质量等级，协助工厂建立完善高效的质量考核体系，提升质量管理水平，实现质量精细化管理。

c. 质量专题分析。针对日常炼轧钢生产过程的质量跟踪，设置生产过程质量专题分析模块。主要功能包括炉次/轧批分析、生产过程分析、L1 实时指标分析，根据用户需求抽取关键质量指标，进行专题分析，及时发现生产异常，及时分析处理避免质量风险的发生。

d. 质量分析工具。数据分析工具模块提供从数据提取、预处理到分析全过程的数据分析功能。通过数据提取功能引入待分析数据，通过数据预处理功能完成数据分析之前数据准备工作。数据分析方面，系统提供图形分析、CPk 分析、SPC 分析、相关分析、主成分分析等多种分析工具，帮助用户更加便捷进行数据分析。

e. 质量分析报告。基于清洗加工后的生产过程数据，提供定期自动执行指标分析功能。通过用户自定义数据集范围、分析规则及关键输入参数生成分析任务，系统自动定期执行任务，生成分析结果报告。简化质量分析操作过程，直接将结果呈现给用户。

（4）碳排放管理。随着越来越多的行业纳入碳交易市场，碳排放管理已呈现融合 AI、大数据、区块链等技术，推动企业能耗、碳排放管理上云，促进区域、行业能耗集群发展的趋势。钢铁企业每年度向国家相关部门提交碳排放报告和监测计划已成为常态化工作，建立碳排放管理平台，实现碳排放数据自下而上有效流转及计算，对企业分析碳排放历史、掌握未来排放趋势，把控重要影响因素尤其重要。碳排放管理主要实现以下功能：

1）碳知识库。碳知识库用于"双碳"相关的资讯、政策及法律法规和标准文件的上传发布；碳盘查模板、碳排放指标及核算因子基础数据库的自主查阅；行业先进减碳技术及案例库共享。

2）碳排放实绩。从时间段、碳排放源、生产工序、产品批次等多种维度统计碳排放实绩数据，支撑企业开展碳排放水平、碳足迹和全生命周期碳排的分析。

3）碳排放检测仪表配置。根据实际仪表情况配置碳排放仪表，并统计仪表排放检测数据。

4）碳排放累计监测。根据碳排放的数据统计，生成产品碳标签，碳标签记载产品全生命周期的碳排放数据。

5）碳排放核算。碳排放核算是碳排放管理的核心内容，通过对企业碳排放现状的研究，建立企业全厂碳素流图，建立信息化活动水平数据库、碳排放因子库，搭建全厂及各工序碳排放智能化核算方法理论框架,确定碳排放相关数据来源读取接口(如 EMS、ERP 等数据系统),实现对企业全厂及各工序年度、季度、月份等不同时间段下碳排放总量及重要活动水平数据的现状和历史情况的分析,为企业日常的碳排放核查、数据报送提供便利;确定重点排放源,找到企业重点排放部门、重点排放流程、设施;分析碳排放数据,分析企业碳排放历史、未来排放趋势、重要影响因素;将碳排放管理融入企业日常生产和能源管理中,降低企业归口管理部门工作负荷,促进钢铁企业碳排放智能化预测分析及管理,实现企业碳排放文件的信息化管理。碳排放管理平台符合国际国内标准的自助式组织碳盘查工具,支持多层级组织的温室气体排放盘查,并生成相关的统计分析报表和标准化碳排放报告并满足相关监管机构的要求及第三方核查认证机构的要求。

6)产品碳足迹及碳标签。在系统的污染监控中添加除二氧化碳外的其他温室气体排放因子,将其余温室气体根据全球变暖潜能值(Global Warming Potential,GWP)换算成二氧化碳当量,从而进行基于生命周期评价的方法计算工业产品全生命周期内所有碳排放的总和,将产品的碳足迹以量化指标表示出来,并以标签的形式向公众和消费者展示出来,形成产品的碳标签。

7)低碳产品认证。平台进行产品碳足迹计算后,还可根据国家认监委发布的低碳产品认证目录开展相应工业产品的低碳产品认证工作,引导消费者进行绿色选购,提高企业品牌形象和竞争力,促进清洁生产,降低碳排放强度,提升绿色产品占比,满足绿色制造要求。

8)基于大数据碳排分析。基于大数据平台建设炼钢、轧钢的碳排集控中心,实现跨工序的调度优化、能源预测及建立在产品全生命周期模型上的面向不同工序、不同产品的碳足迹分析追踪,从生产全局的角度提升能源与资源的利用效率。利用人工智能开展趋势分析、情景仿真等预测性分析,开展基于生产体系数字孪生的碳达峰、碳中和进程模拟,明确发展趋势并就其中关键因素开展智能分析和决策优化。

3. 智能运维系统

在工业生产制造过程中,设备是能源使用大户,通过对水、电、气等能源介质的使用完成整个生产和制造过程。为使生产制造过程顺利进行,企业通过智能生产排产技术,以达到设备的最大使用效率,从而实现连续生产,降低生产成本。同时生产企业每年都会花费大量的人力、物力、财力投入到设备的日常管理和运维中,以促进生产的正常有序进行,避免因设备故障造成生产节奏变化,影响生产的产量、质量。

为提高工业生产制造的效率,降低设备运维成本,避免因设备故障造成的产品浪费,工业制造过程中,需要将设备智能运维上升到一个新的高度,提高设备运行效率,为低碳转型创造更智能的生产和管控手段,提高能源转换效率,降低设备故障率,提升产品合格率,降低运维成本。

设备智能运维管理平台,主要从四个层面来进行构建,包括设备编码体系、设备管理数字孪生场景、设备故障预测分析平台、设备运维知识图谱平台。

(1)设备编码体系。通常每一个工业生产用户都不相同,没有统一的标准和规范,

220

同时针对不同的工业领域，所涉及的设备类型、管理方式、运维方式也各有不同。基于统一的标准，形成不同行业都适用的编码体系，实现各个用户定制化需求，最终不断完善和发展设备编码系统，为智能设备管理平台提供统一的编码支持和服务，成为设备管理平台持续优化的基础。

设备编码体系可以实现全厂所有设备、零部件的标识，基于设备编码的标识，可以快速关联查询到设备和零部件的所属关系、设计属性、图纸文档、采购信息、建设信息、运行信息、运维记录、备品备件信息的内容，实现设备全生命周期的数据集成和贯通，同时基于生产运行信息，打造设备管理基础信息网状结构，实现设备数据全要素、全周期的快速关联和分析，最终为智能设备运维系统提供数据基础。基于这些基础数据，有利于设备管理的快速开展，从一定程度上降低设备运维的时间，提高运维效率，为低碳环保生产提供技术支撑。

（2）设备管理数字孪生场景。在工业领域，各类设备由不同的生产厂家或供应商提供，重点设备的设计过程、设计参数、设计图纸等信息往往无法完整获取，同时部分重点设备造价高、操作复杂、维修困难，无法交给相关设备管理人员或运维人员直接上手操作，需要构建设备管理的数字孪生场景。基于数字化设计、CAD 图纸、激光扫描等方式完成设备的 BIM 模型构建，在三维场景中实现设备的立体查看、拆装步骤操作培训、设备全方位自动化点检等功能，同时在三维场景中快速调取设备全生命周期的信息，实现设备的透明化、可视化管理。基于孪生场景，可实现设备故障、设备信息的快速调取和查看，为现场设备操作人员提供可视化的操作流程，提高现场操作人员的效率，减少故障判定和维修时间，提高运维效率，为低碳转型提供基础平台。

（3）设备故障预测分析。设备故障预测分析往往需要较为专业的知识和手段，通过高频采集设备，采集生产设备的运行信息，如振动曲线、电压、电流、温度、转速、声音等内容，通过以上内容的高频数据，结合历史故障发生时的数据特征进行分析和预测。随着技术的不断进步，设备故障分析预测也向着更便捷高效的方向发展：基于以上信息，结合生产数据、质量数据、监控数据等内容，可以构建多源异构数据集；通过深度学习算法，将人工经验、设备实时运行信息、生产状态信息、质量信息等内容进行融合，以一定的形式输入到人工智能分析平台；基于自学习的数据分析框架，从多源异构数据中进行分析和预测，构建不同设备的分析预测模型，实现设备故障的预测分析，提前判断设备运行状态，降低因设备故障导致的生产停滞和产品不合格情况发生；从而提高生产效率，提高设备利用率，降低维修成本，为低碳转型提供更加高效便捷的数据分析平台。

（4）设备知识图谱。设备发生故障或报警时，往往伴随着多种多样的原因以及千丝万缕的影响，如果是单一原因造成的故障或报警，设备管理人员可以快速定位故障问题并进行设备维修，相对来说解决方式较为固定。如果非单一原因，则查找问题、解决问题就变得复杂起来。设备知识图谱，是通过图的形式构建设备全生命周期台账及知识管理，当发生故障时，知识图谱会从图数据库中检索当前故障的发生类型，通过一定的分析算法为设备管理人员提供所需的信息和知识。当知识库中存在类似问题时，可以为设备操作和管理人员快速提供解决方案；如果知识库中不存在类似的问题，则可以快速检索报警位置或故障位置及其关联的其他设备的图纸文档、运行信息、运维记录、关联关系图等内容，从一定程度上协助设备管理人员定位问题并解决问题。当设备报警或故障解决后，可以将整个解决过程记录到知识库中，不断优化和完善设备故障处置流程，提高设备故障及处置效率，降低因设备故障处置而导致的停产和停工，同时可以将工厂的设备运维经验固化到知识图谱中，并进行不断地迭代和优化。

4.5.3　应用内容

1. 绿色化智能化协同发展

《"十四五"工业绿色发展规划》提出"以数字化转型驱动生产方式变革，采用工业互联网、大数据、5G 等新一代信息技术提升能源、资源、环境管理水平，深化生产制造过程的数字化应用，赋能绿色制造"，这为工业数字化、智能化、绿色化融合协同发展指明了方向。

当前，新一代信息技术日新月异，信息获取、处理、存储和传输效率不断提高。数字技术已广泛渗透于生产生活。工业数字化、智能化建设工作本身是多种信息技术融合的系统工程，为突破传统生产模式和管理模式的局限性提供了技术支撑。

2. 智能技术促进工业转型

智能技术在工业上的应用不仅是技术手段的变革，更是对生产方式、业务形态、商业模式等的颠覆式重构。通过应用智能技术，将具备以下能力：利用传感器等主动感知周围环境，获取外部信息，实时采集数据；与过去的接受式学习不同，智能技术将自主存储感知到的信息，并运用以往的学习经验加以反复训练，以不断进行矫正和提升；利用已有的知识体系对感知到的信息进行辨别、分析、计算、查验和比较，无需外部指令，自行执行；根据处理数据的特征自动调整处理方法和顺序，使其适应数据的变化，以取得与预计目标相匹配的最佳结果；通过对大量数据的分析学习，机器将能够对外界的刺激做出快速、科学、准确的判断。最终智能工业将达到无人少人、高效高质、节能减排的目标，实现自感知、自学习、自执行、自适应、自决策的新型生产和管理模式，完成工业领域数字化、智能化、绿色化发展。

因此，我国要充分重视智能技术与工业的融合，锐意创新，以智能化为载体实现弯道超车，抢占第四次工业革命先机。

（1）要加强新一代信息技术的应用。新一代信息技术与先进制造技术深度融合是实现中国"智"造的关键。着力推动数字孪生、物联网等智能技术的工业应用，通过对关键工艺装备的智能感知、智能分析和智能决策，全面提升企业全流程数字化水平，以提质增效带动节能降耗，充分发挥智能制造在绿色工业方面的巨大潜能。

（2）要打造稳固的数字工业底座。数据是重要的生产要素，更是工业数字化发展的动脉。数字基础设施的建设要从整体出发，规划从设计、建设到投产运营的全生命周期路线图，搭建 5G 工业互联网，充分利用人工智能、区块链、云计算、大数据等技术打稳数字底座，为搭建工业领域的数字经济奠定坚实基础。

（3）要攻关智能工业的关键技术。目前我国工业信息化程度仍然较低，一些关键核心技术、装备与零部件仍受制于人。为此，我们要培养一批智能制造领域的专业人才，加大智能技术的研发投入，加快研发一批拥有自主知识产权的智能装备。通过组织实施智能工业重大项目、搭建智能工业创新平台、构建智能工业试验区，实现生产流程和管理流程全面智能化和高质量发展。

4.5.4 应用案例

1. 凌源钢铁智慧能源管控系统案例

为了进一步响应国家节能减排的号召，提高企业能源管理的水平，凌源钢铁股份有限公司于 2018 年投产了能源管控系统，以支撑全厂能源的集中管理、统一调度和扁平化管理（见图 4-8）。该案例利用数字化管控、精细化能源管理及基于大数据的能源优化调度模型，有效预测钢铁企业未来能源平衡和负荷变化，有效提高了能源循环利用和自给比例，协助企业节约能源外购成本，从而满足国家对能源的高效、安全以及低碳化可持续发展的要求。

图 4-8 工厂全貌展示

节能改造前凌钢高炉煤气在夏季有一定的放散，整体自发电比例在 65%～67% 左右。使用智慧能源管控系统后，整体节能减排效果如下：

（1）降低高炉煤气放散率。能源管控系统的建设，确保了能源平衡调整的及时性和准确性，从而将使高炉煤气放散率下降至少 3%，基本达到 0 放散。高炉煤气系统节能如下：凌钢目前年产 527 万 t 铁水，吨铁高炉煤气发生量为 1700m^3，能源管控系统建成后，可将高炉煤气放散率降低到 0.2% 以内，年可多回收高炉煤气 $2.6877 \times 10^8 Nm^3$。

加热炉和热风炉优化燃烧控制降低煤气消耗。应用燃烧模型后节约煤气量大于 2%；8 个加热炉通过燃烧控制系统的改造，节约煤气 3635.36 万 m^3/a。

热风炉优化燃烧控制节约煤气效益。投用燃烧模型后比未投用模型高炉煤气使用量减少 2% 以上，通过实施燃烧控制模型，凌钢热风炉总计节约煤气 4752 万 m^3/a。

上述煤气节约手段将节余的煤气都送往发电机组，可将凌钢的自发电比例提高到70%以上，整体提升大于3%。

（2）管理节能。根据经验及其他已实施的能源管控系统案例（见图4-9），先进的能源管控系统及其优化调度模型（见图4-10）实现的管理节能量通常占企业总耗能的0.3%以上，凌钢年总耗能约在290万t标准煤，则实现管理节能量约为8700t标准煤，标煤价格按466.717元/tce计算，产生经济效益406万元。

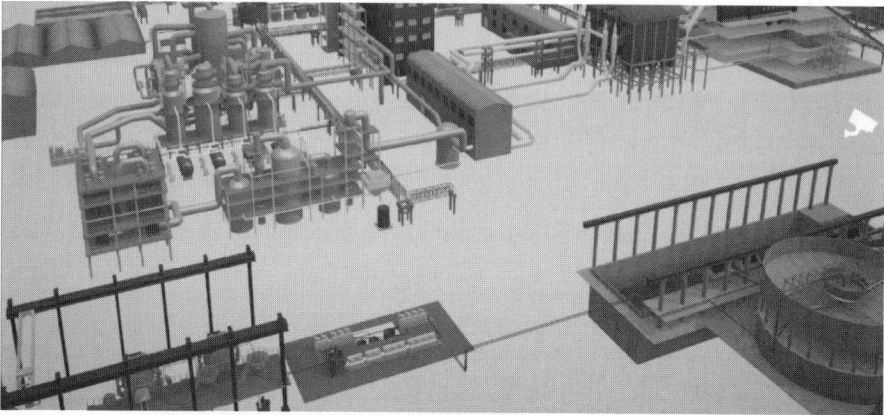

图4-9　能源管网监控

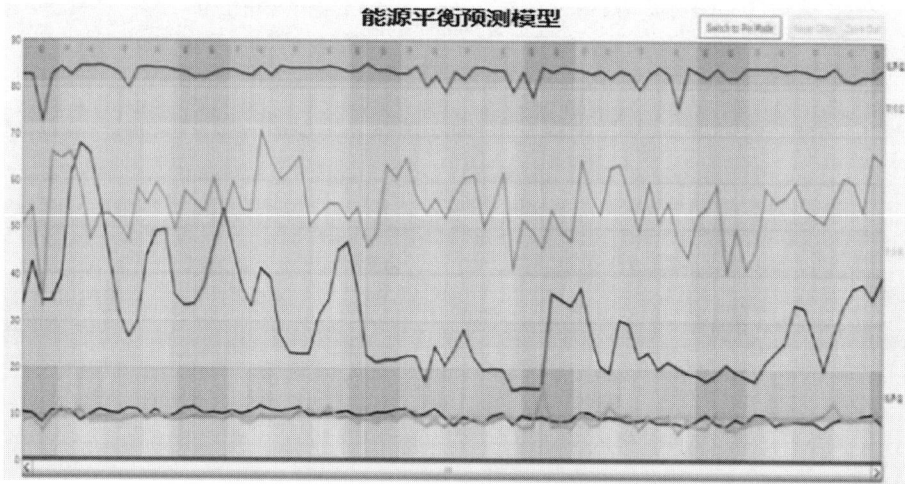

图4-10　能源平衡预测模型

（3）减员效益。在实施能源管理系统前，各站所都需要有固定员工值守，智慧能源系统实施后，在能源管控中心通过固定的几个岗位整体操控所有的站所，大幅降低了站所值守定员。定员节约率达到35%，年度节约费用为580万元。

2. 济源钢铁大数据质量分析系统案例

近年来，随着制造业数字化转型工作的开展，济源钢铁集团也积极推进制造过程数字化和智能化，从产品研发设计、关键工序数字化改造、供应链优化管控等方面，推进企业智能制造单元、智能生产线、智能车间以及整体智能工厂的建设。质量精细化管理方面，通过建立基于大数据的全流程质量管控（见图 4-11、图 4-12）与大数据质量分析（见图4-13～图4-15），实现了产品标准化管控，提升了产品质量，改进了企业质量管控体系。

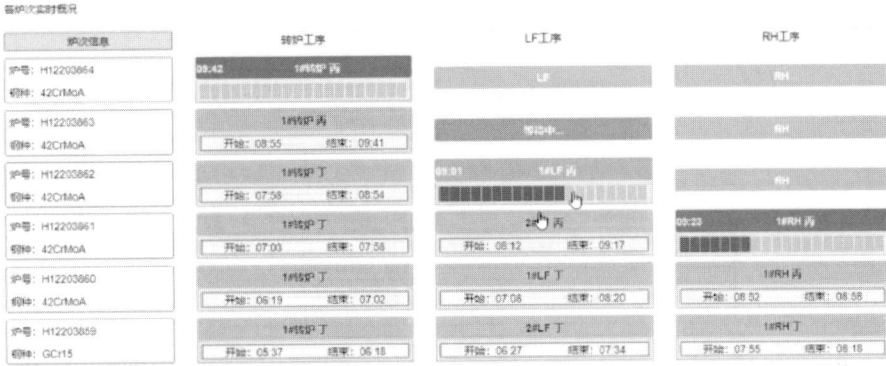

图 4-11　实时质量监控 1

图 4-12　实时质量监控 2

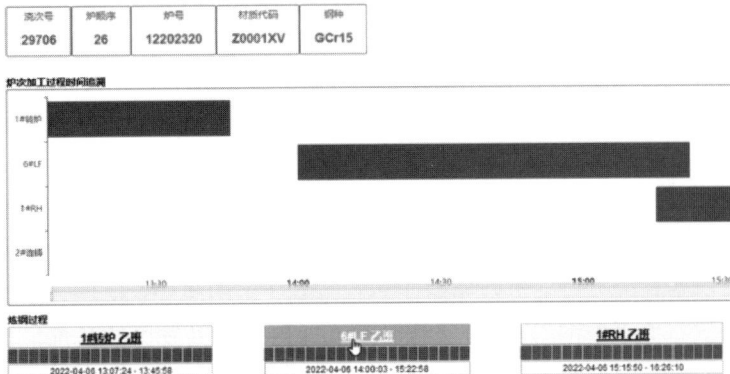

图 4-13　过程质量追溯 1

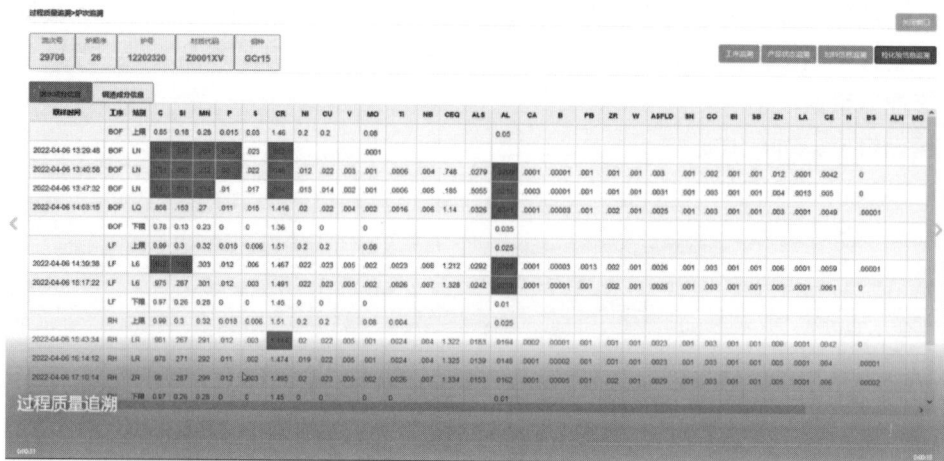

图 4-14　过程质量追溯 2

过程质量评价>全流程评价分析

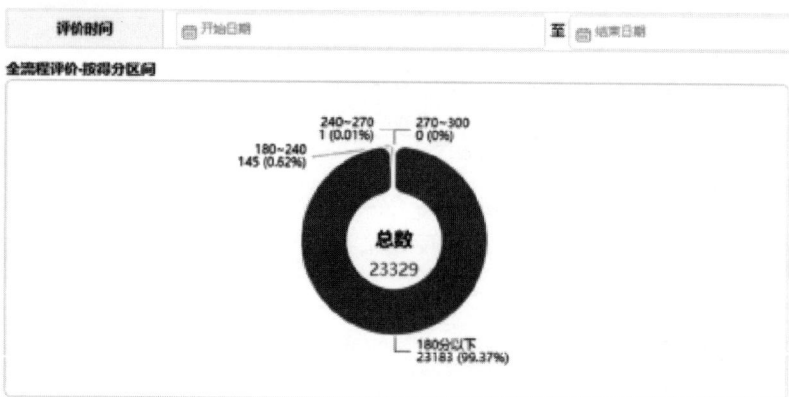

图 4-15　过程质量追溯 3

全流程质量管控分析系统于 2019 年在济源一钢轧车间投用，三年来，质量追溯时间由原先的数小时提升至秒级，产品合格率提高 0.2%，质量分析相关工作分析效率提高 86%，整体提高生产效率 0.1%～15%，累计新增销售额 8225 万元、节支 3000 万元。

该案例是钢铁行业首个将大数据技术及机器学习先进算法和钢轧全流程生产过程紧密结合的应用，在钢铁行业形成了互联网与制造业融合的试点示范，推动了智能化关键技术在钢铁工业生产的深度应用，有助于实现我国钢铁工业工艺和生产全流程的整体优化，为完善产品质量管控体系提供有力支撑，促进了钢铁工业数字化及低碳转型。

3. 河钢集团唐钢新区数字孪生工厂案例

河钢乐亭钢铁有限公司三维数字孪生工厂项目（见图 4-16），所属的河钢乐亭钢铁有限公司（以下简称"乐钢"）项目选址于河北乐亭经济开发区的西部，是河北省钢铁企业转型升级、结构调整的示范工程，是河钢集团打造发展新高度的生命工程。

该项目是国内钢铁行业第一个覆盖料场、炼铁、炼钢、轧钢全流程业务的数字化工

226

厂项目（见图4-17）。项目通过数字化平台进行总图、公辅管线以及各工艺单元的三维设计，以数字化设计为源头，同时充分结合BIM、GIS、AR/VR、数字化交付等技术建设全流程虚拟钢铁工厂（见图4-18）。通过创新数据组织和展示方式，集成展示工厂设计和建设信息、动态生产工艺信息、设备动作和运维信息、管网管线信息、物流和安防信息，完成了"数字化设计-数字化交付-数字化运维"的全面贯通，真正实现了全生命周期的数字化管理。通过数据流、信息流与工作流的数字化，实现工厂更高效的运营与管理模式。整个数字化工厂将作为河钢唐钢新区的基础信息平台，全面整合公司的生产、设备、能源、物流等业务数据，从而为河钢唐钢新区公司提供基于数字化的全方位服务，全面贯通数字化设计和数字化运维的全过程（见图4-19）。

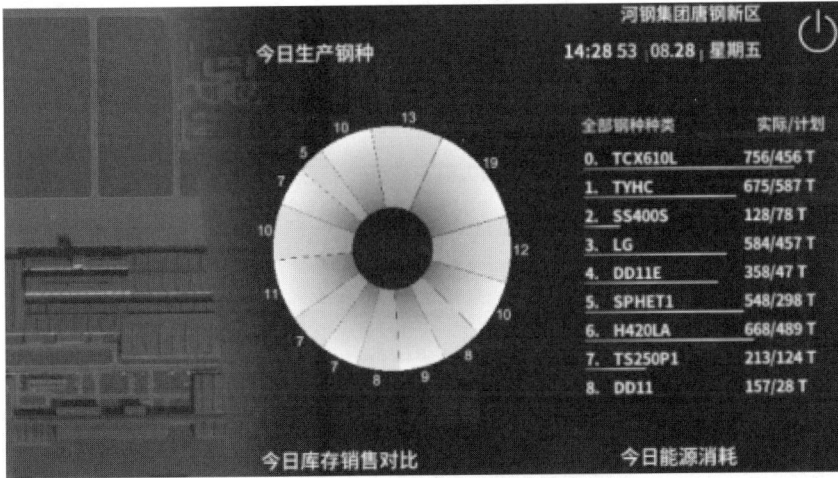

图4-16 唐钢新区整体生产运营监控

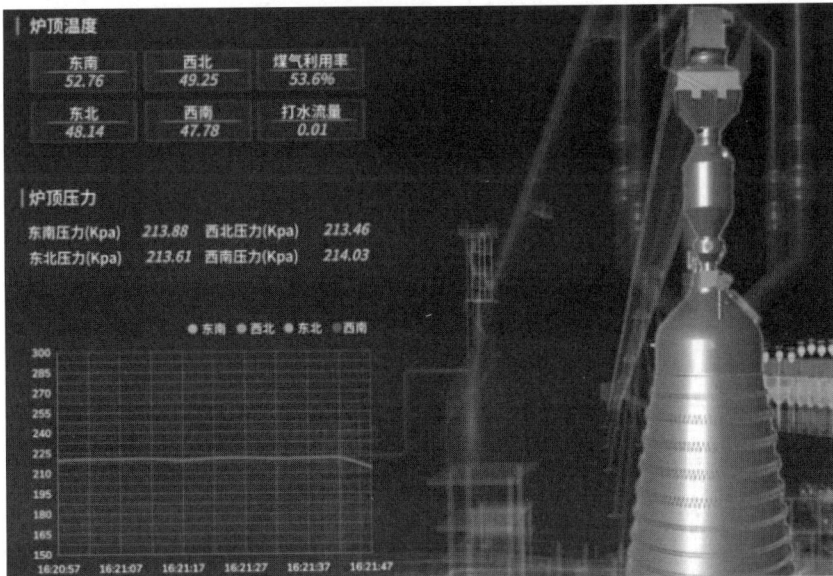

图4-17 高炉监控与仿真

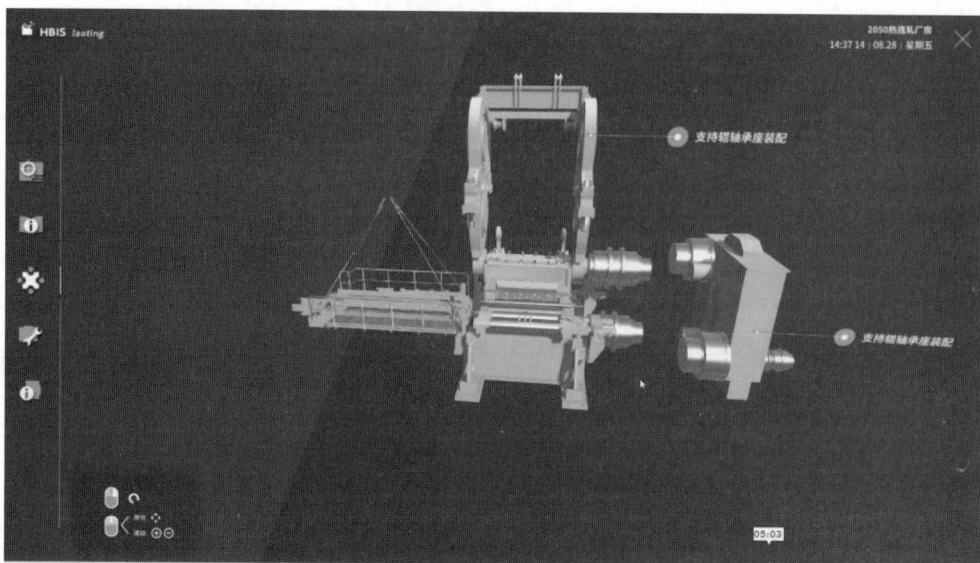

图 4-18　设备数字化装配示例

图 4-19　虚拟现实场景

　　全流程数字工厂建设完成后，在设计效率、施工进度、运维水平、管控效率、节本降耗等方面都得到了显著的提升：

　　（1）相较同类型工程，材料量统计精确化提高 5%，共优化管线 390t，电缆 145km，钢材 2035t，混凝土 15 000m³，累积经济效益达 6300 余万元。

　　（2）相较同类传统工程，设计返工率减少 25%，建设周期缩短近 6 个月，累计节约成本 4213 万元。

　　（3）非标设备的参数化设计积累，提高设备设计效率约 85%，减少设计周期近 1 个月。

228

（4）通过数字化运维管控平台，钢厂的整体管控效率提升 5%。

（5）虚拟培训方式较传统培训效率提升 60%。

4.6　智慧建筑低碳转型

4.6.1　应用概述

建筑领域碳排放量占我国碳排放总量的 50% 以上，建筑领域是我国能源消费和碳排放的三大领域之一，具有巨大的碳减排潜力和市场发展潜力。促进建筑产业快速向低碳、绿色方向转型，探索平台化、定制化、网络化、规模化、全球化的新型运营模式，是建筑业为"双碳"目标作出贡献的重要途径。

1．智慧建筑的现状分析

（1）政策现状。2010 年 10 月，国务院发布《国务院关于加快培育和发展战略性新兴产业的决定》，开启了智慧建筑的序章。2014 年 3 月，国家发展改革委、工信部等联合出台《关于促进我国智慧城市健康发展的指导意见》，推进智慧城市有序发展。2015 年 5 月，工信部发布《中国制造 2025》，加快推进信息通信技术应用，带动智能电网、智能建筑、多网融合、智能物流等建设，促进节能减排。2020 年 7 月，住建部等部委联合发布《关于推动智能建造和建筑工业化协同发展的指导意见》，以大力发展建筑工业化为载体，以数字化、智能化升级为动力，创新突破相关核心技术，加大智能制造在工程建设各环节应用，行程涵盖科学、设计、生产加工施工装配、运营等全产业链融合一体的智能建造产业体系。2021 年 9 月工信部发布《物联网新型基础设施建设三年行动计划（2021—2023 年）》，加快智能传感器、射频识别（RFID）、二维码、近场通信、低功耗广域网等物联网技术在建材部品生产采购运输、BIM 协同设计、智慧工地、智慧运维、智慧建筑等方面的应用。

2010 年起，我国即出台了推进新一代信息技术在智能建筑行业应用的政策，经过多年持续发力，奠定了产业链基础。契合我国"双碳"目标，智能建筑产业即将迎来蓬勃发展。

（2）产业现状。2020 年 7 月 28 日，国家十三部委联合发文指出，要加大智能建造在工程建设各环节应用，形成全产业链融合一体的智能建造产业体系，提升工程质量安全、效益和品质，实现建筑业转型升级和持续健康发展。2017—2018 年，智慧工地市场规模保持 20% 以上增速，2019 年市场规模达 120.9 亿元，2020 年底行业市场规模达 138.6 亿元，同比上年增长 14.6%。在政策与市场的支持下，目前出现了一大批优秀的智能建造装备企业，有的能在建筑结构中利用人工神经网络进行结构健康检测；在施工过程中应用人工智能机械手臂进行结构安装；以及在工程管理中利用人工智能系统对项目全周期进行管理。人与机器的协同建造，作为技术发展中的重要环节，可在一定程度上推动建筑建造的产业化升级，助推建筑产业链的延伸。

从发展阶段上目前的建筑的智慧化还处于快速增长的局面。

（3）需求现状。据中国建筑节能协会发布的《中国建筑能耗研究报告（2020）》公开数据显示："2018 年全国建筑全过程碳排放总量占全国碳排放的 51.3%，其中：建材生产阶段占比为 28.3%，建筑施工阶段能耗占比为 1.1%，建筑运行阶段能耗占比重 21.9%。"《中国建筑能耗研究报告（2018）》显示："大型公共建筑占城市建筑总面积不到 4%，却消耗了 20% 以上的城镇建筑用能，达到住宅能耗的 10～20 倍。"公共建筑包含范围广泛，星级酒店、商业建筑、文教体卫建筑、政府机关、通信建筑以及交通运输类建筑等。在公共建筑中，商业建筑占比较大，运行阶段能耗突出。比较而言，商业建筑市场规模增速高于住宅，并且商业建筑单位面积能耗远高于民用住宅，节能空间更大，将成为建筑行业降碳减排切入点。

根据中投产业研究院数据，我国建筑智能化市场规模从 2012 年的 4537.51 亿元增长至 2019 年的 9215.98 亿元。其中改造市场规模占比为 35.18%，新建市场规模占比为 64.82%。在近年碳中和政策颁布后，结合其他配套的方向性纲要，建筑智能化市场规模亦将持续增长。

2. 智慧建筑在降碳中的作用

（1）规划设计阶段。2021 年 9 月，住建部发布国家标准《建筑节能与可再生能源利用通用规范》（GB 55015—2021），提出 2022 年 4 月 1 日起建筑碳排放计算将作为强制要求。新建居住建筑和公共建筑平均设计能耗水平进一步降低，在 2016 年执行的节能设计标准基础上降低 30% 和 20%。从标准上开始降碳，从设计之初开始降碳。

在建设之初对整个建筑的用能设施进行分系统、分区域、分类别的规划，安装分类、分项能耗计量仪表、控制器，通过信息传输网络及时上传能耗数据。

建筑全面电气化是"双碳"进程的关键环节，通过革新节能技术和使用节能电器，在热水、供暖、炊事等方面全面实行电力替代。

（2）建设阶段。建设阶段节能主要是使用清洁能源等，是智慧施工、绿色施工的概念，本篇不作展开。

（3）运营阶段。通过楼宇自控系统（BAS）打造智能型建筑楼宇。楼宇自动化系统分为五大系统，现已涵盖建筑中的所有可控的机电设备，能够达到节能、舒适和高效的目标。

通过楼宇自控系统将关联设备进行统筹，发挥设备群组的整体优势和节能潜力，既能够提高设备利用率，优化设备的运行状态和时间，又能够反馈应用层的节能策略，从而可降低能源消耗和成本。

既定楼宇节能关联策略，在管理端设定主动干预的节能策略，如利用季节的变化、室内外温差进行新风换气策略，利用上下班高峰与人流潮汐制定电梯运行与悬停策略，利用室内传感装置既定有无人的设备唤醒功能等。在建筑运行期间，在保证"舒适、高效"的前提下，做好建筑能耗的计量、监测、分析、预判的智慧管控，运用传感、数据分析、智能干预等手段，通过设定的策略对整体建筑用能设备进行主动优化。

4.6.2　应用框架

1. 应用框架

智慧建筑低碳转型应用框架如图 4-20 所示。

范围边界	零碳/低碳/近零能耗建筑	低碳社区/园区/街区/城区	城市生态空间	低碳县城/乡村/农房	市政基础设施
碳中和技术 被动式建筑节能	高效的保温隔热系统	高效的门窗系统	具有高效热回收功能的新风系统	遮阳系统	被动式太阳能采暖
主动式建筑节能	高效的冷热源设备	高效建筑照明系统	高效建筑新风系统		智能管控技术
可再生能源利用	太阳能	风能	生物质能		地源热泵技术
能源新技术	冷热电三联供	建筑能源调度	光储直柔技术		多能互补
解决方案	基于AI的建筑设备监控	智慧能源管理	智能照明	群智能	设备监测与预警
数字化	可视化智慧双碳平台	建材及产品碳排放因子数据库	围护结构性能参数数据库		能碳指数及指标数据库
	核心碳计算引擎	碳排放参数化驱动分析模型	多目标定量评价模型		综合能碳评估模型

图 4-20　智慧建筑低碳转型应用框架

2. 重点领域

智慧建筑低碳转型以支撑城乡建设绿色发展和碳达峰、碳中和为目标,围绕五大重点领域进行,主要包括:

(1) 零碳、低碳或近零能耗建筑;

(2) 低碳社区、低碳园区、低碳街区或低碳城区;

(3) 城市生态空间增汇减碳及能源系统优化;

(4) 低碳县域、低碳乡村及低碳宜居农房;

(5) 市政基础设施低碳运行。

3. 应用方向

智慧建筑低碳转型数字化主要从城市、县城、乡村、社区、建筑等不同尺度、不同层次加强绿色低碳技术体系研发,形成绿色、低碳、循环的城乡发展方式和建设模式。

主要的碳中和技术包括被动式建筑节能技术、主动式建筑节能技术、可再生能源利用技术和能源新技术等。

围绕建筑低碳转型数字化解决方案主要包括基于 AI 的建筑设备监控、智慧能源管理、智能照明管理、群智能、设备监测与预警。

智慧建筑低碳转型计算分析系统主要应用于:

(1) 分析不同建筑结构分类对气候变化的影响分析(见图 4-21、图 4-22);

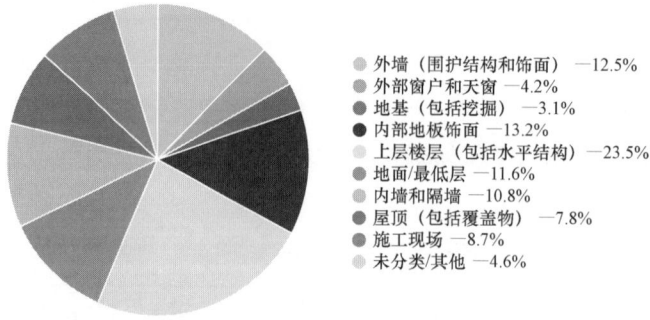

图4-21 不同建筑结构分类对气候变化的影响分析（饼状图）

外墙（围护结构和饰面）—12.5%
外部窗户和天窗—4.2%
地基（包括挖掘）—3.1%
内部地板饰面—13.2%
上层楼层（包括水平结构）—23.5%
地面/最低层—11.6%
内墙和隔墙—10.8%
屋顶（包括覆盖物）—7.8%
施工现场—8.7%
未分类/其他—4.6%

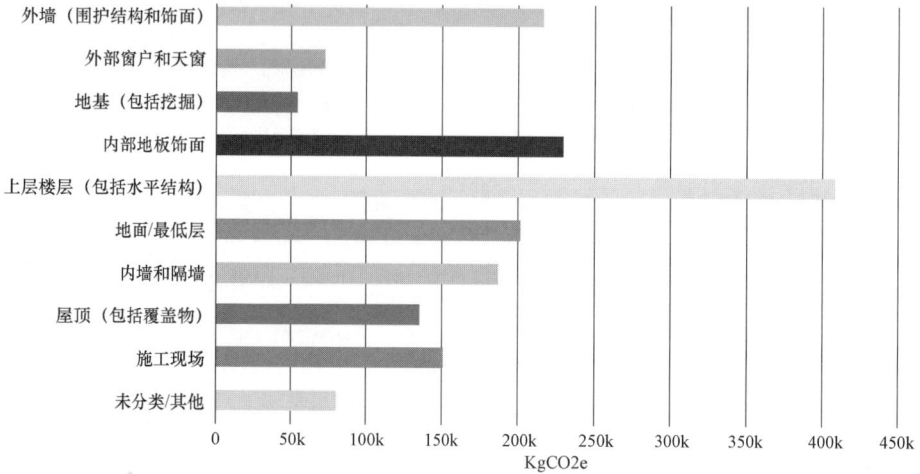

图4-22 不同建筑结构分类对气候变化的影响分析（条状图）

（2）建材等资源类型的生命周期对气候变化的影响分析（见图4-23）；

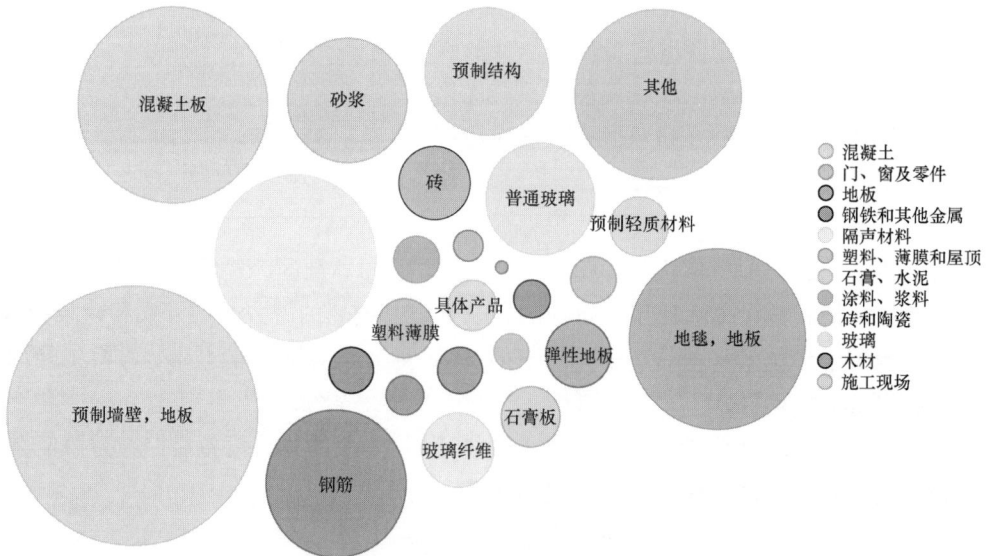

图4-23 建材等资源类型的生命周期对气候变化的影响分析

（3）建材、建筑构件与建造更新方式对气候变化的影响分析（见图4-24）；

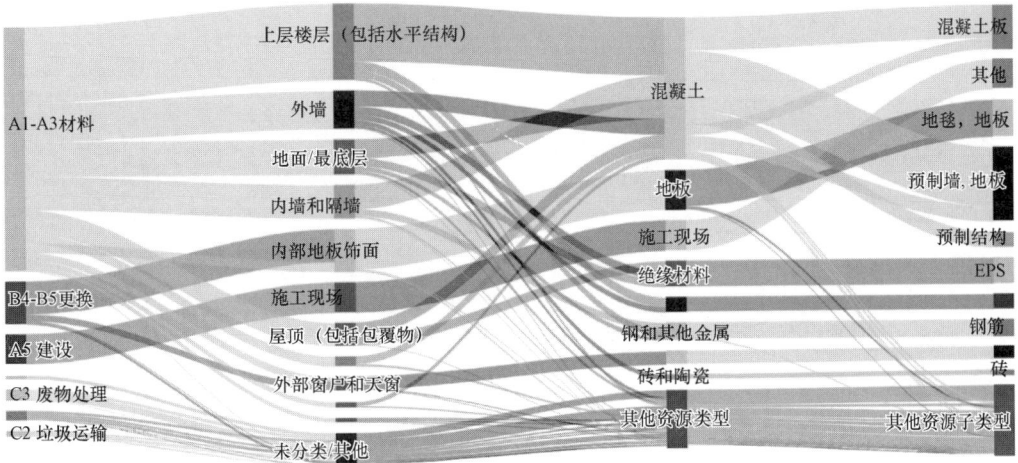

图4-24　建材、建筑构件与建造更新方式对气候变化的影响分析（桑基图）

（4）整个生命周期的资源类型和子类型对气候变化的影响分析（见图4-25）。

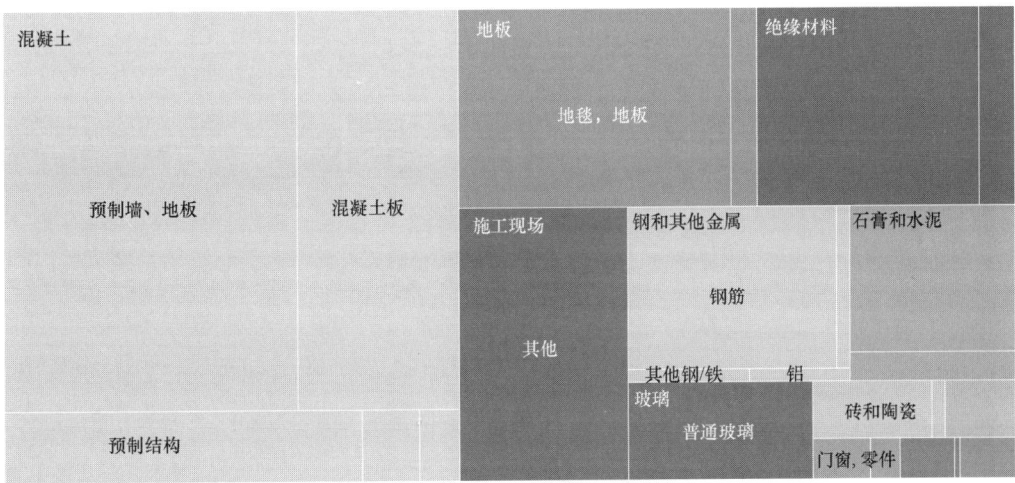

图4-25　整个生命周期的资源类型和子类型对气候变化的影响分析

4. 应用功能

（1）建筑生命周期中隐含碳的来源分析。通过数字化技术进行建筑生命周期中隐含碳的来源分析（见图4-26）。

（2）建筑生命周期碳核算。建筑生命周期碳核算（见图4-27）是建筑低碳转型的基础。从建筑全生命周期的视角识别建筑的环境影响及其在生命周期各阶段内的分布，评估不同阶段建筑的节能潜力，推进建筑业的可持续性发展。从智慧建筑的视角分析低碳转型的主要减碳方法包括翻新现有建筑、减少材料使用、更换其他材料、重复使用等。在建筑全生命期，从传统文件流中提炼出数据流，制定数据字典和数据标准，形成全生命期碳管理报告，并提供软件工具及平台技术支撑，从而建立系统流。

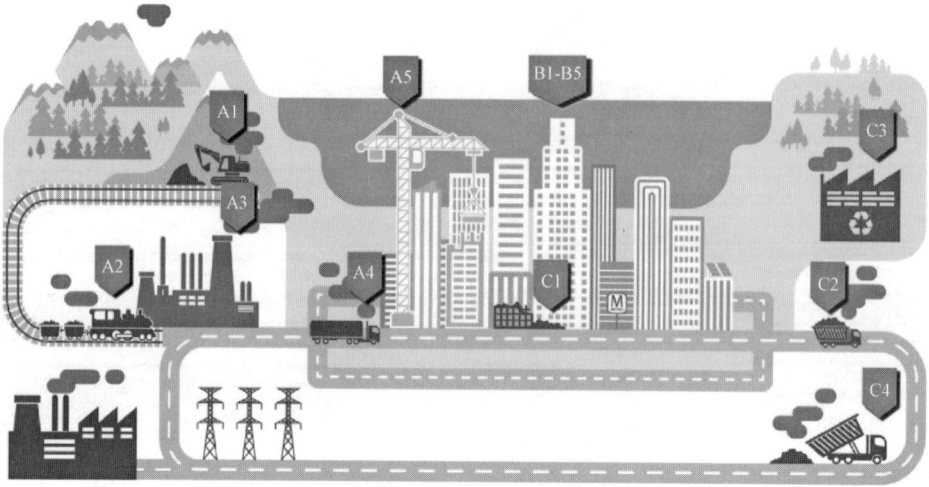

图 4-26　建筑生命周期中隐含碳的来源

（注：A1-A3：产品阶段；A1：原材料提取/供应；A2：运输到生产现场；A3：制造；A4-A5：施工过程阶段；A4：运输到建筑工地；A5：建筑的安装/组装　B1-B7：使用阶段；B1：安装产品的使用；B2：维护；B3：维修；B4：替换 B5：翻新；B6：运行能耗；B7：运行用水；C1-C4：生命结束阶段；C1：与拆除和解构相关；C2：将材料运输到废物再处理中心；C3：废物处理；C4：废物丢弃；D：系统边界以外的效益和负荷；D：再利用、再回收或再循环的潜力）

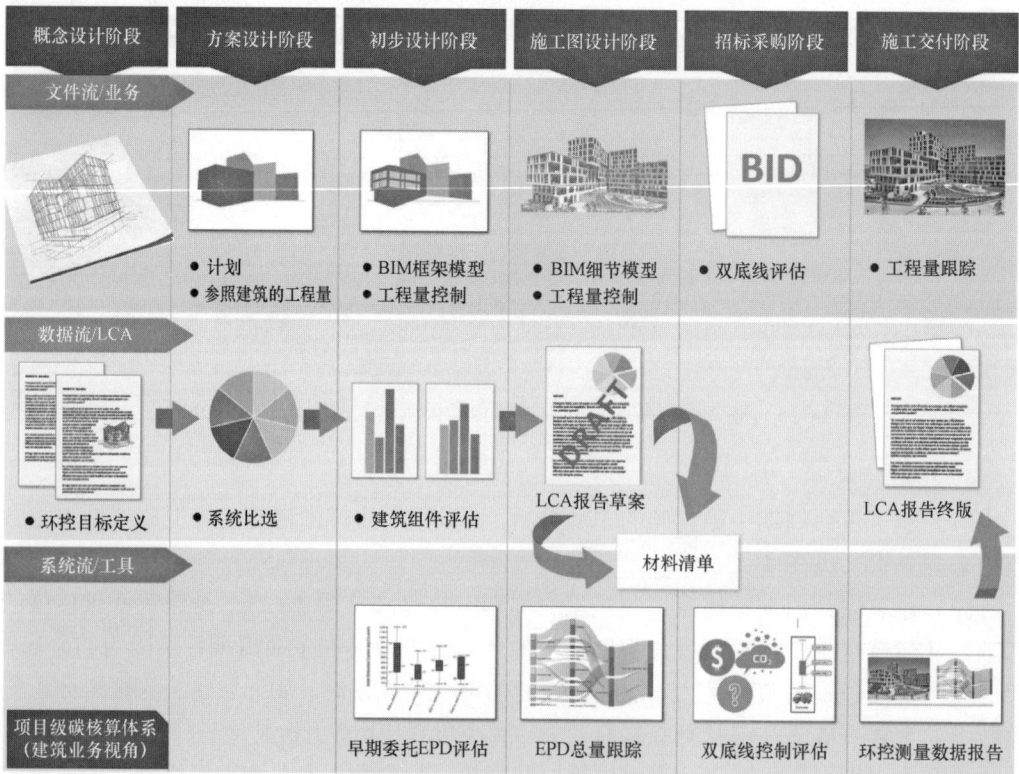

图 4-27　建筑生命周期碳核算

234

（3）建材低碳转型。其中，建材低碳转型采用主要建材产品价值链分析的方法（见图4-28），分析不同材料类型对环境的影响。

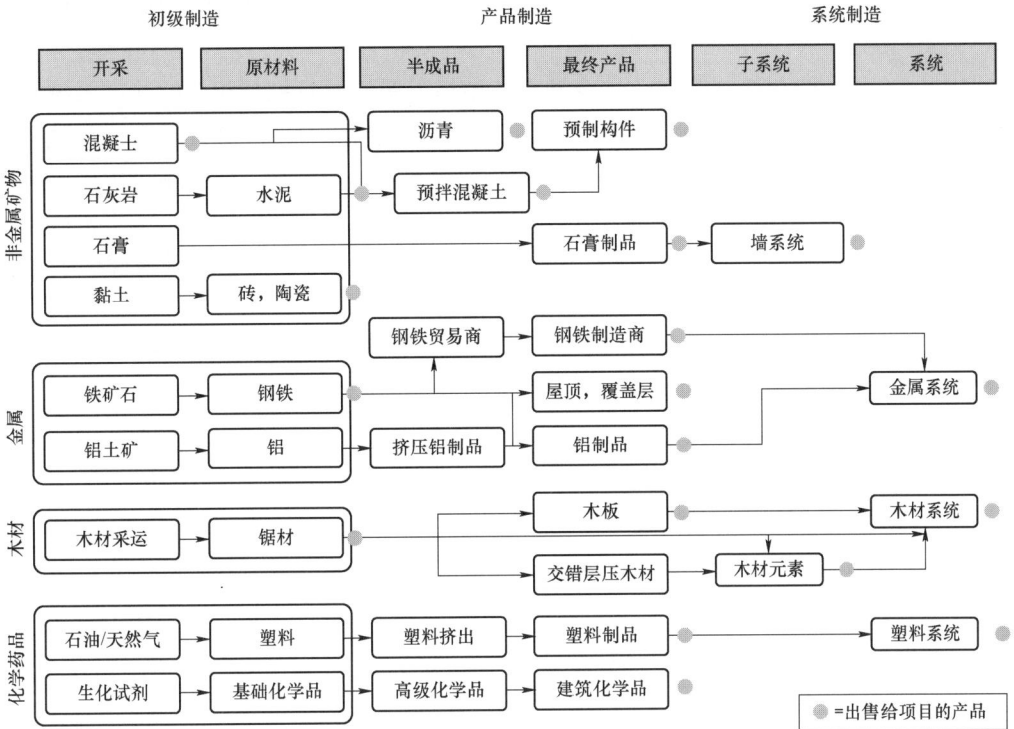

图4-28　主要建材产品价值链分析

通过分析主要建材产品的价值链，进而分析不同材料类型对环境的影响，见表4-3。

表4-3　　　　　　　　　　　　　　不同材料类型对环境的影响

	矿物	金属	化学品	生物材料	复合材料/组件
原材料	容易获取，典型的本地材料	能源密集型获取，需进口	石油、天然气或生物基化学品，上游排放	木材或植物纤维	其他材料的混合或组合
制造	石灰石和石膏对热和化学碳的影响	耗能，排放废气	主要用作先驱制造	影响较低	复合材料影响通常较高
运输	通常是当地大量的材料	长途运输	取决于材料	轻质材料可以运输很长距离	取决于产品的质量和价值
使用	持续很长时间	持续很长时间	取决于应用和曝光次数	用于治疗	取决于产品
寿命结束	如果可以拆卸，可以重复使用，或者碾碎	容易拆卸、回收或商业回收	目前填埋或焚烧，但越来越多原材料被回收	目前填埋或焚烧，但可以用于新用途	复合材料很难回收，但是组件可以原样使用

（4）建造低碳转型。建造过程中的低碳转型主要包括：

1）物料低碳管理。结合智慧工地物料管理系统及地磅系统等和现场仓储转运方案

235

等，建立物料现场全过程碳数据体系，分析材料种类、仓储转运及物料损耗等碳影响因素，建立物料碳管理指标体系，形成物料管理相关碳数据可视化系统模块，揭示物料碳管理的内在逻辑并面向物料碳管理对智能建造绿色建造和精益建造的价值和整体建造数字化架构的影响以及项目推广模式进行评估。

2）施工现场能耗低碳管理。结合智慧工地塔吊等机械及机具相关的管理系统和现场机械机具管理制度和临电数据等，建立施工机械机具现场全过程能耗及碳排放数据体系，分析机械机具种类、耗电量、使用频率及效率等碳影响因素，建立施工机械机具碳管理指标体系，形成施工机械机具使用相关碳数据可视化系统模块，揭示施工机械机具碳管理的内在逻辑并面向施工机械机具碳管理对智能建造绿色建造和精益建造的价值和整体建造数字化架构的影响以及项目推广模式进行评估。

3）施工工艺低碳管理。依托工程实体，建立施工工艺管理和施工工艺比较的模型，研究施工工艺碳影响因素，建立施工工艺级别的碳管理指标体系和基准设定方法。基于施工工艺碳管理的数据模型，建立施工工艺碳排放量比选系统，形成施工工艺碳管理方法和施工工艺改进策略。

4）施工环境监测与影响评估。结合智慧工地环境监测及扬尘等系统和现场 HSE 管理制度等，研究施工扬尘、施工机械扬尘和施工运输车辆尾气排放等影响因素，建立碳管理视角下的施工环境监测体系，制定敏感点设置要求，梳理敏感点环境控制指标，形成大气环境影响分析碳管理报告模板和控制措施建议目录，为进一步完善环境监测控制碳管理系统提供依据。

5）绿色建材循环利用。结合绿色建材循环利用相关施工专项方案，研究主要绿色建材循环利用模式和碳相关数据，计算工程渣土、工程泥浆、钢筋及施工辅助材料等的含碳量，通过各类绿色建材循环利用的分类计算含碳量，并对绿色建材的后续处理做一定跟踪，形成绿色建材全过程碳数据管理并制定管理办法，针对采用的绿色建材循环利用措施进行碳减排测算，制定绿色建材的碳数据基准，研究绿色建材循环利用的碳管理指标，形成绿色建材碳减排数据管理系统模块，制定全过程绿色建材循环利用碳管理模式。

6）施工垃圾减量化处理。结合施工现场建筑垃圾减量化专项方案，研究主要垃圾减量化利用模式和碳相关数据，计算工程垃圾、拆除垃圾等的含碳量，通过各类垃圾的分类计量计算含碳量，并对垃圾的后续处理做一定跟踪，形成垃圾的全过程碳数据管理并制定管理办法，针对采用的垃圾减量化措施进行碳减排测算，制定垃圾处理与回收再利用的碳数据基准，研究垃圾处理的碳管理指标，形成垃圾减量化碳减排数据管理系统模块，制定施工垃圾减量化处理碳管理模式。

（5）运营更新低碳转型。

1）运营及更新阶段建筑用能与碳排放总量和强度双控。基于各类建筑能源模型（Building Energy Modelling，BEM）与建筑信息模型（Building Information Modelling，BIM）的分解结构建立两者之间的数据映射关系，基于历史数据进行多元回归分析建立建筑能量简化模型与建筑空间、围护结构系统、内热源设备设施之间的关联映射；基于空间、环境与设施分析建立建筑运营能耗管理体系和系统，基于碳排放量转换的面向空间运营优化和分布式可再生能源应用的指标体系和运营碳排放管理指数；基于数据校准和数学建模技术的建筑用能 BIM 模型，分析计算空间及建筑用能综合能效、分布式可再生能源应用效率、围护系统与设施设备更新能碳双控效率等，设定碳排放指数基准框架，简化分析模型，建立运营阶段建筑用能与碳排放总量和强度双控平台。

2）运营及更新阶段建筑用能碳排放检测和预测。通过对建筑运营用能数据模型进行分析，基于 BIM 基础数据和运营实际数字化数据采集平台确定建筑用能及碳排放检测及集成数据，建立建筑用能及碳排放的检测方法。根据可采集的数据确定建筑用能及碳排放主要影响因素，标记识别数据并进行数据清洗，分别采用人工智能和多元回归的方法建立建筑运营用能预测模型，对不同应用情景和模型精度进行分析，从而调整、优化和验证建筑运营用能预测模型。根据建筑用能预测模型的输入要求和变量关系建立建筑用能及碳排放预测、检测模型，将建筑用能及碳排放数据映射到空间、围护结构、设施设备与供能系统中，从而进行运营及更新阶段建筑用能碳排放检测和预测。

4.6.3　应用内容

1. 优化用能结构

建筑在使用清洁能源方面的供需矛盾，除了需要夯实清洁能源的供给外，也需着力解决新能源带来的波动性、不同步以及最大化消纳等新问题，这需要对建筑的能源供给结构和管理模式进行系统性重构，行业需从如下方面入手：

（1）光伏建筑一体化（BIPV），提升建筑自身清洁能源生产能力。随着新能源建设成本的降低和发电效率的提升，以及投资新能源的回收周期的缩短，建筑业建设光伏的意愿逐步增强。特别是随着光伏材料技术的进步，光伏与建筑正从结合走向融合。针对建筑屋顶空间有限的情况，未来可通过光伏建筑一体化（BIPV）的方式增加新能源接入，屋顶、墙体均能发电，从而提升建筑自身清洁能源生产能力。此外，通过光伏建筑一体化可降低屋顶和墙体的温升，进而降低建筑物的整体温度，这为减少空调的应用及降低能耗打下基础。

（2）重构建筑供配电，实现多电源支撑。未来，一些低密度建筑可以根据自身特点和条件，逐步构建以分布式新能源为主供，主网为补充的新型电力系统。对于局部富裕的新能源，可通过隔墙售电的方式实现建筑间、园区间的清洁能源调剂和区域互济；在场内清洁能源供给不足的情况下可通过场外新能源补给，形成多元电源支撑、大电网与分布式微网并举的供需耦合新机制。

（3）柔性调控，构建供需动态平衡新模式。新能源能否最大化有效消纳，是解决供需矛盾的重要方面。供给侧和需求侧的不同步问题是建筑光电消纳问题的关键节点。从两个维度为行业赋能。

1）智能调优，实现"源荷互动"和协同运作。智慧能源管理系统可对"源－网－荷－

储-端"进行多策略的柔性调控,根据清洁能源发电量、环境因素、电费规律、负荷情况等调配清洁能源、储能和可调节负载,以释能和蓄能的形式实现建筑本体的"虚拟电厂"管理和"源荷互动",在解决供需不同步的基础上全面提高能源使用效率,实现清洁能源的最大化就地消纳。

2)需求响应,实现供需紧平衡。在尖峰时段和清洁能源供给紧张时,根据光伏实际发电状况和可调节负载属性灵活调整使用时间,实现建筑内部的能源供给和有序用电,实现清洁能源供需的紧平衡。例如在商业写字楼里,通过对充电桩等可调节负载进行管理可实现有序用电:中午是写字楼的用电低谷,却是光伏发电高峰,此时充电桩可满功率充电实现对清洁能源的及时消纳;而在清洁能源供给紧张的用电高峰时段,根据电动汽车剩余电量可灵活调整部分车辆充电时间或者减少瞬时充电功率,实现清洁能源供需的紧平衡。

2. 提升建筑能效水平

全面提升能效,实现以人为本的节能降耗和深度减排。在低碳目标的约束下,通过科技手段实现低碳与体验的双赢,通过全面能效提升,打造以人为本的建筑节能降耗和深度减排,在不降低用户体验的前提下实现整体能源使用需量和碳排放的控制。

(1)源头节能,提升用电设备能效水平。通过创新应用,提高设备的能源使用效率。通常的建筑电气有很多单独的节能措施,如照明设备选用高效节能灯具和节能型整流器,电动机选用高效节能电动机,变频调速措施采用无功补偿的装置降低功率因数等,电气设备零部件设计应尽可能使用低环境负荷材料。

同时,采用科技高效的新设备是节能的一大路径,如高效电制冷/热、高密度低成本蓄冷/热、储能等技术,可以提升现有技术装备能效水平,降低建设运营成本。

(2)场景化控制,实现用能过程的精益节能和深度减排。建筑就像活的有机体,多个系统必须实现互通及算法协同工作,才能达到舒适、节能的效果。智慧楼宇控制是监控和管理所有建筑机电设施的中央系统,能实现从暖通空调、照明控制、安全到公用设施和废弃物不同场景的控制。

工作空间的照明、舒适的温度等受到建筑内外部因素的影响,对于办公空间照明的"恒照度"算法,就需要结合室内光源、色温及室外光照强度等因素。

当室外光照强度增加,室内照明会根据预先设定的办公照度及监测到的现有办公桌面的照度,经过计算自动调节光源的照度及色温,使得办公的照度恒定在最适合的程度。通过电动窗帘智能模块的算法,用以实现百叶窗的"向日葵"功能,叶片随着环境自动翻转,以保持舒适的工作空间。

3. 提高节能管理能力

考虑到建筑面对的变革以及长生命周期,建筑运营管理环节的低碳尤为重要。通过基于全生命周期的数字化手段,帮助建筑用户实现运维管理过程的低碳和敏捷,助力建筑资产的保值增值。

(1)数字化平台和计算工具,为合理化设计等提供依据。数字化平台和计算工具在运营、建设、设计过程提供数据支撑及验证手段。借助数字化设计和选型工具、能效与资产健康管理平台的可视化统计数据和云端大数据给出的建议和结论，科学地制定建筑能源管理和运营策略，为新能源、储能、配用电设计等提供依据，获得最优方案，为低碳运营提供基础。

（2）轻量化云端部署，为低碳敏捷的"云运维"提供条件。即插即用的终端设备配合轻量化的云平台，改变了系统部署和建设投资的理念，将原本复杂的本地系统化繁为简，在控制、采集设备端即可实现与云端平台直接联系，减少通信转换和数据交换环节的设备，进而降低故障点和运维设备数量，并提高系统稳定性。

在平台端，基于云的方案具备嵌入各种系统的能力，同时保证部署的敏捷性。其次，将建设期投入高，一次性买断的本地平台部署模式转变为基于云平台的灵活的功能订阅模式（软件即服务），按需、按年购买，减少了平台持有成本。轻资产运营实现了提升现金流的目的，将平台成本分摊在整个运营期，系统和平台则由专业的厂家或集成商进行托管维护，不必为系统可用性担心。

低碳敏捷的"云运维"增加了管理和运维人员主动使用的意愿。各种接入互联网的设备使用云平台不受时间和空间限制，管理和运维人员只需通过清晰的可视化界面即可获得简单的系统使用和配置过程，轻松获得对建筑的掌控感。

4. 大数据技术助力智慧运维

云计算、大数据、机器学习等新技术，对数据分析和积累，建立运维诊断专家数据库，实现预测性维护。通过故障自诊断，定位故障并发起处理流程，安排服务工单形成运维流程闭环，提供运维措施和预案指导运维人员。系统经过对既往故障与解决措施的存储分析与自学习，不断自我迭代，使运维专业知识与经验得以传承。

结合能源管理系统与楼控系统的通信交互，持续优化控制逻辑和节能效果，实现系统之间的配合与持续改进，让建筑运营低碳智能。

4.6.4 应用案例

1. 光伏建设一体化

光伏建筑一体化（Building Integrated Photovoltaic，BIPV）在"双碳"要求下极具市场潜力，应用前景十分广阔。BIPV 与建筑物同时设计、施工和安装，形成太阳能光伏发电系统，既具有发电功能，又具有建筑构件和建筑材料的功能，可与建筑物形成完美的统一体。

BIPV 目前仍处于起步阶段，总装机量仅为全球光伏市场的 1%左右。2019、2020年全球 BIPV 总装机量分别达到 1.15GW 和 2.3GW，每年总装机量约占全球光伏市场的1%。欧洲市场方面，预计未来几年 BIPV 将快速增长，2023 年新增量将达 0.5GW 左右，而国内 2020 年装机容量已超过该水平。

借助光伏建筑一体化技术，用户可以便捷地接入屋顶光伏等新能源设施，提升建筑自身清洁能源生产能力。搭配直流配电技术，助力用户方便地布局分布式能源、储能和直流负载及变频交流负载的接入，省去部分交直流变换装置。与此同时，直流微电网也可与现有交流微电网或配电网互联，形成多元电源支撑，大大增加用电灵活性，极大程度地优化建筑能源结构并提升能效。

2. 城市信息模型

城市信息模型（CIM）是以建筑信息模型（BIM）、地理信息系统（GIS）、物联网（IoT）等技术为基础，整合城市地上地下、室内室外、历史现状未来多维多尺度信息模型数据和城市感知数据，构建起三维数字空间的城市信息有机综合体。

雄安市民服务中心项目（见图4-29）整体设计体现了生态宜居、智慧集约、职住平衡等创新的设计理念，从微缩城市综合体的角度出发对园区进行了设计，在保证园区功能的同时兼顾了与现有环境的有机融合。

图4-29　市民服务中心俯瞰图

园区贯彻把雄安新区建成"绿色智慧新城"的规划理念，按照绿色、智能、创新要求，建立基于个人信用账户的信用体系并提供信用服务，借助 BIM+IBMS 的园区智慧运维管理平台、雄安 CIM 平台等科技，实现数字化园区的智慧化管理，筑牢新区绿色智慧城市基础。

（1）数字化基础设施。

1）通信系统：周转用房与企业办公区域采用三网融合技术，其他业态建筑按需求，采用以太网方案，主干线路采用万兆单模光纤，水平线路采用六类线缆。以标准化 POI 为核心的无源室分标准，满足三家运营商 9 频或 12 频的接入需求。

2）综合安防系统：在园区主要部位设置数字高清摄像机，所有安防监控摄像机通过设备网进行连接，实现全范围统一平台监控管理。

240

3）建筑设备监控系统：园区所有业态内的机电设备控制系统进行联网，实现统一的远程控制和管理；以远程抄表为基础，建立"智能化能耗集中管理监控系统"用能设备主要为空调冷热源、风机、水泵、照明及插座、电梯、厨房用电等。

（2）园区物联网平台。园区构建开放、可扩展的物联网平台，基于多模式感知网络，通过人、车、建筑、设备传感器实时采集园区"活数据"，利用物理数据模型实现动态建模，构建现实物体的数字孪生体，打造市民中心数字在线园区，实现"万物互联"的数字城市缩影。

（3）园区块数据平台。以雄安市民服务中心项目为基础，探索块数据采集、汇聚、融合实现路径和块数据平台发展的技术体系，探索块数据发展过程中需要的相关标准，如数据安全标准、数据共享标准、数据开放标准等。

建设块数据平台多层级逻辑架构：块数据平台的逻辑架构主要由映射层、融合层、互联网互通层和专题层四个层组成。映射层以实现物理世界的数字客观描述为目标；融合层：形成块数据平台自有的数据体系；互联互通层：实现不同系统相同实体的融会贯通，消除数据烟囱，实现跨业务、跨领域和跨属性数据的互联互通；专题层：以支撑应用层建设为目标，为应用层提供标准化的数据生产资料。

探索研发支持多租户的块数据基础工具集，为将来的块数据质量、块数据安全、块数据资产化、块数据共享开放和块数据的运营奠定平台基础。

项目在节能方面，针对河北省的地理区位，将政务服务中心设计为被动式建筑（超低能耗建筑）。被动式建筑可以在冬季充分利用太阳辐射热取暖，尽量减少通过维护结构及通风渗透而造成热损失；夏季尽量减少因太阳辐射及室内人员设备散热造成的热量，实现自然节能。园区政务服务中心通过降低建筑体形系数、控制建筑窗墙比例、完善建筑构造细节，设置高隔热隔声、密封性强的建筑外墙，实现"被动式房屋"的目标。

雄安市民服务中心园区充分利用所在地容城县的地热资源，采用"浅层地源热泵+蓄能水池冷热双蓄+再生水源"复合能源供应方式，打造项目供暖、制冷、生活热水一体化系统。

（4）被动式太阳能新型建筑（R–CELLS）。建筑减碳，全产业链需协同发力，运行阶段则净零先行。作为可参考的借鉴案例，天津大学打造的被动式太阳能新型建筑R–CELLS，以太阳能为主要电能来源，辅以蓄电池组在满足日常生活所需电能基础上，将多余电能传输至电网，实现建筑的"零能耗"。R–CELLS建筑还能将太阳能、暖通、新风、空调系统互联互通，打造"零能耗、恒温、恒湿"的住宅居住环境，并通过性能模拟优化和参数化设计方法，来适应不同环境和气候条件，如图4–30所示。

R–CELLS被动式太阳能新型建筑集光伏发电、储能、直流配电、柔性用电于一体的设计，既是"光储直柔"建筑的一个典型缩影，也充分体现建筑业的智慧化和低碳化趋势，对推进住宅建筑领域的节能环保和可持续发展具有重大意义。

图4-30　被动式太阳能新型建筑

4.7　智慧交通低碳转型

4.7.1　应用概述

交通行业是我国三大碳排放来源之一，碳排放量占我国碳排放总量的10%左右，是支撑我国实现碳中和目标的关键领域。而在整个交通领域中，道路交通碳排放占90%。在实现"双碳"目标的背景下，我国智慧交通开启绿色低碳转型，通过交通流量、拥堵指数、延误指数等实时监测技术，发现并制定减少交通拥堵有效措施，提升通行效率，进而减少碳排放。做好交通运输碳达峰和碳中和工作，事关国家气候战略全局，也事关交通强国建设大局。

建设交通强国是建设现代化经济体系的先行领域，是全面建成社会主义现代化强国的重要支撑，是新时代做好交通工作的总抓手。随着碳中和目标的设立并进入"十四五"规划，碳达峰碳中和目标正式上升到国家战略层面。"3060目标"的提出，也意味着中国经济将全面向低碳转型。

1. 国家政策

2021年10月底，中央层面三天内出台两份重要文件——《2030年前碳达峰行动方案》和《关于完整准确全面贯彻新发展理念做好碳达峰碳中和工作的意见》，明确了碳达峰碳中和"1+N"政策体系的顶层设计，擘画出我国低碳循环发展的总蓝图。

2021年12月，"正确认识和把握碳达峰碳中和"在中央经济工作会议中被再次强调，会议要求创造条件尽早实现能耗双控向碳排放总量和强度双控转变。我国的"双碳"行动正行稳致远。

《交通强国建设纲要》和《国家综合立体交通网规划纲要》作为指导交通强国建设的纲领性文件，对低碳交通发展都做出了擘画。《交通强国建设纲要》提出"强化节能

242

减排""打造绿色高效的现代物流系统"等战略方向,《国家综合立体交通网规划纲要》明确"促进交通能源动力系统低碳化""优化调整运输结构"等实施要求,为交通低碳发展指明了交通能源结构和交通运输方式低碳化两个重要方向。

降低交通领域碳排放不仅在于交通领域本身,而且涉及交通行业的全产业链条,包括载运工具自身的能源经济性和能耗强度、交通运输结构、交通运输组织管理优化、交通基础设施的低碳建设、交通装备的能耗降低以及绿色能源供给等。

2. 当前形势

汽车、交通和能源三者构成了相互支撑、互为约束的碳链条。首先,交通需求会影响汽车保有量水平和交通部门能源消耗量,从而影响碳排放。其次,汽车终端用能结构及能耗水平影响到能源和交通领域的碳排放。最后,从全生命周期角度考量,能源绿色化程度极大程度上决定了汽车上游制造端及道路交通领域的碳排放,必须在"双碳"目标统筹时进行全方位协同,才能推动各领域目标的落地。

严峻的节能减排形势要求国家交通主管部门必须深入审慎思考当前道路运输行业依靠扩充能力的粗放式发展方式;深层研判未来交通结构调整和交通技术进步条件下我国道路运输业节能减排的发展形势;深度挖掘技术手段、管理手段、资源整合等多方式对道路运输节能减排的贡献潜力,充分利用交通行业主管部门对本行业的节能执法主体地位和节能监督管理职能,通过推出科学、明晰、完善的政策法规,加强政府对交通节能的主导和干预力度,从而全面深入推进交通运输节能减排工作,引导道路运输行业走上内涵式的发展道路。

在实际措施层面,主要侧重于:

(1)积极推进传统的运输企业向现代物流企业转变,提高运输组织效率。

(2)充分运用信息网络技术,提高道路运输的效率和效益。

(3)积极探索道路运输行业节能减排的潜力,将节能减排政策重点转向节省能源、提高能源效率和开发新能源技术和节能技术方面。

(4)开展全民节能动员和教育,培养公众节能的意识。

3. 行业趋势

交通领域碳排放居高不下,国内绿色出行分担率仍有不足,城市交通智能化建设水平同低碳发展要求尚未匹配。未来可通过交通体系重构,优化交通用能结构及城市出行结构,并引入车路协同及智能化技术释放减碳潜力。汽车领域将面临产业转型、产业链重构的发展机遇,但目前我国汽车产业高增长与减碳高目标存在矛盾并且汽车行业整体减碳基础相对薄弱,需要依靠产品端新能源汽车发展、绿色工厂及绿色制造体系搭建、供应链上游低碳管理、整车与动力电池回收等路径推动减碳进程。能源转型同新能源汽车转型相辅相成,新能源汽车发展成为破解可再生能源发展瓶颈的重要手段,绿色能源成为汽车真正走向低碳的关键。

目前汽车、能源协同发展在资源分布、技术及政策机制方面还存在制约,未来要结合战略协同的顶层设计,引导技术攻关与基础设施建设,推动价格政策与市场机制完善,实现真正的绿色低碳发展。

4.7.2 应用框架

1. 基础设施建设

在持续优化调整运输结构方面，提出加快推进港口集疏运铁路、物流园区及大型工矿企业铁路专用线建设，推动大宗货物及中长距离货物运输"公转铁""公转水"。

同时，推进港口、大型工矿企业大宗货物主要采用铁路、水运、封闭式皮带廊道、新能源和清洁能源汽车等绿色运输方式。统筹江海直达和江海联运发展，积极推进干散货、集装箱江海直达运输，提高水中转货运量。

国家铁路货运发送量连续 5 年保持增长，2021 年国家铁路货物发送量 37.2 亿 t，同比增长 4.0%，铁路承担的大宗货物运输量显著提高。

水路货运量快速增长。水运具有运能大、单位运输成本低、能耗小、污染少的比较优势。近年来，我国加快完善内河水运网络，水路承担的大宗货物运输量持续提高。2021年，水路货运量达 82.4 亿 t，同比增长 8.2%。

多式联运稳步发展。铁水联运、公铁联运、空铁联运、江海联运等运输组织模式创新发展，2021 年，示范工程深入实施，完成集装箱多式联运量 620 万标准箱，开通联运线路 450 条；完成港口集装箱铁水联运量 751 万标准箱。

货运更清洁，客运也更绿色。截至 2021 年底，中国大陆地区城市轨道交通运行线路 9206.8km。纯电动公交车渗透率超过 50%，绿色服务保障能力明显提升。

推进以低碳排放为特征的绿色公路、绿色航道、绿色港口建设，大力推广应用节能型建筑养护装备、材料及施工工艺工法，积极扩大绿色照明技术、用能设备能效提升技术，以及新能源、可再生能源应用。推广应用绿色低碳公路养护技术及材料。

加快专业化、规模化内河港口和航道建设，加快形成江海直达、江海联运有机衔接的江海运输物流体系。全面加快推进集疏港铁路项目建设进度，加快推进沿海及内河港口大宗货物主要采用铁路、水路、封闭式皮带廊道、新能源和清洁能源汽车等绿色运输方式。积极推进多式联运"一单制"，加快培育一批具有全球影响力的多式联运龙头企业。

2. 交通工具体系升级

《绿色交通"十四五"发展规划》提出，要推广应用新能源，构建低碳交通运输体系。具体而言，就是要加快新能源和清洁能源运输装备推广应用。

鼓励开展氢燃料电池汽车试点应用。推进新增和更换港口作业机械、港内车辆和拖轮、货运场站作业车辆等优先使用新能源和清洁能源。推动公路服务区、客运枢纽等区域充（换）电设施建设，为绿色运输和绿色出行提供便利。因地制宜推进公路沿线、服务区等适宜区域合理布局光伏发电设施。

推广低碳高效运输装备。加快城市公交、出租、物流配送、邮政快递车辆电动化进程，国家生态文明试验区、大气污染防治重点区域的公共领域新增或更新公交、出租、物流配送等车辆中新能源汽车比例不低于 80%。加快沿海和内河船舶新能源和清洁能源应用。推进新建船舶应用电力、混合动力和清洁能源。

3. 推进出行治理

开展绿色出行创建行动，深入实施公交优先发展战略，构建以城市轨道交通为骨干、常规公交为主体的城市公共交通系统。因地制宜构建快速公交、微循环等城市公交服务系统，有序发展共享交通，加强城市步行和自行车等慢行交通系统建设，鼓励公众绿色出行。

可充分利用经济杠杆和减少机动车依赖的需求管理政策，调节机动车出行的空间与时间结构。以数字技术为支撑，打造以公共交通为核心的多样化、一体化全链条出行服务，让市民无须拥有机动车也能便捷出行。大力发展智能交通，提升交通运行效率，减少"堵"和"绕"，提升预约出行接受度的同时，提前部署新型交通基础设施，构建城市交通大脑，支持建设城市交通超算平台，实现交通出行的组织优化，推进交通系统智慧化、低碳化转型。

4.7.3 应用内容

1. 优化交通结构（从交通网建设、运输方式改善方向）

推进轨道交通既有线网优化提升改造，通过扩编组、增换乘、出支线、加复线等措施提升运输效率和城市轨道交通与市郊铁路的综合效益。优化地面公交线网、缩短公交站与地铁站出入口的换乘距离。进一步扩大在地铁站出入口设置共享单车电子围栏，优化停放秩序。建设连续安全、便捷可达、舒适健康、环境友好的步行和自行车网络体系。在市郊铁路和远端地铁站增建小汽车驻车换乘停车场（P＋R）。继续实施绿色出行碳普惠行动，通过碳交易平台激励公众绿色出行意愿。

贯彻落实国家关于优化调整运输结构的工作部署，坚持"宜公则公、宜铁则铁、绿色优先"的原则，通过"抓重点、优市场、提运能"三大策略，提升大宗建材物资的绿色运输规模，提升商品车、钢材及生产性煤炭绿色运输比重，提升快递电商的绿色运输规模，加强公路超限超载治理和惩处力度，持续提升全市货物到发绿色运输的比例。

2. 推广节能低碳型交通工具（新能源基础设施建设）

"十四五"期间，继续在公交、出租、道路客货运等行业加大新能源车应用，除应急保障车辆等特殊情况外，每年新增和更新的公交、出租车辆均为新能源车；积极配合经济和信息化、生态环境、城市管理等部门，研究制定全市新能源车推广应用方案，进一步完善新能源汽车通行便利、运营服务和充换电基础设施建设等鼓励政策，重点是引导、激励存量老旧燃油汽车淘汰更新为新能源汽车，推动本市机动车能源和排放结构的双优化。

铁路是典型的绿色交通工具，特别电气化铁路几乎零排放。2021年，国家铁路电气化率达到74.9%，电力机车牵引工作量达到90.5%，节能环保优势明显。"十三五"时期，铁路货运量同比增运2.27亿t，与公路完成同样运量相比，相当于减少二氧化碳排放约2000万t。

一直以来，铁路以节能、绿色、高效、便捷等优点，成为大众出行的主要交通方式。如今，随着"八纵八横"铁路网加密成型，越来越多的高铁"公交化"开行，使得人民出行更加便利，也让更多城市"同城化"，不但拉近了城市的距离，也拉低了碳的排放量。国家铁路燃油年消耗量已从最高峰的 1985 年 583 万 t 下降到 231 万 t，降幅达 60%，相当于每年减少二氧化碳排放 1256 万 t。在等量运输条件下，高铁的能耗远远低于公路和航空，二氧化碳排放量也不及飞机排放的十分之一，并且在运行过程中基本上消除了粉尘、油烟和其他废气污染。同时，铁路部门还大力推动电子客票服务，减少纸张消耗，让铁路的发展更加绿色、更加低碳环保。

无论是氢燃料电池技术，还是固态电池技术，这两条新能源车的动力发展路线，都会涉及基础设施建设这一重要的问题。因此，对于氢燃料电池汽车大规模商业化应用而言，加氢站的网络化分布是基本保障。如今，作为给燃料电池汽车提供氢气的基础设施，加氢站的数量在不断增长，既是氢燃料电池汽车等氢能利用技术推广应用的必备基础设施，更是氢产业的重要组成部分。作为氢能源产业发展的突破口，加氢站受到各个国家和地区重视。我国也将重点布局加氢站建设，并明确提出：到 2020 年加氢站数量达到 100 座；到 2030 年国内加氢站数量达到 1000 座。对比 2019 年仅有的 23 座加氢站，未来国内加氢站建设布局将有所提速，完善七大氢产业集群，重点企业间的合纵连横将加速区域性的竞合和跨区域的投资并购。

3. 积极引导绿色出行、推广低碳交通

通过开展绿色出行创建行动，倡导简约适度、绿色低碳的生活方式，引导公众出行优先选择公共交通、步行和自行车等绿色出行方式，降低小汽车通行总量，整体提升我国各城市的绿色出行水平。到 2022 年，力争 60% 以上的创建城市绿色出行比例达到 70% 以上，绿色出行服务满意率不低于 80%。公交都市创建城市将绿色出行创建纳入公交都市创建一并推进。

通过推广低碳交通理念，制定低碳交通的长远规划，加快构建低碳综合交通运输体系。坚持把强化低碳交通治理、提升交通运输效率作为实现交通运输低碳发展的重要途径，实现低碳交通治理体系和治理能力现代化。

4.7.4 应用案例

1. 道路路况信息监测改善碳排放

动态交通信息服务系统是指根据实时采集的交通流信息，经过加工处理，形成有利于出行者出行的交通信息，并将这些信息及时传递给出行者。通过采集手段采集及时动态交通信息，再通过交通信息传输系统传到交通信息控制中心，然后经过一系列路网交通信息分析后，计算出新的交通诱导策略，最终通过交通信息系统传输系统将交通诱导信息发布出去。

动态交通信息服务系统积累了海量的地图数据、位置信息和行业经验，当前数据总量达到 PB 级、日处理 TB 级，实现了数据处理全流程智能化。在出行信息服务方面，可提供覆盖全国高品质、精细化出行服务，协助交通部门加强精细化交通信息管理，有效缓解城市交通拥堵，改善城市交通环境，比未采集动态交通行驶模式可减少 15% 碳排放。利用位置大数据平台深入挖掘数据价值，从感知、认知、智能等层面提供绿色出行评价、交通运行监测、路口全息感知、交通智能仿真等创新解决方案，赋能相关部门提高城市交通管理水平，提升公众出行体验。

基于自有的道路路况数据、公交营运部门提供的公交轨迹及客流相关数据，结合居民出行交通出行量（OD）分析等，从公共车辆运行速度、站点网络空间分布等维度进行特征分析，帮助相关部门优化调整城市公交线网和站点布局，提升公交供给能力、运营速度，改善公众出行体验等。目前，居民出行特征分析平台已落地，可提供全国各城市及城市内部各区域出行交通特征分析功能，实现宏观和微观全面感知、多维指标分析及科学辅助决策，以及城市人群行为分析，为公交线网规划、站点选址等提供决策支持。通过自有路况产品数据、交通指数平台、信控评价等一体化行业解决方案，协助交通部门加强精细化交通信息管理，赋能精细化交通管理实施。在行业交通运行状况监测方面，面向行业输出的交通指数平台，在符合国标、保证算法的权威性基础上，实现多源大数据融会贯通、多维度评估城市交通运行状况，支持行业定制并支撑不同业务场景，赋能行业交通管理与服务；在信控评价方面，智慧路口可视化平台可提供路口现状评价、智能识别、信号灯优化改善等服务，为信控优化提出合理化建议。

基于路网数据的丰富性，通过多维度指标评估，分析区域级、路段级各类慢行道路及公共设施分布情况，可提供道路运行、公共交通、个体出行三大基础分析系统及在线交通承载力评价系统，为交管部门开展人性化、精细化，以及构建安全、连续和舒适的城市慢行交通体系，完善慢行交通系统提供数据支撑。

"绿色出行"绝不只是简单的灌输理念、口头倡导，更需要依托精细治理。实施精细化交通管理主要指加强对交通出行状况的监测、分析和预判，鼓励设置可变车道、潮汐车道等设施，推进城市道路交通信号灯配时智能化，提高城市道路通行效率；完善集指挥调度、信号控制、车辆管理、信息发布于一体的城市智能交通管理系统；推进部门间、运输方式间的交通管理信息、出行信息等互联互通和交换共享等。

2. 智慧交通管控助力低碳化

智慧交通管控在交通行业的服务已经覆盖交通数字化底座、交通运行监测研判、重点车辆监管分析、城市交通规划、交通绿色出行评价、道路交通安全管控等多个领域。

交警大数据可视化平台如图4-31所示，融合了互联网路况、天气和交警的卡口、事件、勤务等多源大数据，对城市交通运行指数、平均行驶速度、拥堵里程比、在途量、安全态势、警力覆盖率6大交通生命体征进行实时监控。该平台包含七大业务功能：交通路况实时监测、交通运行状态评估、交通研判服务、交通指挥调度、交通设施监管、信号灯评价和创新服务。

智慧路口感知单元以高精地图和车道级高频轨迹数据为基础，实现路口范围车道级实时车辆轨迹的可视化仿真、路口交通运行参数的精细化监测分析、路口运行状态的全方位评价及信控优化指导、主动安全识别及预警辅助，为未来车辆协同化发展奠定良好的产品基础。

道路安全风险地图产品，融合了驾驶行为、道路结构、气象、事件等多源数据，经过融合分析建模，形成了包括道路网结构画像分析、历史事故数据分析、实时道路风险监测预警及未来道路风险预测等功能的产品。该产品可以面向车厂、交通、交警、保险等行业相关研究机构、管理部门、运营企业等提供道路安全相关的数据服务和决策支撑。

图4-31 交警大数据可视化平台

智慧高速公路面向高速公路监管与服务领域，立足资源整合多元化、公路要素可视化、设施监测数字化、运行监控智能化、监管决策科学化和公众服务智慧化的目标，建设智慧高速公路监管与服务应用体系，助力高速数字化、网络化、智能化，全面提升高速公路感知、监管、运营决策水平。

建设低碳综合交通运输体系，把调整交通运输结构，实现交通网+能源网+信息网+服务网的四网融合作为交通运输碳达峰的主攻方向，充分考虑当地交通运输特点，大力发展新基建、新能源的跨域发展、融合，实现结构减排效应的最大化。实现低碳交通治理体系和治理能力现代化。把强化低碳交通治理、提升交通运输效率作为实现交通运输碳达峰的重要途径。需要以交通企业为主体统筹规划实施，从资源节约、绿色低碳转型、可持续交通方面发展制定规划和实施路径。

3. 公路货运去碳化解决方案

公路货运行业，包含物流公司、主机厂和监管机构等，提出多种解决方案，可帮助公路货运行业着手开始减少排放，并加快向低排放和零排放车辆过渡。其中有可以立即实行的解决方案（见图4-32），包括增加已有技术的应用，譬如在服务于同城短途货运的轻卡上使用电池技术。长远来看，则包括使用氢燃料驱动载重量更大的长途重型货运卡车。同时，这些解决方案也需要更大力度的监管、更大规模的生产和更完善的基础设施以维持增长。所有解决方案的实施都离不开协作。

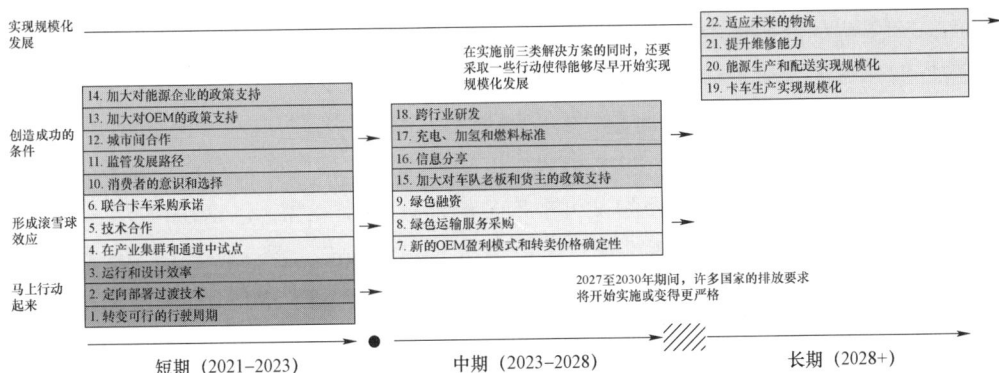

实现规模化发展

创造成功的条件

形成滚雪球效应

马上行动起来

14. 加大对能源企业的政策支持
13. 加大对OEM的政策支持
12. 城市间合作
11. 监管发展路径
10. 消费者的意识和选择
6. 联合卡车采购承诺
5. 技术合作
4. 在产业集群和通道中试点
3. 运行和设计效率
2. 定向部署过渡技术
1. 转变可行的行驶周期

在实施前三类解决方案的同时，还要采取一些行动使得能够尽早开始实现规模化发展

22. 适应未来的物流
21. 提升维修能力
20. 能源生产和配送实现规模化
19. 卡车生产实现规模化

18. 跨行业研发
17. 充电、加氢和燃料标准
16. 信息分享
15. 加大对车队老板和货主的政策支持
9. 绿色融资
8. 绿色运输服务采购
7. 新的OEM盈利模式和转卖价格确定性

2027至2030年期间，许多国家的排放要求将开始实施或变得更严格

短期（2021—2023）　　　中期（2023—2028）　　　长期（2028+）

图 4-32　解决方案实施路线图

公路货运已经踏上去碳化的道路。行业利益相关者可以选择在技术、市场和监管方面目前都已取得巨大进展的产品。重要的是与其他难减排的行业（如空运）相比，公路货运行业的卡车体型小，价格更便宜，寿命也较短。这使得公路货运行业的利益相关者能更快地进行技术的更新换代——比如，通过立即开始投资 LNG、CNG、生物 LNG 或生物柴油等，并在具备可行性后转向纯电动车（BEV）和燃料电池电动车（FCEV）。

在可行的行驶周期向新卡车转型的过程中，司机将在改进采用经验证的高效技术方面发挥关键作用。监管机构在整个转型过程中也必须咨询他们的意见，以确保替代技术的实用性、安全性和可靠性。

通过刺激消费者对运输的需求和为物流供应商提供激励，货主将有助于使脱碳在经济上可行。有自营车队的公司尤其能够刺激对替代技术卡车的需求，并降低它们的成本。由于兼任货主和承运商两个角色，这些公司比物流公司更能掌控卡车的使用。这让它们能以直接节省成本和提升商誉的形式收获更高效车队带来的益处。

对于承运商，脱碳能为变革这个历史上保守且利润率低的行业提供独一无二的机会。承运商可在帮助行业减排的同时，通过多种方式提高自身的运营效率，包括使用 LNG、生物 LNG、压缩天然气（CNG）或生物柴油等过渡燃料，与客户合作进行替代技术试点，对可行的行驶周期进行电气化转型，整合数字、互联和分析技术等。

监管机构可以通过设定明确的目标，从全系统的角度出发，使所有参与者都能在脱碳中发挥作用，从而加快该行业的脱碳努力。主要行动措施包括：制定卡车能效指标及燃料供应要求，打造具备支持性研发环境的基础设施。通过果断采取行动并利用一切可用手段，监管机构可以帮助创建更清洁的城市，同时保护和变革这一关键行业的就业机会。

原始设备制造商（OEM）的脱碳承诺具有无可比拟的重要性。巨额投资、定向试点和创新的业务模式，对于可靠的新型卡车的研发、成本降低和大规模生产至关重要。走在前列的 OEM 将能避免监管风险，取得强有力的竞争优势，并通过占据更大的市场份额发展出新的收入来源。

通过大规模地可再生电力和氢能生产及配送，并建设加氢站和充电终端，能源公司可帮助低排放卡车实现大规模的应用。它们还可利用自身的跨行业视角，促进行业之间的合作，并在整个价值链中发挥促进作用。率先行动的公司将能影响变革方向，并利用为公路货运建设的基础设施，作为其他难减排行业实现脱碳的敲门砖。

针对商用车油耗及碳排放问题，"预见性巡航控制系统"PCC（Predictive Cruiser Control）产品如图 4-33 所示，通过 ADAS 地图数据辅助驾驶和货车通控车算法，有效帮助商用车起到舒适、节油。经测试可平均节约油耗 4%～8%。以 2019 年"解放行车联网节油大赛"为例，参赛车辆比赛总里程高达 5.33 亿 km，可绕地球 13 303 圈。百公里平均油耗下降 2.4L，省油 12 795 467L，减排量相当于 9 337 230 棵绿树 1 年所吸收的二氧化碳。

图 4-33 "预见性巡航控制系统"PCC 产品

4. 交通领域的低碳化解决方案

以"碳中和"为目标的油改电过程中，燃油车仍是碳排放的主体，而且我国经济快速发展中所需要的庞大物流及其他用途商用车油耗所产生的碳排放也是非常需要关注和解决的。

实现汽车行业的"双碳"目标，仅仅依靠"油改电"还不够，更需要降低因用电所产生的碳排放。至于如何降低，第一就是在发电端降低火力发电的比重，提高诸如风能、太阳能等清洁能源；另一个方面就是提升目前电力的使用效率。

在这可以举个例子，比如 A 车选择去附近的充电桩去充电，但到达以后发现需要排队，而相同距离的另一个充电桩可能闲置，而 A 车如果再开往闲置充电桩处，那么这段路程其实就可以视为电力的浪费，那么有效的匹配调度就可以增加电力的使用效率。

除此之外的其他场景下也依然存在着很多用户的痛点，同时也折射出因规划和匹配不足导致电力效率不高，同时带来的用户用电焦虑和续航焦虑。比如：纯电动汽车电量规划不足导致电量低；充电站桩动态信息不准确导致找不到平台上的充电站；油车占用充电桩车位问题。汽车产业的"新四化"变革正在迈入以智能网联化为特点的 2.0 时代，汽车的定位也从交通工具转变为智能移动终端，成为人类的智能生活伙伴。作为汽车产业发展的核心驱动，智能网联化已成为汽车变革的必经之路。

以北京为例，截至 2021 年底，纯电动汽车保有量在 640 万辆，针对用电焦虑，"一站式智能充电服务解决方案"可以有效解决，如图 4-34 所示。产品涵盖公共充电、私桩控制、品牌专充站、移动充电等多维场景，可以有效地进行智能化的匹配和规划，充电站 100 000＋，充电桩 900 000＋，还可以让用户摒弃手机各种充电运营商 App，只需通过桩家一个平台即可实现随时随地查找多个充电运营商品牌，完成找桩、充电、支付的全流程操作。

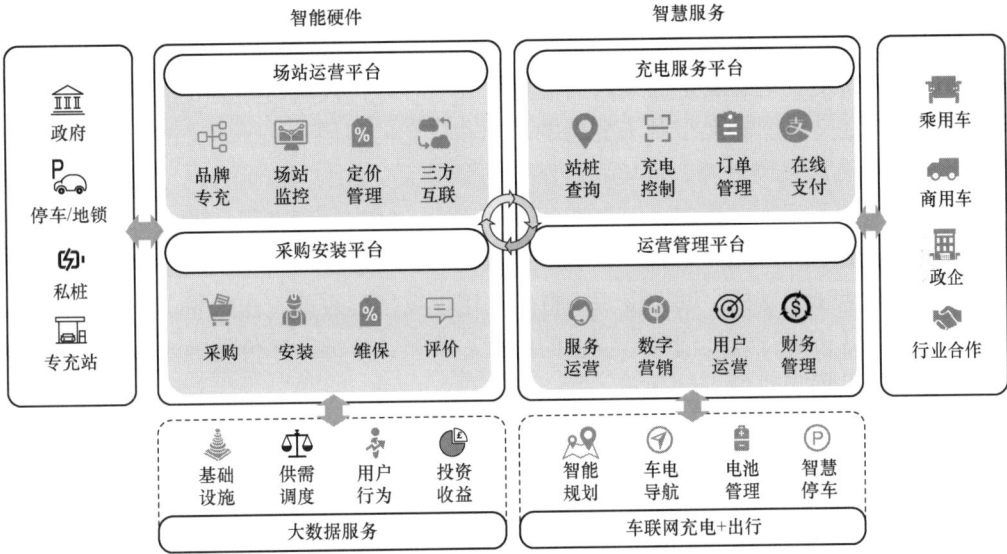

图 4-34 新能源"双智"服务生态蓝图

新能源车主的消费价值链的转变已经逐渐明朗化，由早先对车辆硬件的关注转变为对软件及服务的需求，车企的核心竞争力也随之进入一个由软件及服务质量为导向的新赛场。智能化数据分析优化了车主的出行体验，同样也为出行增加了风险。个人信息、车辆信息及出行信息的安全系数成为新能源车主绕不开的顾虑。

在运营数据监测平台中，拥有运营安全实时监测及预警能力。在该平台上，可对车主出行及充电数据进行分析，并对出行车辆及支付行为实施数据安全防护。行业内领先的"即插即充"技术能力可在无须 VIN 码的前提下，高效、便捷、安全地匹配充电，为车主个人信息安全提供保证。

"双碳"是一个长远的目标，需要行业方方面面共同努力，"双碳"的实现最终也是为了让我们的地球更加美丽，更加宜居。

5. 智能信息技术在仓储物流领域的应用（智慧仓储）

智慧仓储是智慧物流的重要节点，仓配数据接入互联网系统，通过对数据的集合、运算、分析、优化、运筹，再通过互联网分布到整个物流系统，实现对现实物流系统的智慧管理、计划与控制。

以宏川智慧仓储物流管理的全业务流程闭环的 IOT 管理为例，通过罐容管理系统、自动装车系统、客户服务平台、罐区数字监控系统实现作业移动预约、提货预约及时效管控、作业现场可视化等。其中，在罐容管理系统中，实现多库区线上统一管理，储罐使用规划以及实时信息数据共享；实时获取数据源，随时随地通过手机就能够查看库区实时存货、未来的进出计划以及未来可用罐容，对排罐计划进行预判，助力库区出租率实现最大化。

4.8　智慧资源可持续利用

资源的可持续利用，是由"可持续发展"的概念发展而来的。联合国环境与发展委员会于 1987 年提交的报告《我们共同的未来》中，对可持续发展下了准确、严格的定义，即：可持续发展是既满足当代人的需要，又不对后代人满足其需要的能力构成危害的发展。这个定义在国际上得到了普遍的认同和广泛的引用。这一定义的特点是兼顾现在和未来的发展，强调资源、环境和经济的协调关系。2015 年 9 月，联合国发展峰会正式通过了《变革我们的世界：2030 年可持续发展议程》，建立了全球可持续发展目标（Sustainable Development Goals，SDG），确立了 17 项总目标和 169 项子目标，涵盖社会、经济、环境 3 大支柱。城市资源可持续利用，突出代表即为土地资源、水资源、海洋资源等。对城市可持续性清晰、定量的调查、监测、分析和评价是确定一个城市是否正在向可持续发展迈进的关键一环。

4.8.1　需求分析

1. 生产发展

随着我国经济发展水平提高，资源利用效率也在稳步提升，但在资源利用方面和世界的先进水平还有一定差距。

首先，从中国人均资源占有量的情况来看，我国人均耕地面积不到全球平均水平的 1/2，人均水资源量大约占全球平均水平的 1/4，油气、铁矿等一些大宗矿产资源人均拥有量也明显低于世界平均水平。

其次，从资源使用情况来看，粗放利用状况还是存在的。2020 年，我国万元国内生产总值能耗大概是 0.55t 标准煤，也明显高于世界平均水平。单位产出消耗的钢材、铜、铝量也高于世界平均水平。

随着中国经济发展规模的扩大，资源利用的约束越来越强，如果还是延续过去粗放的发展方式，很难持续也难以为继。

2. 生活宜居

2022 年《政府工作报告》提出，要深入推进以人为核心的新型城镇化，不断提高人民生活质量。只有让城市远离空气污浊、垃圾围城等负面标签，成为美丽、宜居、绿色的幸福家园，才能真正让居民望得见山、看得见水、记得住乡愁，也才能真正实现提高人民生活质量的目标。

城市绿地给城市生活带来美好景观环境的同时，也具有极其重要的生态功能和碳汇价值。我国城市绿地存量巨大且一直保持较高增速。根据《中国统计年鉴 2021 年》和国家发展改革委印发的《"十四五"新型城镇化实施方案》，2020 年我国城市绿地面积为 331.2 万公顷，接近我国林业总面积三分之一。到 2025 年，全国城市建成区绿地覆盖率将从 42%增加到 43%，城市绿地面积预计将超过 338.28 万公顷。

此外，还要加大留白增绿力度，为城市未来留出发展空间，扩大城市绿色空间。要坚持山水林田湖草沙冰系统治理，大力保护生命共同体，改善城市生态环境，让城市融入大自然。同时，建设绿色低碳城市更离不开发挥市民主体作用，要大力倡导绿色低碳生产生活方式，让绿色低碳真正融入生产生活，从而推动实现碳达峰碳中和。

3. 生态良好

改革开放以来，我国经历了快速城镇化发展阶段，成效显著。如今，我国向世界作出了碳达峰碳中和的庄严承诺，减少城镇碳排放在其中扮演着重要角色。可以说，新型城镇化的推进过程也是实现碳达峰碳中和的过程，应加快推动绿色低碳城市建设。

当前，推进绿色低碳城市建设不是"选答题"，而是"必答题"，考验着城市管理者的智慧和决心、眼界和耐力。可喜的是，"公园城市""无废城市"等城市发展新实践方兴未艾，正不断为绿色低碳城市建设积累宝贵经验和启示。绿色，成为新型城镇化的鲜明底色，更是一抹耀眼的亮色。

要更加注重内涵式发展，降低城市的资源能源消耗。根据资源环境承载能力合理确定城市发展规模，推动城镇化建设向集约、节约使用土地等各种资源和降低能耗转变。坚决摒弃"摊大饼"式"圈地造城"，由以往"向乡村要土地"转为"向城市内部要空间"，合理开发利用城市的存量资源，诸如工业老厂房、闲置建筑物等，重新进行功能定位，让老建筑焕发新青春，有效避免资源浪费。

要大力推广绿色建筑，实现建筑物节能降耗。近日，住建部印发《"十四五"建筑节能与绿色建筑发展规划》提出，到 2025 年，城镇新建建筑全面建成绿色建筑，完成既有建筑节能改造面积 3.5 亿 m^2 以上。推动绿色低碳城市建设重要方面之一是减少建筑的碳排放，要加快绿色建筑建设，转变建造方式，避免大拆大建，积极推广绿色建材。同时，不断优化建筑用能结构，提高建筑节能水平和新能源利用水平，实现建筑全寿命周期的绿色低碳发展。

4.8.2 应用框架

1. 调查

调查过程中要有精确的生态反映数据来为后续的工作开展提供系统的资料依据。

通过激光、多角度、多光谱、超光谱、偏振等综合遥感手段，实现植被生物量、大气气溶胶、植被叶绿素荧光等要素的探测和测量，将广泛应用于陆地生态系统碳监测、陆地生态和资源调查监测、国家重大生态工程监测评价、大气环境监测和气候变化中气溶胶作用研究等工作。

大幅增加可再生能源在城市中的比例。百度、高德、谷歌等导航类电子地图开放平台兴趣点（POI）大数据，如新能源充电站数目。新能源充电站数量可反映城市新能源汽车的使用情况，表征城市新能源利用情况。新能源充电站数量可从 POI 大数据中获取。

POI大数据是一类重要的地球大数据，具有数据量大、覆盖面广、包含信息多样、蕴含价值高、数据容易获取等特点。可利用Python爬虫程序经由百度、高德、谷歌等导航类电子地图开放平台的电子地图位置服务API接口，对新能源充电站的坐标、名称、地址等特征信息进行采集。

土地资源消耗以城市建成区扩张为代表。城市是一类复杂的组合目标，不同城市的组合方式也不一样，因此想要百分百精确地描述城市建成区是不现实的。但从高分辨率遥感影像上观察，绝大多数城市建成区具有以下相同的特征：一是城市建成区是一类面积较大的组合型目标群体，内部由建筑物、街道、广场、植被、水域等组成，建筑排列形式多样，密集的路网将城市分割成大小不同的街区；二是城市建成区外围是田野、山地以及分布稀疏的居民区，城市通过公路或铁路与外界连接。从光谱特性上来看，建成区由于受到城市地物多样性影响，城区内部影像灰度变化较为剧烈，而周围区域的影像灰度变化比较平缓；在城区与郊区之间的过渡区域会发生影像灰度值的突变。2012年和2022年的卫星影像生动展现了宁波前湾新区十年来发生的巨大变化，如图4-35、图4-36所示。

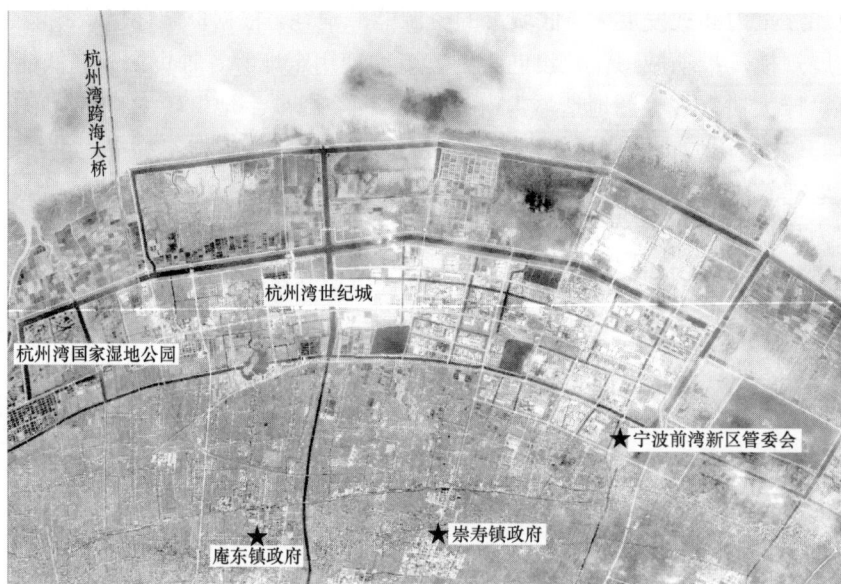

图4-35 宁波前湾新区重点区块影像图（2012）

2. 监测

生态空间会随着时间的改变而变化，所以要想获取详尽准确的信息资料，就必须对生态空间的日常进行动态监测，通过日常动态监测数据来合理地对生态环境进行规划和保护，构建和谐健康的生态体系。

监测水体污染。水体污染程度可选取基于遥感大数据提取的叶绿素a浓度进行有效表征。叶绿素a浓度是重要的水质参数之一，影响水体光谱特征，可用于表征水体富营

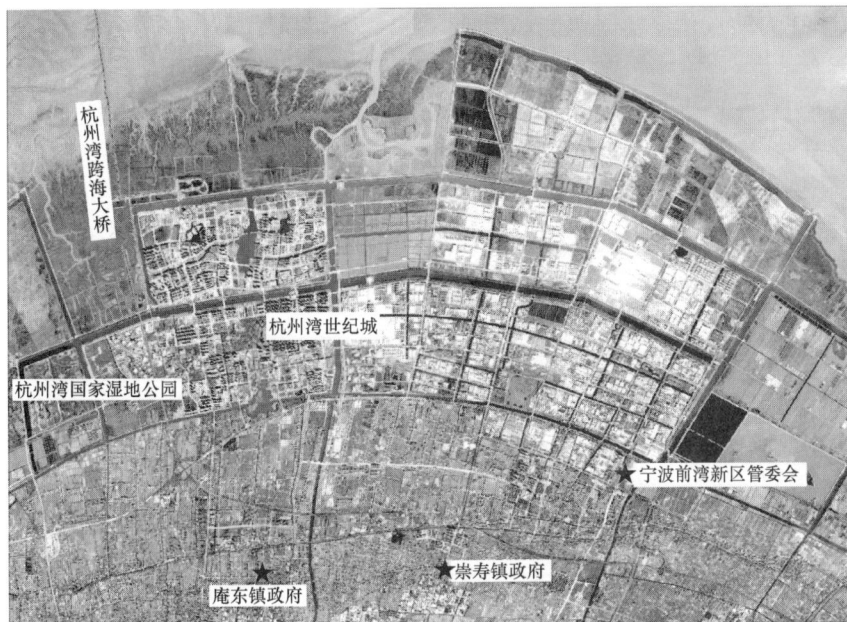

图 4-36　宁波前湾新区重点区块影像图（2022）

养化程度。遥感数据监测范围广、速度快、成本低，便于长期动态监测，可在水体叶绿素 a 浓度监测方面发挥重要作用。多种遥感影像（如 Landsat 多光谱扫描仪、MODIS），以及航空高光谱数据（如 AVIRIS、CASI）可用于叶绿素 a 浓度的遥感反演。选取何种波段计算叶绿素 a 浓度依赖于其浓度范围，需要针对不同遥感数据的特点，有针对性地确定叶绿素 a 浓度反演模型。

监测城市绿地固碳释氧量。城市绿地具有重要的固碳释氧能力，可选用"城市绿地固碳释氧量"对城市绿地作为碳汇的生态系统服务功能进行表征。植物不仅可以通过光合作用和生长机制吸收和固定二氧化碳（二氧化碳），也可以通过树荫和蒸发的降温功效减少化石燃料的二氧化碳排放。植物的固碳释氧能力对改善城市空气质量，实现城市生态系统可持续发展具有重要作用。城市绿地固碳释氧量可基于城市绿地的面积，结合光合作用和呼吸作用方程式进行计算。其中，城市绿地面积可借助多源遥感影像（如 Landsat、MODIS、哨兵系列卫星）进行地表覆被的反演。

将生态环境的日常数据、管理标准以及评估结论整合到系统中，助力实现生态规划信息管理一体化、智能化。

3. 分析预测

水资源作为一项基础性的自然资源和战略资源，对经济的可持续发展具有重要的影响，影响国家安全和人民生活的方方面面。保护水资源，实现水资源的可持续发展刻不容缓。智慧水务，包含供水系统、环境系统、防灾系统、排水系统，各系统间互联互通，相关数据可共享，通过检测设备，如数采仪、水质水压表等，来实时感知各个系统运行情况，并将这些数据进行整合、处理、分析，以更精细、动态的方式管理整个水务系统，结合智慧水系监管系统，打通数据共享通道和污染溯源路径，从而得以实现包括水质、

255

水量、水华在内的一体化实时监测和天地水立体化预警。

4. 评价评估

土地是承载一切生产、生活活动的载体，同样也是实现城市可持续发展、推动城市化进程的保障。城市土地更是城市发展系统中的重要部分，不仅承担着载体的作用，还承担着促进发展的作用。城市土地面积、结构、利用强度的不断变化，会对产业发展、生态可持续等多方面产生深远影响，国外学者结合遥感影像等 GIS 技术对城市土地利用变化进行评价，并对比多种评价方法，如 AHP、LSP、OWA 等，以深入探索城市土地利用变化驱动力及影响程度。

4.8.3　应用内容

1. 森林资源管理"一张图"

按照相关规定，依据现有森林资源规划设计调查、公益林区划界定等成果，以遥感影像图为基础，通过判读核实，辅以适当的现地调查等形成的林地"一张图"。以森林资源调查为例，以前要拿着尺子一棵棵测量树木的生长数据，费时费力，还不一定测得准。近年来，无人机、激光雷达等装备得以广泛应用，得到了更精准、全面的数据。

2. 森林防火全方位监视监测体系

随着遥感、地理信息、大数据等技术的进步，卫星遥感技术已经广泛应用于森林火灾防治工作（见图 4-37）。根据国家林草局对森林防火的管理要求，搭建以天基网为基础的遥感、导航卫星，无人机临近空间高精度地理信息数据结合地面林火远程视频监控、森林防火进山路口视频监控和护林员巡山护林相结合的空、天、地、人"四位一体"的森林防火全方位监视监测体系。

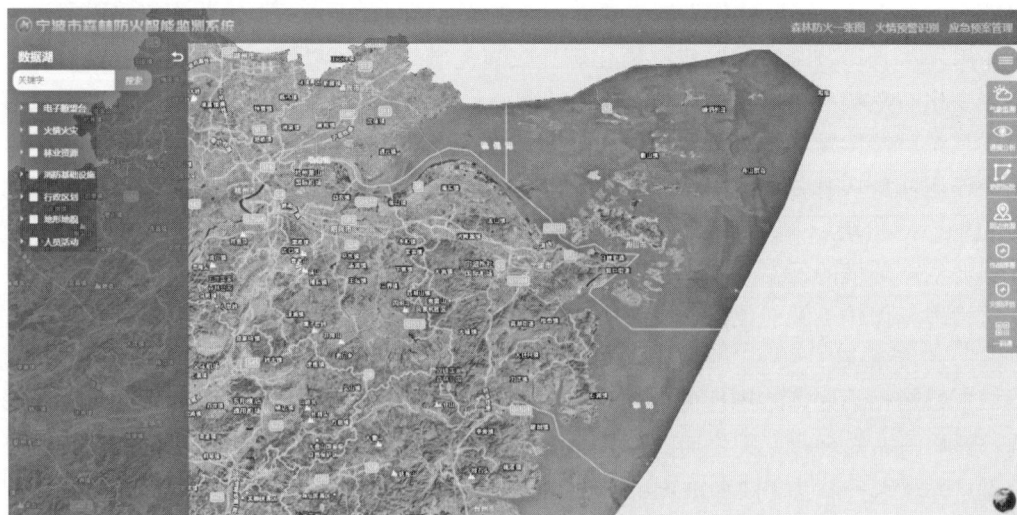

图 4-37　森林防火一张图、火情预警识别系统

利用中分辨率光谱成像卫星（MODIS）收集的数据来实时确定野火的强度和方向，

这些数据被用来监测野外火灾的存在。在多年的野火旧数据上使用神经网络模型，然后自动确定野火的出现位置，方法的准确度超过 99%。

实时天气监测在与野火监测和预报等活动（包括其他与天气或的环境有关的现象，如照明）相结合方面也是至关重要的。在这种情况下，较新的气象卫星结合了热成像技术，可使用 WF – ABBA 等算法进行处理。该算法通过处理热图像以检测活动火灾，并可用于确定火灾中可能导致给定方向扩散的变化趋势。

若想获得关于野火出现的更多数据，例如其行进方向和热强度，那么在 MODIS 无法达到理想的分辨率的情况下，可以让立方星或微型卫星在实时区域飞行和监测，以便监测野火的发生，也可以使用热传感器来映射火灾强度，甚至可以使用传感器来获取产生的碳和烟尘的数据。此外，这些数据还可以与消防人员的工作部署联系起来，他们可以在火灾发生时快速获得数据，从而更好地针对目前的火灾类型做出反应。

3. 智慧城市绿化

市政绿化中绿植生长监测、智能浇灌、降尘降噪，以及实现可视化管理。每棵树都是在苗圃选材时就登记了二维码，也就是每棵树的专属"身份证"，扫描后能详细了解到苗木的来源、树种、规格、产地等情况。这种通过大数据管理的方式，可以将每棵树的信息、长势情况等牢牢掌握，便于后期维护和管理。

4. 智慧都市公园

2018 年，在成都市天府新区，习近平总书记第一次提出"公园城市"理念。"公园城市"理念的提出是当下城市绿色转型发展的重要探索，对生态城市建设的可持续发展具有重要意义。公园城市是一座宜居、宜业、宜养、宜游、宜学的城市，其将生态性、景观性、功能性、文化性、普惠性集于一体，以高级的实体形式展示新生态城市发展，是时代文明发展的结果。"一切为了满足人民的需求"是建设生态城市的可持续发展的重要理念，具体体现在对生态城市的设计过程中。

为解决公园积水、漏水、渗水性不佳等问题，充分发挥建筑、道路和绿地、水系等生态系统对雨水的吸纳、蓄渗和缓释作用，有效控制雨水径流，实现自然积存、自然渗透、自然净化的城市发展方式（见图 4 – 38）。

5. 古树名木"一张图"动态管理

古树名木是历史和自然赋予人们的宝贵遗产，具有重要的生态价值、社会价值和经济价值。加强古树名木的保护管理，对挖掘历史文化内涵，实现生物多样性，创建国家森林城市和建设生态宜居城市以及实现可持续发展具有重要意义。目前的古树名木管理基本上采用档案管理和信息记录，方式方法较为传统，智能化、科学化、精细化程度不高。

随着物联网技术高速发展，其全面感知、可靠传输、智能处理的特点为古树名木的监测管理找了新的方向。通过各种类型智能传感器的信息整合，实现对古树名木的生长状态进行多维度智能监控，建立古树名木信息化管理保护机制，降低人力成本，提高管理维护效率。传感器包括土壤温湿度、pH 值、肥力、张力、热通量传感器、光照度、雨雪、风速风向、空气质量、大气压、雨量、臭氧、氧气传感器、二氧化碳等传感器，设备集成度高，智能化程度高。

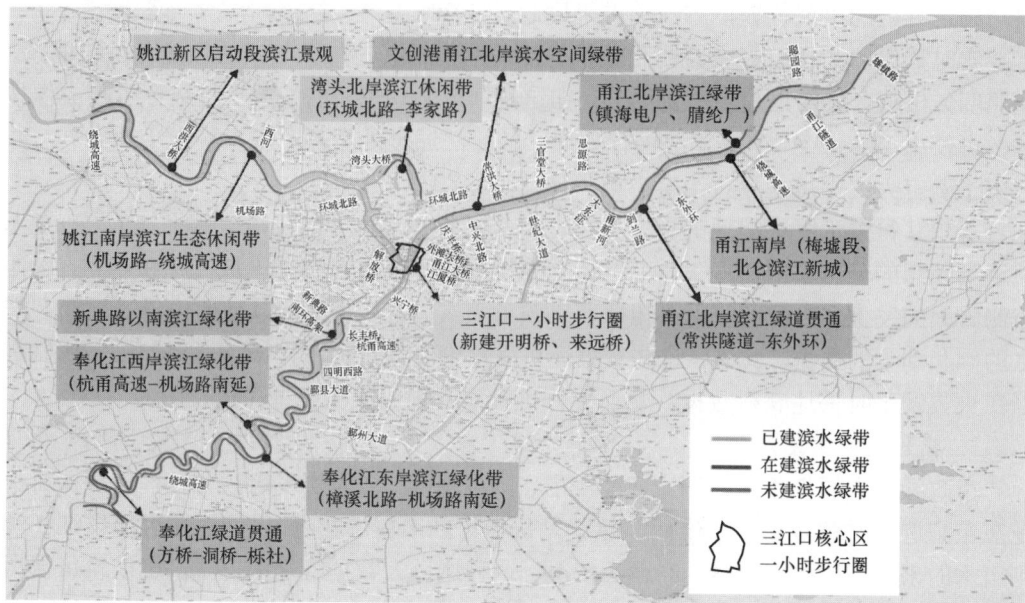

图 4-38　宁波市滨水绿带建设示意图

通过建立健全古树名木数据全寿命管理机制，完善"一树一策"的智能化感知方案，对管理维护流程进行信息化监管，不断提升百姓公众化服务，加强专业宣传力度，提高群众参与度。

6. 生态海岸带蓝碳建设

海岸带蓝碳广义上指盐沼湿地、红树林和海草床等海岸带高等植物以及浮游植物、大型藻类和贝类生物等，在自身生长和微生物的共同作用下，将大气中的二氧化碳吸收、转化并长期保存到海岸带底泥中的这部分碳，以及其中一部分从海岸带向近海及大洋输出的有机碳。

4.8.4　发展趋势

在传统市政园林建设特别是城市存量绿地资产管理运营上全面向低碳+智慧转型升级，将碳汇监测开发与智慧智能技术、数字孪生技术、5G 技术、物联网技术等相耦合，助力政府对城市绿地实现更精细化和更高质量的管理。

截至 2020 年底，我国城市建成区绿地面积达到 331.2 万公顷，而管养费用几乎完全依赖于政府每年巨额的财政支出。探明和开发城市绿地的碳汇资产，既能反哺政府财政的管养支出，又是实现城市"碳中和"、打造"净零碳城市"的重要路径。

事实上，上海等一些省区市的园林主管部门已经开始着手挖掘城市绿地的碳汇价值，并启动对城市绿地的碳储量和碳汇量资源摸底调查。但与已有的造林和森林经营碳汇项目相比，城市绿地碳汇项目无论是减排路径还是增汇路径均更为复杂，计量碳库或温室气体排放源的选择也有所不同，适用于城市绿地碳汇项目的方法学一直处于缺位状态，城市绿地资产所蕴含的碳汇价值开发还基本停留在设想和探索阶段。

参 考 文 献

[1] 王伟，蔡博峰. 中国城市碳排放类型与碳管理路径探析 [J]. 城市管理与科技，2021，22（05）：18-21.DOI：10.16242/j.cnki.umst.2021.05.005.

[2] 郭芳，王灿，张诗卉. 中国城市碳达峰趋势的聚类分析 [J]. 中国环境管理，2021，13（01）：40-48.DOI：10.16868/j.cnki.1674-6252.2021.01.040.

[3] "双碳"愿景下的智慧城市将如何生长？http://finance.people.com.cn/n1/2021/0723/c1004-32167247.html 人民网.

[4] 高峻，张中浩，李巍岳，孙凤云，胡熠娜，王亮绪，付晶，李新，程国栋. 地球大数据支持下的城市可持续发展评估：指标、数据与方法 [J]. 中国科学院院刊，2021，36（08）：940-949.

[5] 李从欣，向春雨. 北京市水资源的可持续利用评价及其预测 [J]. 人民珠江，2022，43（04）：23-30.

[6] 邢晓旭，詹庆明，曹先，李刚. 基于遥感影像分类的城市建成区提取结果的精度探讨 [C] //.智慧规划·生态人居·品质空间——2019 年中国城市规划信息化年会论文集，2019：262-268.

[7] 安宇. 公园城市理念引领生态城市建设的可持续发展 [J]. 现代园艺，2022，45（02）：155-157.

[8] 王轶辰. 城市绿地也能变成碳汇 [N]. 经济日报，2022-07-25（006）.

[9] 张宇翔. 土地集约型的城市住宅小区规划研究[D]. 太原：太原理工大学，2006.

[10] 李爱民. 基于遥感影像的城市建成区扩张与用地规模研究 [D]. 郑州：解放军信息工程大学，2009.

[11] 陶志红. 城市土地集约利用几个基本问题的探讨 [J]. 中国土地科学，2000（05）：1-5.

[12] 丁军. "留白增绿"背景下北京生态空间精细化治理研究 [J]. 农村经济与科技，2019，30（03）：258-260.

[13] 陈希琳. 争朝夕跨险夷再创新佳绩 [J]. 经济，2022（01）：40-47.

[14] 颜晓琴. 德阳市城市土地集约利用评价 [D]. 成都：四川师范大学，2004.

[15] 闫广宁.超前消费、金融危机与可持续发展[J].西部金融，2009（12）：42-43.

[16] 王海斌. 市域土地集约利用的标度研究 [D]. 大连：辽宁师范大学，2008.

[17] 叶林安，张海波，孔定江，任敏，朱志清. 宁波市海岸带蓝碳固碳能力估算研究 [J]. 环境科学与管理，2022，47（05）：27-31.

[18] 刘琦，韩军青. 山西省土地资源集约利用评价研究 [J]. 科技情报开发与经济，2010，20（34）：157-159.

[19] 姚沈欣. 宏观调控下开发区土地集约利用对策研究 [D]. 南京：南京农业大学，2008.

［20］张洁．开发区土地集约利用潜力评价［D］．西安：西北大学，2008.

［21］杨传俊．城市土地集约利用研究［D］．重庆：西南大学，2008.

［22］史鼎文．青岛市城市土地集约利用问题研究［D］．济南：山东大学，2011.

［23］于春艳．城市土地集约利用研究［D］．广州：华中农业大学，2006.

［24］王翔宇，高培超，宋长青，王元慧．区域高质量发展的内涵与评价体系探索——以青藏高原县域单元为例［J］．北京师范大学学报（自然科学版），2022，58（02）：328－336.

［25］段彤，段义字．新时期平凉市山水林田湖草塬系统治理的思考［J］．水利规划与设计，2022（02）：22－25＋32.

［26］蔡宏红．海绵城市建设实施案例探讨［J］．住宅科技，2022，42（01）：45－48.

［27］沈懿媛．千里之外寻火踪　对地静止卫星在消防监控中的运用［J］．东方剑，2020（10）：46－48.

［28］王得军，黄生，石小华．基于"3S"技术的林地档案数据库系统建设［J］．西北林学院学报，2011，26（06）：169－172.

［29］张涛，陈军，陈水仙．城镇化与生态文明建设：冲突及协调［J］．鄱阳湖学刊，2013（03）：30－37.

［30］崔红志,芦千文,刘亚辉.城市农业:构建新型工农城乡关系的重要选项[J].重庆社会科学，2022（01）：27－39.

第5章 智慧生态管理

5.1 从生态管理到智慧生态管理

5.1.1 生态管理的基本内涵

生态管理于 20 世纪 70 年代起源于美国，90 年代成为研究和实践的热门。但由于自身的复杂性，生态管理的理论和实践都仍处于发展之中。生态管理的理论基础非常广泛，它跨越了生态学、生物学、经济学、管理学、社会学、环境科学、资源科学和系统论等学科领域。

不同的机构和学者从不同的视角给出了关于生态管理的定义，下面仅举比较有影响的几种：

（1）美国土地管理局把生态管理定义为通过生态学、经济学和社会学原理的相互作用来以一种能保护长期的生态持续性、自然多样性和景观生产率的方式对生态和物理系统进行的管理。

（2）美国森林服务局从森林管理的角度定义生态管理为自然资源管理的一种整体性方法，它超越了森林的各单个部分的分割性方法，融合了自然资源管理的人类学、生态学和物理维度，目的是获得所有资源的可持续性。

（3）Robert C.Szaro 等人认为：生态系统管理是这样一种方法，它试图让所有的利益相关者都为人们与其生活环境的互动来参与制定可持续的方案，目的是修复和维持健康、生产率、生物多样性和全面的生活。

（4）Peter F.Brussard 等把生态管理定义为，以这样一种方式来管理不同规模的地区，目标是在生态系统的服务和生态资源得到保护的同时，维持适度的人类使用和谋生选择。

综上所述，可以把生态管理的定义归纳为：运用生态学、经济学和社会学等跨学科的原理和现代科学技术来管理人类行动对生态环境的影响，力图平衡发展和生态环境保护之间的冲突，最终实现经济、社会和生态环境的协调可持续发展。

5.1.2 生态管理的理论基础

生态管理的理论体系如图 5-1 所示,包括复合生态系统理论和景观生态学理论。

1. 复合生态系统理论

人类社会是一类以人的行为为主导、自然环境为依托、资源流动为命脉、社会文化为经络的社会–经济–自然复合生态系统。自然子系统是由水、土、气、生、矿及其间的相互关系来构成的人类赖以生存、繁衍的生存环境;经济子系统是指人类主动地为自身生存和发展组织有目的的生产、流通、消费、还原和调控活动;社会生态子系统由人的观念、体制及文化构成。这三个子系统是相生相克,相辅相成的。三个子系统之间在时间、空间、数量、结构、秩序方面的生态耦合关系和相互作用机制决定了复合生态系统的发展与演替方向。复合生态系统理论的核心是生态整合,通过结构整合和功能整合,协调三个子系统及其内部组分的关系,使三个子系统的耦合关系和谐有序,实现人类社会、经济与环境间复合生态关系的可持续发展。

2. 景观生态学理论

景观结构是景观功能的基础,是景观生态学研究的基础研究内容。

结构——不同生态系统或景观要素的空间关系,指与生态系统的大小、形状、数量、类型及空间配置相关的能量、物质和物种分布。

过程——景观要素间相互作用,即生态系统组分间能量、物质和物种流。

服务——景观镶嵌结构与功能给人类提供的惠益随时间的变化。

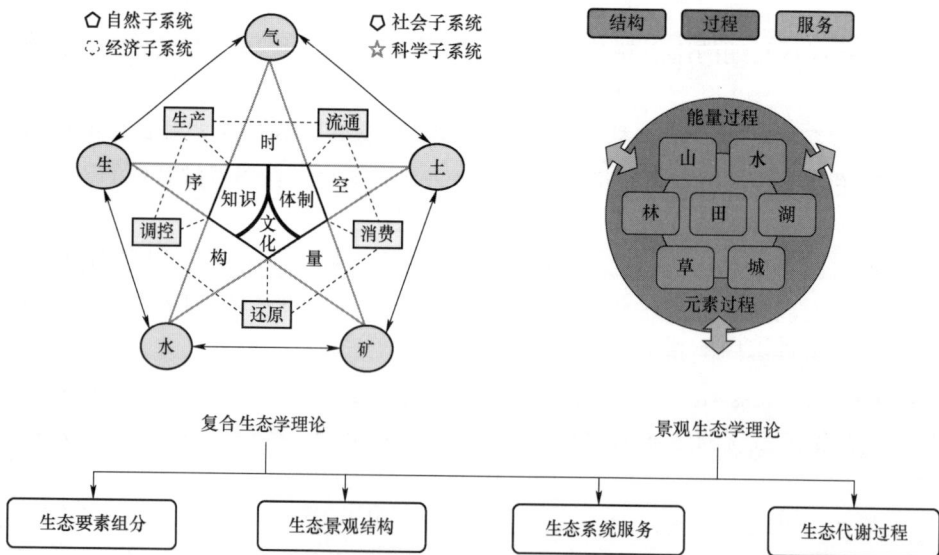

图 5-1 生态管理的理论体系

5.1.3　生态管理的主要特点

生态管理是管理史上的一次深刻革命，虽然它仍在不断发展当中，但是仍存在一些共性的认识。首先，它强调经济与生态的平衡可持续发展。其次，它意味着一种管理范式的转变，即从传统的"线性、理解性"管理（似乎对被管理的系统有全面、定量和连续的了解）转向一种"循环的渐进式"管理（又叫适应性管理），即根据试验结果和可靠的新信息来改变管理方案，原因在于人类对生态系统的复杂结构和功能、反应特性以及它未来的演化趋势的了解还不够深入，所以只能以预防优先为原则，以免造成不可逆的损失。再次，生态管理非常强调整体性和系统性，要求认知到所有生命之间的相互依存（纯粹的人类中心主义或生物中心主义都是片面的，它们是两个极端）——个体和社会都是自然界的组成部分，及生态系统内各组成部分彼此间的复杂影响，要用整体论和系统的思想来指导经济和政治事务，谋求社会经济系统和自然生态系统协调、稳定和持续的发展。最后，生态管理强调更多公众和利益相关者的更广泛的参与，它是一种民主的而非保守的管理方式。

5.1.4　从生态管理到智慧生态管理

人类社会是以人的行为文化为主导、生态环境为依托、资源流动为命脉的社会－经济－自然复合生态系统，各个子系统之间存在时间、空间、数量、结构、秩序方面的复杂耦合关系。新一代信息技术的快速发展给生态环境建设带来了机遇，大数据、人工智能等技术与生态文明的结合是时代发展的必然趋势。习近平总书记在中共中央政治局第九次集体学习时强调：要加强人工智能同社会治理的结合，开发适用于政府服务和决策的人工智能系统，加强政务信息资源整合和公共需求精准预测，推进智慧城市建设，促进人工智能在公共安全领域的深度应用，加强生态领域人工智能运用，运用人工智能提高公共服务和社会治理水平。以空天地一体化监测数据、网络大数据、人工智能分析为代表的现代生态学分析技术逐渐兴起，极大地促进了生态学研究，加速了人与自然复合生态系统研究的进展，让我们有机会更精准地认识、表征、模拟、诊断和预测生态系统状态及其变化趋势。

当前在生态管理领域涌现出了一批智慧化信息化的技术手段，在自然资源资产管理、国家公园与自然保护区管理、生态保护红线管理、生态产品价值管理、工业园区生态环境管理、城市公园生态管理等领域为各级生态管理提供了广泛的技术支撑。同时，也出现了一些生态管理中的共性信息化技术，包括卫星遥测产品的应用、生态系统服务评估技术、三维可视化技术等。

智慧生态管理要求从生态高度、生态维度、智慧维度及高度三个维度，实时实现生态要素、景观、服务和效率的监测、展示、诊断和响应：实时实现生态要素的监测、展示、分析与模拟仿真、治理和决策支持；实时实现生态景观的监测、展示、分析与模拟仿真、治理和决策支持；实时实现生态系统服务的监测、展示、计算、利用与综合决策；实时实现生态效率的监测、展示、分析治理。

智慧生态理念三维模型如图 5-2 所示。

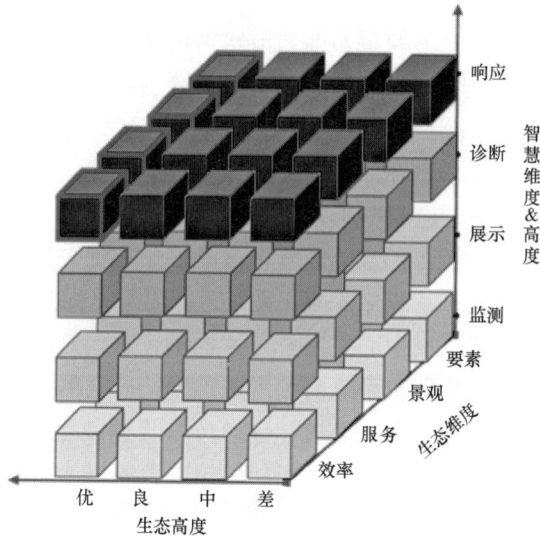

图 5-2　智慧生态理念三维模型

　　基于智慧生态管理理念三维模型，建立生态健康评价指标，根据生态实时感知监测数据，实现水、土、气、生物等生态全要素、全天候、可视化的生态健康度评价，掌握生态系统健康状态；针对生态健康评估中出现的问题，综合运用 AI 图像分析和声音识别、生态系统模型推演、现场调查等手段科学把脉、追根溯源，辅助分析原因；最终，达到全健康未病防治、亚健康自然恢复、不健康快速修复的智慧生态实现效果。

5.2　自然资源资产的监测与管理体系方法

5.2.1　政策背景

　　2013 年召开的党的十八届三中全会，拉开了生态文明体制改革的序幕。在生态文明体制改革的总体思路方面，三中全会决定要求紧紧围绕建设美丽中国深化生态文明体制改革，加快建立生态文明制度，健全国土空间开发、资源节约利用、生态环境保护的体制机制，推动形成人与自然和谐发展现代化建设新格局。

　　2015 年的《生态文明体制改革总体方案》系统部署了生态文明体制改革，在"（三）生态文明体制改革的原则"中明确："坚持正确改革方向，健全市场机制，更好发挥政府的主导和监管作用，发挥企业的积极性和自我约束作用，发挥社会组织和公众的参与和监督作用。坚持自然资源资产的公有性质，创新产权制度，落实所有权，区分自然资源资产所有者权利和管理者权力，合理划分中央地方事权和监管职责，保障全体人民分享全民所有自然资源资产收益。

2017 年的十九大报告落地了关于生态文明体制改革措施，是党的十八届三中全会决定关于生态文明体制改革全面部署的继承和具体化。报告中关于生态文明体制改革的阐述，是《生态文明体制改革总体方案》及其各领域改革实施方案的呼应与发展。《生态文明体制改革总体方案》在健全自然资源资产管理体制方面，提出按照所有者和监管者分开以及一件事情由一个部门负责的原则，整合分散的全民所有自然资源资产所有者职责，组建对全民所有的矿藏、水流、森林、山岭、草原、荒地、海域、滩涂等各类自然资源统一行使所有权的机构，负责全民所有自然资源的出让等。该要求完全得到了十九大报告的"统一行使全民所有自然资源资产所有者职责"的响应。

目前，虽然中央出台了党政领导干部自然资源资产离任审计、生态文明建设目标评价考核的政策，但由于缺乏相对独立的自然资源资产管理机构和制度，因此目前依据《领导干部自然资源资产离任审计规定（试行）》追责的情况不明，除非出现生态环境事件，很少听说被追责的情形。为此，2017 年 1 月，中共中央办公厅、国务院办公厅联合印发了《领导干部自然资源资产离任审计规定（试行）》，要求开展领导干部自然资源资产离任审计，主要审计领导干部贯彻执行中央生态文明建设方针政策和决策部署情况，遵守自然资源资产管理和生态环境保护法律法规情况，自然资源资产管理和生态环境保护重大决策情况，完成自然资源资产管理和生态环境保护目标情况，履行自然资源资产管理和生态环境保护监督责任情况，组织自然资源资产和生态环境保护相关资金征管用和项目建设运行情况，以及履行其他相关责任情况。

在中央安排下，原国土资源部和现自然资源部经过探索，自然资源统一确权登记试点取得积极进展。国家成立专门的自然资源资产管理机构，可和目前的自然资源资产负债表、党政领导干部自然资源资产离任审计、绿色 GDP 核算、生态文明建设目标评价考核等结合起来了，实现改革的系统化和连贯化。

5.2.2 思路框架

自然资源资产是指有法可依、可确权、可定价、具有稀缺性、有特定空间形态边界的自然资源。并非所有的自然资源都可以资产化，只有同时具有稀缺性、有用性（包括经济效益、社会效益、生态效益）和明确的所有权三个条件的自然资源，才能称为自然资源资产。

自然资源资产既涉及生态文明建设又关系经济社会持续发展和民生改善，对于自然资源资产的监测和管理，可从如下几个方面来进行。

1. 采用先进技术手段，提高数据获取质量

建立覆盖国家、省、地、县四级的国土调查数据库，创新运用"互联网＋调查"机制，引入第三方加强对调查成果的质量评估。确保调研结果的准确、科学、可靠，坚持"尽可能采用先进技术手段，减少可能出现的人为干扰，千方百计提高数据质量"的原则，严格执行分阶段、分层级检查验收制度。自然资源部同有关部门探索构建自然资源调查监测体系，统一自然资源领域的分类标准，组织开展一批重大基础调查和专项调查，推进自然资源统一确权登记，推进全民所有自然资源资产清查、核算试点。

2. 大数据同步共享，提升资源安全保障能力

一是利用大数据技术分析各种自然资源资产的关联数据，通过数据描述自然资源资产的质量、存量、位置和价值等情况，实施严格地生态红线保护制度，层层压实生态用地保护责任，逐步形成保护更加有力、执行更加顺畅、管理更加高效的自然资源保护新格局。二是建立健全执法监督工作常态化、立体化、制度化的机制模式，通过将监测设备联网实时传输监测数据，便于审计人员甚至社会公众对指定区域指定时段的自然资源资产质量数据随调随取，提高政府和社会公众间的信息透明度，即为社会公众提供了一条直接监督政府的渠道。三是加快重点矿产资源"大精查"，推进煤炭资源储量提级增量勘探和优势矿产资源大普查；加快推进页岩气、煤层气、地热（温泉）等资源勘查开发，增强基础能源、新型建材、现代化工、基础材料等工业产业资源保障能力。

3. 可视化整合查询，高效管理，精准把控

一是通过二三维数据可视化，能将与标的自然资源资产相关的时空数据整合呈现在一张图中，包括时间、位置、空间、存量和质量等信息。二维可视化可以借助图表绘制功能得以实现，如 Excel 软件中，可生成折线图、饼图等；三维可视化则可将利用地图的形式呈现不同时段或者多个时点的标的自然资源资产的信息，如 ArcGIS，Google Earth 等地理信息系统软件，通过连续历史数据的串联展示，迅速准确的定位事件发生时点，从而找到事件发生原因。二是通过对历史数据的存储分析，找到事件发展规律，达到提前预警风险的效果。三是通过时空数据可视化将标的自然资源资产的时间元素和其他元素联合展示，如时间与质量、时间与空间位置、时间与存量等。通过将各元素与时间元素关联展示，能够快速从时间的角度出发，找到审计疑点和与之相关的其他信息，同时由于标的物可视化，审计人员无须自行翻阅多源头多类型信息，通过整理才能全面了解标的自然资源资产的具体情况。

4. 建立关系型数据库和开源数据库，健全自然资源资产管理制度体系

一是建立关系型数据库，融合存储空间数据和报表数据等，将自然资源资产相关的财务报表、土地利用规划图和生态红线图等，通过关系型数据库技术，将新的关联数据高效地与已有数据资源对接汇聚和存储，深入推进自然资源统一确权登记。二是结合外部数据提高全样本审计工作质量，完善与标的自然资源资产相关联的数据来源和数量，完善自然资源处置配置规则，深化有偿使用制度改革，健全全民所有自然资源资产收益管理制度，建立健全自然资源资产管理考核评价体系，以此保障审计结果的客观性和全面性。三是通过对网络信息的实时抓取，能够帮助工作人员在第一时间掌握与自然资源资产相关的舆情并做出评价反应，从而建立涉及自然资源资产案件移送与信息共享、案件磋商机制和联合督办制度。

5. 运用地理空间信息技术分析挖掘，提高自然资源利用效率

一是使用空间分析技术对建设用地总量控制，研究制定建设用地总规模和人均建设用地指标分区管控措施。开展建设用地起底大调查，全面摸清存量土地、闲置土地，督促指导各地研究制定针对性处置措施，加快批而未供土地消化，有效盘活闲置土地。二是建立建设用地一码管地信息系统，通过"一码"跟踪用地审批、土地供应、市场交易、

供后利用、不动产登记等全过程管理，提高土地供应精准度和利用效益。三是推进林草资源适度利用，通过叠加不同时期的遥感影像，发现其性质和质量是否有所变化，优化林业产业布局，充分发挥林业的经济功能。

5.2.3 典型案例

1. 上海数慧自然资源一体化信息平台

该平台目标面向机构改革和行政审批制度改革，以"多审合一""多证合一"为切入点，立足于机构改革后自然资源部门"两统一、七个关键环节"核心职能的落实和政府数字化转型要求，从业务、数据、应用、技术、终端等多个角度，建设"以政务为核心的统一调度、以流程为核心的业务协作、以数据为核心的决策支持、以管控为核心的运行管理、以应用为支撑的智慧服务"的自然资源一体化信息平台（见图5-3）。

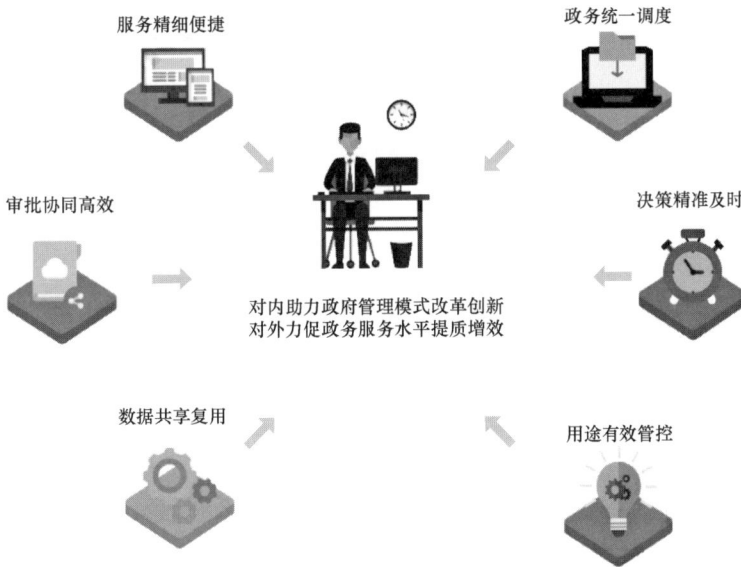

图5-3 自然资源一体化信息平台智慧服务

（1）在自然资源管理新要求下，通过对业务体系、业务关系、业务事项标准化三位一体的业务分析，建立健全从源头保护、开发利用到末端修复治理的"全生命周期"业务管理体系，深度融合规划、土地、矿产、测绘、林业、海洋等业务，打破条块分割现象，打通政务审批与内部管理，形成有机融合、互相贯通、前后一体的自然资源业务体系，推进改革后机构职能及业务的整合与优化。

（2）以原国土和规划"一张图"为基础，面向新时代自然资源管理工作的需求，按"数据画像、数据管理、数据服务"的数据资源规划"三步走"理念，纳入森林、草原、湿地、海洋等自然资源数据，形成统一的自然资源数据体系，从根本上理清数据脉络，建立数据管理秩序，实现对数据的集中统一共享服务、分层分级资源管理。

（3）摸清现有应用系统、网络环境、基础设施及系统使用情况等现状，依据保留、新建、升级改造和废除等建设原则，结合业务应用需求，设计自然资源应用体系，在保障建设满足应用的前提下，建立支撑各条线业务管理和数据服务的智能化应用系统，打造门户信息统一聚集（见图5-4）、综合政务统一调度、业务审批协同高效、监管决策精准及时的自然资源智慧应用体系。

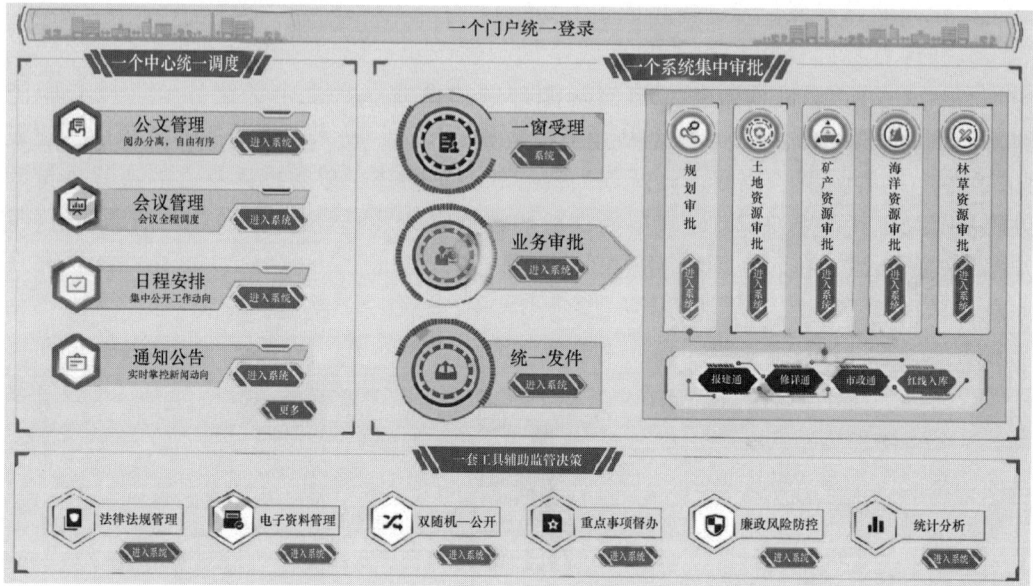

图5-4　统一信息门户，实现信息集中统一共享

2. 珞珈德毅自然资源统一确权登记管理系统

在不动产统一登记管理平台成熟技术基础上，依据自然资源统一调查的登记单元划定、确权调查、产权登记、成果应用等业务，提供自然资源统一确权登记管理系统、自然资源成果数据管理系统、自然资源登记信息共享服务系统、自然资源资产审计大数据平台等全系列软硬件产品与服务，覆盖自然资源统一调查、登记、应用、共享四个环节，对自然资源调查成果及登记数据实现统一管理，支持智能分析，能同时满足多部门的信息共享与互联互通需求（见图5-5）。

（1）在自然资源统一确权登记管理系统在不动产统一登记管理平台的基础上，以登记管理办公自动化、图文表管理一体化、登记簿电子化方式，满足日常自然资源确权登记业务"一站式"业务受理，实现定制化自然资源业务流程、全类自然资源类型确权办理、自然资源确权登记审核、定制化自然资源登记簿输出、自然资源登记簿管理、业务办理量实时统计、查询统计分析、系统配置和运维管理等。

（2）使用自然资源成果数据管理系统采用业务流程管理技术，实现自然资源调查成果数据建库和成果制作管理，提供日常自然资源确权数据的智能化提取更新、信息查询、统计分析、变更管理、数据质检、浏览展示、图属查询、登记专题制图成果输出等功能，满足自然资源成果的日常更新与维护需要。

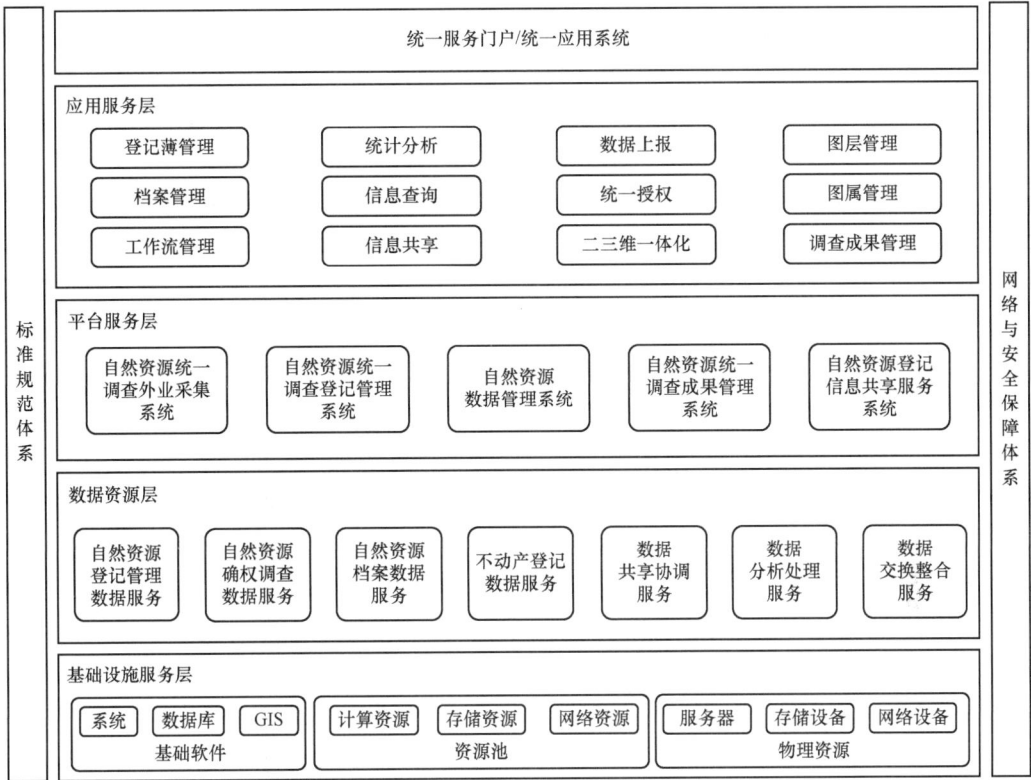

图 5-5　自然资源信息共享与互联互通

（3）通过自然资源登记信息共享服务系统通过开放式的管理，以大数据和云计算的方式将自然资源确权成果数据进行深度融合，实现与农业、水利、林业、环保、财税等相关部门进行信息共享，满足相关主管部门对自然资源确权登记信息的查询验证的共享需求，形成自然资源数据生态服务系统，服务于政府、市场、社会大众。

（4）自然资源资产审计大数据平台通过使用遥感数据中间件处理国家高分卫星数据、北斗卫星数据，生成遥感矢量数据，再结合审计历史数据、其他第三方数据，通过对矢量数据的校正、融合、变换后，能对国土资源、水资源、林业资源、矿产资源、大气污染等情况进行监测比对，追溯相关资源的历史变化过程，从而为领导干部任职前后区域内相关资源资产变动情况提供合理误差范围内的有效监测数据，为审计机关自然资源资产审计提供高效、可靠的信息手段。

5.3　国家公园与保护地体系的监测与管理体系方法

5.3.1　政策背景

2017 年 10 月 20 日中共中央办公厅、国务院办公厅印发的《建立国家公园体制总体方案》指出"国家公园是指由国家批准设立并主导管理，边界清晰，以保护具有国家

269

代表性的大面积自然生态系统为主要目的，实现自然资源科学保护和合理利用的特定陆地或海洋区域。建立国家公园体制是党的十八届三中全会提出的重点改革任务，是我国生态文明制度建设的重要内容，对于推进自然资源科学保护和合理利用，促进人与自然和谐共生，推进美丽中国建设，具有极其重要的意义"。

2018年6月16日在《中共中央国务院关于全面加强生态环境保护，坚决打好污染防治攻坚战的意见》中，提到要建立以国家公园为主体的自然保护地体系。到2020年，完成全国自然保护区范围界限核准和勘界立标，整合设立一批国家公园，自然保护地相关法规和管理制度基本建立。对生态严重退化地区实行封禁管理，稳步实施退耕还林还草和退牧还草，扩大轮作休耕试点，全面推行草原禁牧休牧和草畜平衡制度。依法依规解决自然保护地内的矿业权合理退出问题。全面保护天然林，推进荒漠化、石漠化、水土流失综合治理，强化湿地保护和恢复。加强休渔禁渔管理，推进长江、渤海等重点水域禁捕限捕，加强海洋牧场建设，加大渔业资源增殖放流。推动耕地草原森林河流湖泊海洋休养生息。从而来推进完成国家公园体制的建设。

2019年6月26日中共中央办公厅、国务院办公厅印发了《关于建立以国家公园为主体的自然保护地体系的指导意见》，意见中就构建科学合理的自然保护地体系、建立统一规范高效的管理体制、创新自然保护地建设发展机制、加强自然保护地生态环境监督考核及保障措施等问题，提出了明确的指导意见，是我国自然保护地体系建设的一份纲领性文件。也正式提出建立以国家公园为主体的自然保护地体系，是贯彻习近平生态文明思想的重大举措，是党的十九大提出的重大改革任务。自然保护地是生态建设的核心载体、中华民族的宝贵财富、美丽中国的重要象征，在维护国家生态安全中居于首要地位。之后国家林草局牵头启动了国家公园及自然保护地相关标准的制定，成立了国家公园和自然保护地标准化技术委员会。2020年12月，《国家公园设立规范》《国家公园总体规划技术规范》《国家公园监测规范》《国家公园考核评价规范》《自然保护地勘界立标规范》共5项国家标准正式发布，贯穿了国家公园设立、规划、勘界立标、监测和考核评价的全过程管理环节，为第一批国家公园的正式设立、构建统一规范高效的中国特色国家公园体制提供了重要支撑。2021年10月30日国务院同意设立首批国家公园，包括三江源国家公园、大熊猫国家公园、东北虎豹国家公园、海南热带雨林国家公园和武夷山国家公园。首家国家公园的设立，意义重大。有助于权责统一，大幅提升了国土资源的管理效能，且为公众提供亲近自然、体验自然的机会，是国家土地资源管理的重要制度建设。

国家为加强国家公园建设管理，保障国家公园工作平稳有序开展，国家林业和草原局（国家公园管理局）2022年8月30日印发了《国家公园管理暂行办法》（以下简称《办法》）。《办法》分为总则、规划建设、保护管理、公众服务、监督执法、附则6个章节，共41条。建立国家公园体制是党的十八届三中全会提出的重点改革任务，是我国生态文明制度建设的重要内容。2021年10月12日，习近平总书记在《生物多样性公约》第十五次缔约方大会上宣布第一批国家公园正式设立，标志着国家公园由试点转向建设新阶段。该《办法》的出台，为我国国家公园在相关法律正式颁布前的过渡期开展保护、建设和管理工作提供了基本遵循。《办法》明确了国家林草局（国家公园管理局）和国家公园管理机构的职责，提出建立国家公园局省联席会议机制和日常工作协作机制。为体现国家公园多方参与的原则，提出建立国家公园咨询机制。进一步完善国家公园的管理制度。

5.3.2　思路框架

1. 确定评估目的和对象

以保护自然、服务人民、永续发展为目标，加强顶层设计，开展科学评估，为规范自然保护区建设管理、提升自然保护区管理成效、实现自然保护区健康可持续发展提供科学依据。

对全国范围内的国家级自然保护区进行评估，包括自然生态系统、野生生物、自然遗迹等各种类型的自然保护区。

2. 确定评估原则

（1）科学评估，突出保护：考虑典型自然生态系统、珍稀濒危野生动植物、自然遗迹等保护对象的代表性、原真性、完整性，突出自然保护区的保护管理措施和保护成效，采用科学严谨的方法评估。

（2）体现特色，切实可行：指标设定兼顾不同类型自然保护区的共性和独特性，坚持内业分析和实地核查相结合，并考虑数据信息可获取性。

（3）全面系统，公正公开：对自然保护区开展系统评估，全面总结经验与问题，评估过程严格遵守利益回避制度，评估结果及时向社会公布。

3. 确定评估方式方法

评估工作以第三方评估的方式进行，将生物多样性保护、生态系统评价与修复、自然保护区管理、风景旅游规划等领域的专家组成专家组，指导并参与评估工作。

4. 确定评估指标

评估指标体系包括基础保障、管理措施、管理成效、负面影响、亮点工作或特色经验等 5 个评估内容 26 个指标。其中基础保障包括机构设置、规章制度、人员配置、经费保障等 6 个指标；管理措施包括本底调查、日常巡护、科研监测、生态修复、科普宣教等 8 个指标；管理成效包括保护对象、人类干扰等 4 个指标；负面影响包括自然资源资产破坏、违法违规建设、灾害防控不力等 3 个指标；亮点工作或特色经验包括自然资源资产管理、一区一法、信息化建设、其他等 5 个指标。

5. 确定打分标准

评估指标体系中，基础保障、管理措施、管理成效 3 项内容为基本内容，满分 100 分，且根据重要程度确定每个指标的权重。各指标得分按照评价等级从高到低（A/B/C/D）依次下降。亮点工作与特色经验、负面影响 2 项为附加内容，其中负面影响为扣分项，总扣分最高 15 分，每个指标满分 5 分，得分对应评价等级从高到低为（A/B/C/D）四个等级；亮点工作或特色经验为加分项，每个指标达标则得分，不达则不得分。综合得分为所有指标得分之和（扣分项得分为负）。

以综合得分为基础,结合重大负面影响的发生情况,对国家级自然保护区进行分档:首先,将综合得分划分为四个等级分别为优、良、合格、不合格;在此基础上,将出现重大负面影响的保护区下降一档;最后,对各档内的保护区排序,基本顺序按综合得分从高到低确定,发生重大负面影响的排于同档内最后。

6. 确定分析与核查方式

首先由受评单位开展自评工作,按国家规定或要求严格填写自评估报告、自评估报告支撑清单、对应支撑材料等。相关评估组对各自然保护区的自评估材料进行审核。

评估组结合可获取的遥感影像,分析各自然保护区五年内自然生态类型、面积、质量变化,和人工活动类型、面积变化等。根据分析结果,形成审核意见。

最后根据受评单位自查审核和遥感数据分析的审核意见制订方案,对国家自然保护区进行实地核查。对受评单位提供的自评估材料进行核验。以保证评估结果的准确性。

7. 确定评估总结方式

评估组汇总资料,按照评估准则对各国家级自然保护区管理情况作出综合评估,形成评估意见,并编写国家级自然保护区评估报告,提交国家林草局。国家林草局组织专家对评估报告的结论进行审议,提出意见和建议。评估组根据专家意见和建议修改完善评估报告,并最终提交国家林草局。

8. 制定管理运行流程

最初由项目发起者创建项目并对遥感数据以及相关表达保护区内生态环境现状的数据进行处理及上传。设置好各流程截止时间段,也可由智能识别控制(即文件上传后,自动形成截止日期,并传达给下一个流程操作者),并选择对应专家、保护区、为各保护区分配对应专家。填完数据后开始项目。之后由受评单位填写对应需要上传的保护区相关数据。系统提供模板参考选择,并完成保护区自查打分表。在所有资料上传后点击提交。下一步由专家进行一审。专家对受评单位提供的材料以及对遥感数据进行分析后给出打分,并提交评审意见。结果会反馈至受评单位,同时流程进入到管理单位对专家一审结果的意见反馈。提交之后,受评单位可就一审结果进行申诉,并提交对应申诉材料。系统会将提交材料进行区分,以减少专家重新查验操作时间。待受评单位进行申诉提交之后,再由专家进行二审及三审,这两次审查的结果会同步至各参与单位处。在专家三次审查结束后,由项目发起者对该次保护区管理评审结果进行总结并提交,由更高级管理单位进行审阅给出反馈意见之后。最后项目发起者根据反馈意见形成最终结果反馈并提交。至此该项目流程完整结束(见图5-6)。

5.3.3 典型案例

以云南通海杞麓湖国家湿地公园智慧管理评价云平台和国家公园设计院自然保护区评估系统为案例。

1. 云南通海杞麓湖国家湿地公园智慧管理评价云平台

对湿地动物资源数据、湿地植物资源数据、湿地基础地理信息数据进行录入、导入可视化,通过对湿地航片或是湿地卫星遥感影像数据进行分类处理,得出矢量图层,导入平台作为底图。对湿地基础数据进行历史查询或是空间查询等。

湿地公园生态保护视频监控模块：实现对保护区重点区域（如：交通主干线、堤坝、鸟类密集区域、岛屿、码头等）全天候实时监控，并通过集中监控中心进行集中存储和管理。

鸟类活动实时视频展示平台：在监控中心单独布置鸟类活动视频展示平台，用于实现对珍稀鸟类活动观测、鸟类视频资料调阅和鸟类视频资料拷贝等功能，使保护区管理人员实时掌握和查询鸟类的活动动态和鸟类的迁徙情况。

保护区车辆船舶调度管理模块：保护区物联网监控管理模块，使用 GIS、GPS 等技术对保护区车辆和湖上船舶进行监控，了解车辆、船舶的运行情况及位置。

摄像头人工智能识别鸟类模块：通过遍布于湿地公园中的摄像头，其检测到动态物体后，进行自动抓拍鸟类，抓拍好的图片或视频自动上传到平台中，人工智能识别鸟类类别，从而了解鸟类的种群活动、栖息等情况，分析湿地鸟类资源面临的威胁并提出保护对策，收集湿地鸟类资料，编制调查卡片，整理湿地鸟类档案。

湿地公园生态环境监测：包括湿地的类型、面积与分布；湿地的空气质量状况；湿地的水资源状况；湿地土地资源状况；影响湿地动态变化的主要环境因子；湿地的生物多样性及其珍稀濒危野生动植物；湿地周边地区的社会经济发展对湿地资源的影响；湿地的管理状况和研究状况。

根据国家湿地公园评估标准及各要素监测指标等相关文件，确定具体监测因子。建设国家湿地公园移动平台 App，能提供随时随地进行信息采集、实时定位、位置共享、巡护路线记录、采集信息一键上传的功能。大大缩减了巡护设备量，减轻了巡护人员的负担，也使巡护工作更加高效、智能。

最后通过湿地公园信息化管理平台监测查询湿地公园中动植物资源分布情况及一系列基础监测数据的动态变化情况，全方位挖掘与展现湿地资源数据信息，对湿地生态保护区的发展趋势进行统计分析，并将统计结果以不同形式的统计分析模式进行显示输出。为管理人员全面掌握湿地的动态变化情况、预测发展趋势、定期提供动态监测数据与监测报告，进而分析变化的原因且提出湿地保护与合理利用的对策与建议，为湿地管理、湿地评价、科学研究、有效管控和合理利用提供及时、准确的参考资料，提供科学决策依据。

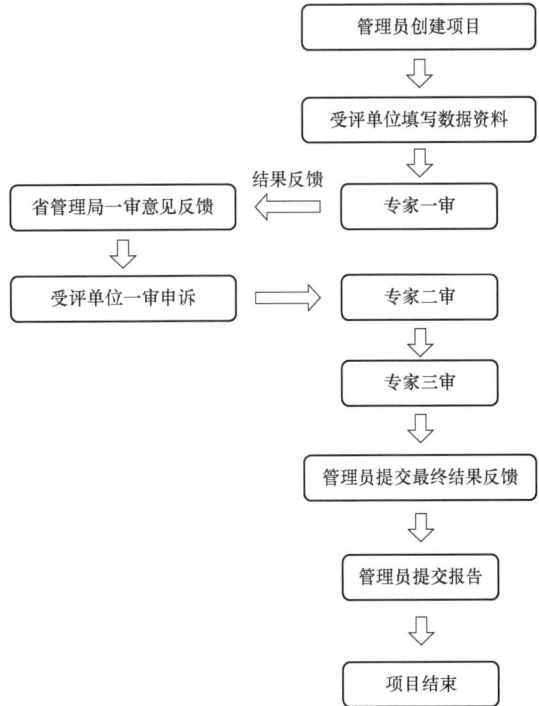

图 5-6　保护区管理评审项目流程图

2. 国家公园研究院自然保护区评估系统

平台提供给不同角色的用户不同的操作界面。系统内提供不同的行政区划和全国范围内所有的国家级自然保护区可供用户选择。项目发起者可依据规划区地理位置设置专家或者反馈平台来键入新专家，并可根据项目周期来分配各流程截止时间。也可设置为智能处理，由各流程负责人上传时间自动进行时间截止，相对时间更弹性。在上传好自然保护区管理评估起始年限与结束年限的生态相关数据之后，平台便自动在地图上加载图层数据，完成数据可视化以及动态展示，且在遥感分析界面提供上传数据与数据处理功能。在输入对应保护区起始时间生态栅格与截止时间生态栅格数据之后，可以根据提供的范围矢量数据进行对应的裁剪和生成动态变化栅格，减少了操作数据的时间，并一步到位地可以实时修改并上传至管理平台展示（见图5-7）。

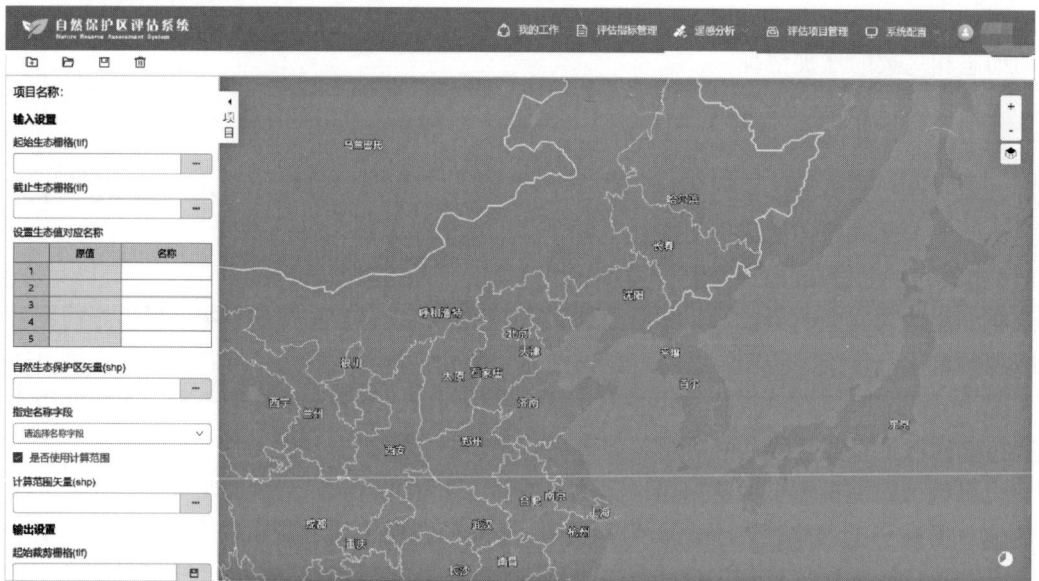

图5-7 数据处理界面

受评单位在提交数据时，该系统可以添加平台给出的模板用作该次管理评估的内容及指标，并提供上传文件与填写对应管理评估的操作界面。只需在线填写对应相关数据并保存提交，即可完成该次流程，避免受评单位杂乱无序的上传或遗漏（见图5-8）。也使得专家评审以及管理单位可以快速且便捷地审阅。且在受评单位提供保护区数据时，需要大量导入的数据如物种名录，关键物种信息等，平台内设置有物种名录数据库，可以在导入界面检索并选择自然保护区内所包括的物种，大大减少了受评单位需要逐次添加的操作时间以及大量重复的操作。物种库缺失的物种信息，受评单位也可按平台提供的样表格式，在表格中填写后上传，平台将根据表格内容自动生成，同样十分便捷。受评单位保存提交对应数据之后，平台会自动按流程进入下一阶段。

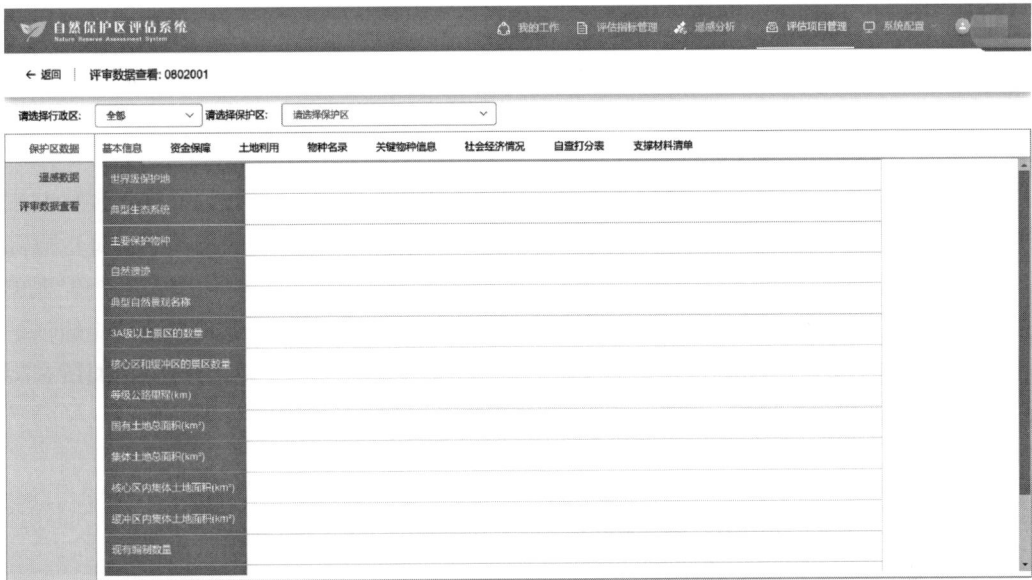

图 5-8　保护区数据上传界面

专家评委在进行评审操作时，界面不会将已完成项目与未完成项目放置于一起，平台会分为已完成和未完成两个操作界面框，未完成选项会标记为红色，以避免专家评审未进入对应评审项目导致评审项目误判。专家在结束一审提交意见时，不仅要实时输入意见文字框，并提供上传文件选项，以供专家评审需要上传图片或其他数据的操作空间（见图 5-9）。专家一审的结果会反馈于管理单位以及受评单位。在管理单位就专家一审结果进行意见反馈之后。将二者意见反馈于受评单位，受评单位根据意见进行申诉，这时受评单位可以对提交的数据进行修改，或增加相关数据。以提高受评单位在管理

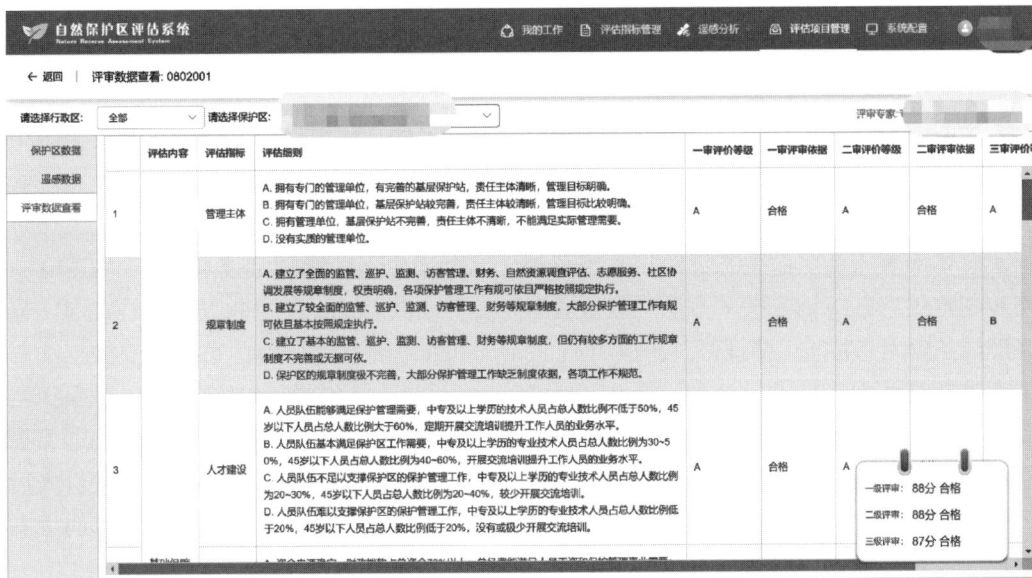

图 5-9　评审结果页面

期间的打分。在提交数据之后，进入专家二审，在二审的界面可以看到受评单位修改的信息，不同的颜色代表着修改、增加和减少的信息。相对于传统自然保护区平台这更加便捷，有利于二审、三审的专家进行对应的审阅，从而增加工作效率，也可以更精准地进行操作。

在二审三审结束后，会由项目发起者结合全部过程的结果反馈，以及按照评估准则对该国家级自然保护区管理情况做出综合报告（平台提供相应模板）并提交。再由更高级管理单位对评估报告的结论进行审议，提出意见和建议。发起者再根据更高级管理单位的意见和建议对报告进行修改，并提交最终评估报告。至此流程结束。而最终的保护区统计数据与得分会显示到项目综合页面。平台会将统计数据在行政区内与其他所有国家级自然保护区管理评估分数进行对比并用图表展示，并将行政区综合平均分也展示于页面，使得用户更加简单高效地了解各个层面的自然保护区管理效果。

5.4　生态保护红线的监测与管理体系方法

5.4.1　政策背景

生态保护红线是指在自然生态服务功能、环境质量安全、自然资源利用等方面，需要实行严格保护的空间边界与管理限值，以维护国家和区域生态安全及经济社会可持续发展，保障人民群众健康。具体而言，生态保护红线包括生态功能保障基线、环境质量安全底线、自然资源利用上限三部分内容。生态功能保障基线包括禁止开发区生态红线、重要生态功能区生态红线和生态环境敏感区、脆弱区生态红线。环境质量安全底线是保障人民群众呼吸上新鲜的空气、喝上干净的水、吃上放心的粮食、维护人类生存的基本环境质量需求的安全线，包括环境质量达标红线、污染物排放总量控制红线和环境风险管理红线。自然资源利用上限是促进资源能源节约，保障能源、水、土地等资源高效利用，不应突破的最高限值。

生态保护红线的划定工作最早可见于 2012 年 3 月，环境保护部组织召开了全国生态红线划定技术研讨会，邀请国内知名专家和主要省份环保厅（局）管理者对生态红线的概念、内涵、划定技术与方法进行了深入研讨和交流，并对全国生态红线划定工作进行了总体部署。会后，生态红线技术组草拟了《全国生态红线划定技术指南（初稿）》，初步制定生态红线划定技术方法。该《指南》在多地试点过程中不断吸收当地意见，最终形成了较为完善的一套规范。2014 年 1 月，环境保护部印发了《国家生态保护红线—生态功能基线划定技术指南（试行）》（环发〔2014〕10 号），成为中国首个生态保护红线划定的纲领性技术指导文件；2015 年 5 月，环境保护部印发了改进后的《生态保护红线划定技术指南》（环发〔2015〕56 号）。在《指南》的指导下，全国各个省份先后开始并完成了生态保护红线的划定工作。截至 2021 年底，全国所有省份、地市的生态保护红线划定成果均完成发布，基本建立了覆盖全国的生态环境分区管控体系。

在生态保护红线划定试点工作开始之后，对所划定的生态保护红线的管理工作也随之开始推进。2017 年 2 月，中共中央办公厅、国务院办公厅印发了《关于划定并严守生态保护红线的若干意见》。该《意见》指出，党中央、国务院高度重视生态环境保护，作出一系列重大决策部署，推动生态环境保护工作取得明显进展。但是，我国生态环境总体仍比较脆弱，生态安全形势十分严峻。划定并严守生态保护红线，是贯彻落实主体功能区制度、实施生态空间用途管制的重要举措，是提高生态产品供给能力和生态系统服务功能、构建国家生态安全格局的有效手段，是健全生态文明制度体系、推动绿色发展的有力保障。《意见》要求，2020 年年底前，全面完成全国生态保护红线划定，勘界定标，基本建立生态保护红线制度；到 2030 年，生态保护红线布局进一步优化，生态保护红线制度有效实施，生态功能显著提升，国家生态安全得到全面保障。

《意见》提出，严守生态保护红线，要落实地方各级党委和政府主体责任，强化生态保护红线刚性约束，形成一整套生态保护红线管控和激励措施。

（1）明确属地管理责任。地方各级党委和政府是严守生态保护红线的责任主体，要将生态保护红线作为相关综合决策的重要依据和前提条件，履行好保护责任。

（2）确立生态保护红线优先地位。生态保护红线划定后，相关规划要符合生态保护红线空间管控要求，不符合的要及时进行调整。空间规划编制要将生态保护红线作为重要基础，发挥生态保护红线对于国土空间开发的底线作用。

（3）实行严格管控。生态保护红线原则上按禁止开发区域的要求进行管理。严禁不符合主体功能定位的各类开发活动，严禁任意改变用途。生态保护红线划定后，只能增加、不能减少。

（4）加大生态保护补偿力度。财政部会同有关部门加大对生态保护红线的支持力度，加快健全生态保护补偿制度，完善国家重点生态功能区转移支付政策。

（5）加强生态保护与修复。以县级行政区为基本单元建立生态保护红线台账系统，制定实施生态系统保护与修复方案。

（6）建立监测网络和监管平台。环境保护部、国家发展改革委、国土资源部会同有关部门建设和完善生态保护红线综合监测网络体系，充分发挥地面生态系统、环境、气象、水文水资源、水土保持、海洋等监测站点和卫星的生态监测能力，布设相对固定的生态保护红线监控点位，及时获取生态保护红线监测数据，建立国家生态保护红线监管平台。依托国务院有关部门生态环境监管平台和大数据，运用云计算、物联网等信息化手段，加强监测数据集成分析和综合应用，强化生态气象灾害监测预警能力建设，全面掌握生态系统构成、分布与动态变化，及时评估和预警生态风险，提高生态保护红线管理决策科学化水平。

（7）开展定期评价。环境保护部、国家发展改革委会同有关部门建立生态保护红线评价机制。从生态系统格局、质量和功能等方面，建立生态保护红线生态功能评价指标体系和方法。

（8）强化执法监督。各级环境保护部门和有关部门要按照职责分工加强生态保护红线执法监督。建立生态保护红线常态化执法机制，定期开展执法督查，不断提高执法规范化水平。

（9）建立考核机制。环境保护部、国家发展改革委会同有关部门，根据评价结果和目标任务完成情况，对各省（自治区、直辖市）党委和政府开展生态保护红线保护成效考核，并将考核结果纳入生态文明建设目标评价考核体系，作为党政领导班子和领导干部综合评价及责任追究、离任审计的重要参考。

（10）严格责任追究。对违反生态保护红线管控要求、造成生态破坏的部门、地方、单位和有关责任人员，按照有关法律法规等规定实行责任追究。

5.4.2 思路框架

生态保护红线监管平台包括生态保护红线台账数据库、通用支撑功能、业务应用功能、一体化监测与监控支撑及计算机环境支撑五个部分，其构建思路如图5－10所示。影像处理与参数反演、陆域和海洋生态状况监测评估、环境质量分析以及成果应用与服务等功能，各地依据自身业务需求定制开发。各地可依托生态环境大数据和信息化建设、生态环境综合监管能力建设统筹开展通用支撑功能、计算机支撑环境和一体化监测能力的建设。

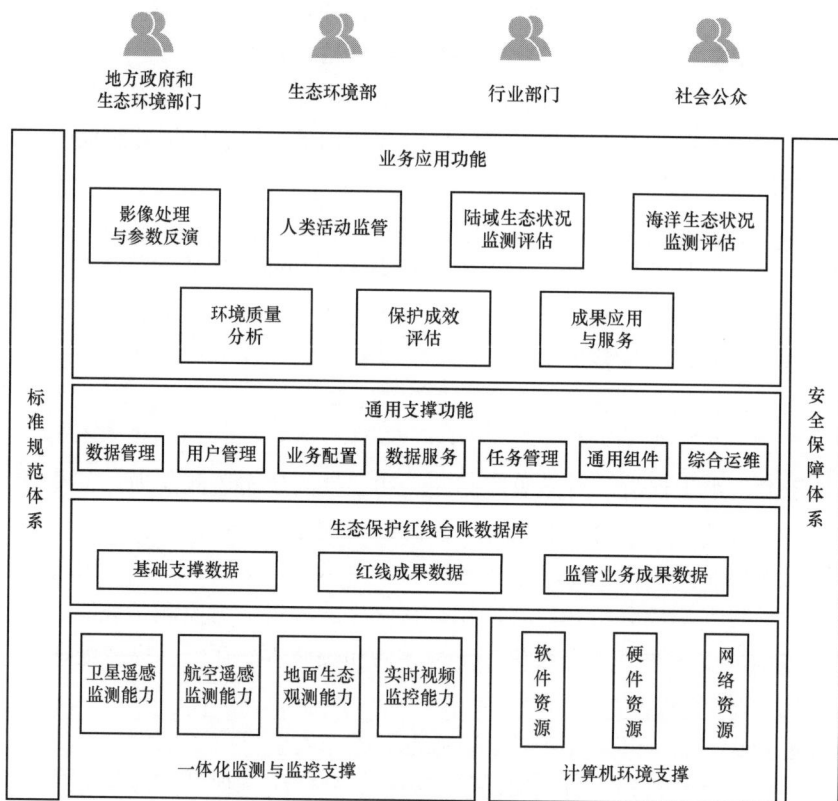

图5－10 生态保护红线监管平台构建思路

1. 生态保护红线台账数据库

以生态保护红线台账为核心，建设生态保护红线台账数据库，用于生态保护红线台账数据及相关空间数据、文档等支撑数据的存储、集成与管理。台账数据包括基础支撑数据、红线成果数据和监管业务成果数据三类。

基础支撑数据为生态保护红线监管涉及的各类基础地理信息数据，生态环境质量要素监测数据、调查数据，以及遥感影像数据等。

红线成果数据为红线划定、评估、调整成果，红线台账，红线划定、评估、调整技术审核与报审文档资料，界碑界桩和标识牌登记信息等。

监管业务成果数据为生态保护红线监管业务工作产生的人类活动监控成果，"涉红"项目准入核查信息，视频监控数据，红线管理状况数据，生态系统格局、质量、功能和敏感性监测评估成果以及保护成效评估考核成果等。

2. 通用支撑功能

实现平台数据、资源、用户的统一管理、数据生产和业务运行任务的统一调度执行、平台运行状态监控、通用统计分析和地图服务，具体包括数据管理、用户管理、业务配置管理、数据服务管理、通用组件、任务管理、综合运维管理等多项功能。

数据管理功能包括元数据管理、数据字典管理、数据模型管理、主题管理、数据入库更新、目录管理、数据资产管理、数据安全管理、档案管理等。

用户管理功能包括用户基本信息管理、角色管理、平台权限管理、统一认证与单点登录等。

业务配置管理功能包括数据建模管理、业务流程与配置管理等。

数据服务管理功能包括目录服务管理、地图服务管理、数据发布管理等。

通用组件包括地图基本操作功能、基础统计分析功能、基础表单管理功能等。

任务管理功能包括执行情况追踪、执行进度查看、执行任务创建、删除和修改，执行结果查看等。

综合运维管理功能包括硬件运行监控管理、软件运行监控管理、平台运行状态管理、异常问题报警管理、平台监控审计等。

3. 业务应用功能

业务应用功能主要包括七个方面：

影像处理与参数反演功能：实现平台多源遥感影像数据预处理、标准化处理和精度控制；实现区域生态和下垫面物理参数反演。

人类活动监管功能：实现人类活动信息提取、人类活动监控、"涉红"项目准入核查、移动核查任务管理和核查采集 App 等生态保护红线人类活动监管业务功能。

陆域生态状况监测评估功能：实现陆域生态系统格局、生态系统质量、生态功能和敏感性、陆域生物物种等生态保护红线生态状况监测评估功能。

海洋生态状况监测评估功能：实现海洋自然岸线、水环境状况、典型海洋生态系统、海洋生物物种监测等生态保护红线生态状况监测评估功能。

环境质量分析功能：基于水、大气、土壤环境质量监测数据，实现生态保护红线环境质量监测数据的综合查询、统计、分析和台账生成管理功能。

保护成效评估功能：实现人类活动、生态功能、保护面积、用地性质、管理能力等评估因子计算和综合成效评估功能。

成果应用与服务功能：实现平台各类基础数据、监管成果、专题产品和空间服务的共享交换、综合展示、分析应用、信息推送、服务内容配置等功能，支持社会公众问题上报。

4. 一体化监测能力

一体化监测能力建设包括卫星遥感监测能力、航空遥感监测能力、地面生态观测能力和实时视频监控能力。

卫星遥感监测能力：各地可依据本地区人员与技术情况，依托国内外卫星资源，形成包括卫星影像数据接收、管理、处理、信息提取等功能的卫星遥感监测体系，满足及时发现重点区域人类活动、生态破坏等监管需求。

航空遥感监测能力：各地依据本地区生态保护红线监管实际，统筹已有和新增无人机飞行平台，建设无人机数据接收、处理、信息提取等处理能力。构建航空遥感监测体系，满足生态保护红线人类活动航空遥感核查、生态系统状况监测航空遥感真实性检验和突发性生态风险航空遥感应急监测需求。

地面生态观测能力：各地依据本地区生态保护红线类型和生态系统类型，统筹已有和新增野外生态观测场（站）、样点（方）布局，依据国家和行业规范开展连续和定期观测，开展野外生态调查，获取生态保护红线内生态系统、重要物种和各种环境背景信息。

实时视频监控能力：各地选择生态保护红线关键区域、重要出入口布设光学、红外视频监控设备，构建生态保护红线实时视频监控网络，实现对生态保护红线人类活动、典型生物、敏感目标的监控、预警。

5. 计算机支撑环境

计算机支撑环境为平台运行所需软件、硬件资源和网络条件。软件、硬件资源既可以是实体软、硬件资源，也可以是云平台虚拟资源。网络条件指平台系统部署和业务运行依托的业务网或互联网环境。

5.4.3 典型案例

1. 沈阳市生态保护红线监管平台

沈阳市生态保护红线监管平台（以下简称监管平台）于 2018 年 8 月开始建设，2019 年 11 月通过验收，2019 年 12 月投入试运行。这是全国首个建成的城市级层面生态保护红线监管平台，同时，沈阳市也成为国家首个生态保护红线监管平台建设与互联互通试点。该平台的投入使用，是沈阳市推进国家治理体系和治理能力现代化建设的重要举措，也将为沈阳市提升自然生态环境监管信息化水平、开展生态保护红线内环境监察执法提供有力武器。

该平台主要包括星地协同动态监控系统、生态保护红线监管业务系统、移动核查与执法系统、数据管理与运行调度系统等四大系统。其中，星地协同动态监控系统通过高分遥感、实时监控、无人机航拍、移动端 App 等多种技术手段，构建起生态保护红线空天地一体化动态监管网络；生态保护红线监管业务系统主要适应红线监管业务化运行需求，建立起多层级、跨部门的生态保护红线综合监管业务体系；移动核查与执法系统可在线下发核查执法任务，野外核查业务人员持移动终端到待核查点位进行取证核查并上传数据，全程开启定位和轨迹记录功能，可供系统对核查任务进行监控和调度；数据管理与运行调度系统通过建立生态保护红线监管基础数据库，对红线内各类多源数据的归档与配置，地图影像、数据查询等多种服务功能也能够为整个系统的运行和业务化应用提供数据管理支撑。

平台运行后将实现以下四点功能：一是能够实现生态质量状况评价功能，针对各生态要素变化情况进行分析，重点评价其重要生态功能和生态敏感脆弱性，评价结果作为考核区县政府生态环境工作的重要依据；二是为全市重点生态区域人类干扰活动监管、生态系统状况监测、区域生态保护综合评估考核等提供全方位技术服务，也能够全面、高效、精准、公正地为职能部门提供图文数据分析和决策支撑；三是利用动态监管功能强化日常监管，对各类破坏生态环境的违法违规行为做到提前发现、提前介入、提前制止，切实减少生态保护红线内的生态破坏行为，并为下一步违法违规行为的依法处理提供重要证据；四是打破生态保护红线各领域的信息孤岛，实现生态保护红线监管数据的多部门互联共享和协同监管，形成部门协同、一体化管理的红线监管工作机制。

此外，监管平台不仅在可以运用在各部门日常监管过程中，之后将逐步开放公众端口。民众可以通过登录相关网站，查询生态保护红线范围，参与生态保护红线监管，同时，拓宽违法违规的监督和举报渠道，通过监管平台，举报涉及生态保护红线违法违规问题线索，线索将被移交给相关部门，及时处理。

2. 生态保护红线综合监测管理系统

生态保护红线综合监测管理系统是尚源智慧（沈阳）科技有限公司开发的一款软件平台。基于云平台构建的生态保护红线综合监测管理系统，保证其具有高可用性、高安全性及易扩展性。系统引入遥感技术丰富生态红线监测的手段，提高了大范围高频率的监测能力；运用地理信息系统、遥感技术辅助生态红线划定，提高红线划定效率，构建生态红线发布服务，支撑城市级生态红线应用（见图 5-11）。

该系统的主要功能包括红线划定、红线管理、红线监测、移动执法四部分。生态红线数据管理主要提供生态红线数据入库、更新功能，对生态红线地图进行可视化展示，并提供空间与属性信息查询、生态红线的统计分析等功能。生态红线动态监测主要提供生态红线遥感监测、数据历史回溯、变化信息识别等功能。拟建项目管理主要提供拟建项目数据展示、查询，以及对拟建项目进行影响评估等功能。生态红线服务管理主要提供生态红线服务发布，关联部门数据联动服务发布等功能。

该系统主要具有以下四点优势：一是拥有自主知识产权的时空地理信息处理及服务平台，提供生态环境重要性评价和敏感性评价的后台服务，为生态红线划定效率提供保障；二是拥有丰富遥感数据资源，能提供高精度高分遥感数据作为生态红线划定基础数据，为生态红线划定提供精度保障；三是生态红线监测与预警、决策与技术支持一体化的生态红线监测预警网络系统，更为全面地监控生态红线生态状况；四是健全而标准的生态红线监测评估的技术体系，为生态红线信息系统与政府电子信息平台相联结、促进生态行政管理和社会服务信息化、提高各级生态管理部门和其他相关部门的综合决策能力和办事效率提供强大的支撑。

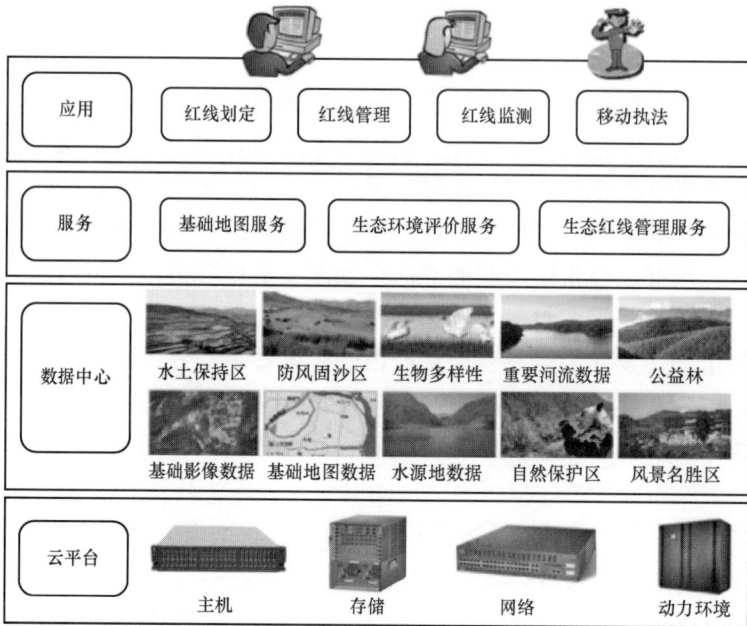

图5-11　生态保护红线综合监测管理系统架构图

5.5　生态产品价值管理系统方法

5.5.1　政策背景

党的十八大报告明确提出"增强生态产品生产能力"，党的十九大报告进一步提出"要建设的现代化是人与自然和谐共生的现代化""要提供更多优质生态产品以满足人民日益增长的优美生态环境需要"。进一步提升新时代生态产品价值，是贯彻落实习近平生态文明思想的重要抓手。

2021年4月，中共中央办公厅、国务院办公厅印发《关于建立健全生态产品价值实现机制的意见》。建立健全生态产品价值实现机制，是贯彻落实习近平生态文明思想的重要举措，是践行绿水青山就是金山银山理念的关键路径，是从源头上推动生态环境领域国家治理体系和治理能力现代化的必然要求，对推动经济社会发展全面绿色转型具有重要意义。该意见指出围绕生态产品价值实现，共提出了六大措施，分别是生态产品的调查监测机制、价值评价机制、经营开发机制、补偿机制、保障机制、推进机制，共同构成了生态产品价值实现的系统性思路。

2022 年 5 月，国家发展改革委联合国家统计局研究出台了《生态产品总值核算规范（试行）》。生态产品总值核算评价体系分为行政区域单元和特定地域单元两类。从实物量和价值量两个维度针对不同生态系统分别制定了具体核算方法，对生态产品价值核算周期长度、主要工作原则提出了明确要求。工作流程清晰具体，可操作性强，为科学、规范开展生态产品价值核算工作提供了重要依据。

生态产品总值（也称生态系统生产总值，GEP）定义为生态系统为人类福祉和经济社会可持续发展提供的最终产品与服务（简称生态产品）价值的总和，主要包括生态系统提供的物质产品、调节服务和文化服务的价值。

生态产品总值是生态系统为人类提供的最终产品和服务的价值总和。根据生态系统服务功能评估的方法，生态产品总值可以从生态产品功能量和生态产品经济价值量两个角度核算。生态产品功能量可以用生态系统功能提供的生态产品与生态服务功能量表达，如粮食产量、水资源提供量、洪水调蓄量、污染净化量、土壤保持量、固碳量、自然景观吸引的旅游人数等。虽然生态产品功能量的表达指标直观，可以给人明确具体的印象，但由于计量单位的不同，不同生态系统产品产量和服务量难以加和。生态产品经济价值量，借助价格将不同生态系统产品产量与功能量转化为货币单位表示产出，统一不同生态产品与服务的计量单位，使得所有生态产品与生态服务的价值进行汇总加和成为可能，汇总结果即为生态产品总值。

开展生态产品总值核算，即分析与评价生态系统为人类生存与福祉提供的最终产品与最终服务的经济价值。生态产品总值核算指标体系由供给产品、调节服务和文化服务三大项构成，每个大项中可细分为若干小项，核算指标见表 5-1。

表 5-1 核 算 指 标

序号	一级指标	二级指标	指标说明
1	供给产品	直接利用供给产品	从自然生态系统中获取的野生产品，或在不损坏自然生态系统稳定性和完整性的前提下在自然生态系统中人工种养殖的产品，包括粮食、蔬菜、水果、肉、蛋、奶、水产品等食物，以及药材、木材、纤维、淡水、遗传物质等原材料
2		转化利用供给产品	人类以与自然相和谐的转化利用方式从直接利用供给产品中转化而来的生态产品，包括可再生能源，如水电、秸秆发电等（光伏、风电、地热能和垃圾发电除外）
3	调节服务	水源涵养	自然生态系统通过林冠层、枯落物层、根系和土壤层拦截滞蓄降水，增强土壤下渗、蓄积，从而有效涵养土壤水分、调节地表径流和补充地下水
4		土壤保持	自然生态系统通过林冠层、林下植被、枯落物层、根系等各个层次消减雨水对土壤的侵蚀力，增加土壤抗性从而减少土壤流失、保持土壤
5		洪水调蓄	自然生态系统具有特殊的水文物理性质，够吸纳大量的降水和过境水，蓄积洪峰水量，削减并滞后洪峰，以缓解汛期洪峰造成的威胁和损失
6		固碳	陆地自然生态系统能吸收大气中的二氧化碳合成有机质，将碳固定在植物或土壤中
7		释氧	自然生态系统通过植物光合作用释放氧气，维持大气氧气稳定的功能

序号	一级指标	二级指标	指标说明
8		空气净化	自然生态系统吸收、过滤、分解降低大气污染物，从而有效净化空气，改善大气环境的功能
9		水环境净化	水域湿地生态系统能吸附和转化水体污染物，从而降低污染物浓度，净化水环境
10		气候调节	生态系统通过植被蒸腾作用和水面蒸发过程吸收能量、降低气温、提高湿度的功能
11		负氧离子	负氧离子价值
12	文化服务	生态旅游	以自然生态系统以及与其共生的历史文化遗存为主要景观，以保护生态环境为前提，采取生态友好方式，开展的知识获取、休闲娱乐并获得身心愉悦的旅游方式

通过 GEP 核算，有助于盘活生态资源的经济潜力，推动生态资源融入经济循环，为经济绿色高质量发展注入新动力。从理论层面的标准体系到真正铺开实践，再到服务于社会经济发展与环境保护并非一蹴而就，需要政府、市场、居民等各方认可与机制体制配套。可尝试从以下几个方面来开展核算应用：

1. 用于生态补偿体系

建立基于 GEP 核算的生态补偿测算体系，逐步推动生态补偿由行政化向市场化转变，保障国家级重点生态功能区和八大水系省内上游地区的发展。

2. 纳入地方考核评价体系

探索将 GEP 核算成果服务于高质量发展的政策体系，强化 GEP 指标在领导干部离任审计、绿色发展绩效考核等方面应用，形成"绿色绩效论英雄"的评价模式。将 GEP 核算运用到工程项目生态环境评估中，建立基于 GEP 核算的评估标准体系，提升工程项目生态环境评估的科学性，将生态理念融入项目各环节。

3. 纳入生态保护约束管控

探索构建类似土地指标管理的生态产品使用年度计划管理体制，明确国家、省、市生态指标分配机制，对生态产品使用实行计划管理。建立类似 18 亿亩耕地红线的定量化生态红线，确保生态产品总量占补平衡，保证生态产品价值总量不减少、质量有提高。在生态指标管理的基础上，探索以区域间生态指标交易逐步替代生态补偿机制，形成市场调节为主，政府调节为辅的区域协调发展模式。

5.5.2 思路框架

生态系统生态产品功能量与价值量核算包含生态系统分类解译数据、气象监测数据、生态调查数据等指标，每项指标对应多个具体技术参数。技术参数是实现 GEP 核算地方化、精细化的关键指标，须切实解决 GEP 核算技术问题。

（1）增设生态系统价值评估与转化实验室，以生态产品国家级重点实验室为技术支撑，从标准引领、科学核算、质量提升等方面，着重建立生态价值核算案例库、指标库、数据库，促进"绿水青山"的高质量转化。

（2）在数据来源方面，生态系统产品价值包涵生物产品与物质、自然资源和能源等内容，可以通过现有的区域经济核算体系和统计资料来获取；生态系统调节服务价值包涵调节气候、涵养水源和降解污染物等内容，可以通过生态监测网络和卫星遥感数据来获取；生态系统文化服务价值重点涵盖景观价值和文化价值，须通过调查、访谈和比较分析等方式进行采集。

（3）GEP 核算过程涉及多方面参数选择，对于理论参数，应根据 GEP 核算技术标准和框架进行评估；对于实测参数，应统一核算方式、规范测量方法；对于经验参数，其具体数值只能通过实验统计得到，应提出科学适宜的取值范围。

（4）加快推进多方参与的生态监测网络，注重扩大公众参与度，提升人民获得感。通过遥控监测、数据采集、实地调研和遥感解析处理等方式，从生态资产存量变化和存量变化引起的经济系统收益变化，对生态产品核算数据进行实时更新。

5.5.3 典型案例

以浙江省丽水市的"两山守望"平台中 GEP 核算与管理模块为例，该功能由航天508 所和中国科学院生态环境研究中心合作完成。主要功能包括：

1. 智慧化的数据抄报体系

GEP 价值核算工作涉及数百个指标的月度填报工作，任务十分烦琐，如果仅通过传统的填写纸质表格及电子邮件发送，核算效率极低，难以满足月度更新时效。开发智能化电子在线数据报送平台，实现各部门数据的独立、及时报送，同时实现数据质量和规范性检查，对错误数据提示修正。

（1）数据填报派发功能。根据 GEP 统计报表制度设计数据报送流程，包括：① 后台对部门增减的功能；② 数据报送任务分派功能。

（2）数据规范检查功能。针对百余个数据指标的规范要求来设计数据后台检查功能，测试常见易发生的数据不规范问题，包括：① 检查数据合规性；② 提示数据错误原因和修改建议。

（3）数据在线管理功能。根据数据报送的时间、部门、数据格式逻辑设计数据库及数据存储方式和下载方式，包括：① 为数据自动标记版本和时间戳；② 在线查看归档数据；③ 在线下载归档数据。

2. 一键核算和结果展示体系

传统的 GEP 价值核算方式是利用地理信息分析软件和 Excel 等表格管理软件进行，这种传统方式的弊端明显：① 人工误差大。由于相关软件并不具有 GEP 核算的数学模型，所以需要数十步骤才能完成一项生态服务（产品）的计算，烦琐的操作过程极易产生人为误差。② 软件易崩溃。由于计算范围大、数据精度高，导致计算中常有内存溢出等软件崩溃情况。③ 展示体验差。由于此类地理信息软件无针对性，需要经过专门的配色调试后才能达到适合各服务功能值域范围的配色和展示效果，用户展示核算结果的体验差。为此，针对 GEP 计算开发专业计算和展示服务，减少中间过程操作，实现数据的"一键计算"；针对各类生态产品阈值范围，提供成熟的配色方案，增加年际间的成果图可比较性。

（1）一键计算功能。在数据报送完成后，可以实现一次操作计算所有的 GEP 指标，包括：

1）一键计算所有 GEP 指标；

2）一键计算指定 GEP 指标；

3）离线无人值守计算；

4）计算终止（完成或错误）远程提醒（邮件或短信）。

（2）展示对比功能。针对 GEP 值域范围进行配色展示及对比，包括：

1）各 GEP 指标的独立配色和阈值动态统一；

2）多图的切换展示；

3）同指标两图对比。

（3）自动报表功能。将 GEP 计算结果自动填入预制格式的报表中，包括：

1）可修改的预制报表；

2）防篡改时间戳；

3）word 和 pdf 双格式。

3．生态产品价值的管理和交易体系

面向省、市、县等各级地方政府，提供基于多源卫星遥感的生态产品价值评估服务，为地方政府准确评估任意指定区域内高时间频次的生态产品价值。完善生态产品交易机制，作为标准构建政府、企业与个人之间的交易体系，实现生态修复补偿、企业排污收费、个人破坏处罚等准确定价。通过将遥感应用结合区块链技术，形成以空间大数据为主要衡量手段的生态产品价值交易平台，实时接入生态环境立体化监测，动态更新展示该地块的生态产品总值，作为甲乙双方的价格依据。通过生态产品的有序调节，从而形成以经济建设和生态保护为共同导向的良性发展。

基于生态产品价值核算及成果可视化应用场景，为准确评估任意指定区域内的生态产品价值，结合制定的生态产品政府购买和市场化交易制度，构建政府、企业与个人之间的生态产品交易平台，为生态补偿、企业排污收费、项目开发建设的"生态占补平衡"等提供平台支撑。并实时接入生态环境立体化监测数据，动态更新展示任意地块的生态产品价值，作为甲乙双方的价格依据。实时更新展示生态产品市场化交易案例、交易数据等。

5.6 工业园区生态环境风险综合预警监测方法

5.6.1 政策背景

工业园区是一个国家或区域的政府根据自身经济发展的内在要求，通过行政手段划出一块区域，聚集各种生产要素，在一定空间范围内进行科学整合，提高工业化的集约强度，突出产业特色，优化功能布局，使之成为适应市场竞争和产业升级的现代化产业分工协作生产区。按发展程度，工业园区可分为传统工业园区、高新技术园区与生态工业园区三个发展阶段，前两种工业园区模式并未很好解决工业可持续发展的问题，环境污染重、环境风险高等问题较为突出，同时当地植被质量较低，生物多样性丧失严重，伴随着不同程度的生态风险和环境污染，对当地的工业生产和群众生活造成一定的负面影响，所以开展科学、准确、实时、全面的工业园区生态环境风险综合预警监测，是确保生产安全和人民群众健康幸福的关键前提。

环境保护部 2012 年 5 月发布的《关于加强化工园区环境保护工作的意见》要求完善防控体系，确保环境安全。加快园区环境风险预警体系建设。园区管理机构应建立环境风险防范管理工作长效机制，建立覆盖面广的可视化监控系统，加快自动监测预警网络建设，健全环境风险单位信息库。加强重大环境风险单位的监管能力建设，逐步建立和完善集污染源监控、环境质量监控和图像监控于一体的数字化在线监控中心。鼓励构建适用性强的污染物扩散和迁移状况模拟模型，建设信号传输系统和可共享的应急监测设施。2017 年 7 月，环境保护部联合国家发展改革委和水利部共同发布了《长江经济带生态环境保护规划》，强调要强化工业园区环境风险管控，选择典型化工园区开展环境风险预警和防控体系建设试点示范。同年 12 月国家发展改革委联合工业和信息化部共同发布的《关于促进石化产业绿色发展的指导意见》指出，要开展智慧化工园区建设，采用云计算、大数据、物联网等现代信息技术，打造园区智能管理平台，实现信息交互与共享。2020 年 7 月，国务院发布了《国务院关于促进国家高新技术产业开发区高质量发展的若干意见》，提出了建设绿色生态园区的要求，支持国家高新区创建国家生态工业示范园区，严格控制高污染、高耗能、高排放企业入驻。加大国家高新区绿色发展的指标权重。加快产城融合发展，鼓励各类社会主体在国家高新区投资建设信息化等基础设施，加强与市政建设接轨，完善科研、教育、医疗、文化等公共服务设施，推进安全、绿色、智慧科技园区建设。

在国家发布的相关文件指导下，地方省市积极相应，制定了适合本地工业园、开发区、产业园等类似区域发展的政策指导性文件。四川省人民政府 2007 年印发了《四川省加快工业园区发展指导意见》，提出将"做好工业园区规划环境影响评价，加强对工业园区的环境监管"作为工作重点之一。湖南省 2018 年发布了《湖南省人民政府办公厅关于加快推进产业园区改革和创新发展的实施意见》，提出要推动园区绿色发展，园区应建设污水集中处理、固体废物统一管理及相关配套设施，并安装自动在线监控装置，确保园区各类污染物排放达标。同时要加强园区污染物和固体废弃物排放总量控制指标的监测和统计，相关指标纳入市州总量控制管理和园区综合评价体系，新建项目污染物排放指标由市州统一调配。重庆市人民政府在 2020 年发布的《关于加快推进全市产业园区高质量发展的意见》中也提出坚持绿色安全发展，全面落实园区安全生产、生态环境保护监督管理体系，严格执行安全环保管控政策，加强环境风险防控和安全风险评价，完善应急、消防、环保基础设施。加大安全、环保第三方专业服务推广力度，持续提升园区安全、环保专业化管理水平。

5.6.2　思路框架

在以上一系列政策意见的指导下，国内外研究人员和政府机构开展了工业园区生态环境风险综合预警监测方法的积极探索。由于工业园、产业园等类似区域在开发建设时，通常出现同类产业集聚或多产业综合集聚等不同现象，所以在进行综合预警监测方法探索时也各有侧重。

为实现化工工业园区内大气环境风险的预警，山东省生态环境规划研究院起草编制了山东省地方标准《化工园区大气环境风险监控预警系统技术指南（试行）》。该《指南》规定了省内化工园区大气环境风险监控预警系统的构成及技术要求等内容，通过建设涵盖监测网络（点线面）、管理平台（数据库子系统、预警子系统、应急响应子系统、数据分析子系统、信息公开子系统）、配套设施（办公场所、服务器、电脑、电源、视频音频系统、显示系统、单兵终端及指挥系统等）三部分的大气环境风险监控预警系统，可以实现对化工园区内的危险单元及周边环境敏感目标的监测、分析、预警和应急响应。

同样面向化工园区内以危险化学品和有毒有害物质为主的环境污染重、环境风险问题，生态环境部华南环境科学研究所编制了《有毒有害气体环境风险预警体系建设技术导则》。预警体系建设工作程序包括环境风险评估、预警站网建设、预警平台建设、配套制度建设等阶段。环境风险评估阶段：包括环境风险调查、环境风险识别和影响范围分析，围绕化工园区环境风险源、环境风险受体、环境风险防控与应急救援能力、化工园区及周边范围内相关部门以及企事业单位已建的各类监测站点、仪器设备等内容开展环境风险调查。通过调查化工园区有毒有害气体环境风险、识别风险单元、分析风险影响范围等，为化工园区环境预警体系建设提供基础。预警站网建设阶段：基于风险评估结果，在环境风险影响范围内，根据站点布设、设备选型、数据采集的原则，建设多类型预警子站的预警站网，实现对有毒有害气体扩散途径上的预警阈值测定。预警平台建设阶段：预警平台是预警体系的中枢，其目标是可以对采集到的有毒有害气体数据进行实时分析，实现对有毒有害气体的环境风险进行预测预警。预警平台建设由平台基本要求、"一园一档"基础数据系统、数据库系统、数据传输与分析系统、预警系统、溯源与扩散模拟系统、信息公开系统、运维管理系统和平台配套设施 10 部分内容组成。配套制度建设阶段：主要包括维护制度、预警发布制度、关联措施配套制度、质控制度，通过配套相关的制度保障预警体系的正常运行，在获取预警数据的时候能够及时有效采取预警措施，确保有毒有害气体环境风险可防可控。

在工业园区分布密集的长三角区域，挥发性有机物（VOCs）为工业园区的主要特征大气污染物，是臭氧和颗粒物的主要前体物，同时其毒性可直接损害人体健康，是当前我国大气污染重点减排对象。为贯彻《中华人民共和国环境保护法》《中华人民共和国大气污染防治法》和中共中央、国务院《长江三角洲区域一体化发展规划纲要》，实现长三角区域标准统一，上海、江苏、浙江、安徽四省生态环境局（厅）联合四地市场监督管理局下达任务，联合四地生态环境监测中心共同编制了针对长三角区域的基于光离子化传感器的《工业园区挥发性有机物网格化监测技术指南》。为达到区域大气污染防治精细化管理的目的，利用网格化监测技术，结合光离子化传感器，根据不同监控需求及环境特征，将目标区域分为不同的网格进行点位布设，对各网格中的相关污染物浓度进行实时监测，结合地理位置显示污染物空间分布情况。

5.6.3 典型案例

1. 苏州市工业园区限值限量监测监控系统建设

苏州工业园区位于江苏省苏州市区东部，为全国开放程度最高、发展质效最好、创新活力最强、营商环境最优的区域之一，在国家级经开区综合考评中实现六连冠（2016—2021 年），跻身科技部建设世界一流高科技园区行列，2018 年入选江苏省改革开放 40 周年先进集体。

工业园区（集中区）监测监控能力建设是限值限量管理工作的基础，是加强源头治理，推进工业园区生态环境治理体系、治理能力现代化建设和深入打好污染防治攻坚战的重要举措。为协调解决工业园区快速发展中出现的一系列生态环境问题，提高园区内生态环境监测预警能力，苏州市加快建设限值限量监测监控系统，并将建设任务写入《苏州市 2022 年深入打好污染防治攻坚战目标任务书》。

2022 年 6 月，最后一个 VOCs 站在江苏省工业园区污染物排放限值限量系统成功联网上线，苏州 23 个省级及以上工业园区（集中区）水站、空气站和 VOCs 站已全部建设完成，与省平台的联网率和在线率均为 100%；微站已建设完成 572 个，建设率和联网率均为 86.7%，在线率为 81.2%，走在全省前列，已具备"建模核算"能力。36 家污水处理厂全部完成进出水口在线监测设备和总排口自控阀门建设。740 家排污单位在线监控数据与省平台联网，排污许可证要求联网的排污单位实现全联网。

此外，工业园区为全面提升苏州工业园区环境监测能力，适应环保工作新形势新任务，园区环境执法大队（园区环境监测站）聚焦环境监测能力建设，切实提高环境监测及执法工作的规范性及监测数据的可靠性，精心组织内部及各功能区安监与环境执法大队等单位的监测技术人员和执法人员开展监测采样大练兵活动，为进一步严格执法、精准治污提供科学的技术支撑。

2. 齐鲁化学工业区园区预警体系建设项目

齐鲁化学工业区位于淄博市临淄区，是山东省政府与中国石化集团的重要合作项目，是国家正式批准设立的国内第三家专业化工园区，总体规划面积 42 平方千米，分为炼油化工区、乙烯联合化工区、精细化工区、塑料加工区、核心区等 5 个功能园区。园区的近期目标（2020—2025 年）为依托园区现有基础条件，高标准、严要求完善园区发展硬件配套和管理体系建设，满足山东省对化工园区的规范要求；积极推进齐鲁石化高质量炼化一体化等转型升级项目，并积极延伸中下游产业链，初步实现炼化一体化、产业延伸化、产品高端化发展；积极拓展化工新材料、精细化学品等高端化工项目，搭建高端化工项目战略发展平台，初步营造高端化工产品集聚式发展的良好氛围。远期，高端化工产品集群形成一定规模和持续创新能力，形成行业影响力；整治提升园区内化工企业，通过技术改造、创新驱动，提升园区内产业质量，保持行业竞争力；形成产品结构合理、绿色化程度高、安全环保水平先进、盈利能力强、具有国际竞争力的世界级化工园区。

化工园区带来经济增长的同时也带来了严重的环境污染问题，对其产生的污染进行监测预警一直以来都是污染控制工作的难点。化工园区产生污染可以造成大气环境污染、水体污染以及土壤污染，其中以大气环境污染和水体污染占比较大，化工园区大多数企业生产制造时涉及使用、产生挥发性气体物质和液体化学物质，发生事故时会产生大量有毒有害气体及液体化学物质泄漏，导致周围环境污染。

为保障园区生产及周围人民群众生命财产安全，齐鲁化学工业区在全园区开展了系统化的预警体系项目建设，包括企业信息库、应急监控设备监控状态、化学品信息库、事件信息库、三维场景和预警计算，有效地预防了重大生产安全事故的发生。系统主要建设内容如下：

（1）企业信息库：建设园区所有企业的信息库，主要包括企业的基本信息；保存有企业所有的风险物质容器信息和所存储的污染物质的信息；企业的应急预案编制情况；企业应急资源情况。

（2）应急监控设备监控状态：根据园区的风险物质设置有对应风险物质的应急监测设备，设备的监控状态实时更新，一旦检测到风险物质泄漏，可立即定位泄漏设备。

（3）化学品信息库：园区内所有风险物质的信息库，包括化学品安全数据说明书和物化性质数据库。

（4）事件信息库：园区的发生的事件信息库，以便管委会掌握园区的信息。

（5）三维场景：园区内所有场地的三维构建。

（6）预警计算：根据企业的风险容器信息和应急监控设备，计算应急事件发生后，可能影响的区域，然后进行紧急应对。

5.7 城市公园生态环境风险综合预警监测方法

5.7.1 政策背景

为促进和保护城市绿化事业的发展，改善城市生态环境，倡导绿色城市理念、加快美丽城市建设、提升城市的可持续发展水平，国务院发布了《城市绿化条例》，该条例是城市绿化管理部门依法履行职责的有效依据。随后，具有地方立法权的城市相继出台地方性的城市绿化条例，编制绿地系统规划，进一步优化公园绿地布局，有力地促进和保护城市绿化健康、有序、稳定的发展。

2001年国务院发布《关于加强城市绿化建设的通知》，指出要充分认识城市绿化的重要意义，城市绿化是城市重要的基础设施，是城市现代化建设的重要内容，要进一步提高城市绿化工作水平，改善城市生态环境和景观环境。提出采取有力措施，加强城市规划建成区的绿化建设，增加绿化面积，改善生态质量。建成一批有一定规模、一定水平和分布合理的城市公园，有条件的城市要加快植物园、动物园、森林公园和儿童公园等各类公园的建设。

为进一步加快我国城市园林绿化建设步伐，提高城市建设管理水平，住建部制订了《创建国家园林城市实施方案》和《国家园林城市标准》。《创建国家园林城市实施方案》以党的十五大精神为指导，认真执行国务院《城市绿化条例》和国家有关方针、政策，贯彻落实《国务院关于加强城市绿化建设的通知》的要求，以提高城市生态环境质量为目标，调动全社会力量参与城市园林绿化建设，实施城市可持续发展和生物多样性保护行动计划，不断提高城市规划、建设和管理水平，促进经济、社会发展。

《国家园林城市标准》中对公园建设和生态环境提出标准，具体如下：① 按照各级政府职能分工的要求，设立职能健全的园林绿化管理机构，依照相关法律法规有效行使园林绿化行业管理职能；② 建立健全绿线管理、建设管理、养护管理、城市生态保护、生物多样性保护、古树名木保护、义务植树等城市园林绿化法规、标准、制度；③ 城市公共绿地布局合理，分布均匀，5000m² 以上的公园绿地服务半径达到 500m 服务半径考核；2000（含）～5000m² 的公园绿地按照 300m 服务半径考核；历史文化街区采用1000m²（含）以上的公园绿地按照 300m 服务半径考核；④ 公园设计符合《公园设计规范》的要求，突出植物景观，绿化面积应占陆地总面积的 70%以上，植物配置合理，富有特色，规划建设管理具有较高水平；⑤ 城市原有山水格局及自然生态系统得到较好保护，显山露水，确保其原貌性、完整性和功能完好性；⑥ 合理布局绿楔、绿环、绿道、绿廊等，将城市绿地系统与城市外围山水林田湖等自然生态要素有机连接，将自然要素引入城市、社区；⑦ 城市湿地资源得到有效保护，有条件的城市建有湿地公园。城市公园作为城市园林绿地系统的重要组成部分，是城市绿地系统中与市民生活联系最为密切和发挥最大社会和生态效益的城市载体，在维持城市生态环境，塑造城市景观特色及满足公众户外休闲娱乐等方面起着至关重要的作用。随着城市化的进程和民众环境意识的提高，城市居民不仅仅关心环境的绿化和美化，还更加关心它们给人们带来的精神愉悦和身体健康，因此公园生态环境的保护和生态环境风险的防控越来越受到人们的重视。在城市公园绿地的建设管理中引入智慧技术的理念与方法，有利于实现城市公园的智能化管理和功能的整合，为建设便捷、适宜、可持续的现代城市公园提供了新的方法和途径。

5.7.2 思路框架

"互联网＋"时代的到来加快了智慧城市的建设步伐，公园生态环境的信息化建设同样可借助"互联网＋"的思维方式，利用新兴技术手段如云计算、大数据、移动互联网、物联网、大数据、AR/VR 等，进一步完善城市公园生态服务功能，解决或改善当前城市公园存在的各种生态环境问题，规避生态环境及自然灾害风险，更好地服务于公众，为人们营造更好的生态环境。

随着公园建设的逐步推进，公园生态环境日常监测需求逐渐增多，监测数据量也随之增大，对监测数据管理分析、展示、预警的需求也在增加。公园管理人员需要及时感知公园生态环境恶化、生物多样性变化、植被病虫害以及火灾隐患，从而采取有效干预措施，减少人为和自然灾害对公园生态环境的破坏，维持公园生态系统的可持续发展。因此亟须构建一个融合了数据库技术、AI人工智能技术、5G以及物联监测设备的公园生态环境风险综合监测及预警系统，从整体上提升公园管理人员的日常监测能力和精细化管理水平。

公园生态环境风险综合预警监测系统，是为了满足对公园生态环境监测和管理的需求来设计和构建的系统。系统构建完成后，用户可快速、全面地了解公园区域内生物资源，及时对公园区域内生态环境变化做出响应，并向公众多维度的展示公园生态环境。因此，公园生态环境风险综合预警监测系统工作重点如下：

1. 建立公园生态环境数据库

公园生态环境数据库主要包括空间数据库和环境要素数据库（包括水体、大气、土壤、动物、植物等各类环境要素）。通过整合各类数据接口和数据传输协议，构建一体化的数据采集和数据管理平台，改变公园管理人员传统工作方式，实现公园的科学化、数字化管理，提升公园生态环境管理水平。

2. 构建公园生态环境资源监测模块

通过数据库的构建，建立环境要素数据与空间数据的联系。根据空间数据和环境要素数据库构建二维/三维电子地图，提供自然资源空间展示平台，管理员可对各类数据进行增减、删除、查询等，快速、准确、直观地掌握各类资源数据变化情况；构建公园生态环境三维地形和精细化模型，实现重点区域多尺度展示功能；加载各类资源和数据，实现飞行漫游、空间分析和数据浏览等功能。

3. 开发环境风险预警模块

基于大数据挖掘和图像识别技术，对海量数据进行管理、实时监控生态指标恶化、生物多样性和极端天气等的动态变化，并及时发布预警信息，提高应急处置和决策管理能力和水平。

5.7.3 典型案例

重庆广阳岛是长江上游最大的江心绿岛，以"长江风景眼、重庆生态岛"为价值定位，通过生态文明建设，打造习近平生态文明思想集中体现地，长江经济带绿色发展示范区，两山理论实践创新基地。

智慧广阳岛建设项目是广阳岛生态文明建设重点工程之一，是重庆市首批十大智慧名城重点应用场景开发项目之一。项目以减污、降碳、丰富生物多样性为出发点，以大气、水、土壤等生态环境要素为切入点，以5G、物联网、大数据等信息技术为支撑点，实现生态治理的可视化、可量化、可优化，打造"生态智治、绿色发展、智慧体验、韧性安全"的广阳岛。

1. 打造数字新基建体系，提升公园立体感知能力

（1）完善提升信息基础设施。

1）优化完善通信网络基础设施。优化4G网络覆盖，推动公园区域全覆盖，加快推进5G网络部署和应用，支持5G基站建设和维护，提升重点旅游景区、生态游憩区、生

态缓冲区的网络带宽和信号强度。推进公园特色单元、游憩公园等重点公共区域宽带网络和 WiFi 全覆盖，打造"无线公园"。推动公园移动、固定网络和广电网络的 IPv6 改造。

2）加快物联感知网络部署。加快物联传感、地理空间、卫星遥感等技术在公园建设中的应用，推进 NB－IoT（窄带物联网）、eMTC（基于 LTE 演进的物联网技术）、5G 移动物联网统筹部署，推动物联网与市政道路、景区建设、旅游服务等领域基础设施同步建设。面向环境监测、水务管理、森林防火、公共安全、应急管理等领域感知监测应用需求，加强大气、河流、湖泊、林地、山体、道路、管网等各类基础设施智能化感知网络建设。

3）统筹数据中心资源综合利用。充分利用新型智慧城市建设成果，依托统一政务云推动非涉密政务系统集中承载，为全域生态模型构建、趋势预测预演等提供算力支撑。统筹公园视频监控数据的存储、计算需求，建设公园视频资源云，推动高空瞭望、森林防火、公共安全、生态监测等领域视频监控数据资源的统一上云。

（2）推进公园全域立体感知。

1）加强物联感知终端管理。建设公园统一的物联综合管理平台，统一接入标准，支持各类物联网前端设备通过 NB－IoT、eMTC、3/4/5G、WiFi、有线网络等接入，推动物联感知设备和监测数据的统一采集和分类管理。建设公园视频监控联网平台，集中接入管理各类自建视频监控资源，推动视频资源共享应用。基于统一的地理信息"一张图"，实现所有物联网前端设备和视频监控终端点位和运行信息的可视化管理，及时发现和预警设备运行相关问题。

2）统筹物联感知终端部署（见图 5－12）。积极推进公园感知终端集约化、一体化建设和数据共享利用。围绕公园生态环境建设，集成应用卫星遥感、地理信息系统技术（GIS）、无人机、物联网等数字科技，在重要水生生态系统设立水质、水文、水禽等观测点，在公园内典型地段和主要景点设置大气环境质量、土壤、噪声等自动监测点，在各监测点布设智能微站系统，集成智能传感器、远程网络通信、智能管理系统等对大气环境、气象、土壤、噪声等指标进行自动监测、记录，建设"空天地"一体的生态智能监测网络。围绕森林防火、生态监测等重点领域应用需求，在重点区域加强高清视频监控设备部署。

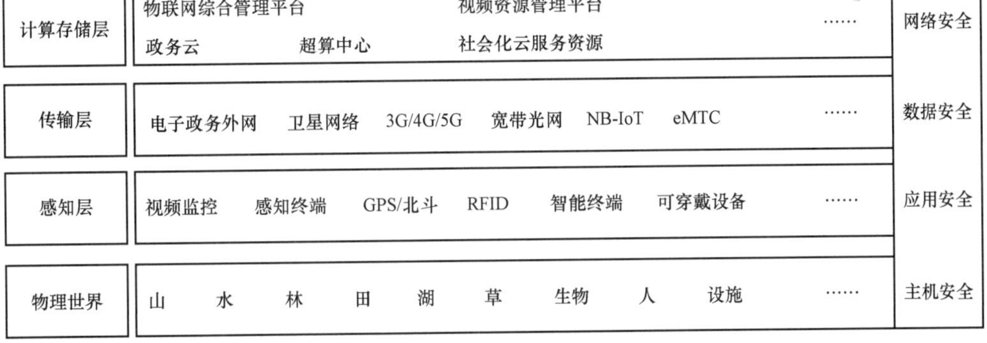

计算存储层	物联网综合管理平台		视频资源管理平台		……	网络安全
	政务云	超算中心	社会化云服务资源			
传输层	电子政务外网　卫星网络　3G/4G/5G　宽带光网　NB-IoT　eMTC				……	数据安全
感知层	视频监控　感知终端　GPS/北斗　RFID　智能终端　可穿戴设备				……	应用安全
物理世界	山　水　林　田　湖　草　生物　人　设施				……	主机安全

图 5－12　数字基础设施体系

2. 建设智能中枢体系，打造数字孪生公园

（1）建设数据资源治理中枢。按需推进生态数据采集汇聚。建立完善公园生态环境数据采集和汇聚的长效机制，加快已有调研资料与规划资料的数字转换和统一时空编码转换。依托视频监控联网平台、物联网综合管理平台加强公园内感知数据归集。结合生态监测、公园智治、产业发展需求，建设各类主题数据库，按照政务数据资源目录编制规范，建立公园生态环境数据资源目录，探索建设数据知识图谱，实现非涉密业务数据统一归集、"一本账"管理，做到公园生态环境数据的"底数清、数据实"。

（2）建设能力汇聚开放中枢。

1）建设公园数字孪生体系。汇集相关 GIS、BIM、IoT 和业务数据，建设基于统一时空编码的专题图层和重点区域设施 BIM 模型，形成包含二维三维、历史现状、静态动态等信息的公园信息模型，支撑生态监测、公园治理、应急管理、产业发展等各类管理服务应用。

2）建设科学决策支撑中枢。将可视化、人工智能、大数据分析等技术与公园空间规划、生态监测、森林资源、森林防火、游客服务、产业发展等重点领域业务相结合，制定多个专题应用场景和解决方案，充分挖掘和呈现数据背后隐藏的关键特征、关联关系和发展趋势等。构建植被生长、减碳固碳、游客监测等分析模型，开展数据关联分析，强化模拟仿真和预测预警能力建设，为增绿增景、减人减房、公园治理、产业发展等重点工作提供决策支撑。

（3）建设联合指挥调度中枢。高标准建设集应急指挥调度、运行监测、展示体验于一体的公园生态环境智慧治理中心，打造智能中枢应用载体，持续提升综合治理服务能力。以平战结合、统一指挥的思想和管理模式，打造一体化联合指挥调度中枢，及时掌握公园生态环境各领域运行动态和突发事件信息。

3. 推动生态智慧化保护，提升公园生态治理能力

（1）加强生态立体化监测。

1）构建"空天地"一体的立体化生态智能监测网络。以环境要素监测、生物多样性监测为重点，集成应用卫星遥感、GIS、无人机、物联网等新技术，加快气象、土壤、水文、水质、空气质量等森林生态环境监测终端及配套基础设施部署，构建"空天地"一体的生态智能监测网络，实现对公园多维度、大尺度、可视化监测。完善生态环境智能监测云平台，推进监测设备的在线管理，探索应用区块链等技术加强监测和调查数据的安全保存、在线查看和统计分析，逐步形成生态环境监测"一张图"。

2）建立生态保护数据库。采集汇聚大气、水、土壤等生态环境质量监测数据采集汇聚，统一数据治理标准体系，加强生态核心保护区、生态缓冲区的自然生态数据与土壤、水源地等污染物排放数据的综合治理，构建完整的生态保护数据库。推进与环境监管、环境执法、环境应急等数据共享，支撑公园生态环境保护综合研判、环境政策措施制定、环境风险预测预警，提高公园生态环境综合治理科学化水平。

3）构建生态效益长期监测评估体系。加强对树木生长、生理特征、物候群落更新、动物活动等从宏观到微观的多级林业资源仿真模拟、动态分析，实现公园生态效益发

展轨迹的多维展示。加强生态环境质量、污染源、污染物、环境承载力等数据的关联分析和综合研判，预测预演公园植被生长趋势和病虫害风险隐患，为有效管理调控提供支撑。

（2）推进生态智慧化保护。

加强森林生态系统保护。利用卫星遥感、无人机、无人船、物联传感等技术手段，通过对山、湖、林、动物等的自动化监测，辅助提升公园生态环境管理工作实效。

加强生态修复数字技术支撑。开展对森林、林木、林地等森林资源的动态化监测，基于监测数据分析，支撑增绿增景、人工造林、林地管理、森林采伐管控、森林灾害预警、林产品管理等业务工作。加大森林植被、森林树种、生态价值转换等森林资源数据的汇聚应用，科学评估生态修复成效的科学评估，开展推演演化、预测预演等分析应用，为生态修复提供科学决策支撑。

（3）提升综合应急管理能力。提升综合应急处置与指挥调度能力。以防控应对火灾、冰雹、暴洪、滑坡、泥石流等突发性自然灾害及水质超标、大气污染、植被虫情等生态环境不利事件为重点，构建一体联动的生态环境风险监测、应急预警、应急处置与指挥调度体系，推进分级分类处置和联动指挥。完善公园重点区域地下水位、土壤含水率、土壤压力、雨量等的前端感知设备布设，加强生态环境监测。

5.8　智慧生态管理中的专题应用工具

5.8.1　生态管理中的遥感产品

1. 技术需求

在进行生态管理时，需要多种数据来作为支撑，其中主要包含实测数据、统计数据和遥感数据三种。实测数据虽然精度较高，但是由于采样点位置分散，导致局部区域无法测量，数据缺失和空间连续性不强。统计数据所含空间信息较弱，往往具有时间上的滞后性。卫星遥感具有高精度、全天候、准实时、成本低的特点，一次可观测地面几十至数千平方千米的面积。作为新型基础设施建设的最重要数据来源之一，卫星遥感是支撑社会治理与绿色发展的必需技术手段，是进行生态管理的重要数据源。在大气方面，卫星遥感可以对氮氧化物、气溶胶、水汽和臭氧等进行监测；在水体方面，可以实现叶绿素浓度、黑臭水体、水质泥沙和海洋赤潮等的监测；在农业方面，可以获取作物类型、地表含水量、土壤养分、农作物长势和病虫害等信息。

（1）高分辨率卫星观测。目前开展生态管理的尺度主要为省级、市级、区县级，也有部分学者开展生态公园、国有林场和湿地公园等较小区域的生态管理研究，上述区域在进行生态管理时，使用的卫星影像空间分辨率一般在几十米到几千米之间，数据分辨率较低。而面向项目级的生态管理，工作区面积相比更小，对于土地覆盖类型的要求更加细致，需要更高精度的数据源作为支撑。随着遥感技术的快速发展，卫星载荷空间分辨率和光谱分辨率大幅提升，遥感卫星对地物细节的分辨能力，以及生态环境要素和土地覆盖变化的监测精度大大增强。基于丰富的米级和亚米级数据、多光谱和高光谱数据，可以开展地物的精细分类和地表、植被等参数的定量反演等遥感专题产品生产，进一步实现米级空间尺度的生态管理实践。常用的高分辨率卫星，例如高分卫星系列、北京卫星系列、吉林卫星系列等。

（2）高频次对地巡查。在进行生态管理时，通常以一定时限为周期来进行，若要开展更高频次的监测工作，例如季度和月度监测，那么对基础数据的获取频次会有更高的要求。卫星遥感对生态环境的监测时效性，主要取决于卫星的时间分辨率，也就是重访周期。重访周期越短，时间分辨率越高，监测时效性就越强。单颗卫星由于能力限制，重访时间固定，若要提升监测频次，则需要寻求新的解决方法。近年来，通过卫星星座虚拟组网，例如高分卫星星座、Landsat 卫星星座、Sentinel－2 卫星星座等协同拍摄，卫星的监测能力进一步获得提升，利用遥感技术可以动态获取区域内各种资源与环境信息，通过不间断重复监测，摸清生态资产本底及变化情况，为生态管理提供数据保障，通过建立科学的生态管理标准，为地方政府和企事业等单位提供有效的决策支撑。

（3）高定量化数据协同。遥感数据定量化主要是从卫星影像中确定陆表环境变量，在低级别产品的基础上处理成供不同用户使用的高级别产品。随着遥感技术的发展，多光谱、高光谱、雷达等多源卫星陆续应用到生态管理，同时也引入了高定量化数据协同的问题。对于同一应用场景，多源遥感卫星影像观测到的地物对象相同，但由于遥感卫星时间、空间和光谱分辨率存在差异，定标方式略有不同，使得获取的数据信息既有冗余又有互补：例如中低分辨率卫星数据辐射范围大，但由于分辨率较低，混合像元较多；高分辨率卫星数据拍摄范围小，混合像元较少。如何利用不同来源获取的遥感信息，实现高定量化数据协同，达到全面精准的对地观测，是亟须解决的问题。

2. 遥感数据产品体系

根据生态管理涉及的不同目标需求，综合分析各类遥感类型数据，构建面向生态管理的遥感数据产品体系。共分为 8 类，包括基础遥感应用、生态分类产品、地表参数产品、植被参数产品、大气参数产品、水质参数产品、气象参数产品以及海洋参数产品，如图 5－13 所示。

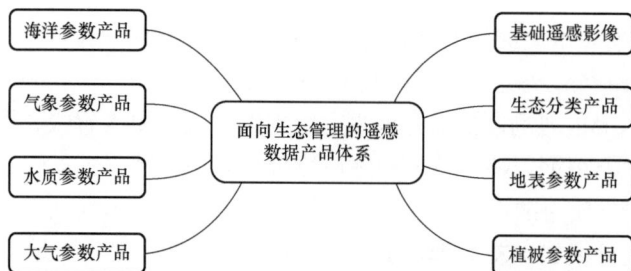

图 5－13　面向生态管理的遥感数据产品体系

生态系统分类体系的划分是进行遥感图像分类的基础，其与土地利用分类体系虽然相似，但又不完全相同。在实际地物分类操作中，不仅需要考虑遥感图像和目标区域地表覆盖特征，又要与土地利用分类体系相互关联。基于不同的研究目的、工作区域和应用对象，往往会建立不同的分类体系，虽然各体系适用于特定研究，但是对于大区域应用和数据共享造成了很大的制约。美国地质调查局基于 Landsat1 数据建立了一套土地分类系统，但由于当时遥感数据分辨率较低，只能对一级地类进行解译。为适应我国特有的土地覆盖类型特征，国内学者根据遥感影像光谱特征，参考植被覆盖度和生态系统群落特征，在全国土地覆盖分类系统基础上，提出了一套基于遥感数据的生态系统分类体系。该体系共有 9 个一级类、21 个二级级类和 46 个三级类，综合考虑了气候和地形等因素。

在实际生态管理应用过程中，需要遥感数据作为支撑，以满足不同行政级别、不同土地利用类型下的监测需求。随着遥感数据源的不断丰富和发展，遥感数据产品也呈现多元化、多形式的发展趋势，其中涉及地表、植被、水体、大气等相关遥感产品，具体名称和类型参照表 5－2。

表 5－2 遥 感 数 据 产 品

类型	名称	数据/产品
地表	土地覆盖	FROM－GLC、ESA WroldCover、Esri LandCover、GlobelLand30
	土壤水分	SMAP、MODIS、Landsat、Sentinel
	地表温度	FY－3、FY－4、Landsat、Sentinel－3、AMSR2、MODIS
	数字高程	SRTM、ASTER GDEM、ALOS DSM、Tan DEM
	地表反射率	GF、MODIS、Landsat、Sentinel－2
	土壤物质含量	HWSD
植被	森林蓄积量	GF、MOD17A2H、GLAS、Landsat、Sentinel－2、PALSAR、LiDAR
	植被覆盖度	GF、Landsat、Sentinel－2、GLASS FVC、GEOV3 FVC
	森林高度	ICESat、Landsat、ALOS PALSAR
	植被蒸腾	MOD16A2
	归一化植被指数	GF、MOD13A1、Landsat、Sentinel－2
水体	地表水量	ICESat、Cryosat－1、Landsat、Sentinel、MODIS、Radarsat
	地下水量	GRACE
	水质（富营养化参数、悬浮物、有机物）	GF、HJ、MODIS、Landsat、Sentinel
大气	PM2.5、PM10、O_3	Himawari、MODIS、CALIPSO、MISR、POLDER
气象	整散发	SSEBop、MOD16、GLEAM

3. 应用案例

植被净初级生产力（Net Primary Productivity，NPP）是表征生态系统碳收支的重要参数，可用于计算生态系统的固碳释氧服务功能量，在全球变化及碳平衡中扮演重要角色。遥感数据覆盖面极广，可快速获取植被生产力时空格局信息，基于 CASC、GLOPEM 等光能利用率模型，使用国产高分系列卫星、环境卫星、风云卫星等卫星数据，可快速对工作区 NPP 进行遥感估算。气溶胶是表征空气质量重要的指标，超过一定含量时会对人体健康以及生态环境造成危害。气溶胶具有较高的时空变异性，而遥感卫星覆盖面积大，具有时空上的连续性。通过卫星数据，例如高分系列、MODIS 等，采用"暗像元法"、深蓝算法等方法，结合地面站点数据，对大气环境质量进行监测，获取大气中的污染物整体分布和变化趋势。降水是一个重要的气象因素，在全球能量交换以及水动力平衡方面发挥着重要作用，基于气象站点监测到的降雨量，通过空间插值的方法，可以获得连续的降雨分布图。水环境在时间上和空间上具有连续性、区域性，常用的中高分辨率卫星数据主要有 GF－1、GF－2、GF－6，参考归一化水体指数（Normalized Differential Water Index，NDWI）通过设定阈值对水陆区域进行分割，基于水质参数引起水体光谱特征（反射率、透射率、吸收率等）变化原理，采用模型分析法（水体辐射传输模型）、半经验分析法、经验分析法等反演算法，对水质参数中的叶绿素含量、悬浮物浓度、溶解氧等参数进行监测，制作各种水质产品分布专题图。

基于遥感卫星数据，对遥感卫星产品进行空间化计算，模拟其时空分布和变化趋势，对不同体系下的多目标生态管理提供支撑。图 5－14～图 5－17 为浙江省 NPP、PM2.5、降水量以及局部区域水体磷含量遥感卫星产品图。

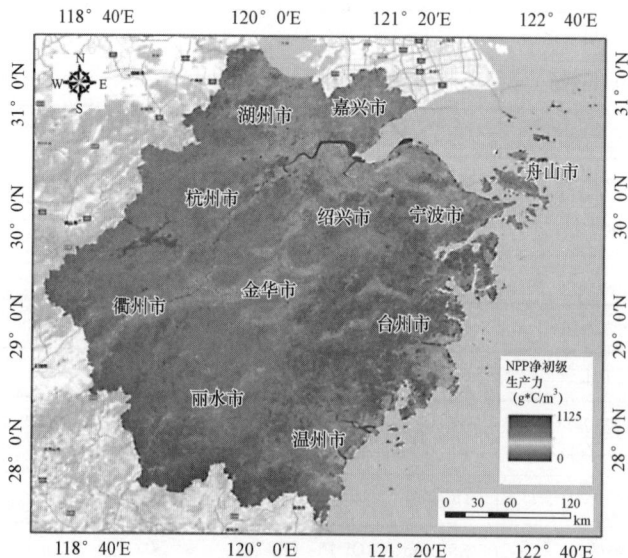

图 5－14　浙江省 NPP 净初级生产力空间分布图

丽水市位于浙江省西南，浙闽两省结合部，全市森林覆盖率达81%，结合工作区地物特点和数据获取情况，在前述大量卫星遥感数据的支撑下，利用中国科学院生态环境研究中心开发的IUEMS计算引擎，以生态管理为导向，完成了2021年丽水市第四季度

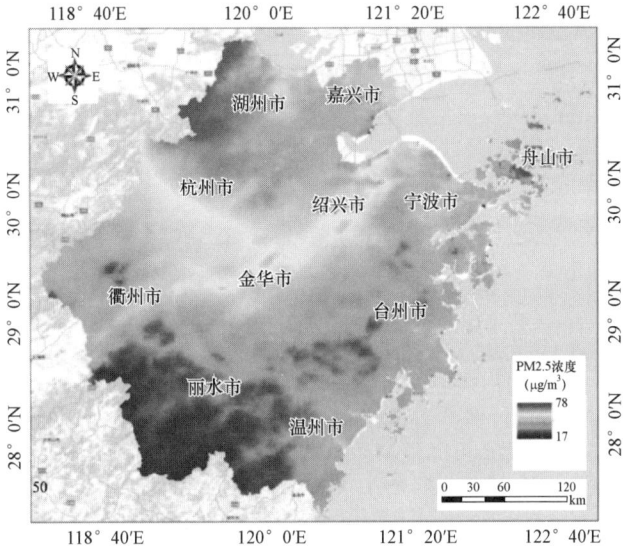

图5-15　浙江省PM2.5浓度空间分布图

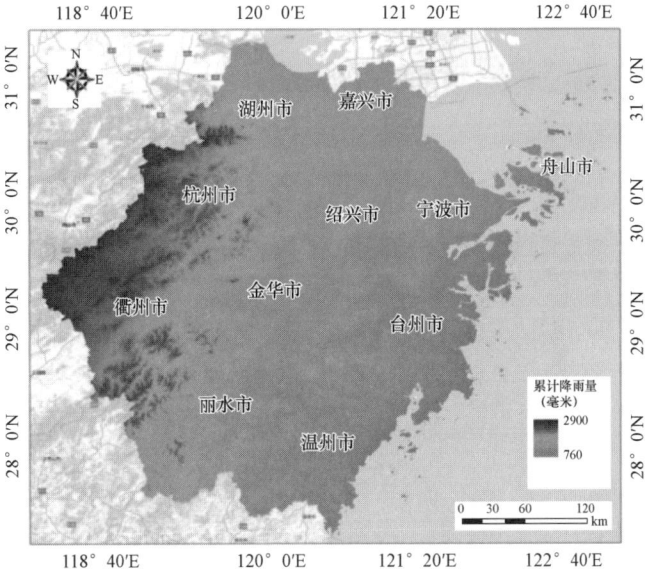

图5-16　浙江省累计降雨量空间分布图

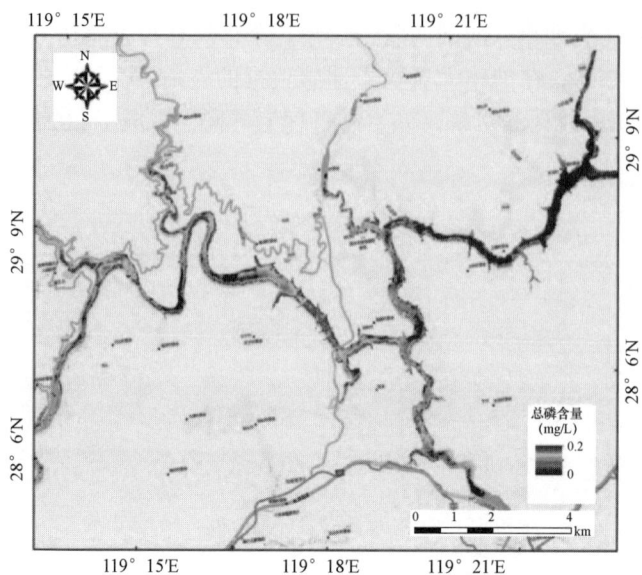

图 5-17　浙江省总磷含量空间分布图

生态系统调节服务价值量的空间化核算。结果表明，丽水市生态系统固碳释氧服务价值量为 0.195 亿元；土壤保持服务功能量为 5.224 亿元。上述两种服务价值量如图 5-18 和图 5-19 所示。

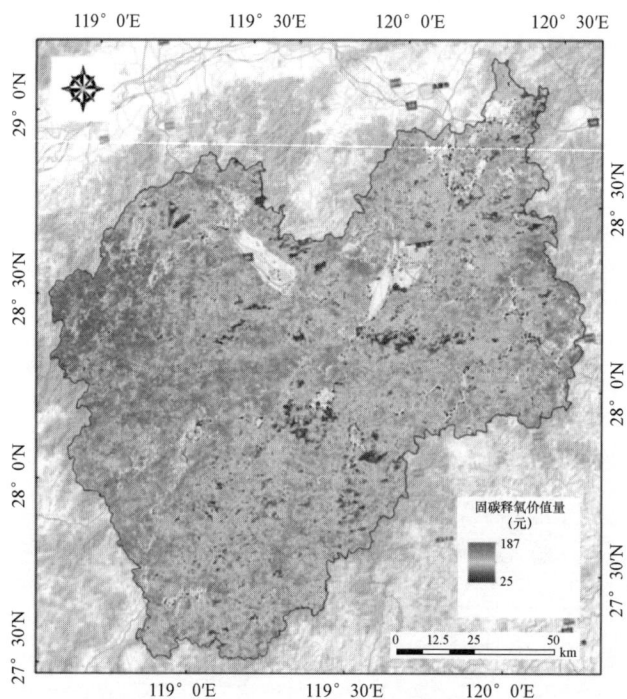

图 5-18　丽水市固碳释氧服务价值量

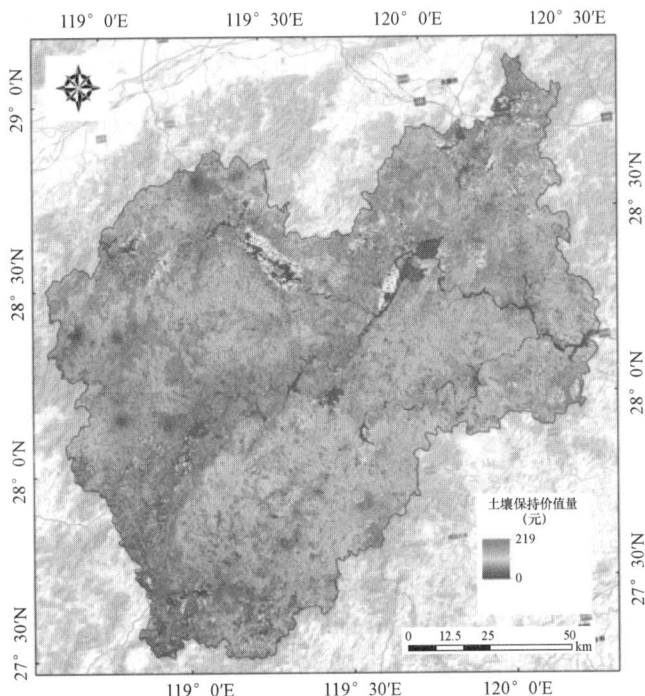

图 5-19　丽水市土壤保持服务价值量

5.8.2　生态空间规划与生态系统服务评估工具

1. 技术需求

生态空间是以提供生态产品或生态服务为主体功能的国土空间,生态空间规划是国土空间规划的重要构成内容,在城乡规划和建设方面日益重要。在规划中通过统筹生态、城镇建设用地、农田、林地等功能空间,实施生态环境分层次管理,构建生态廊道和生态网络,以此为基础进行生态修复与保护,运用系统思维建立生态安全格局,确保生态安全。

当前我国对生态空间的综合评价还处在初级探索阶段,未形成标准统一的生态空间评价指标体系。在进行生态空间规划研究过程中,很多学者在生态网络安全格局构建、基本农田保护线、生态保护红线及城镇开发边界三类边界线的划定以及生态空间评价等方面已经进行了大量的研究,这些研究的基础都是生态系统服务评估,从不同的角度评价生态系统服务的重要性及其潜力。

(1)生态空间重要性评价。首先需要建立生态资源活力评价指标体系,其次采集居民活动位置大数据,利用因子分析、核密度分析等方法进行空间活力测度与可视化;最后,将空间活力与空间规模及重要性结合进行生态资源空间等级的判别。

(2)生态安全格局构建。生态安全格局是通过融合地学、生态学等方法对生态系统进行评价,研究社会经济发展与生态安全格局之间耦合机制,实现对生态系统空间规划与管理,确定生态系统空间的开发时序、强度、管治区域,实现国土空间开发有秩序、布局有参考、管治有重点等目标。基于生态安全格局理论，综合考虑地区的人文经济等因素，构建具有多种安全水平的生态安全格局（包括水生态安全格局、生物安全格局、地质灾害与水土流失安全格局、游憩安全格局等）。将不同生态安全格局进行叠加，形成综合生态安全格局，最终呈现出由具有重要生态意义的斑块和廊道构成的网状空间结构。

（3）"双评价"与"三线划定"。根据生态保护等级、农业承载等级、城镇承载等级评价成果，结合适宜性要素，进行国土空间开发适宜性评价，对国土空间按生态保护优先序评价、农业生产适宜性评价、城镇开发适宜性评价分别划分三个等次。在"双评价"的基础上，按照县市主体功能定位，结合适宜程度与发展潜力的供需关系，科学划定"三区三线"：生态空间及生态保护红线划定时，将生态保护优先序的优先区和次优先区作为生态空间备选区，将优先区作为生态保护红线备选区，结合现状生态格局初划生态空间，进一步结合国家级和省级禁止开发区域，以及其他有必要严格保护的各类保护地，初划生态保护红线；农业空间及永久基本农田试划。以国土空间开发适宜性评价结果为基础，将农业生产适宜性的适宜区和一般适宜区作为农业空间备选区，将适宜区作为永久基本农田备选区，结合农业生产现状初划农业空间，进一步根据耕地质量等别和基本农田分布格局，初划永久基本农田；以国土空间开发适宜性评价结果为基础，将城镇开发适宜性的适宜区和一般适宜区作为城镇空间备选区，将适宜区作为城镇开发边界备选区，结合城镇发展潜能、城镇开发指向和城镇布局现状初划城镇。

2. 生态系统服务评估工具

（1）客户主要需求。自联合国千年生态系统服务评估项目以来，生态系统对人类产生的惠益愈发为人们认可和重视。全社会对生态系统的认识也经历了从实物量（如林木蓄积量、植被覆盖度）至功能量（如气候调节能力、水源涵养能力），再至价值量（如生态系统服务价值，生态产品总值）的深化。

科学量化测度生态系统服务能力，不仅有利于提升公众对生态系统重要性的认识，也有利于基于生态系统服务开展现代城市生态管理。我国的生态功能区划、国家主体功能区划中的重点生态功能区划，以及全国、各省和各地的生态保护红线划定等重点生态保护管理工作均是以生态系统服务评估结果为基础开展。但目前的生态系统服务功能评估工作涉及生态、水文、气象、地理信息等多个学科的知识，所用评估模型和软件工具也十分多样，有时需要在多个模型和工具间切换，过程十分烦琐，技术门槛较高。

目前使用的主流生态系统服务评估工具（如 InVEST 工具、ARIES 工具、SolVES 工具）均为美国学者或企业开发，以科学研究为出发点，为生态系统服务评估提供了便利，我国学者利用这些工具也有诸多高质量研究产出。虽然在专业科学研究中这些工具体现出了较好的应用性，但在将这些计算工具应用于我国各地政府的生态管理时，仍存在一些"水土不服"。主要体现在：

1）国外一些基于本地生态过程开发的模型，其模型（尤其是模型参数）并未进行很好的中国化，在我国的适用性仍有待检验。

2）有较高的专业知识门槛，一些输入数据非中国可获取的常规数据，为国外各行业再加工的专业数据，或未标准化提供的网络抓取大数据。

3）有依靠主观经验输入的参数，一些输入参数的制作缺乏标准，需要用户主观判断输入。

4）有对地理信息软件的依赖性，输入数据的制备和输出数据的显示需要依托其他地信类软件。

以上原因降低了生态系统服务评估在我国从生态科学研究走向跨领域应用和政府决策应用的可行性和推广意义。所以无论是面向科研人员的学术研究，还是面向管理应用的生态质量评价，都亟须一套理论基础扎实、数据预处理方便、操作流程明晰、交互界面友好的生态系统服务评估工具。

（2）工作重点与难点。在以往的生态系统服务评估工作中，大多研究人员和城市管理者主要面临着以下6个难点：

1）多软件并用导致结果误差。在生态系统服务评估工具出现之前，生态系统服务评估工作多基于ArcGIS等地理信息软件开展，数据预处理、模型构建、模型运行、结果分析等工作通常需要在不同软件或同一软件不同处理工具之间互相切换，会导致最终的评估结果出现较大误差。

2）现有评估工具使用存在功能局限性。目前，业内已经出现了几种生态系统服务评估工具，如美国斯坦福大学自然资本项目（Natural Capital Project）开发的生态系统服务和权衡的综合评估工具（Integrated Valuation of Ecosystem Services and Trade-offs，InVEST）、美国佛蒙特大学开发的生态系统服务人工智能工具（Artificial Intelligence for Ecosystem Services，ARIES）、美国地质勘探局与美国科罗拉多州立大学合作开发的生态系统服务社会价值评估工具（social values for ecosystem services，SolVES）以及美国林业局开发的i-Tree套件。

但此类工具在功能上均存在局限性，无法满足目前研究人员日益多样化的使用需求。如InVEST工具计算结果无法进行空间化展示、ARIES工具计算结果空间分辨率较低、SolVES工具涉及服务种类较少（只涉及社会服务价值）、i-Tree套件结算结果无空间化展示且国内数据库更新较慢。除此之外，现有生态系统服务评估工具模型种类较少且尚未涵盖用户所需的数据预处理模型，如径流分析、重分类、重采样等。

3）核算数据获取门槛较高。用户在开展生态系统服务核算时，核算所需数据通常需要用户花费大量时间前往各个数据平台下载、预处理，部分数据的获取甚至要求用户有一定的编程基础，这一过程将严重影响整体生态系统服务评估效率。

4）部分生态系统服务评估工具缺乏。目前，随着国内生态系统服务评估工作逐渐深入，以往大家了解较多的各类调节服务模型开发已经趋于成熟，但景观溢价、旅游康养、休闲游憩等文化服务评估，尚未形成认可度较高的模型。

5）无法多类型生态系统服务并行计算。目前用户在进行生态系统服务评估时，只能逐模型进行数据预处理、上传、运行、结果下载、分析等工作，用于不同模型的同一数据通常需要被上传多次，浪费用户大量时间的同时，也不能满足面向生态管理的生态系统服务评估效率要求。所以，开发具有多类型生态系统服务并行计算的评估工具，符合目前用户的实际需求。

6）核算结果无法自动数字化呈现。以往的生态系统服务评估工作中，对于空间化的评估结果往往需要依靠 ArcGIS 等地理信息软件进行进一步处理，才能得到最终各服务的总实物量或总价值结果，不同软件、工具之间的使用转换影响了整体的生态系统服务评估效率，也容易扩大结果误差。所以开发具有数字化文本结果自动生成功能的生态系统服义评估工具，同样符合广大用户的需求。

（3）主要解决思路与方案。面对上述用户在开展生态系统服务评估时遇到的难点，需从以下几个方面出发，开发理论基础扎实、数据预处理方便、操作流程明晰、交互界面友好的生态系统服务评估工具。

1）开发城市生态智慧管理系统（Intelligent Urban Ecosystem Management System, IUEMS）。为了满足国内用户开展生态系统服务评估工作的诸多现实需求，提高生态系统服务评估工作的规范性，以及评估范式和评估结果在后续城市生态信息化管理工作中的可应用性，由中国科学院生态环境研究中心集合多个项目资源，组织实施了城市生态智慧管理系统 IUEMS 的顶层设计和专项开发工作，并在 www.iuems.com 上线供全网用户免费使用。IUEMS 主要由 4 个方面的功能组成：① 基于独立模型的生态系统信息模型库；② 基于人工智能的耦合生态关系模拟器；③ 面向用户的生态知识和数据共享平台；④ 面向典型场景的专题生态决策支持系统。

2）建立综合生态系统信息模型库。IUEMS 平台开发过程中，不仅立足目前已有生态系统服务评估工具中涉及服务类型，还加入了新开发的旅游康养服务模型、住房景观溢价模型、酒店景观溢价模型、休闲游憩服务模型，同时为了满足用户数据预处理的需求，还加入了重采样、重分类、径流分析、人口集聚区识别、栅格增强等数据预处理模型，共同组成了综合性的生态系统信息模型库。此外，模型运行过程中还给予用户极大的自由度，以满足用户对结果精度的需求。

3）配套建立全方位的数据获取平台。IUEMS 不仅面向生态系统服务评估本身，建立了综合性的生态系统信息模型库，面对用户面临的数据获取难题，同时还配套建立了生态知识和数据共享平台。该平台不仅可以让用户直观、高效地学习补充生态系统服务评估相关知识，用户还可通过上传研究边界，直接获取、调用生态系统服务评估中所需的关键性地理信息数据，如归一化植被指数、净初级生产力、土地利用/土地覆被、数据高程模型、土壤机械组成等。

4）设计友好的交互界面。吸取以往生态系统服务评估工具交互界面单调的缺点，IUEMS 交互界面简洁大方，用户在使用过程中具有层次感和逻辑感。同时生成的核算结果也能实现及时的空间化展示，让用户能第一时间了解结果大致空间分布情况。

5）集成定制版生态系统服务评估平台。为提高用户生态系统服务评估效率，减少核算过程中同一数据多次上传耗费的时间，IUEMS 集成生态系统信息模型库，建立了定制版的生态系统服务评估平台。用户可在该平台上自由选择搭配所需核算服务类型，实现数据集中上传、服务批量计算、结果空间化展示、报告自动生成等功能。

3. 应用案例

（1）基于 IUEMS 平台的北京市生态产品总值核算。在实际应用过程中，IUEMS 平台服务于北京市生态产品总值核算。通过在平台上新建并登录账号、上传数据至平台云盘、新建项目并导入数据核算，对北京市共计 15 项生态产品进行了实物量和价值量的评估（见图 5-20～图 5-22）。价值量评估结果显示，北京市 GEP 构成中，调节服务占比最高，超过 50%；文化服务次之，物质供给服务占比最低。调节服务中，气候调节服务占本类目比重近 70%，其次是水源涵养服务，固定二氧化碳服务和防风固沙服务价值量较低，占本类目比重不足 0.2%。

图 5-20　IUEMS 平台登录页面

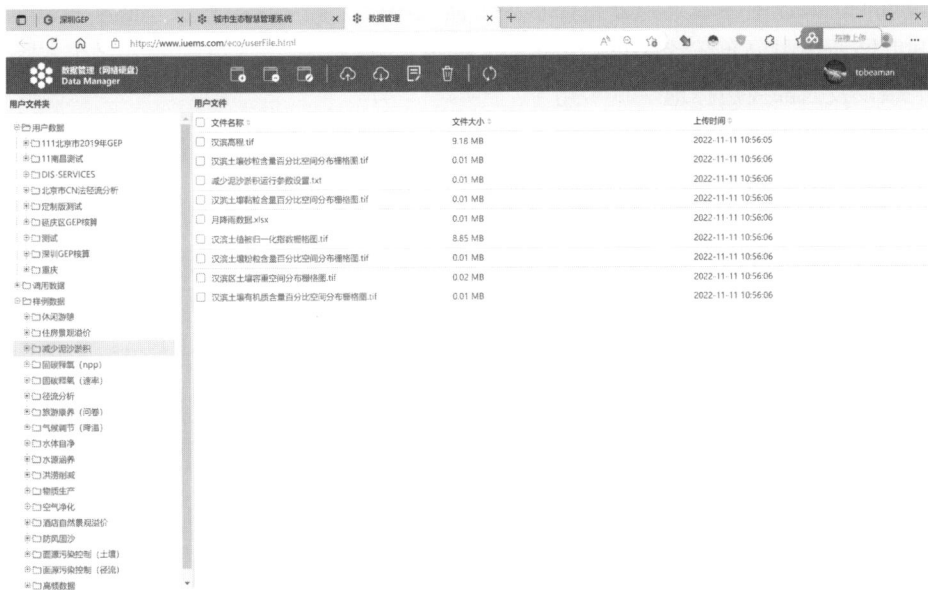

图 5-21　IUEMS 平台数据存储界面

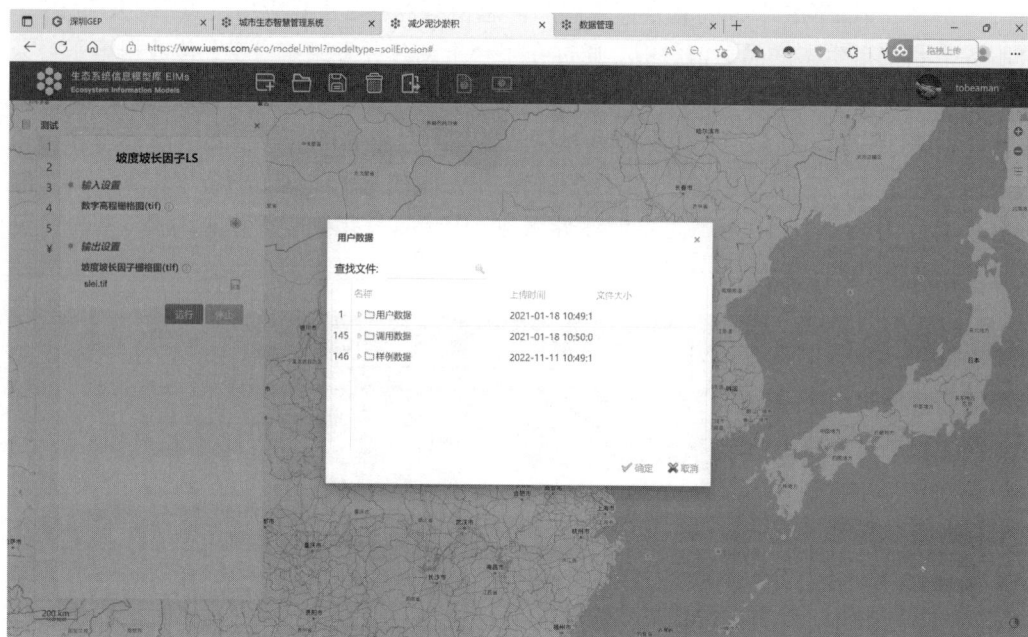

图 5-22 IUEMS 平台生态系统服务计算界面（减少泥沙淤积）

此外还基于 IUEMS 平台对北京市某区 2020 年度的生态产品总值进行了核算。结果显示，该区 2020 年度 GEP 核算结果为 400 多亿元。其中物质产品类生态产品价值不足5 亿元，调节服务类生态产品价值 300 亿元左右，文化服务类生态产品价值近 10 亿元，其中调节服务占比较高超 90%。调节服务中，气候调节服务价值量超 200 亿，占本类目比重超 70%，高强度区域集中分布在本区水体区域内。减少泥沙淤积、面源污染削减服务高强度区域集中分布在该区东部山区。水源涵养服务高强度区域集中分布在本区东部大片区域以及西部周边林地。

（2）深圳市生态产品价值评估与管理平台。中国科学院生态环境研究中心在IUEMS（城市生态智慧管理系统）的基础上，对各生态系统服务评估模型进行集成，搭建了具有数据集中上传、服务批量计算、结果空间化展示、报告自动生成等功能的深圳市生态产品总值（GEP）核算平台。并在实际应用过程中，对深圳市 2020 年生态产品总值进行了核算。

核算过程中，由牵头部门在定制版平台新建项目，各委办局、技术单位使用预先分发的账号密码登录平台，完成核算数据和确认函上传工作，牵头部门对所有上传数据负有检查、确认的职责，同时需时刻关注各部门填报进度，最终选择相应生态产品指标进行计算，核算结果也将在平台空间化呈现（见图 5-23～图 5-28）。

该系统为我国第一个 GEP 在线核算平台，后续为北京市、南昌市、东营市等全国二十余地区政府采购使用。

306

图 5-23　定制版平台登录界面

图 5-24　定制版平台数据录入界面

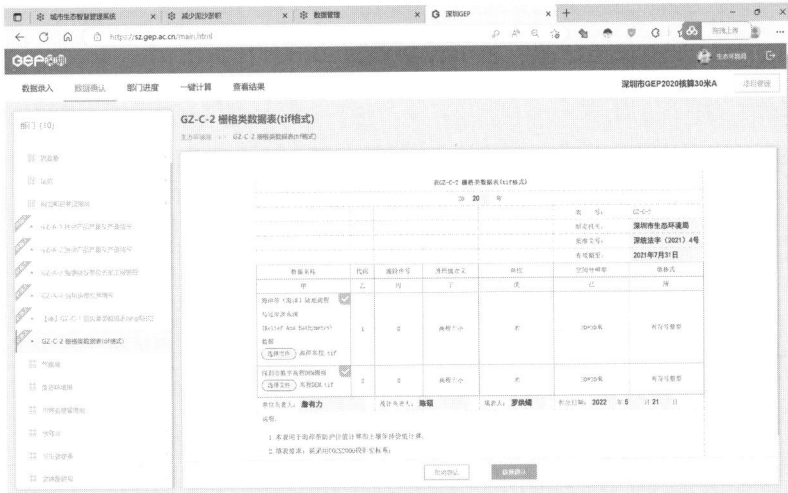

图 5-25　定制版平台数据确认界面

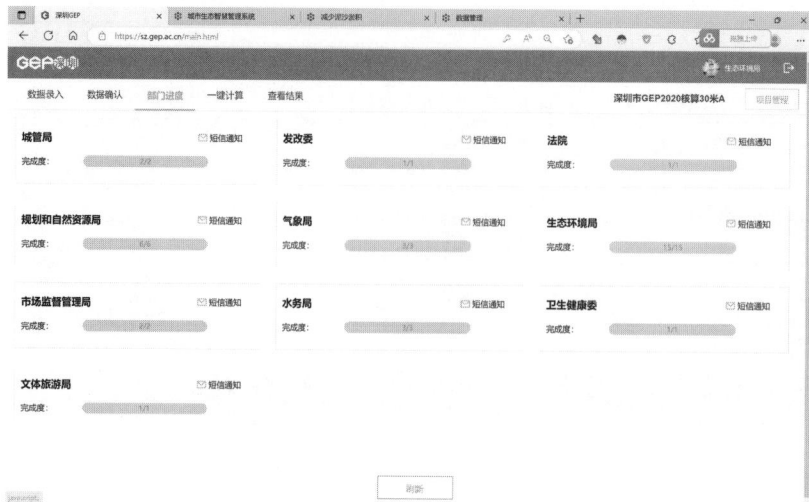

图 5-26　定制版平台部门数据进度界面

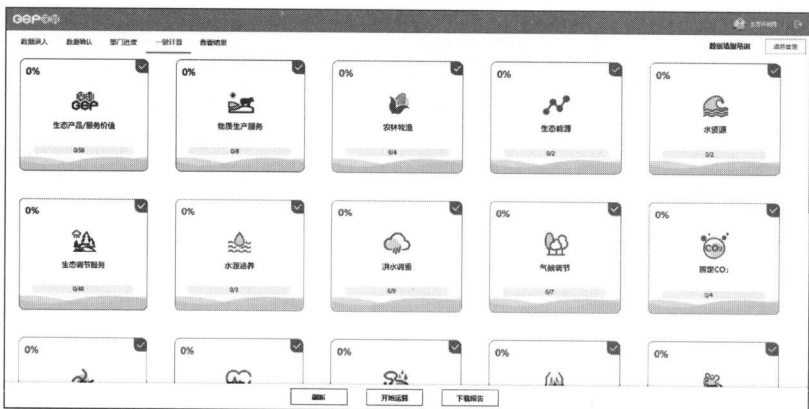

图 5-27　定制版平台模型数据进度及选择计算界面

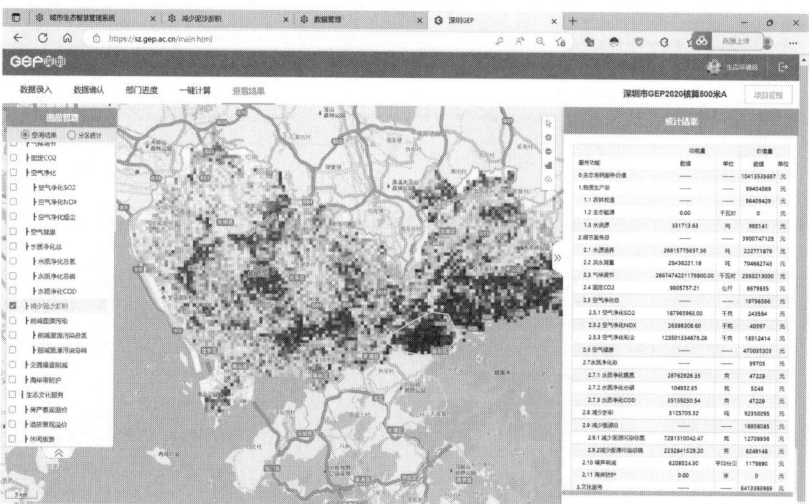

图 5-28　定制版平台计算结果展示界面

5.8.3　生态管理的三维可视化平台

1. 需求分析

（1）业务需求分析。园区所在区域一般人为活动较多，生态环境要素受到干扰较大，所以园区的生态敏感性较强，生态环境动态监管难度较大。传统园区的环保信息化管理系统，大多采用图标或者二维地图的方式进行生态环境管理和展示，不能够实现与真实三维环境的结合，因此很难通过传统的二维信息化手段使园区的生态环境管理工作有显著提升。鉴于此，园区尺度生态管理的三维可视化平台主要有以下业务需求：

1）生态监测全要素三维可视化需求。为进一步对生态进行科学把脉，通过空、天、地、物、人等监测手段技术监测多种生态类型的消减变化，结合三维可视化技术，深化覆盖大气、植被、水系、土壤等多层生态监测范围，持续扩展生态要素监测内容，完善生态监测系统，实现园区全生态要素全天候监测。

2）生态评价可在线量化需求。传统二维生态监管系统实现了通过监测数据对水、土、气、生物等生态要素的健康诊断评价，但目前在全国范围内暂未形成覆盖要素完全的、可动态计算的以及可在线量化的生态评价指标体系应用。为进一步科学评估园区生态健康，需依托生态指标体系，实时汇集生态运营、建筑运维、生态设施运行数据，动态计算生态环境健康、生态管理效能、生态功能指数。此外，结合当前碳达峰、碳中和、生态系统生产总值（GEP）等国家战略需求，有必要建设一套可在线量化、动态计算的生态指标体系和生态核算体系，通过三维可视化全面感知、互联互通、信息智能处理的技术手段，为生态运营管理提供指导，实现生态系统智能化调控。

3）生态高效运维和管理需求。为进一步推动园区生态保护和生态修复工作，需加快构建以"三维可视化"为手段的综合生态运维体系，支持环保部门现有信息系统数据资源的整合，涵盖综合环境监测、大气环境监测、水环境监测、声环境监测等业务领域，实现数据集成、数据显示、数据分析、数据监测等功能。可广泛应用于监测指挥、分析判断、显示报告等场景。

（2）性能需求分析。

1）平台处理能力。园区尺度生态管理的三维可视化平台必须具备以下三种处理能力：数值型计算能力、文本型信息处理能力、图形图像信息处理能力，以综合处理图形、图像、视频、流数据等信息。处理性能要求：

在稳定环境下，系统操作性界面单一操作的系统响时间小于 3 秒；一般数据查询响时间小于 3 秒；固定制表时间小于 10 秒；汇总处理时间小于 30 秒。

在稳定环境下，系统操作性界面单一操作的系统响时间小于 1 秒；一般数据查询响时间小于 1 秒；固定制表时间小于 10 秒；汇总处理时间小于 30 秒。

2）平台可扩展性。园区尺度生态管理的三维可视化平台应满足用户的要求，稳定、可靠、实用，人机界面友好，输出、输入方便，图表生成灵活美观，检索、查询简单快捷，便于维护。系统应通过统一标准的接口增加子系统，满足今后一段时期内建设需要，需具备较高的可拓展、可移植和可升级性，为后续新增数据共享接口提供便利。

2．工作重点与难点

（1）工作重点。建立园区尺度的生态管理三维可视化平台主要有三方面工作需要重点关注（见图5-29）。

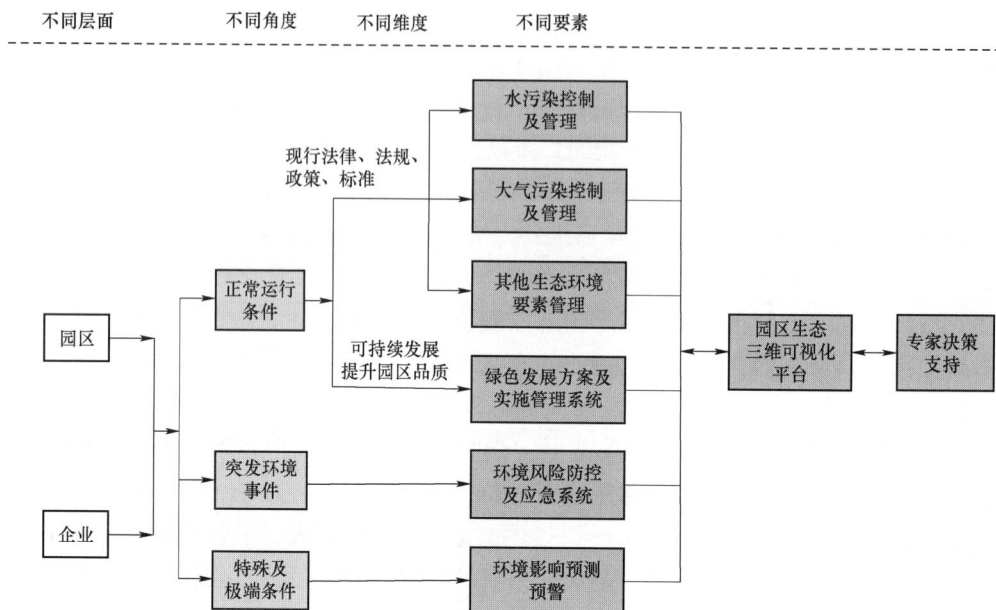

图5-29　园区尺度生态管理的三维可视化平台研究重点

1）实现生态环境要素监管的可视化。基于三维地形的可视化技术运用到园区规划中后，充分考虑了园区地形因素，如坡度、坡向、山脊、山谷等，结合生态环境要素，如水土气声渣等，三维显示效果能够为园区智能化管理提供技术基础。

2）探寻园区生态环境问题解决方案。结合园区类型和特征，把握园区生态内在机理，在三维可视化的基础上建设以生态机理模型、专家诊疗算法、生态大数据为核心的生态诊疗系统，实现生态系统运行评估、生态问题根因分析、诊疗方案智能匹配、诊疗算法学习优化。

3）提高决策的科学性：园区的快速发展使管理机构的工作内容不断增加，传统的管理手段在准确性、科学性和效率方面已不能满足发展的需要，园区生态三维地形的可视化技术为园区规划方案提供了更为科学的指导，同时可以提高园区建设效率，为管理机构决策提供科学依据。

（2）工作难点。由于园区生态环境管理正处于起步阶段，并没有一套完整成熟的智慧生态管理体系应用于全国的园区中。因此，园区的生态环境管理信息化工作还面临着许多问题，总结归纳如下：

1）各级政府环保部门监管成本大，且效果不显著。各级政府主管部门在园区生态环境管理中发挥主导作用，然而，园区的日常事务较为复杂，园区产业种类繁多，任务繁重，对专业知识的要求较高；现有管理人员的数量和专业能力均不足。现有的环境评价单位只对企业档案进行管理，企业的各类档案一旦被批准和审查，就不再发挥有效作用，未能将各类档案内容有效激活、挖掘和应用。仅依靠各级政府环境保护部门的工作，难以进行有效的监督管理，也难以落实相关的环境保护政策要求，可能导致环境风险事故的发生。

2）现有系统各自为战，无法对园区生态管理提供系统支持。园区为应对不同的业务监管需求，建立了水、气、声等各类环境因子的监测、环境风险应急管理、重要污染源监控等一系列应用系统，管理内容单一，且这些系统彼此之间信息资源交换困难，面临"应用孤岛"和"数据孤岛"的现象，无法对环境管理提供支持。

3）园区企业自身的环保管理能力薄弱。企业作为园区生态环境管理的重要管理目标，是整个园区生态环境管理中的重要环节。对园区生态环境管理领域的研究表明，企业生态环境保护工作的实施程度关键取决于企业是否有合适智慧、高效的管理手段；然而，由于企业对政府环保部门相继出台的各项环境管理政策认知不足，企业设立环境管理部门成本太高，企业自身人员的环境管理水平不足等原因，导致了企业自身的环保管理能力较为薄弱，亟须信息化手段支持。

3. 主要思路与方案

（1）构建 EIM 平台，打造园区生态数字底座。打造基于数字孪生的 EIM 生态信息模型平台支撑体系，实现园区生态空间数据、物联数据、业务数据等多源数据统一的管理、融合、调度、分发，提供基础功能服务，为园区生态管理的三维可视化平台应用提供"智慧"赋能和支撑。

EIM 平台（见图 5-30）主要包括物联中台、时空中台、数据中台的 EIM 孪生平台，构筑生态数字化空间基础，实现生态数据的实时性、一致性和可分析。

1）EIM 时空平台，实现空间可视化。EIM 时空大数据平台是园区生态管理三维可视化平台不可或缺的、基础性的信息资源，又是其他信息交换共享与协同应用的载体，为其他信息在三维空间和时间交织构成的四维环境中提供时空基础，实现基于同一时空基础下的规划、布局、分析和决策。

在线化：静态→动态　　数字化：微观BIM→微宏观CIM　　智能化：系统集成→数据集成

图 5-30　EIM 平台

通过天空地一体化生态要素数据采集，对园区生态要素进行数字化结构化，建立集地上、地面、地下全空间全要素的高精度、高仿真数字孪生模型，形成与园区实体生态同步孪生的数字园区生态。

智慧生态基于数字孪生，综合运用感知、计算、模拟等信息技术，通过硬件和软件定义工具，对物理园区生态空间进行描述、诊断、分析和决策，进而实现物理园区生态空间与数字园区生态空间的交互映射，达到以实映虚、以虚控实的效果。

2）EIM 物联平台，实现数据在线化。EIM 物联平台是基础性支撑平台，主要针对园区内水、土、气的生态物联监测设备的统一接入和全生命周期管理，标准化物联数据的采集融合，提供设备管理、消息通信、监控运维、数据接入与管理、服务开放和安全保障等功能，实现生态物联监测设备的全域接入、统筹管理与维护，确保物联数据实时汇聚共享。

物联网接入园区生态管理三维可视化平台主要包括适配接入系统、综合监控系统、产品管理系统、设备管理系统、告警管理系统、运维管理系统、统一服务系统以及视频接入系统等功能，通过"统一设备标识、统一设备接入、统一物联数据标准、统一资源共享"，构建物联资源一张图，实现物联设备的全域感知、统筹管理与维护，确保物联数据实时汇聚共享。

3）EIM 数据平台，实现管理可优化。EIM 数据平台的目标是整合 EIM 生态信息模型中的各项多源异构数据，实现集数据采集汇聚、多源异构数据管理以及各应用系统业务数据分析、数据挖掘、数据可视化，实现数据的透明可视、触手可及，同时解决数据一致性、数据质量、数据共享等问题，使数据可见、可管、可用。

EIM 数据平台包括数据集成、数据管理、数据分析、服务管理、数据治理、个人中心、消息中心、运维中心等部分，定位于统一数据接入、数据资产治理、数据服务共享、数据价值发现的一站式数据服务平台，旨在为应用开发提供数据分析、数据挖掘、数据可视化的工具和技术服务。

（2）创新应用场景，实现园区生态可视化管理。以 EIM 孪生平台为技术支撑，以园区生态管理三维可视化为业务引领，构建 3 大智慧生态应用（见图 5-31）。通过物联网实时获取水、土、气、生等生态运行数据，融合生态本底数据、生态指标体系、专家诊疗算法、生态知识库，建设生态规划、健康建档、在线望闻、智能问切、精准开方、智能养护、生态服务等管理系统，以生态中医院新思维，实现对园区的生态健康全面感知、生态环境问题专家诊疗、生态运维高效智能、生态价值精准计量的闭环管理。

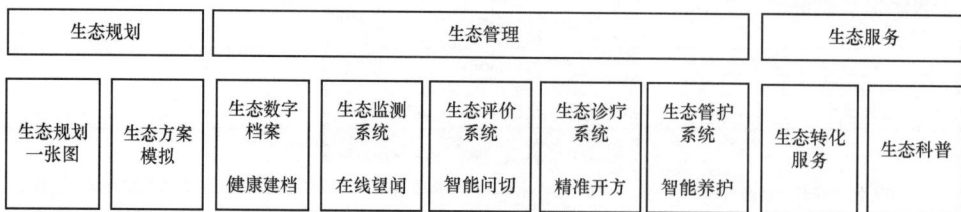

生态规划		生态管理					生态服务	
生态规划一张图	生态方案模拟	生态数字档案 健康建档	生态监测系统 在线望闻	生态评价系统 智能问切	生态诊疗系统 精准开方	生态管护系统 智能养护	生态转化服务	生态科普

图 5-31　智慧生态应用场景

1）生态规划。

a. 生态规划一张图。构建以基础地理和生态空间信息、国土空间规划、交通市政等专项规划数据为基础的园区规划一张图，辅助园区进行生态相关规划方案的智能化管理和分析。基于园区生态现状进行全面的生态诊断评价，包括对生物安全、雨洪安全、地质安全、自然环境、水文循环、能源条件等多个层面进行调查分析，进行风险和适宜性综合评价分析及动态模拟，为园区规划建设提供从宏观到微观各层面的基础支撑。

b. 生态方案模拟。通过模拟仿真进行方案比选寻优。通过"分析—设计—评价—再设计"的循环设计路径，实现多方案比选。建立集成的生态模拟仿真系统，记录历史、呈现现状、推演未来，辅助科学的目标制定，选择合理且最优的生态解决方案。生态方案模拟如图5-32所示。

图5-32 生态方案模拟示意图

模拟仿真包括大气治理模拟、微气候模拟、水系统模拟、雨洪风险模拟、土壤治理模拟、能耗模拟、物理环境模拟、群落演替模拟等，可以集成多要素进行综合模拟预判，辅助进行生态规划方案比选，并进行科学的分析决策，直观可视的预测园区未来生态环境的发展水平与治理成效。

2）生态管理。

a. 生态数字档案。生态要素信息是开展生态管理和决策的重要依据，生态要素数据具有"空天地一体"的特征，数据的类型、来源和格式复杂多样，包括基础地理空间框架数据、自然生态资源相关的空间、非空间数据及相关城镇数据等。摸清园区生态本底，建立动态的生态数字档案，目的是摸清园区内的生态要素"有什么、在哪里、有多少"的问题，把园区生态资源数字化，以全新视角形成一体化的生态系统数据体系，为生态规划提供全要素、全数字化的基础档案资料，为三维可视化推演提供数字载体。

园区生态要素采集。通过综合利用卫星遥感、无人机航拍遥感、地面监测/手持设备监测等技术，辅助人工调查等手段，摸清生态环境基底情况，包括地形地貌、水体、构筑物等全生态要素的位置、几何特征、颜色等数字化属性。对生态要素进行结构化、数字化分类编码，建立包括GIS数据、自然生态空间数据、建筑及基础设施BIM数据、生态指标数据、物联网监测数据、管理业务数据等结构化、半结构化、非结构化时空大数据体系，形成园区生态数字化档案库。

b. 生态监测。设立涵盖"全域、全时、全要素"的园区生态环境监测网络，及时感知生态系统各组成要素的变化，实时监测各生态环境要素及影响因素的状态。通过物联传感器、无人机、声学监测等设备，对大气、水、土壤、噪声等环境质量，重要建筑能耗、工业能耗、市政能耗数据，固废产生过程、运输过程、处理过程，突发灾害风险如滑坡、泥石流、城市内涝、火灾、突发生态风险等进行动态监测，及时感知园区风险。

　　3）碳核算动态监测。基于目标园区实际，构建以碳排放量、碳减排量、碳汇量为评价指标的碳核算体系，以园区的电、气等能源耗用，废弃物处置核算直接、间接产生的碳排放量，以园区全域减排、低碳交通减排核算碳减排量，以植被、湿地等固碳量核算碳汇量。以3大核算评价指标构建碳核算体系，实现园区能耗、区域碳排放、区域碳减排、碳汇量综合一体的碳排放分析及碳排放跟踪等系统功能。

　　园区尺度生态管理的三维可视化平台对园区电、气、油、煤、清洁能源消耗及生态系统的林地、草地、农田碳汇监测，实现区域能耗结构、碳排放水平、碳减排潜力、碳汇的分析及碳平衡核算，实现区域碳核算的动态监测管理并进行三维可视化展示。

　　（3）打造智慧园区，推广三维可视化平台模式。随着园区生态效应逐步显现，生态价值持续释放，为进一步将园区生态建设成果及生态文明探索实践成效与社会共享，通过三维可视化手段，宣传社会发展和百姓绿色生活的方方面面，有助于为实现经济效益与生态效益同步增长，促进金山银山反哺绿水青山。

　　通过重点园区生态建设三维可视化成果提炼，总结可借鉴、可复制、可推广和可落地的模式。基于试点项目经验，由政府牵头组织，以社会—经济—自然复合生态系统为对象，以区域可持续发展为最终目标，按照可持续发展的要求和生态经济学原理，调整区域内园区经济发展与自然环境的关系，全面开展园区尺度的生态管理三维可视化平台建设，促进越来越多的园区生态管理数字化、智慧化和可视化。

参 考 文 献

　　［1］常纪文. 国有自然资源资产管理体制改革的建议与思考［J］. 中国环境管理，2019，11（1）：12.

　　［2］李显冬，牟彤. 完善准物权理论以健全自然资源资产产权制度［J］. 中国国土资源经济，2014，27（2）：6.

　　［3］何阳. 大数据技术在自然资源资产审计中的应用研究［D］. 四川师范大学，2022.DOI：10.27347/d.cnki.gssdu.2022.000330.

　　［4］郭春颖. 基于国产高分辨率遥感卫星数据的上海地区气溶胶光学厚度反演［D］. 上海：华东师范大学，2018.

　　［5］王钰，何红艳，谭伟，等. 基于暗目标法的 Landsat – 8 OLI 数据气溶胶光学厚度反演［J］. 航天返回与遥感，2018，39（2）：115 – 125.

　　［6］胡红，胡广鑫，李新辉，等. 水体水质遥感监测研究综述［J］. 环境与发展，2017.29（8）：158 – 160.

［7］李丹，吴保生，陈博伟，等. 基于卫星遥感的水体信息提取研究进展与展望［J］. 清华大学学报（自然科学版），2020. 60（2）：147－161.

［8］杨天鹏. 雷达/光学遥感数据在麦田土壤水分监测中的应用研究［D］. 上海：华东师范大学，2018.

［9］李维，刘勋，张维畅，等. 深度学习在天基智能光学遥感中的应用［J］. 航天返回与遥感，2020，41（6）：56－65.

［10］孙伟伟，杨刚，陈超，等. 中国地球观测遥感卫星发展现状及文献分析［J］. 遥感学报，2020. 24（5）：479－510.

［11］孙晓敏，郑利娟，吴军，等. 基于 U－net 的"高分五号"卫星高光谱图像土地类型分类［J］. 航天返回与遥感，2019. 40（6）：99－106.

［12］梁顺林. 中国定量遥感发展的一些思考［J］. 遥感学报，2021. 25（9）：1889－1895.

［13］ANDERSON J R，HARDY E E，ROACH J T，et al. A Land Use and Land Cover Classification System for Use with Remote Sensor Data［EB/OL］.［2022－05－16］. https：//www.nrc.gov/docs/ML1409/ML14097A516.pdf.

［14］欧阳志云，张路，吴炳方，等. 基于遥感技术的全国生态系统分类体系［J］. 生态学报，2015. 35（2）：219－226.

［15］曹阳. 大数据辅助国土生态空间规划编制思路与方法探索——以连云港为例［C］//. 中国环境科学学会 2021 年科学技术年会论文集（三）. 2021：818－830.DOI：10.26914/c.cnkihy.2021.035168.

［16］李崛，陈学璐，王永娜，米鑫，张刚. 面向实施的门头沟区生态空间规划体系构建［J］. 北京规划建设，2019（02）：97－100.

［17］周毅军，周伟. 基于 GIS 的县级国土空间规划"三区三线"划定研究——以霞浦县为例［J］. 测绘与空间地理信息，2022，45（01）：171－174.

［18］张淑梅，赵晓玉，王莹，张煜，石超奇，田国行. 郑州市生态服务价值评价及空间分布模拟［J］. 生态科学，2022，41（01）：129－137.DOI：10.14108/j.cnki.1008－8873.2022.01.015.

［19］刘涛，朱江，姚江春，李翔. 基于自然资源资产评估视角的生态空间规划策略研究——以广州市为例［J］. 现代城市研究，2022（06）：95－100.

第6章 趋势与展望

6.1 发展趋势

近年来，我国智慧生态的发展势头良好，无论从技术和应用发展角度，还是从行业和产业发展视角，生态智慧化建设都取得一定的进展。新一代信息技术，特别是基于大数据、云计算等工具的智能决策在生态环境保护中的应用，不仅为全面提升我国生态治理能力提供了有力保障，而且也带动了生态产业数字化和智慧化转型升级。

6.1.1 智慧生态产业平稳起步

我国的生态环境问题形势仍然十分严峻，减污、丰物、降碳、治理任务繁重。通过互联网技术与生态信息化相结合形成的智慧生态体系，可以有效监测水、气、声等环境污染状况，实现污染监测全覆盖。不仅促进了环境质量监管、污染防治和生态环境保护等决策的科学化，而且也带动了相关产业的发展。

据统计，我国智慧生态行业上市企业营业收入从 2015 年起逐年上升，2019 年达到 197.26 亿元，增速较为稳定，且增长率保持个位数水平。但从盈利能力来看，由于较高的研发成本和期间费用，近年智慧生态行业上市企业销售净利率仍处在较低水平。在重点项目建设方面，国内各级政府纷纷开展"数字政府"建设，不断完善"互联网＋环保"建设部署，推动形成智能、开放的生态环境保护信息化体系，构建政府主导、企业主体、社会组织和公众共同参与的生态环境治理体系和多方共治的智慧生态应用体系，成为了拉动智慧生态项目落地的关键力量。智慧生态作为政府引导、社会共同参与的工程，随着市场力量与社会力量对环境问题的持续关注，以及国家力量所提供的强有力的公共服务供给，将会为智慧生态产业创造更多的发展机遇。

6.1.2 智慧生态政策利好趋势明显

国家以及各地政府对城市生态环境治理和信息基础设施建设的投入不断加大，相关政策不断出台，为智慧生态产业的发展提供了良好的政策环境。2015 年 7 月，国务院在《关于积极推进"互联网+"行动的指导意见》中首次提出"大力发展智慧生态"，此后环保各细分领域数字化、智慧化发展支持政策相继出台。2015 年 8 月，国务院办公厅发布《生态环境监测网络建设方案》，提出"全面设点，完善生态环境监测网络""全国联网，实现生态环境监测信息集成共享"。2017 年 9 月，中共中央办公厅、国务院办公厅发布《关于深化环境监测改革提高环境监测数据质量的意见》，要求"加强大数据、人工智能、卫星遥感等高新技术在环境监测和质量管理中的应用"。2016 年，《生态环境大数据建设总体方案》《"互联网＋"绿色生态三年行动实施方案》出台，提出大力发展智慧生态，加强资源环境动态监测，建立环境信息数据共享机制。2018 年十三届全国人大一次会议通过了将环境保护部升格为生态环境部的机构改革方案，有效缓解环保治理行政壁垒，为优化整合资源和促进环保数据信息的共享创造了条件，有利于智慧生态建设信息孤岛的难题。2020 年 6 月，生态环境部发布《关于在疫情防控常态化前提下积极服务落实"六保"任务，坚决打赢打好污染防治攻坚战的意见》，提出"推动生态环保产业与 5G、人工智能、工业互联网、大数据、云计算、区块链等产业融合，加快形成新业态、新动能，拉动绿色新基建"。这些政策都有助于带动智慧生态行业和产业的发展。

6.1.3 智慧生态引领环保产业转型升级

"互联网＋"技术在生态环保领域的广泛应用，有助于实现生态环保产业与互联网的全方位结合，推动现有技术路线、商业模式、管理方式的调整，促进产业技术的进步，从而使我国生态环保产业发生大的变革。智慧生态的推进使环保产业实现了链条式的发展，生态环保产业技术得到了升级变革，为生态环保企业扩大规模、提升竞争力带来了机遇。作为典型的由交叉领域延伸出的行业，智慧生态行业目前主要市场竞争者包括三类：智慧化转型的传统环保企业（尤其是环境监测设备与服务提供商）、拓展应用场景的 IT 企业（尤其是物联网、大数据企业）以及专业的智慧生态服务提供商。由于行业发展时间尚短，第三类企业大部分为智慧城市一体化方案提供商，其业务领域覆盖智慧生态。

6.2 面临问题

目前，我国智慧生态发展已经具备一定的应用和产业化基础，但是总体而言仍处于起步阶段，且仍存在着一些亟待解决的问题，具体体现在以下几个方面。

6.2.1 生态监测设备落伍，监测效率不高

我国生态环境监测的建设与发达国家相比起步较晚。由于多种原因，我国生态环境监测仪器设备生产和配套设施落后。

已建监测网站中设备配置也不够合理，缺乏对设备的维护和管理，使得设备寿命折

损，导致设备的故障率提高，容易造成监测结果的错误。目前生态环境监测结果的分析能力也较薄弱，通常只能呈现简单的数据报告，不能进行更深入的数据分析，影响到监测报告的质量。

6.2.2 生态环境数据孤立，共享不足

1. 信息孤岛现象严重

各部门之间缺少统筹规划和组织协调，导致获取的生态环境信息相对封闭、业务系统相对独立。此外，部门之间尚未建设完备的共享平台，数据采集具有重复性，数据利用率、共享率低，导致资源浪费严重，很大程度上增加了环保工作者的工作量。

2. 信息透明度低

智慧生态建设工作应当协调公众，提高公众参与度。目前政府部门能与公众分享的数据有限，公众只能通过已公布的环境数据了解地方环境质量，导致公众难以通过环境数据形成对环境质量的自我判断，进而使得公众对于环境保护工作的关心和参与度下降。信息不透明在某种程度上忽视了公众在环保工作中的作用，不利于公众配合环保工作，无形中增加了环保工作开展的难度。

6.2.3 生态环境平台支撑不力

获取完善、可靠的数据是智慧生态体系运行的基础和支撑，基础数据缺失导致智慧生态体系分析对象缺失，最终阻碍智慧生态体系的运行。目前生态环境质量监测网尤其是土壤、地下水、生态环境的监测网还有待完善，污染物在线监控覆盖面还需进一步扩大；区县级缺少环境信息平台，系统业务覆盖率低，基础数据获取较为困难。

6.2.4 社会资本参与不够

智慧生态行业的投产创收周期较长，同时信息技术的更新换代较快，因此对于企业而言，实现生态数字化、智慧化转型面临较大的技术不确定性。另外行业技术要求较高，对于生态环境、计算机、网络技术等交叉领域技术及人才的要求较高，且在环境污染问题的智慧治理、先进环保装备智慧运维服务等领域的发展仍存在较多技术难题亟待突破和解决。

6.3 未来趋势

智慧生态在未来将迎来全方位发展，其发展趋势可从广度和深度两个维度进行探讨。

6.3.1 在发展广度方面

广度即扩大智慧生态体系的应用范围，体现为多产业升级、多领域应用、多模式运营。

1. 多产业升级

随着信息技术在环保领域的广泛应用，相关环保产业将与信息产业全方位结合，有望对现有环保商业模式、管理方式等进行改变，促进环保产业转型升级。智慧生态可对所监测地区做出综合性判断及相应治理方案，从被动式开展环境污染监测、治理到主动式的智能化监测、治理，并实现生态数据互联互通，提高环保监测、治理效率。未来中国污染物排放标准趋严、环境质量要求提升、环保执法力度加强，环保设备销售业务模式有望从单一设备销售转变为"互联网＋环保"的业务模式，生态产业可建立海陆空监测网络，提供一体化监测、预警、治理服务。在行业发展趋势上，信息技术企业与传统环保企业的融合加速发展。以环境监测为切入点，一批 IT 软件服务商、物联网企业等科技型企业已经拓展环保业务，未来随着新型基础设施建设与环保产业的进一步融合，信息技术企业与传统环保企业将加速融合，涌现一批智慧生态技术型领军企业。

另外，新一代信息技术的发展将环保产业与信息化联合在一起。通过互联网与环保的全方位结合，将会对现有的商业模式、管理方式实现颠覆式的变革。传统的经济发展模式采用粗放型发展方式，发展在前，治理在后，将环保置于发展链条的末端，极不利于环境的治理和生态保护。智慧生态产业实现将新一代信息技术与环保产业相结合，实现对周边环境的全范围覆盖，各地区实现互联互通，提高环保效率。智慧生态产业的发展势必对传统行业产生显著影响，使得传统行业被迫升级转型，为生态环保行业的发展奠定了良好的基础。

2. 多领域应用

目前智慧生态体系涵盖了水体、土壤、大气、噪声等多个方面，涉及环境质量自动检测、污染源监测、环境应急系统处理及环境突发事件处理等多个层面，未来在这些方面的应用仍然是智慧生态发展的重点。

（1）精准治气应用。开展智慧生态在大气污染防治方面的应用探索，对于推动精准治理和系统治理、促进大气环境的持续改善具有科学意义和实用价值。在未来，以天、空、地一体化的立体化监测和环境大数据分析为基础，建立一套以"立体监测、精准研判、靶向管控、科学评估"为核心特征的大气污染防治业务流程；突出专家团队经验的运用，支撑构建大气污染精准防治、智慧管控和科学评估的工作模式，实现大气环境污染防治的科学化、精细化和经济性。

（2）系统治水应用。针对水污染防治，智慧生态的作用重点体现为智慧监管和靶向治理。在未来，系统治水的智慧化监管体系应具有"污染源－排口－水体"全链条信息化监管能力，从而实现对水污染源、流、汇的统一监管。在普查、详查污染源和排污口的基础上，准确把握污染底数，建立和应用动态的数据库支撑系统。此外重点建设污染源监管、水质监测、执法监管、河长制平台等业务应用子系统，全面掌握水环境及其相关信息，具备对污染事件的快速响应能力。智慧生态在水环境的工程治理的应用价值也将得到体现，如生态补水与污染治理设施的协同运行控制决策，有力促进了工程调度的整体优化和能效发挥。

（3）综合生态监管应用。与市场挂钩的资源交易应用，同样成为新兴的应用领域。智慧生态在生态监管领域的应用包括生态红线监管、自然保护区监管、生物多样性监管等。综合利用卫星遥感、云计算、地理信息系统，建立多尺度/多时相、天、空、地一体化的生态监管信息数据资源库。依托无人机航空遥感与地面生态观测方面的数据快速获取能力，开展生态保护红线巡查、人类活动监控、生态系统格局、生态系统质量、生态风险监管、生态资产统计核算、生态保护成效评估、移动核查与执法等领域的业务应用，提升国家生态监管水平。在资源交易应用方面，智慧生态产业与互联网技术的全方位结合，推动了"互联网＋"环保领域的深化应用，涌现了废弃物在线交易、环保技术线上对接、企业网上排污权交易等新兴业态。特别是开展碳排放权交易市场的先行先试，通过循环经济信息交流平台来推动企业节能低碳成果的在线展示和经验推广。

然而很多生态领域的管理，例如海洋环境自动监测，核辐射和电磁辐射安全管理及化学废物、危险品安全管理等其他环境管理的重要组成部分尚未得到重视，智慧生态在这些领域的推广应用是必要的，也是大势所趋。

3. 多模式运营

商业模式的创新是智慧生态在未来突破的重点。智慧生态项目往往具有投资资金量大、回收周期长的特点，因此目前智慧生态项目主要是由政府所引导，以政府出钱建设或政府购买服务政府使用为主。而政府的资金比较有限，无法承担起普适性的智慧生态建设工作，难以充分推广和普及智慧生态技术的应用。未来政府应大力推进政府和社会资本合作模式（PPP 运作模式）在智慧生态项目中的应用，一方面可为政府节约财政开支，另一方面可通过吸引环保企业投资、参与项目，带动民营环保企业发展，提升市场效率。同时，应注重避免 PPP 运作模式由于其复杂的构成主体使其存在责任不明确和利益分配不均等现象，因此创新的商业模式是未来智慧生态建设的突破重点。

6.3.2 未来发展深度

深度即通过多技术创新，提高智慧生态体系自身的准确性和时效性，提升整个系统的应用水平。在技术发展趋势上，先进环保技术与信息技术深度对接融合，包括传统环保技术的数字化转型升级和新型环保技术的创新开发。其中监测技术和数据处理网络始终是智慧生态体系发展的制约因素，因此未来发展趋势将体现在生态环境监测技术、智慧决策系统和生态信息安全管理系统的发展。

1. 生态环境监测技术

提高环境监测数据的准确度能从根本上提高智慧生态体系网络对环境的感知能力。

随着国家对环保市场日趋重视，水处理设备、大气污染监测设备、土壤检测设备等环保设备制造技术也不断进步，产品设备向智能化、信息化升级，为智慧生态行业发展提供重要驱动力。在未来，生态监测技术将从污染物质针对性、监测准确性以及智能化与自动化等方向持续发展。

（1）污染物质针对性。现行的环境监测技术不再关注综合性的污染指标，而更加重视单一物质的指标含量是否超标。环保部门在对工业企业进行监督中，已经逐步重视将污染物质分类，不同物质排放含量标准不同，监管相关企业采用的方法不同。对相关企业污染级别进行严格划分，对源头监管的力度逐步加强，对各类有害物质的监督制度和监测制度走向完善，从而有效保障源头治理。

（2）监测准确性。环境污染物质的监测准确性依赖于有害物质是否会被准确监测出来，但很多情况下只有当浓度累计到达一定程度才得以监测处理，其造成的潜在危害对生态风险的预测预警带来极大挑战。因此研究出适合当前环境的监测设备，不断依靠技术支撑来改善和优化设备精确性，以避免人为的盲目性和误差性，才能增强物质监测的精准度，便于逐步提升环境监测水平。

（3）智能化与自动化。智能化和自动化的监测手段不局限相对的时间和空间，在数据分析与传输上更为及时准确。我国目前已初步形成环境网络化监控体系，在未来实现环境监测体系更大程度的智能化与自动化是大势所趋。而且大幅度应用自动化系统，有效节约现有资金，可以将更多的资金力量投入自动化研究中，从而使得监测网络更具合理性和科学性，不断增强环境监测的过程，减少不必要的人力支出，降低复杂环境中监测的难度。新一代信息技术与生态环境监管体系进行融合应用，推动生态大数据自动化采集与智能化处理。

2. 智慧决策系统

强大的数据处理系统能保证整个系统正确的运行，而其中智慧决策系统是提升智慧生态水平的核心所在。智慧决策依靠智能综合评价决策支持系统实现。鉴于生态城市具有多指标、多层次、动态、信息不完备、人为因素多等特点，未来以决策支持系统理论为基础，综合运用系统工程、决策科学、人工智能、模糊数学和神经网络等理论，构建生态城市智能评价决策支持系统，为生态城市决策者提供从信息、咨询到评价、决策、政策制定等的全面支持，将成为发展的趋势。

目前，已有学者开发了针对水环境生态管理的智慧决策系统，而提升水环境风险模拟与污染溯源能力，开发水环境智能管理互联网工具是未来的发展重点。水环境智慧决策系统实现依托大数据、AI技术，集成卫星遥感数据、无人机监测数据和视频监控数据等，提升生态环境问题自动快速识别能力。构建水环境质量动态模拟和预测系统，及时发布水质临界超标预报，识别污染风险区和关键点。构建宏观水质成因模型，实现分流域的水质成因分析，实现对以重金属、石油、农药等为特征污染物的突发环境事件的污染溯源。结合污染源影响范围与水动力特征，预测特征污染物来源与迁移转化趋势，实现从数据采集展示到水质预测预警，再到污染溯源、政策导向支撑的水环境综合管理闭环。基于地理空间数据及环境要素专题图层数据的不断更新完善，实现图层在线管理、在线编辑，按流域控制单元或行政区划等完成水环境问题专题制图，并提供定制化在线生成报表、报告及制图成果导出等功能。

此外，对于其他生态要素或生态系统类型的智慧决策系统仍待开发和推广。以城市生态系统为例，城市生态智慧管理是借助智能化方法，从自然环境数据中学习知识和训练模型，形成拥有一定生态专业知识的智慧体系（体现为软件、云平台等），并进而指导城市生态管理的方案。目前中国科学院生态环境研究中心已开发完成城市生态智慧管理系统，在线提供一些生态系统信息模型库、人工智能生态耦合关系模拟器、生态知识共享平台、生态管理决策应用平台，是对于城市生态智慧管理的进步性尝试。

3. 生态信息安全管理系统

有效的生态信息安全管理系统能保障整个系统安全平稳地运行。一方面，生态信息管理平台实现了数据的深度融合，同时实现数据自动化管理降低了环境监测成本，提高了环境管理水平和服务效能。另一方面，良好的生态信息安全管理系统可消除信息孤岛，实现相关业务数据交换共享，使数据为整个社会服务，让公众及时准确了解生态环境质量，提高了公众的知情权、参与权和监督权。生态信息安全管理系统，通常包括环境监测监控平台、环境要素大数据管理平台、测管罚协同管控平台、环境决策分析平台、综合业务管理展示平台、环境管理目标评价平台、互联网＋政务服务等平台。在未来，生态信息安全管理系统的推广应用、技术人员培训、数据保密性和系统安全性仍有较大的提升空间。

建立并扩展生态信息安全管理系统覆盖范围，通过将城乡互联网环境监测综合管理平台连接到一起，这样既可以实现实时监督，也可以提升系统使用效率。对于重点监测的区域，工作人员可以通过设计报警点、扩大环境数据采集范围，提升环境监测整体质量。同时为保证监测的准确性，采用不同方式进行不同范围尺度的监测，如通过遥感监测技术对整体环境变化进行监测、通过航拍技术对具体环境污染情况进行监测等。注重互联网技术人员应用技术水平提高，从根源上解决技术使用有效性低问题。通过线上监督的方式对各级互联网技术人员学习效果进行确定，通过一定激励措施提升其学习与研究积极性，也可以较好地促进互联网技术人员综合素质提升，不断加强互联网在环境监测综合管理平台使用。

保障环境监测系统的应用安全，初始相关人员重视网络安全使用与管理的完善，保证各项数据真实有效，才可以促进其他工作顺利开展。首先，在硬件设备上，相关部门要尽量使用先进、符合国家要求的设备。注重计算机的系统升级与改造，定期对计算机进行维护，这样也可以提升安全质量。其次，在人员使用管理上，要保证每个工作人员都有独立保密的登录账号，对于账号登录地点、时间等进行严格限制。技术人员要对数据库进行加密设计，对于数据浏览、下载等进行实时跟踪，对工作人员操作与使用进行严格要求，这样既可以避免数据泄露，也可以加强数据监督与管理，提升数据安全质量。

6.4 发展建议

　　未来智慧生态的发展离不开良好的发展环境、相关产业乃至全行业的共同努力、高新技术不断进步与推广应用，本报告从发展大环境、产业与行业、技术与应用三个层面提出智慧生态发展建议。

6.4.1 发展大环境

　　1. 加强政策引领

　　进一步加强智慧生态布局发展的顶层设计，提升智慧生态相关的规划、建设、运营的全流程管理水平，持续强化规划引领和基础设施布局。

　　2. 完善要素保障

　　在智慧生态涉及的技术研发、人才培养、项目审批等方面制定支持政策，创新政府项目模式，引入多元化项目投资渠道，优化区域内营商贸易环境和创新创业环境，吸纳更多的企业和人才投入智慧生态领域创新。

　　3. 整合数据资源

　　在数据资源全面整合共享方面给予支持，汇集全渠道环境大数据，并整合至政务大数据中心，推动资源整合、数据共享，盘活环保数据，实现智慧生态综合应用和集成分析。

　　4. 强化标准规范

　　统一的标准规范对于智慧生态项目的设计、建设、运营及评估过程至关重要，当前我国尚未发布专门针对智慧生态领域的国家标准规范，未来应建立涵盖关键技术、平台系统、评价指标等方面的国家智慧生态标准体系，确保行业的健康有序发展。

6.4.2 产业与行业

　　智慧生态作为新一代信息技术和传统环保产业融合发展的新业态，传统环保企业与IT企业纷纷拓展智慧生态领域业务。在整个行业飞速成长的局势中顺应潮流，发挥自身既有优势打造企业核心竞争力将是智慧生态企业的核心策略。

　　1. 加强科技创新

　　加大对环境监测监控一体化系统、环境综合管理协同系统等智慧生态核心技术、系统、平台的企业研发投入，加快填补先进技术空白，积极应用新一代信息技术，开发智慧生态 App 程序、环境应急指挥平台、企业自行监测发布系统等一批具有实用性的信息系统。

2．推进成果转化

积极参与"政产学研"一体化模式和科技成果转化，通过联合办学、合作创新等方式，与高校创新实验室、研究机构等共同推动技术成果的应用和落地。

实现政府、企业、资金、人才等的创新要素共赢模式。投资机构应充分认识智慧生态的业务模式与发展潜力，提前布局，重点关注在环境监测领域、物联网等新一代信息技术领域具备核心技术的企业，并展开从环境感知设备到软件服务的全产业链投资布局。

6.4.3 技术与应用

1．智慧生态技术

发展多源生态环境监测技术，注重技术的可行性、经济性和科学性，遴选出实用价值突出的应用方式，保障智慧生态的深入发展。综合互联网、物联网、移动通信、云计算等方面的技术成果，与生态环境监管体系进行融合应用，推动信息采集、传输、处理效率的全面提升。突出生态环境管理业务需求导向，优化相关系统的顶层设计，采用大数据技术高效实施数据汇集和整合；运用环境综合模拟、多业务协同建模等技术合理预测未来情景，采用 AI 技术辅助实现多源数据的综合分析和处理，支持生态环境的管理决策。

2．智慧生态应用

进一步加大数据开放共享政策推动力度，保障智慧生态在环境管理和决策方面的能效发挥。准确界定主管部门和相关单位的具体职责，尤其是强化相关单位的主体责任，同时对数据的生产者和使用者提出明确要求并结合实际情况予以更新。重视数据保护，规范数据使用者的行为，体现对数据生产的尊重。合理监管数据的交流与利用，主管部门和相关单位应依法明确数据密级和开放条件。注重数据积累、促进开放共享，要求环保信息化项目产生的数据进行强制性汇交，通过数据中心来规范管理和长期保存。加强数据管理能力建设，相关单位建立具体的工作机制和激励机制，明确考核责任。

随着现代信息技术在生态环境治理领域广泛和深入的应用，不断提升生态环境治理数字化和智慧化水平，实现智慧生态理论研究和关键技术的重大突破，同时也将吸引大批社会资本的加入，从而催生出大批与智慧生态相关企业和产业的蓬勃发展。此外，政府对智慧生态产业的政策和监管也将进一步加强和完善。

参 考 文 献

［1］王舒娅．我国智慧生态发展现状与前景［J］．中国信息界，2020（05）：72-75.

［2］奚旦立，等．环境监测［M］．北京：高等教育出版社，2010.

［3］吴琳琳，侯嵩，孙善伟，等．水生态环境物联网智慧监测技术发展及应用［J］．中

国环境监测，2022，38（01）：211－221.

［4］俞卫. 浅谈我国大气、水及土壤环境监测技术的发展［J］. 资源节约与环保，2022（04）：140－144.

［5］乌云娜，冉春秋，高杰. 环境监测技术的应用现状及发展趋势［J］. 生态经济，2009（12）：89－91.

［6］宋玥琢. 分析水环境监测信息化新技术的应用[J]. 环境与发展，2020，32（08）：165－166.

［7］吴江涛. 浅谈新技术在水环境监测中的应用［J］. 能源与节能，2016（11）：110－111.

［8］徐建阁. 试论我国大气环境立体监测技术及应用[J]. 中小企业管理与科技（上旬刊），2019（03）：154－155.

［9］王惠，杨慧. 我国土壤环境监测技术的现状及发展趋势［J］. 中国资源综合利用，2022，40（03）：130－132.

［10］赵鑫，孙春花，沈贤. 我国土壤环境监测技术的应用现状及发展趋势［J］. 中国资源综合利用，2022，40（06）：125－127.

［11］殷海龙. 土壤环境监测技术的应用现状及发展［J］. 山西化工，2019，39（04）：149－151.

［12］生态环境部科技与财务司，中国环境保护产业协会. 中国环保产业发展状况报告［Z］. 2021.

［13］赵昕明，赵娟霞. 我国环保产业的市场行为分析——基于STP范式分析［J］. 经济研究导刊，2020（26）：23－24.

［14］陈会娟. 中国智慧生态产业发展前景与建议［J］. 中小企业管理与科技（上旬刊），2019（06）：67－68.

［15］张德. 智慧城市产业发展策略研究［J］. 中国商论，2015（36）：138－140.

［16］刘锐，刘文清，谢涛，等.“互联网＋”智慧生态技术发展研究［J］. 中国工程科学，2020，22（04）：86－92.

［17］刘文清，刘建国，谢品华，等. 区域大气复合污染立体监测技术系统与应用［J］. 大气与环境光学学报，2009，4（04）：243－255.

［18］胥彦玲，李纯，闫润生. 中国智慧生态产业发展趋势及建议［J］. 技术经济与管理研究，2018（07）：119－123.

［19］刘柏音，王维，刘孝富，等. 长江流域水环境监测与智慧化管理策略［J］. 中国环境监测，2022，38（01）：222－229.

［20］王万良，张兆娟，高楠，等. 基于人工智能技术的大数据分析方法研究进展［J］. 计算机集成制造系统，2019，25（03）：529－547.

［21］韩宝龙，欧阳志云. 城市生态智慧管理系统的生态系统服务评估功能与应用

［J］．生态学报，2021，41（22）：8697－8708.

［22］郭志达．"互联网＋"时代环境污染治理转型发展的问题与对策［J］．环境监测管理与技术，2017，29（02）：4－6.

［23］杨淼，罗天志．环境监测综合管理平台中应用互联网技术的重点分析［J］．数据，2022（02）：52－54.

· 智慧城市系列丛书 ·

ZHIHUI SHENGTAI YINGYONG YU FAZHAN

智慧生态
应用与发展

中国测绘学会智慧城市工作委员会　组编

下册

中国电力出版社

CHINA ELECTRIC POWER PRESS

图书在版编目（CIP）数据

智慧生态应用与发展. 下册 / 中国测绘学会智慧城市工作委员会组编. —北京：中国电力出版社，2023.1

（智慧城市系列丛书）

ISBN 978-7-5198-7351-6

Ⅰ. ①智⋯　Ⅱ. ①中⋯　Ⅲ. ①现代化城市–生态城市–城市建设–研究　Ⅳ. ①F291.1②X321

中国版本图书馆 CIP 数据核字（2022）第 244980 号

出版发行：中国电力出版社

地　　址：北京市东城区北京站西街 19 号（邮政编码 100005）

网　　址：http://www.cepp.sgcc.com.cn

责任编辑：王晓蕾（010-63412610）

责任校对：黄　蓓　郝军燕　李　楠

装帧设计：张俊霞

责任印制：杨晓东

印　　刷：三河市航远印刷有限公司

版　　次：2023 年 1 月第一版

印　　次：2023 年 1 月北京第一次印刷

开　　本：787 毫米×1092 毫米　16 开本

印　　张：34.25

字　　数：728 千字

定　　价：198.00 元（上、下册）

《智慧生态应用与发展》编写组

主　　　编　赵　昕

执 行 主 编　陈向东

副　主　编　张新长　马志勇　蔡永立　刘晶茹　韩宝龙　邹　涛
　　　　　　曾立民　李　洁　王飞飞　徐　沫

编写组成员（按姓氏拼音排序）

鲍　彪	鲍秀武	边　瑾	曹菲菲	曹向阳	曹晓波	曹艳丽	陈四瑜
陈玉萍	程　诚	程洁心	代　博	丁　露	董庆琪	范启强	方　宇
高　磊	郜　芸	耿跃云	贡金鹏	郭晨阳	郭宏凯	何原荣	花秀志
黄宝华	黄　俭	黄美奥	黄庆令	霍敬宇	姜　锋	姜欣飞	兰　海
李栋坤	李佳乐	李建军	李立公	李　萍	李骁奔	李樟云	梁嘉怡
廖　慧	廖　佳	廖通逵	林　昀	刘　畅	刘浩然	刘卫强	刘彦祥
刘艳彩	卢　奕	罗国占	罗晓蕾	马　涛	马亚琦	闵红平	牛明璇
潘伯鸣	乔琳琳	冉慧敏	邵嘉硕	申若竹	沈　前	沈　雨	束承继
孙鹏辉	孙晓敏	唐　华	田　芮	佟庆彬	王彩云	王　丹	王芬旗
王浩琪	王孟和	王如建	王　松	王唯真	王　卫	王晓利	王绪亭
王雅鹏	王宇翔	席珺琳	肖黎霞	肖廷亭	邢　斌	徐崇斌	闫新珠
杨丁阁	杨　佳	杨建军	杨庆周	杨肖龙	叶玉强	尹德威	尹　航
尹太军	尹子琴	于尔雅	于菲菲	于国华	余　方	余姝辰	俞珂俊
曾　伟	张怀战	张　淼	张明杰	张乃祥	张　培	张仕敏	张　伟
张　洋	张正军	张智舵	章长松	赵　倩	郑乔舒	钟　瑛	周奎宇
周利霞	周　睿	周婷婷	周　毅	朱小羽	朱亚萌	宗继彪	左　欣

《智慧生态应用与发展》编写单位

主编单位（按各章顺序排序）：

中国测绘学会智慧城市工作委员会

广联达科技股份有限公司

上海交通大学

北京首创生态环保集团股份有限公司

北京清华同衡规划设计研究院有限公司

中国科学院生态环境研究中心

中国测绘科学研究院

广州大学

参编单位（按拼音首字母排序）：

北京佰筑工程咨询有限公司

北京空间机电研究所

北京世纪高通科技有限公司

常州市测绘院

成都万江港利科技有限公司

城乡院（广州）有限公司

大理市截污治污中心

广州粤建三和软件股份有限公司

广州中工水务信息科技有限公司

国网雄安新区供电公司

国网综合能源服务集团有限公司雄安公司

航天宏图信息技术股份有限公司

河北雄安盛视兰洋信息科技有限公司

河北雄安市民服务中心有限公司

交通运输部天津水运工程科学研究院

京师天启（北京）科技有限公司

南京市测绘勘察研究院股份有限公司

宁波市测绘和遥感技术研究院

厦门理工学院

山东交通学院

山西省地质测绘院有限公司/运城市卫星遥感大数据应用中心

上海华高汇元工程服务有限公司

上海亚新城市建设有限公司

石家庄环安科技有限公司

苏州中科天启遥感科技有限公司

太极计算机股份有限公司

天津东方泰瑞科技有限公司

天津锐锟科技有限公司

天津生态城能源投资建设有限公司

天津水运工程勘察设计院有限公司

同方股份有限公司

武汉华信数据系统有限公司

武汉智博创享科技股份有限公司

云南省数字经济产业投资集团有限公司

中国科学院地理科学与资源研究所

中建三局第一建设工程有限责任公司

中建三局绿色产业投资有限公司

中科吉芯（秦皇岛）信息技术有限公司

中科绿色发展（北京）信息科技有限公司

中睿信数字技术有限公司

中冶京诚工程技术有限公司

序　一

　　人类只有一个地球，人类的未来取决于我们如何保护和利用地球生态系统及其所提供的自然资源。党的十八大提出"努力建设美丽中国"，党的十九大提出到 2035 年"生态环境根本好转，美丽中国目标基本实现"，习近平总书记在二十大报告中明确指出，从 2035 年到本世纪中叶把我国建成富强民主文明和谐美丽的社会主义现代化强国，并对推进美丽中国建设作出重大部署。建设美丽中国既是全面建设社会主义现代化国家的宏伟目标，又是人民群众对优美生态环境的热切期盼，也是生态文明建设成效的集中体现。

　　在习近平生态文明思想的科学指引下，我国围绕生态文明建设这一关乎中华民族永续发展的根本大计，开展了一系列根本性、开创性、长远性的工作，创造了举世瞩目的生态保护奇迹和绿色发展奇迹。过去十年，我国以年均 3%的能源消费增速支撑了平均 6.6%的经济增长，单位 GDP 能耗累计降低 26.4%，为全球碳减排作出突出贡献。全国地级及以上城市细颗粒物（PM2.5）年均值由 2015 年的 $46\mu g/m^3$ 降至 2021 年的 $30\mu g/m^3$，成为全球大气质量改善速度最快的国家。全国地表水优良断面比例达到 84.9%，已接近发达国家水平。全国土壤污染风险得到基本管控。我国生态环境保护成就得到国际社会广泛认可，成为全球生态文明建设的重要参与者、贡献者、引领者。

　　建设美丽中国目标的提出，为打造智慧城市、建立人与自然和谐关系指明了方向，提供了遵循。科技进步更是给生态文明建设带来了新机遇，新型信息技术与生态环境保护相结合已成为时代发展的必然趋势。近年来，以 5G、人工智能、区块链等为代表的新一代信息技术广泛深入地应用到生态环境领域，卫星和航天遥感、无人机、倾斜摄影、先进传感器等为生态环境感知提供了先进手段，云计算、大数据、人工智能、区块链等为生态环境智能化管理与服务提供了技术支撑。生态环境部门通过大数据建设与应用，进一步实现综合决策科学化、环境监管精准化、公共服务便民化。信息技术的飞速发展和应用为智慧生态发展创造了新条件，对推动生态管理转型升级、促进我国生态环境保护事业发展产生了深远影响。

　　在此背景下，中国测绘学会智慧城市工作委员会联合北京首创生态环保集团股份有限公司、中国科学院生态环境研究中心、中国测绘科学研究院、广联达科技股份有限公司、北京清华同衡规划设计研究院有限公司、上海交通大学、广州大学等 50 余家单位，积极践行习近平生态文明思想，聚焦城市建设管理相关领域，组织编写了《智慧生态应用与发展》。本书以减污、降碳、自然生态保护、智慧化生态管理为出发点，以大气、水、土壤等生态环境要素为切入点，以物联网、大数据、5G 等新型信息技术为支撑点，旨在推动智慧生态与智慧城市的共生发展。

　　智慧生态是理念，更是实践；需要坐而谋，更需起而行。在建设美丽中国的实践中，我们必须坚持以习近平新时代中国特色社会主义思想为指导，深入贯彻新发展理念，坚持绿色低碳发展道路，充分发挥科技支撑作用，推动智慧生态应用与发展，让中华大地天更蓝、山更绿、水更清、智慧城市更美丽，不断提升人民群众生态环境获得感、幸福感、安全感。

全国政协副秘书长、九三学社中央副主席　赖明

序　二

　　"蓝天白云、繁星闪烁、清水绿岸、鱼翔浅底"是中国人自古以来的生态情怀，而生态环境的治理是一场没有终点的"马拉松"，人类社会要存续多久，生态环境就要治理多久，而且"要像保护眼睛一样保护自然和生态环境"。生态环境的治理是很难一蹴而就的，需要持之以恒、久久为功，在长远见效益。这也就决定了生态环境治理的关键在于系统性的长效治理，长江大保护、黄河大保护、河长制、山水林田湖草沙一体化保护等都是国家在生态环境系统性治理方面推出的重要抓手。想实现生态环境的系统性治理是非常困难的，特别是专业性人才的不足严重限制了治理的广度和深度，数字技术的出现使机器部分代替人工成为了可能，预期将成为生态环境治理破局的关键。

　　目前，数字技术已经并将持续地、深刻地改变社会，其在互联网、金融、制造、能源等很多领域的应用已经产生了很好的效果。我国在"十四五"规划中提出了"建设数字中国"的远景目标，陆续发布了"智慧城市"建设的系列指导意见，数字化、智慧化已经成为各行业未来的发展方向。

　　生态治理行业在水和大气在线监测方面有较长的历史和较好的基础，但因其半公益性的底色，数字化步伐相较其他行业略显滞后，存在理论研究有所不足、数字化建设路径还不够清晰、标准规范不健全、数据质量参差不齐等突出问题。此外，智慧化应用成功的关键在于对现实业务场景的提炼和超拔。我国的生态环境行业发展的很快，一些生态治理业内的政府部门和企事业单位自身管理水平没有跟上，对自身的业务没有进行系统性的梳理和提炼，也是导致很多智慧化案例的应用效果不佳的重要原因。

　　我国生态智慧化发展总体处在初级阶段，取得了一些成绩，但还面临着严峻的挑战，我们需要时时回顾走过的弯路，总结成功的经验，才能在智慧化的道路上走得更顺畅。

　　由中国测绘学会智慧城市工作委员会牵头，规划、设计、建设、运营、监管、设备制造等各领域专家联合编写的《智慧生态应用与发展》一书，正是在这一背景下应运而出。本书由生态环境领域各行业的专家编写，既有宏观的趋势分析，也有微观的案例分享，横向上包含了污染治理、生态修复、"双碳"转型、生态监管等业务领域，纵向上包含了智慧化在各领域的发展环境、应用框架、实施路径和典型案例，全面、系统地展现了数字技术在生态环境治理中的应用情况，客观、科学地分析了智慧生态面临的问题和发展趋势，对生态环境治理的同侪们具备很高的参考价值，也是相关行业从业者了解生态智慧化发展情况的优质媒介。

中国测绘学会理事长

序　三

建设生态文明是中华民族永续发展的千年大计。生态兴则文明兴,生态衰则文明衰。习近平总书记在党的二十大报告中强调,尊重自然、顺应自然、保护自然,是全面建设社会主义现代化国家的内在要求。必须牢固树立和践行绿水青山就是金山银山的理念,站在人与自然和谐共生的高度谋划发展。

促进人与自然的和谐共生,就必须推动智慧生态蓬勃发展。近年来,以物联网、大数据、云计算、人工智能、数字孪生等为代表的数字技术广泛应用,对智慧生态应用与发展产生了重要的推动作用,智慧生态已成为大势所趋,智慧生态时代正在加速开启。我们需要开拓新思路、融合新技术、运用新方法,将新一代信息技术与生态环境深度融合,做好从基础研究、关键核心技术突破到综合示范的全链条布局,提升生态环境协同治理能力,促进绿色低碳科技革命,"智慧生态化、生态智慧化"必将成为我国生态环境高质量发展的战略选择。

智慧铸就书籍,辛劳绘就成果。《智慧生态应用与发展》由中国测绘学会智慧城市工作委员会、北京首创生态环保集团股份有限公司、中国科学院生态环境研究中心、广联达科技股份有限公司等单位共同主编,参与编写的单位和专家作为智慧生态发展的倡导者与践行者,通过他们的调查研究、经验总结,完成了智慧生态应用与发展的顶层设计与底层应用对接,并将他们的科研成果汇集到本书中。

科技创新无止境,奋楫扬帆谱新篇。本书创新性地提出将"生态与智慧"进行深度融合的发展范式,并分别对数字化技术如何赋能"减污""自然生态""降碳"与"生态管理"四大领域进行详细、深入的阐述。通过在智慧生态实践过程中不断摸索,总结数字化技术与生态环境保护的最佳契合点与发力点,以期最大化发挥数字技术价值。本书基于"智慧减污"的实践总结认为,通过数字化技术可彻底变革生态环境发生污染事件后处理的传统模式,通过对环境数据的连续采集、实时监测,实现污染源头控制、过程监管,极大降低污染事故发生,防患于未然。同样,结合本书对"智慧自然生态""智慧降碳""智慧生态管理"等一系列实践案例的详尽阐述,我们可知数字化技术在解决生态行业决策不科学、治理不精准、成效难量化、管理难协同等行业痛点中扮演重要角色。未来，生态环境的治理将基于"智慧生态大脑"促进数据开放，支撑决策科学，量化生态成效、推动部门协作，最终实现生态环境治理的可视化、可量化、可优化。

新时代风鹏正举，新征程奋力前行。本书的编撰旨在引发学界和业界对该领域的思考与交流，以期为智慧生态行业破题，铸就百鸟争鸣、百花齐放的行业生态，共促智慧生态领域的理念创新与技术创新。祝愿全体的读者可以守正出奇、开拓创新，以多方的共同合作与不懈努力，不断擘画智慧生态发展的新盛景，不断织就绿水青山的美丽画卷，不断谱写美丽中国建设的新蓝图！

广联达科技股份有限公司董事长

目　　录

上　　册

九江市大气污染防治决策支撑平台

北京首创生态环保集团股份有限公司

1 项目背景

1.1 "十四五"时期国家提出生态环境保护新要求

"十四五"期间,国家将持续推动绿色发展,促进人与自然和谐共生。坚持绿水青山就是金山银山理念,坚持尊重自然、顺应自然、保护自然,坚持节约优先、保护优先、自然恢复为主,守住自然生态安全边界。深入实施可持续发展战略,完善生态文明领域统筹协调机制,构建生态文明体系,促进经济社会发展全面绿色转型,建设人与自然和谐共生的现代化。

"十四五"期间,需加快推动绿色低碳发展,支持绿色技术创新,推进清洁生产,发展环保产业,推进重点行业和重要领域绿色化改造,降低碳排放强度;需持续改善环境质量,增强全社会生态环保意识,深入打好污染防治攻坚战;需提升生态系统质量和稳定性,坚持山水林田湖草系统治理,实施生物多样性保护重大工程,加强大江大河和重要湖泊湿地生态保护治理;需全面提高资源利用效率,推进资源总量管理、科学配置、全面节约、循环利用。

1.2 "十四五"时期持续推动生态环境信息化建设

生态环境信息化是推进生态环境高水平保护的关键手段,是构建现代生态环境治理体系的基础支撑,是深入打好污染防治攻坚战的重要保障。

"十三五"期间,国家级层面相继发布了《促进大数据发展行动纲要》《关于积极推进"互联网+"行动的指导意见》《生态环境大数据建设总体方案》《2018—2020年生态环境信息化建设方案》等规划政策,为生态环境信息化建设带来了新的技术思路和破局手段,是环境信息化和大数据、互联网+等新技术结合的政策指导。2020年《政府工作报告》中首提"新基建",明确指出重点支持"两新一重"建设。《中华人民共和国国民经济和社会发展第十四个五年规划和2035年远景目标纲要》在"加快数字化发展 建设数字中国"专篇中更是提出要聚焦高端芯片、操作系统、人工智能关键算法、传感器等关键领域,加强关键数字技术创新应用,培育壮大人工智能、大数据、区块链、云计算、网络安全等新兴数字产业,推动数据赋能全产业链协同转型,这无疑显示了国家对数字化技术发展和数字化基础设施建设的高度重视。"十四五"时期需要准确把握生态环境信息化发展方向,坚持服务大局,不断提高对生态环境保护的支撑能力和服务效能。坚持系统观念,统筹考虑数据、设施、安全等要素,整体规划部署生态环境信息化体系建设。坚持融合创新,深入推进新一代信息技术融合应用,推动生态环境业务数字化、智能化转型发展。

在生态环境部网络安全和信息化领导小组全体会议上，生态环境部部长黄润秋强调，"十四五"时期，生态环境保护将进入减污降碳协同治理的新发展阶段。要全面落实党中央、国务院决策部署，积极探索新一代信息技术示范应用，打造统一的"互联网＋"生态环境平台。要加强生态环境综合管理信息化平台建设与应用，推动尽快形成业务支撑能力和生态环境"一张图"。要深入开展系统整合，统筹推进重点业务系统建设。要持续开展数据集中共享，主动协调汇集数据资源，加强数据开发利用。要全力保障信息化基础设施运行，主动服务生态环境重点工作的开展。要牢牢守住网络安全底线，全面贯彻执行网络安全责任制，提升网络安全防护水平。要系统谋划"十四五"信息化发展，要统筹指导地方信息化工作，开展生态环境协同治理信息化典型示范建设。

1.3 九江市大气环境基础及规划

九江地处长江南岸，北面是平原，东、西、南三面均有高山环绕，城市呈现"U"地貌，空气扩散条件差，在北方大气污染传输影响下，极易造成污染物积聚。加之九江作为江西工业起步较早的地市，产业结构偏重、能源结构偏煤，大气治理存在历史性、结构性的制约，实现空气质量二级标准难度极大。为持续有效改善九江市大气环境质量，提高大气污染防治工作整体能力，九江市以大气环境质量总体改善为核心，利用物联网技术、云计算技术、4G/5G技术和分析模型技术，构建立体感知、智能监控、数据融合、问题发现、精准施策、智慧服务等方面的创新应用和监测网络，建设形成一体化的创新、智慧的大气污染防治决策支持平台，让环境管理、环境监测、环境监管、环境应急和科学决策更加有效、准确。通过"智在管理、慧在应用"，为大气环境综合管理和智慧决策提供全方位的服务支持，基本实现以数据为驱动的大气环境监测监管业务协同智能化，以数据为支撑的目标管控智慧化，全面支撑打好大气污染防治攻坚战并持续巩固成果，不断强化大数据辅助大气环境管理决策与政府治理能力。

2 项目内容

2.1 大气环境监测数据管理

实现对九江市各类大气相关的监测数据接入与管理，包括空气质量自动监测站数据、城区微站监测数据、挥发性有机化合物（Volatile Organic Compounds，VOCs）监测数据、气象监测数据、车载颗粒物监测数据、激光雷达数据，实现周边城市空气质量查看功能。可对各类数据进行查看、初始化及动态更新和统计分析。预留接口，用于超级站、卫星遥感等监测数据接入、监控数据接入等管理。站点数据查询界面如图1所示。

2.2 大气污染源台账管理

对各类涉气污染源数据进行台账管理，包括工业源管理数据、涉气污染源治理数据、移动源监测数据、工业源监测数据、扬尘在线监测数据、餐饮油烟监测数据和大气污染源排放清单数据，可实现数据初始化与动态更新及应用统计分析。污染台账界面如图2所示。

图 1　站点数据查询

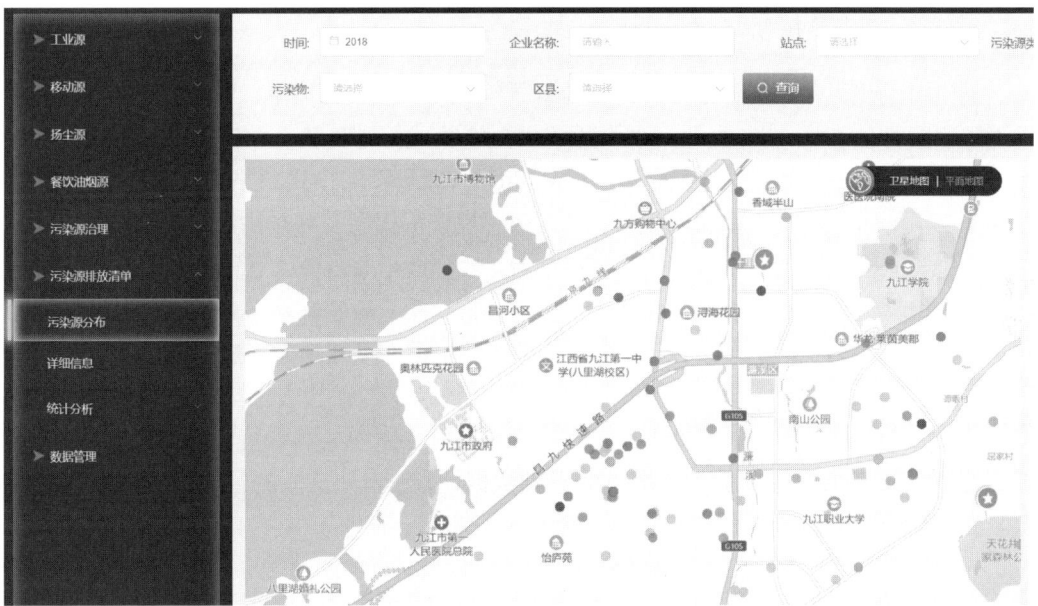

图 2　污染台账管理

2.3　大气环境目标管控决策分析

以国控、省控、市控站点为基准，按照区域、站点的空间维度，以及小时、日、周、月、年和自定义等时间维度，融合微站、扬尘、总挥发性有机化合物（Total Volatile Organic Compound，TVOC）等数据，基于 GIS 进行环境质量融合分析。空气质量目标考核界面如图 3 所示。

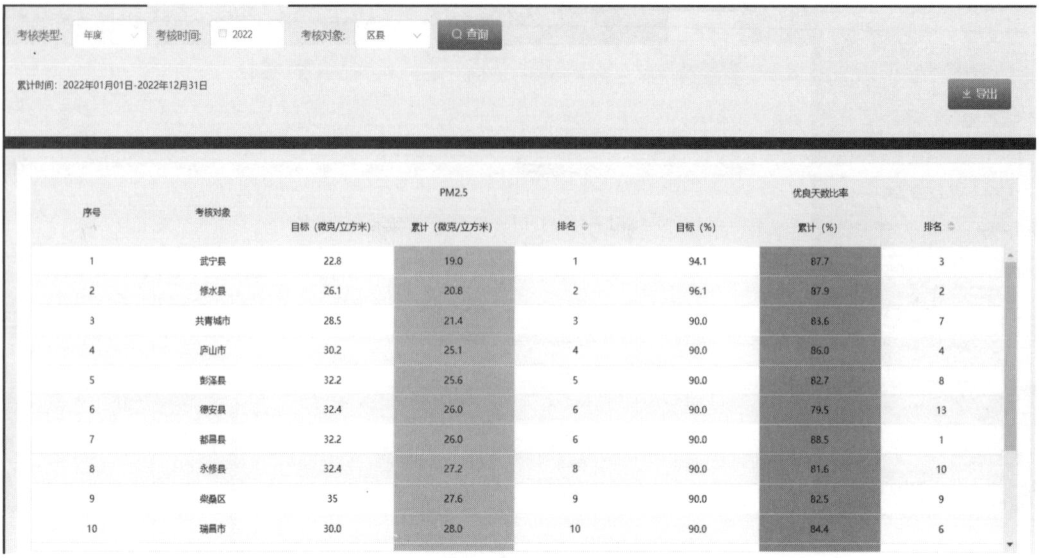

序号	考核对象	PM2.5			优良天数比率		
		目标(微克/立方米)	累计(微克/立方米)	排名	目标(%)	累计(%)	排名
1	武宁县	22.8	19.0	1	94.1	87.7	3
2	修水县	26.1	20.8	2	96.1	87.9	2
3	共青城市	28.5	21.4	3	90.0	83.6	7
4	庐山市	30.2	25.1	4	90.0	86.0	4
5	彭泽县	32.2	25.6	5	90.0	82.7	8
6	德安县	32.4	26.0	6	90.0	79.5	13
7	都昌县	32.2	26.0	7	90.0	88.5	1
8	永修县	32.4	27.2	8	90.0	81.6	10
9	柴桑区	35	27.6	9	90.0	82.5	9
10	瑞昌市	30.0	28.0	10	90.0	84.4	6

图 3　空气质量目标考核示意图

2.4　臭氧污染来源解析与精细管理

通过自动化大数据集合技术，将全球背景气象场、污染源清单、国控空气质量监测、本地加密网格化监测、VOCs 监测等数据充分融合集成，对臭氧及 VOCs 污染过程进行深度计算分析，集成多项模型模式算法，包括 WRF 气象场预测模式、CAMx 浓度预测模式、PMF 在线源解析模型、气团轨迹模型、在线敏感性分析模型及减排决策输出模块等，构建臭氧预警与来源识别精细化管理决策支撑平台，后台运行数值模式进行气象场预报模拟与计算，产出臭氧污染预警预报、臭氧来源识别分析、臭氧敏感性动态分析、动态减排管控决策支撑、VOCs 污染特征与来源解析、臭氧来源解析、臭氧污染管控措施方案等成果。

2.5　大气污染快速溯源分析

通过前端气象流场分析仪器提供的基础数据，实时高分辨监测区域大气物理流场状况，立体全面掌握区域内任意点位大气流动特征参数。同时高分辨实时测量节点区域内各类污染源挥发、遗撒、泄漏、排放的指纹型痕量气体和亚微米级粒子特征成分等的谱分布，其中包括已知的可快速在线监测的上百种挥发性有机物气体、几十种粒子成分。通过高速运算与快速溯源算法系统，可实时进行城市区域敏感点位的污染物来源识别定位解析。系统通过各节点的组合形成城市尺度的溯源系统，可为城市国、市控大气环境监测站点污染物来源进行实时排放来源识别、传输路径识别、主要污染物提取、快速诊断等快速溯源任务。主要功能包括大气流场重构、污染源谱识别、大气污染物小尺度精细化源排放清单和高分辨小尺度溯源系统。实时风场溯源界面如图 4 所示。

2.6　大气环境预测模拟分析

开展空气质量预报、环境容量模拟、历史及未来污染来源数值模式解析及数值模式分析，实现对目标城市任意时间段、任意情景的大气污染模拟，结合国家、区域、省域和当地对区域空气质量改善的要求，并结合大气环境功能区划，合理制定分区域分阶段环境空气质量目标。

图 4 实时风场溯源示意图

运用 CMAQ 和 CAMx 数值模型开展九江市大气环境空气质量的计算模拟，结合全国范围预报、历史气象参数和发布的空气污染物源排放参数，通过计算机模拟排放出的空气污染物在地球大气中经过传输、反应、转化、沉降等过程，从而计算各污染物浓度的时空分布，定量解析外来源和本地源的空间分布情况及各类源对九江市污染的影响权重占比。主要功能包括大气污染源排放清单分析及网格化、大气环境质量基准模拟分析、大气环境质量情景模拟分析、输送矩阵模拟分析、大气污染综合减排建议、大气环境质量分析与预测。空气质量预测界面如图 5 所示。

2.7 重污染天气应急管理

重污染天气应急预案的编制修订、应急控制措施的模拟与决策分析、应急预案及控制措施的成效评估等内容，通过比较、分析空气质量预报数据和应急预案、预警级别数据，判断空气质量数据是否符合相应预警级别要求，给出发布或解除级别预警的提示，根据九江市政府制定的专项控制措施、重污染天气应急预案等对工业源、移动源和开放源采取临时性调控措施。

2.8 大气环境管理目标考核

将大气污染物重点减排项目等大气污染防治年度实施计划及其预期目标录入系统，根据各种途径的信息反馈，动态跟踪和记录计划中各个项目与措施的执行进度，监督完成情况，为年度实施计划效果评估以及大气污染防治考核提供数据支撑。空气质量目标考核界面如图 6 所示。

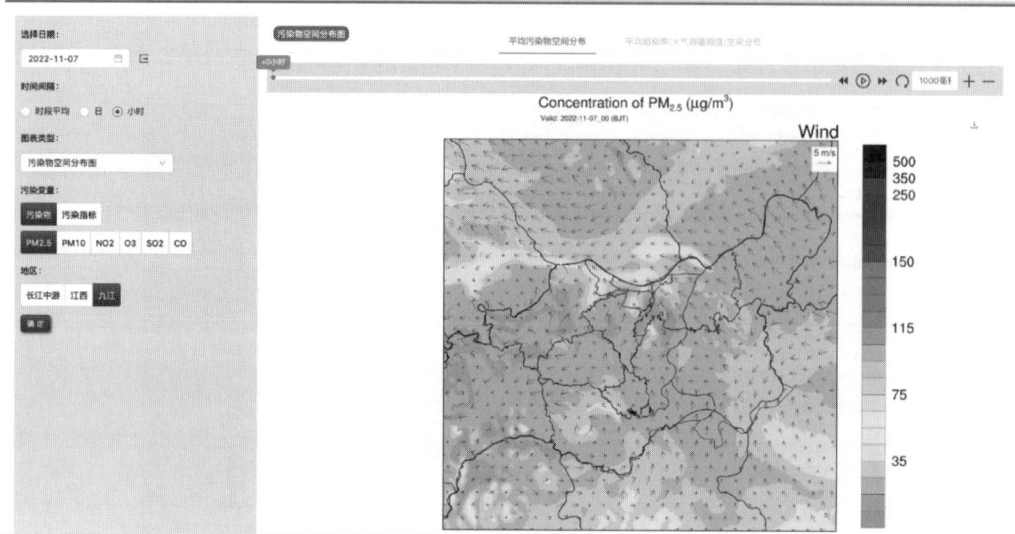

图 5　空气质量预测

图 6　空气质量目标考核

2.9　大气环境管理全景展示

（1）全景管理驾驶舱

宏观展示空气质量现状，目标完成情况，空气质量预测，污染排名统计及关联分析展示功能。全景管理驾驶舱如图 7 所示。

（2）空气质量宏观态势分布

基于 GIS 地图集中展现九江市观测点分布情况，对比各辖区空气质量指标、排名、变化趋势，结合气象数据定性分析污染传输情况。主要功能包括关键指标分析、空气质量宏观变化、空气质量插值分析、涉气污染源分布分析、周边城市空气质量分析、实况气象数据分析、预报气象数据分析、空气质量监测数据分析、达标数据统计分析。

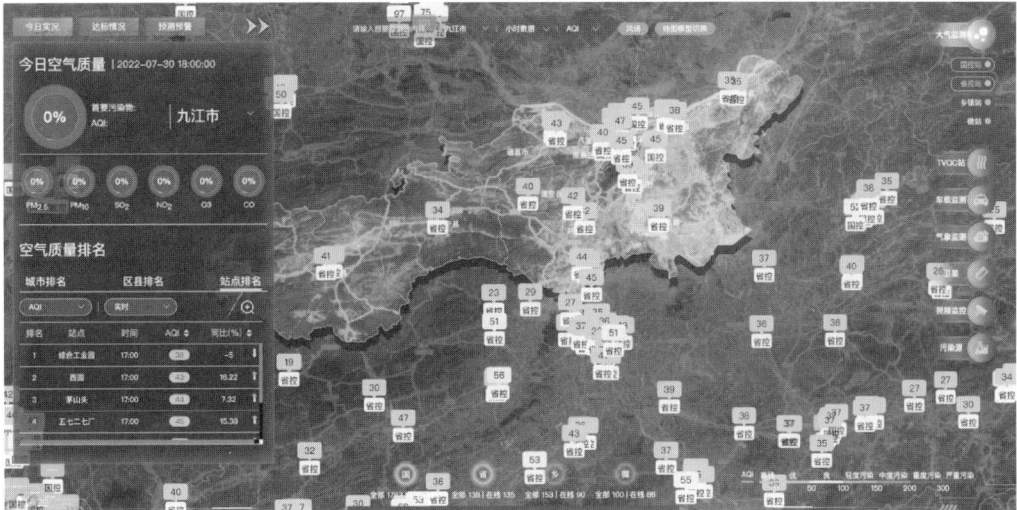

图 7　全景管理驾驶舱

（3）三维虚拟沙盘展示

实现大气污染物三维时空分布的展示，展示污染浓度值，查看边界层的变化情况，显示污染粒子的运动轨迹线，查看气象要素的分布情况。污染物三维时空分布如图 8 所示。

图 8　污染物三维时空分布

3　关键技术

3.1　PM2.5 卫星遥感反演技术研究

针对九江市城市大气污染问题无法精准判定和溯源等问题，本产品基于 Himawari –

8 AHI、Terra/Aqua－MODIS、Suomi－NPP VIIRS 等卫星遥感数据，结合九江市地面站逐小时 PM2.5 站点观测、地表覆盖、DEM 高程、夜间灯光、气象条件等辅助数据，采用多元回归模型、随机森林模型等研发长时序高时空分辨率 PM2.5 卫星遥感技术，以开展市级中小尺度区域空气污染变化情况的监控和预警。

PM2.5 卫星遥感反演技术界面如图 9 所示。

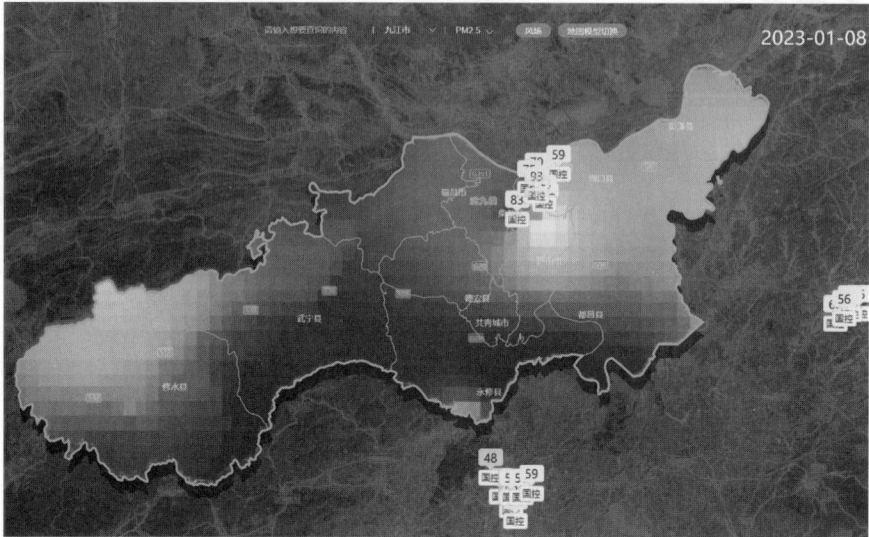

图 9　PM2.5 卫星遥感反演技术

3.2　NB－IoT

智能采集：利用 NB－IoT 技术，前端数采设备可实时对鄱阳湖水质情况进行在线监测，再利用 5G 网络低时延、大带宽、广连接等特性，无人机、无人船、高清摄像头抓拍水域的视频，可实时回传。采用无人机＋吊装水质终端＋高清视频，高清全景摄像头＋VR 等先进的方式，实现对地表水、饮用水源、污染源等水生态环境水信息高密度、高频次、多尺度、大范围的实时、准确的采集感知，全方位的立体监测、监控。

智能分析：利用 AI（智能分析）/BIG DATA（大数据分析），对采集到水情数据进行分析处理，获得水环境的动态模型以及稳态模型，准确、及时地对污染进行溯源分析处理，对感知到的污染信息进行科学的分类处理和报警推送。

3.3　多场景 AI 智慧化管控

利用九江市现有的 200 多套高空瞭望监控摄像头，实现对区域火点识别、扬尘识别、工业废气排放识别、水质异常识别等 AI 算法，通过海量的机器学习，实现九江市动态化的视频监控。

3.4　数字孪生可视化管控

基于空间 GIS 数据、无人机航拍摄影数据，生成九江市建筑三维模型，利用物理模型实现虚拟空间三维展示。实现大气污染物、河湖流域三维时空分布的展示，通过自定义颜色展示不同的污染浓度值，进行不同剖面的污染分布查看，从时空维度直观展示污染分布情况。数字孪生界面如图10所示。

图10　数字孪生界面

4　创新点

4.1　促进大气环境管理智慧化

形成大气环境管理从监测、总体分析、预警溯源、指挥调度、科学决策、综合展示的一体化解决方案，兼顾重点区域、重点问题、重点分析等，点面结合，为九江市生态环境质量改善提供支撑。

4.2　提升管理效率

构建基于大数据的污染源数据管理系统，整合梳理全市各口径统计的污染源数据，形成信息完备、系统、智能、精细化的污染源档案，并与监察执法系统联动，为全市污染源监管、污染防治减排决策等提供有力支持。

5 示范效应

5.1 靶向溯源，预警应急

1）结合气象、污染源、空气质量等多源数据，利用模型算法分析污染特征，识别污染来源、判断污染成因，为管控工作提供决策支撑。

2）通过分析监测数据特征以及数值模拟结果，智能判断当前及未来可能出现的高值与污染，并向管理者自动推送预警发布和解除提醒，生成相应的减排措施，同时系统将跟踪各责任单位的响应情况。

5.2 目标管控，动态追踪

针对空气质量、重点工作、减排项目等工作实现进度管理、目标考核等功能，对用户进行分级管理，实现填报、审核工作的"去纸质化"，通过平台管理者可对各级单位工作进展一目了然，避免管理盲区。

5.3 指挥调度，精准施策

1）针对地方突出问题，提供预测研判、实时调度、成效评估的工具，在"一张图"上实现污染问题的全生命周期监管，达到预防为主、及时管控的目的。

2）聚焦站点周边重点管控区域的污染问题，结合在线数据与现场反馈情况，实现指挥中心与现场的在线视频调度，实现精准施策。

镇江新区大气污染防治 PPP 项目 VOCs 智慧管控平台

北京首创大气环境科技股份有限公司

1 项目背景

镇江新区大气污染防治 PPP 项目挥发性有机物(Volatile Organic Compounds, VOCs)智慧管控平台依托于镇江新区大气污染综合防治 PPP 项目建设,该项目是国内第一个采用 PPP 模式开展化工园区大气污染综合防治工作,在区域大气污染实质性治理领域首次实现了 PPP 模式。该项目总投资 12 303.62 万元,建设内容主要由镇江新区新材料产业园、临港工业园区大气污染物的监控系统、治理系统组成。通过对全区域、全产业、全部企业的大气污染物排放情况实现全天候监控,摸清大气污染物域外输入来源和区域内产生来源,做到监测无遗漏、无死角,实现包括 PM2.5、PM10、VOCs 等主要特征污染物全天候监控的"天网",在此基础上采用先进的技术和工艺对违法违规企业进行治理。

通过调研发现,镇江新区新材料产业园区亟待解决的实际问题有以下三方面:数据质量问题:监测设备种类多、数量大,设备运维和数据质控专业要求高;数据应用问题:不同监测设备各有优劣势,需要建立不同设备类型的应用方法及联动应用机制;园区考核压力:省级园区 VOCs 站出现高值会导致全省通报,监管压力大。

以化工园区 VOCs 污染防治和环境空气质量持续改善为核心,以解决实际问题为目标,依托专业 VOCs 分析方法、工具、模型等技术手段,构建数据质控、数据融合、溯源分析、预报预警为一体的 VOCs 污染智慧决策系统。通过"智在管理、慧在应用",为 VOCs 污染防治和智慧决策提供全方位的服务支持,基本实现以数据为驱动的 VOCs 监测监管业务协同智能化,以数据为支撑的目标管控智慧化,全面支撑打好 VOCs 污染防治攻坚战并持续巩固成果,不断强化大数据辅助园区环境管理决策与政府治理能力。

2 项目内容

2.1 技术架构

本项目建设内容为镇江新区大气污染防治 PPP 项目 VOCs 智慧管控平台,建立统一的大气环境应用支撑体系,实现一张图指挥调度服务、园区溯源服务、运维管理服务、研判分析服务，促进环境管理的精细化和决策的科学化。

该平台的技术架构由四层组成：数据层、支撑层、服务层、应用层（见图 1）。在信息安全和符合行业标准规范基础上，为用户认证、权限及平台功能提供应用支撑，实现本系统各项应用服务。本系统分为网页端和移动端。

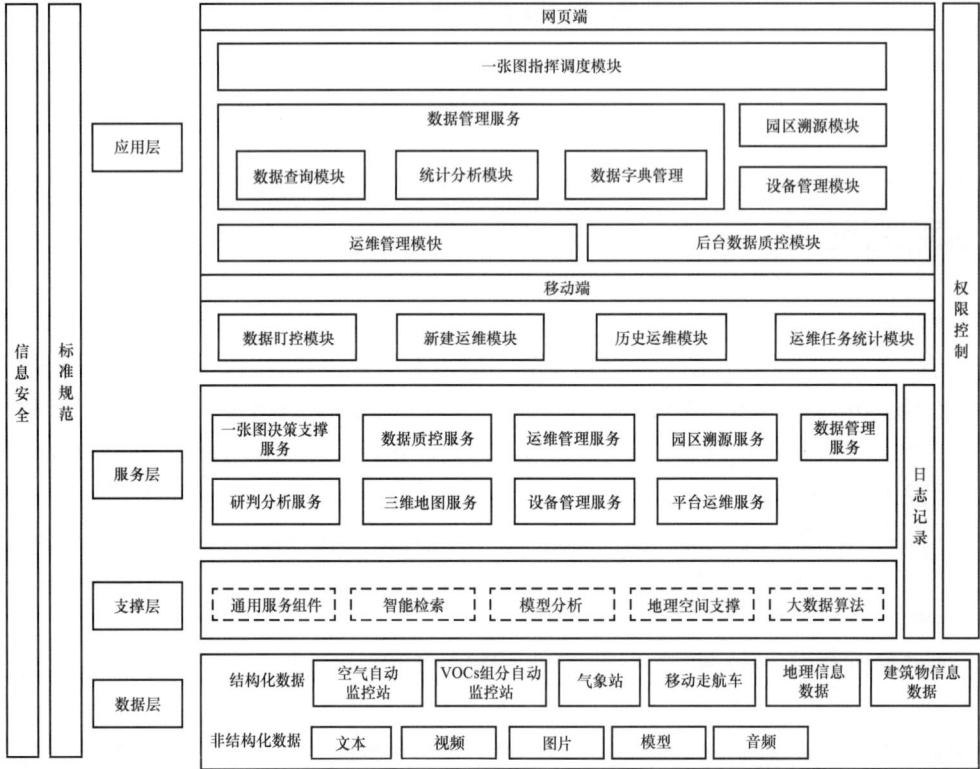

图 1 镇江新区大气污染防治 PPP 项目 VOCs 智慧管控平台技术架构

1）数据层：通过整合业务数据和监测数据，完成数据采集入库，为镇江新区大气污染防治 PPP 项目 VOCs 智慧管控平台提供数据资源支持，包括结构化数据和非结构化数据。结构化数据包括空气自动监测站、VOCs 组分自动监控站、气象站数据、移动走航车数据、建筑信息数据、地理信息数据；非结构化数据包括文本类数据、视频、图片、模型过程数据、模型结果数据、音频等。

2）支撑层：起承上启下作用，收集至数据库中的数据资源，针对不同的应用模块需将数据清洗、治理成对应模块的数据进行存储。这个过程会利用到不同的技术手段，包括通用服务组件、智能检索、模型分析、大数据分析、地理空间支撑等技术。

3）服务层：本系统将提供九类服务，并将前期通过技术手段处理的数据分配至九类服务模块中，包括：一张图指挥调度服务、数据质控服务、运维管理服务、园区溯源服务、数据管理服务、研判分析服务、三维地图服务、设备管理服务、平台运维服务。

4）应用层：本系统提供网页端和移动端两大类应用系统。网页端包括六大功能模块：一张图、统计分析模块、数据管理模块、园区溯源模块、设备管理模块、运维管理模块；移动端包括四个功能模块：数据盯控模块、新建运维模块、历史运维记录模块、运维统计管理模块。

5）安全方面：由于本项目平台中汇聚了来自企业、政府部门的大量数据，这些数据的应用用户较多，对于不同类型的用户具有不同的访问权限，因此，平台的建设过程充分考虑了数据和服务的安全性，对数据进行多用户隔离，对服务进行访问控制。同时，为便于用户访问以及支持业务流程，平台提供了单点登录和联合身份验证机制，简化用户操作。

2.2　园区大气一张图指挥调度

依托化工园区丰富的数据资源，将园区管理部门相关的工作目标、考核目标等工作任务与VOCs污染智慧决策一张图相结合，借助可视化分析手段，集信息资源整合、可视化分析展示、指挥调度及决策融为一身，以场景化形式展示环境质量、污染源等各方面的关键指标动态信息，结合三维数字孪生技术以图表的方式帮助领导随时随地了解区域环境质量的基本状况和变化趋势，为领导提供综合决策支持。

（1）全景站点监测

根据园区企业类型和污染物排放特点，筛选关键污染因子作为园区重点评价因子，对关键污染因子进行实时动态更新，直观了解和掌握园区总体污染水平和变化趋势。全景站点监测如图2所示。

图2　全景站点监测

（2）全景站点数据排名

系统支持按照不同类型设备展示监测因子数据排名情况，可根据园区监测数据类型进行定制化排名分类规则，按照不同站点类型展示该类型站点的监测因子小时数据排名情况。全景站点数据排名如图3所示。

图 3　全景站点数据排名

（3）站点超标预警排名

按照分类、分级的原则，根据园区内监测设备类型，结合园区内污染特征，建立不同类型设备的监测预警机制，设置不同的预警监测阈值，实现设备异常的实时预警。站点超标预警排名如图4所示。

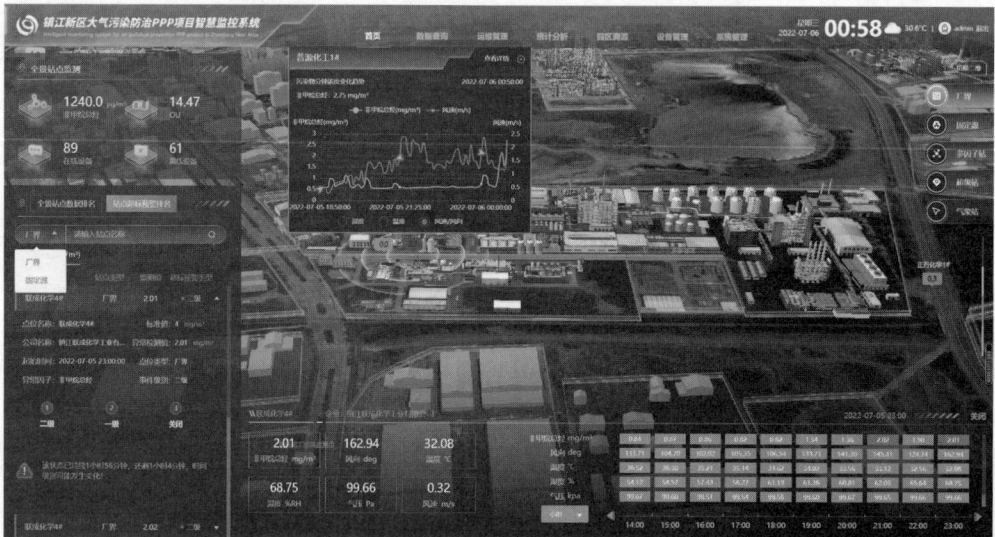

图 4　站点超标预警排名

（4）三维可视化实时数据展示

基于地理信息系统（GIS），以可视化的方式在地图上展示各类设备监测点位及分布信息，并可查看实时数据、监测因子时间变化趋势图等。三维可视化实时数据见图5。

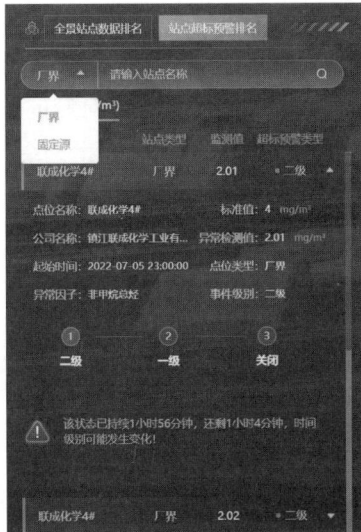

图 5　三维可视化实时数据

2.3　园区大气环境监测数据管理

该系统实现设备端数据审核，并体现审核结果，帮助管理员和数据分析人员进行数据查询。

（1）查站点监测数据

通过站点类型、时间维度、时间范围进行组合搜索，比如：点击"站点类型"，可多选所需查找的站点名称；点击"时间维度"选择对应的数据统计时间分辨率，选择时间范围，确定所需查询的数据时间范围；模糊搜索搜站点名称，确定好以上的组合项，点击"查询"，查看数据列表；点击"重置"，重新选择；点击"筛选"，对所选后的数据进行进一步筛选，选择下载全部数据，可将列表数据下载至本地。站点监测数据如图6所示。

图 6　站点监测数据

（2）查组分数据

通过组分分类、时间维度、时间范围进行组合搜索，比如：点击"组分分类"，可多选所需查找的组分名称；点击"时间维度"选择对应的数据统计时间分辨率，选择时间范围，确定所需查询的数据时间范围。确定好以上的组合项，点击"查询"，查看数据列表；点击"重置"，重新选择；点击"筛选"，对所选后的数据进行进一步筛选；选择"下载全部数据"，可将列表数据下载至本地。组分数据如图7所示。

图7　组分数据

2.4　园区大气环境统计决策分析

系统支持进行日常常用数据分析方法与工具的定制化开发，实现日常数据分析工作的线上化，节约数据分析人员分析时间，降低复杂分析算法的分析难度，最大化提高数据分析人员的工作效率。园区大气环境统计决策分析如图8所示。

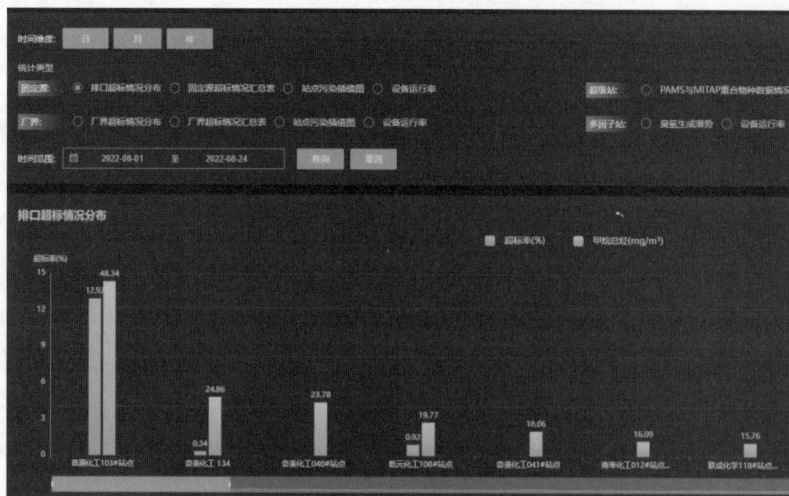

图8　园区大气环境统计决策分析

2.5 园区大气环境设备运维管理

园区内 VOCs 监测系统设备的有效运维和管理是确保监测数据准确的基本要求。园区内 VOCs 监测设备数量多且对运维人员专业性要求高，运维人员的职业素养和工作规范性存在一定的不确定性，为此开发运维管理功能，实现运维工作的全部线上化，运维操作的标准化。

（1）待办超标事项

通过内置算法识别出的预警超标事件，在这个模块以列表的方式体现，并为管理者提供超标预警事件处置单全线上流程化管理功能。待办超标事项如图 9 所示。

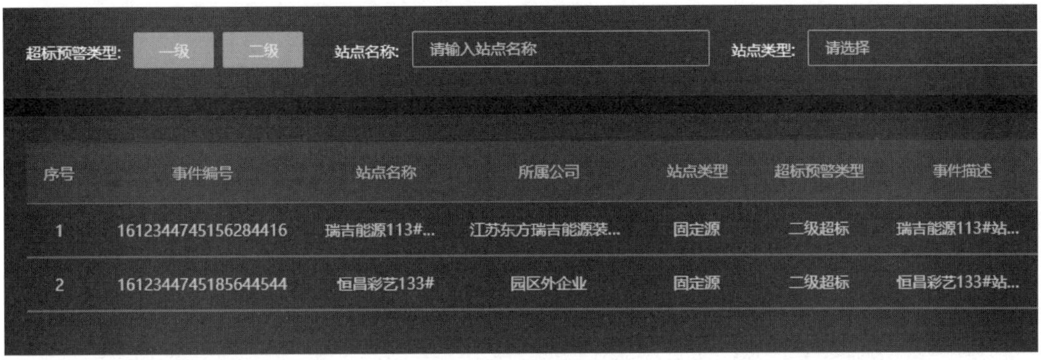

超标预警类型: 一级 二级 站点名称: 请输入站点名称 站点类型: 请选择

序号	事件编号	站点名称	所属公司	站点类型	超标预警类型	事件描述
1	1612344745156284416	瑞吉能源113#...	江苏东方瑞吉能源装...	固定源	二级超标	瑞吉能源113#站...
2	1612344745185644544	恒昌彩艺133#	园区外企业	固定源	二级超标	恒昌彩艺133#站...

图 9　待办超标事项

（2）超标事件台账

提供超标预警事件信息展示、状态展示、工单查询、结果上传等闭环管理服务，以及超标预警历史事件管理服务。超标事件台账如图 10 所示。

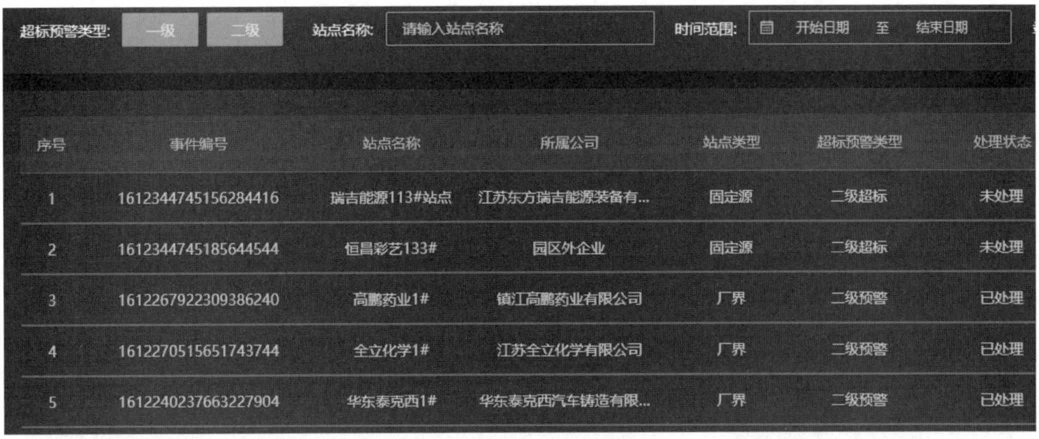

超标预警类型: 一级 二级 站点名称: 请输入站点名称 时间范围: 开始日期 至 结束日期

序号	事件编号	站点名称	所属公司	站点类型	超标预警类型	处理状态
1	1612344745156284416	瑞吉能源113#站点	江苏东方瑞吉能源装备有...	固定源	二级超标	未处理
2	1612344745185644544	恒昌彩艺133#	园区外企业	固定源	二级超标	未处理
3	1612267922309386240	高鹏药业1#	镇江高鹏药业有限公司	厂界	二级预警	已处理
4	1612270515651743744	全立化学1#	江苏全立化学有限公司	厂界	二级预警	已处理
5	1612240237663227904	华东泰克西1#	华东泰克西汽车铸造有限...	厂界	二级预警	已处理

图 10　超标事件台账

（3）日常运维台账

实现设备运维全过程线上化管理。日常运维台账如图 11 所示。

图 11　日常运维台账

（4）运维人员管理

实现运维人员设备绑定及任务自动分配考核管理。运维人员管理如图 12 所示。

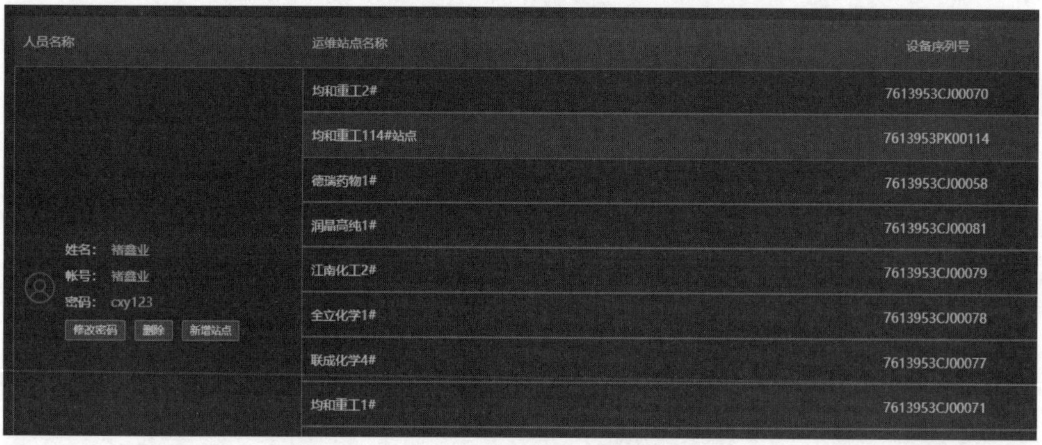

图 12　运维人员管理

（5）运维任务统计

统计运维人员阶段性运维次数，对阶段性运维任务未达标的运维人员的工作进行绩效审核，实现管理者对运维人员的运维任务的监督管理功能。运维任务统计如图 13 所示。

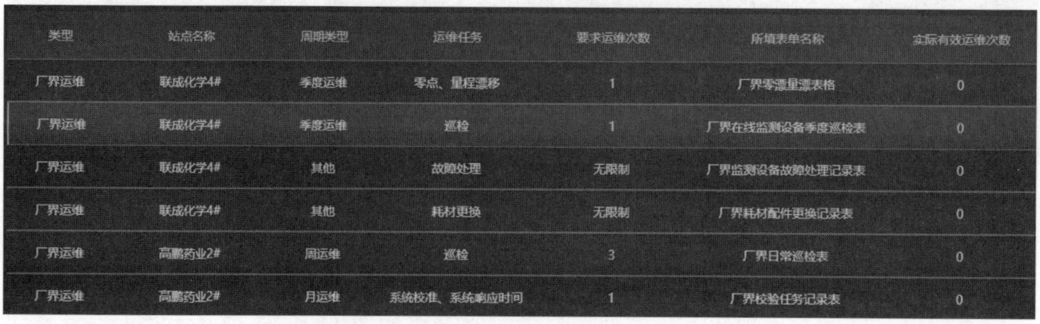

图 13　运维任务统计

2.6 园区大气污染快速溯源分析

基于特征因子指纹库及气象数据的物理化学交叉溯源模型,结合 GIS 地图及高值点位数据,提供逐时/一段时间的高值点位污染来源分析,以及对省控站/敏感点造成污染的可疑企业/装置。园区大气污染快速溯源分析如图 14 所示。

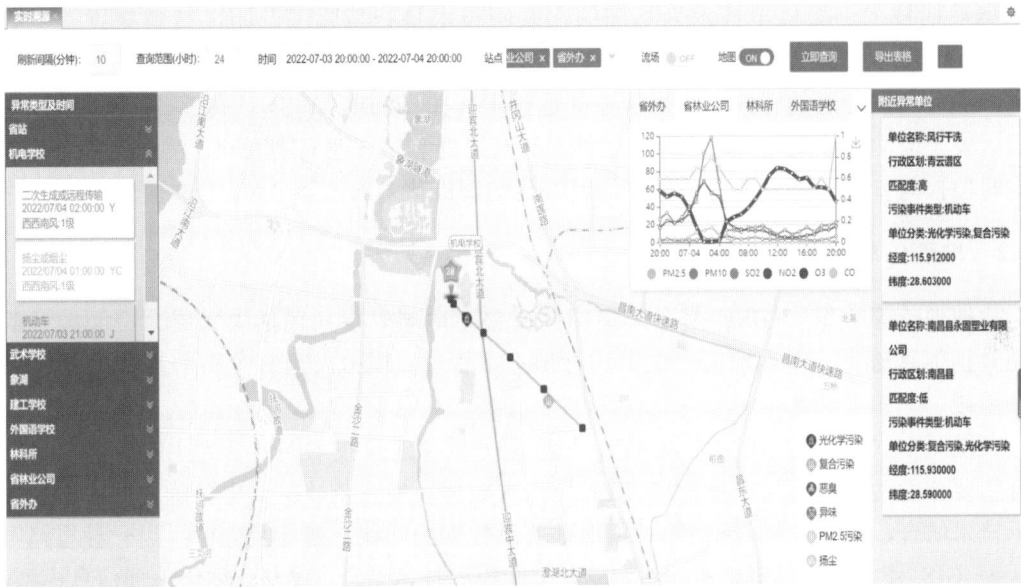

图 14　园区大气污染快速溯源分析

2.7 园区大气环境监测设备管理

实现所有已接入设备的信息管理。园区大气环境监测设备管理如图 15 所示。

序号	站点名称	设备编号	对应企业	设备类型	设备关联因子	经度	纬度
1	港务集团多因子站	7613953CJ00111	-	多因子站	-	119.631711	32.181899
2	金翔科技多因子站	7613953CJ00110	-	多因子站	-	119.602681	32.163937
3	港龙石化多因子站	7613953CJ00109	-	多因子站	-	119.605878	32.180447
4	北山路北山闸多因子站	7613953CJ00108	-	多因子站	-	119.645016	32.184878
5	超级1	3164501CJZ01	-	超级站	-	119.616289	32.156136
6	太白集团002#站点	7613953ZJ00002	-	区界	-	119.60249	32.18246

图 15　园区大气环境监测设备管理

3 关键技术

3.1 物联网技术

物联网指的是在物品与物品之间实现信息交换及通信。以嵌入式智能技术、短距离通信技术、微机电技术为基础的物联网技术是智慧园区及园区智慧建设的核心技术。

通过一些先进的感知及信息传输处理技术（如 RFID、WSN、传感器等），可以在园区安全监测、环境监测、信息化管理、配套管理等领域建立物联网，实现相关对象的实时监控与管理，有利于管理操作的精细化与智能化。

3.2 地理信息技术

地理信息系统（GIS）是在采集部分或整个地球表层（包括大气层）空间地理信息数据的基础上，对地理信息数据进行储存、管理、模拟及运算分析等操作的空间信息系统。

园区中 GIS 的应用主要以 GIS 与空间分析及建模技术的结合为主。目前这种结合主要分为两种思路：一种是将 GIS 作为大数据环境系统，需要更精确数据搜集与分析技术结合，提高 GIS 对空间对象地理信息数据的归纳、统计及分析；另一种思路则认为 GIS 作为空间地理信息系统，需与空间模型技术结合，建立一体化地理信息模型，提高 GIS 的直观性，方便 GIS 在更强理论环境中进行模拟。

针对园区建设的应用，通过应用 GIS 与建模技术的结合，在园区智慧建设管理上提供以下几个方面的辅助功能：园区空间结构规划、园区交通规划、园区在建工程分析、园区空气质量区域分析以及园区内环境质量问题多发区的分布等。

3.3 大数据技术

利用物联感知、智能识别、实时数据库等技术对企业监测数据和园区监测数据进行连续自动采集，形成海量数据。对每个监管指标进行量化、细化，实时提示异常用于精细化管理。在高效管理和存储的基础上，与运维管理和园区溯源等数据集成，通过大数据分析和挖掘技术，挖掘提取隐含在其中的异常信息，并根据对信息的分类分级别判断，实现智能防控预警。

3.4 可视化分析技术

可视分析是一种通过交互式可视化界面，来辅助用户对大规模复杂数据集进行分析推理的科学与技术。可视分析的运行过程可看作"数据→知识→数据"的循环过程，中间经过两条主线：可视化技术和自动化分析模型。从数据中洞悉知识的过程主要依赖上述两条主线的互动与协作。

人类获得的绝大部分信息来源于视觉，将大数据平台与数据可视化分析技术结合起来，借助于大数据平台具有的数据处理能力，将数据以更直观的形式展示出来，能够帮助决策人员更好地理解数据中所蕴含的信息。

因此，大数据可视化是对大数据进行分析的最有效、最重要的环节，数据可视化技术在大数据分析中扮演着非常重要的角色。

3.5 物理化学交叉溯源技术

物理化学交叉溯源技术是园区溯源的核心技术，通过构建以考核点位为中心节点的高分辨监测区域大气物理流场，并结合利用空气自动监测站以及大气痕量成分高精度分析仪器，立体全面掌握区域内任意点位大气流动特征参数，同时高分辨实时测量节点区域内各工业企业生产全周期中，包括原料、加工、转运、产品等的挥发、遗撒、泄漏、排放的指纹型痕量气体和亚微米级粒子特征成分等的谱分布，其中包括已知的可快速在线监测的上百种挥发性有机物气体、几十种粒子成分，高速运算与快速溯源算法系统，可实时进行工业园区敏感点位的污染物来源识别定位解析，可处理园区范围内及周边任何地点的异味投诉的来源识别等。

该算法分为三个模块，包括大气物理流场重构模块、大气化学特征因子识别模块、高精度物理化学交叉计算模块。

1）大气物理流场重构模块，是利用高密度气象观测仪组网监测园区动态大气流场，根据实际情况，一般将园区划分为以每 $100m \times 100m$ 为一个格点的网格区域，每个格点内部署一套风速风向温度湿度大气压的观测仪，构成格点流场基础数据，高时频数据供计算系统重构三维立体流场，无缝隙地掌握承载污染物质的大气气团活动轨迹矢量过程，从而在物理空间层面识别来源。

2）大气化学特征因子识别模块，是利用空气自动监测站以及大气痕量成分高精度分析仪器，高分辨实时测量节点区域内各工业企业生产全周期中，包括原料、加工、转运、产品等的挥发、遗撒、泄露、排放的指纹型特征痕量气体和亚微米级粒子特征成分等的谱分布。通过向计算模块提供数据进行指纹级特征因子比对识别源头，其中监测化学成分因子包括生产过程已知的可快速在线监测的上百种挥发性有机物气体、几十种粒子成分，从而从化学特征谱层面识别来源。

3）高精度物理化学交叉计算模块，是大气物理流场计算和化学计算并行，污染物各排放源成分谱之间的差异主要体现在各种化学成分的组成、含量和特征元素等方面。大气中所含的痕量化学物质种类繁多，在对大气组分检测的过程中系统主要关注园区源排放的主要污染物组成的指纹谱信息含有的特征污染物。从理论上来说不同的污染源的特征谱具有唯一性，这种唯一性为特征谱的识别提供了依据。VOCs 污染过程的发生可能来自多个污染源，并且排放的物质在传播中的混合、降解。在园区小微尺度范围内，通过选择反应时间较长的特征物，再通过物理方位溯源法分析，物理化学交叉验证锁定污染排放来源。

4 创新点

作为园区大气污染防治的重要实践,镇江新区大气污染防治 PPP 项目 VOCs 智慧管控平台的建设应用了云计算、大数据和移动互联网等主流的技术和计算模块,使园区的信息化建设处于国内领先地位。具有如下的创新性:

（1）利用大数据技术提升平台的数据处理、分析与挖掘能力

平台中整合了来自各类型监测设备以及企业相关信息资源,随着园区建设的加速,数据量、数据种类都将实现快速增长,与此同时,平台业务量增加将产生更多的用户行为数据、运维数据、异常数据。数据体量的增长将使指标间的关联分析发挥更大价值。

（2）利用物理化学交叉模型提升园区溯源能力

园区溯源是必不可少的业务环节,平台建设源普库标识企业污染源"身份信息",并根据镇江园区特点建立精细化物理化学交叉溯源模型算法,两者强强联合,实现高值快速溯源,精准识别污染源具体位置,不再溯源"跑断腿",为判断企业行为提供更有理论依据的报告。

（3）利用三维仿真技术提升平台可视化能力

结合镇江新区实际,对园区进行三维建模。将园区建筑物、道路、企业、生产装置、在线监测设备等空间位置匹配到平台中,达到与现实场景一致,平台采用与权威地理公共服务平台所一致的平面坐标系统,采用专业的建模软件进行建模,实现在 3D 场景下标绘模拟各类场景,可真实的模拟气流经过遮挡、碰撞等多场景下的气流变化方向,将模拟场景与溯源分析模型算法融合,提高准确度。

5 示范效应

经检验,园区内的空气自动监测站、VOCs 组分站、气象数据、企业信息数据等数据已经实现与平台的对接,可通过平台向用户提供服务。目前平台运行状态良好,客户满意度较高。

从园区大气污染防治角度看,镇江新区大气污染防治 PPP 项目 VOCs 智慧管控平台达到了如下效果:

（1）智慧化的运维管理

平台面向整个园区内 150 台在线监测设备的运维提供智慧化运维服务。平台自动化标识超标预警事件,并为用户提供业务流程化管理,用户可通过平台处理超标预警事件,提高工作效率。平台通过权限控制为运维人员开通业务权限,运维人员可通过移动端在线汇报运维情况和设备状态,并可同步至网页端。平台为用户提供运维统计管理和运维人员管理功能,平台积极落实运维管理机制,为用户管理提供方便。

（2）智慧化的数据统计

用户不仅可通过平台实现实时数据统计分析,还可实现新数据导入分析,方便用户

一键绘图，快速辅助研判分析。平台支撑数据分析工具的按需定制，平台可开发或集成符合其业务需求的工具。

（3）智慧化的溯源分析

平台为用户提供源普库接口，可根据实际情况对源普库信息进行新增或更新。用户通过补充源普库信息，对精准溯源提供基础数据。平台提供园区溯源功能，用户通过该功能可根据高值情形获取实时溯源结果，用户也可自定义参数得到想要的溯源结果。

（4）智慧化的超标预警提醒

平台根据超标预警机制，为用户提供超标预警数据展示及预警推送功能，用户可以联动地图查看超标预警详情及预警超标事件全生命周期情况。平台支持移动互联网应用的接入，并对移动端提供消息推送机制，实时提醒和通知终端用户超标预警信息。

重庆市智慧广阳岛项目

广联达科技股份有限公司

1　项目背景

重庆广阳岛位于铜锣山、明月山之间，是长江上游最大的江心绿岛，以"长江风景眼、重庆生态岛"为价值定位，通过生态文明建设，打造习近平生态文明思想集中体现地，长江经济带绿色发展示范区。2020年10月9日，重庆广阳岛被生态环境部命名为"绿水青山就是金山银山"实践创新基地。

智慧广阳岛是打造"长江风景眼、重庆生态岛"，开展长江经济带绿色发展示范，探索绿水青山就是金山银山实践创新的重点项目之一，也是重庆市首批十大智慧名城重点应用场景开发项目之一。项目立足"智慧生态化、生态智慧化"，创新提出了智慧生态"双基因融合、双螺旋发展"理论，搭建生态信息模型体系。项目建设以减污、降碳、丰富生物多样性为出发点，以水、土、气等生态环境要素为切入点，以5G、物联网、大数据等信息技术为支撑点，实现生态治理的可视化、可量化、可优化，打造"生态智治、绿色发展、智慧体验、韧性安全"的广阳岛，同时融合建设长江模拟器、广阳岛野外科学观测站，为广阳岛生态治理智慧赋能，为重庆智造重镇、智慧名城添彩，为长江经济带绿色发展做出标杆示范。

2　建设内容

智慧广阳岛建设总体围绕"长江智慧风景眼、重庆数字生态岛"的基本定位，以推动广阳岛生态与智慧"双基因融合、双螺旋驱动"一体化发展为目标，实现智慧生态引领长江经济带绿色发展示范。在技术标准规范体系支撑下，构建一个涵盖"生态信息模型体系（EIM，Ecology Information Modeling）时空中台＋EIM物联中台＋EIM大数据中台"的EIM孪生平台，搭建以智慧生态应用为核心，同时建设包含以全过程记录为核心的智慧建造系统、以生态体验为核心的智慧风景系统、以基础运维为核心的智慧管理系统的四大智慧应用场景，建设涵盖智慧展示中心、监测评价、指挥调度于一体的智慧管理中心，完善包括基础设施体系、网络安全体系和技术标准规范体系的支撑体系。最终建成整体运行、集约共享、协同联动、资源汇聚、安全可控的智慧广阳岛生态体系，整体架构如图1所示。

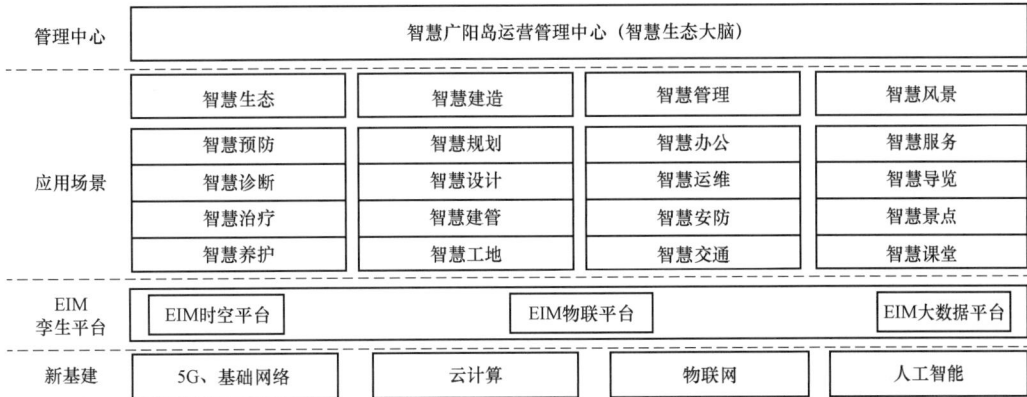

图 1 智慧广阳岛整体建设架构

2.1 新基建

基础设施层为整个智慧广阳岛提供信息基础设施支撑，主要包括通信基础设施、物联感知设施和数据基础设施。

（1）通信基础设施

包括新建 5 座岛上 5G 基站、12 座岛外 5G 共址基站、主干光缆约 15km、次干光缆约 18km，24 个光缆交接箱，20 个汇聚节点以及无线 WiFi 网络基础设施，支撑全岛生态监测、安防监控等智能化设施的数据高速传输。

（2）物联感知设施

主要包括岛上水、土、气、动物、植物等生态监测设备、安防监控摄像头、市政设施、建筑内部物联感知、运维设备设施等，共 7 大类 3200 余台套。

（3）数据基础设施

主要建设 17 台机柜、近百台服务器、1 台路由器、12 台交换机、2 台磁盘阵列、7 台网络安全设备及 2 条互联网专线以及相应配电、UPS、动环监控、新风、消防系统等设施、设备。

2.2 EIM 孪生平台

EIM 孪生平台是整个智慧广阳岛应用系统支撑平台，主要包括 EIM 时空中台、EIM 物联网中台及 EIM 大数据中台，实现生态全要素空间数字化重构、生态状态在线化感知、生态运行智能化分析与模拟，建立与生态智能化管理的基础底座。

（1）EIM 时空中台

包括 BIM＋3DGIS 引擎、流数据引擎、遥感智能解译引擎、AI 引擎、业务服务和运维服务等模块，为整个智慧广阳岛生态智慧应用提供各种平台能力支撑服务。

（2）EIM 物联中台

EIM 物联中台是智慧广阳岛基础性支撑平台，主要针对生态、安防、市政、运维等物联监测设备的统一接入和全生命周期管理，标准化物联数据的采集融合，提供设备管理、消息通信、监控运维、数据接入与管理、服务开放和安全保障等功能，实现物联监测设备的全域接入、统筹管理与维护，确保物联数据实时汇聚共享。

（3）EIM 大数据中台

基于广阳岛 EIM 生态信息模型，实现集数据采集汇聚、多源异构数据管理、时空大数据分析、生态数据服务于一体的大数据平台，为整个智慧广阳岛应用提供大数据平台服务。

2.3 四大应用场景

智慧广阳岛重点建设四大智慧应用场景，即以"智慧生态"为核心，以及智慧建造、智慧风景、智慧管理，着力打造"生态智治、绿色发展、智慧体验和韧性安全"的广阳岛。

（1）智慧生态：打造"生态中医院"模式智慧生态应用

以 EIM 孪生平台为技术支撑，以智慧生态指标体系为业务引领，通过物联网实时获取水、土、气、生等生态运行数据，融合生态本底数据、生态指标体系、专家诊疗算法等，建设生态数字档案、智慧预防、智慧诊断、智慧模拟、智慧养护管理系统，以生态中医院新思维，实现生态健康全面感知、生态问题专家诊疗、生态运维高效智能、生态健康精准评价的闭环管理，创新形成广阳岛"生态中医院"智慧生态应用新模式，如图 2 所示。

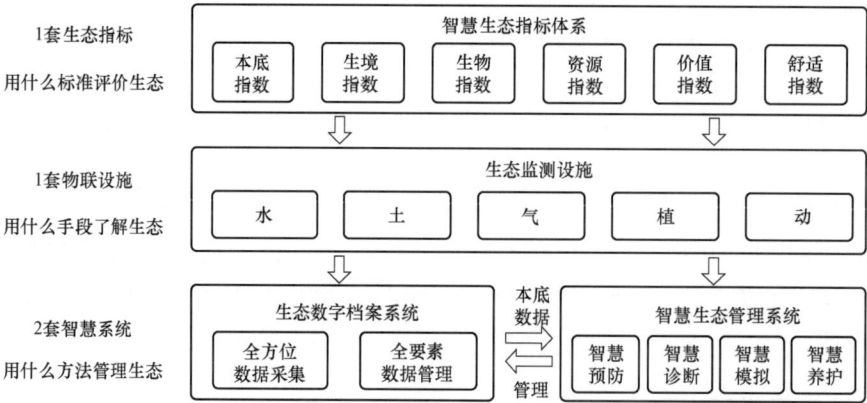

图 2 智慧生态系统架构

智慧生态指标体系：根据广阳岛区域生态特点、生态要素代表性、可物联监测等，建立广阳岛智慧生态评价指标体系，包括 1 大综合指数、6 大分指数、18 项评价指标和 54 个监测项。通过 EIM 物联中台和广阳岛布设的水体、土壤、空气、动物、植物等 194 台套生态监测设备，实现广阳岛生态健康动态评价，生态运行态势实时掌控，超标动态提醒。

生态数字档案系统：通过三维激光扫描、高清遥感影像、多光谱等采集技术，实现山、水、林、田、湖、草等生态要素全结构化、参数化数据提取，建立广阳岛生态数字化本地档案库，打造全岛生态智慧化管理基础，如图 3 所示。

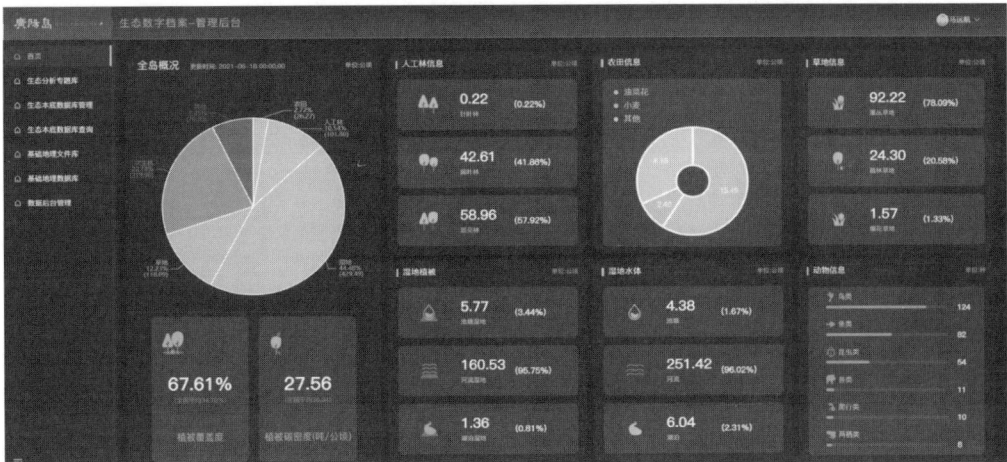

图 3　生态本地数据库管理系统

智慧生态管理系统：通过集成物联网、生态模拟、自动控制多项技术，构建高效的智慧生态管理系统，以生态中医新思维，创建科学的生态治理新模式，形成智慧预防、智慧诊断、智慧模拟、智慧养护四大管理系统。搭建生态健康指数计算模型，健康状态实时推送；积累生态影响因素知识库，未来生态趋势科学预判；构建生态异常分析专家库，生态诊断结果快速分析；建立广阳岛绿地质量评价库，树木生长模拟推演，生态修复方案科学比选；连接智慧灌溉控制系统，基于物联感知监测，实现智慧化水肥管理养护，如图 4 所示。

图 4　智慧生态管理系统

（2）智慧建造：以智慧规划、智慧建管和建设全过程记录为核心

依托"绿色、低碳、循环、智能"的理念，紧紧围绕广阳岛精细化管理和智慧化建设要求，智慧建造应用基于 BIM、云计算、大数据、物联网、移动互联网和人工智能等先进技术，对广阳岛生态治理、修复项目进行全过程、全要素、全参与方的智慧化管理和信息记录，如图 5 所示。

图 5　智慧建造管理系统

（3）智慧管理：实现全岛管理一盘棋，服务好生态岛运营

智慧管理集成运维、安防与交通业务，通过 AI、物联网、交通模拟等手段，实时监控、智能识别，实现对全岛人、事、物的集中管理和远程调度，是广阳岛进行管理运维相关的业务系统，以保障广阳岛各项管理工作有序开展，重点包括智慧办公系统、智慧运维系统、智慧交通系统、智慧安防系统等四部分，如图 6 所示。

图 6　智慧管理系统

（4）智慧风景：科技引导观光、体验传播生态、智慧赋能服务

智慧风景应用结合线上服务和线下互动产品，为游客提供打造"风景与科普融合，线上线下一体化"的智慧风景新模式。场景由智慧服务、智慧导览、智慧景点、智慧课堂四个板块组成，通过构建线上线下相结合的方式为进岛观光游客提供智慧化的观光体验，科普广阳岛生态建设管理相关知识，寓教于乐，宣传生态文明建设理念，同时为广阳岛管理者提供高效便捷的管理手段，如图 7 所示。

354

图 7　智慧风景系统

2.4　管理中心

通过对四大应用场景的建设和打造，构建广阳岛智慧生态大脑，智慧生态专题、智慧建造专题、智慧风景专题、智慧管理专题四大系统，实现生态信息的一体化综合展示，并将广阳岛综合运行态势、广阳岛生态三维场景交互展示，形成广阳岛运营管理的统一指挥调度中心、生态监测分析研判中心、智能辅助决策中心、对外宣传展示中心。为管理者提供应急值守、视频调度、音频调度、会议调度、可视化调度、资源管理、指挥调度移动 App 等多种手段，以确保在异常情况下，管理者可以快速响应，提升应急处置能力。建成的智慧生态大脑也是整个智慧广阳岛建设项目成果的对外形象展示窗口，可用于接待上级领导、外来贵宾等来访，展示和宣传智慧广阳岛建设项目成效，如图 8 所示。

图 8　智慧生态大脑

3 关键技术

1）强调建立以 EIM（生态信息模型）为基础的数字孪生平台。数字孪生融合了云计算、大数据、物联网、BIM、3DGIS、AI、5G 等一系列新兴信息技术，在广阳岛生态建设的过程中，同步形成与之孪生的数字广阳岛，即广阳岛 EIM 生态信息模型，为岛上的规划、建设、管理全过程进行"智慧"赋能。通过时空大数据汇聚、三维可视化管理、空间规划推演、生态模拟仿真、综合运营分析等，大幅提升广阳岛生态建设管理服务水平。

2）强调"可感、可视、可知"。充分利用遥感、物联网、5G 等智能化技术，对岛上"山水林田湖草动物"生态环境和生产生活环境进行全方位的自动化感知；利用可视化的模拟仿真，真实展现广阳岛生态修复与治理的过程和成效；利用专家知识模型，充分理解广阳岛生态建设进程，实现生态发展的量化和优化。

4 创新点

基于广阳岛生态实践，创新性地提出智慧生态"双基因融合，双螺旋发展"理论，搭建生态信息模型（EIM）体系，建立智慧生态指标体系，研究生态算法模型，形成了包括基础平台、标准规范、指标体系和应用服务等各方面综合的智慧生态应用支撑体系。引入"中医系统观"理念，构建"把脉—诊断—治疗—养护"为一体的生态中医院治理模式，实现生态资源一目了然、生态要素在线监控、生态问题智能诊断、生态策略精准实施，为各地更好地开展生态规划、治理和服务，促进减污、降碳、丰物提供技术支撑。

5 示范效应

项目建成后，形成了整体运行、集约共享、协同联动、资源汇聚、安全可控的智慧广阳岛体系，智慧应用全面运行，生态管理手段数字化智能化水平大幅提升，广阳岛内自然生态、人文生态和产业生态等领域得到显著增强，成为全国生态文明创新和长江经济带绿色发展示范样板工程。

淮安区污水处理厂（三期）智慧运营管理平台

武汉华信数据系统有限公司

1 项目背景

淮安区污水处理厂三期工程处理规模为 4 万 m^3/d，污水处理工艺采用"粗格栅及进水泵房→细格栅及曝气沉砂池→改良型 A2/O 生物池→二沉池→高密度沉淀池→滤布滤池→接触消毒池"工艺；消毒采用次氯酸钠接触消毒工艺；污泥处理利用淮安区污水处理厂一期、二期工程已建的污泥处理中心脱水处理，污泥经处理后含水率小于 60%，外运处置。

现有传统的运营管理模式难以适应现阶段水务行业标准化、流程化、精细化、集中化管理的要求和发展趋势，传统的工作模式和管理手段也难以帮助公司各级管理层人员及时了解现场的生产和运营情况、快速应对及排除异常情况、规避潜在风险。淮安污水处理厂智慧水厂建设项目旨在完善高级自控系统基础上，运用强大高效的计算机和信息化技术为公司管理层、技术层、操作层提供功能完善的应用支持，加强对厂内生产运营管理力度，实现生产信息化管理。

2 项目内容

信息化建设遵循"统筹规划，公司主导；统一标准；互联互通，资源共享"的方针，在满足出水水质达标、运行稳定的前提下，以最大程度降低系统运行费用为目标，利用多种通信技术实现数据采集、信息共享、数据可视化、设备养护自动化、系统故障实时告警、事故预案智能提示、报表自动统计生成等功能。同时将专家知识和管理经验与计算机技术完美结合，利用人工智能和大数据挖掘技术实现水厂运行最优化控制和精细化管理。

智慧运营管理平台逻辑架构分为基础设施层、控制层、数据采集层、数据中台、平台支撑层、应用层、展示层，整体架构参考企业信息化技术标准、Brown 分层模型，实现了基于微服务架构，集基础资源管理、统一数据持久化适配管理、综合应用组态、业务领域建模、业务流程定义与编排、多源数据采集、BI（数据抽取与建模、多维数据分析、风险预警、仪表盘、数据仓库等）、企业服务总线、企业门户、企业报表、多类型访问点兼容（多浏览器、PC 终端、移动终端）等于一体的综合性信息系统解决方案。

系统整体逻辑架构如图 1 所示。

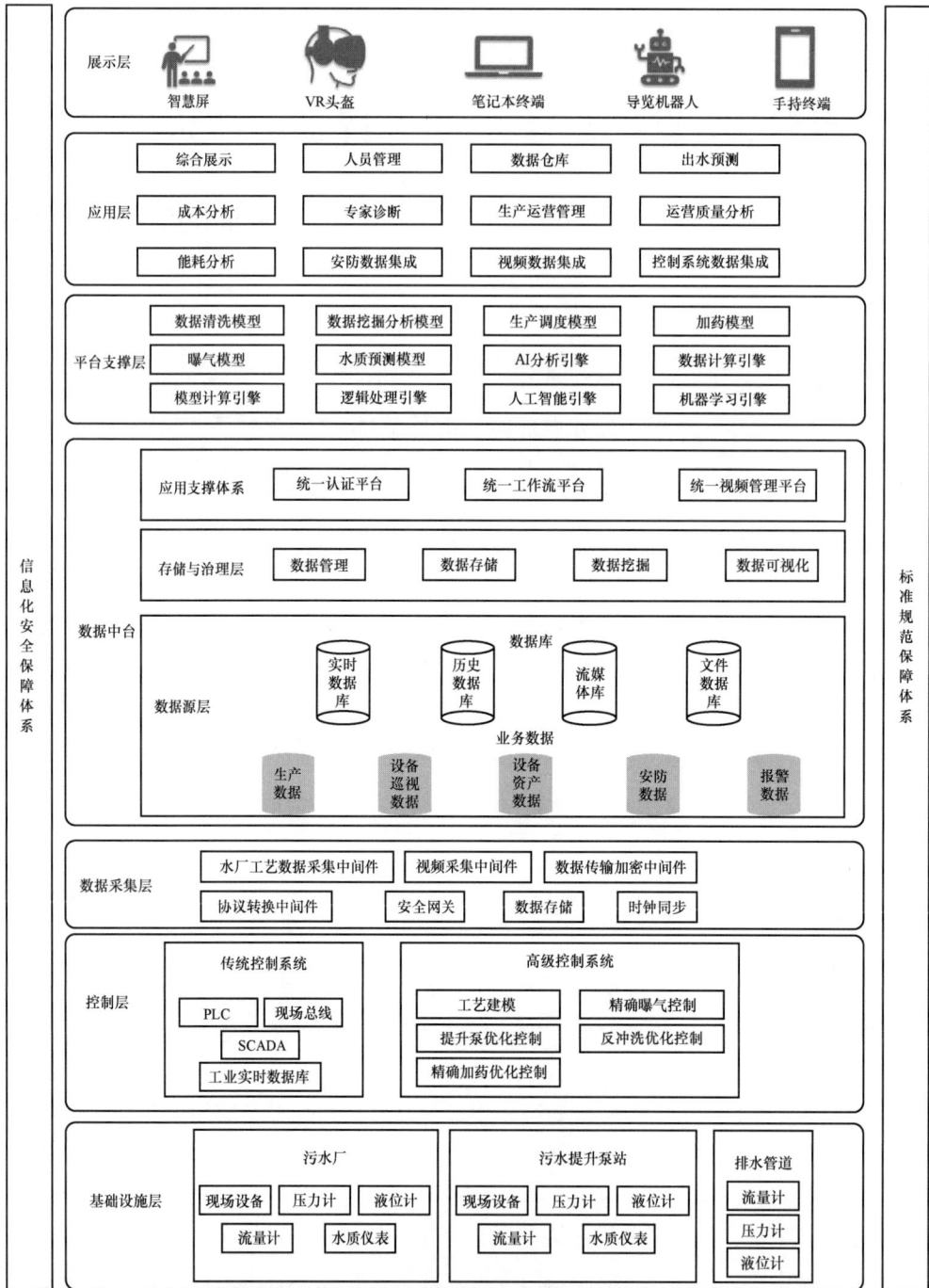

图 1　系统整体逻辑架构

项目建设内容主要包含以下四个步骤：

第一步，建立以数据为核心，通过物联网数据、业务数据的采集，收集汇聚到公司大数据平台。

数据中心可以统一数据的来源，提供各业务系统之间的实时数据交换功能，将各个系统中的业务数据抽取，经过过滤、清洗、转换形成数据中心所需要的数据。最后可以通过服务的形式将数据发布成对外接口，提供给其他业务系统调用实现信息共享。数据管理界面如图 2 所示。

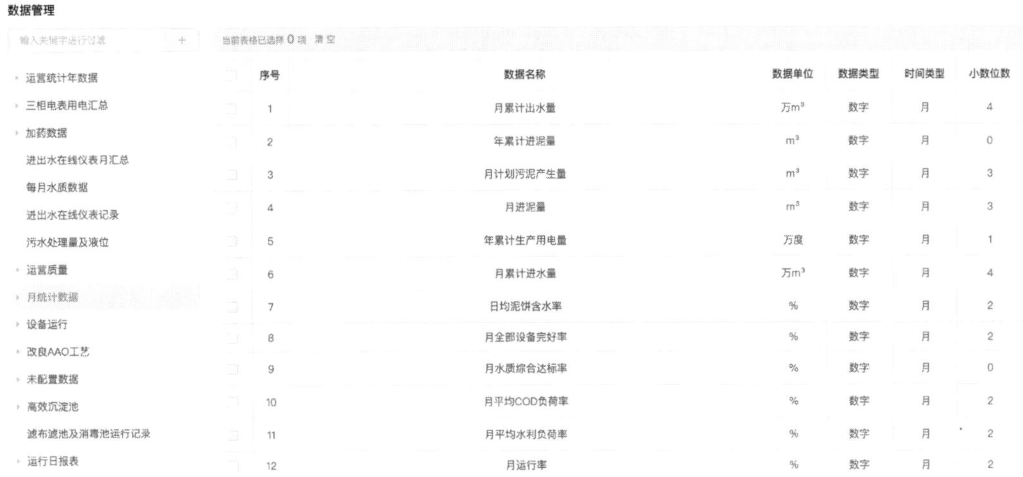

序号	数据名称	数据单位	数据类型	时间类型	小数位数
1	月累计出水量	万m^3	数字	月	4
2	年累计进泥量	m^3	数字	月	0
3	月计划污泥产生量	m^3	数字	月	3
4	月进泥量	m^3	数字	月	3
5	年累计生产用电量	万度	数字	月	1
6	月累计进水量	万m^3	数字	月	4
7	日均泥饼含水率	%	数字	月	2
8	月全部设备完好率	%	数字	月	2
9	月水质综合达标率	%	数字	月	0
10	月平均COD负荷率	%	数字	月	2
11	月平均水利负荷率	%	数字	月	2
12	月运行率	%	数字	月	2

图 2　数据管理

第二步，针对应用需求变化频繁的功能进行可视化配置管理，满足用户变更需求：数据采集、视频采集；监控画面组态平台；报表设计平台；曲线生成工具；流程编辑平台；系统资源管理与配置平台等逐步建立一套标准的运营管理体系来保障业务及数据的规范性，并实现运营平台的统一业务管理。

采用先进的配置化、组件化、扩展点等设计理念和高级封装技术，并积累了大量成熟、稳定、实用的应用组件，有助于快速构建高效、稳定的企业应用。

第三步，通过对经营及运营数据的分析进行有效的以集控中心为控制点的运营调度，同时运营及调度结果与公司大数据可视化进行对接实时展示，为公司经营决策层提供数据化决策。

面向管理层领导聚焦生产管理，抽取相关业务数据集成在数据总览中（如一些关键指标的分析展示等），使领导可以及时、便捷地获取所需的数据和文件。建立公司生产分析中心，提供各生产管理重要指标的统一展示，形成统一调度管理；并能将多种重要生产指标进行横向、纵向的对比及评价，形成统计图表以图形化展现方式呈现给领导，管理者可根据这些指标判断企业生产 KPI 状况。运行统计界面如图 3 所示。

第四步，建立水厂生产运营管理数字化应用如在线监测，智能巡检和水厂调度模块等。通过水厂管控的结合科学、有效、高效地指导并运行公司整体标准化体系，从而实现一体化建设、集约化运营，助推淮安水厂从信息化到数字化的华丽转型，最终打造一个自己特色的智慧水务平台。人员定位界面如图 4 所示。

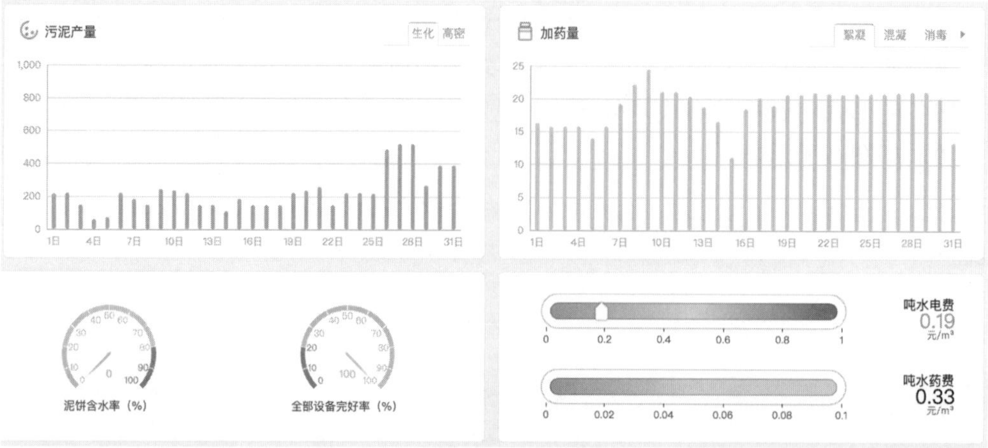

图 3 运行统计

图 4 人员定位

　　针对淮安智能污水厂项目建设，在完善感知层的基础上，通过智慧水厂运营平台将有效生产运行数据读取至数据分析层，进行深度学习和分析，指导生产运行工作，实现以下项目建设目标。

　　（1）智能控制、稳定达标

　　通过增加在线监测设备，完善工艺控制系统，对生产运行过程进行实时监控并对运行参数进行趋势分析，使工艺运行系统能够根据进出水水质、水量及过程参数变化进行深度学习，通过机器学习及大数据算法建立工艺运行数据模型，建立出水稳定达标的基础。

　　组建水厂数据仓库，打造水厂"最强大脑"，为专家系统（优化诊断分析）、运行预测预判建模、数据分析与运行经验优化、云端（共/私/混）应用、人工智能 AI 应用与创新等提供数据服务。

（2）智慧运营、科学管理

通过智慧水厂运营管理平台建立标准化管理体系，将管理工作从时间和空间进行不同维度的拓展，各项管理实务的处理流程、过程信息、处理结果进行有效管控，做到事前安排灵活、事中监管严密、事后回溯便捷，为提高运行效率提供基本依据，为人员绩效考核提供量化基础。

（3）优化控制、节能降耗

通过优化重点工艺环节运行控制策略，结合实际工况进行智能调整，"按需曝气，按需加药"，在保证工艺运行需求，处理水质达标的基础上，实现节能降耗目标。

系统自动统计生产过程中水、电、药、泥等生产成本、运营过程中人工、物料成本，数据实时性高、来源统一、人为干扰因数小，可为企业投资项目提供较为真实的数据参考。

（4）决策分析、提质增效

通过量化的数据对运行能耗，设备能效等进行分析，对运行参数变化进行预测预警，同时为整体提质增效提供决策依据。

7×24h 实时监控及预警，增强了水质达标、系统控制、企业运行的稳定性，同时也为生产运行安全、人身环境安全、设备运维修安全、工业控制系统网络安全、平台数据物联安全提供数据支撑。

3　关键技术

该项目使用的 iWater® Union 水务通产品是武汉华信数据系统有限公司面向智慧水厂自主研发、自主知识产权，通过国家信息安全三级等保认证的高科技产品，从 2005 年至今已经历了四代产品，实际应用于 500 多个水厂。它是智慧水厂建设重要组成部分，也是确保水厂运营、标准化落地执行，提升全员能效比的极佳途径。它不仅可以轻松联接自控、电气、安防系统，组建企业级工业物联网，更可以通过标准化、数字化、智慧化成果，帮助水厂实现"安全、稳定、高效、卓越"的生产目标，提升水厂生产安全等级及运营效率，推进水厂运营区域化、集约化转型，与水企一同构建环保产业智慧水务生态圈。iWater® Union 水务通水厂应用架构如图 5 所示。

数据安全：iWater®Union 水务通通过国家信息安全三级等保认证。

物联网：通过 iWater®Union－Box 水厂智能终端可以轻松将水厂内设备、仪表、PLC、摄像头、门禁、智能安全帽、智能手电等集成，搭建厂内物联网平台。为上层应用系统服务，提供实时数据、视频集成、远程控制支持，保证系统能稳定、安全、高效的运行。

应用层：通过 iWater®Union－App 水厂生产运营管理应用（含移动端）搭建水厂微服务应用架构，统一的用户管理、权限管理、各类水厂应用，包括水厂现场管理、运行管理、设备管理、人员管理、高级分析等微服务应用。

数据层：基于 iWater®Union－SSD 水厂标准体系库构建水厂"数据中台"、移动驾驶舱，实现实时数据、报表数据、过程记录等数据的分类存储，保持数据的完整性、稳定性和可靠性。

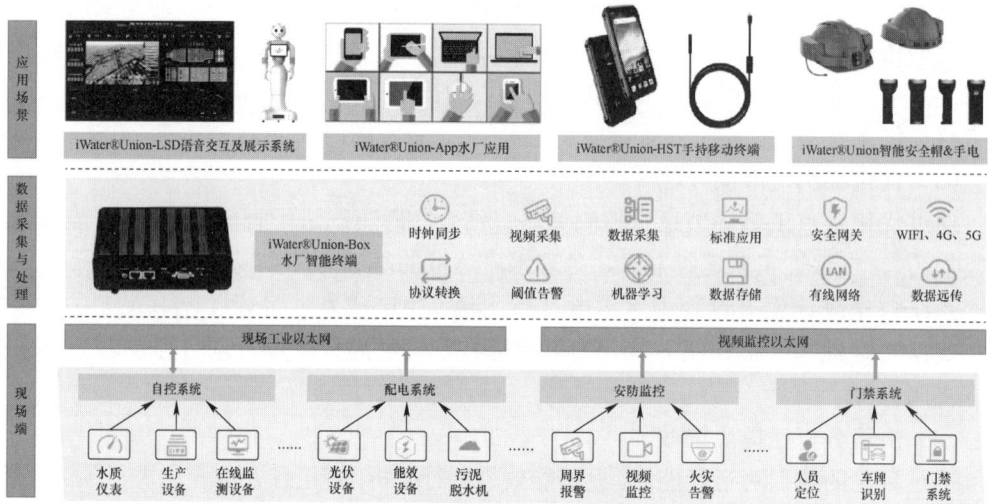

图 5　iWater® Union 水务通水厂应用架构图

展示层：为不同类型用户提供多种展现方式及场景界面，包括手机端、PC 端、移动平板、大屏、多媒体大屏及机器人等。展示界面示意如图 6 所示。

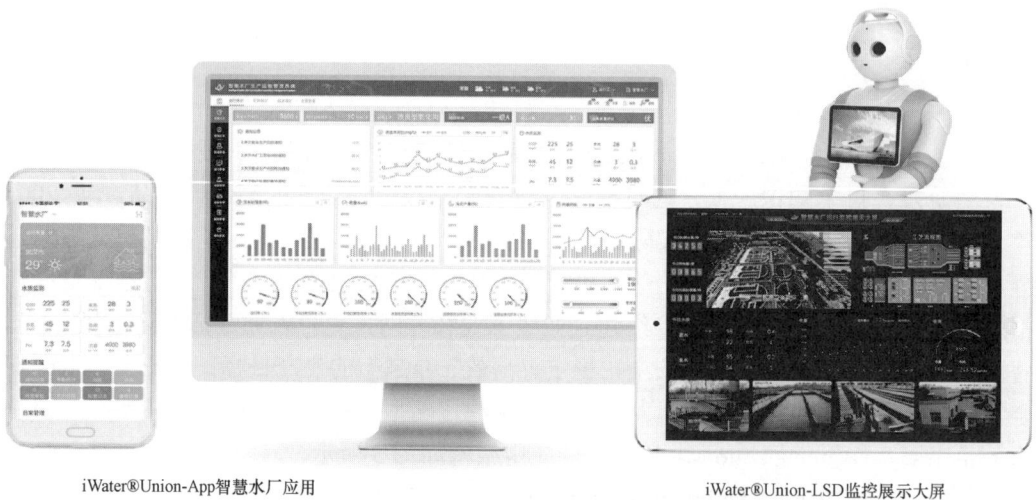

iWater®Union-App智慧水厂应用　　　　　　　　iWater®Union-LSD监控展示大屏

图 6　展示界面示意图

其关键技术主要包括以下 9 个方面：

（1）微服务架构

软件采用基于 Java/Springboot 框架和开发语言微服务体系架构进行建设，微服务支撑系统遵循面向业务、基于构件的思想，为各种构件提供了稳定的运行和维护环境，采用微服务支撑系统使得系统具有更高的稳定性、可靠性。通过 Java/Springboot 的方式，可以实现一键启动和部署，支持项目代码结构、支持前后端分离。将功能分散、对应各个服务要求进行解决、最终组合在一起的服务方式。微服务架构会根据用户的需求采取一组解决方案来构建一个应用，使每个分系统能够在相对独立的情况下进行运转。可以为业主实现业务、功能、数据的灵活调用，降低数据拥堵概率，保持企业信息系统运行的通畅，为用户提供更加便捷、跳转灵活的功能服务；打破既有的企业业务和系统应用边界，有利于企业各部门之间的协作，提高资源利用率。

（2）分布式应用数据存储

采用分布式 MySQL 作为数据存储介质，MySQL 是一个关系型数据库管理系统，由瑞典 MySQL AB 公司开发，目前属于 Oracle 公司。MySQL 是一种关联数据库管理系统，关联数据库将数据保存在不同的表中，而不是将所有数据放在一个大仓库内，这样就增加了速度并提高了灵活性。MySQL 32 位系统表文件最大可支持 4GB、64 位系统支持最大的表文件为 8TB。为了保证 MySQL 数据库的可靠性，建议采用 master（主服务器）、slave（从服务器）模式提高可靠性。

（3）实时数据存储及缓存服务

采用 InfluxDB、Redis 构建实时数据分布式时序存储及高性能缓存服务。

InfluxDB 是分布式时序、时间和指标数据库，使用 Go 语言编写，无需外部依赖。其设计目标是实现分布式和水平伸缩扩展，是 InfluxData 的核心产品。应用于性能监控，应用程序指标、物联网传感器数据和实时分析等的后端存储。主要用于厂级设备、仪表实时数据存储。

（4）分布式文件存储

水务通采用 FastDFS 作为高性能分布式文件系统（DFS）。它的主要功能包括文件存储、文件同步和文件访问（文件上传、文件下载）。该系统充分考虑了冗余备份、负载均衡、线性扩容等机制，并注重高可用、高性能等指标，主要用于存储业务系统中上传的图片、音频、视频、文档。

（5）流媒体视频技术

水务通采用 ZLMediaKit 作为高性能的流媒体服务框架，目前支持 rtmp/rtsp/hls/http-flv 流媒体协议。该项目已支持 Linux、Macos、Windows、IOS、android 平台，支持的编码格式包括 H264、AAC、H265（仅 rtsp 支持 H265）；采用的模型是多线程 IO 多路复用非阻塞式编程（Linux 下采用 epoll、其他平台采用 select）。

主要用于厂级视频监控、云台控制、定时快照，视频监控设备必须支持 RTMP 及 ONVIF 协议。

（6）图像识别技术

水务通采用腾讯、百度智能图像识别引擎，主要用于栅渣识别、防护识别、热成像测温识别、越界识别、设备识别、报表数据识别。图像识别示例如图 7 所示。

（7）语音交互技术

水务通采用科大讯飞智能语音交互引擎，主要用于 App 功能操作、专家知识库、数据检索等场景。客户可以对水务通 App 说"小优，小优""昨天生产运行情况""电机温度过高的原因""什么是污泥膨胀"等。

图 7 图像识别

语音识别系统构建过程整体上包括两大部分：训练和识别。训练通常是离线完成的，对预先收集好的海量语音、语言数据库进行信号处理和知识挖掘，获取语音识别系统所需要的"声学模型"和"语言模型"。语音识别示例如图 8 所示。

图 8 语音识别

（8）大数据相似度算法

水务通采用大数据相似度算法结合水厂采集到的历史生产运行数据，通过当前进水量指标以及过程指标设定来实现未来时间出水口水质预测数据。

基于上述场景，水务通使用 minHash 算法计算 Jaccard 相似度。将原先高纬度的独热编码（对每个数据时间样本，每个数据都可以看成是一个维度）降为可计算的维度（比如 100 维）。这一算法的假设是两个集合中的元素经过哈希后的最小值相等的概率即为它们的 Jaccard 相似度：

$$p(hmin(A) = hmin(B)) = jaccard(A,B)$$

具体做法为对每个数据（编号或字符串）做哈希，然后查找数据时间样本 A 中的数据的最小哈希值，数据时间样本 B 同理。这样处理一次的结果在很大程度上 hmin（A）

不等于 hmin（B）的，因此会得到 A 与 B 相似性为 0 的结论。为使结论更为准确，正确的做法是选取 K 个不同的哈希函数，对每个用户哈希 K 次，每个函数作为一个输出维度。此外，也可以对一个哈希函数选取 topK 个最小的值，每个 K 作为一个输出维度。得出每个 url 的哈希签名后，我们用如下公式来计算 jaccard 相似度：

$$Jaccard\ Sim = (minh(A)K \cap minh(B)K)/(minh(A)K \cup minh(B)K)$$

即查看 A，B 最小值集合的重叠程度。

（9）VR 虚拟现实技术

水务通基于实景模拟仿真平台，建立厂区及周边实景模型，各主要车间和主要作业工艺流程的实景图像建模及工艺流程动态模拟，展示整体厂区、主要车间及生产线的实时信息，并且能够通过互动，实现实景各个角度的呈现以及站内的虚拟漫游，并可以展示静态文字、视频以及 3D 平面图交互展示等多媒体信息。虚拟水厂界面如图 9 所示。

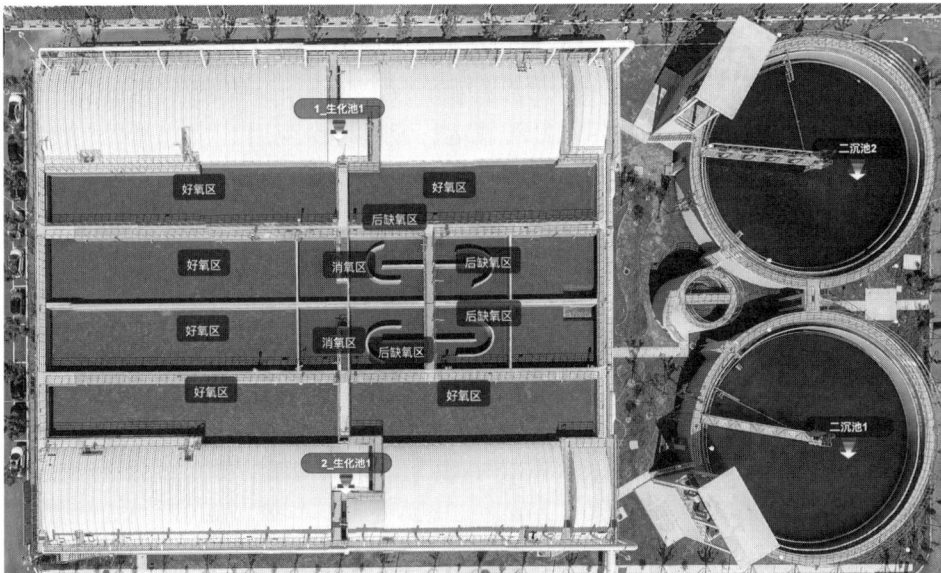

图 9　虚拟水厂

4　创新点

（1）基于"云 + 智能终端 + 移动 App"的创新应用可持续发展

大数据分析以水务 "云"作为数据源，通过"智能终端"数据采集接入服务抽取现场数据，作为大数据分析的数据支撑；大数据分析产生的分析数据、分析能力、数据视觉能力结合"移动 App"作为综合服务层的能力支撑。具体运用如下：

1）全覆盖数据接入。"智能终端"数据采集接入服务抽取现场数据，实现与环境板块相关异结构系统全方位的数据交互能力。通过开发系统交互接口和部署数据抽取转换加载工具，打通数据汇聚的路径。

2）云存储应用。实现全生态的数据云存储能力。实现海量数据存储，设计开发数据仓库实现结构化数据、非结构化数据的存储和管理。

3）数据标准建立。实现全流程的数据管理能力。包括数据汇聚、质量管理、编目加工、主题分类、全生命周期管理等功能。基于数据标准规范实现接入平台的所有数据资源、处理规则和标签的列表展示，查询等功能。

4）深度数据分析。针对关键的业务主题，开发数据深度计算模型，实现多层次的数据分析能力。可对平台建立的各种模板和模型进行统计、查询和列表展示。

5）数据可视化展示。实现全媒体的综合展示能力。包括移动终端、大屏、PC端等多终端展示和柱状图、累积柱状图、饼图、曲线图、地图等多种展示形式，实现可配置的数据可视化方案。

6）移动App运营管理。移动App能将生产运营的功能通过手机实现，更好地满足企业用户尤其是管理层的需要，为移动化战略提供一个强有力的支撑。

（2）打破传统思维模式，赋能全新视角

项目建设以"1＋1＋1＋N"（一个物联网平台，一个大数据中心，一套执行标准，N个厂级应用）模式为基础，构建一个运营监管平台，打造一个智慧运营管理数据中心，执行一套水务标准化体系，建设污水厂智慧运营管理N个应用。

通过云计算、大数据、物联网、移动应用、人工智能等新技术，深度融合水务行业，把"数字化"应用于公司治理与为民服务中，创造新型的管理与服务模式。在数据的价值创造与价值传递过程中，数据将价值链的更多环节转化为战略优势，实现技术、物质、资金、人才、服务等资源的优化配置，进一步提升管理精细化、为民服务精准化和管理现代化的目标，数据驱动创新，让数据处理能力成为引领企业发展的新动力。

5 示范效应

淮安区污水处理厂（三期）为区域内首座建设智慧运营平台的污水处理厂，自智慧运营平台建成并使用以来，企业的管理水平在不同方面都得到了提高。

（1）提高了厂内的运营管理水平

通过智慧运营管理平台可以在全场景情况下随时了解厂内运行状况及进行及时的生产调度管理，可以实现厂内主要生产管理人员的"移动调度"，随时解决生产运营中的问题。

（2）提高了员工的工作效率

通过智慧运营管理平台中的"管理闭环"各专业工作内容的设定，及"智能助手"的协助，使员工能够按照设定的工作流程及工作内容按时按质按量完成既定工作，并形成工作闭环，对工作中可能存在的问题也可进行追溯。不仅提高了工作效率，也提高了工作质量及工作安全性。

（3）提高了运营问题分析能力

在智慧运营平台强大的数据分析能力的帮助下，不仅可以对运行管理数据进行梳理及分析，也可以对运行中存在的问题快速追溯及分析，从而提高了运营问题的分析能力，为提质增效提供了坚实的数据基础和执行工具。

余姚农村生活污水智慧运营管理平台

上海华高汇元工程服务有限公司

1 项目背景

余姚市农村生活污水处理项目是余姚市人民政府与北京首创以"政府企业伙伴关系PPP"模式实施的治水工程，是全国首个以县市整体打包的农村生活污水治理工程，涉及全市 121 个行政村的生活污水治理工作。该项目总投资约 13.2 亿，服务农户数 8.5 万户，服务人口 43 万人，包含 90 座一体化设备、25 个人工湿地以及 903 个污水处理提升泵站，农村生活污水治理村基本实现全覆盖，农户受益率达到 80% 以上，处理污水量约 4.9 万 m^3/d。乡镇污水处理一体化设备采用 A2/O 工艺的一体化 DSP 设备，配套提升井、调节池辅助系统。处理水质达到一级 B 标准就近排入河道。项目示意图如图 1 所示。

图 1　余姚市农村生活污水处理项目

该项目中上海华高汇元工程服务有限公司（以下简称"华高汇元"）负责的建设内容主要包括余姚农村生活污水智慧运营管理平台的建立以及相配套的站点及监控中心的网络建设、监控中心数据机房的建设以及监控中心监控大屏的建设。

2 项目内容

余姚农村生活污水智慧运营管理平台主要功能包括实时监控、数据分析及可视化、设备管理、巡检管理、工单管理、调度管理、化验室管理以及移动终端等。平台界面如图2和图3所示。

图 2 监控大屏

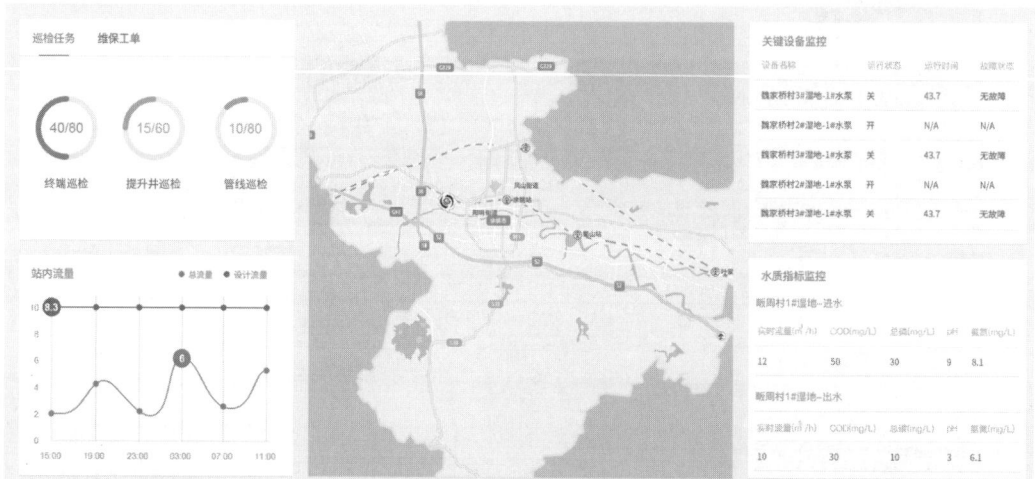

图 3 智慧运营管理平台

系统的架构可分为自动化消缺、数据采集传输以及平台应用三个层次，依托于底层的实时控制系统和数据采集网关，实现地理空间上分散的网络化通信。平台技术架构如图4所示。

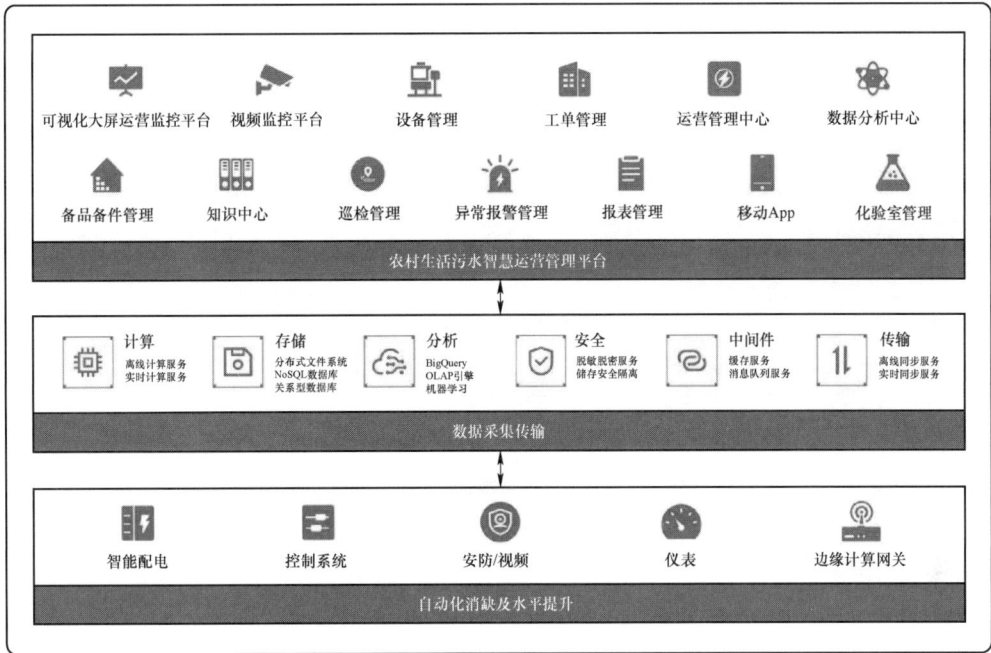

图 4　平台技术架构

2.1　管理中心

管理中心能够实现对全系统实时状态的监控与管理，主要由调度中心、设备中心、巡检中心以及考勤中心四部分组成，用户可通过管理中心实现人员的精确调度、设备的及时维修、巡检进度的跟踪以及人员的考勤。此外，生产各环节关键指标数据以及统计分析结果在管理中心均以直观可视化的方式进行了展示，辅助用户的生产运营决策。

（1）调度中心

调度中心可以直观地看到余姚项目涉及的所有处理点的地理分布以及故障处理点，通过查看故障处理点的相关信息，包括处理点基础信息、水质报告以及运维记录，可根据需要及时创建工单并委托工作人员进行维护。调度中心如图5所示。

（2）设备中心

设备中心可以对终端处理站、湿地处理站、提升泵站以及管网等各类处理点进行实时监控并进行可视化展示。监控的数据包括处理点个数、故障点个数、维修工单执行率以及保养工单执行率等。此外，可依据区域、团队等维度对故障信息、维修进度和保养进度进行统计。

（3）巡检中心

巡检中心主要对巡检的各项工作进行监督和统计管理，包括所有处理点的巡检养护的工单统计、巡检异常数据统计、异常巡检的分布图以及巡检记录的多维度数据。

369

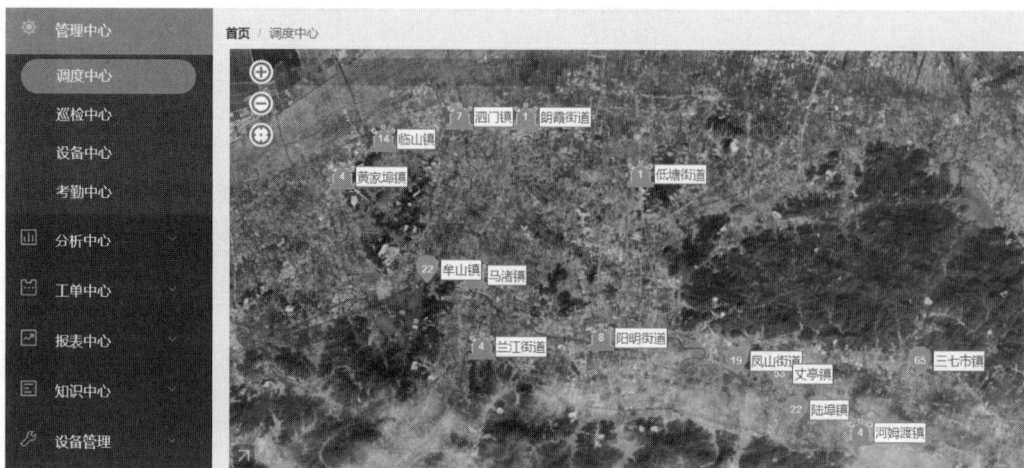

图 5　调度中心系统

（4）考勤中心

主要用于查看手机执行端用户的考勤打卡记录，记录考勤人的考勤地点，进出站时间等。

2.2　分析中心

分析中心主要功能包括生产工况分析以及设备异常分析。生产工况分析主要针对各个站点和各个设备，能够对采集时间、采集值、指标变化进行实时监测并支持对比。设备异常分析能够根据运维区域以及处理点等条件对设备异常情况进行分类统计，帮助负责团队了解相关运维区域及处理点的设备异常整体情况，以便调整相关工作，提升设备的利用率，降低生产运营风险。

2.3　报警中心

报警中心基于对 PLC 自动化数据的联动，可根据用户设定的报警策略，系统自动判定报警，将报警信息及时推送给用户。报警中心分为报警分析与报警数据两大部分。报警分析的维度包括时间、报警类型以及报警等级，用户可根据报警分析结果统筹安排相关工作；报警数据中列出的本日报警记录，用户可根据需求，分类型、时间对报警数据进行筛选和查询，辅助用户进行相关计划及决策的制定。报警中心如图 6 所示。

2.4　工单中心

工单中心能够帮助用户标准化各类生产管理流程，在线及时指派相关人员执行工单，监督员工的工作进度以及工作质量并实现在线验收，降低生产风险，提高运营效率，确保生产运营的稳定高效进行。此外，工单中心将所有工单任务留痕，用户可以通过设置查询条件的方式精准定位工单信息，便于相关工作结果的追溯与分析。工单中心囊括的流程对象包括巡检养护工单、维修工单等。

图 6　报警中心系统

　　该模块支持对运维人员进行巡检考勤。运维人员通过平台可实现巡检路线的规划、导航。运维人员可以通过手机和 PC 端录入场站和设施巡查情况。支持自定义配置巡检项目，并可根据站点类型制定巡检周期，系统可根据设定周期生成巡检工单并发送给对应运维团队，提升运营管理的计划性。

2.5　化验室管理中心

　　化验室管理中心能够帮助用户标准化化验流程，进行化验数据的填报、存储、统计与分析，分析内容包括化验数据的趋势分析、水质汇总分析以及水质合格率分析。该模块内含化验校验公式以及化验指标的阈值范围，通过大数据交叉比对和校验化验结果，能够提升用户校验化验结果的准确性。此外，该模块支持对第三方机构的水质化验结果进行导入，方便用户对接系统外资源。化验结果分析如图 7 所示。

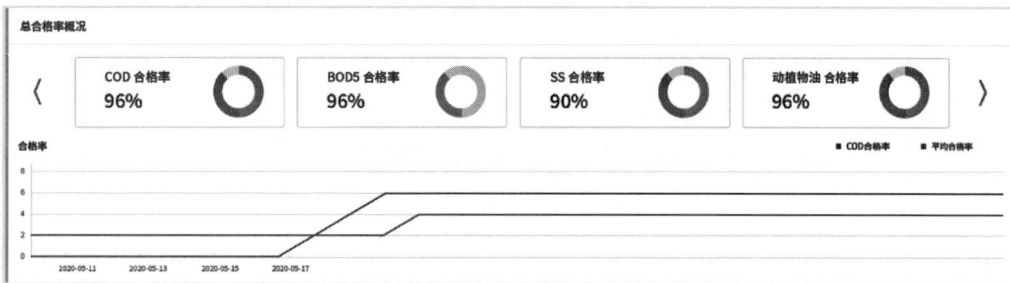

图 7　化验结果分析

2.6　报表中心

报表中心实现了报表的自动化生成和导出，允许用户建立并定义所需要的报表。由于集成了调度数据库的数据字典，报表中心可以方便、直观地对站点设备、维修工单、巡检养护工单、入管流量、水质检测结果、设施运行率、设施损坏停运及恢复情况、设施情况以及设施运行费用等对象按每日、每月或者每年进行统计，且支持多数据源自动汇总到同一张报表，大大减轻了相关工作人员的工作负荷。

报表中心可以覆盖的数据来源多样，包括手工录入数据、生产实时数据、执勤日志数据、化验数据、第三方检测数据以及优化预处理的结果数据等，大大提升了数据资源的利用率。

2.7　备品备件管理中心

备品备件中心可以规范化备品备件的分类和管理，对备品备件入库、出库、盘点、领用以及归还进行全流程管控，做到备品备件的数字化使用和管理，帮助用户做出及时补充备品备件的决策，降低运营风险。

2.8　知识中心

知识中心涵盖企业运维、政策导则、内部规范以及知识库等内容，实现了运行管理文档、工作流程配置的规范化。用户可以通过该页面下载相关文档，设备工作按相关文档规定执行。

2.9　设备管理中心

设备管理中心实现了设备的全方位信息管理。支持对设备以及设备位置进行分级和分类，并可以匹配负责团队以及相关安装信息、水质标签，匹配二维码方便后期维护，起到了很好的规范化、统一化以及集中化管理作用。

2.10　数据采集系统

通过物联网数据采集中间件软件实时采集设备数据，并将获取的数据提取到平台中，平台与污水处理设备各项指标无缝对接。平台通过图形和图表等方式将监控设备的历史数据进行汇总分析，为污水处理运营工作提供决策支撑。

为了实现数据的集中采集和存储管理，项目中采用 OPC 接口方式对各个场站控制系统的通信接口进行统一，实时数据服务器通过 OPC 等标准通信协议和下级厂站的 PLC 连接，并将实时数据上传至云服务器中。采集网关节点具有数据存储转发的功能，历史数据和历史报警能够在网络产生故障的情况下，缓存在采集节点的本地，待网络恢复再回传数据。项目搭建的数据采集网络稳定、高效、扩展性强，保证了数据的实时性和精确性。数据采集系统如图 8 所示。

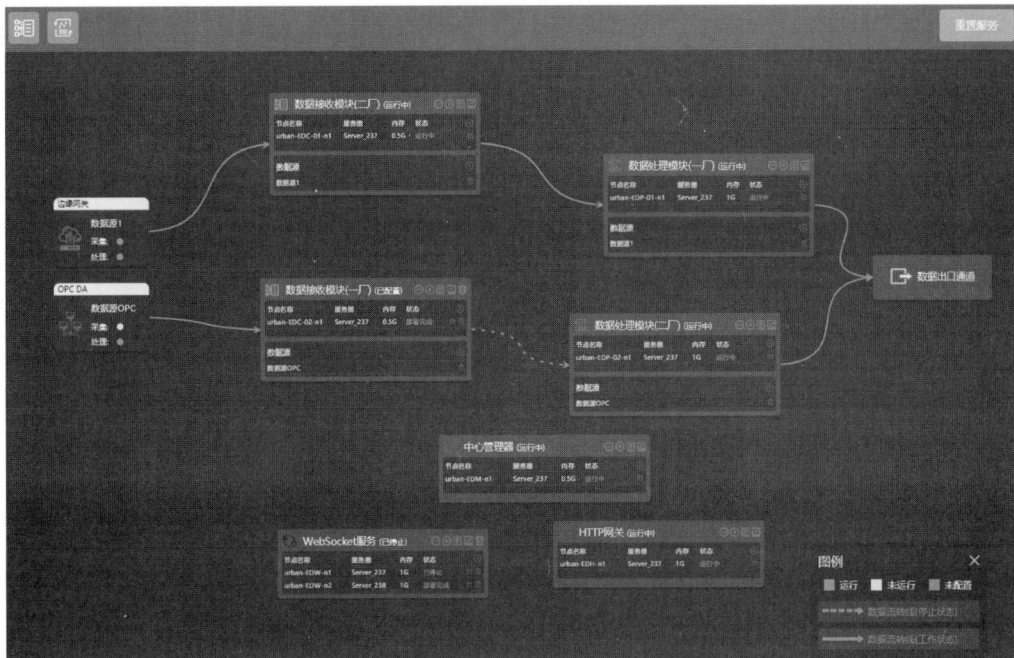

图 8　数据采集系统

2.11　物联网大屏监控系统

通过物联网大屏监控系统，管理者能够实时掌握生产运行状况，确保场站安全稳定运行，把控水质超标风险。大屏监控系统能够以可视化的方式让用户全方位、直观地掌握生产运行状况，帮助用户及时发现和解决突发问题，降低生产运行风险。

大屏监控系统的可视化内容包括：关键设备相关指标（设备故障状态、设备运行状态、设备运行时间），巡检相关指标（巡检任务数量、巡检任务完成进度），维修工单相关指标（工单数量、工单完成情况），出水质相关指标（进水 COD、进水总磷、进水氨氮、进水 pH、出水 COD、出水总磷、出水氨氮、出水 pH），流量指标以及现场视频监控画面等。监控中心实例如图 9 所示。

图 9　余姚生活污水治理监控中心

此外，系统通过数据分析能够及时发现异常状况以及潜在隐患，且在发现异常或隐患情况后能够统一采用程序化的处理模式进行报警处理，保证报警事件处理流程的推进，减少事件处理的停滞。工作人员能够第一时间收到报警推送，并通过管理平台积极响应报警任务，确认并消除报警。三维工艺监控如图10所示。

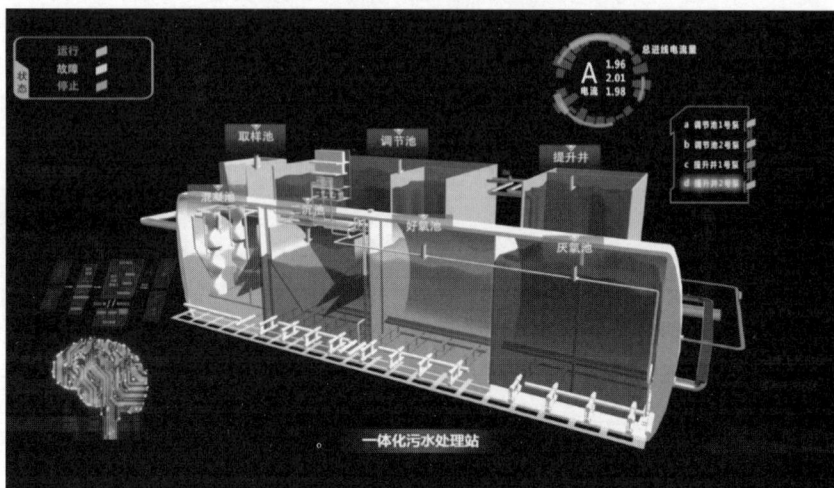

图 10　三维工艺监控

2.12　智慧运营管理移动端 App

智慧运营管理移动端 App 为用户提供了基于移动互联网的运行支持和管理，分为管理端和执行端，如图 11 所示。

图 11　智慧运营管理移动端 App

管理端的使用对象是用户公司的中高层，通过手机端，相关人员可以实时监控全流程相关数据及分析结果，第一时间了解一体化终端、人工湿地、提升泵站、管网等设备运行情况以及巡检、养护、维修工单的执行情况，监督管控运营生产全流程，保证生产工作的平稳、有序。

执行端的使用对象是用户公司的运维人员，运维人员通过手机端能够及时接收到系统自动生成的巡检、养护任务单，或者是中控室、部门领导下派的维修任务单。运维人员到达现场后，可通过手机端及时了解问题相关信息以及在线填写处理结果。流程监督管理人员可以第一时间通过移动系统了解工单执行情况，并进行相关工作的安排与管控。

3 关键技术

3.1 物联网数据采集技术

平台采用物联网数据采集技术。物联网数据采集技术是指应用物联网通信技术，利用宽带、WiFi、窝蜂移动网络等上网方式，将现场设备、仪表及 PLC 数据采集到工业信息化平台中，实现数据的分析与展示。相较于传统的数据接入方式，物联网数据采集可以简化接入环节，优化传输过程，保护关键数据，实现现场数据的低成本迅速接入。

3.2 分布式大数据技术

目前大数据技术在 IT 领域已经广泛应用，但水处理行业应用还比较少。而污水具有动态性和多样性特点，处理工艺受干扰因素多，不确定性大，这种情况下，大数据技术在其中就能发挥重要作用。应用大数据技术记录各种变量数值的实时变化，加以分布式技术，可以满足各种规模的污水处理实时数据的采集和存储，后续通过分类、回归、聚类、相似匹配、统计描述以及因果分析等方法，实现各类数据的分析，给决策者提供决策依据。

3.3 移动互联技术

移动互联技术就是将移动通信和互联网结合起来，成为一体。这是互联网技术、平台、商业模式和应用与移动通信技术结合并实践的总称。基于移动互联的移动 App，将移动通信和互联网的优势结合起来，提高运营效率和管理服务水平；移动管理系统操作简单且高效便捷，并连接 PC 端实现信息的共享，使水务企业的各项指标数据、统计分析结果、关键数据录入进行数字化。而移动互联将作为网络通信的补充，打通信息孤岛和业务隔阂，实现信息之间的无缝衔接，有利于企业掌握经营全貌。

4 创新点

4.1 采用自上而下的全流程系统设计方法，形成"水联网"

结合农村污水处理实际工艺和运营环境，从整个污水处理运营周期出发，在统一的数据库以及模型库的基础上，对业务流程进行优化和重组并重新设计智慧运营管理体系，更大程度上整合数据资源。从顶层设计出发，建立规范化的技术标准和安全服务保障体系，建设数据存储统一、数据可共享、可交换的标准化体系，发挥系统最大功能的合力，使涉水信息实现互联互通，形成"水联网"，充分发挥各种资源的作用和效能。

4.2 将智慧化运营管理平台、自动化控制系统整体打包，形成一揽子解决方案

利用信息化技术、自动化控制技术将各层数据资源打通，搭建贯穿整个农村污水运维企业的生产、管理、经营和服务环节的管理系统，实现实时地全方位集中监控、大数据分析、智能控制、辅助决策等功能，帮助企业降低运营风险，确保生产运营的高效稳定。

4.3 灵活的装配式扩展架构，扩展性高

余姚农村生活污水智慧运营管理平台主要在数据采集方面体现出灵活的装配式扩展架构和系统平台较高的扩展性。余姚的数据采集的设备厂家多，设备型号多，为了更好、更多地接入设备，数据采集的驱动接口有较少依赖和耦合，对数据采集目标设备的各项指标可以快速、敏捷接入余姚农村生活污水智慧运营管理平台。余姚农村生活污水智慧运营管理平台的架构层面是开放原则，考虑未来功能扩展，当系统增加新设备驱动时，不需要对现有系统的结构和代码进行修改。

余姚农村生活污水智慧运营管理平台使用的 eclipse 平台，使用"微内核＋插件"的方式，支撑了无比丰富的生态。设计扩展点之后，一旦有了新的模式变化，主流程程序不需要改动，直接新增处理策略即可，高效且不影响存量。

5 示范效应

通过余姚生活污水智慧运营管理平台的建设，可视化监控手段与各类专业传感器监测相结合，全面获取污水处理的运行管理动态信息，统一进行数据分析、处理与应用，实现污水处理的智能控制、标准化管理和科学决策，节省人力成本，降低能源消耗，为污水处理智能化、自动化、信息化管理提供技术保障。

5.1 标准化流程，巡检更精确

项目自投入运营以来，极大地方便了外勤运维人员的工作，规范了站点巡查养护流

程，提升了运维服务质量。系统根据每个管理员管辖的区域，设置每月区域巡检任务，进行合理的分配，实现点位巡查不重不漏。智慧运营管理平台能够保证农村生活污水处理巡检、养护等各类计划的有效执行，达到"巡检有计划、过程有监督、事后有分析"的效果，提高班组管理水平，保证设备的安全稳定运行，减轻工作人员的劳动强度，提高工作效率，实现生产工作的标准化、制度化。

5.2 自响应机制，故障处理更及时

较传统人工发现问题、人工上报问题以及人工派发工单的运营模式相比，智慧运营管理平台可根据报警信息自动生成任务单并发送至指定运维人员，运维人员以及运维监督人员均可以在手机端查看工单执行情况，实现报警信息的密切跟踪、运维人员的精准调度，故障维修处理时间缩短了30%，维修工单减少率大于50%，维修及时率提升60%。

5.3 全方位监控，终端设备更安全

余姚农村污水智慧运营管理平台基于物联网搭建的基础网络，运用云平台作为数据中心，对现场90座一体化设备、25个人工湿地、903个污水处理提升泵站终端进行自动化监控及安全防护，实现污水处理站点24小时不间断监控及数字围栏预警等功能，确保污水处理设施安全稳定运行，设备完好率保持在99%以上。

5.4 数字化分析，生产运营状况更直观

平台充分发挥大数据管理优势，自动采集全区农村污水处理站点水量、能耗等数据，根据数据分析目的或内容进行分析和可视化，如设备完好率、水质达标率、数据网关在线率、流量统计、运维团队KPI考核指标以及处理站区停运分析等。通过不同维度对日常运维数据进行统计分析，方便管理人员进行日常工作的监督管理以及运维人员及时调整运维工况，有效提高了运维管理效率，确保设施出水达标。与传统数据分析相比，数字化分析管理更加客观、准确，运维人员管理效率提升了33%。

河湖黑臭水体及污染源多维度巡查监管平台

广州粤建三和软件股份有限公司

1　项目背景

广州市水系发达、江河湖泊众多，随着社会经济的快速发展，工业、农业、生活排污总量与日俱增，水资源、水污染、水生态问题日益突出，局部区域水污染物排放量超过水生态环境的承载能力，水生态环境安全压力不断增大，广州河湖水环境质量每况愈下。为解决污染源存量多、家底不明，管理主体内生动力不足、责任不清等痛点，针对违法排水行为分散、隐蔽的特点及黑臭水体水质敏感度高等特征，平台充分利用卫星遥感反演水质、无人船水质检测、无人机移动监测等技术，结合人工智能、图像识别、大数据算法模型等信息化技术，开发水质采集、水环境（三色）预警、差异化巡河督导、AI 识别问题上报、溯源分析等功能，实现河涌黑臭与污染源问题发现、预警、跟踪的自动化，问题处理程序化及规范化的智能化管理，可为城市河道监管、污染源排查、网格化治水以及黑臭水体治理、污染源防治等工作提供技术支撑。

2　项目内容

紧密围绕河涌问题从发现、处置到考核的闭环管理流程，通过多维度采集、智能识别预警等技术集成，建立河涌黑臭水体及污染源多维度巡查监管平台，推动污染治理纵向深化、横向拓展，支撑河涌污染源全生命周期管控。总体技术路线如图 1 所示。

2.1　黑臭水体与污染源一体化监控、识别与动态追踪技术

一方面通过卫星遥感、无人机、监控摄像头、人工巡查及公众投诉，构建多维度全感知全覆盖监测体系、实现河湖黑臭问题数据自动采集；另一方面通过机器学习算法构建水污染图像识别学习模型、实现涉水问题一体化识别。立体监测采集和智能识别技术一体耦合，填补了常规巡检采集手段效率低、覆盖面窄、机动性不足等短板。

2.2　河湖水质（黑臭）预警模型

利用河湖多源数据信息与人工智能学习模式，首创基于大数据算法的河湖水质（黑臭）预警模型，实现高精度的水质预判，填补了国内无水质监测数据河流水质预测的空白，是技术与管理紧密迭代上升的典型，开创了数据赋能河湖管理新局面。

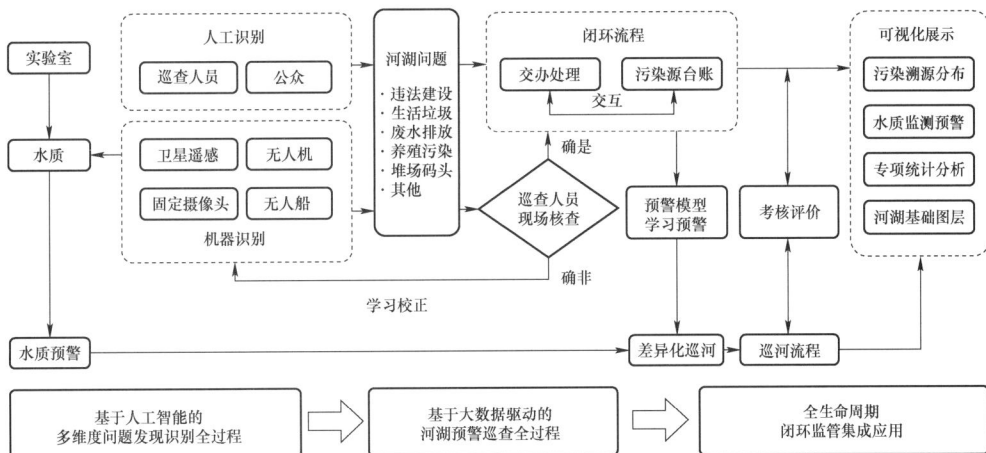

图1 总体技术路线

2.3 黑臭水体与污染源全生命周期闭环监管的信息系统

基于数据驱动和智能派单的河湖管控事务流转技术，为河湖管理全主体提供便捷的信息化治水服务，打造河湖问题及污染源全生命周期智慧管理新模式。河湖黑臭污染源多源融合一张图实现了河湖基础信息、监测监控信息和业务动态信息全覆盖展示，如图2所示。

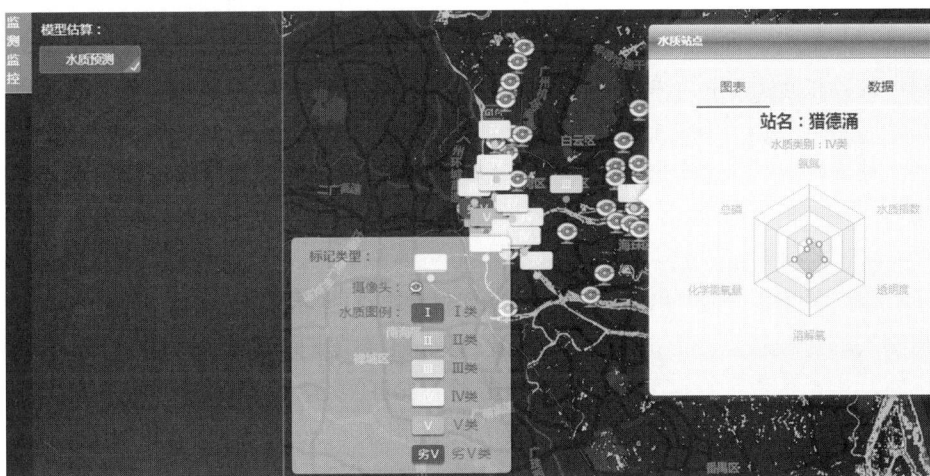

图2 监测监控专题

3 关键技术

3.1 构建耦合人工智能及动静结合的全方位监测体系，实现河湖问题的多途径全面感知

首先，基于传统的、固定的众多的水务监测站点，构建了全时空无死角的全景静态监测网络，实现了每滴水、每段河、每片湖、每个出入口都有监测，形成了为河湖管

理服务的大数据监测技术能力。其次，建立了基于无人机的人机协同移动监测模式。一方面对于人工巡河，为应对虚假巡河、打卡式巡河等河长履职问题，研发了基于中值滤波法的巡河路径优化技术，提出了基于地图匹配算法的巡河有效性分析技术，同时为提高巡河问题的及时交办处理，研发了高效的河湖管控事务流转技术；另一方面，为发现人工不能到达区域的河湖问题，开发了基于无人机的河湖问题视频移动监测技术，可实现河涌问题的无死角全覆盖，并大大减轻人工巡河工作量。最后，为精准发现河湖问题，基于机器学习和深度学习技术，依托海量的水务场景图像数据，构建了耦合人工智能的感知与识别一体化监测技术，实现了全方位、全时段的水域污染精准与快速识别，并将算法与技术集成到系统，开发了水域污染识别应用系统，实现了业务化运行。

在水面识别方面，运用图像滤波技术过滤水面倒影的影响，并根据水纹特点运用像素级图像分割技术划分图像中水面区域。在水面垃圾及漂浮物识别方面，运用目标检测、区域热点、图像比对、模板匹配、贝叶斯分析等技术，对水面上的垃圾或漂浮物进行精确定位。在排水口监控方面，运用模板匹配、模型比对、滤波器、细颗粒分析等技术，精确定位图像中排水口位置，并识别排水口的排水情况。在水体颜色及水质识别方面，运用 CNN、DBS 聚类、联合贝叶斯分析等技术，精确识别图像中水体颜色及水质情况。

3.2 构建基于大数据的水质预测及履职评价预警体系，实现河湖问题的全链条预测预警

首先，为提高水质风险防控水平，采用机器学习方法构筑问题与水质的关联关系，基于水质监测数据、河长履职数据建立了多元巡河问题数据驱动的水质预测模型，形成了河湖水质预报预警全链条体系，可实现基于模型结果支撑的差异化巡河。其次，通过各方共享的基础数据、专题数据，基于"河长-河段-问题-水质"四种强关联关系，建立了河长巡河内外业融合模型，通过模型输出结果支撑的外业定向巡查，并将外业结果反馈内业模型，实现双向监管标准化、问题管理闭环化以及数据双向支撑与互补。最后，针对河长的日常工作及其成效的量化评价与预警问题，以大数据积累为基础，率先建立了一套河长履职全覆盖的标准指标体系，形成了评价维度多元、监管要求规范、分析精准深入的河长履职评价指标体系及评价方法标准，并基于事前、事中、事后等多种预警机制，实现了基于数据分析的河长履职评价与预警。

研究提出了使用河长巡河问题数据作为输入样本，水质等级预测作为目标输出的水质分类预警模型，以广州市 2020 年 4~8 月的样本数据为例，基于随机森林分类算法探讨了河长巡河问题数据应用在水质预测预警方面的可行性，并得出如下结论：

1）所建模型能够准确区分优五类水和劣五类水；若将五类水细分为五类水和劣五类水，模型倾向于将五类误判为劣五类；对于多分类水质等级预测，由于样本数量较少，模型准确率相对较低。

2）在工业废水排放、养殖污染、排水设施、违法建设、农家乐、建筑废弃物、堆场码头、工程维护和生活垃圾九项巡河问题类别中，工业废水对水质等级分类的影响力最大。

3）模型分析和预测结果对于制定差异化、针对性的巡河策略有重要指导意义，为实现无水质监测点的河流水质预测预警提供了一种新思路和新方法，可以在全国范围内予以推广。

3.3 技术成效

利用卫星反演技术，每月对全市河涌进行业务化水质反演（每年全覆盖），反演学习水域样本多达 500km²，测试集河涌 100 余条，测试准确率超过 75%；无人机累计巡飞 1000 余架次共计 700 多千米的河涌，识别河湖问题 7000 余宗，摸查治理违建 0.9km²，无人机图像识别准确率达 90% 以上；摄像头图像识别基于海量业务数据（10 万+）作为学习基础，模型精度可持续优化，当前识别准确率超过 90%，摄像头利旧使用，节约改造成本，已累计识别问题 5000 余宗（重大问题 981 宗）；水质（黑臭）预警模型学习样本 471 条次，参数变量 13 个，测试样本 118 个，测试准确率 92%，自 2020 年 10 月起，每月对 1 千多条没有水质监测的河涌进行预测，共预警河涌 1683 条次，其中高风险以上河涌 50 条次；差异化巡河经试运行，基层巡查人员巡查次数减少 24%，上报问题数持平，效率提升，重大问题上报率提升 7%，巡查质量和针对性提升；全生命周期闭环监管流程和智能派单技术的应用，推动问题快速分配，办结效率与办结质量显著提高，部门受理周期压减 90%，平均办结周期 19 天，一周办结率超 51%；无纸化考核每次可节约 240kg 纸张，转化为电子数据的考核资料约为 50GB。

4 创新点

4.1 黑臭水体与污染源一体化监控、识别与动态追踪技术

从"天-空-陆-水"四个方面构建多维度全感知全覆盖的监测体系。

"天基"方面，采用遥感卫星影像数据，对研究区域的水域部分进行多种关键参数的遥感反演，并根据广州北中南水系特点构建分区分类学习提高了反演精度，得到常态化、全覆盖的水域水质情况，除了日常监测外，还可用于全局水质历史演变趋势跟踪评估，必要时可开展大范围突击监测。水质反演的方法变革了传统的人工水质监测方式，大大降低了人力成本以及设备成本，具有较高的推广应用价值。

"空基"方面，运用无人机多负载移动监测技术，结合一体化识别技术、空间配准技术，解决传统人工监测追踪手段效率低、卫星遥感手段精度低、机动性弱的痛点难点，可补齐黑臭水体问题识别的盲点死角，还可进行对实有房屋空间信息实现精准摸违拆违，极大减少人力摸排违章建筑的成本。

"陆基"方面，以污染控源和监测为主要出发点，开展水域影像、监控视频图像识别监测平台的建设，把监控摄像与巡检有机地结合起来，通过智能化的水域污染问题识别，可拓展各类场景监测。

"水里"方面，运用无人船监测溯源技术，配合搭载设备满足多重业务需求（包括声呐探测、水质监测、视频采集等），监测溯源一体化追踪，破解常规监测手段溯源追踪能力不足的难题，如图 3 所示。

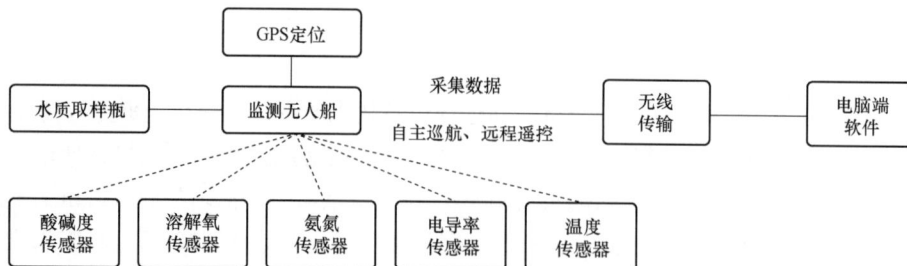

图 3 无人船水质检测流程图

4.2 基于大数据的河湖水质（黑臭）预警技术

基于多维数据的机器学习模型，从与河湖水质密切关联的多维数据、多个要素进行大数据建模，实现对所有河湖的水质预测，并获得较好的预测精度。预测模型不仅能够达到预测精度要求，也能够对无水质监测设备部署的河湖水质进行预测，而基于模型输出，则还可以服务于诸如重点河湖跟踪、差异化巡河等场景应用。基于训练好的预测模型，创造性地提出和应用基于河湖水质预判的差异化巡河方法，从而可以从全局角度对基于所有河湖的不同水环境进行巡查优先级别的定量划分，实现差异化巡河策略，技术和制度融合创新，提升河湖巡查效能。

4.3 黑臭水体与污染源全生命周期闭环监管信息系统

结合智能派单技术推出快速流转的河湖问题、污染源全生命周期闭环管理流程，实现对河湖黑臭及污染源问题更有效、更及时的跟踪处理。通过事件信息快速流转技术，实现了一个事件由多个受理人分节点处理来协同处理。卫星、无人机、摄像头、无人船上报的河湖问题经过村居河长或流域机构相关巡查人员核实确认后，作为人工智能识别模型的训练集，进一步提高人工智能识别的准确率。构建污染断面–干流–一级支流–二级支流–污染源的溯源追踪技术及污染源–河流的扩散追踪技术，针对可能发生的黑臭及污染源启动报警，自动通知相关责任人及受影响区域负责单位，形成高效的联动预警报警发布机制，最终实现污染源按网格按流域溯源进行风险评估。智能派单处置结果与考核评估挂钩，研发规范化河湖黑臭管理综合评估技术体系，发布全国首套责任河长履职地方标准，建立考核评估模型支撑业务考核、履职评估工作，开展标准化、全过程数据驱动量化的评价，如图 4 所示。

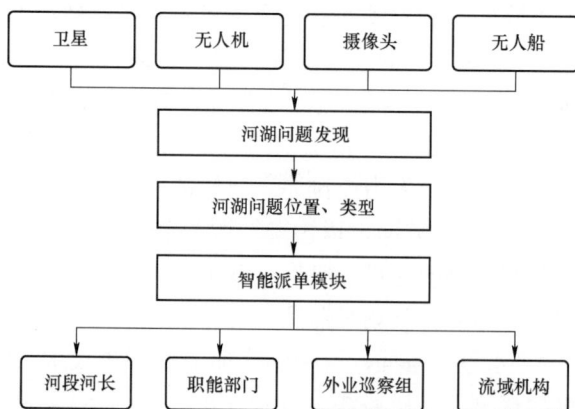

图 4 智能派单流程图

5 示范效应

河湖黑臭水体及污染源多维度巡查监管平台已在广州市及其 11 个行政区、178 个镇（街）、2812 个村（居）的河湖管理、黑臭水体管理、污染源治理中广泛应用。平台联动全市 986 涉河管理部门，串接 33 类用户合计 10 184 人，日活跃用户超过 2000 人，服务公众数量超过 1 万人；平台覆盖全市 1368 条河涌、42 个湖泊、364 宗水库以及 4895 宗小微水体（沟渠、坑塘等）；各类用户通过平台已累计完成河湖巡查超 230 万次，660 万 km，发现河湖问题超 15.6 万个，已办结 15.5 万个，办结率 99.4%；接收公众投诉问题 22 310 万个，已办结 21 532 个，办结率 96.5%；完成污染源摸查 93 612 个，销号 82 915 个，销号率 88.6%。

自 2017 年 9 月试运行以来，应用效率和应用成效呈逐年上升趋势，巡河次数由 2017 年 15 万次逐渐提升至 2020 年 58 万次，上报问题数量由 2017 年 0.5 万个逐渐提升至 2020 年 3 万个，问题办结率由 2017 年的 9.88% 提升至 2020 年的 97.99%，并稳定维持。2021 年始运行的"差异化巡河"又在上述基础上，大大提高了河湖巡查效率，在基层巡查人员巡查次数减少 24% 的情况下上报问题数仍维持持平，效率大幅提升，重大问题上报率提升 7%，巡查质量和针对性均得到较大的提升和改善。

自 2017 年 9 月试运行以来，不断创新技术、深化应用，助力广州市提前一年消除 147 条黑臭水体，并成功入围首批全国黑臭水体治理示范城市，广州污染源持续削减，水环境质量持续向好。2020 年，13 个国、省考水质断面全面达标，助力广州入围首批全国黑臭水体治理示范城市和海绵城市建设示范城市。广州优秀的治水经验被住建部刊报至中共中央办公厅和国务院办公厅，黑臭治理评为建设美丽花城最显著工作，市民满意度超过 71%。平台落实、支撑并见证了习近平生态文明思想在广州水环境治理方面的伟大实践，为建设"蓝天常在、青山常在、绿水常在"的美丽中国提供了坚实保障。

依托平台监管跟踪能力倒逼产业转型，淘汰或整改"散乱污"2.5 万宗，以广州市白云区大源村为例，黑臭治理及污染源强监管使得城中村"散乱污"企业失去生存空间，城中村人居环境得到改善的同时，产业升级重组，污染更小、收益更高的电商进驻，大源村摇身一变成为闻名的"淘宝村"；依托平台及治水投诉公众号，建立涵盖政府履职、社会监督、公众参与的共建共治共享治水格局，市民满意度由 2016 年的 43% 提升至 2020 年的 71%，9 成被访人员认为通过水环境治理河涌水质得以提升；同时项目衍生的专利、软著、论文等均具有一定的学术价值和科技价值，有效推动了涉水领域科技创新发展。

本项目已在广州市水污染治理、水环境保护领域的各级部门中广泛应用，项目技术创新与制度创新无缝衔接、耦合迭代的先进做法为全国其他地区水污染源头治理、系统治理提供了广州样本，具有全国推广的良好前景。

河流管家时空数据指挥平台

中科吉芯（秦皇岛）信息技术有限公司

1 项目背景

2021 年是"十四五"规划开局之年，国家各部委发布了一系列涉水重要政策，涉及污染治理、水环境改善、非常规水资源利用、城市内涝治理、生态保护和修复、生产生活绿色转型、城乡人居环境改善、节能降碳等多个方面。这一系列涉水重要政策，对生态文明建设和美丽中国建设具有重大的意义，为水行业发展和水技术研发等提供了重要的指导。

随着我国城市建设速度的加快及工农业的快速发展，河道人为破坏的影响较为严重：垃圾倾倒及污水排放，使河道水质不断恶化，水生物不断减少，河道淤堵较为严重，影响了防洪功能的发挥；同时大规模的采砂活动，使河道堤岸失稳的情况严重。这些情况的存在，使河道治理更具有迫切性，因此，需要对河道进行有效的治理，从而实现资源的有效利用，使河道的功能性得以最大程度的发挥。

2 项目内容

2.1 建设目标

河流管家时空数据指挥平台依托高水平专家技术团队，凭借丰富的无人机遥感和水质检测手段，基于卫星遥感和高精度无人机正射影像，建立河流"一张图"；通过"河湖四乱"动态遥感监测、"河水质量"实时监测相关工作，对秦皇岛主要入海河流进行水污染源调查分析，确定影响水质的主要因素，对水质进行监测，对可能影响水质的因素进行预警。实现监测数据、监测手段与系统建设的融合创新，为推动生态文明建设，巩固提升河道通畅与河道文明建设提供坚实保障。

2.2 建设内容

2.2.1 数据获取

（1）基于卫星遥感影像的区域底图

通过购买最新一期的 0.8m 高分二号卫星影像作为河流管家时空数据指挥平台的基底数据，卫星遥感影像底图如图 1 所示。

图 1　卫星遥感影像底图

（2）高精度无人机遥感影像

为对河道范围内情况进行更精准的定位，每个季度使用无人机获取河道两侧各100m 范围更高精度的 10cm 的无人机遥感影像，建立河道时间轴影像，帮助分析河水水质情况及污染源确定等。河流 10cm 无人机遥感影像如图 2 所示。

图 2　河流 10cm 无人机遥感影像

（3）无人机数字遥感巡查视频

使用大疆 M300 无人机，搭载 H20T 镜头，开展无人机遥感巡查，完成区域内几条主要入海河流视频巡查服务。主要任务是定时通过无人机监测获得高清航拍的可见光和远红外的视频影像，对违法排污及暗排、非法采砂、河道四乱等现象进行取证。

（4）排水口全景影像

利用无人机航空遥感技术，使用大疆精灵 RTK4 无人机，围绕排水口拍摄全景影像。

对排水口的周边的情况进行 360°的展示，更加方便地分析水质问题产生的原因。排水口全景影像如图 3 所示。

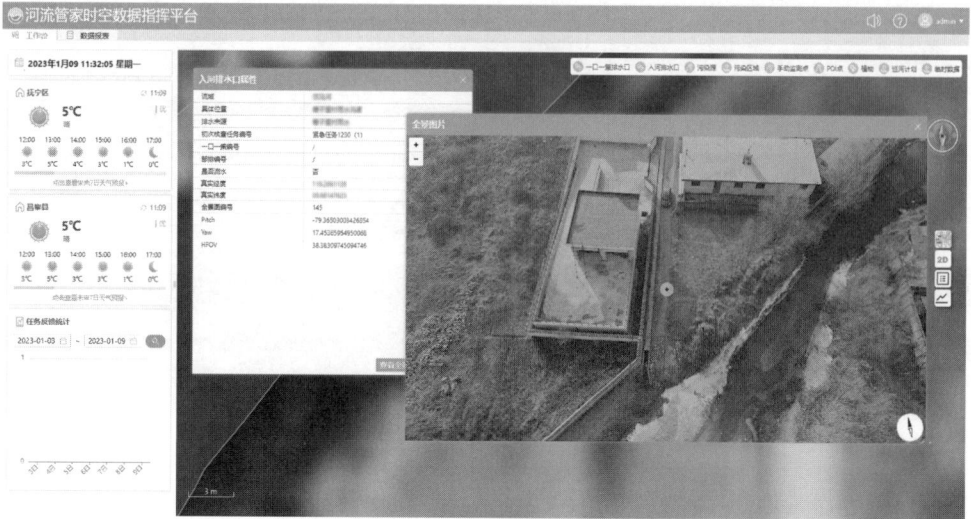

图 3　排水口全景影像

（5）污染源等信息记录

统计河流周边工厂、村庄、景区、农家乐、餐馆、养殖厂等污染源的信息，记录负责人和联系方式，建立污染源数据库，帮助水质污染的分析以及责任追溯。污染源信息统计如图 4 所示。

图 4　污染源信息统计

（6）物联网传感器布设

依据方案设计，在河流的重要流域路段，布设水质监测站点，对河流水质进行监测，按照小时反馈水质监测的结果，并实时传回到平台中，用于记录、分析以及水质问题预警。水质监测值见图5。

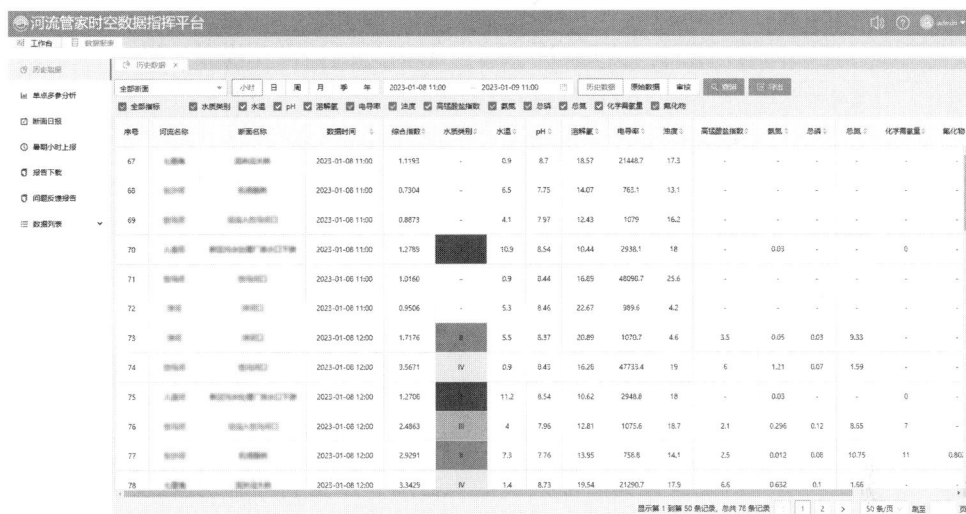

图 5　水质监测值

2.2.2　数据库设计

（1）数据库设计规范

河流管家时空数据指挥平台数据库以 2000 国家大地坐标系作为空间基准，以卫星影像和高精度无人机遥感影像为底，为各专项提供数据基础服务。数据库设计规范参考文档见表 1。

表 1　　　　　　　　　　　　数据库设计规范参考文档

序号	标准名称	标准编号
1	地理信息现行实用标准	ISO/TR 19120—2001
2	地理空间数据交换格式	GB/T 17798—2007
3	基础地理信息要素分类与代码	GB/T 13923—2006
4	地理信息 要素编目方法	GB/T 28585—2012
5	地理信息图示表达	GB/T 24355—2009
6	海水水质标准	GB 3097—1997
7	信息分类和编码的基本原则与方法	GB/T 7027—2002

（2）数据库需求分析

数据库需求分析是数据库管理系统的基础。从信息需求、功能需求入手，通过广泛调研，充分掌握浮标数据库的内容、应用需求、业务任务等一系列的业务需求，明确和规范业务流程，为整个系统打下稳固的基础，同时为下一步的数据库设计、开发和实现提供依据。

1）数据库建设内容需求。监控数据观测要素种类繁多，设计的要素和描述方法存在差异，数据库设计应该满足业务工作的需要。

2）数据库业务的应用需求。针对不同用户提出的各种问题和希望从建成后的系统中获得的具体服务内容，进行综合分析，属于比较普遍的需求作为系统设计的基本因素加以考虑。某些特殊需求留有接口以便日后扩展。

3）数据库系统功能需求。作为数据库信息系统，首先应该具备信息存储管理、信息更新和信息应用等基本功能。数据入库需求描述导入是数据库管理的基础，也是用户业务活动的开始。导入就是将给定格式的数据文件导入到数据库中，同时把导入的结果反馈给客户。导入的数据必须确保安全性和可靠性，这就要求程序必须兼顾事务处理、数据备份和数据库日志等功能。

4）数据维护功能需求。数据入库以后，要求有能力对数据库中的数据进行增加、删除、修改工作。另外一些专用代码表、系统表也需要相应的维护。同时数据管理功能也要求有基础数据的查询。

5）数据查询功能需求。数据库高级查询也是用户的重要业务需求，通常是在复杂的条件下检索相关的数据，如断面、指标、日期等筛选条件。

6）日志功能需求。记录什么时间哪个用户输入了何种条件，对系统内部数据做了哪些操作。

（3）数据处理和存储系统设计

在进行概念结构设计和物理结构设计之后，需要完成数据库实施、运行和维护工作，为客户提供一个能够实际运行的系统，并保证该系统的稳定和高效。

具体工作包含如下：数据库的运行与维护；Mysql 警告日志文件监控；数据库表空间使用情况监控；控制文件的备份；检查数据库文件的状态；数据库坏块的处理；数据库备份设计等。

2.2.3 公共信息基础

本着先进性、配置性、扩展性、开放性、稳定性、安全性的原则，选取平台的服务器、系统和软件，同时建立平台的安全系统、备份系统、运行维护系统以确保平台的安全运行。服务器参数配置见表 2。安全系统设计如图 6 所示。

表 2　　　　　　　　　　　服 务 器 参 数 配 置

项目名称	云主机规格	操作系统	网络	数量	部署位置	功能
三维引擎服务器	32C64G100G 系统盘＋1T 数据盘	WindowsServer2016（64 位）中文企业版	1000M	1	政务外网区	放置应用程序：三维引擎及 API 服务
瓦片服务器	32C64G200G 系统盘＋30T 数据盘	WindowsServer2016（64 位）中文企业版	1000M	1	政务外网区	放置三维地图瓦片
数据库服务器	32C64G200G 系统盘＋2T 数据盘	WindowsServer2016（64 位）中文企业版	1000M	1	政务外网区	放置数据库及数据管理程序：MYSQL、POSTGRESQL 和 GEOSERVER

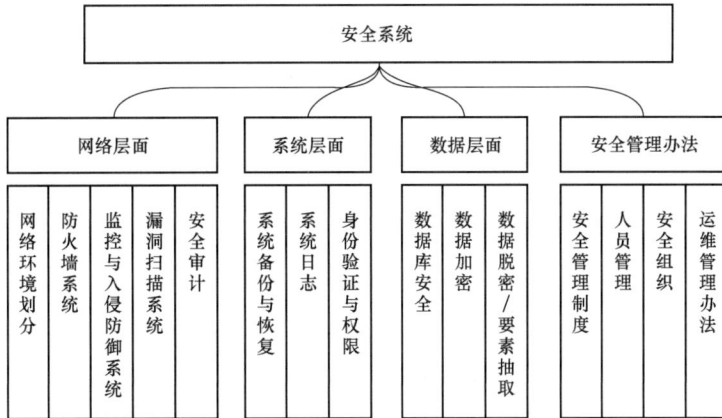

图 6　安全系统设计

2.2.4　平台建设

河流管家时空数据指挥平台共分为三部分：河流管家时空数据指挥平台、微信小程序和微信公众号。

指挥平台依托卫星遥感和高精度无人机正射影像，建立河流"一张图"。通过平台可以查看河流及周边地形情况，实现无人机视频巡查管理、排污口管理、污染源管理、手动监测点管理、生态调查记录、巡河计划与任务、水质监测等功能。

河流管家微信小程序共分为四部分，包括工作任务、事件上报、历史任务和任务地图共四部分内容。

公众号主要以接收和查询水质监测报告及预警信息为主，同时可以接收有关天气的预警信息。

（1）河流档案

建立河流档案，做到"一河一档"的档案信息，包含河流名称、河道编号、河道等级、河长姓名、河道长度、起止位置、流域面积、河流社会功能属性等属性，为"一河一策"打下坚实基础。

（2）天气情况显示及预警

平台实时显示涉及辖区的天气情况，实时更新；配合公众号，对降雨（除小雨以外）等异常天气自动发出预警提醒，及时向公众号发送预警信息，并给出应对提示。异常天气提示如图 7 所示。

工作提示：根据中国气象局天气预报显示，×月×日×时至×月×日×时有×雨，建议排查城镇污水管网有无污水外溢情况及小型污水处理站运转情况，并对各条河流及支流的边沟进行清理，防止污物在雨水冲刷下进入河道。请各单位做好环境应急工作，同时做好隐患排查，防止因强降雨造成突发环境事件。

图 7　异常天气提示

389

（3）排水口管理

1）一口一策排水口管理。传统排水口档案管理的方式，不便于位置的查找以及信息的查看，很难快速知道管理辖区内排水口的分布情况；在查看信息的同时，也很难知道排水口周边的环境信息，管理时存在着诸多的不便。

基于卫星和无人机遥感影像的一口一策排水口管理，可以做到一键全览区域内各个排水口的位置。通过排水口信息数据库的建立，可以查看排水口的位置信息、入海方式、排水单位、排水单位责任人等信息。通过全景影像，查看排水口周边环境，方便制定管理策略。通过数据库列表信息管理，方便对排水口问题的分析，提升管理效率。排水口管理如图8所示。

图 8　排水口管理

2）其他排水口管理。在河流治理的过程中，一旦发现新的排水口，可以根据实际位置在平台中随时新增排水口的位置，并录入相关信息。不断累积完善排水口的数据库信息。

（4）污染源管理

通过河流周边工厂、村庄、景区、农家乐、餐馆、养殖厂等污染源的信息统计，建立河流周边污染源信息库，记录污染源的类别、具体地址以及联系方式，可以根据实际情况对污染源的信息进行增加、编辑和删除。在水质出现问题时，方便分析问题来源，以及周边环境对水质问题的影响，便于追溯污染源头。

（5）生态调查记录

根据境内河流水植物、水生动植物生存情况进行生态调查、锁定生态失衡片区，编制生态运维建议报告。

根据超标情况或疑似污染情况实施分段人工监测，锁定污染因子，根据水质调查报告并提出管控措施建议。

（6）无人机数字遥感巡查服务

依赖人力的河道巡查、拍照、探测、标记排口将花费大量的人力和物力，数据也存在较大的误差，且暗管等隐蔽性强，往往很难发现；高污染、高危作业环境对作业人员的健康和安全也会带来极高风险。

而无人机巡查能高效、快速获取流域内污染源的空间分布以及周边信息，很好地解决上述问题。通过图像快速识别系统，可以快速发现非法排污、河道垃圾、非法采砂、非法侵占河道等问题，向平台发送巡查信息，便于快速执法。无人机搭载热红外传感器根据水温的差异可以及时发现暗排点，并解决夜间对偷排漏排的监管力度弱的问题。

（7）人工巡查服务

人工巡查可以对无人机巡查的漏洞进行补救。每个巡查人员使用微信巡检小程序，可以收到平台中下发的巡查任务，得到巡查时间、巡查频次、巡查重点等内容信息。小程序内关联的导航，可以带领巡查人员迅速到达巡查点，避免出现走错路而消耗的时间。最终可以通过照片、视频、文字描述的方式，对巡查点周边的情况进行上报，并实时回传到平台中，显示到相应的位置，管理人员可以根据回传内容及时安排进一步的任务。而回传的内容可以作为现场证据存档。

在巡查过程中，巡查人员也可以对发现的其他异常情况进行汇报，将拍摄的照片、视频以及情况的描述及时回传到平台，方便管理者及时安排进一步治理的工作。巡检计划如图9所示。

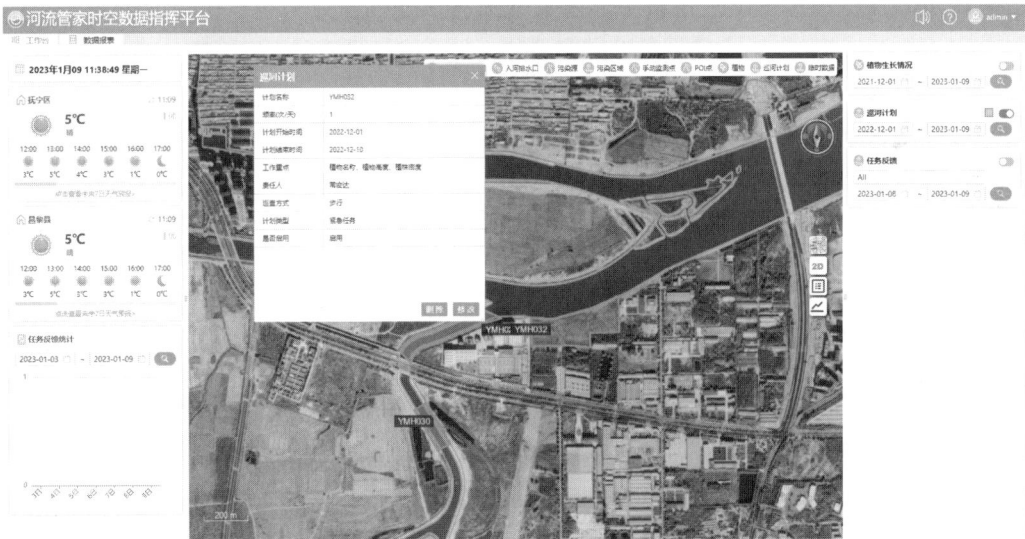

图9　巡检计划

（8）水质数据分析

基于巡查情况、手工监测及水质自动监控平台进行数据分析、研判预测。每天进行5次数据通报，同时编制白天和夜间管控计划书（旅游旺季期间）；每周汇总断面数据并绘制数据变化趋势表；编制工作阶段性总结（周报、月报、年报）；编制数据阶段性总结报告（周报、月报、年报）。所有的报告以及水质异常情况将会推送到公众号中，方便管理人员随时查看。同时建立水质监测信息数据库，方便随时查看历史数据情况。

水质监测信息列表如图 10 所示，公众号信息接收如图 11 所示。

图 10　水质监测信息列表

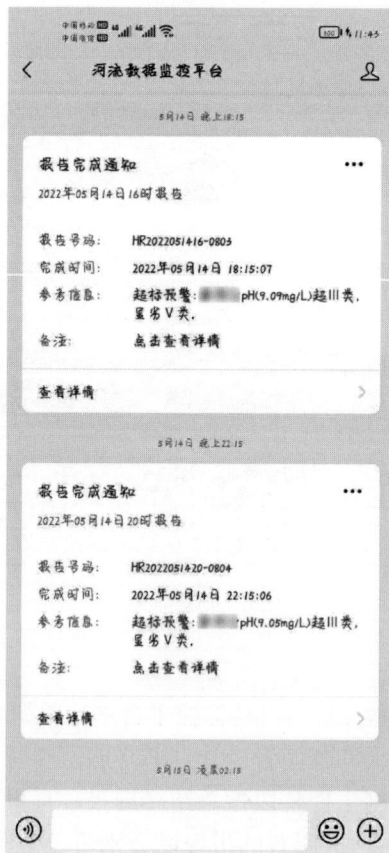

图 11　公众号信息接收

3 关键技术

此平台将地理测绘信息技术与无人机遥感技术、图像识别技术、大数据收集与分析技术、5G网络物联网等多项先进技术进行融合。将监测数据与遥感影像底图相互融合，构建水质监测、河道管理等活动的虚实双向映射，信息随时联动更新。

4 创新点

建立河流管理各个系统功能的"一张图"，将河流基础信息、巡查信息、监测信息与遥感影像相结合，直观、清晰地展示河流监测的各类信息。

将遥感影像作为数字的基座，作为河流管理的基础，通过时空数据的采集、物联网数据的接入，完成平台对数据的统一标准存储、统一整合、统一管理、统一服务，实现管理范围内的统一调度和管理，并做到数据的实时共享。

巡检系统通过定位、导航、视频照片的实时回传，做到信息共享的同时，保证了位置准确性以及结果的可靠性。管理人员可以随时安排巡查任务，巡查人员实时接收任务的同时，可以根据导航迅速到达任务点，并将现场的照片和视频实时回传至平台。

项目使用空天地一体化监测手段：卫星遥感、无人机、摄像头、地面人工巡检、水质监测等，实现了对河流湖泊的多维一体的四害监测。

5 示范效应

河流管家时空数据指挥平台是测绘地理信息技术与河道治理技术的综合集成应用，是实现数字化河道治理的重要的载体。通过各种系统功能的"一张图"的制作，有利于治理数据的实时展示，提高河流治理的效率，提高河道治理的管理水平，从而进一步削减入海污染物排放量，消除水生态环境风险隐患，确保水生态环境安全。

水环境遥感监测业务系统建设

苏州中科天启遥感科技有限公司

1 项目背景

随着社会经济的发展，以及工业化、农业现代化和城镇化的迅速推进，水环境恶化已经成为全球性问题。调查结果显示，我国水环境问题比例由 20 世纪 70 年代后期的 41%发展到 80 年代后期的 61%，至 90 年代后期上升到 77%，从而导致了水环境生态系统结构和功能的逐渐退化，水质性缺水日益严重，造成了巨大的生态环境和经济损失。

党的十九大报告明确指出，生态文明建设是中华民族永续发展的千年大计，必须树立和践行绿水青山就是金山银山的理念，坚持节约资源和保护环境的基本国策，像对待生命一样对待生态环境，统筹山水林田湖草系统治理，实行最严格的生态环境保护制度。水是构成生态环境的基本要素之一，在维护生态平衡中的地位极其重要。为了更好地贯彻落实党中央关于"加大生态系统保护力度，打好污染防治攻坚战"的重要指示精神，落实党和国家生态文明建设的重要举措，本项目采用卫星遥感等新兴技术构建水环境遥感监测体系，形成全天候、全天时、全覆盖的对地观测能力。

项目通过建设水环境遥感监测业务系统，进一步加强水环境遥感监测能力建设，以技术研发和遥感监测应用场景构建为重点，逐步实现水环境监测由点向面发展、由静态向动态发展、由平面向立体发展，全面落实水环境监管职责和水环境监测系统改革要求。从 2016 年至今，各地在区域水环境遥感监测方面不断加大力度。浙江省、广东省、福建省、湖北省、上海市等地先后投入建设水环境遥感监测类业务系统，全面开展对饮用水水源地、黑臭水体、湖库蓝藻水华和营养状况、海洋赤潮和溢油等方面的遥感监测，并在方法模型、专题产品、标准规范、能力建设、人才培养、科学研究等方面进行定向研发，显著提升了水环境问题监管业务水平。

2 项目内容

水环境遥感监测业务系统建设的总体目标是推动水环境遥感监测体系与创新分析方法的建设，构建业务化常态监测与规范化协同运行的系统平台，进一步加强各地水环境遥感监测能力建设与发展。系统整体功能结构如图 1 所示，包括 1 个水环境遥感监测业务数据库及 9 个子系统。

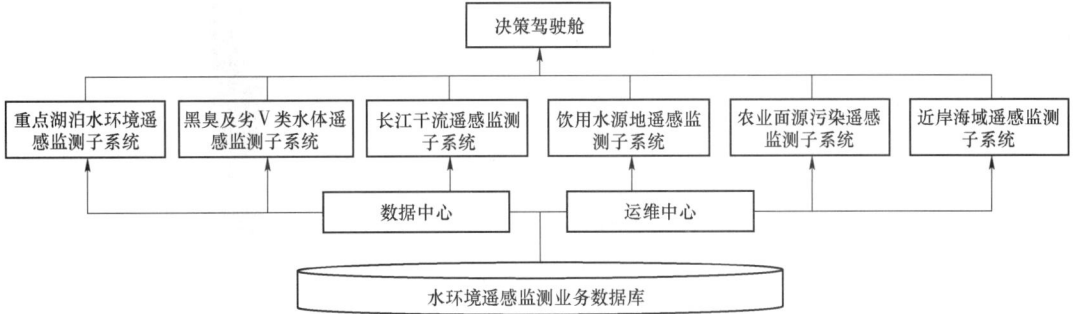

图 1　系统整体功能结构图

2.1　时间动态模型和空间格局模型集

收集处理试点应用区域多源卫星遥感数据,收集不同水环境下的相关资料,对不同卫星载体、不同时段的遥感数据进行分析,对比实地测验结果,并对算法模型进行优化,最终集成多种定量分析方法,构建时间动态模型和空间格局模型集,如图 2、图 3 所示。

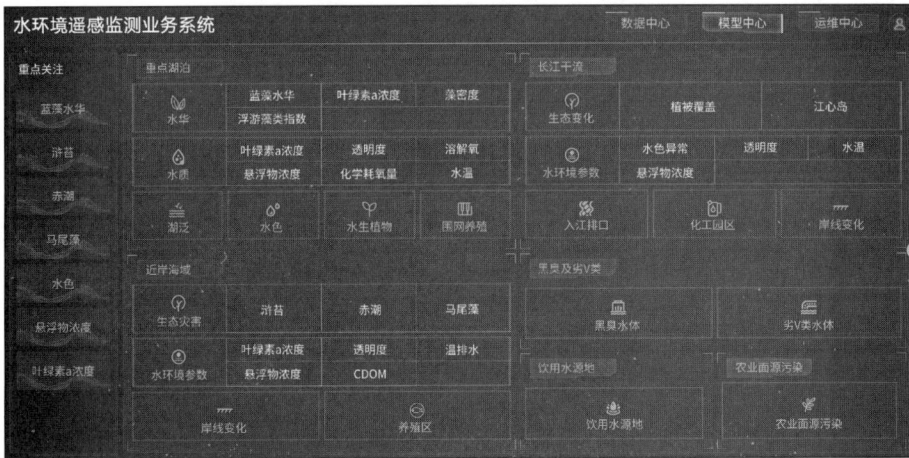

图 2　系统模型中心

2.2　水环境特征产品自动处理产品线

系统从外部接入多源遥感数据,自动调度水环境特征产品生产任务,并将生产成果嵌入系统平台中展示。用户能够通过系统内置的编辑功能对特征成果进行阈值调整、边界缩放、局部擦除、编辑撤销等操作。通过人工编辑的方式提高水环境特征产品精度,提供统计报表生成接口和相关数据下载推送接口,提高了水环境特征产品生产业务效率。以湖泊蓝藻水华精准监测业务为例,结合图谱认知理论,协同利用空间数据中"图"的信息和影像像元中"谱"的信息,形成自动化认知每幅遥感影像内水域覆盖、水体利用信息变化的技术体系,以此为基础,将蓝藻水华算法模型应用于水体利用信息提取过程中,提高机器智能化水平,实现湖区蓝藻水华产品的高效提取,如图 4、图 5 所示。

图 3　叶绿素 a 浓度反演模型集

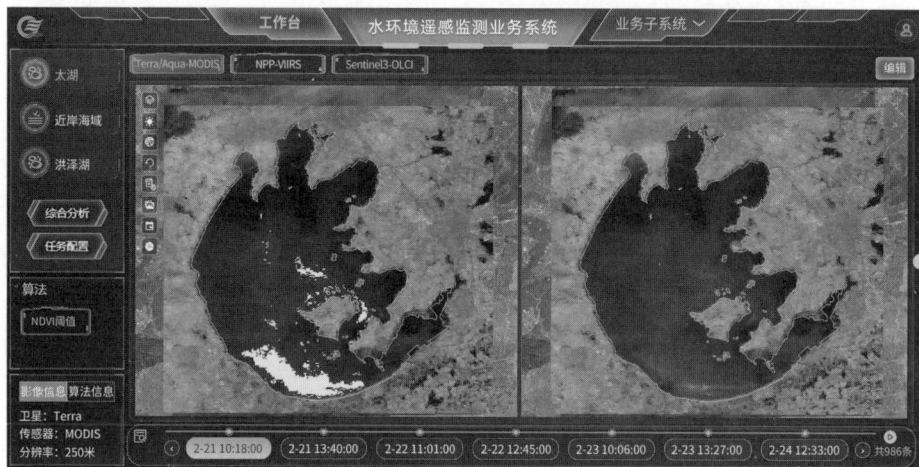

图 4　湖区蓝藻水华自动提取产品线

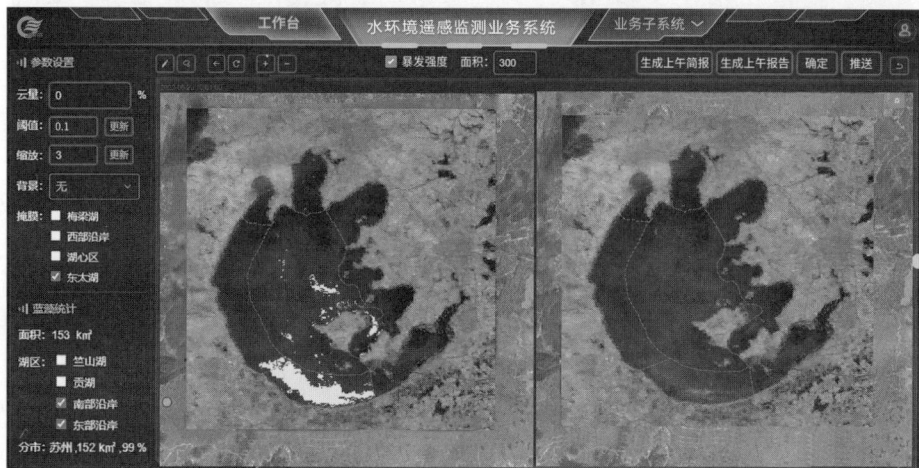

图 5　产品编辑人机交互页面

2.3 区域水环境遥感监测业务系统

区域水环境遥感监测业务系统采用业界主流的高性能 GIS 系统,利用空间大数据分布式存储、查询、管理以及计算引擎技术进行设计、搭建和实现,目的是实现对水环境遥感监测业务相关影像及信息产品的统一高效存储、管理、计算、可视化渲染等功能,同时具备数据的安全性、可扩展性、灾备性和可运维性,如图6 所示。采用分布式文件系统 HDFS,主流 PostGIS 关系型数据库以及 Mongodb 等非关系型数据库进行空间数据及其元数据、切片数据等的存储管理,基于 ElasticSearch GEO 进行大规模空间数据基于地理位置的高效检索,自研高性能热切片以及水专题产品可视化渲染技术,在高性能集群刀片服务器上进行系统部署,部署大数据计算环境,保障业务系统稳定高效运行。

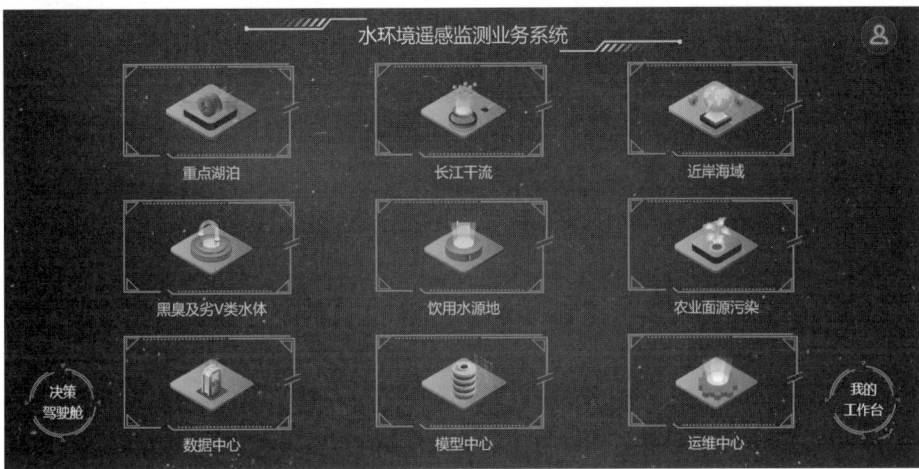

图 6 区域水环境遥感监测业务系统主页

3 关键技术

为使水环境遥感监测整体达到业务化、规范化、自动化水平,面临诸多亟待解决的技术瓶颈问题,具体包括:如何使多源遥感数据与水环境特征遥感机理模型集中最具适用性遥感机理模型智能配对建立通道,并快速制作水环境特征遥感监测产品?如何根据高分辨率遥感影像的特点,结合计算机视觉方法,实现岸线变化检测、养殖区与饮用水源地潜在风险源提取,并实现业务产品快速生产?如何根据不同应用场景,构建适用于区域水环境遥感监测的科学/业务工作流,实现区域水环境遥感监测系统的全程业务监测管理与协同运行?如何在业务运行中迭代优化产品精度,在使用中实现产品质量水平的稳步提升?

针对这些挑战,项目研究创新地提出了四大基础理论和关键技术如下:

1)设计符合试点应用区域水环境遥感监测的业务体系,制定了区域水环境遥感监测业务逻辑体系,实现了算法模型的符合区域水环境特征的本地化;

2）突破水环境特征的遥感机理模型、水环境参数反演算法、水环境要素自动识别提取算法、重点湖泊蓝藻水华、近岸海域浒苔等信息提取阈值在线调整等关键技术方法；

3）研发多源遥感数据和水环境遥感产品的归一化处理流程，形成能够支持多源遥感数据协同反演的归一化数据集；

4）开发水环境多目标、多专题、多场景、多类型的常态监管、预测预警、评估分析等实用功能，实现区域水环境遥感监测的业务化运行。

4 创新点

本项目研究的创新思路是从区域水环境遥感监测需求出发，利用多源遥感数据的光谱信息与水环境特征遥感机理模型，构建基于遥感机理模型的水环境参数反演算法，实现区域水环境特征抽象建模与信息表达。利用遥感影像大数据，综合运用深度神经网络、语义网络、知识图谱等人工智能算法和信息技术，构建水环境要素多场景地物类别提取算法，实现水环境要素专题信息的智能提取。

项目创新点主要体现在构建了多源卫星遥感数据与遥感机理模型的水环境参数反演算法多重表达模式。

5 示范效应

本项目已在试点应用区域开展水环境遥感监测相关研究。针对水环境遥感监测系统建设需求，平台在提取蓝藻水华、浒苔，以及叶绿素 a 浓度、悬浮物浓度、透明度等水质产品反演精度方面得到了有效提升。平台以多源卫星遥感数据为主，构建了时间动态模型和空间格局模型集，为区域不同水环境下水质产品反演提供了更多选择。系统内置各类编辑功能可对要素成果进行人工干预，且编辑后可生成各统计报表。采用业界主流的高性能 GIS 系统，实现了对水环境遥感监测业务相关影像及信息产品的统一高效存储、管理、计算、可视化渲染等功能，对区域水环境遥感监测系统稳定高效运行提供了有效支撑。应用结果表明，本项目数字化应用起到了积极的推动作用，在同类项目中处于先进地位。

本项目研究成果服务于区域水环境治理精准决策。构建"卫星遥感＋无人机航测＋地面监测"空天地一体化监测技术体系，基于多源数据、遥感机理模型的水环境参数反演和大数据分析的区域水环境遥感监测运行体系，形成分析报告，为区域生态环境部门科学决策提供有力的技术支撑。项目建设的水环境遥感监测系统应用到蓝藻监测、凤眼莲打捞治理等业务中，实现跨部门数据连通，有力提升水环境监测决策优化和信息管理能力。

县域生态产品价值精算与数字化平台建设

苏州中科天启遥感科技有限公司

1 项目背景

  "绿水青山就是金山银山"描绘了生态文明建设和经济发展之间的和谐关系，是习近平生态文明思想的重要组成部分，已成为当前全党全社会的共识与行动。"两山论"充分肯定了生态环境资源对生产力发展的不可替代作用，指明了发展方式转变的路径。党的十九大报告提出，必须树立和践行绿水青山就是金山银山的理念，坚持节约资源和保护环境的基本国策。党的十九届五中全会确定了"十四五"时期我国生态文明建设的总目标，提出坚持绿水青山就是金山银山理念，推动绿色发展，促进人与自然和谐共生。生态产品价值实现是贯彻落实习近平总书记"两山论"的重要举措，是构建美丽中国的重要内容，是助力乡村振兴战略深入实施的重要支持。当前，我国多地正在积极探索生态产品价值实现路径与方法，取得了一些成效，但是仍然存在价值认识不到位、价值存量不清楚、转化路径单一等问题。科学的生态产品总值（Gross Ecosystem Product，GEP）核算体系能精准地评估出生态产品所蕴含的经济价值，可以在"两山"转化的识价值、摸家底、助转化等环节发挥积极作用，助力生态产品价值实现。为此，2021 年 4 月，中共中央办公厅、国务院办公厅印发《关于建立健全生态产品价值实现机制的意见》，对生态产品价值实现机制进行了顶层设计。2022 年 3 月，国家发展改革委、国家统计局联合印发《生态产品总值核算规范（试行）》，为生态产品价值核算工作提供了科学性、规范性的指导。

  绿色生态是江西最大财富、最大优势、最大品牌，如何走出一条经济发展和生态文明水平提高相辅相成、相得益彰的路子，是江西多地在深入思考、努力探索的课题。项目试点县有着得天独厚的生态资源，始终坚持"生态立县"根本，积极探索绿色发展新路，成功争创了"国家级生态示范区""国家重点生态功能区"、首批"国家生态文明建设示范县"、首批"国家生态综合补偿试点县"、国家"绿水青山就是金山银山"实践创新基地等多张"国字号"生态名片。试点县作为国家生态产品价值实现机制试点重要承接县，敢为人先、先行先试，不断坚持和完善生态文明制度体系建设，坚定不移地保护着得天独厚的生态资源，全县上下将生态产品价值实现机制试点上升为推动县域经济社会发展的"总抓手"，在生态产品价值核算、抵押、流转等方面积极探索，在生态补偿、生态产权融资、生态权益交易等方面主动作为，积极拓展"绿水青山"向"金山银山"转化的通道。

探索生态产品价值实现路径，必须建立在对本区域生态产品价值科学认知的基础上。为此，试点县在全省率先开展县域 GEP 图斑级精算，摸清生态资产家底，为打通"资源变资产、资产变资本、资本变资金"的转化通道提供依据，助力生态产品价值高质量实现。

2 项目内容

以国家《生态产品总值核算规范（试行）》、江西省《生态系统生产总值核算技术规范》等标准为指导，综合运用卫星遥感、地理信息系统、人工智能等技术，结合试点县自然资源、地形地貌、生态环境、气象监测、社会经济等多源数据，以县域全覆盖生态图斑为基本单元，制作 GEP 精细核算数据、编制 GEP 精确分析报告、开发 GEP 数字服务平台，实现试点县 GEP 图斑级精细化核算、可视化呈现与多维度分析，科学精准地核算出试点县生态产品所蕴含的经济价值，为有效解决生态产品"难度量、难抵押、难交易、难变现"等问题提供依据，为加快推进 GEP 核算成果进规划、进考核、进政策、进项目等应用提供助力。

2.1 制作 GEP 图斑级精算一张图数据

总结前期 GEP 核算工作经验，积极创新，以与实际地物相符合的生态图斑作为 GEP 核算的最小空间单元。在精细的生态图斑上融合多源数据，结合 GEP 核算指标模型体系，精准绘制县域 GEP 全覆盖精细化空间分布一张图，为每一个生态图斑贴上"价值标签"，为加快建立健全生态产品价值实现机制提供精准数据支撑。GEP 精算一张图如图 1 所示。

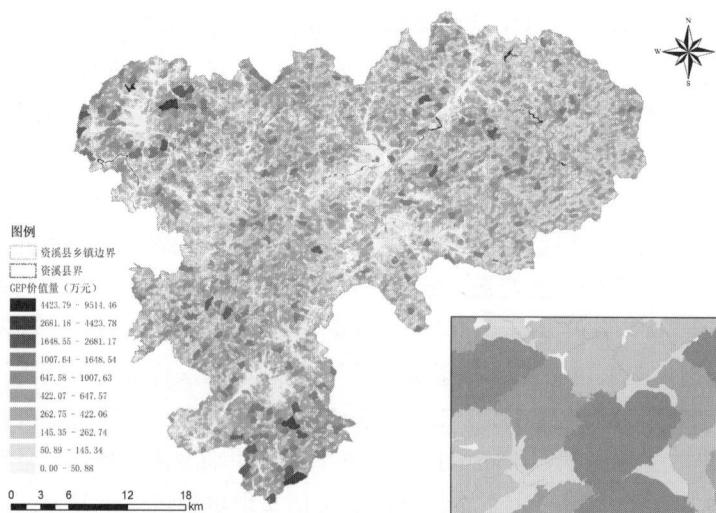

图 1　GEP 精算一张图

2.2 编制 GEP 年度精算报告

以年度 GEP 图斑级精算数据为基础，编制呈现试点县生态产品价值、助力生态产业发展的年度 GEP 精算分析报告，在报告中融入精细化、空间化、定量化的核算指标多维分析、分区域分领域多级专题分析、生态产品价值变化分析等内容，为推进试点县生态文明建设提供智慧支持。GEP 精算报告如图 2 所示。

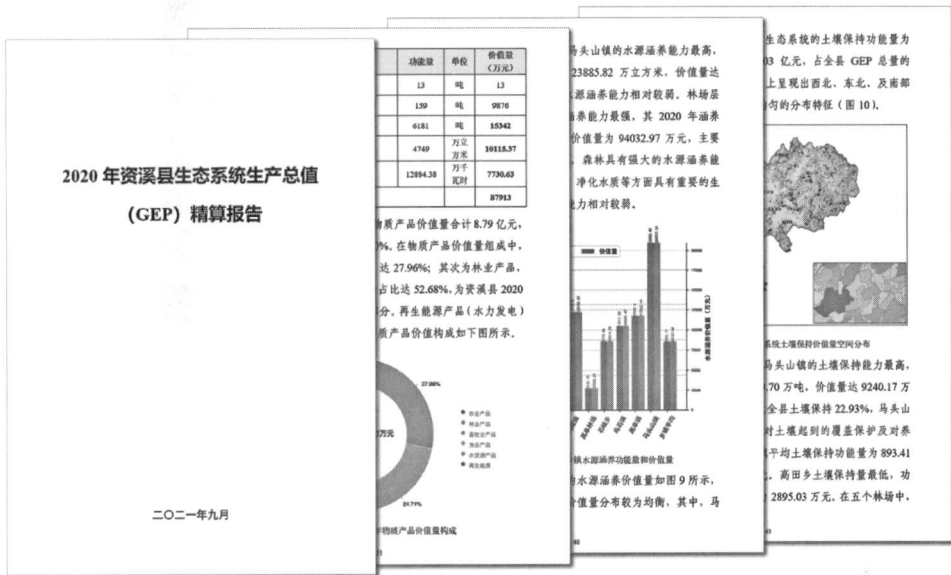

图 2　GEP 精算报告

2.3 搭建 GEP 数字化服务平台

以"GEP＋"助力生态产品价值实现为核心理念，搭建 GEP 数字化服务平台，集数据管理、多维度分析、可视化展示、兴趣区生态价值在线计算、生态产品价值实现应用扩展等功能于一体，将试点县丰富的生态资源、精准的生态价值以信息化的手段直观呈现，有利于深入挖掘县域生态产品所蕴含的经济价值，为试点县因地制宜探索建立生态产品价值实现路径提供重要抓手，是践行"两山论"的重要举措。GEP 数字化服务平台如图 3 所示。

2.4 设计开发"两山银行"应用模块

创建"两山银行"，通过资源收储、资本赋能和市场化运作，构建"资源-资产-资本-资金"的转化机制，是绿水青山转化为金山银山的"助推器"，也是开启乡村振兴新局面的"金钥匙"。以试点县 GEP 数字化服务平台为载体，从"两山银行"实际业务需求出发，设计开发"两山银行"应用模块，整合县域全覆盖的山、水、林、田、湖、草等碎片化生态资源，结合图斑级生态产品价值精算结果，将生态资源"明码标价"摆上货架，集成"两山银行"价值评估项目，为发展绿色金融、生态贷款等"两山"转化路径提供数据和平台支持。"两山银行"应用模块如图 4 所示。

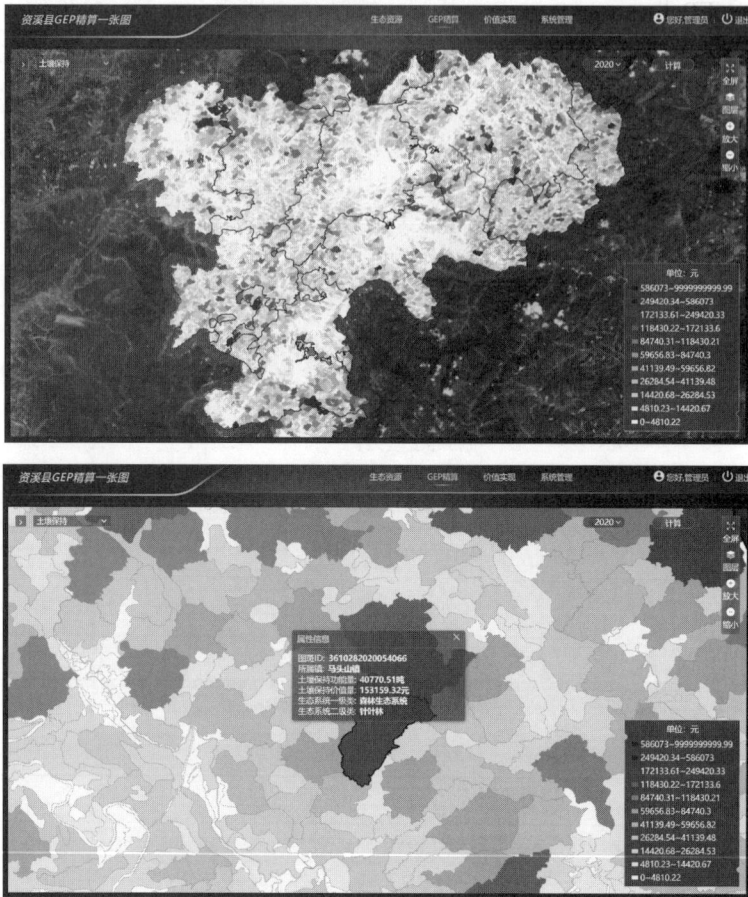

图 3　GEP 数字化服务平台

图 4　"两山银行"应用模块

3 关键技术

围绕建立健全生态产品价值实现机制这一主题，为因地制宜科学探索建立绿水青山转化为金山银山的多元实现路径，有必要实现生态产品价值核算的空间化、精细化、定量化与可视化，为此，研究攻克如下关键技术：

1）任务区多云雨天气，以致可用的光学卫星影像数据较少，无法满足全覆盖生态图斑提取、类型识别、定量反演等遥感应用需求，针对这一问题，研究攻克有效像元合成处理技术，提取遥感影像中的每一个有效像元，并通过优化组合、几何精纠正等步骤给出区域无云、几何精度一致的正射影像，实现多源遥感数据信息优势互补，克服了单一影像上信息的缺陷，充分发挥每一个像元的作用。

2）研究攻克基于高分遥感影像的不规则生态图斑分区分层有序解构及动态更新关键技术。采用模拟视觉感知的端到端联结主义深度学习技术建立影像空间到地理空间的映射关系，实现从高空间分辨率遥感影像中逐层提取地物对象，通过边界约束、纹理分割、类型判别、形态优化等几个环节构成的流程化处理，最终形成一张完整覆盖、对象化过程无拓扑交叉、图斑形态平滑美观以及赋予了生态系统类型的生态图斑空间结构图，进一步构建由精细化、多类型生态图斑组成的生态大数据本底库。

3）结合区域生态资源时空特征，重点研究建立基于大数据的生态产品价值评估指标模型技术体系，将复杂生态系统所蕴含的经济价值通过模型计算客观、科学、精细的呈现出来。

4）研究攻克图斑级多源数据融合技术，在生态图斑单元上实施对自然资源、社会经济、气象条件、生态环境以及各类因子参数等多源异构数据融合，扩展地块属性维度，实现相关数据的空间化与降尺度。

5）研究任务区 GEP 精算空间矢量数据与地理信息相融合的可视化解决方案，实现海量空间矢量数据的高效在线浏览、图斑尺度属性信息的定制化交互查看以及兴趣区生态产品价值在线计算等功能。

4 创新点

本项目在总结前期 GEP 核算工作经验的基础上，积极创新，率先开展县域 GEP 图斑级精细核算，以与实际地物相符合的生态图斑作为 GEP 核算的最小空间单元。项目创新点主要表现在如下方面：

1）传统 GEP 网格法核算以一定尺度网格作为核算单元，多数情况下，一个网格中会有不同类型的生态系统，核算结果粒度较粗，难以精准呈现出核算地域范围内每一种生态系统的空间分布及价值分布情况。本项目所采用的图斑级 GEP 精算方法的核算单元为生态图斑，生态图斑是对实地真实生态系统的空间化、精细化表达，以生态图斑为载体，核算结果精准、客观，能够更加真实地表达实地生态系统的类型及价值分布情况，且易于生态产品价值实现应用。

2）GEP 核算涉及多尺度网格数据、统计数据、调查数据、观测数据、专家知识等多模态数据，如何将反映地表特征的各类信息快速融合关联到空间场景中，以协同支撑生态产品价值精算的需求，是项目需要解决的重要问题。面向 GEP 精算的需要，通过构建多粒度决策模型，基于位置、时间、关系、语义、尺度等方面构建多源数据与图斑特征（属性）之间的联系，将多源数据迁移计算到图斑上，以多维特征向量的方式构建形成图斑的结构化属性表，实现多源数据在图斑单元上的关联、聚合、再现，为后续基于图斑的生态价值指标计算做好准备。

3）目前，多地都在积极开展 GEP 核算工作，多以获取区域 GEP 这一数值为目的。本项目在获取 GEP 图斑级精算数据的基础上，进一步以"GEP＋"助力生态产品价值实现为核心理念，搭建 GEP 数字化服务平台，设计开发"两山银行"应用模块，集成生态资源一张图、生态价值一张图，并提供相关成果的分析服务与按需精准服务。同时，平台具备极强的可扩展性，在"两山"转化实践中，将深入结合生态产品价值实现工作实际，不断探索"GEP＋"助力"两山"高质量转化的模式，逐步构建"GEP＋生态补偿""GEP＋项目生态效益评估"等应用模块，以 GEP 精算数据赋能生态产品价值实现，为因地制宜探索建立生态产品价值实现路径提供重要抓手。

5　示范效应

通过开展试点县年度 GEP 精算工作，逐步建立起多部门基础数据采集报表机制、图斑级生态产品价值精算体系、生态产品价值精算成果应用体系等。以县域 GEP 精算数据及特色生态产品专题分析为基础，精准摸清试点县各类生态产品的数量、质量及分布情况，为进一步优化生态产品空间分布格局提供指南，为助力碳排放权和碳汇交易、区域公用品牌价值提升等提供参考。

5.1　以生态产品价值实现为落脚点开展 GEP 核算

建立生态产品价值核算机制，开展 GEP 定期核算，其目标是为生态资源打上"价值标签"，将生态资源蕴含的经济价值量化，为"两山"转化搭建桥梁，因而有必要以生态图斑为单元，聚合多尺度网格数据、统计数据、调查数据、观测数据、专家知识等多模态数据，将每个生态系统单元的量化指标表征得更全面和精准，实现 GEP 核算的空间化、精细化、定量化，以 GEP 精算助力生态产品价值实现。

5.2　因地制宜建立生态产品价值实现路径

不同区域具有不同的生态资源特点，应在充分认知本区域生态产品特点（空间、时间、价值等）的基础上，因地制宜探索建立生态产品价值实现路径，助力生态优势转化为经济优势，推进生态产品价值高质量实现。在全面建成小康社会，开启全面建设社会主义现代化国家的新征程中，提供更多的优质生态产品，使天更蓝、水更清、山更绿，真正实现人与自然的和谐共生。

5.3 以"GEP+"为指导，构绿色发展新格局

多项"国字号"生态荣誉是对试点县坚持"生态立县"这一根本所取得成果的肯定，也对新时期试点县绿色发展提出更高要求。在"两山"转化实践中，试点县不断探索"GEP+"助力"两山"高质量转化的模式，逐步构建"GEP+两山银行""GEP+生态补偿""GEP+项目生态效益评估"等工作机制，以 GEP 精算数据赋能生态产品价值实现，打通"两山"双向转化通道，加快构建绿色发展新格局。

运城市"三河三湖"生态环境天空地 一体化监测服务平台

山西省地质测绘院有限公司
运城市卫星遥感大数据应用中心

1 项目背景

黄河是中华民族的发源地和摇篮。保护黄河是事关中华民族伟大复兴的千秋大计。党的十八大以来，以习近平同志为核心的党中央把黄河流域生态保护和高质量发展上升为重大国家战略，对推动黄河流域生态保护和高质量发展作出全面部署。2020 年，运城市《政府工作报告》提出，要积极创建黄河流域运城段生态保护和高质量发展示范区，扎实推进汾河入黄河口湿地生态保护工程建设，解决汾河污染治理问题；推进一批事关全局的生态保护和高质量发展重点工程，率先在黄河流域开展化工厂搬迁行动计划，通过对主河道支流——汾河、涑水河 1km 内的化工厂全部搬迁，加大村庄环境整治，开展城乡人居环境整治，确保沿黄 5km 内的农村污水、垃圾 100%处理；统筹"三河两山三湖"生态修复治理，实施"五水同治"，全力攻坚汾河、涑水河流域污染治理，确保两个国考断面全年稳定退出劣 V 类，实现涑水河清水复流。

为积极贯彻习近平总书记视察山西和黄河流域生态保护和高质量发展重要讲话指示精神，积极响应运城市委市政府创建黄河流域生态保护和高质量发展示范区建设的总体部署，山西省地质测绘院有限公司、运城市卫星遥感大数据应用中心基于高分遥感、地理信息集成、云计算、大数据、人工智能等新先进技术和手段，全面摸清运城境内黄河流域、汾河流域、涑水河、盐湖、伍姓湖、圣天湖湿地及省级自然保护区生态环境状况，在山西省地质勘查局 2020 年科技创新专项资金扶持下，开发建设运城市"三河三湖" 天空地一体化生态保护遥感监测信息化平台，对助力黄河流域生态文明建设、政府科学规划与治理决策具有重要的现实意义。

2 项目建设内容

2.1 项目主要任务

项目基于国产高分卫星数据的高光谱、高空间、高分辨率的特点，结合无人机航摄、大数据、云计算、深度学习、三维地理信息系统集成等先进技术，对运城市境内"三河三湖"——黄河、汾河、涑水河、伍姓湖、盐湖、圣天湖的地表覆盖、生态治理工程、人类活动信息点进行外业调查、遥感解译与变化监测。通过建立运城市"三河三湖"生态环境遥感监测本底数据库及天空地一体化监测服务平台，形成以"线索监测＋问题判读＋实地核查""天上看、地上查、网上管"的工作机制，积极为政府开展黄河流域生态保护治理管理展示与政府应急决策提供依据，形成业务化、常态化、产业化监测服务模式。

根据运城市政府"开展黄河流域（运城段）生态文明示范带"的总体规划，确定项目监测范围为三河主河道外扩 5km；三湖监测范围根据运城市环保局提供的运城市自然保护区划分类型，将核心区、缓冲区、实验区纳入监测范围，遥感监测范围约 5032km²。其中，黄河流域（运城段）2360km²、汾河流域（运城段）690km²、涑水河流域 1850km²、伍姓湖 42.3km²、运城盐湖 132km²、圣天湖 2.9km²。监测范围如图 1 所示。

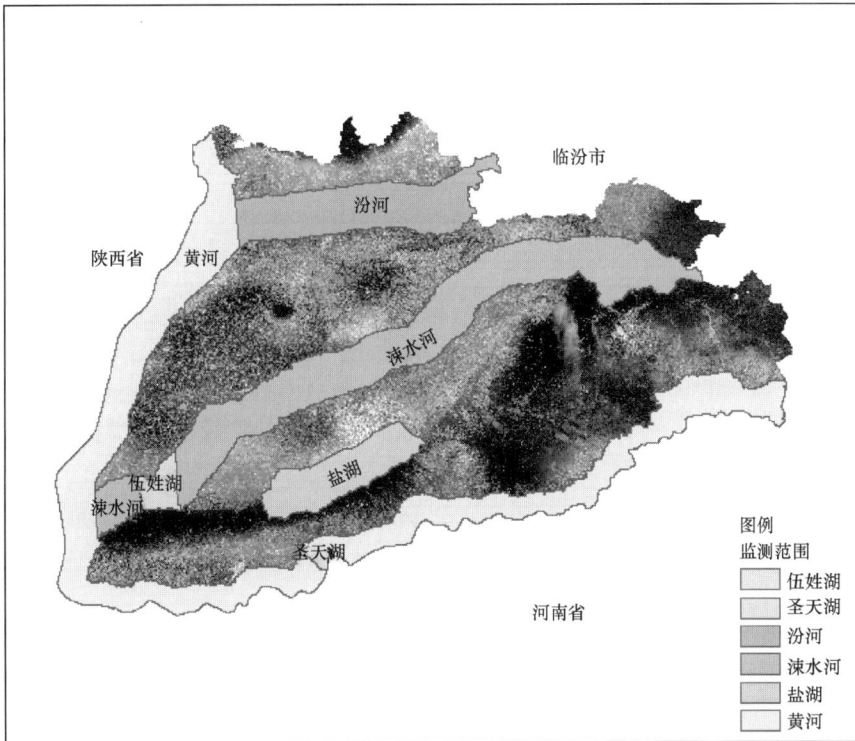

图 1　监测范围图

2.2　总体技术路线

根据项目工作任务，围绕"三河三湖"生态保护治理核心主题，在地表覆盖、工矿企业、能源设施、交通设施、旅游设施、养殖场、农业用地、居民点、其他人工设施、采石场、河道采砂、黑臭水体、重点工程等人类活动信息点开展遥感监测调查，使用多期航空航天遥感数据，基于深度学习的自动信息提取与变化监测技术、水体和裸土地智能提取算法等关键技术、大数据高效管理展示，对影响生态环境因素进行动态监测，建立"天空地"一体化的生态环境立体监测感知体系。全面掌握运城市"三河三湖"生态环境空间分布、环境人文建设状态和环境水土保持情况，为生态保护、监督、治理工作提供可靠的基础依据。项目总体技术路线如图2所示。

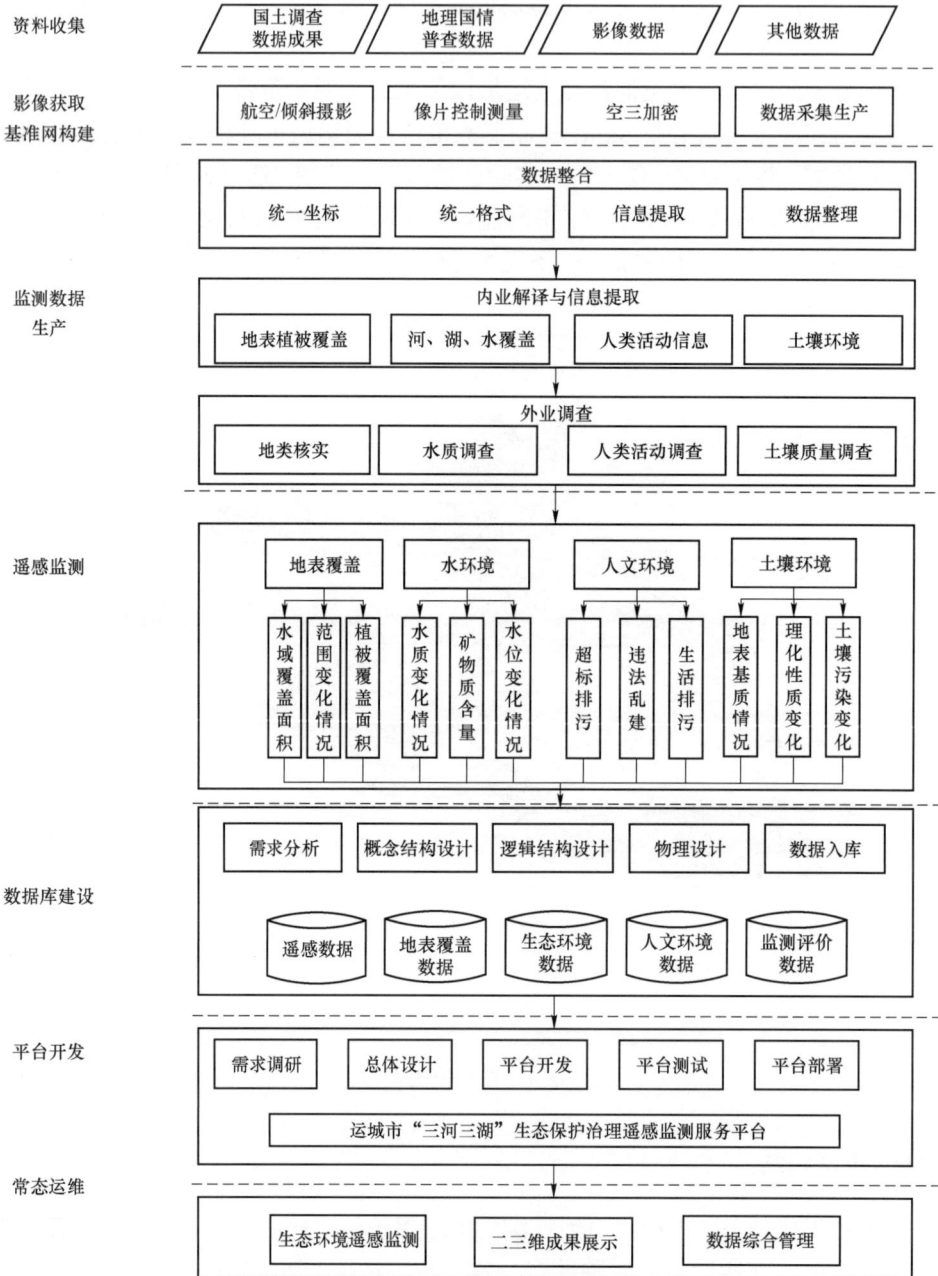

图 2　项目总体技术路线图

408

2.3 监测平台架构

平台基于 BS/CS 混合系统构架，包含遥感监测综合数据管理系统、遥感影像快速处理系统、遥感信息智能提取系统、遥感智能训练系统、"双十工程"遥感监测管理平台 6 个子系统，实现对遥感数据、基础数据、专题数据、变化监测数据、专题产品等进行综合数据管理应用。形成多主题、多时空、多指标、多要素、多样化的生态环境监测成果展示、查询、统计、分析能力，实现人、地、事、物的快速网络化、空间化、可视化和二三维展示、浏览、查询等功能，以及水质、土壤、光伏、建筑物、大气、水体等监测数据的统计分析输出等。积极为政府开展黄河流域生态保护治理管理决策提供依据，形成业务化、常态化、产业化的监测服务模式。监测服务平台如图 3 所示。

图 3　监测服务平台

平台采用多层架构、多模块结构进行设计，界面友好，登录方便。引入高性能计算、人工智能技术，通过流程建模与业务运行框架，实现数据处理、线索监测、问题判读、野外核查的全链路功能搭建和运行；通过实时计算技术实现监测信息数据的快速处理；通过智能分析实现"四乱（乱占、乱采、乱堆、乱建）"线索的高效检测，为政府部门监管提供快捷的服务。监测平台架构如图 4 所示。

平台基础设施层包括数据处理计算设备、磁盘存储设备、网络设备、安全设备、终端设备等硬件环境，及操作系统、数据库系统、GIS 支撑系统、数据备份系统、网络安全系统等支撑系统运行的必备软件环境；数据资源层汇集项目各类数据资源，包括遥感数据、地质数据、背景数据、知识数据、线索数据、监测成果；应用服务支撑层以插件/组件的方式，为平台运行提供一套专业化、社会化的数据处理、信息提取、变化检测、数据管理等系列服务；业务应用层通过对模块层各功能组件的集成应用，产品生产线构建，形成遥感变化监测系统、生态环境监测系统、生态环境评估系统、野外核查验证系统、舆情检索系统、信息服务系统及数据管理系统，实现面向涑水河流域管理范围的生态破坏监测监管具体应用；用户层实现系统与政府部门用户之间的交互与服务。

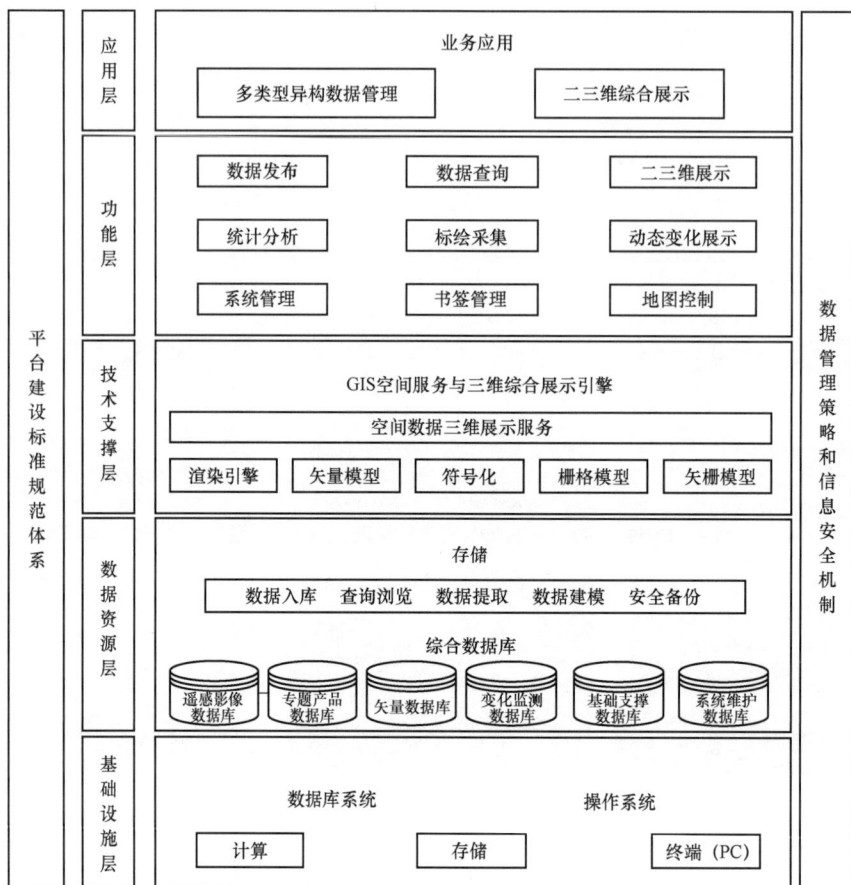

图 4　监测平台架构

2.4　系统集成

　　平台系统集成包括遥感监测综合数据管理、遥感信息智能提取、遥感智能训练等 6 个系统建设以及综合监测数据库。系统集成利用 DEM 数据、多期卫星遥感数据生产的 DOM、无人机航测生产的高分辨率 DSM、DOM、三维实景模型（OSGB）等数据进行数据转换，利用 GIS 软件进行深度融合，建立三维可视化系统数据库。每期数据更新时，对三维模型数据同步更新，逐步利用高分辨率、高精度的数据替换低分辨率、低精度的数据。三维模型数据作为遥感监测三维可视化平台的基础数据，统一导入平台数据库中，充分利用三维 GIS 系统，实现三维展示、应用、管理和服务。监测平台三维展示如图 5 所示，监测平台系统组成如图 6 所示。

410

图 5　监测平台三维展示

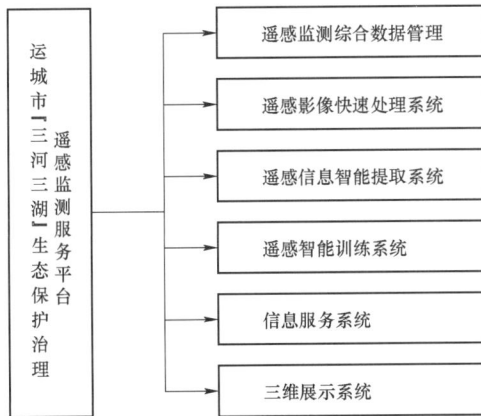

图 6　监测平台系统组成

2.5　遥感监测综合数据管理服务

　　平台综合数据管理系统按照原始遥感影像数据自动化接收和入库管理等业务需求，实现多源遥感影像数据有机集成和综合管理。作为面向生态环境多源遥感影像数据产品和管理中心，实现各级影像基础产品、专题监测产品等各类数据资源的入库、存储、查询、提取，满足数字化的存储管理需求，实现遥感监测综合数据管理服务及应用。遥感监测综合数据管理系统如图 7 所示。

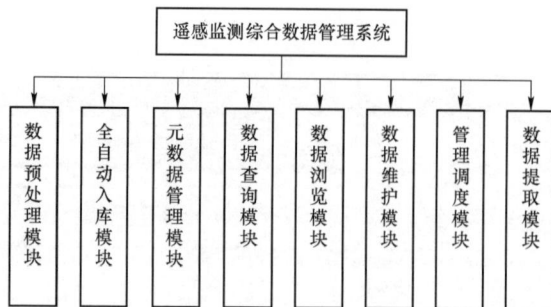

图7 遥感监测综合数据管理系统

3 关键技术

3.1 基于遥感智能样本训练技术

研发遥感智能训练系统面向智能信息提取的业务应用需求，构建从样本采集与管理，模型训练与优化，到智能信息提取模型管理与应用发布的完整解决方案。提供自动、半自动样本采编能力，依托智能解译样本构建和管理技术，定制影像样本数据标准规范，快速构建应用于深度学习的瓦片样本数据，实现面向不同业务应用的解译样本数据的统一管理，为深度学习提供重要的解译样本支撑。在智能提取模型训练方面，系统搭建以任务流程为驱动，集训练数据集挑选、模型训练与优化、训练结果评价、模型封装发布与管理等于一体的深度学习训练平台，可根据不同业务需求，实现适配模型的深度学习训练全流程，是实现智能信息提取的重要技术基础。遥感智能训练系统如图8所示。

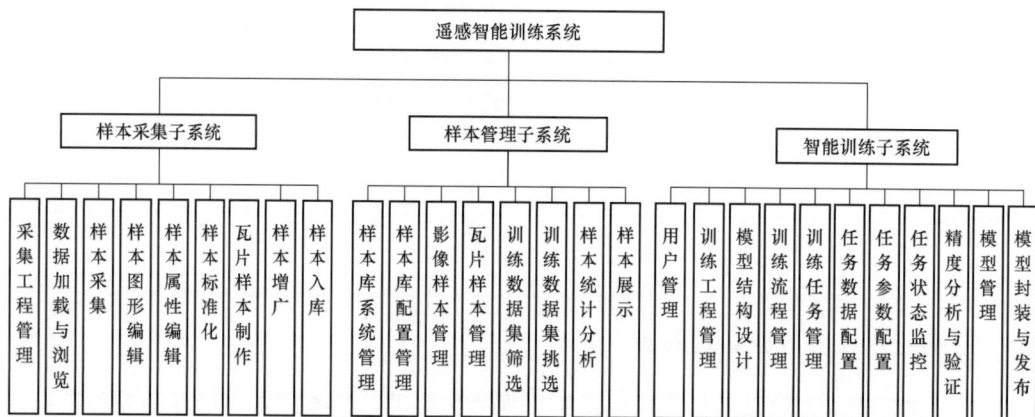

图8 遥感智能训练系统

3.2 基于深度学习的自动信息提取与变化监测技术

基于深度学习训练引擎，面向业务构建自动信息提取与变化检测模型，构建业务化的自动提取能力，包括影像增强、提取概率图二值化、监测信息规范化处理、监测信息矢量化、多类型伪图斑去除、基于最小上图面积的小图斑去除、监测图斑去重整理等。最终形成可业务化运行的多类型的深度学习自动信息提取与变化检测技术能力，实现特定目标及要素的样本采集与管理、基于像素、对象和深度学习的目标与要素自动提取与变化发现等功能。

3.3 科技创新的水体和裸露土地智能提取算法

平台内水体和裸土信息自动提取功能，是基于智能类神经模型的水体和裸露土地智能提取算法属于科技创新的智能算法，通过构建多层神经网模型，读取 SegNet、FCNnet、PSPNet 等网络模型学习方法，利用标注后大量的训练数据，高达几百层甚至上千层的网络结构对这些特征进行挖掘，使模型学习分类与遥感影像所包含的丰富信息，将信息抽象为模型，提升分类或预测的准确性。水体和裸露土地智能提取效果如图 9 所示。

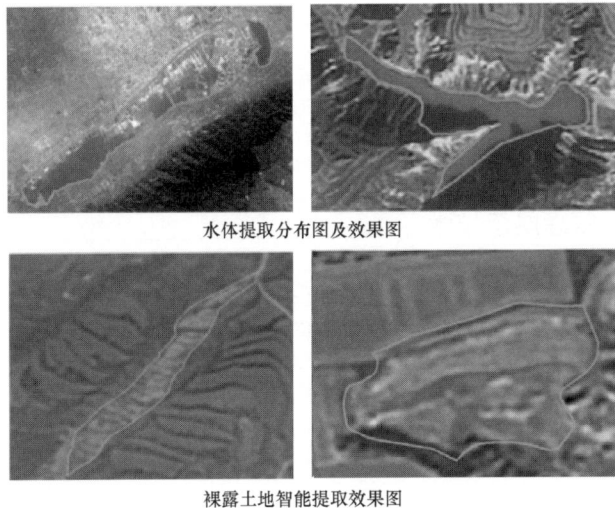

水体提取分布图及效果图

裸露土地智能提取效果图

图 9　水体和裸露土地智能提取效果图

水系变化监测技术基于深度学习的自动提取技术结合人工交互精编以及矢量运算工具实现。通过要素智能提取系统对前后期匀色镶嵌影像成果，依照深度学习模型通过快速自动提取功能得到前后两期水体提取结果；对自动提取成果矢量进行人工交互，通过矢量编辑工具完善水体范围边界并对自动结果进行核实；将完成交互与核实的两期水体提取成果通过矢量运算工具相互进行矢量裁切，得到两季度间的水体增、减结果；再通过人工交互质检工作，剔除边界细碎的伪变化，形成最终变化提取成果，结合降水量统计数据，进行降水量分析，得出最终水资源变化情况。

3.4 无极多尺度分割技术

多尺度像斑对象实时解译模型是以高性能并行计算技术为支撑，实现遥感影像的无极多尺度分割，得到可实时尺度切换的影像分析模型，作为面向对象分类和典型地物提取等业务应用的模型基础。

3.5 自动变化分析技术

综合利用多时相遥感数据以及历史地表覆盖数据，构建全样本对象多元多维特征模型，应用知识驱动下基于"语义–场景–规则"的自动变化分析技术，在可靠性方面显著优于传统方法。基于全样本的自动变化分析如图 10 所示。

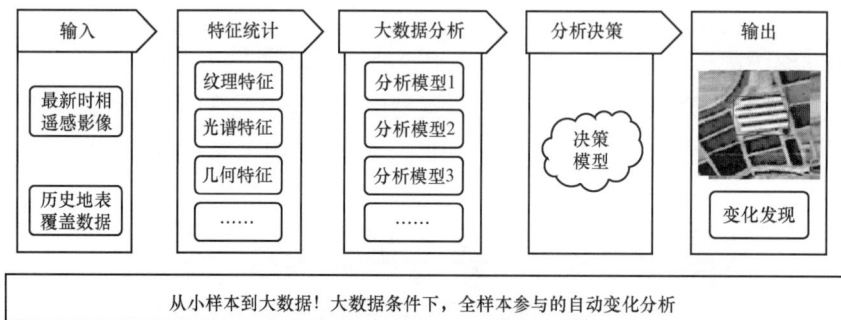

图 10 基于全样本的自动变化分析

3.6 大数据量高效管理展示技术

平台面向海量影像、矢量、照片和视频等多源数据，采用服务端并行计算技术归档、检索、统计等业务的多机并行执行，以快视图的形式进行数据的快速浏览，提高归档、查询与统计效率，满足影像入库管理和应用需求，多客户在线同时使用相关资源。

4 科技创新点

4.1 在黄河流域生态环境开展天空地一体化监测示范应用

在国家开展黄河流域生态保护和高质量发展的大背景下，黄河流域生态环境天空地一体化监测服务平台在黄河流域 9 省地级市率先开展示范应用，效果较为明显。平台基于遥感监测技术提供利用中分遥感卫星巡查、高分卫星详查、无人机和实地核查相结合技术手段，形成遥感监测"巡查–详查–核查"三查最新作业模式，实现对黄河流域运城段生态环境保护的有效监测。

平台技术先进，架构合理，创新性地提出了基于智能类神经模型的水体与裸露地智能提取算法，建立了海量数据库及黄河流域生态环境天空地一体化监测技术方法体系，在生态环境监测治理与创新发展服务领域具有一定的推广应用价值，取得了良好的社会经济效益。

4.2 移动互联、实时互通反馈与监测信息发布

平台有助于构建运城市黄河流域生态环境"快速发现—迅速反馈—及时处理"的监管格局。信息发布主要采用跨终端应用集成技术、"互联网＋"服务模式，已经为市县政府和部门开设 38 个账户，方便部门调度管理；同时支持平板外业在线实时查看生态治理工程现状，反馈更新信息，为领导决策提供移动办公，提供实时互联决策服务。

5 示范效应

平台对多源卫星遥感影像 447 景数据进行了入库管理，人工解译 12 大类地表覆盖专题数据，人类活动图斑涉及 10 大类。提取流域监测总面积 5333km^2 的地表覆盖图斑147 835 个、人类活动图斑 10 971 个、植被覆盖图斑 23 223 个，制作 1:2.5 万、1:1 万分幅调查工作底图 95 张、372 张；完成调查核实图斑 28 739 个，占总图斑的 19.4%；采集外业样本点 5319 个，建立监测区域解译样本库；完成重点工矿企业共 970 处的外业核查，监测面积为 7017.90 公顷；完成污水排放口 108 处水质监测；完成生态保护 339个重点工程的外业调查与监测；全市"三河三湖"遥感生态监测"一张图"和数据库建设，完成 2020 年 6 月、9 月、12 月及 2021 年 3 月光伏用地、建设用地、工矿企业、矿山修复、地质灾害数据入库；完成对地表覆盖、旅游设施、工矿企业、人类活动、水质检测点等 31 个图层矢量数据的标准化整合、质检等工作，监测专题产品含 8 大类 50 小类数据成果，取得了较为丰硕的成果，为运城市"三河三湖"生态保护、监督管理与治理工作起到了促进作用。运城市"三河三湖"生态环境监测"一张图"如图 11 所示。

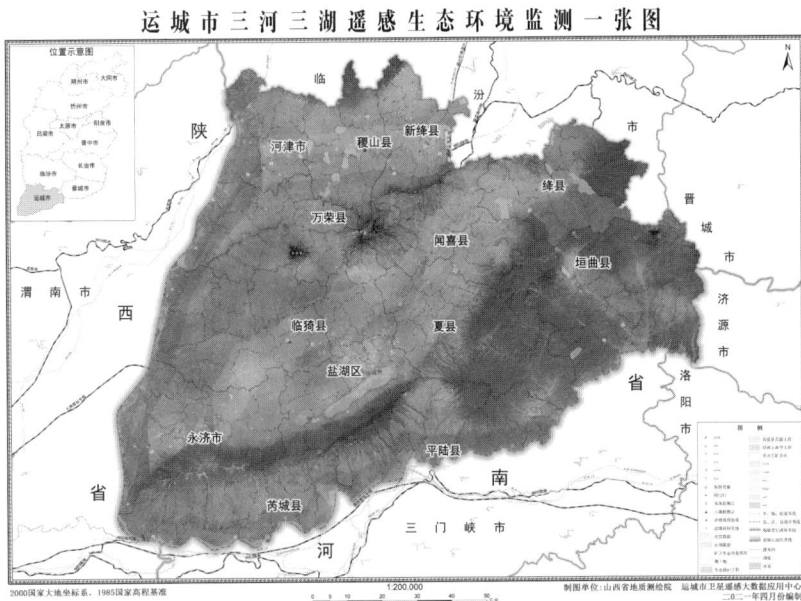

图 11 运城市"三河三湖"生态环境监测"一张图"

415

5.1 自然保护区人类活动变化监测

利用多期遥感数据对运城市黄河流域自然保护区人类活动情况进行监测。从监测结果来看,保护区内农田、采石场在逐渐减少,工矿用地、居民点在逐渐增加,监测成果符合运城市的发展基本现状。运城市黄河流域生态保护和高质量发展"双十工程"和生态文明示范带工程建设监管模块能够实时对工程进度进行监测,对生态环境予以监督。

5.2 地表覆盖变化监测

"三河三湖"监测范围内 2020 年 9 月至 2021 年 3 月期间,在地表覆盖监测中发现植被覆盖随着时间变化呈减少趋势。其中以汾河、黄河、涑水河更为明显,汾河最为严重,季度植被覆盖几乎都在减少趋势,符合运城市发展基本现状。

5.3 群众举报与问题反馈

对群众举报环保图斑,进行外业环保核查,查清事实依据,拍照问题反馈,上传监管平台,通过监测平台为政府环保部门决策提供实时监测,提高决策水平。

5.4 服务政府调度管理

2021 年 8 月 12 日,运城市委领导调研了运城市"三河三湖"生态环境天空地一体化监测服务平台及黄河流域(运城段)生态保护和高质量发展"双十工程""沿黄示范带工程"遥感监测管理平台的建设应用情况。通过现场项目调度,对平台在黄河流域开展生态保护修复、露天矿越界开采、私挖乱采、黑臭水体、大气环境监测、重点工程监管的应用成效给予了积极评价。

大理市洱海流域截污治污体系综合管理平台

云南省数字经济产业投资集团有限公司
大理市洱海流域截污治污管理服务中心

1 项目背景

1.1 政策指引

2022 年 3 月 1 日，住房和城乡建设部印发了《"十四五"住房和城乡建设科技发展规划》，提出关于实现城市基础设施数字化网络化智能化的重点任务，利用 CIM 基础平台图形引擎、城市空间仿真模拟与智能化技术、排水管网病害识别技术、管网运行健康评估技术等进行智能化市政基础设施建设和改造。采用现代化的技术和管理手段来进行排水管网规划和管理，使排水管网的管理工作步入定量化、科学化、自动化、现代化的轨道，已成为排水管网管理部门当前十分紧迫的任务。

1.2 截污治污体系概况

大理市高度重视洱海保护工作，"十二五"期间及"十三五"以来，已先后实施数十项环湖截污治污工程，目前已初步构成由农村化粪池、污水收集转输管网（环湖截污干渠、村庄联络管、主城区市政管、村庄污水收集管、河道截污管）、污水处理厂、污水处理站、生态库塘、生态湿地组成的大理洱海流域截污治污体系（见图 1）。

洱海截污治污体系工程建设情况见表 1。

表 1　　　　　　　　　　洱海截污治污体系工程建设汇总表

序号	分项	规模
1	农村化粪池	7.47 万座农村化粪池
2	污水收集、转输管网	建成管网长度合计约 4000km
3	污水处理厂	日处理能力合计 20.3 万 m³/d，共 10 座污水处理厂
4	村庄污水处理设施	日处理能力合计 4535m³/d，共 32 座
5	生态库塘	314 个生态库塘，面积 3586.36 亩，库容 336.72 万 m³
6	湿地	建成 2.39 万亩湿地

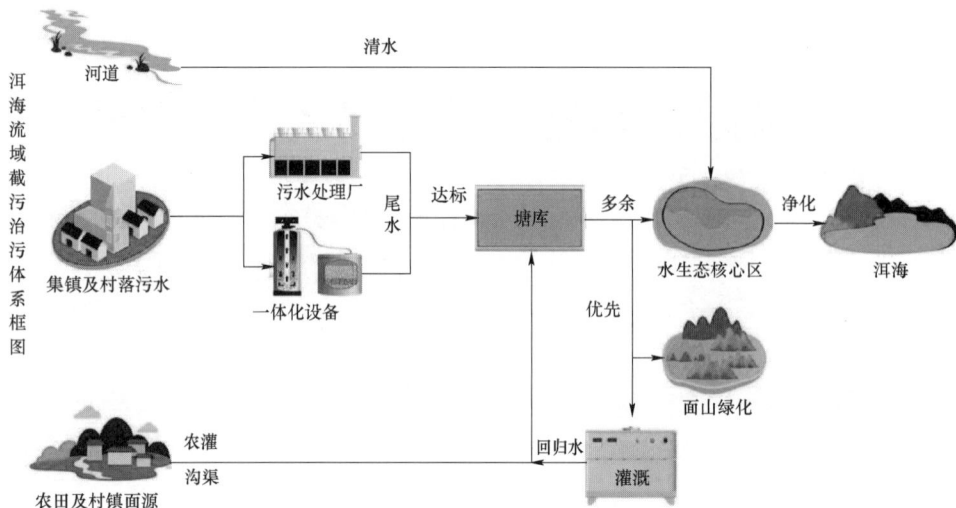

图 1　截污治污体系图

1.3　体系运管现状

大理洱海流域截污治污体系建设在湖泊保护领域尚属首次，且农村污水集中式收集处理的模式也属于创新举措，这意味着体系在运营管理过程中无成熟的模式和经验可供借鉴，加强对截污治污排水管网的运维管理成为洱海保护中一项重要工作。体系采用"管养分离"的管理模式，提高了体系管养效率和服务意识。由大理市截污治污中心负责管理、监督体系基础设施的建设、运维，由选定的工程养护公司来进行管网的日常运维、应急处置等相关事项，同时，引入第三方考评机构对养护公司的绩效考核制度，督促其服务质量的提升。

1.4　存在问题

虽然大理市洱海流域截污治污体系完成闭合为洱海母亲湖构筑了一道物理屏障，但其在运行管理过程中还存在着系统和管理问题。

系统问题表现在：一是基础数据缺失。洱海流域截污治污体系是由不同标准、不同时期建成的截污项目闭合而成，现状管网体系图存在坐标不统一、情况发生变化与现状不符、管线历史资料不全等问题，难以指导进行体系的精准管理。二是基础设施损坏。包括管网破损、管网淤堵、外来水体入侵管网情况严重和设施损坏。三是农村雨污混流问题突出。农村庭院排水系统采用"四水全收"方式，导致雨季时污水处理厂的进水负荷增加、进水浓度降低。

管理问题表现在：一是难以发现深层次问题。传统排查整改手段不能发现管网高液位运行、隐蔽工程等客观因素制约的体系深层次问题，仅依靠运营人员、监管人员排查，缺乏时效性、目标性和针对性。二是各级各部门各自为政、尚未形成监管合力。存在多头管理、"九龙治水"情况，互相推诿扯皮事情时有发生，部分违法违规行为取证困难，

418

执法滞后。三是缺乏有效的载体，未促成全民参与格局。

2 项目内容

2.1 建设目标

以时空信息为基础，充分利用感知监测网、区块链、移动互联网和数字孪生等新一代信息技术，全方位感知截污排水运行工况，通过"一张图"可视化管理模式，最终形成支撑排水管理部门各业务单元运行、管理和决策分析于一体的"大理智慧截污治污体系"综合管理平台。构建与业务紧密结合的"发现问题、研究问题、解决问题"的全链条信息化、数字化、智慧化监管技术体系；实现"全感知、全可视、全智能、全预测"，打造创新协同智能化应用，提高大理市截污治污体系管理部门综合管理水平，提高排水作业的工作效率和工作质量，促进洱海生态环境质量持续改善。具体目标如下：

1）截污治污排水管网数字化。建立截污治污排水管网数据库，实现截污治污体系排水管网相关资料的统一信息化管理，如管网、管线、管点和设施的资料以及相关的施工、维修、养护资料等。

2）管网管理动态化。实现截污治污体系排水管网资料的动态管理，系统不但能够管理原有的管网资料，而且能够方便地将新建或改造工程的管网资料添加到管网数据库中，结合 GPS 和其他测绘数据，实现管网数据的同步更新，同时保证管网空间数据的拓扑完整性、属性数据的准确性、现实性。

3）排水管网可视化。实现管网管线及相关资料在地图上的可视化查询、统计、打印以及输出，为供水管网的规划、设计、改扩建、维修提供准确翔实的管网资料。

4）决策支持智能化。当发生排水事故时，系统可准确快速定位到事故地点，辅助及时排除故障。

5）排水信息服务化。为企业、政府和公众提供排水管网数据和功能服务，在数字城市层面提供排水许可证服务，充分发挥系统建设效益。

2.2 总体框架

总体架构以截污治污排水管网运行安全监管的共性需求为导向，按照"深度融合、全面共享"的指导思想，以物联网、云计算、大数据、移动互联等技术为主导，以计算机通信网络和各采集控制终端为基础，构建集高新技术为一体的智能化截污治污排水管网运行安全监管系统平台，实现信息数字化、控制自动化、决策智能化。系统包含七个横向层次和两个纵向支撑体系。横向层次由下而上分别为采集感知、信息传输层、基础运行环境层、数据资源层、应用支撑层、业务应用层和应用交互层。纵向支撑体系包含智能监管系统建设相关的信息安全保障体系和规范管理体系，总体框架结构如图 2 所示。

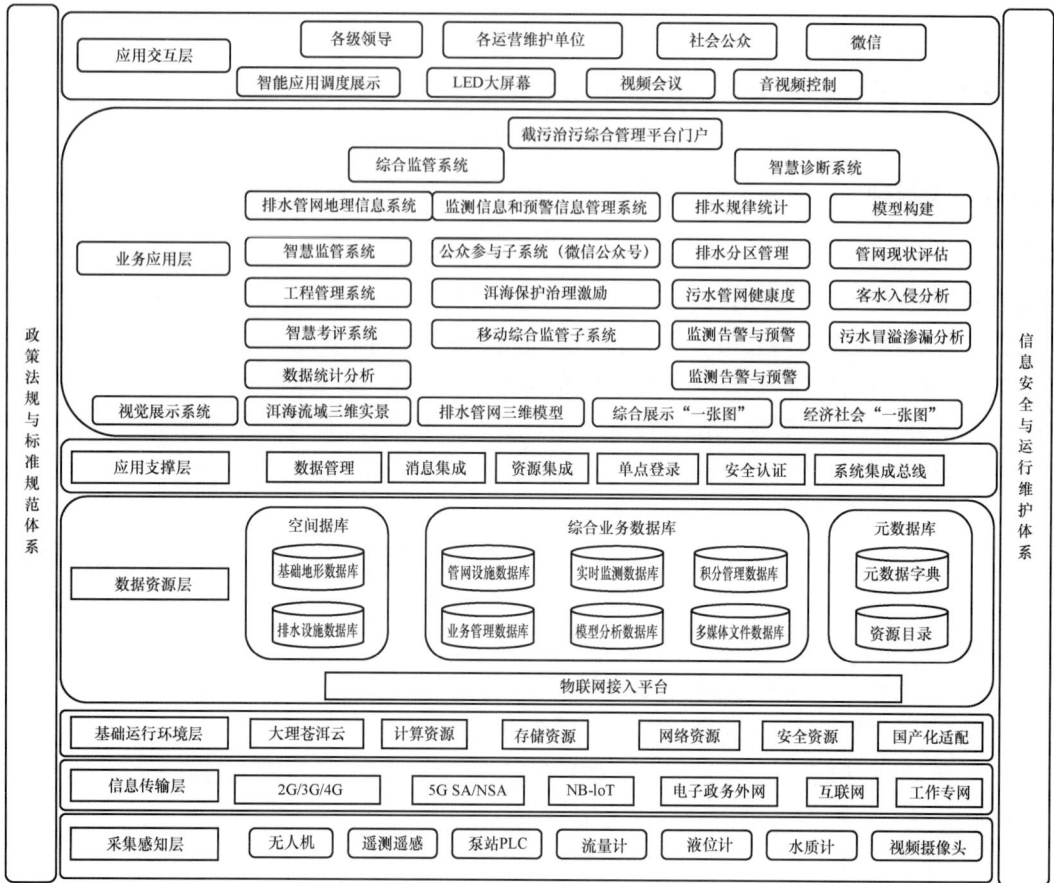

图 2　总体框架图

2.3　建设内容

大理市洱海流域截污治污体系综合管理平台的建设内容主要分为管网 GIS 数据库基础设施、新技术基础设施和融合基础设施三个方面。

2.3.1　管网 GIS 数据库基础设施

对大理市中心城区约 4000km 市政及截污管网、洱海流域内 10 万户农户庭院及其附属设施进行信息采集、深度排查。制定数据标准，以现有排水管网数据为基础，进行数据现场核查与补充测绘，进行数据标准化与整理入库工作（管网测绘及数据处理现场见图 3），对数据进行标准化处理，进行拓扑检查与修正，构建能基本反映现状的排水 GIS 数据库，形成截污排水管网数字资产，为洱海流域水污染防控提供数据支撑。

2.3.2　新技术基础设施建设

包含租用政务云环境和综合监督中心建设。政务云环境为平台提供计算、存储及网络安全资源。综合监督中心建设满足应急指挥调度和平台参观展示。

图 3 管网测绘及数据处理现场图

2.3.3 融合基础设施

（1）综合监测站点

通过液位仪、流量计、水质监测等物联网设备对排水管网的水位、流量和水质进行动态监测，从而实时将监测数据传递至数据库系统中，可以监控排水管道内的情况，达到预设的预警、报警值后系统会自动预警，为排水管网运行及防涝提供实时数据基础，辅助制定对应的应急预案。综合监测站点示意如图 4 所示。

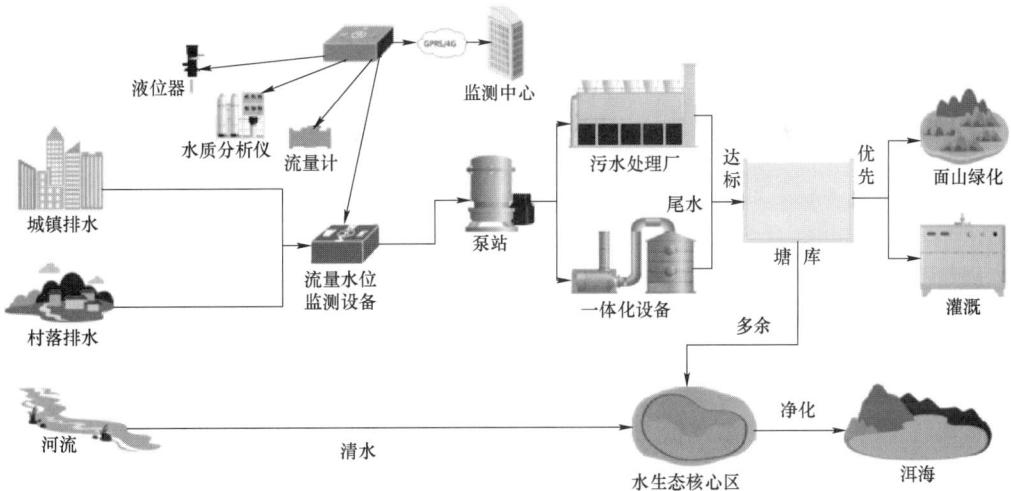

图 4 综合监测站点示意图

（2）智慧诊断子系统

通过分析洱海陆域农村、城镇点源的排水管网的重要数据（水深、流速、流量、降雨量、径流量等）和管线数据中的每个要素（节点、管线和汇水区），以数学模型为基础，建立专业化的分析评估模式，对排水管网的运行情况进行系统诊断（见图 5）。充分利用管网水力计算模型及其他有关模型，融合排水管网数字化管理过程中所需的各种业务处理和专业分析模块，对管网负荷和运行状况进行及时的评估计算，为管网的日常维护、决策分析和管理提供数据支撑。

图 5　智慧诊断子系统

（3）综合监管子系统

包含基础支撑、管网 GIS 管理、智慧监督、公众参与、智慧考评和工程管理等模块，实现管网及设施的全生命周期管理；采用手持设备与 Web 相结合的方式，便于对巡查和养护工作进行动态监管，对发现的排水管网问题进行人员的科学调度。通过自动化监管实现了巡检养护工作的高效执行，降低了管网养护的成本，提高了人员对紧急事件的响应速度，保障了管网的安全高效运行。综合监管子系统如图 6 所示。

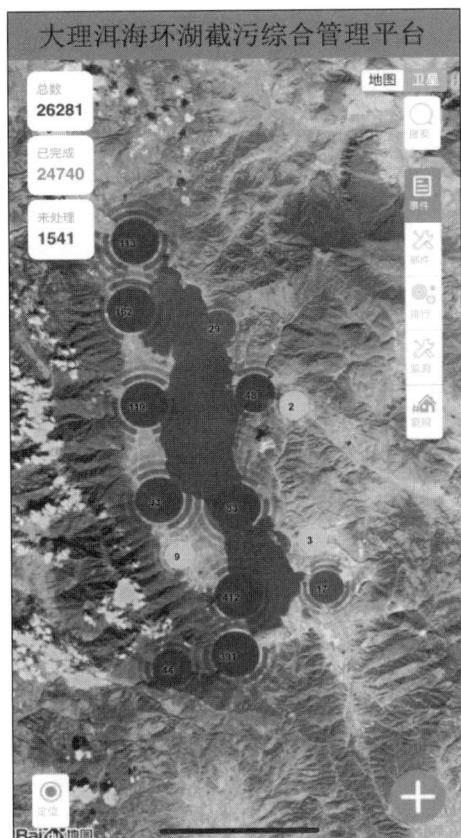

图6　综合监管子系统

（4）数字孪生"一张图"子系统

包含构建数字孪生数据底板、监测告警和宏观态势分析三个板块，对管线点、管线数据进行自动三维建模，并叠加道路、建筑物等三维模型，还原管网地上和地下的三维立体场景和分布情况，实现管线数据任意角度的三维浏览并全面呈现管道基本信息，基于桌面端、移动端实现一张图展示。数字孪生"一张图"子系统如图7所示，包括：

综合管网展示：展示整个排水管网、泵站、污水处理厂、井、雨水口等设施的点位信息等，方便决策者了解整体管网设施分布情况。

污水处理厂管理：展示所有污水处理厂点位，详细展示单个污水处理厂整体运行情况，多污水处理厂运行情况对比，全方位展现污水处理效率。

排水户管理：展示所有排水户点位和排水户户内排污点位，可对排水户的排放水质、水量信息进行数据管理，使管理者第一时间掌控区域内排水情况。

泵站管理：展示所有泵站点位和运行信息，可对任意一个泵站进行运行分析，了解泵站整体运行情况。

设备管理：展示现投入使用的物联感知设备信息，对任意一个设备进行数据分析，了解同类设备整体运行情况。

预警预报：展示整个排水管网运行状态的实时监测，根据监测数据自动判断预警报警状态，方便决策者第一时间统筹处理事件。

移动 App 服务：支持移动 App 服务，满足手机端报警及数据查询需求。

管网养护：展示所有的雨、污水管网的养护信息，按业务把养护信息分为热线、巡查、疏通、挖淤、维修等五类，并将各管网对应历史养护记录同步展示。

管网事件：展示所有上报的管道渗漏、污水冒溢、路面坍塌等事件的信息，支持历史事件的挖掘分析。

管养人员管理：展示当天值班人员信息与点位，实时调度管养人员处理相关管网事件，实现整体处理流程与时间节点细节化管理。

图 7 数字孪生"一张图"子系统

（5）标准规范体系建设

项目以国标、行标和相关项目标准为技术标杆，编制《大理市洱海流域截污治污体系综合管理平台数据标准规范》，为项目成功建设提供良好的标准、规范依托。

3 关键技术

3.1 GIS 技术

提供地图服务，GIS 是集地理信息采集、存储管理、集成分析和可视化模拟于一体，是核心基础支撑，它能够清晰直观地表现出各地理信息的规律和分析结果，同时还能在屏幕上动态监测地理信息的变化。

3.2 物联网技术

应用到环境监测监控领域，整合已建及新建系统，利用移动互联网等通信技术把管网上的流量监测计、液位监测计、水质监控等终端进行统一接入，在 GIS 地图上进行数据显示。

424

3.3　分布式技术

实现高效的矢量、栅格、影像等海量数据存储、编辑与管理，保证高效的空间索引与分布检索能力，可实现多数据源、多比例尺、多时态管网数据的一体化管理，完全满足城市海量管网数据管理的需要。

3.4　大数据技术

将物联采集数据结合数据挖掘和分析技术与辅助决策手段开展排水管网大数据应用，解决全网的安全运行工作中的关键问题。

3.5　移动互联网技术

将管网 GIS 系统建设引入智能手机、平板电脑等移动终端设备，服务于地图展示、查询、分析等业务，管网维护人员可实现移动化办公，提升管网运维管理的效率。

3.6　区块链技术

"洱海链"开发面向公众使用的洱海保护举报管理应用——"洱海卫士"小程序，充分发挥区块链技术在可信存证、共识激励、多方协同等方面的优势，建立积分体系，实时上链举报破坏洱海生态行为，赋能洱海保护治理。

3.7　SWMM 综合性数学模型技术

将管网物理属性数据、地理信息系统与一系列相关联的水文学、水力学的理论公式抽象出的一整套数学模型，包括降雨模型、地表产汇流模型、节点入流模型和管道传输模型及各模块之间有机结合，利用数值模拟手段，了解排水管网运行现状，合理地进行排水管网优化与改扩建，是排水系统数字化、信息化和智能化建设过程中的关键环节。

3.8　数字孪生技术

对大理市 $1815km^2$ 宏观大场景建立中精度三维模型，对 $70km^2$ 核心城区中建立高精度倾斜摄影加载优化模型和对重点区域 $10km^2$ 建立高精度三维模型打造数字城市孪生底座，通过接入物流感知设备的动态数据及业务数据，建立管线数字孪生城市，形成了可视化、构件级的数字资产运营管理机制。

4　创新点

4.1　标准先行

以项目为依托完成《大理市洱海流域截污治污体系综合管理平台数据标准规范》，

形成了一套标准体系。

4.2　构建技术和管理结合的智慧管理模式

　　整合管网探测、GIS 系统、智慧诊断模型、综合监管和数字孪生系统建设，对截污治污排水管网管理全过程进行数字化、智慧化提升，所有生产数据、业务信息无缝整合并实现全面可视化，构建长期动态运营智慧支撑模式。

4.3　创新社会治理的公众聚能模式

　　建立基于区块链的"共筑文明"大理市数字治理公众聚能平台。

5　示范效应

　　1）建立排污口管理信息系统，开展深入排查，摸清掌握各类排污口的分布及数量、污水排放特征及去向、排污单位基本情况等信息。明确各类排口责任主体，建立排污标识，接受社会监督。

　　2）调查理清已建管（沟）网工程截污对象、覆盖范围，测绘雨污排水系统，绘制标高精准、连接关系准确的管网现状图，建立管网台账。以整治错接、混接、破损、缺失为目的，识别跑、冒、滴、漏问题为重点，全面排查接入市政管网各排污单位纳管管位、水质特征、水量情况，建立纳管清单，逐一销号，确保污水能全部收集。

　　3）在完善常规入湖河流和湖体水质、水量、水生态监测网络基础上，加强污水处理设施排水口、排污口、排水管网、湖滨湿地和调蓄带进出水监测，建立排水监测档案。

　　4）按照湖泊截污治污责任体系划分，建立多层级目标责任制，建立与责任制匹配的考核奖惩机制，考核结果向社会公布，通过与干部任免挂钩、专业运营付费挂钩，激发各层级截污治污管护主体加强精细化管护，使厂、网、河、湖一体化运维有责可查，有章可循，最大限度提升管护水平。

　　5）按照 "厂网一体"的原则，收集运行数据、监测数据以及其他相关数据，对管网收集能力及污水处理厂处理效能，进行客观科学评估，提高环境绩效和投资效益。

　　6）建立排水管网周期性检测评估制度，通过模型应用和定期对排水管道的结构性及功能性进行检测评估，定期清理疏通，保障设施设备完整及正常运行，维持管网良好排水能力。

　　7）建立微信公众号或公众参与信息平台等方式，畅通公众监督举报、参与公益的渠道，建立公众参与激励奖励机制，充分调动公众力量，发挥公众监督作用。

　　8）通过项目建设，为云南省九大高原湖泊保护治理提供了一条创新的、可借鉴的数字化治理路径，为高原湖泊截污治污体系走向数字化、精细化、科技化提供案例参考。

智慧"三湖"公共宣传电子书平台

云南省数字经济产业投资集团有限公司
成都万江港利科技股份有限公司

1 项目背景

强化水环境信息化建设，实施精准治理，建立河湖动态监管机制是构建国家生态文明安全体系的重要任务。

九大高原湖泊保护治理工作是云南环境保护治理工作的重要组成部分。智慧"三湖"项目是玉溪市对抚仙湖、星云湖、杞麓湖进行保护和监管的重要项目，是落实云南省委省政府关于提高九大高原湖泊科学精准治理和精细化管理水平的要求，将大数据、人工智能、科学建模、云计算、物联网、通信等先进科学技术手段与湖泊流域综合治理目标有机结合，构建的智慧"三湖"超流域信息化、智慧化的综合管理系统。

公共宣传电子书平台是智慧"三湖"项目中面向社会公众，宣传"三湖"环境保护工作重要性、必要性的一部分，是政府对外激发公众对"三湖"保护的意识，发布湖泊治理工作内容，引导公众积极参与"三湖"保护治理工作的重要窗口。

平台利用信息化宣传手段，制作图文、视频等数字化内容，为公众呈现出"三湖"的自然生态环境、保护治理措施，保护治理成果等内容。同时采用线下+互联网结合的方式进行内容传播，线下主要以展厅为载体，互联网以公众号等为载体，达到传播数据与公众感知的互联互动。从而向公众科普了湖泊相关基础知识，激发了公众对"三湖"人文历史的兴趣、让公众了解认识了"三湖"受到的污染威胁，宣传了政府对"三湖"的保护治理工作，使公众能更加积极地参与到对"三湖"的保护治理工作中去。

2 项目内容

智慧"三湖"公共宣传平台主要包括"三湖"虚拟漫游、"三湖"科普教育、"三湖"智慧体验几部分内容。

第一部分：虚拟漫游

虚拟漫游通过航拍"三湖"标志性区域，基于真实场景制作"三湖"虚拟场景，面向社会公众发布。公众通过虚拟场景即可观赏"三湖"真实的美景，可720°无感知切换视角漫游场景，将自己带入到"三湖"的美景中，具有强烈的、真实的、身临其境的感受，从而更深刻地感受到抚仙湖、星云湖、杞麓湖的壮美，如图1所示。

抚仙湖：对禄充风景区、万年寺、碧云寺、孤山、大黑山、希尔顿酒店、北岸站点等标志性区域建立全景体验。

星云湖：对环湖路、湖心、星云湖西岸等标志性区域建立全景体验。

杞麓湖：对湿地公园、湖心、东岸等标志性区域建立全景体验。

图 1　全景漫游

第二部分：科普教育

湖泊专业知识科普电子书，以"三湖"为切入点，将湖泊的人文历史、湖泊的特殊性、专业的水文水动力知识、"三湖"的保护治理举措、保护条例等汇编成为电子书，以电子书博览的形式，情景式、体验式向公众进行文化宣传，引导其参与到湖泊保护中。

第一章：《源起》

首先从宏观的角度介绍湖泊的形成与消亡过程，以曾经世界第四大湖咸海的形成和消亡为例，形象地展示了湖泊受到外部自然因素和内部各种过程的持续作用而不断演变消亡的规律，如图 2 所示。

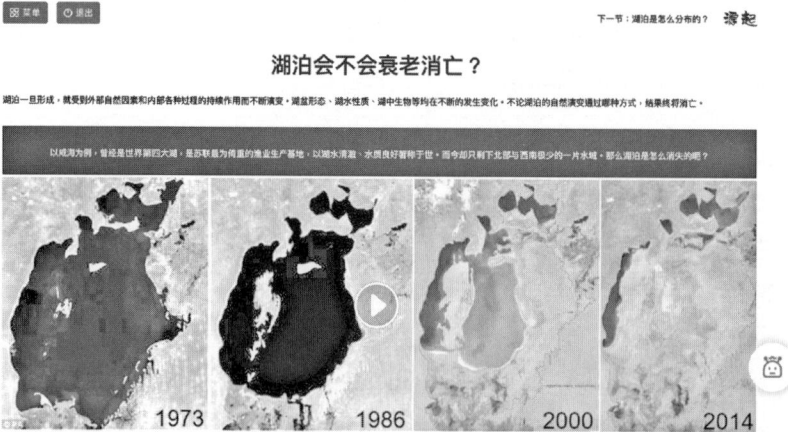

图 2　湖泊的形成与消亡过程

第二章：《明珠》

通过介绍湖泊在生态服务和生产生活两方面的作用，体现湖泊在保持区域生态平衡和经济社会发展等方面发挥着不可替代的重要作用，如图 3 所示。

图 3　湖泊在生态服务和生产生活两方面的作用

通过向公众讲解"九大高原湖泊"流域在社会经济、生物多样性的重要性，以及其生态脆弱，污染后治理难度大的情况，呼吁公众要像保护眼睛一样保护好九大高原湖泊，从而引出玉溪"三湖"保护的重要性，如图 4 所示。

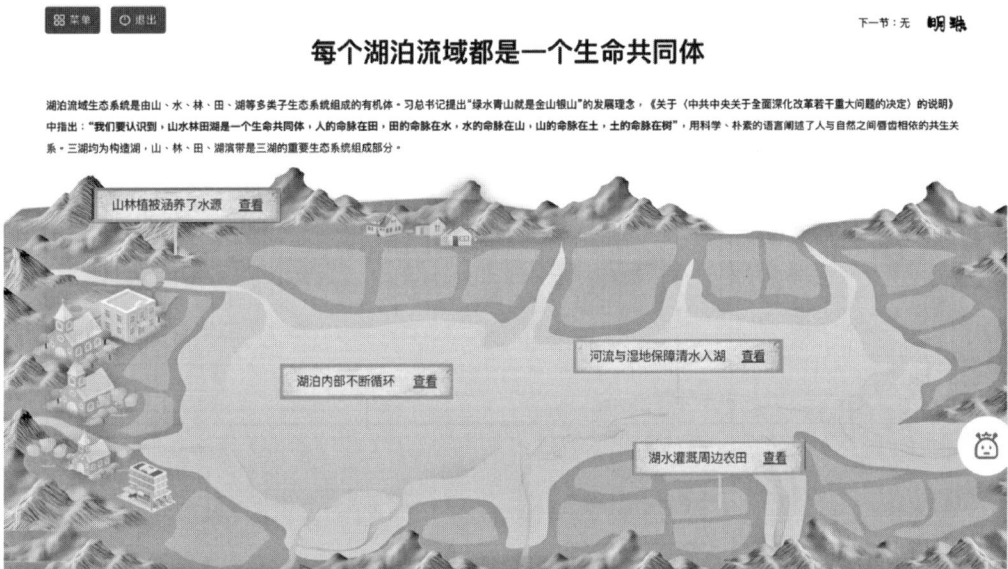

图 4　"三湖"的基本特征

第三章：《水之韵》

该章节，向公众科普了各类水文水动力知识，通过介绍湖泊的水色、水量、水温、水运动等专业知识，揭开湖泊的神秘面纱，深度增强了公众对湖泊进一步的了解，如图 5 所示。

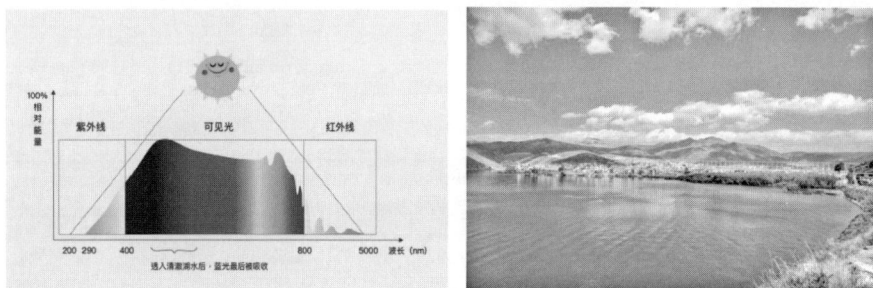

图 5　湖泊的色彩

第四章：《水之灵》

主要向公众科普了湖泊的水生生态系统。通过湖泊中大型水生植物、浮游植物、浮游动物、底栖动物、鱼类等生物的介绍，使公众对湖泊的认知更加立体，如图 6 所示。

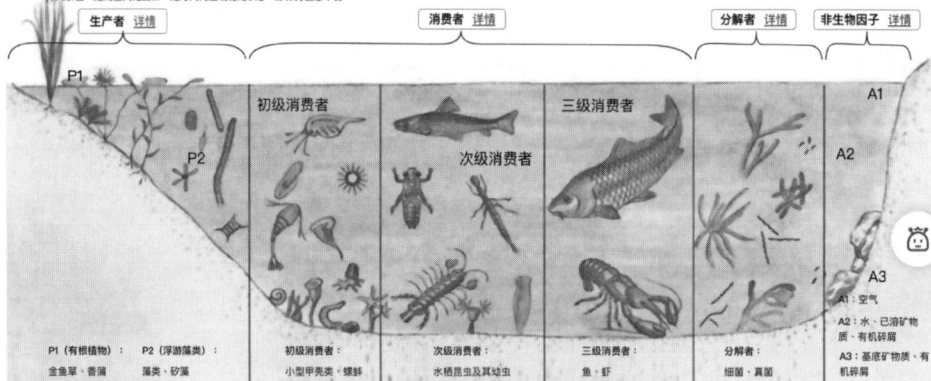

图 6　湖泊的水生生态系统

然后以图文形式介绍湖内生物群落的分布情况，从空间结构上看，湖泊通常由湖滨带、敞水带、深水区三个部分组成，湖泊内分布着大型水生高等植物、浮游植物、浮游动物、鱼类、底栖动物等水生生物，如图7所示。

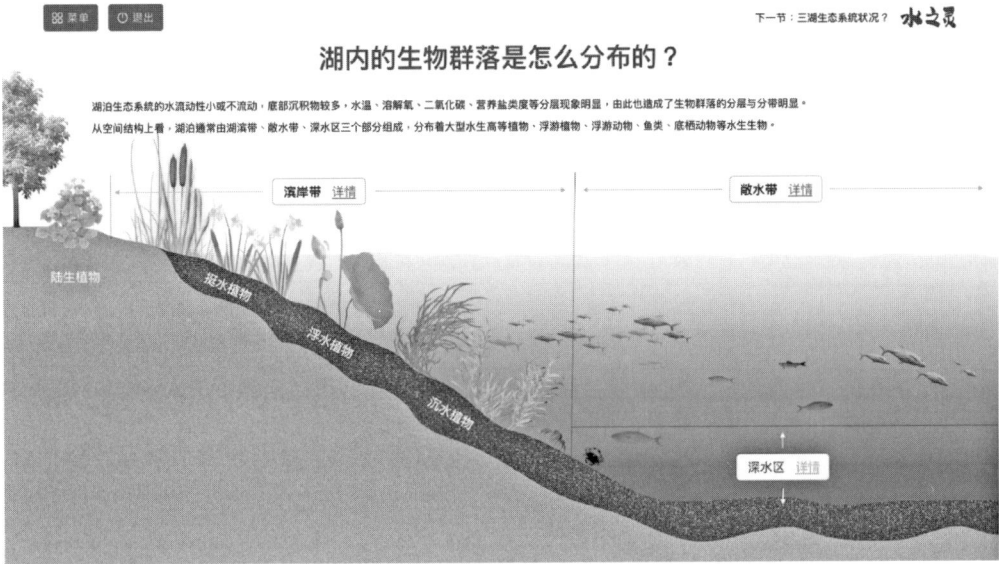

图7　湖内生物群落的分布情况

接着介绍"三湖"水生生物特点，由于地理隔绝使湖泊生态系统特异化程度高，特有物种众多，然后分别对三个湖泊各自的大型水生植物、浮游植物、浮游动物、鱼类四方面的水生生态环境进行图文介绍，如图8所示。

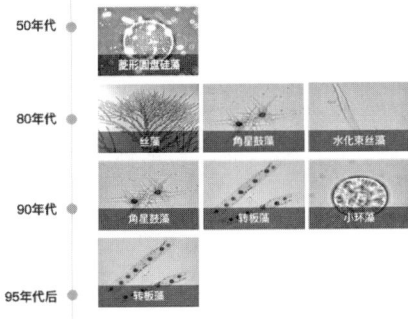

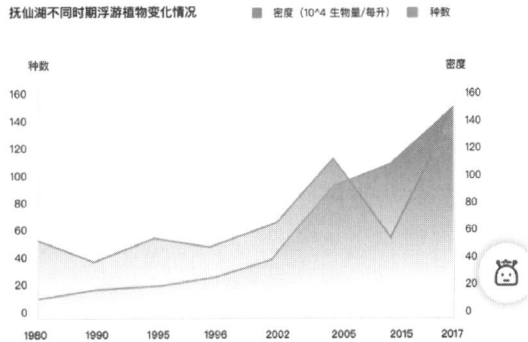

图8　"三湖"水生生物

第五章：《蒙尘》

近 20 年来，随着我国经济的快速发展，人类对湖泊资源的过度开发与利用，以及全球变暖的影响等，改变了湖泊的自然进化过程，对湖泊生态系统造成了严重的破坏。在这章节主要介绍湖泊的污染来源是什么？什么是湖泊的富营养化以及富营养化的危害？引出"三湖"的污染现状如何？"三湖"的水质演化如图 9 所示。

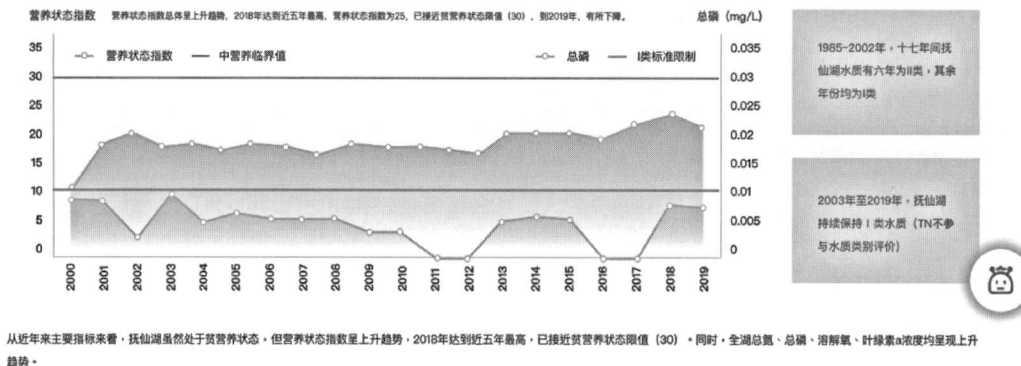

抚仙湖水质演化　污染来源空间分布

污染物的持续输入，使抚仙湖水环境质量不容乐观。抚仙湖流域内共有大小入湖河流103条，其中44条主要入湖河流入湖水量占陆地总入湖水量80%以上，这些河流大部分位于北岸，大多数流经村庄、城镇等人口密集区域，河道早已渠道化，失去自净能力，河道水质污染凸显。而位于东岸的水质较差河流主要受东岸水土流失影响较为严重，雨季土壤侵蚀及水土流失携带大量泥沙、可溶态氮和颗粒态磷入湖，对抚仙湖水体氮、磷的贡献也不可忽视。

营养状态指数　营养状态指数总体呈上升趋势，2018年达到近五年最高，营养状态指数为25，已接近贫营养状态限值（30），到2019年，有所下降。　　　总磷（mg/L）

1985-2002年，十七年间抚仙湖水质有六年为Ⅱ类，其余年份均为Ⅰ类。

2003年至2019年，抚仙湖持续保持Ⅰ类水质（TN不参与水质类别评价）

从近年来主要指标来看，抚仙湖虽然处于贫营养状态，但营养状态指数呈上升趋势，2018年达到近五年最高，已接近贫营养状态限值（30）。同时，全湖总氮、总磷、溶解氧、叶绿素a浓度均呈现上升趋势。

图 9 "三湖"的水质演化

最后总结出"三湖"的水环境态势不容乐观，生态系统受损严重。抚仙湖守住Ⅰ类水质形势严峻，星云湖未来水资源短缺，杞麓湖资源性缺水问题等问题亟须解决。

第六章：《信念》

通过前面几个章节，给公众展示了一个全方位的湖泊景象图，同时也介绍了湖泊的污染现状，那么湖泊的治理就是一个需要高度重视的问题。在该章节主要就是介绍"三湖"的保护治理举措，如"三湖"保护治理雷霆行动、打好截污治污大会战大决战、打好清水入湖保卫战等，以及介绍"三湖"治理成效，如图 10 所示。

治理成效如图 11 所示：① 严控生态红线，大幅增加生态空间。② 系统推进控污治河，有效控制入湖污染。③ 系统推进调田节水，面源污染防治凸显新成效。④ 系统推进修山扩林与生境修复，生态系统修复取得新突破。⑤ 统筹推进管理体系及能力建设，智能管理实现新突破。

第七章：《启示》

保护湖泊，不仅是企事业单位的任务，作为普通大众，我们也要积极参与到治理湖泊的任务中来。那么我们应该怎么做？

432

"三湖"保护治理雷霆行动？

十三五以来，玉溪市委、政府在全力推进"十三五"水环境保护治理规划项目和山水林田湖草生态保护修复试点项目，抚仙湖总体保持I类水质，星云湖、杞麓湖治理成效逐步呈现。面对保护治理的严峻态势，玉溪市切实增强高原湖泊保护治理的责任担当，不断推动护湖举措往深里走、治湖行动往实里做，实施了三湖保护治理雷霆行动。

早期：保卫抚仙湖雷霆行动及抚仙湖综合保护治理三年行动计划

玉溪市委、市政府于2017年底拉开保卫抚仙湖雷霆行动百日攻坚战序幕，在企业关停拆退、环湖截污治污、面源污染防治、产业结构调整等方面取得了显著成效。湖滨带的自然风光得到恢复，沿湖村落应急截污工程建设措施逐步完善建成，基本实现截污治污全覆盖。

3个多月全面完成了10个方面100个问题的整改：

中央、省、市、县属企事业单位退出抚仙湖一级保护区	径流区1544家餐饮住宿完成关停整改
沿湖村落应急截污工程建设措施逐步完善建成	5.35万亩耕地完成土地流转和种植结构调整优化
累计退养畜禽131万多头（只），规模化畜禽养殖的全面退出	

保卫抚仙湖雷霆行动中拆除的波息湾度假酒店

波息湾度假酒店退出后进行生态修复

图 10　"三湖"保护治理措施

保护"三湖"取得哪些成效？

玉溪市在开展三湖保护治理工作过程中，勇于创新、大胆尝试、积极探索，取得了"一增一控三突破"的重要成效，逐步形成了湖泊山水林田湖系统综合治理可复制、可推广、可持续的"玉溪模式"，尤其是抚仙湖山水林田湖草生态保护修复试点工作，2018年列入中央财经委员会践行习近平新时代中国特色社会主义思想专题调研案例，2020年列入自然资源部国家生态产品价值实现典型案例。

严控生态红线，大幅增加生态空间

划定了抚仙湖径流区生态保护红线区域336平方千米、保护岸线66.82千米。全面实施停审停批停建，严格控制开发建设规模，开发项目从 ... 查看详情

系统推进控污治河，有效控制入湖污染

通过多年来持续对三湖主要入湖河道进行综合治理，抚仙湖入湖河道水质得到有效改善，清水通道全面形成，星云湖、杞麓湖入湖河道水质得到一定程度改善 ... 查看详情

系统推进调田节水，面源污染防治凸显新成效

做好"田"的文章，科学精准推进抚仙湖径流区6.35万亩中重度污染区休耕轮作，完成土地流转5.8万亩，深化开展农业产业结构优化升级，探究 ... 查看详情

系统推进修山扩林与生境修复，生态系统修复取得新突破

强化"山"和"林"的系统恢复，一次性启动15.17万亩森林抚仙湖建设，统筹推进星云湖一级保护区生态修复工程，抚仙湖流域森林覆盖率从"十一五"末湖 ... 查看详情

统筹推进管理体系及能力建设，智能管理实现新突破

深化管理体制改革。将江川区、华宁县抚仙湖径流区内的村（社区）、村（居）民小组整体委托澄江市管理，抚仙湖由3县（市、区）各管一段 ... 查看详情

图 11　"三湖"治理成效

　　以漫画形式，首先引入小我参与，接着讲解湖泊保护涉及流域保护，然后通过漫画，形象地展示我们在保护湖泊时应该怎么做。同时，将"三湖"保护条例引入，通过扫描二维码可手机查看，最后，将对外公布的监督渠道公布，如图 12 所示。

保护湖泊，我们怎么做？

湖泊是我们赖以生存的家园，湖泊的污染就是我们生活环境的污染。我们每一个人既是污染的受害者，同时也是污染的制造者。人人参与"三湖"保护与监督，是我们共同的事业，也是我们应尽的社会责任。人人争当"三湖卫士"，以实际行动保护母亲湖，让"三湖"珠玉长存，也让我们生活的家园天更蓝、地更绿、水更清！

图 12 保护湖泊做法

第三部分：智慧体验

通过前面科普知识的储备，公众已经对湖泊有了全方位的认识。只是了解知识肯定还不够，还需要让公众能够感受智慧化治理的魅力。以图谱画像进行展示，如图 13 所示，让观众能够了解"三湖"的实时状态（仅仅提取部分可公开数据）。在首页，实时展示"三湖"的水质（以湖体颜色来区分水质），三个湖泊不断循环播放，吸引用户参与。

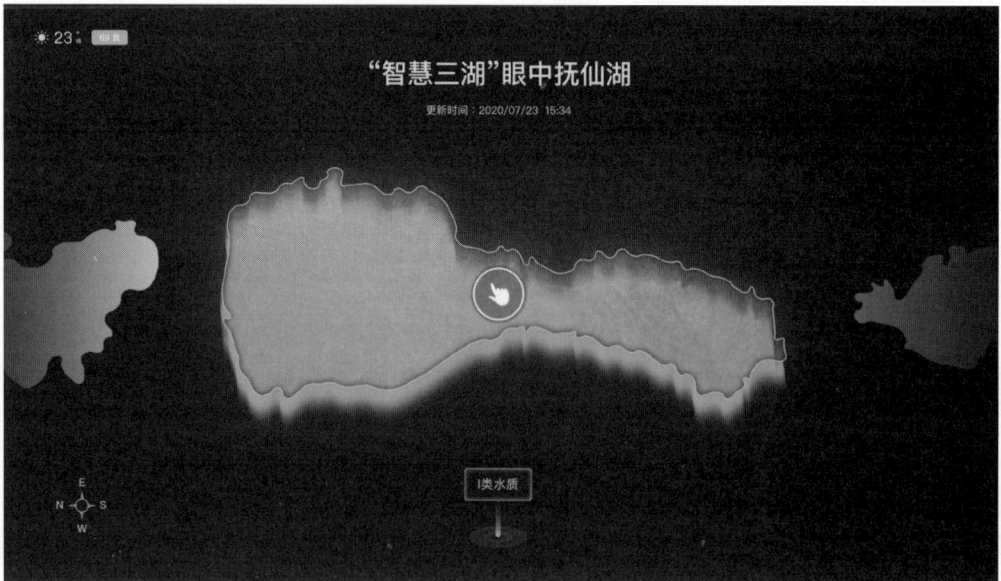

图 13 "三湖"图谱画像

三个湖泊分别从水环境图谱、水生态图谱、污染图谱、工程图谱进行展示。

水环境图谱：以概化图形式，展示湖泊、主要河流、主要水库的实时水质，并用不同颜色区分；点击后可展示实时水质、监控画面，实时水位水量，并展示历史趋势；同时展示湖泊的蓄水量、补水量、取水量，如图14所示。

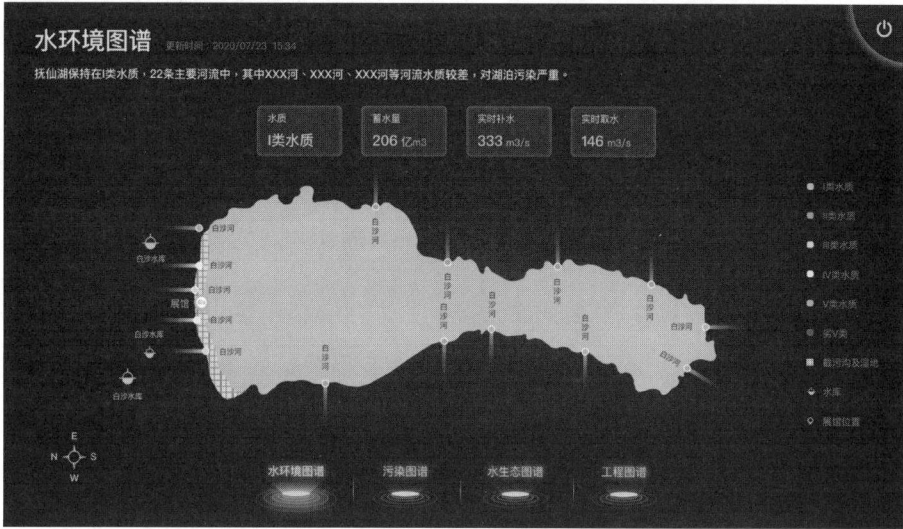

图14　水环境图谱

水生态图谱：陆域生态，流域各类植被的空间分布，通过点击常见植被图谱可查看该植被科普介绍；水生态，展示"三湖"最新水生态研究成果，左侧呈现各类生物群落的空间分布，右侧呈现该物种的调查相应的结果和图片，点击物种后，可查看该物种的科普介绍，如图15所示。

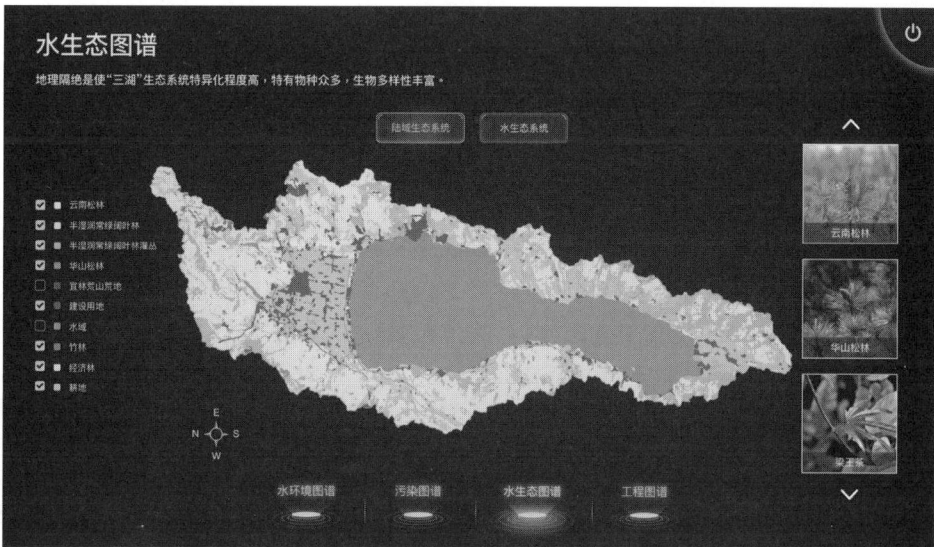

图15　水生态图谱

污染图谱：湖体中，展现过去一年月维度的湖体表面污染物浓度迁移变化；流域中，在过去一年中，月维度各个流域的污染负荷强度变化，点击后可展开该子流域的污染来源与趋势，如图 16 所示。

图 16　污染图谱

工程图谱：呈现各个湖泊的工程空间分布。点击工程后，可查看工程的建设状态、简介，部分重点工程制作工艺流程介绍，如图 17 所示。

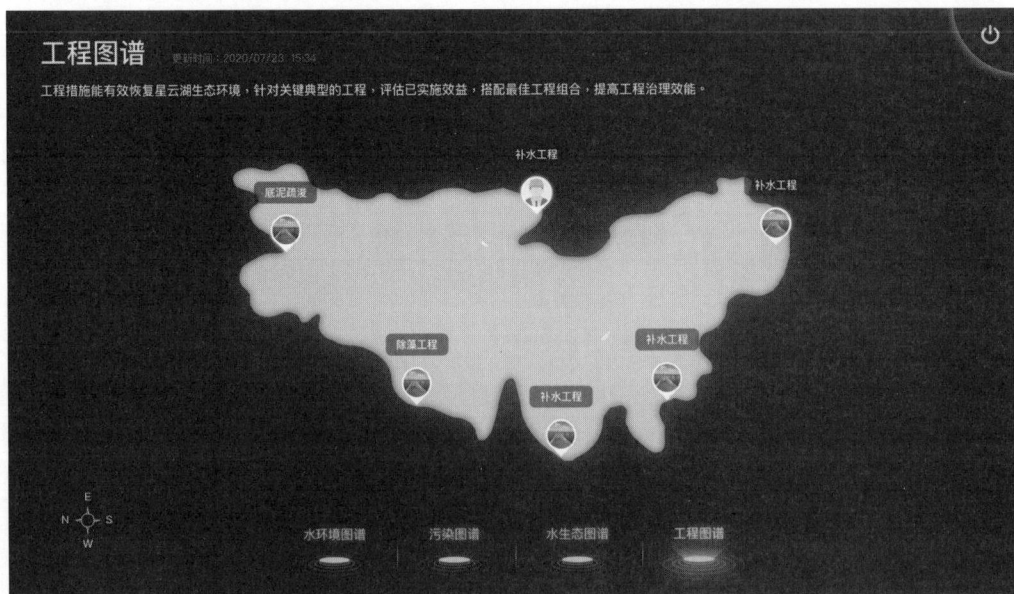

图 17　工程图谱

3 关键技术

3.1 720°VR全景技术

720°VR全景是以航拍、全景拍摄等多元交错拍摄手法，选择最优素材资料进行剪辑、拼接、处理，不仅做到高清、逼真，而且支持画面缩放，视觉落点720°无死角、无障碍，真正做到身临其境。同时人机互动强，内容可塑性强和扩展性强的特点，能够在多领域和多行业应用。

为了增强公众的体验真实感，对"三湖"的景区和地貌进行航拍制作，在湖泊的宣传上起到了非常好的效果。

3.2 水文数字模型技术

流域水文数学模型把流域作为一个系统，系统的输入是降雨、降雪、气温、蒸发能力等水文气象因素。系统的输出是流域出口断面处的流量过程和流域上的蒸散发过程。系统的状态是流域内发生的水文过程，如截留、下渗、流域蓄水、坡面流、表层流、地下径流、河道汇流等。

具体来说，水文模型就是用一种特定的表达方式来概化一定的水文系统，使它能够代表实际的水文系统，并在一定的目标下代替实际的水文系统。

通俗地说，水文模型就是用数学语言或物理模型对现实水文系统进行刻画或比拟，并在一定的条件下对水文变量的变化进行模拟和预报。

"三湖"流域污染应用了水文数字模型进行分析模拟，形成流域污染图谱。

3.3 水动力模型技术

水动力模型是描述水流受力与运动相互关系的数学模型。依据流体力学基本方程，建立数学模型，对流动水的动力过程进行数值模拟，求解水流在流域的时间和空间变化规律。

关于湖泊的流场和热分层的介绍中，应用了水动力模型知识，来模拟湖泊中水流的方向和水温的分布。

4 创新点

公共宣传电子书平台为公众提供了互动性强、科学全面、新奇、有特色的"三湖"保护治理宣传平台，提高了公众的参与度，达到宣传、科普的目的。

4.1 极强的互动趣味性

平台的720°全场景漫游采用航拍高清技术，为公众提供了强烈真实的漫游体验。公众从不同于旅游观光的视角，从空中视角俯瞰"三湖"，沉浸于"三湖"美丽的地理风貌中。同时，公众可以在场景中标注自己感兴趣的位置，发表自己的浏览感想，与其他漫游的公众进行互动。

科普教育电子书在每一个章节后都设置了问答环节，机器人向浏览者提出问题，并对公众选择的答案做解析，同时收集了公众对湖泊保护治理的意见和建议。这种交互方式增加了公众浏览图书的趣味性，加强了与公众的互动，提升了科普宣传的效果。

4.2 完善的知识科普体系

科普教育电子书的章节内容包括：介绍湖泊的形成与分布、"三湖"的文化知识的《缘起》；讲解"三湖"流域地形、流域基本气候、水文水资源等基本特征的《明珠》；科普湖泊色彩、水量变化、温度变化、水运动等各类水文水动力知识的《水之韵》；科普湖泊的生态系统，讲解"三湖"生物群落生态特征的《水之灵》；讲解"三湖"水质受到的污染源及现在水环境形式的《蒙尘》；介绍政府是如何保护治理"三湖"的《信念》；引导公众积极参与"三湖"保护的《启示》。从"三湖"的形成到"三湖"水环境水生态的介绍，激发了群众对"三湖"的热爱，从"三湖"受到污染源的介绍到对政府治理工作的宣传再到对群众参与保护治理的引导，使群众对"三湖"的保护更有使命感，整个体系完善全面，起到了很好的宣传引导作用。

4.3 知识内容实时更新

智慧图谱体系提取"三湖"水环境、水生态、治理工程的公开数据，让公众了解"三湖"的实时状态。其中展示的数据从监测数据而来，实时更新，让群众在其中体验"三湖"治理科技化、智慧化的魅力，同时也让群众体验到"三湖"水环境在现代化科技手段的辅助下日新月异的变化。

4.4 量化评估宣传效果

公共宣传电子书平台对公众浏览操作行为进行了埋点处理，分析了群众在浏览过程中感兴趣的章节及停留的时长，从而利用浏览数据量化评估了公共宣传电子书平台对公众的宣传效果。

5 示范效应

5.1 对群众的示范效应

公共宣传电子书平台利用信息化宣传手段，制作生动有趣的图文视频交互内容，激发群众对"三湖"的热爱，也呈现出"三湖"湖泊水环境面临的问题，引导群众思考自己怎样从小事出发，参与到"三湖"湖泊水环境的保护治理中去。采用互动的方式和潜移默化的方式宣传并影响了群众对"三湖"治理工作的认知，达到利用广大公众的力量保护"三湖"水环境的效果。

5.2 对政府工作与人民群众沟通方式的影响

公共宣传电子书平台是为宣传政府对"三湖"的保护治理工作、促使公众更加积极地参与到对"三湖"的保护治理中去而建设的平台。其抛弃了直接宣传、说教的方式，采用现代化、科技化、互联网化的方式，通过形象、生动、有趣的内容，让群众体验到"三湖"魅力，认识到对"三湖"保护的重要性，从而自然而然地参与到对"三湖"的保护中。利用互联网思维，搭建线下＋互联网模式，改变了政府部门宣传环境保护治理工作的方式。

云南省林长制智慧管理平台

云南省数字经济产业投资集团有限公司
成都万江港利科技股份有限公司

1 项目背景

森林草原是地球之肺,是十分珍贵的生态资源。建设生态美丽中国,提升森林草原资源总量、提高森林草原生态系统质量与功能,是题中要义。构建完善的森林草原资源保护发展制度体系十分必要,林长制就是其中的制度建设之一。

2020年11月2日,中央全面深化改革委员会第十六次会议审议通过了《关于全面推行林长制的意见》。会议指出,全面推行林长制,要按照山水林田湖草系统治理的要求,坚持生态优先、保护为主,坚持绿色发展、生态惠民,坚持问题导向、因地制宜,建立健全党政领导责任体系,明确各级林长的森林草原保护发展责任。

2020年10月,云南省林业和草原局印发《云南省林长制改革试点实施方案》,明确由10个县(市、区)率先开展林长制试点工作,要求到2021年底建立起运转顺畅、行之有效、体系完备的林长制。

林长制是指按照"分级负责"原则,构建省、市、县、乡、村五级林长制体系,各级林长负责督促指导本责任区内森林资源保护发展工作,协调解决森林资源保护发展重大问题,依法查处各类破坏森林资源的违法犯罪行为。林长制是林草监管一项探索创新,更是一项改革探索,实施林长制是统筹协调保护与发展的关系,通过整合各类森林及政策资源,实现生态改善、绿色发展。

在目前林业信息化实践中,林业管理目标普遍缺乏科学依据和可行性分析,林业技术方案设计仍然存在盲目性,无法为林长管理工作做支撑。林长管理体系涉及各级党政机构、林草主管部门、基层管理人员,结构复杂,部门之间存在信息壁垒,相互间协同监管效率不高。在林草数据统筹方面,林长制对林地、草原、湿地、灾害、生物多样性等数据需求迫切,但目前林草数据碎片化、孤岛化等问题严重。在一线管护方面,林区环境恶劣、通信不足,手段落后,巡护人员存在面广、分散、管理难度大的问题。

针对上述问题,亟需通过信息化手段建立一整套科学、定量、动态、适应性的决策技术支撑体系,以云南省林业为整体,以业务需求和精准目标导向为特色,研究与分析生成智慧型决策所必需的林草基础信息、林业和生态尺度响应关系的模拟等基本要素,从而可以为林业的资源监管与恢复提供全面的、实用的、动态的和可更新的科学决策支撑,避免林长管理决策的无助与盲目,实现协同、高效的现代化管理。

2021 年 11 月 4 日，云南省林长制办公室印发《云南省落实林长制工作方案》，方案中明确提出构建全省上下贯通、左右联通、分级管理、运行高效的林长制智慧管理平台，实现林长制上下协同、精准管理、责任上图、业务数化、数据共享的目标。

通过林长制智慧平台建设，实现全省林业资源和各类业务数据的快速更新、智能查询和适时评价，为林长制的任务落实和绩效考核提供全面精准、安全高效的数据支撑和智慧服务；创新互联网＋业务应用模式，推进林长制责任落实和建设任务的数字化，构建快速聚集、融会贯通的林长制数据采集、处理、评价体系，实现林长制考核评价的动态管理，达到全面监控林长制措施落实、快速实现林长制考核评价的目的，对于保障林长制顺利实施，推进林业管理现代化建设等具有重要的意义。

2 项目内容

2.1 建设目标

通过林长制智慧管理平台建设，达到责任上图、数据融合、业务数字化、协同服务四个方面的目标。

（1）责任上图

按照山水林田湖草系统治理要求，依据"全域覆盖，网络管理"理念，将省、市、县、乡、村五级林长以及相应管辖级别的保护地、建城区、国有林场等林长的责任区域、目标任务、人员分工、权利义务、考核指标等，按照林长的层级隶属关系，逐一落实到平台上，构建目标明确、职责清晰、任务落地、全域覆盖、上下衔接、动态管理的林长制责任"一张图"，实现林长制网格化管理。

（2）数据融合

按照推动实施国家大数据战略要求，利用大型数据库管理、海量空间数据处理、数据挖掘和模型计算等技术，按照统一的数据建设标准规范，对森林资源、湿地资源、各种保护地、城乡绿化、石漠化治理以及生态保护红线、主体功能区划等各类资源管理数据进行融合处理，对基础地理信息、多时空遥感影像、各类资源调查数据、各种业务管理数据进行融合并集成管理，构建尺度上相互补充、论断上协调一致、展现上完整统一的林长制智慧平台，保障林长制工作任务落实，实现资源动态监管。

（3）业务数字化

按照"自主创新推进网络强国建设"的要求，创新"互联网＋"业务应用模式，可以将调查监测、资源监管、森林经营、规划设计、检查验收及石漠化治理等业务应用工具软件，统一接入林长制智慧平台。造林、抚育、管护、监管等各类业务数据，能够快速聚集到林长制大数据平台上，实现智慧平台数据的实时更新，为林长制绩效考核的适时评价和动态管理提供精准高效的数据支撑。

（4）协同服务

按照构建"万物互联、人机交互、天地一体的网络空间"要求，以数据集中和共享为途径，利用数据库技术、新一代网络技术、辅助决策、虚拟现实等技术，建立"互联网＋"监测信息共享应用新模式，开发各类数据服务和业务应用接口，打通信息壁垒，形成全域覆盖、统筹利用、统一接入的数据共享平台，建成上下一体、互联共享、功能完善、安全可靠的林长制信息资源共享体系，为林长制不同层级、相关部门、各类专业、多种业务提供直观可视、快捷高效、准确全面的一站式在线协同服务，实现林长制管理决策科学化、精准化和高效化。

2.2　建设内容

通过建设基础软件支撑平台、林草生态大数据平台、林长制信息管理系统 3 大应用平台，满足云南省林长制智慧化管理需求。

（1）基础软件支撑平台

主要负责云南林业多来源、多类型数据的"汇聚、融通和应用"。通过云计算、大数据、AI 算法、数据管理平台和体系化的基础软硬件支撑服务，打造先进的林草数据共享、服务、治理能力。

（2）林草生态大数据平台

基于已有林草感知体系，结合数据挖掘、决策分析模型，为各级林长提供全局的数据可视化平台。分析林地、草原、湿地的空间分布，统计地类、区域分布及增量变化，任务、目标的实施进展、各级林长工作开展及巡林监管情况，实现林长责任区网格化、全林域、全要素监管。

（3）林长制管理信息系统

以林长业务为核心，将省、市、县、乡、村五级林长和村组专管员、护林员于一体的"5＋2"管理体系及其管辖责任区、任务目标、人员分工、考核指标、工作机制等落实到系统中，实现业务协同办理和数据实时更新统计，PC、App、公众号多端合一，为林长制不同层级、相关部门、各类专业、多种业务提供直观可视、快捷高效、准确全面的一站式在线协同服务。

2.3　总体架构

林长制总体架构主要包括"五横两纵"："五横"即设施层、数据层、服务支撑层、应用层、服务交互层，"两纵"即标准规范体系、安全与运维管理体系。其相互联系、相互支撑，形成一个闭环的运营体系，如图 1 所示。

（1）设施层

设施层是林长制信息管理系统的基础，主要进行林草信息采集、简单处理及数据传输，为平台的高效运营提供基础信息及高速通道，实现人与林、林与林之间的相互感知。

（2）数据层

数据层是林长制信息管理系统的信息仓库，全面支撑平台的各项应用，需要在数字林草建设的基础上，更新基础地理信息，整合林草三大基础数据库，丰富林草三维场景，充实高分辨率影像，扩充物联网数据结点等，为平台的高效智慧运营提供丰富的数据源。

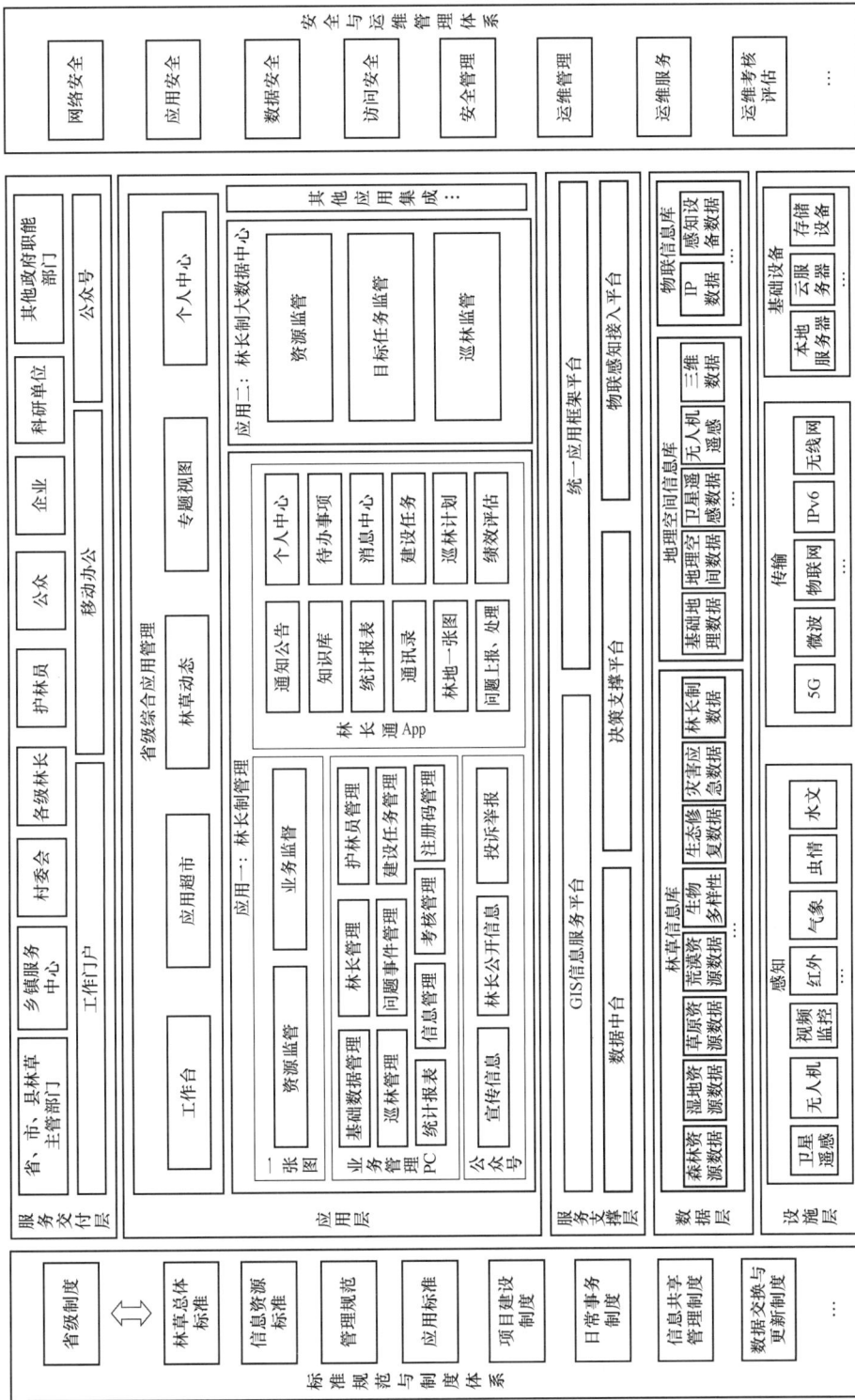

图 1 总体系统架构图

443

（3）支撑层

支撑层是林草科学、高效运营的关键，是综合应用管理平台的中枢，提供科学、智能、协同、包容、开放的统一支撑平台。其中数据中台负责整个系统的信息加工、海量数据处理，形成统一的数据标准；地理信息平台、应用框架平台构建平台的应用服务支撑；物联感知平台负责所有监测数据的采集。

（4）应用层

应用层是建设的核心，主要进行信息集成共享、资源交换、业务协同等，为平台的运营发展提供直接的服务，主要建设内容包括林长制大数据平台、林长制管理信息系统。

（5）服务与交互层

服务与交互层是直接与用户交互的层面，应用系统繁多，基于单点登录、权限管理构建统一的服务窗口。面向省、市、县林业和草原局管理、乡镇综合服务中心、村委会、林长、护林员提供综合的办公门户和移动办公；面向科研和规划设计部门、社会公众、企业和政府职能部门提供统一的信息查询门户和数据共享平台。

（6）标准规范与制度体系

标准规范与制度体系是支撑平台建设和运行的基础，是实现应用协同和信息共享的需要，是节省项目建设成本、提高项目建设效率的需要，也是系统不断扩充、持续改进和版本升级需要。

（7）安全体系

安全体系从物理、网络、系统、应用、数据、桌面六大方面保障信息安全，主要建设内容包括网络安全、应用安全、数据安全、访问安全及安全管理。运维管理体系从运维服务、运维管理、运维评估考核四个方面展开运维体系建设。

2.4 主要业务功能

2.4.1 林长制大数据分析平台

利用林草一张图基础数据，林长制资源监管数据、任务目标工作开展数据、巡林数据、考核管理数据，结合数据挖掘、决策分析模型，为各级林长提供全局的数据可视化平台。

（1）林长制体系建设

通过对区域林长制组织体系、督查体系、制度体系、执法体系、考核评估、工作机制等方面工作进行信息化，对组织人员配备、责任区责任到人、目标任务划定、制度出台、工作开展等情况进行分析，对林长制的实施进行动态监管；通过地图对林长责任区中下级完成的实施完成进度进行分区分级展示，对本级的各项任务进行可视化统计，实现专题化评估林长工作动态，如图2所示。

（2）资源动态监管

基于地理信息系统，聚合森林资源、湿地资源、草原变化档案记载、遥感监测、森林资源变化调查、森林督查数据，形成不同的资源专题，并分析现状、动态分析年度变化，呈现多年的反演变化，如图3所示。

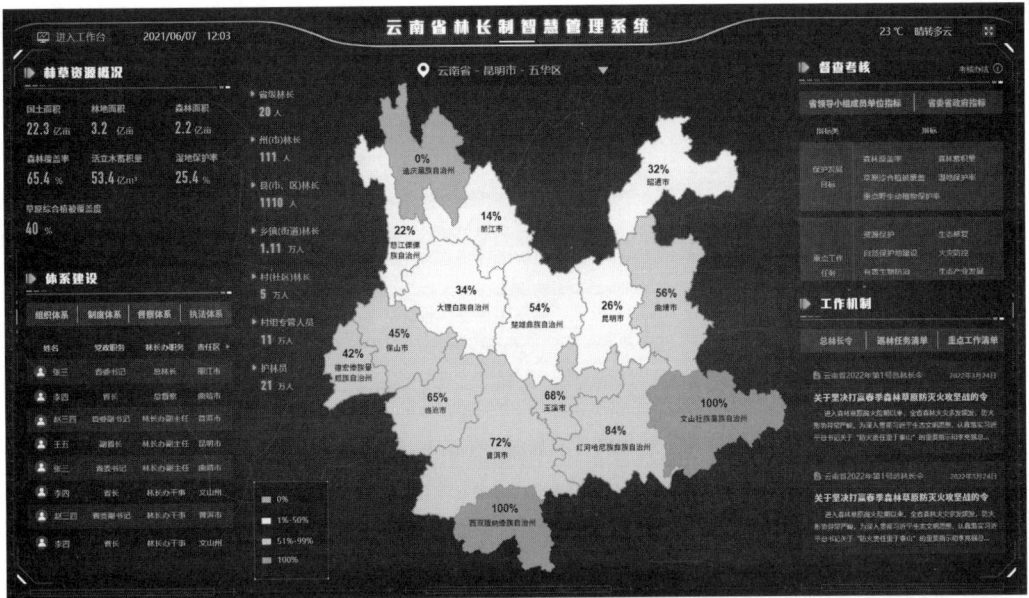

图 2　林长制体系建设专题

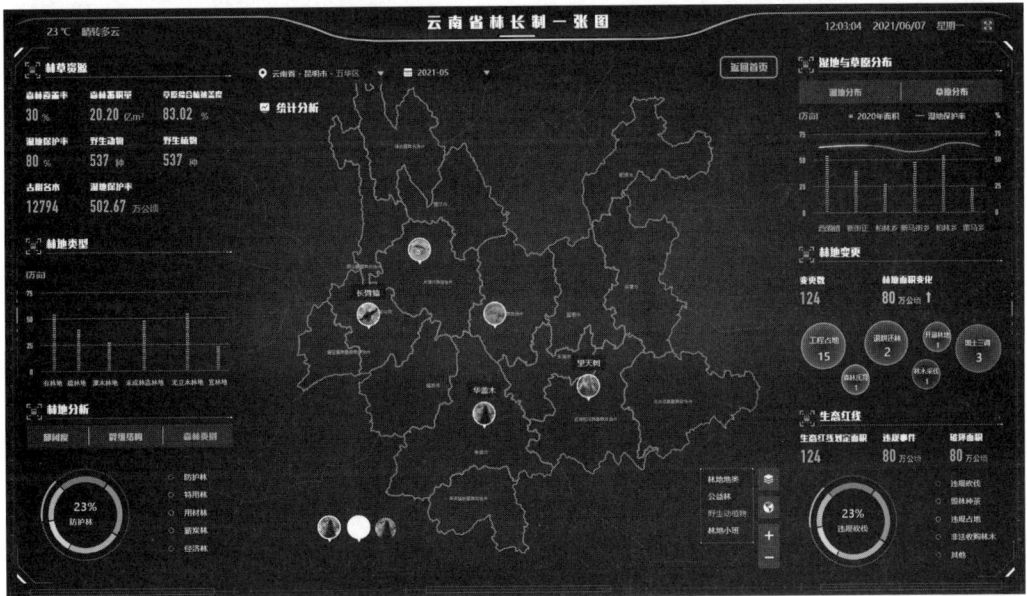

图 3　林草数据监管专题

（3）目标任务监管

汇集各级林长目标任务数据，进行动态分析，通过图表的方式，对各级林长目标任务完成情况、实施情况、进行动态展示。在地图上呈现具体项目及项目分布，并可通过点击查看项目详情，如图 4 所示。

（4）林地巡护监管

综合分析林地监管力度，以林地巡护、林政执法为数据基础，形成巡护监管一张图。

汇聚全省护林巡护、林长监督巡护、异常事件、违规案件，大数据分析巡护热力、事件易发区热力分布，如图5所示。

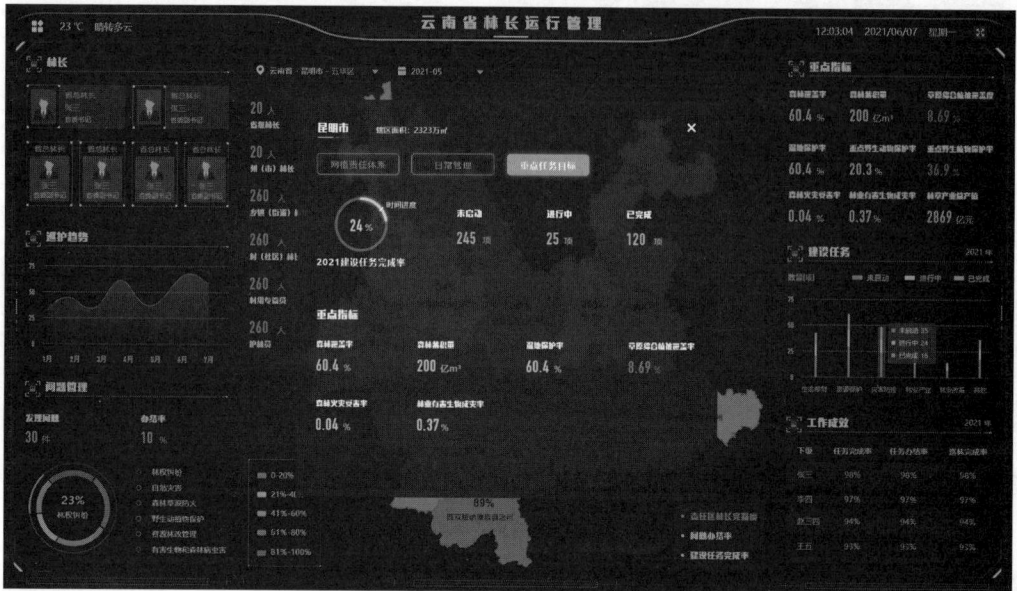

图4　任务目标监管专题

图5　巡护监管专题

（5）林草灾害防控

实现森林火灾、防火资源、病虫害、病虫害防控及其他灾害的统计分析可视化呈现。以热力图形式展现各区域森林火险等级，系统与护林员实时联动，对有可能发生的灾害做出预警，如图6所示。

446

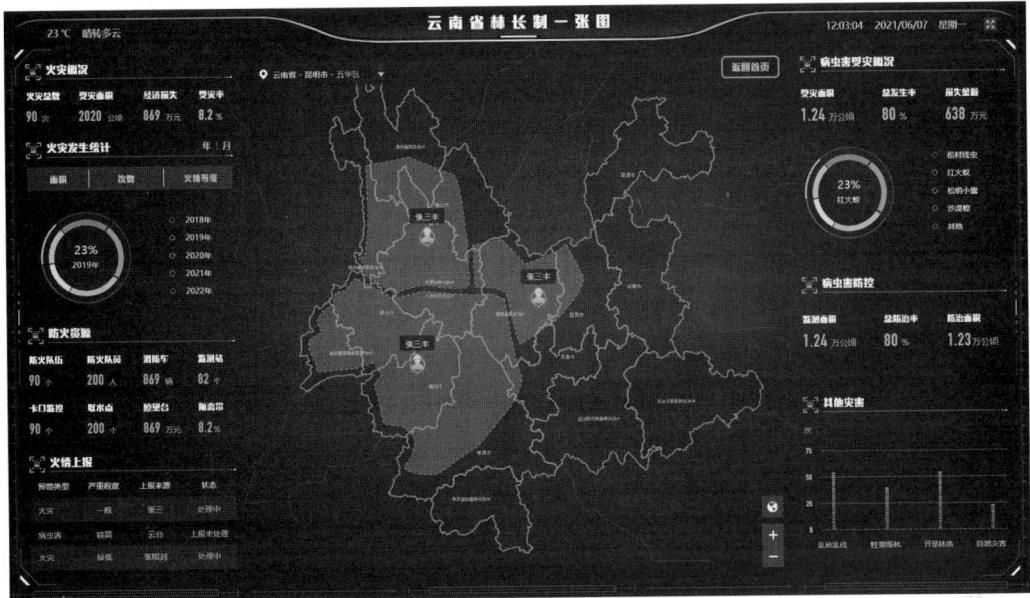

图 6 林草灾害防控专题

2.4.2 林长制管理信息系统

融合地理数据、监测数据、资源数据,将林长制管理体系及其管辖责任区、任务目标、人员分工、考核指标、工作机制等落实到系统中,实现数据可视化、目标设定、任务下发、信息上传下达、日常现地巡护、问题审批流转、考核评价等功能,提供跨终端、跨部门、跨级别、高效率的协同服务。

（1）基础信息管理

包括责任区管理、画图工具、图层管理、图形数据管理、视频监控管理、组织管理、人员管理、职位管理、防火期配置等功能,实现组织机构、人员、森林资源、物联感知、林业设施、业务数据等与责任区匹配,基础数据灵活管理。

（2）林长一张图

融合林草资源和林长制业务数据,集成卫星遥感、地面物联、巡山护林感知网络,提供包括林草资源、林草业务、保护发展主要任务、网格巡护等地图分布数据查看,提供人员、问题、巡护、任务等动态数据统计分析,支持远程指挥调度。通过一张图,全方位反映各类林草资源空间分布及其变化,将生态管理决策置于可视化的现实场景,实现以图管资源的林草管理方式,如图7所示。

（3）保护发展目标和任务管理

以十四五主要规划目标为基础,实现保护发展目标和任务管理的功能,实时统计任务目标完成情况。林长或上级单位可通过管理系统即时分发任务目标,通过大屏及 App 实时查看目标完成情况,并且督促下级单位完成并且及时填报任务目标。

（4）巡护管理

巡护管理模块通过对参与巡林的人员配置巡林计划,自动记录巡林过程,将巡林记录与计划自动匹配，纳入考核自动统计，实现巡护自动化管理。对巡护过程中现场发现的问题，通过 App 上报，上级管理部门人员通过平台快速处理，完成闭环。

图 7　资源监管

（5）信息管理

基于林长制信息工作制度，信息管理模块提供信息发布、信息报送和制度文件管理功能，适用于开展发布工作动态、通知公告、工作报送、制度文件发布、总林长令发布等工作，为林长制信息工作提供支撑，畅通信息上传下达、信息公开渠道。

（6）统计分析报表

统计分析模块提供包括保护发展任务目标统计、现场问题分析、巡护分析、考核统计等各类主要业务数据统计分析，提供数据报表下载，帮助林长和业务管理人员开展数据管理和分析决策工作。

（7）考核评价

系统结合林地资源数据和日常业务数据，提供丰富的考核指标库，自动计算指标结果。基于考评办法和考核实施方案，构建考核指标体系，提供指标自动化计算与人工评估相结合的考评模式。支持在考核前进行模拟评估，以便被考核人主动及时调整工作重心，弥补不足，提升工作成效。

（8）系统维护管理

对系统中的角色管理、权限管理、字典管理、菜单维护、问题处理流程配置、App 配置、App 版本管理、日志记录等模块进行统一管理。

2.4.3　林长制 App

移动应用是为林长、护林员、协同单位和办公人员提供的协同高效的移动办公平台，按照林长制分级管理、上传下达、目标考核、网格化服务、扁平化调度、资源管理等管理要求进行设计。

移动应用提供通知公告查看、林长名录、待办任务处理、消息查看、计划任务查看、统计报表查看、一张图、巡林监管、巡林问题处理、林长制目标任务分析、考核统计、个人记录查看等功能。同时，针对林区网络通信问题，为护林员提供离线巡护功能，即时上报负责区域的各类问题。App 为各级林长随时随地掌握责任区域实时资源动态和快速发现问题、解决问题提供高效的支撑，如图 8 所示。

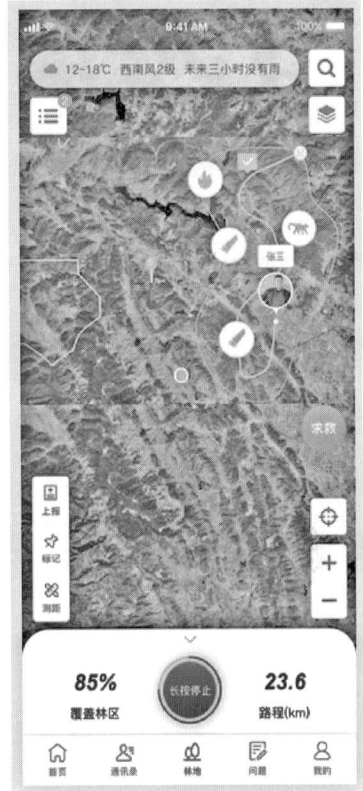

图 8 App 巡林

3 关键技术

3.1 基于 GIS 的网格化、全林域、全要素监管

系统按照山水林田湖草系统治理要求，依据"全域覆盖，网络管理"理念，将省、市、县、乡、村和村小组、护林员"5+2"林长制管理责任区域、组织体系、林草资源、任务目标、考核指标等数据，按照层级关系纳入系统，实现林长责任区的地图可视化、动态分析展示，为林长全域资源监管，提供决策支撑。

3.2 灵活友好的巡护方式，提供无障碍巡林体验

系统提供可灵活规划的巡林计划配置，支持按巡林里程、时长、人次、人天、林地覆盖率、固定路线、指定地点等多种指标方式进行巡林，并在巡护人员巡林过程中给与计划指引和实时计算，实时统计计划完成进度。

由于林区大多网络信号覆盖差，护林员巡林时优先采用离线模式，将巡林轨迹与问题记录存储在手机上，待网络恢复时再上传，保障巡林可持续性和数据安全。进行离线巡林的同时，系统仍会实时传送人员定位，保障指挥调度和人员安全。

巡林现场发现问题，上报即时自动获取定位，支持采用录音、视频形式记录，消除文化水平较低的护林员打字的障碍，提高问题上报效率。巡林过程中，系统会根据天气预报情况，为巡林人员推送异常天气告警，为一线人员提供多一份安全保障。

3.3 便捷、高效、闭环的问题处置流程

在进行日常巡护时，发现盗伐林木、森林火情、病虫灾害、自然灾害等对森林资源的危害事件时，巡护人员可以通过手机 App 随时随地上报有关情况。护林员反馈问题后，各级林长办相关人员可通过手机 App 或网站管理系统实时查看处理，安排下一步工作。

根据问题的关注优先级程度，系统将问题进行分类呈现，对不同优先级、严重紧急程度、时限要求的问题工单给予不同的处理策略和通知方式，包括分页面呈现、分栏目

呈现、打标签、红点提醒、数量统计、待办通知、短信通知、催办、倒计时等多种方式，最大化提高问题处理效率且减少信息干扰。

系统支持灵活配置问题工单处理流程，支持自动或手动进行流转派发，全省流程支持统一配置、继承上级配置、单独自定义配置等灵活配置方式，适应不同的业务线和地区特点。处理流程要求闭环，处理、审核、确认过程严谨，保证问题处理干净彻底。

4 创新点

4.1 保护发展目标任务，全程信息化监管

为压实林长责任，系统提供规划目标设定、目标实际完成填报管理，保护发展任务设定、任务分解管理，任务上图以及月度任务填报功能，同时一张图结合任务上图功能可自动进行任务进度统计分析，从而实现任务的过程管理，确保任务目标落实，按时按量完成。

4.2 巡护值守，高效透明，可视化指挥调度

系统支持建立巡护任务计划，根据巡林记录自动统计计划完成情况。通过系统直观查看正在巡林的人员在线数量、巡林轨迹，上报的问题，对人数、问题等进行实时的统计，整体把控巡林情况。针对林区问题应急处置，通过视频连线等方式对就近护林员、防火力量、执法人员和技术人员进行紧急调度，通过视频连线或监控摄像头远程查看灾情。实现巡护有计划、巡林有记录、考核自动化、巡护工作一手掌握、指挥调度便捷高效。

4.3 考核评估，由被动接收变主动提升，大幅提升考核效率

系统对接国家林草资源数据系统，林地资源数据互通，结合林地资源数据和日常业务数据，提供丰富的考核指标库，自动计算指标结果。系统实现了考核指标量化、考核标准统一、数据真实有效、考核自动化，减少大量数据报送和核查工作，大幅提高考核工作效率，真正做到考核工作信息化。

4.4 基于林长制的林草数字化基座，提供完善的扩展支撑能力

基于林地一张图基础数据，依据林长制体系，打造林长制服务平台，提供开放的服务接口，通过微服务、小程序技术架构，支持各类林草专项业务的融合，共同促进林草的智慧化管理。

5 示范效应

该系统于 2020 年 12 月 15 日在云南省弥勒市、西畴县开展林长制平台试点运行

工作。

其中，弥勒市在使用系统后，成功完成林草资源管理方式转变，从过去林草主管负责，通过林长制平台由各级林长负责，成为一把手工程。经统计，弥勒市自建立起林长制平台以来，各级林长和护林员通过移动端 App 开展巡林 45 211 人次，成效明显，案件发生率、火情发生率对比同期已经明显下降。2021 年弥勒市共发生一般森林草原火情 4 起，比去年同期下降 2 起，共接收到省级下传的卫星热点 8 个，比去年同期下降 4 个。

林长制系统试点工作自弥勒市和西畴县开展以后，受到当地党委政府好评，云南省其他地市陆续接入林长制系统开展试点。

截至 2022 年 6 月，已在云南省 9 个州市 67 个区县投入使用，总用户数已达 9.5 万人，日活跃用户达到 1.2 万余人。

天津生态城智慧供热综合调度管理平台

天津东方泰瑞科技有限公司
天津生态城能源投资建设有限公司
天津水运工程勘察设计院有限公司

1 项目背景

为解决传统供热方式设施效率低、调度能力弱、自动化程度低及供需能力不均等弊端，化解住户日益增长的高品质热需要和不平衡不充分供热之间的矛盾，响应节能减排与绿色低碳政策，中新天津生态城构建了"智慧供热"全链条的调度与服务系统——智慧供热综合调度管理平台。

该平台以智慧化、精细化管理为抓手，以数字化、信息化、可视化优质服务为出发点，以保障安全、提质增效、节能降耗为目标，通过"源—网—站—户"数据的互联互通、数据共享，在保证供热质量与用户室内温度舒适的前提下，实现节能减排的目标。

2 项目内容

合作区内共有67个居民小区、50座换热站，目前已全部接入智慧供热综合调度管理系统。项目整体框架如图1所示。基于居住建筑室内热舒适温度，以换热站为枢纽，

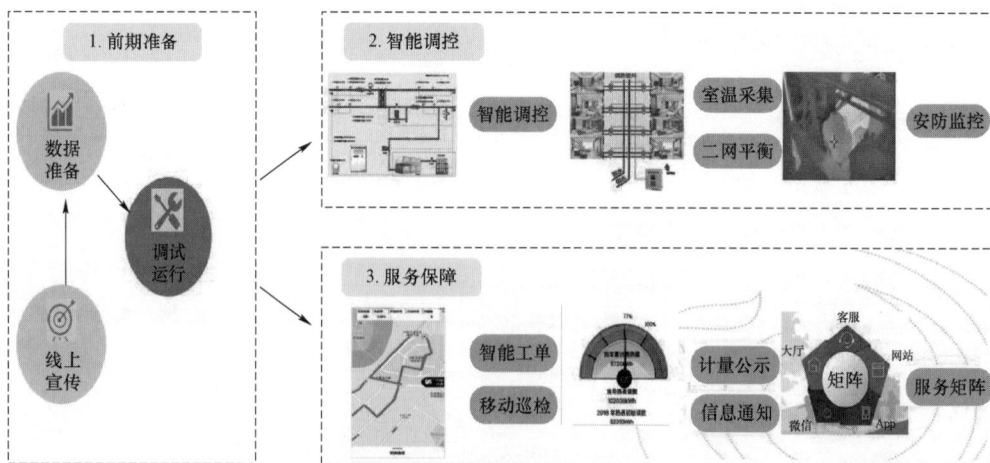

图1 智慧供热整体框架

智慧供热系统为核心，实时采集热源、管网、换热站及用户参数，利用大数据分析模型，实现专家系统全智能调控。

2.1 全局谋划

天津市属于建筑热工分区中的寒冷地区（B 区），居民冬季室内热需求较大。选取具有代表性的被测居住建筑房型（基本覆盖中新天津生态城所有住宅类型）进行问卷调查与数据实测，对居民室内热舒适性进行分析，建立预计平均热感觉指数（Predicted Mean Vote，PMV）与实测平均热感觉值（Mean Thermal Sensation，MTS）评价模型，得到热感觉与热期望，将获取数据代入系统进行调试运行。同时制定了智能化、信息化配套建设设计导则、热用户服务管理标准，在数据采集标准、数据接入标准、用户服务等方面做出明确规定，将智能化、信息化基础建设与配套项目建设同步进行，有效保障系统的后期正常运营。

2.2 智能调控

通过移动终端（如 iPad、手机等）监测、热源监控、热站调控、室温控制四个方面的智能调控，实现了供热系统的降本增效、精准调节和节能降耗。

（1）移动终端监测

如图 2 所示，工作人员在移动终端可以实时监测各居民点位机组情况、热表数据及电表数据等，包括室内实时温度、供回温温度、水箱瞬时流量等。调度人员与热源建立

图 2　移动终端监测（以手机端监测为例）

沟通机制，通过信息的掌握情况，及时对相关数据进行调节，保证居住建筑室内热舒适性。

（2）热源监控

工作人员在 PC 端，可以实时监测、调控热源点位的供水温度、供水压力及瞬时流量等，以准确及时给定居住建筑适宜温度，提高热能利用率。

（3）热站调控

依据换热站智能调控原理（见图 3），对项目区域内所有换热站进行了智能化改造，实现了 AI 赋能智慧供热、人工智能调控。综合考虑室外综合温度、建筑热惰性、室内温度控制目标、换热站历史数据等因素，采用室温动态修正供水温度的换热站前馈调控策略指导换热站提前调节。换热站调控均由供热系统远程发送指令，短时间内即可完成区域内所有换热站进行调控，极大地节省了人工调控的时间需求，提升了调控效率。通过智能调控，实现了源网站按需供热，满足了用户热舒适性需求，保障了供热质量，提高服务水平。

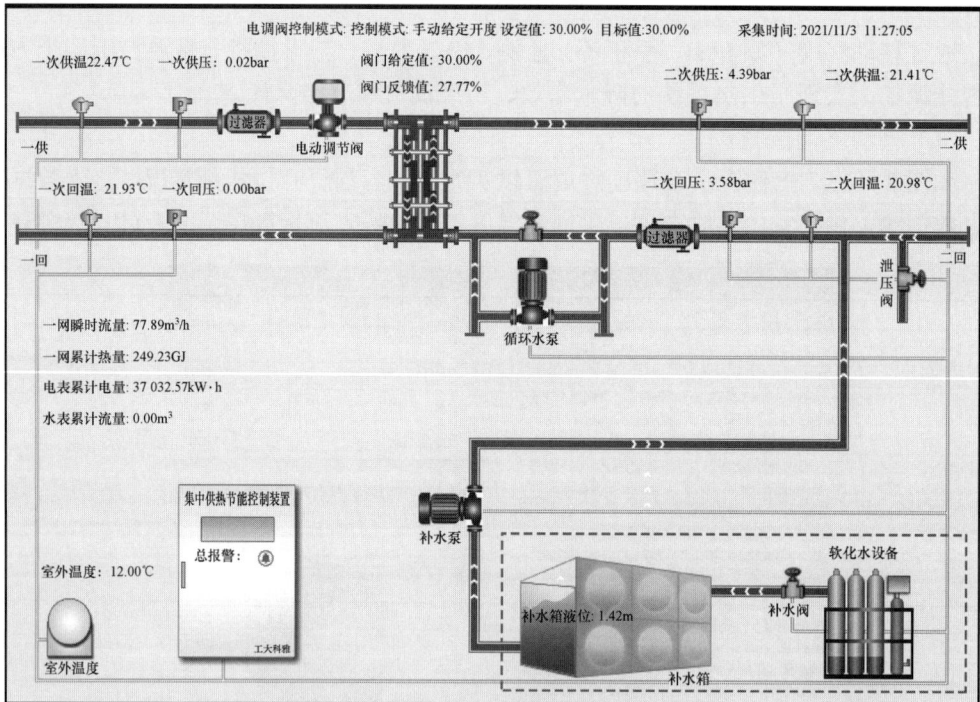

图 3　换热站智能调控原理图

以某小区为例，设定用户室温为 23℃，结合室外温度（-2℃），智慧系统根据大数据模型自动计算出下一阶段的供热水温度为 44.7℃，并同时将调控供热水温 44.7℃的指令下发给热源控制柜，由此实现无人工干预的智能调控。

（4）室温控制

基于 NB-IoT（窄带物联网）技术的热用户室温监测系统，通过在典型热用户（边、角、顶、底等特殊户型，各小区安装率满足监控需求）安装室温监测装置，实时将用户室温远传至智慧供热平台，以用户室内的舒适温度为目标，进行换热站供热参数的动态调整，做到室内温度在室外气温波动的情况下，一直保持在舒适区间，如图4所示。

组织机构	机组简称	小区简称	楼房名称	单元	门牌号	安装位置	设备类型	不利测点	室温 ℃	湿度 %	修正
天津生态城-北塘供…	尚苑（二期）	尚苑	25	圆		客厅	单联机械开关型	否	22.05	22.00	是
天津生态城-北疆供…	美林（二期）低区	美林园	14	圆		客厅	单联机械开关型	否	22.06	84.00	是
天津生态城-北疆供…	美林（二期）低区	美林园	11	圆		客厅	单联机械开关型	否	22.15	64.00	否
天津生态城-北塘供…	荣唐苑一号	荣唐苑	荣唐苑	圆		客厅	单联机械开关型	否	22.20	0.00	是
天津生态城-北疆供…	鲲玉园低区	鲲玉园	7	圆		卧室	单联机械开关型	否	22.21	63.00	否
天津生态城-北塘供…	颐湖居（三四期）1号	颐湖居（三…	32	圆		主卧	单联机械开关型	否	22.28	28.00	是
天津生态城-北疆供…	樾湖花园2号	樾湖花园	21	圆		客厅	单联机械开关型	否	22.28	75.00	是
天津生态城-北疆供…	美林（二期）低区	美林园	12	圆		卧室	单联机械开关型	否	22.31	48.00	是
天津生态城-北疆供…	和馨园低区	和馨园	9	圆		客厅	单联机械开关型	否	22.39	63.00	是
天津生态城-北疆供…	鲲贝（南站）低区	鲲贝园（南…	5	圆		客厅	单联机械开关型	否	22.41	75.00	否
天津生态城-北疆供…	悦馨（一期）低区	悦馨苑（一…	5	圆		客厅	单联机械开关型	否	22.44	55.00	否
天津生态城-北疆供…	悦馨（一期）低区	悦馨苑（一…	17	圆		卧室	单联机械开关型	否	22.47	63.00	是
天津生态城-北疆供…	首玺园高区	首玺园	3	圆		卧室	单联机械开关型	否	22.52	0.00	否
天津生态城-北疆供…	美韵园低区	美韵园	15	圆		厨房墙…	插座式外壳	否	22.56	0.00	是
天津生态城-北疆供…	天和园（二期）	天和园（二…	31	圆		客厅	单联机械开关型	否	22.59	71.00	是
天津生态城-北疆供…	新颐园（二期）低区	新颐园	26	圆		客厅	单联机械开关型	否	22.59	67.00	否
天津生态城-北塘供…	青溪花苑（一期）1号	青溪花苑	34	圆		客厅	单联机械开关型	否	22.61	55.00	是
天津生态城-北疆供…	悦馨（二期）低区	悦馨苑（二…	16	圆		客厅	单联机械开关型	否	22.62	55.00	是
天津生态城-北疆供…	悦馨（二期）中区	悦馨苑（一…	1	圆		卧室	单联机械开关型	否	22.63	62.00	是
天津生态城-北塘供…	尚苑（一期）	尚苑	5	圆		客厅	单联机械开关型	否	22.66	59.00	是
天津生态城-北疆供…	首玺园高区	首玺园	9	圆		卧室	单联机械开关型	否	22.68	22.00	否
天津生态城-北疆供…	和畅园（1B）低区	和畅园（1…	2	圆		卧室	单联机械开关型	否	22.71	71.00	是
天津生态城-北疆供…	鲲贝（南站）低区	鲲贝园（南…	18	圆		客厅	单联机械开关型	否	22.71	65.00	否
天津生态城-北疆供…	依水园	依水园	31	圆		客厅	单联机械开关型	否	22.71	57.00	否
天津生态城-北疆供…	首玺园低区	首玺园	6	圆		客厅	单联机械开关型	否	22.73	77.00	是
天津生态城-北疆供…	新颐园（一期）	新颐园	4	圆		客厅	单联机械开关型	否	22.73	63.00	否
天津生态城-北疆供…	美韵园低区	美韵园	24	圆		阳台卧…	插座式外壳	否	22.75	0.00	是
天津生态城-北疆供…	美韵园低区	美韵园	20	圆		卧室厨…	插座式外壳	否	22.77	0.00	是
天津生态城-北疆供…	兰景园（一三四）高区	兰景园	18	圆		客厅	单联机械开关型	否	22.78	33.00	是
天津生态城-北疆供…	鲲贝园（南站）低区	鲲贝园（南…	8	圆		客厅	单联机械开关型	否	22.80	0.00	是

图4　室温实时监测示例

（5）全网调控

基于供热系统各要素的链接，对"源－网－站－户"全过程进行统筹协调，实现供热全过程的数字化、可视化、智能化。实现以用户室温为目标，综合考虑室外温度、管网延迟性以及建筑热惰性，实现全智能调控，如图5所示。

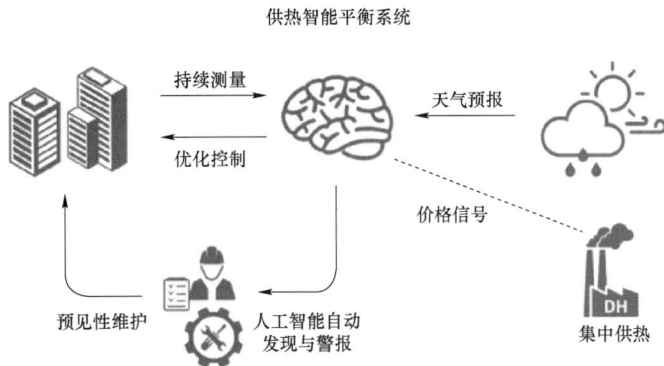

图5　全网调控图

以往多名运维人员半天的调控量,现在 1 名调度人员半分钟内即可完成,大大提高了运维效率并降低了运维成本。

(6)二网智能平衡(试点)

以各热站用户有效平均回水温度作为目标阈值,在线调节智能阀开度,实现户间水力平衡,消除冷热不均,如图 6 所示。

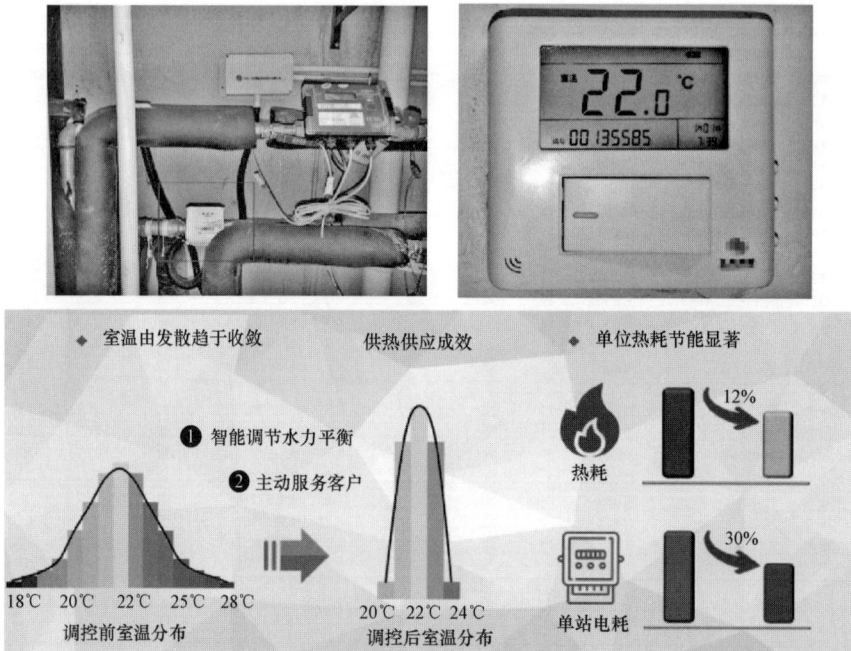

图 6　在线调节智能阀开度

2.3　服务保障

打造包含网站、移动终端 App、微信公众号的线上、线下多渠道用户服务模式,为居民提供一站式服务。典型服务包括:一是借助平台能源调度工单系统,用户报修信息可直达一线维修人员手机 App 端,极大缩短了报修信息的传递时间和处置效率(见图 7)。二是通过室温传感器,有效掌握了用户当前室温情况,及时排查不达标用户,主动上门服务,实现前置性服务。三是提供用户用热量查询、统计服务,实行全面的供热计量(多用热多缴费、少用热少缴费),以面积收费为基础进行超面积用热趋势分析,对用热量较多用户进行主动短信提醒,帮助用户达到节能降耗的目的。

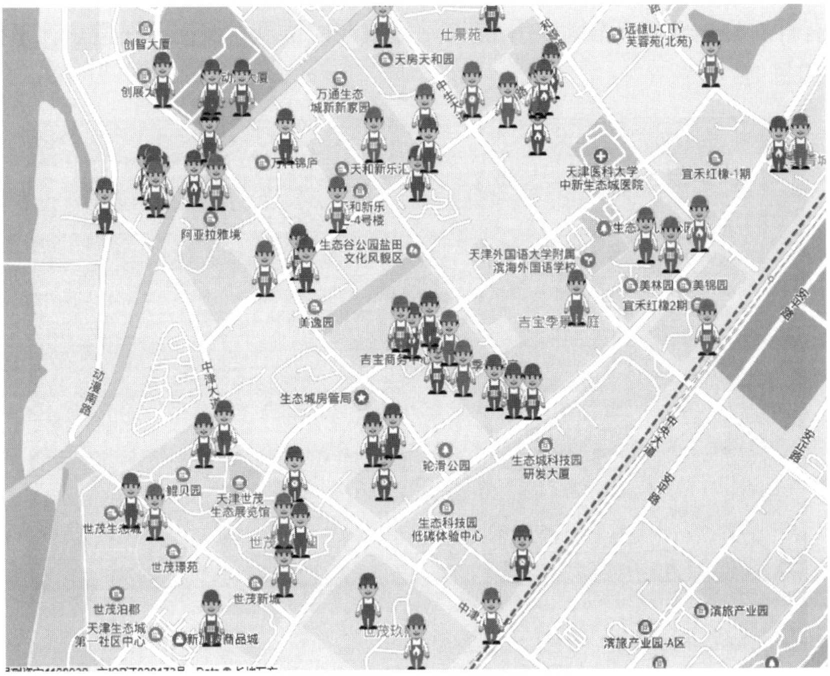

图 7　智能工单网格化管理

3　关键技术

3.1　集物联网（IoT）、AI、大数据和自学习等先进技术为一体的智慧供热系统

（1）核心原理

如图8智慧供热界面所示，智慧供热系统通过物联网技术，实时采集热源、管网、气象数据及用户室温，并结合气温变化趋势、建筑物热惰性、管网输配延迟等特性，通过 AI 大数据运算和自学习过程，构建热量需求预测模型并自动输出控制指令给换热站，实时调节换热站供热温度，满足用户用热需求，按需供热，实现了"热源、管网、换热站、住户"一体化全网协同和精细化调控，保证用户室内温度维持在舒适区间（22～24℃），达到既不过热、也不欠热的精准供热、节能供热的目的。

（2）能耗预测

智慧供热系统具有自学习的功能。如图9能耗预测界面所示，在系统运行时，会自动记录每天的运行数据，结合历史运行情况与未来几天的天气预报，自动预测一周内每天的能耗，并与实际供热能耗进行对比，为系统提供调整修正依据，当预测数据与实际数据产生偏差时，自学习过程会自动进行修正。

（3）能耗量化与排名

智慧供热系统以换热站供热区域为单位，通过对各个换热站远传数据的整理分析，实时展示各供热居住、公用建筑用户的能耗情况（见图10）。同时将各换热站能耗的量

457

化后，可有针对性地对能耗较高的用能单元采取节能措施，保证了在供热计量的背景下节能降耗的目的。

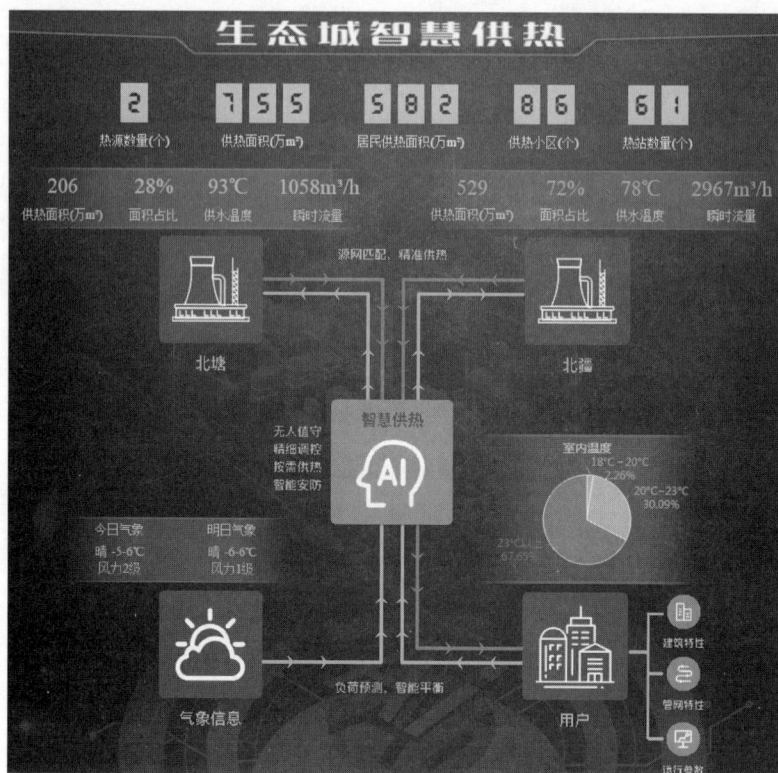

图 8　智慧供热界面

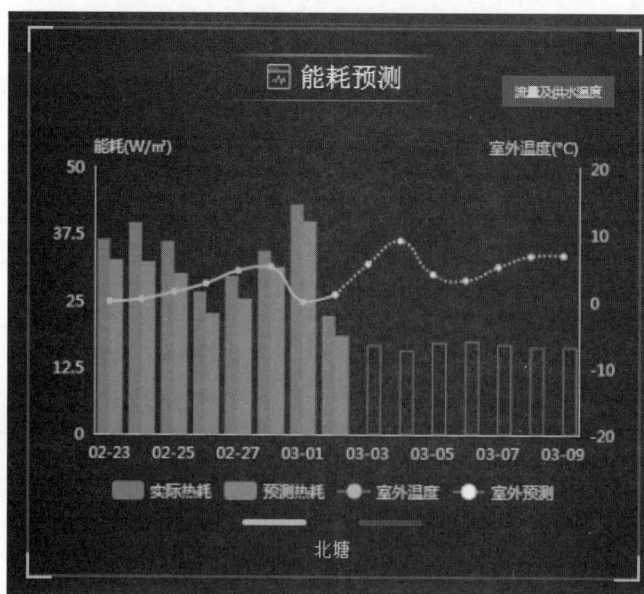

图 9　能耗预测

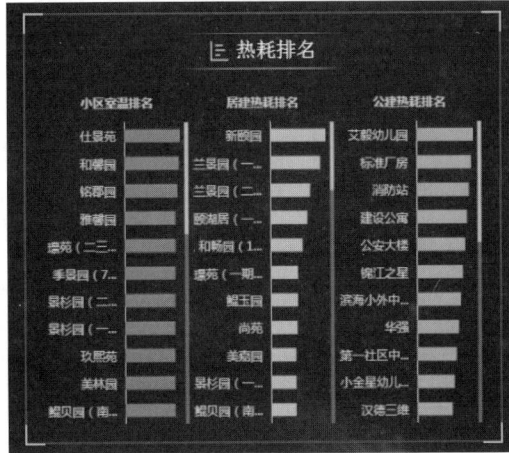

图 10　能耗排名

3.2　智能供热调控

（1）供热管网系统

如图 11 所示，两个区外热源分别位于图中"电厂"图标的位置，两个热源联调联供，

图 11　供热管网系统

调度中心与热源控制室始终保持联动，根据每日能耗预测与源头协商当日供能参数（供热温度、流量等）。图中绿色的图标是生态城各换热站的具体位置，由热源到换热站可以看到有两条不同颜色的管线，分别代表了北塘、北疆的供热管线，从图中可以直观地看出双热源的片区划分情况，以及由热源→管网→换热站的调控层级。同时通过对热源供热温度、流量、压力等重要参数的实时监控，可以及时发现源头的供能波动，提前做好应对措施。

（2）换热站调控展示

图 12 为换热站工艺流程图，可以直观地看出该换热站的调控工艺：换热站是通过一次侧来水、二次侧供水在板式换热器中的持续循环热交换，实现将热水送入居民室内采暖设施（暖气片或地采暖），保持用户室内温度。系统中实时显示一次侧、二次侧压力、温度、流量及调节阀开度等参数，并设置了重要参数报警阈值，一旦出现异常将自动报警传至运维中心调度大厅，提示运行值班人员检查处理。

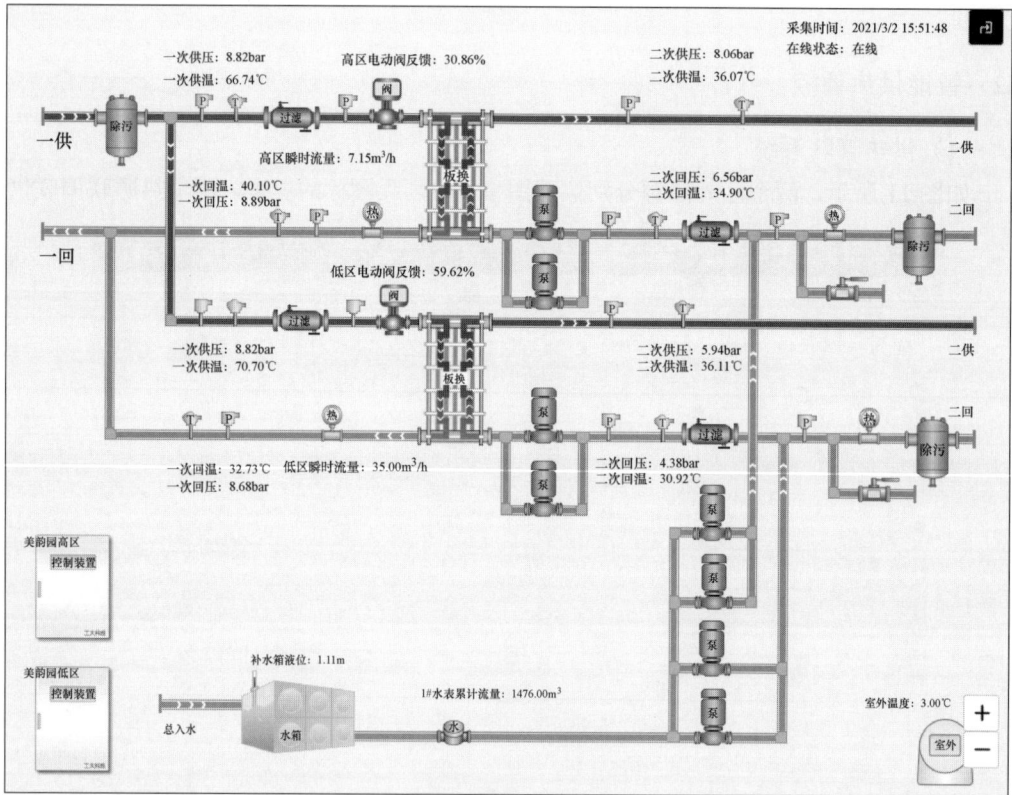

图 12　换热站工艺流程图

3.3　基于 AI 的"四位一体"的智能安防技术体系

（1）智能安防

如图 13 所示，平台实现多级预警与能源调度平台联动，构筑了"四位一体"的智能安防体系。一是借助热成像视频，实现对重要设施设备进行 24h 温度监测，当设备出现温度异常，即可及时通知调度人员进行快速响应，变"被动"为"主动"。二是借助温感，有针对性地监测控制柜内外温度、电控柜内外温度，监视电气设备运行情况，出现异常立即发送报警信息至运维调度中心。三是借助烟感，监测换热站内上方空间的烟雾情况，一旦出现火灾、管道泄漏会引发报警，并立即将信息发送运维调度中心，运维人员可立即派人前往检查及处置。四是设置门禁，采用人脸识别、指纹识别、智能卡识别等多种组合识别方式，提高换热站安全系数。

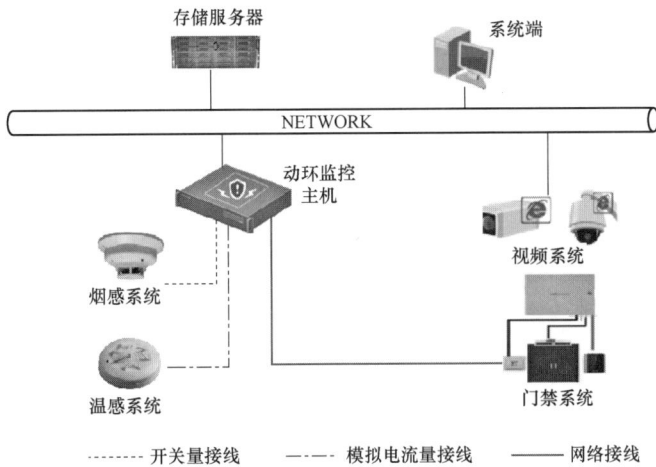

图 13 智能安防体系

（2）智能巡检

如图 14 所示，通过可视化、可追溯的巡检过程管理，提升场站巡检与管线巡检质量、加强痕迹管理，达到了提质增效的目的。

图 14 智能巡检示意图

4 创新点

4.1 提出了以人为本的智能化供热理念

综合考虑相同室内温度下不同受众群众的热感觉、热舒适、热需求差异,提出了以人为本的智能化供热理念,通过智慧供热综合调度管理平台,实现居民自主调节室内温度。

4.2 构建了 AI 大数据运算和自学习一体化的智慧供热系统

通过 AI 大数据运算和自学习过程,构建热量需求预测模型并自动输出控制指令给换热站,实时调节换热站供热温度,实现了"热源、管网、换热站、住户"一体化全网协同和精细化调控,达到了按需供热、精准供热、节能供热的目标。

4.3 融入了基于智能调度管理的本质安全目标理念

在智慧供热综合调度管理平台的建设使用中,融入基于智能调度管理本质安全目标理念,实现多级预警与能源调度平台的多级联动,进而大大降低了风险,进一步提高了项目的安全系数。

5 示范效应

作为世界智能大会的永久展示基地,中新天津生态城已连续三次登上世界智能大会的舞台。智慧供热作为智慧城市的重要一环,紧贴实际需求,运用前沿技术,将理念创新、技术创新、模式创新、应用创新、机制创新充分融入日常供热工作中,向世界展示了智慧供热综合调度管理平台中人与人、人与经济活动、人与环境的和谐共生、智慧共享,提升了中新天津生态城的核心竞争力。

在国家"十四五"相关专项规划中,智慧城市建设、低碳经济发展已列入当地国民经济和社会发展的重要任务和目标,按照"能实行、能复制、能推广"的指导思想,生态城能源公司实现了区域整体联调联供的智能化自动运行,为生态城实行 100%热计量收费提供了基础支持,本案例在经济效益、管理效益、社会效益等方面具有示范效应,为建设智慧生态城市建设奠定良好基础。

天津市重点用能企业及港口能源管理系统建设

天津锐锟科技有限公司
交通运输部天津水运工程科学研究院
天津水运工程勘察设计院有限公司

1 项目背景

为贯彻落实《国家发展改革委、质检总局关于印发重点用能单位能耗在线监测系统推广建设工作方案的通知》（发改环资〔2017〕1711 号），按照国家节能中心《重点用能单位能耗在线监测系统技术规范》（以下简称规范）要求，协助企业有针对性的解决能耗过大与能源浪费问题，帮助政府监管部门及时掌握辖区企业用能情况，基于现代科技，建设用能企业"物联网＋能源管理"模式的可视化远程用能监管系统，帮助企业实现能耗的实时远程监测，推进天津市绿色、智慧能源管理的产品研发和系统应用服务，为天津市节能减排与实现"双碳"目标做贡献。

企业能源管理是指针对不同的能源数据来源，建立相对独立的数据采集系统，采用自动化、信息化技术和集中管理模式，帮助企业准确直观掌握用能情况，为管理者制定节能政策提供数据支撑，促使企业节能降耗，实现绿色低碳可持续发展。现以天津市化工企业重点用能单位——天津市亚东化工有限公司（以下简称亚东）和天津港港口综合能源管理系统建设为例，分析能源管理系统建设情况。

2 项目内容

能源管理系统的建设实施按照《规范》执行，构建现场设备层、网络通信层、用户管理层，通过采集水、电、气等能耗进行监测与分析，对企业能源系统的生产、输配和消耗环节实施扁平化的集中动态监控和数字化管理，改进和优化能源平衡，实现系统性节能降耗减排的管控一体化系统。

2.1 亚东能源管理系统

（1）基础平台

亚东能管系统主要有综合看板、首页、信息总览、能耗监测与统计、能效分析、配电室运维、设备管理、物联云、知识交互等基础模块，其功能包括：① 当天、月、截至目前的能耗及费用消耗情况；② 各类能耗同比、环比增长情况；③ 各仪表监测的耗能状态及比例；④ 现场报警数据的展示。

总览地图界面可全面、直观、实时查看能管平台管理范围内的总能耗、碳排放量、各分类能耗数据及其日、周、月环比情况，如图1所示。

图1　信息总览界面

为实现企业整体能源管理岗位职责明晰，分工明确，加强能源流向监管和不良行为监管，针对不同人员类型展示不同的数据内容。从角色角度划分，企业用户分为领导层、管理层、操作层三个层级，具体情况如表1、图2～图4所示。

表1　　　　　　　　　　不同层级用户的平台数据内容分析

用户层级	关注点剖析	主要展示数据内容	功能举例
企业领导层	企业整体综合用能情况	宏观展示企业整体综合用能信息情况（见图2）	企业用能排名、综合评价、能效对标
企业管理层	本企业的用能情况的监控及具体管理	具体展示企业各种用能信息情况（见图3）	水电热气等能源使用、设备运行情况、综合评价、安全评价、经济评价
企业操作层	具体操作	现场设备的用能情况（见图4）	实时监控、维修、资产管理、远程配置、报警管理、巡查、库存管理

（2）数据采集

亚东现有能源转换设备：1 台 20t/h 燃气蒸汽锅炉、1 台 15t/h 燃气热载体炉；包含电、天然气、蒸汽三类能源。能源管理系统能源数据来源主要包括用户既有监测系统和通过安装必要的电表、蒸汽表、燃气表等监测设备建立的数据实时采集系统。其中监测点位 45个，包括电能计量器具共 35 个，含一级用能计量表 2 个，进出主要次级用能单位 27 个，重点设备计量表 6 个；天然气表 2 个；蒸汽流量计 8 个。数据采集与传输子系统由智能电表、智能水表、燃气表、冷（热）量表及数字传感器等各种计量器具组成，其主要任务是实现能耗监测设备、工艺单元的原始能耗数据的实时采集、目的缓存及网络传输。

图 2　领导层平台数据内容

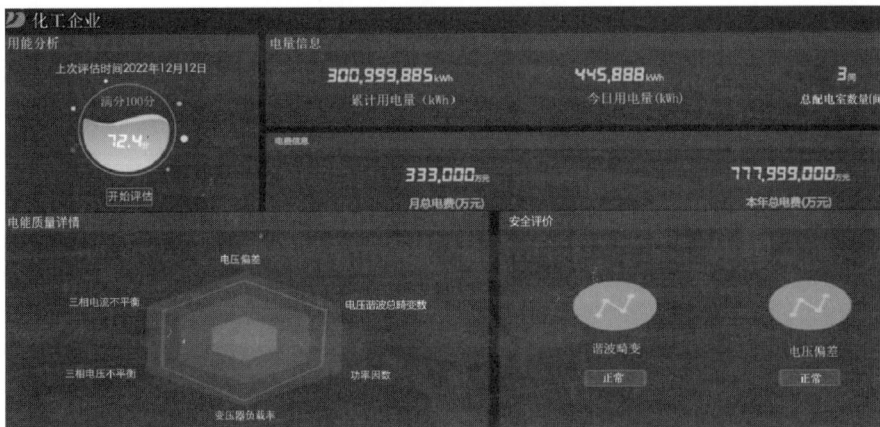
图 3　管理层平台数据内容

图 4　操作层平台数据内容

（3）数据传输

数据传输层主要由能耗数据采集器（智慧能源网关）交换机等网络设备组成，智慧能源网关采用支持多种标准通信协议且可扩展接口协议。按用能单位规模大小及对能耗计量精度的要求不同，在能耗数据传输系统架构设计方面可采用多种系统应用架构。数据传输是企业能源管理中心系统建设的重要内容之一，通过数据传输实现企业能耗的实时监测与调度。

（4）能耗监测

能耗采集以各分类能耗和分项能耗的实时数据、日曲线图方式显示。其检索功能（支持模糊搜索）方便用户快速检索（见图5），其中：

1）用能监测：可以查看各个企业在某一个时间段的用能情况。

2）环境监测：实时监测温湿度等信息，可查看图表和数据视图，支持数据列表导出数据。

3）水平衡系统监测：从流量、压力角度采集用水能耗数据，统计分析水资源从购进→企业内流向→具体某一设备消耗进行全生命周期的监测，杜绝跑冒滴漏的发生。

4）蒸汽平衡系统监测：从流量、压力、温度角度采集用气数据，统计气资源的全周期监测，对气管网平衡进行管理，杜绝跑冒滴漏的发生。

5）电能质量监测：分别从单点电能质量参数、电压偏差率监测、三相电压不平衡、三相电流不平衡、电压谐波畸变率、电压谐波含油率、电流谐波含油率等角度展示。

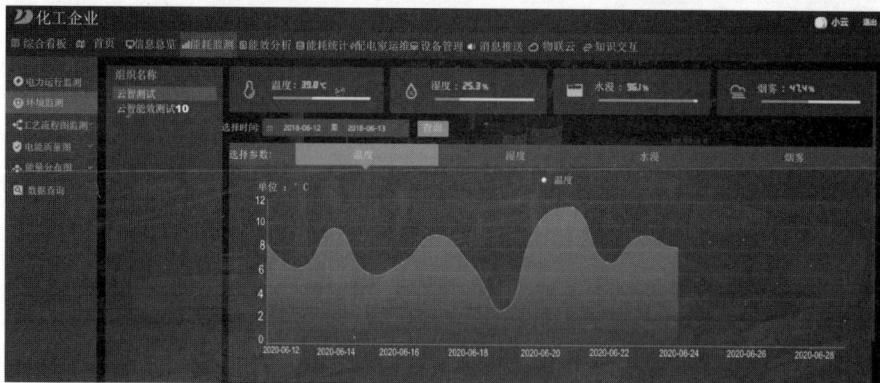

图5　能耗监测板块基本信息

（5）能效分析

通过能耗与费用分析，以及能效状况等分析，将采集的数据，通过模型进行数据重新组织和二次计算，提取特征指标的精炼数据，以辅助进行各项业务的问题归因、趋势预测、结果考核（见图6），其功能如下：

1）综合评价：将企业各类数据做综合的汇聚和展示，从用能分析、综合评价、安全评价、用能情况等角度展示。

2）用能排名：展示企业以及企业内的各监测点能耗的排名情况，精准了解能耗。

3）电量分析：电量分析从用电量分析、需量分析、峰谷用电分析等维度展示。

4）电费分析：从电费综合分析是否有节约的空间。

5）用能能效：分别从分户用能统计、点位能耗分析、能效对标分析等维度进行用能能效分析。

6）碳排放指标：公司碳排放数据的统计。

7）用能报告：为企业提供能效报表，分别有年报、月报、日报，可设置发送时间间隔和接收邮箱。

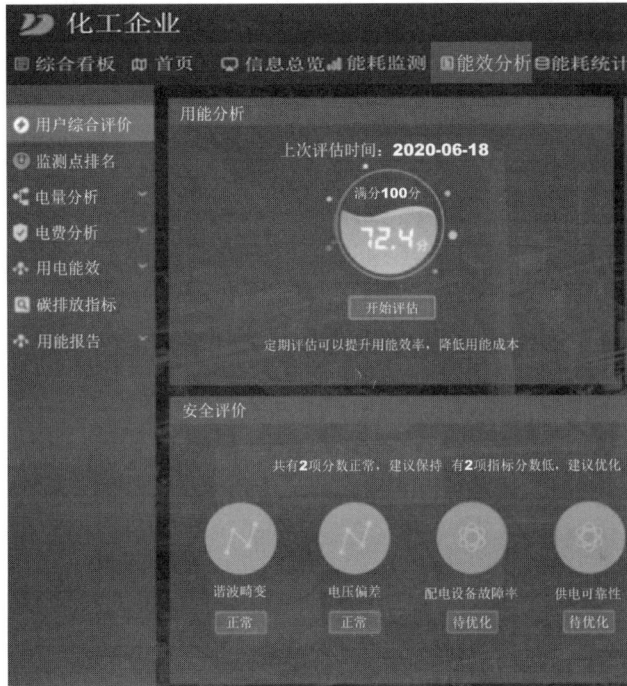

图 6　能效分析板块基本信息

（6）能耗统计

能耗统计主要包含各分类能耗总量走势分析、总能耗的偏差分析、电耗分项统计分析；对分析各类能耗的使用情况提供数据，完成各类数据分析，并可定制各类指标分析，综合各类数据完成综合数据管理。如图 7 所示，通过采用直观的图形化界面（柱状图、饼图等）分析展示能耗数据，支持逐日、逐周、逐月、逐年和自定义的自由查询和导出功能。

（7）消息推送

系统根据不同的业务场景，设置不同的告警事件（包括但不限于用电偏差告警、最大需量告警、功率越限告警、功率因数告警）。可针对指定的监测点或监测区域进行事件监测，自定义设置上下限告警范围，灵活适应不同部门、不同群体的需要。同时，可选定自动提醒的事件类型，通过判断告警类型的紧急情况，分别以邮件、站内消息、短信、电话等方式第一时间将问题通知到相应的工作人员，随时随地获得警报通知，将问题消除在萌芽之中。

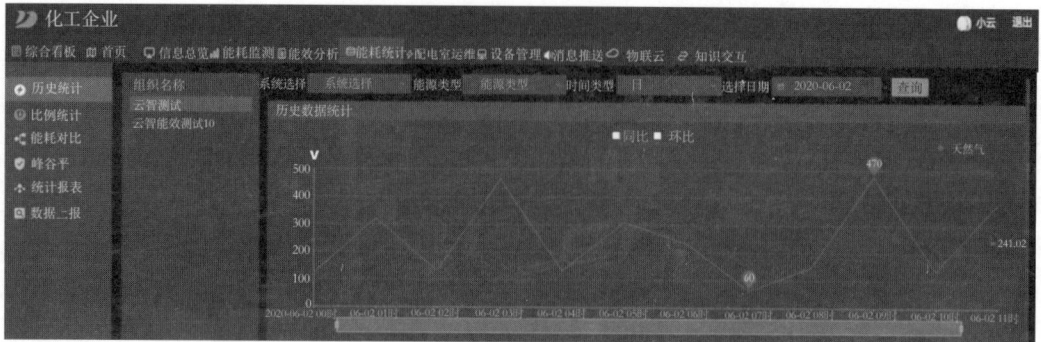

图 7   能耗统计板块基本信息

2.2   天津港港口综合能源管控系统

（1）港口现状

港口作为城市的重要基础设施和对外贸易窗口，对城市和周边区域经济的发展有极大的推动作用。当前，我国港口产业的发展已经进入绿色智慧转型快车道，通过先进技术和现代管理提升港口的能源利用率和智能化发展水平，但对于绿色港口建设背景下能源管理信息化建设研究并不算丰富，关于绿色智慧港口能源管理综合性的信息化系统建设实践较少，目前国内各港口使用的能源管理系统存在以下问题：

1）数据分散、标准不统一：主要体现在各单位、各能源数据的采集方式、频率及内容不统一，数据指标算法存在差异，数据标准不统一；各系统间数据孤立、联动性不足；数据分散且无法有效整合。

2）缺乏智慧化决策分析体系，主要体现在大数据深度挖掘方面功能不足，缺乏智慧化的能管分析体系；基层能耗管理应用不足，不具备科学分析、评价能力，缺乏对港口能源的综合管控。

（2）解决方案

以绿色智慧港口建设和"双碳"背景及港口目前能管系统存在的问题，提出港口综合能管系统解决方案。该方案主要包含三方面内容：

1）调研分析、标准建设：调研各单位用能情况、计量器具配置情况和各已有系统情况等，对接企业具体需求，依据相关建设标准并针对企业自身现状及需求制定统一的建设标准。

2）数据来源分类建设：根据不同数据类型，采取不同的方式分类采集并存储。数据源包含在线采集、系统数据接口对接、手工录入等。

能源数据：对已有能管系统的单位，通过系统间数据接口获取数据；对无能管系统的单位，帮助其建设能耗在线监测系统，实现数据的在线采集、分析、汇总、上传等功能；

业务数据：通过开发数据接口的方式与业务系统、调度系统、设备管理系统等进行数据对接，接入吞吐量、箱量、作业量、设备、成本等数据，实现不同系统间数据的融合。

3）综合能源管控平台建设：开发一套智慧化的基于多要素分析的港口综合能源管控系统，实现港口用能的展示、查询、分析、节能降碳管理、辅助决策应用等功能。

（3）系统架构

依托"三套"体系、"六个"层级，搭建"一个"能管平台。系统架构如图8所示。

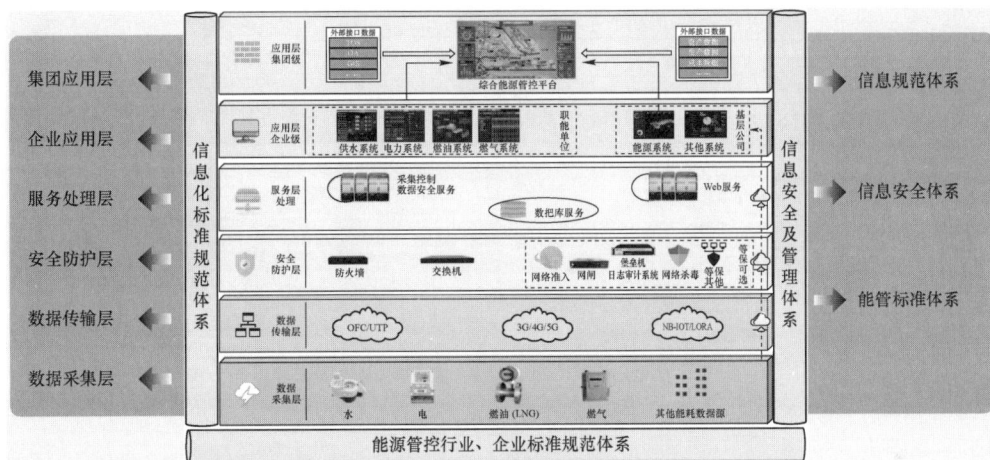

图8　系统架构图

（4）平台特点

该平台具有数据多、功能全、技术优和智慧化四大特点。

数据多：兼容多系统（能源管理系统、业务调度系统、设备管理系统）、多单位（集团、各基层企业）、多要素（水、电、油、气、氢、岸电、绿电、能耗、碳排放、吞吐量、作业量、成本等）数据，通过大数据分析进行能源的科学管理。

功能全：具备数据总览、数据查询、能耗分析、单耗分析、成本分析、节能管理、碳排放管理、绿色低碳、预警预报、政策指标、能源气象等多项核心功能，可实现各类能耗和碳排放数据的综合监控与统计分析。

技术优：能源管控平台通过融合物联网、人工智能、数字孪生、大数据分析、能耗在线监测、数据动态浏览等技术，实现能源使用过程中的监测、管理、优化、预警等综合管控。

智慧化：能管平台可实现用能情况及结构分析、能耗总量和强度分析、碳排放总量和强度分析、能源成本分析、节能低碳技术管理与应用、指标管理及预警预报等，通过各类数据的同比、环比、对比、趋势、构成、排名等智慧分析及时准确掌握整体用能情况，为能源管理提供决策辅助。

（5）平台功能

包括数据总览与查询、能耗与单耗分析、成本分析、节能与碳排放管理、绿色低碳、指标管理、预警预报、能管政策等模块。

1）数据总览。一张看板集中展示核心用能数据，包含能源结构、用能分类、能源单耗、能耗碳排放趋势、节能指标和清洁能源用量，如图9所示。

2）数据查询。实现港口各单位不同数据类型（能源数据、能耗碳排放数据、生产数据、单耗数据），不同时维（小时、日、月、季、年）的查询。

图 9　数据总览

3）能耗分析。通过对监测数据不同时间维度的同比、对比和趋势分析，帮助港口掌握能耗总量水平，分析能耗变化原因；主要包含能耗的总量和排名、能源结构、清洁能源用量及设备用能和设施用能的分析等，如图 10 所示。

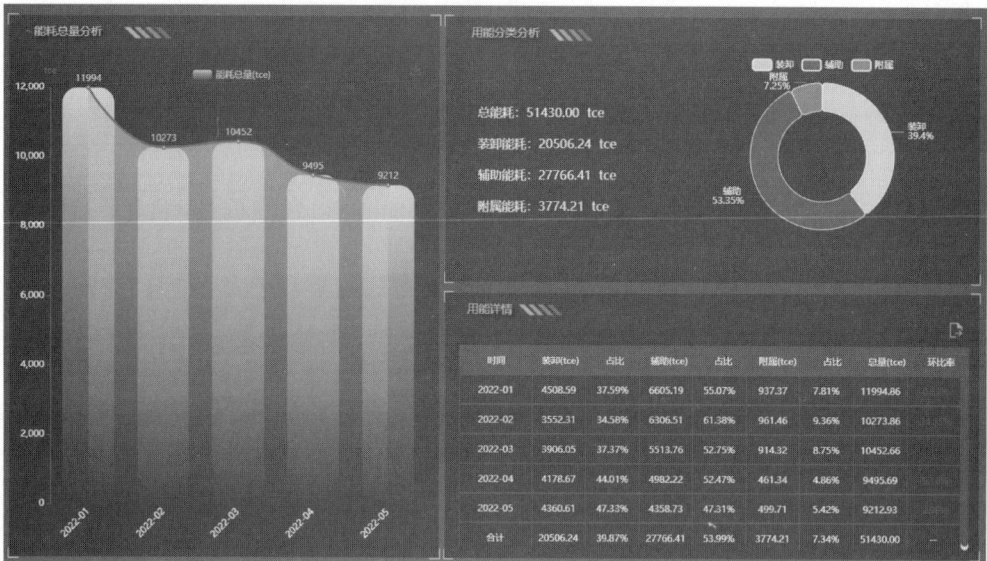

图 10　能耗分析

4）单耗分析。通过集团、企业、用能设备不同时间维度的同比、对比和环比分析，帮助集团或企业掌握能耗强度水平，并对能耗强度变化原因进行分析；本功能模块包含集团单耗分析、公司单耗分析和设备单耗分析，如图 11 所示。

5）成本分析。从成本角度分析集团及各企业能源管理的水平；本功能模块包含能源成本分析、成本总量分析和能源成本管理，如图 12 所示。

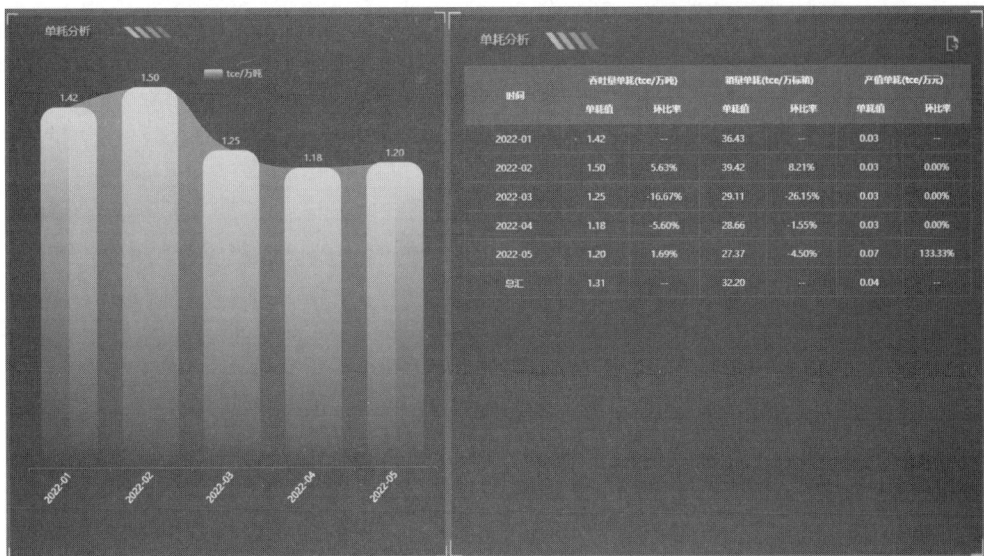

图 11 单耗分析

时间	吞吐量单耗(tce/万吨)		销量单耗(tce/万标箱)		产值单耗(tce/万元)	
	单耗值	环比率	单耗值	环比率	单耗值	环比率
2022-01	1.42	--	36.43	--	0.03	--
2022-02	1.50	5.63%	39.42	8.21%	0.03	0.00%
2022-03	1.25	-16.67%	29.11	-26.15%	0.03	0.00%
2022-04	1.18	-5.60%	28.66	-1.55%	0.03	0.00%
2022-05	1.20	1.69%	27.37	-4.50%	0.07	133.33%
总汇	1.31		32.20		0.04	

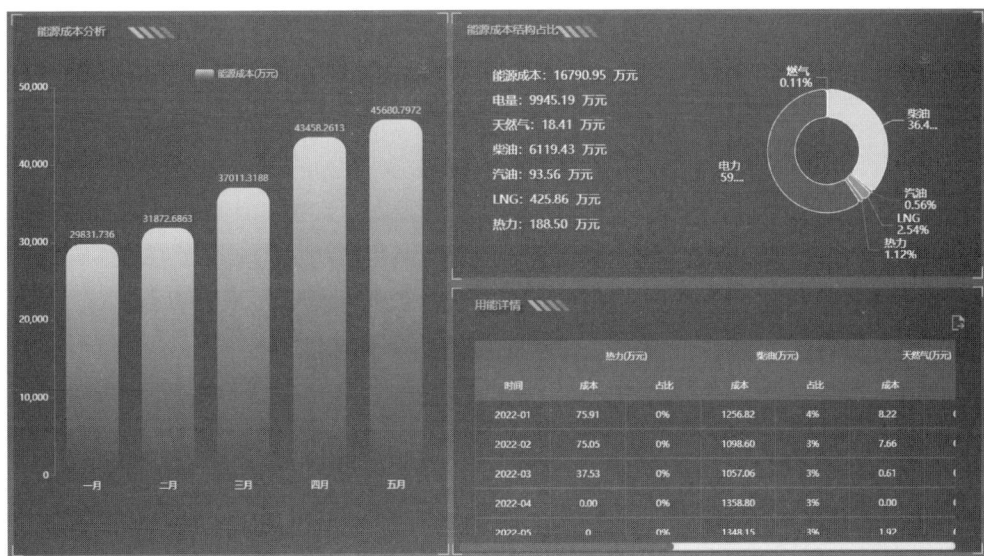

图 12 成本分析

能源成本：16790.95 万元
电量：9945.19 万元
天然气：18.41 万元
柴油：6119.43 万元
汽油：93.56 万元
LNG：425.86 万元
热力：188.50 万元

时间	热力(万元)		柴油(万元)		天然气(万元)
	成本	占比	成本	占比	成本
2022-01	75.91	0%	1256.82	4%	8.22
2022-02	75.05	0%	1098.60	3%	7.66
2022-03	37.53	0%	1057.06	3%	0.61
2022-04	0.00	0%	1358.80	3%	0.00
2022-05	0	0%	1348.15	3%	1.92

6）节能管理。从节能管理角度，辅助集团和企业开展节能考评工作；本功能模块包含节能项目管理、节能培训管理、节能情况管理及节能量数据等。

7）碳排放管理。通过对碳排放总量和强度数据的分析，为集团和公司的"双碳"行动方案和目标的制定提供数据支撑，如图13所示。

8）预警预报。分析用能总量、单耗预警报警信息，实现对能耗、碳排放、能源总量和单耗超限、数据上传异常、数据突变等预报警。

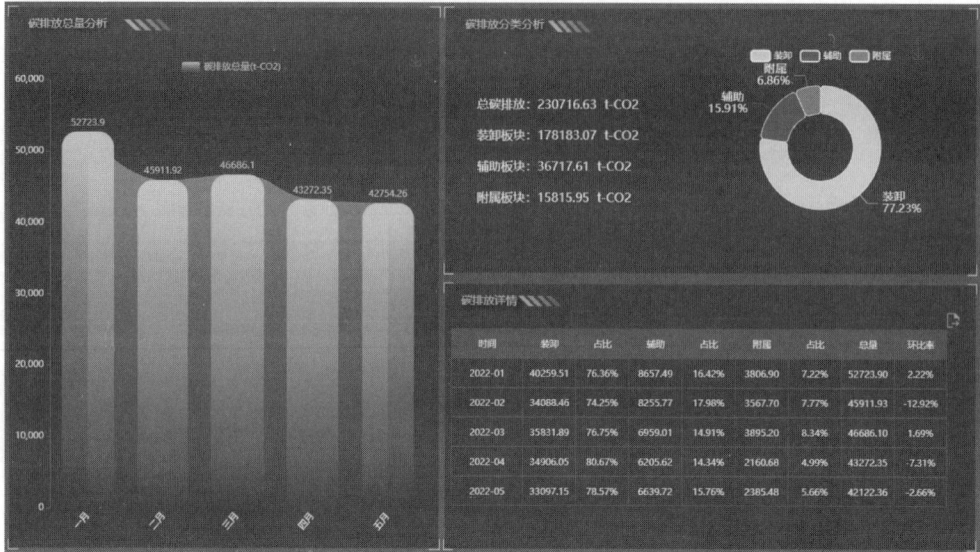

图 13　碳排放管理

3　关键技术

3.1　构建基于云技术的拓扑结构全局建设思路

企业能源管理中心包括能源计量系统、统计系统、能源管理信息化系统与能源管理体系，负责数据采集、加工、分析和处理，在能源设备、实绩、计划、平衡与预测等方面发挥重要作用。通过对企业能源转换、输配、利用和回收，实施动态监控和管理，优化能量平衡、提高能效水平，实现节能降耗与减排。典型系统架构如图14所示。

3.2　采用具有统一 CA 认证的监测终端设备（SEK－6460）

采用的终端设备支持经国家信息中心认证的具有统一的 CA 数字认证，该证书提供基于 PKI 数字证书技术的高强度身份认证服务，能耗监测端用户只能通过统一的 CA 证书连接国家、省级平台。数据上传采用 CA 认证＋HTTPS 协议的方式加密传输。设备遵循 GB/T 20279《信息安全技术网络和终端隔离产品安全技术要求》中对网络和终端隔离产品的技术要求，并获国家认可的第三方检验检测机构的信息安全产品认证评测。

能耗在线监测系统符合网络安全等级保护制度 2.0 国家标准 SEK－6460 作为重点用能单位能耗在线监测端设备，采用独立双主机"2＋1"（内部处理单元、外部处理单元、隔离安全数据交换单元）架构设计，内、外部主机通过安全隔离数据交互单元连接，安全隔离数据交换单元是两个网络之间唯一的可信物理信道。该内部信道裁剪了 TCP/IP 等功能网络协议，采用私有协议实现协议隔离。

472

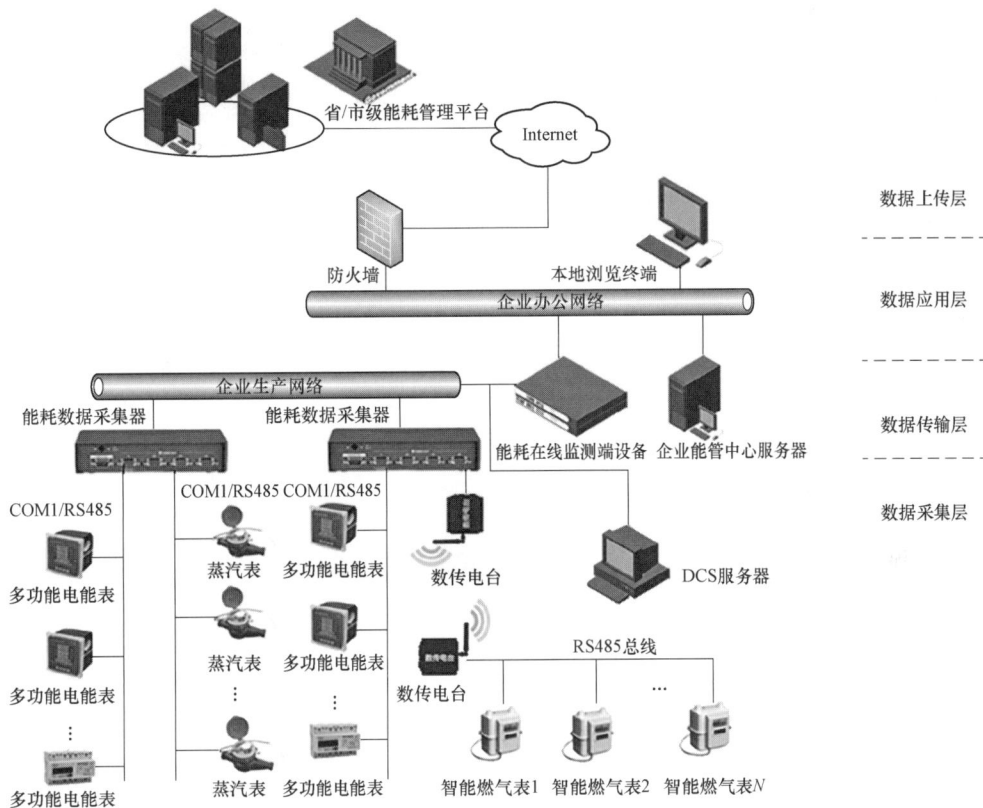

图 14　典型系统架构图

3.3　融合物联云网、大数据、云计算、5G、可视化、AI 等技术实现数据采集与管理、远程传输与在线监测与可视化展示

物联云（采集设备管理）的展示和管理，包括采集器点位、物联网卡、采集器状态和告警、表记状态和告警等功能；针对港口，则以对接 TOS（码头管理系统）、调度系统、设备管理等业务系统数据，实现能源数据与业务系统数据的融合，解决数据孤立、数据关联性弱的问题。融合物联云网、大数据、云计算技术作为数据采集、数据管理手段，用数据空间技术来组织大数据，以 5G、可视化、AI 等技术实现数据的远程传输与在线监测与可视化展示，由此实现多层次、多维度的数据挖掘。效果如图 15 所示。

3.4　计算机与 VPN 等互联网技术为监测系统的安全可靠保驾护航

能耗在线监测企业端接入系统主要由能耗在线监测端设备及防火墙、VPN 服务器等设备组成，部署在重点用能单位内部，主要功能是通过计量仪表、工业控制系统等采集、汇总本单位能耗数据，将数据上传至升级平台，或直接上传至国家平台。能耗在线监测企业端接入系统要通过网闸、防火墙、隔离等安全措施，确保内部系统安全和数据安全；具备远程升级维保、一端多串、接收国家和升级平台推送信息和用能单位自身能源管理所需的功能，如图 16 所示。

图 15　物联云（采集设备管理）

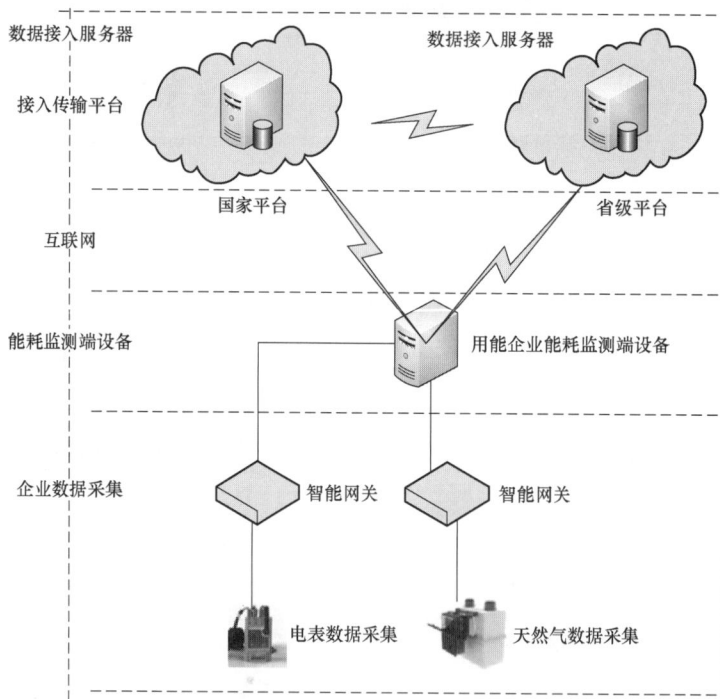

图 16　企业能管中心接入省/国家节能中心平台

能耗在线监测端设备对接收的数据进行统计汇总，验证、筛选、整理打包后，采用HTTPS 通道保护传送上级系统应用平台。能耗在线监测端设备在接入互联网之前应采用防火墙隔离来自网络的攻击，可选硬件或软件防火墙。用能单位当前未配置硬件防火墙时，需配置硬件防火墙。

能耗监测端设备作为设置在重点用能单位负责数据传输与安全隔离的关键节点设备，负责采集汇总处理用能单位能耗数据，包括数据隔离传输、安全加密、本地存储、协议转换、数据上传等各项功能。

4 创新点

4.1 构建了基于现代科技的能耗在线统一监管平台

综合运用物联云网、大数据、云计算、5G、可视化、AI 等技术实现数据采集与管理、远程传输、在线监测与可视化展示，构建集能源、业务、成本、管理、指标等多要素为一体的多层次、多维度智能分析综合能管系统。通过整体规划、系统整合、数据集中、统筹运行等策略，消除了管理系统数据分割、信息孤岛的现象，构筑统一监测管控平台。解决现有能源管理系统分析要素单一，缺乏对能耗强度、碳排放总量和强度、能源成本等重要指标的分析，对"双碳"行动和绿色港口建设数据支撑不足等问题。

4.2 制订统一的建设标准，解决不同单位不同数据的采集方式与频率、采集内容及指标算法不统一的问题

鉴于天津市化工企业、港口各单位用能类别或多或少存在差异，依据能源管理相关标准及港口企业能源管理现状及需求，编制统一的建设标准，统一数据采集方式、采集频率、采集内容、指标算法等。

4.3 解决了天津市化工企业重点用能及天津港用能监测问题

通过重点用能企业能源管理系统建设，解决了天津市化工企业重点用能和天津港用能监测问题，强化了日常用能监测和现场能源管理，推进了重点领域节能降耗和碳排放监测管理工作。

4.4 建成可示范、可复制、可推广的能源管理系统平台

通过重点用能企业能源管理系统的推广使用与建设，产业结构进一步优化，能耗水平不断下降，能源利用效率得到明显改善和提高，为全国重点用能企业和港口能源管理系统建设创造了可借鉴、可推广、可复制的样板示范工程。

5 社会效益

通过采用国际先进成熟的、融合物联云网、大数据、云计算技术作为数据采集、数据管理手段，用数据空间技术来组织大数据，以 5G、可视化、AI 等技术实现数据的远程传输、在线监测及可视化展示，构建集能源、业务、成本、管理、指标等多要素为一体的多层次、多维度的智能分析综合能管系统，由此实现多层次、多维度的数据挖掘。

通过本案例构建的基于现代科技的天津市重点用能企业与天津港港口能源管理系统，实现对化工企业和港口用能的数据采集、分析与处理，建成集"物联网＋能源管理"模式的可视化远程用能监测管理系统，为重点用能企业及港口能源综合管理提供智能、高效、稳定的信息服务平台，实现信息资源的纵横联通和协同服务，提供分布式和集中式的数据服务和功能服务，打造重点用能企业及港口能源管理系统落地见效的典型示范系统工程。项目的建设和使用，有助于了解资源的有效配置和合理利用，促进了天津市传统高能耗产业与港口的绿色转型、智慧与健康发展；为碳减排研发技术进步和应用推广，践行"政府引导、市场运作、社会参与"的长效发展机制，以及天津市乃至全国节能减排与实现"双碳"目标做出了重要贡献。

自然保护地整合优化研究
——以广州市增城区为例

城乡院（广州）有限公司

1 案例背景

1.1 自然保护地体系整合优化，是贯彻习近平生态文明思想的重大举措

建立以国家公园为主体的自然保护地体系，是贯彻习近平生态文明思想的重大举措，是党的十九大提出的重大改革任务。自然保护地是生态建设的核心载体、中华民族的宝贵财富、美丽中国的重要象征，在维护国家生态安全中居于首要地位。我国经过60多年的努力，已建立数量众多、类型丰富、功能多样的各级各类自然保护地，在保护生物多样性、保存自然遗产、改善生态环境质量和维护国家生态安全方面发挥了重要作用，但仍然存在重叠设置、多头管理、边界不清、权责不明、保护与发展矛盾突出等问题。为加快建立以国家公园为主体的自然保护地体系，提供高质量生态产品，推进美丽中国建设，自然保护地整合优化工作势在必行。

1.2 省市相继开展整合优化工作，为南方集体林区建设提供"全国样板"

广东是我国经济社会发展活跃、常住人口数量多、集体林地占比高的省份，同时也是自然保护地数量多的省份。统计显示，广东全省县级以上自然保护地共有1359个，其中自然保护区377个、风景名胜区28个、地质公园19个、矿山公园2个、森林公园712个、湿地公园214个、海洋特别保护区7个，在全国属于领先的地位。目前广东省正在积极申请创建以国家公园为主体的自然保护地体系试点省，建立以南岭国家公园为主体，具有广东特色的自然保护地体系，打造南方集体林区自然保护地体系建设的"全国样板"。结合南粤古驿道活化利用，整合生态体验、科研监测和科普宣教等功能，将自然保护地串联成为弘扬生态文化的有机整体。在广东开展自然保护地体系试点省建设，对我国经济社会较发达、人口密度较高、集体林占主体的东部地区有较强的示范意义，也为珠三角核心区率先实现高质量发展提供生态支撑，为粤东粤西沿海经济带实现加速发展提供生态空间，为北部生态发展区实现绿色发展培育新动能。

1.3 增城区初步形成合理自然保护地网络，但各类自然保护地碎片化等问题突出

近年来，增城区深入践行"绿水青山就是金山银山"发展理念，扎实推进自然保护

地保护工作，初步形成布局比较合理、类型较为齐全、功能比较完善的自然保护地网络，但各类自然保护地仍存在范围交叉重叠、碎片化、集体林地纠纷、保护与利用矛盾等问题。在广东特点自然保护地体系建设背景下，增城区抢抓历史机遇，及时启动自然保护地整合优化工作，层层压实责任，坚持问题导向，努力补齐短板，全面保障全区自然保护地健康发展。增城区现已完成全省自然保护地的摸底调查，并在科学评估的基础上，以保持生态系统完整性为原则，遵从保护面积不减少、保护强度不降低、保护性质不改变的总体要求，整合优化各类自然保护地。通过优化整合，增城区各类自然保护地重要自然生态系统、自然遗迹、自然景观和生物多样性得到更加系统性的保护，提升生态产品供给能力，维护区域内生态安全，为增城建设成为现代化中等规模生态之城提供生态支撑。

2 应用内容

本案例主要建立"系统、统筹、传导"的增城区自然保护地整合优化框架，在"规模不减少、强度不降低、性质不改变、布局更合理"的省市总体要求下，聚焦现有自然保护地和应保未保两类对象，坚持自然生态资源系统性保护和解决现有自然保护地历史遗留问题为导向，从"一增一整一传"三条路径开展整合优化，创建甄别、评估和整合系统数据平台（见图 1），并提出自然保护地整合优化预案，分别在整合对象上全域系统梳理，在整合措施上统筹考虑多重情景，在预案落实上注重向上衔接和向下传导。

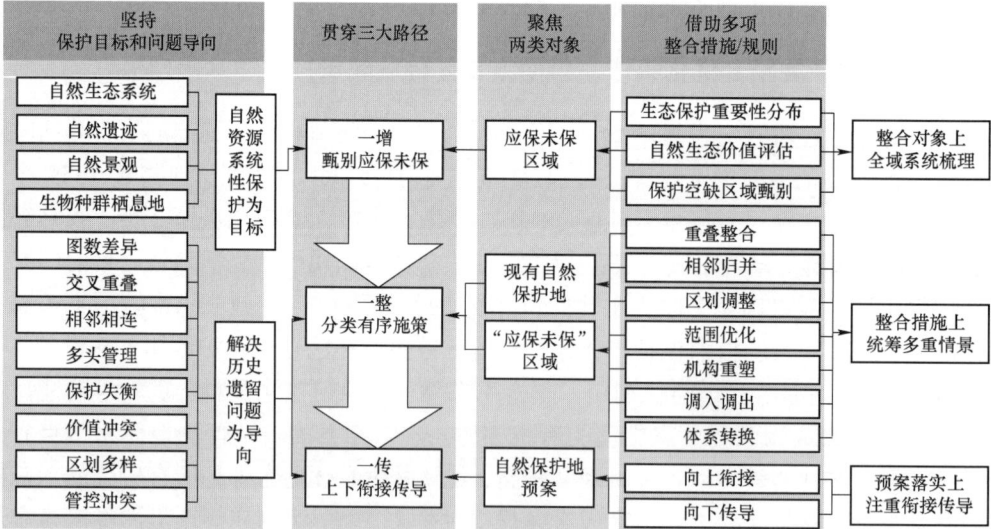

图 1 技术路线图

本研究主要遵循四点基本思路：

（1）形成自然保护地管理体系：按照山水林田湖草是一个生命共同体的理念，创新

478

自然保护地管理体制机制，实施自然保护地统一设置、分级管理、分区管控，把具有国家代表性的重要自然生态系统纳入国家公园体系，实行严格保护，形成以国家公园为主体、自然保护区为基础、各类自然公园为补充的自然保护地管理体系。

（2）深入自然保护地"三大理念"：一是保护自然。将具有重要意义的自然生态系统、自然历史遗迹和自然景观的保护放在首位，把最应该保护的地方保护起来，重要生态空间发展必须给保护让路，做到应保尽保。二是服务人民。保护自然的根本目的是为人类社会高质量发展服务，良好的生态资源是最公平的公共产品和最普惠的民生福祉。三是永续发展。长期留存丰富而珍贵的自然文化遗产，维持人与自然长期和谐。

（3）整合不同重叠特性自然保护地：以保持生态系统完整性为原则，遵从保护面积不减少、保护强度不降低、保护性质不改变的总体要求，整合各类自然保护地，解决自然保护地区域交叉、空间重叠的突出问题。将符合整合优化条件的自然保护地设立国家公园，其他各类自然保护地按照同级别保护强度优先、不同级别低级别服从高级别的原则进行整合，做到一个保护地、一套机构、一块牌子。

（4）归并优化相邻自然保护地：制定自然保护地整合优化办法，明确整合归并规则，严格报批程序。对同一自然地理单元内相邻、相连的各类自然保护地，打破因行政区划、资源分类造成的条块割裂局面，按照自然生态系统完整、物种栖息地连通、保护管理统一的原则进行整合重组。合理确定归并后的自然保护地类型和功能定位，优化边界范围和功能分区。被归并的自然保护地名称和机构不再保留，对涉及国际履约的自然保护地，可以暂时保留履行相关国际公约时的名称。解决保护管理分割、保护地破碎和孤岛化问题，实现对自然生态系统的整体保护。

2.1 评估筛选系统—甄别"应保未保"，确保自然资源得到系统性保护

为确保重要的自然生态系统、自然遗迹、自然景观和生物多样性得到系统性保护，以补齐优化整合差值和保护空缺为基本目标，对增城全区范围内具有典型性和代表性的自然生态禀赋进行综合评估，并结合双评价中生态保护重要空间，与生态保护红线和现有保护地叠加分析，筛除不适合保护区块，最终甄别出生态功能重要、生态系统脆弱、生物多样性丰富的"应保未保"区域，并通过新设增加和归并现状的整合方式纳入增城区自然保护地新增储备库。

对自然生态价值进行综合评估筛选，参照对自然空间生态价值评估的相关研究标准并结合增城实际，此次指标主要有生态系统重要性、生态系统原真性、物种多样性、自然景观独特性和人类干扰状况5个一级大类，具体为地形因子、水文因子、起源、土地利用类型等12个二级小类因子，分析因子的选择：高程、坡度、水域（缓冲区）、森林类别、林地权属等，将各因子依据属性特征以及对于生态价值的影响程度进行重新分类，并赋予相应的属性分值；通过专家的研究构造判断矩阵，综合应用德尔菲法和层次分析法（AHP）确定各因子的权重值；在系统中将各单因子生态价值值进行加权叠加，构建

自然生态价值科学综合评估体系，评估重要自然生态价值空间面积和现状自然保护地面积等，识别出"应保未保"的区域，如图2所示。

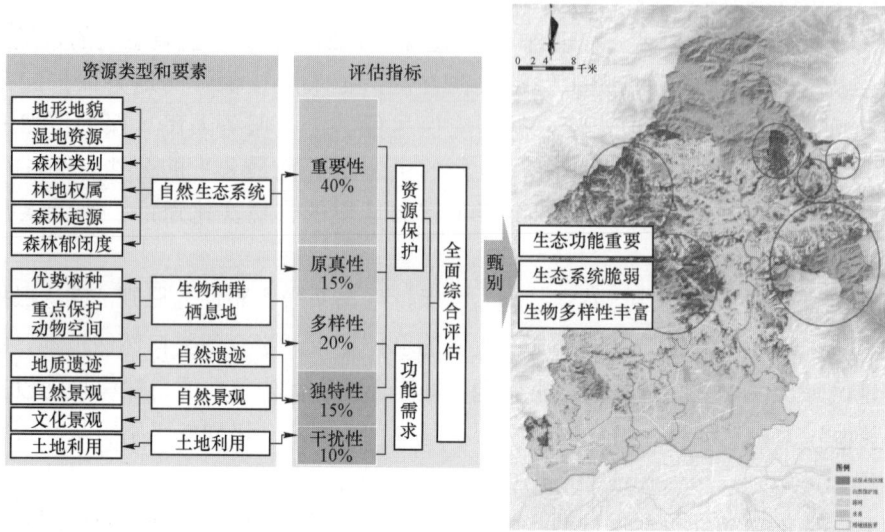

图 2　增城区生态价值评估体系

2.2　摸底调查系统—识别遗留问题，为分类有序整合打下坚实基础

对增城区现有自然保护地档案资料、范围分区、保护机构、对象、价值及社会经济进行全要素整理并作矢量化数据处理，彻底摸清全区现有保护地现状底图底数，完成现有自然保护地一张图和一览表。

通过线上平台开展多源数据核查和外业实地核实，识别保护地现存图数差异、交叉重叠、相邻相连、多头管理、管控冲突、保护失衡等8大问题，并深入研判造成各历史遗留问题的内在成因，为分类、有序整合优化自然保护地打下坚实基础，如图3所示。对现有自然保护地历史遗留问题分析包括城镇建成区、保护空缺区域、"应保未保"区域筛选。

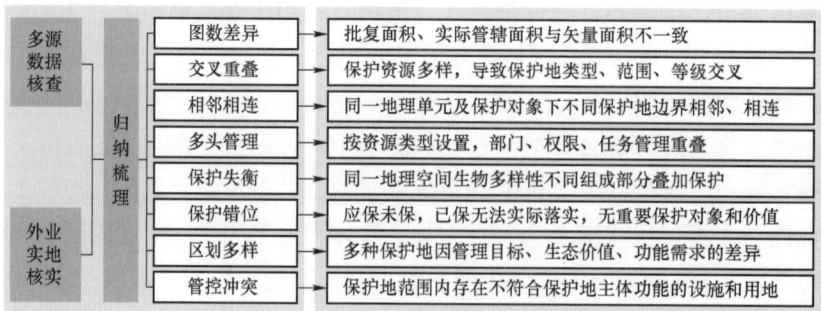

图 3　增城区自然保护地整合摸底核实流程（一）

480

图 3　增城区自然保护地整合摸底核实流程（二）

2.3　整合优化系统—分类有序施策，实现"一统三分"的保护管理目标

以全区自然资源和现有保护地为基础，在不减少自然保护区面积、稳定省级以上自然公园面积的总体工作要求下，从技术和操作层面，提出了重叠整合、相邻归并、调入调出、范围优化、区划调整、机构重塑和体系转换 7 类整合优化对策和针对性整合规则。部分对策如图 4 所示。

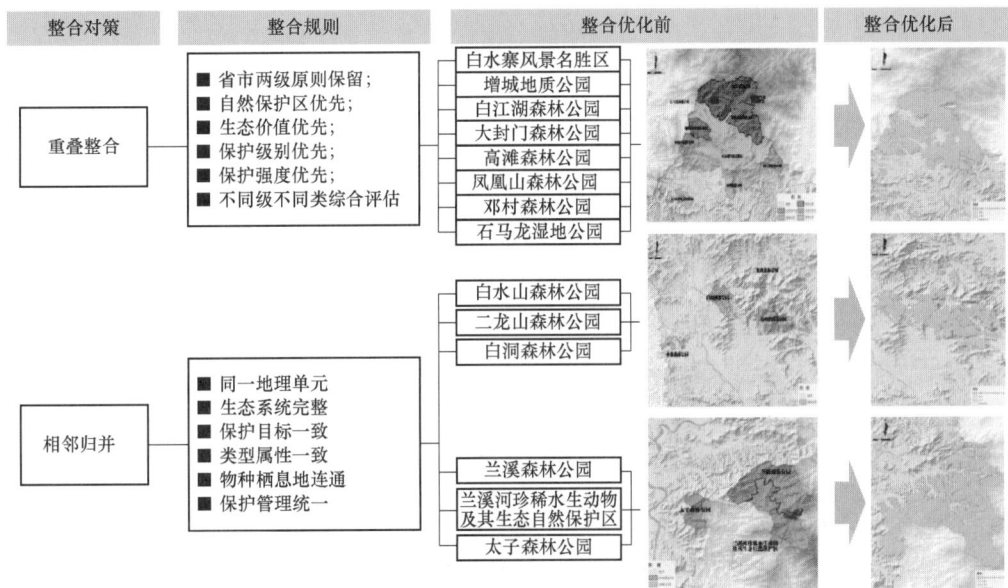

图 4　增城区自然保护地分类有序施策流程示例

通过分类有序、循序渐进、反复推敲，不断比较和前后验证中进行调整和优化，形成自然保护地整合优化预案"一张图和一览表"模块，构建一个"统一管理、分类保护、

481

分级管理、分区管控"的自然保护地体系。

2.4 预案落实系统——上下衔接传导，发挥整合优化预案的技术支撑

基于自然保护地整合优化是自然保护地体系构建的一项重要基础性工作，为保障整合优化预案的技术支撑作用，通过导则的形式建立了"上下衔接传导"的路径和要素体系。首先向上衔接生态保护红线的划定，将国土空间规划中生态保护红线的数据与整合成果进行系统叠加、识别，结合增城区自然资源保护和开发利用情况，建议将自然保护区的全域及自然公园的特别保护区和生态保育区纳入生态保护红线管控范围；然后通过保护地的范围边界、类型级别、管理主体、对象价值、分区管控及管控名录等要素，与下层的专项相衔接，平台整合的成果指引后续单个自然保护地的规划，实现逐级深化落实的管控目标，为自然保护地精细化管控提供可操作性路径（见图5）。

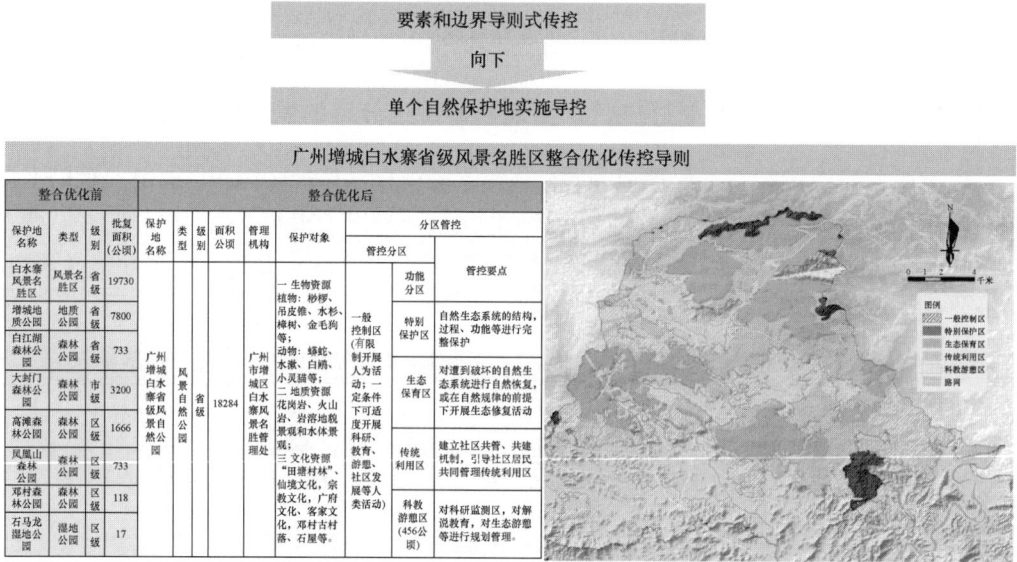

图5　增城区自然保护地分类整合优化内部要素、边界衔接传导机制

3 应用效果

3.1 支撑了国土空间规划生态保护红线划定

强化预案技术支撑，上下衔接传导，为自然保护地落实提供可操作性路径。对增城自然保护地的整合优化，是配合生态保护红线划定和国土空间规划编制的重要衔接，对保护增城区域的生物多样性、维护自然生态系统健康稳定和增城建设现代化中等规模生态之城有重要作用。在《关于建立国土空间规划体系并监督实施的若干意见》的前提下，开展自然资源保护地的整合优化研究，对涉及的部分自然资源实施刚性管控，将评估后

482

的重要生态价值区、生态保护红线、生态公益林等重要生态空间纳入本次整合优化方案，并按照地理单元，优化调整后的自然保护地范围，做到"应保尽保"。结合增城区自然资源保护和开发利用情况，建议将自然保护区的全域及自然公园的特别保护区和生态保育区纳入生态保护红线管控范围，如图6所示。根据比较，用整合优化预案建议纳入生态保护红线图的范围与广东省自然资源厅下发的生态保护红线初案基本一致，说明该方法具备一定指导意义，目前该范围已整体被国土空间规划三区三线第一轮试划方案所采纳。

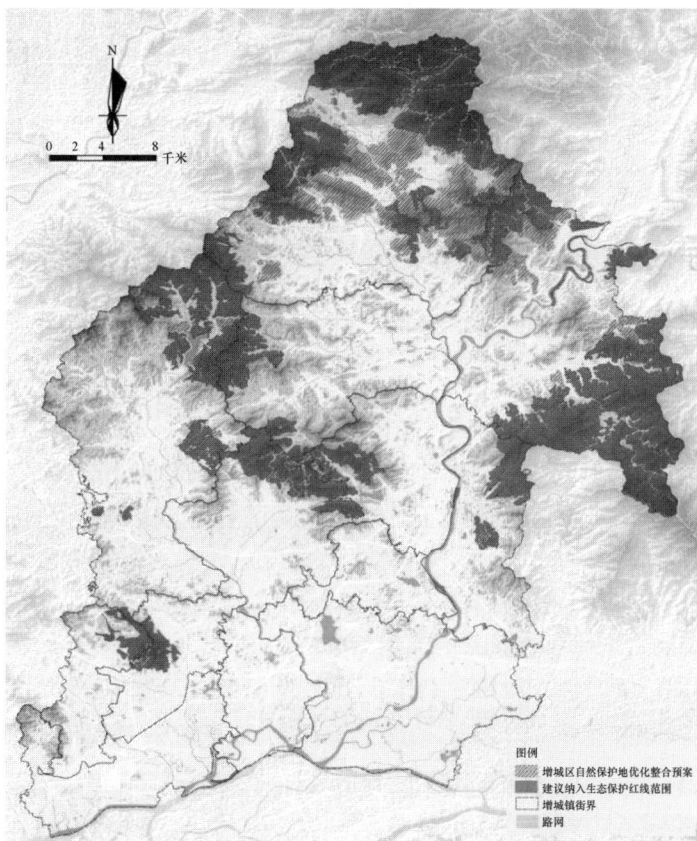

图6　增城区自然保护地分类整合优化预案结果

3.2　指导了自然保护地总体规划的编制

通过自然保护地整合评估因子中的"土地利用类型"的识别设置，引导自然保护地冲突识别、整合、优化，检测重叠冲突区域各自然保护地规划审批和监督实施主体，为自然保护地规划建设提供方向。且整合优化预案导则较好地指导了自然保护地后续各项保护规划和管理工作，其中在白水寨风景名胜自然公园规总体规划修编工作中，平台中对范围边界、管控分区、保护对象目标、资源价值和保护利用等内容发挥了重要作用，大大提高了整合优化预案的传导效率，如图7所示。

图7 白水寨风景名胜自然公园规总体规划修编

3.3 支撑了"十四五"规划中自然保护地重点建设任务和工程

预案提出的保护地管理机制的落实总体规划的编制、勘界立标的开展自然资源的确权登记和基础设施的建设等任务已纳入增城区林业园林"十四五"重点工程，如图8所示。

图8 增城区林业与园林发展"十四五"规划

4 创新点

4.1 提出了保护地档案和调整地块内外业反复核实的调查路径方法

通过内部多源数据内业的矢量处理、空间匹配、影像比对和叠加整理，结合外业实地的踏勘、调查、采样、举证和专访等方法，实现增城区自然保护地"资源清、底数明、保护实"。

4.2 构建了自然生态价值全面科学评估的指标系统

构建了自然生态价值科学全面评估的指标系统，从全区 5 大资源类型和 12 项细分要素中，逐级筛选出自然生态系统重要性和原真性、生物种群的多样性、自然景观和遗迹的独特性和人类活动的干扰性 5 项指标，从资源保护和功能需求两个维度综合评价自然生态价值保护空间格局。

4.3 提出了基于自然地理单元的整合优化预案

充分结合"三山三水"自然地理要素，将增城全域自然生态空间划分为北部高山、东部低山、西部丘陵和南部平原四个地理单元，将增城从北到南、从东到西划分为北部高山、东部低山、西部丘陵和南部平原等四个生态地理分区。

4.4 建立了不同交叉重叠特性保护地的整合流程和对策

面对增城突出的交叉重叠现象，重点分析重叠类型、级别、空间及目标等量化关系，如 8 个类型保护地相互交叉重叠 3 次，空间重叠率达 31.43%，5 组省区两级重叠。从交叉重叠数量、类型和级别逐级深入，建立整合流程，提出类型整合、同类合并、吸收合并和边界调整等对策。

4.5 构建了一般管控区"管控＋功能"的二级分区模式

以自然保护地的管控分区为基础，划清核心资源，明确人为活动要求；再以功能将一般管控区细分为特别保护区、生态保育区、传统利用区和科教游憩区，实现差异化管理，做到强制性保护和个性化服务双重需求，完成"管控＋功能"两级分区一张图和一览表。

5 社会效益

5.1 经济效益

增城区地处珠三角经济发达区，是粤港澳大湾区的核心组成部分，经济发展力度大，自然保护地存在的历史遗留问题也较多，范围内存在较多的城镇建成区、永久基本农田、村庄、成片集体人工商品林、水利设施等。区、市、省及国家重点建设工程牵涉多数的自然保护地，对区域经济发展带来一定的制约。自然保护地整合优化将有效协调经济发展和生态保护的矛盾，解决重点建设项目和区域经济发展遇到的屏障问题，带来的经济效益无疑也非常显著。

5.2 社会效益

自然保护地优化整合系统的平台，解决了长期以来困扰自然保护地居民的生产生活和出行等问题：将保护价值低的永久基本农田、成片集体人工商品林和村庄用地等调出自然保护区，更有利于自然保护地居民发展生产，提高他们的生活水平，深得自然保护地区域居民的欢迎，消除少数人对自然资源保护的抵触情绪，在一定程度上营造全社会自觉保护自然资源和生态环境的良好氛围。

6 总结

本研究建立了一套科学的识别评估方法，为增城区自然保护地整合优化提供了有效的操作途径。研究成果实现了区域自然保护地"统一管理、分类保护、分级管理、分区管控"的保护管理目标，强化了增城区自然保护用地的精准化协调能力，提高了增城区智慧生态用地的综合管理水平，对辖区内的生态系统建设和中等规模生态之城建设起到重要作用。

基于实景三维与多源感知数据的
灾害与环境监测系统

厦门理工学院数字福建自然灾害监测大数据研究所

洞庭湖区生态环境遥感监测湖南省重点实验室

1 项目背景

地面沉降是一种地面下沉或地陷现象，它是一种缓慢渐进的地质灾害。2021 年 1 月，联合国教科文有关组织地面沉降工作组组织的研究警告说，到 2040 年，世界地面沉降潜在面积将增长 8%，威胁到世界上将近 1/5 的人，其中地面沉降风险最严重的区域集中于亚洲。目前，我国有 70 个城市存在不同程度的地面沉降问题，其结构复杂，分布广泛。2022 年 3 月自然资源部发布《2022 年全国地质灾害防治工作要点》，提出加大调查力度，着力解决"隐患在哪里"；强化监测预警体系建设，持续提升"灾害何时发生"的预警预报能力，提升风险防控能力；加快推进自然灾害风险普查，进一步深化"隐患点＋风险区"双控试点。

在当今社会主义经济快速发展的历程当中，各类自然能源的需求量也在快速增大，从而造成空气污染程度和破坏问题愈发严重。空气污染的问题，已成为当前众多污染类型当中较为代表的重要污染形式，受到了社会各界以及广大人民群众的重点关注。近年来，伴随中国生态文明建设的力度加大，环境治理问题得到前所未有的关注。习近平总书记指出："我们既要绿水青山，也要金山银山。宁要绿水青山，不要金山银山，而且绿水青山就是金山银山。"党的二十大报告要求深入推进环境污染防治。坚持精准治污、科学治污、依法治污，持续深入打好蓝天、碧水、净土保卫战。加强污染物协同控制，基本消除重污染天气。加强土壤污染源头防控，开展新污染物治理。提升环境基础设施建设水平，推进城乡人居环境整治。为此，寻求一种空地协同的生态环境动态实时监测对推进生态命建设具有重要意义。

自然资源部 2021 年 6 月发布的《实景三维中国建设技术大纲》中提出"建设全国覆盖、重点区域高精度的实景三维中国数据体，为数字中国统一的底板与数字基底，选择开展典型领域开展应用验证，促进自然资源管理和治理能力现代化、服务经济社会各领域高质量发展"等目标。实景三维（3D real scene）是对人类生产、生活和生态空间进行真实、立体、时序化反映和表达的数字虚拟空间，能够准确反映出地物的位置、外观和侧面纹理等细节信息。实景三维可为地质灾害预防与治理工作提供决策依据，开展地质灾害调查时，实景三维数据可以快速为应急现场指挥者、决策者展示更加直观、真实、立体、可量测的三维空间模型，为灾害体的稳定性及处理方案提供更有力的研判依据。

因此，通过新技术引入，结合多源数据，构建"空天地"地表形变分级监测体系、搭建多源感知数据灾害与环境监测三维可视化平台，实现多源形变监测数据、实时环境监测数据三维动态展示与实时查询。探测城市地表基础设施形变情况，排查安全隐患，进行变形监测预警预报，提升主动防范能力和水平，保障人民群众的生命财产安全；动态监管空气污染状况，摸排污染源，制定科学有效的改善措施，为环境治理工作提供技术支持。

2 项目内容

本案例基于卫星遥感、无人机遥感、GNSS 等现代测绘技术，提出空天地多源数据地表形变分级监测体系的研究，并基于 Cesium 框架、Spring Boot 框架、MySQL 数据库构建三维可视化平台，实现多源形变监测数据三维、动态、实时展示，探测城市地表基础设施形变情况，排查安全隐患，进行变形监测预警预报，实现地质灾害智能化、现代化监测，提升主动防范能力和水平，减少灾害经济损失，保障人民群众的生命财产安全，同时也可为相关部门、行业应用提供参考。

集成多源物联网感知技术手段，实时获取环境监测数据，结合空天地一体化监测模式，充分利用实景三维数据体，构建环境监测系统，实现环境智能化、现代化监测，进行空气污染预警预报，保障空气质量，促进人民安居乐业，进一步推动社会经济、生态环境可持续发展。

后续将类比基于实景三维与物联网感知在灾害与环境监测模式，将系统应用于各类地质灾害监测、不同场景环境监测等领域。将多方面资源整合利用起来，全面提高监测能力和服务水平，为全方位推动全国灾害与生态环境智能化监测、预警预报奠定坚实基础。

2.1 实景三维与灾害传感器的系统集成

本案例以实景三维为数字基底，结合卫星遥感、无人机遥感、多源传感器、物联网、GNSS 等现代化监测技术，获取时序 InSAR 数据、多时相高分遥感影像、多时相实景三维模型数据、GNSS 实时监测数据及人工巡检等多源监测数据，进行大范围动态普查—局部安全排查—定点实时监测的三级形变监测，如图 1 所示。基于 Cesium、Spring Boot 框架、MySQL 数据库构建三维可视化平台，设计数据三维展示、动态查询等功能，如图 2 所示。实现空天地协同，对地表形变进行全天候、全区域、全要素的立体监测，排查安全隐患，可推广应用到其他地质灾害、生态环境监测等多个领域。

空天地多源数据地表形变分级监测体系实现从大范围动态普查中筛查出存在安全隐患区域，再根据局部隐患区开展安全排查，最后针对隐患点进行定点实时监测，具有大范围、高精度、全方位等监测优势。

488

图 1 空天地多源数据地表形变分级监测体系图

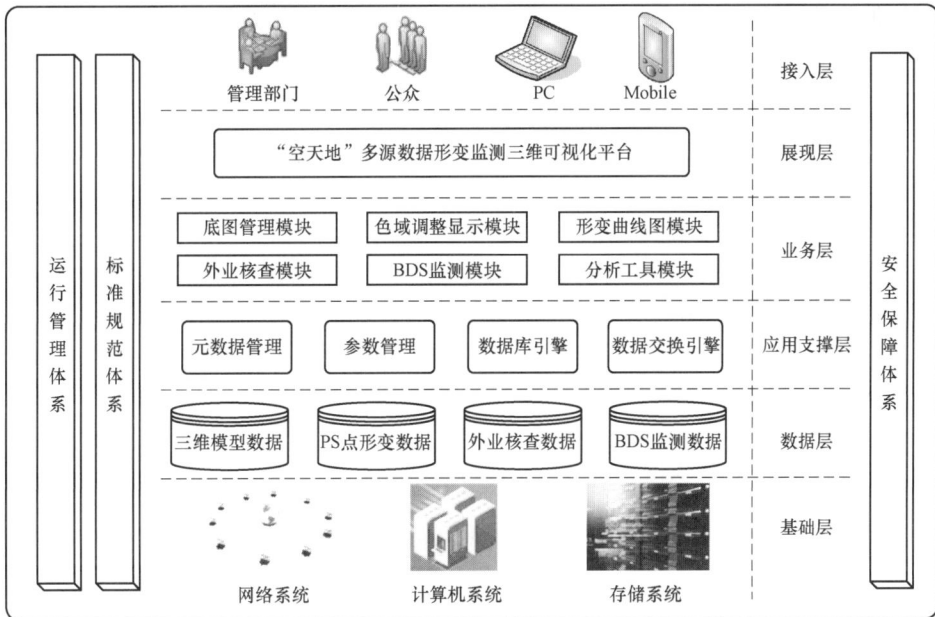

图 2 三维可视化平台框架图

一级大范围动态普查：借助多时相星载高分辨率光学影像和 PS–InSAR 技术初步识别、探测地表形变区域，实现区域性、扫面性动态普查，筛选出形变漏斗并视为安全隐患区域；

二级安全隐患排查：针对安全隐患区域，基于无人机遥感技术、机载 LiDAR 对该区域定期航拍、扫描，构建多时序倾斜模型、正射影像、三维点云，立体探测、分析区域时空变化；并基于 VUE 框架构建地表形变外业核查软件客户端（App），开展隐患区域信息采集并拍照记录，排查隐患点；

三级定点实时监测：针对隐患点，结合倾斜模型、三维激光点云，构建高精度三维

489

模型，提取建筑物平面、立面信息，并数字化存档；对隐患点架设 GNSS 监测站，实现定点实时监测。

（1）一级形变普查

一级形变普查借助遥感技术开展区域性、扫面性普查，初步探测隐患区，如图 3 所示。遥感技术具有覆盖范围广、图像获取方便、影像信息丰富等特点，能够客观、全面地反映区域变化，能为灾害调查、灾损快速评估提供科学依据。遥感技术被广泛应用于地表形变监测、地质灾害监测、信息提取等，已成为重大自然灾害调查分析和灾情评估的一种重要技术手段。

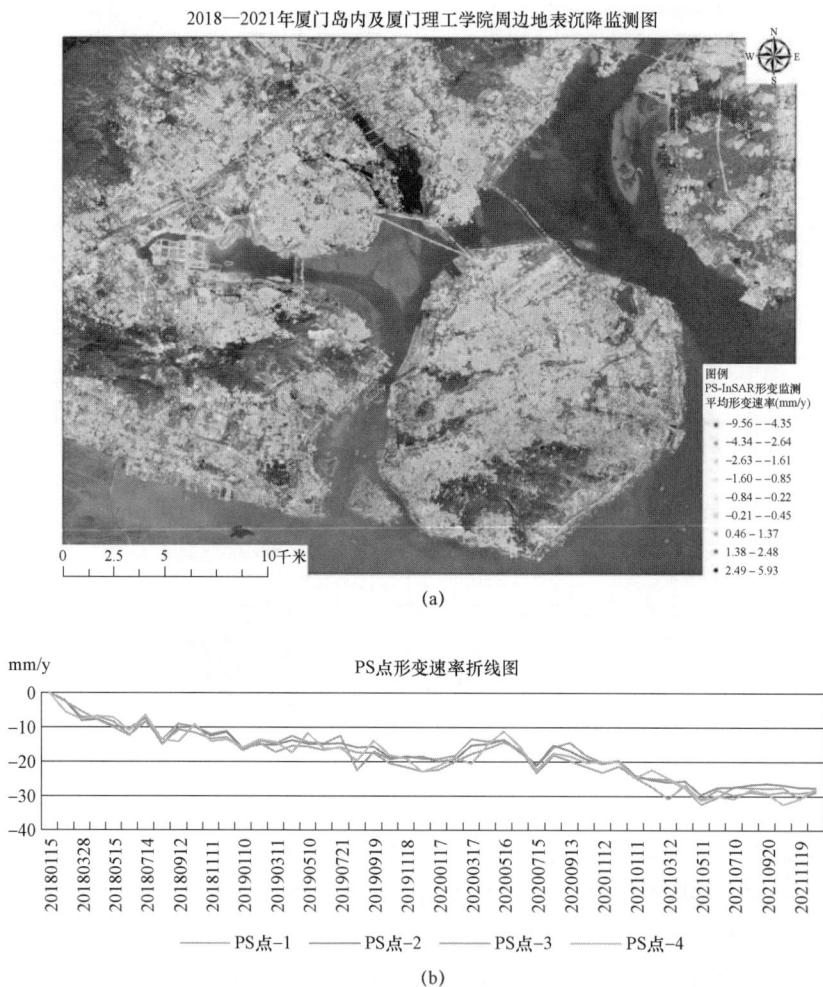

(a)

(b)

图 3　一级形变普查（一）

（a）2018—2021 年厦门岛内及周边地表沉降监测；（b）PS 点形变速率折线

490

(c)

图 3　一级形变普查（二）
（c）光学影像对比

（2）二级安全排查

二级安全隐患排查借助无人机遥感技术与人工巡检对隐患区进行安全排查，实现安全隐患筛查，精准识别安全隐患点，如图4、图5所示。无人机遥感技术凭借其影像获取快速、影像清晰度高、操作易行等特点，广泛应用于工程测量、抢险救灾、灾害监测、实景三维等领域。人工巡检针对隐患区域周边地形、地貌、地理位置、环境信息采集并拍照记录，如图6所示。综合利用无人机遥感影像、倾斜模型、三维点云、外业采集等数据筛选安全隐患点。

图 4　区域三维模型

图 5　区域模型对比变化图

图 6　外业核查 App 调查

（3）三级实时监测

根据二级安全隐患排查，精准筛查安全隐患点，针对安全隐患点，结合高精度实景三维模型提取建筑物测绘资料，并数字化存档，为相关部门提供重要依据；还针对隐患点，布设 GNSS 监测站对该隐患点开展实时监测，如图 7 所示，获取到的实时监测数据如图 8 所示。

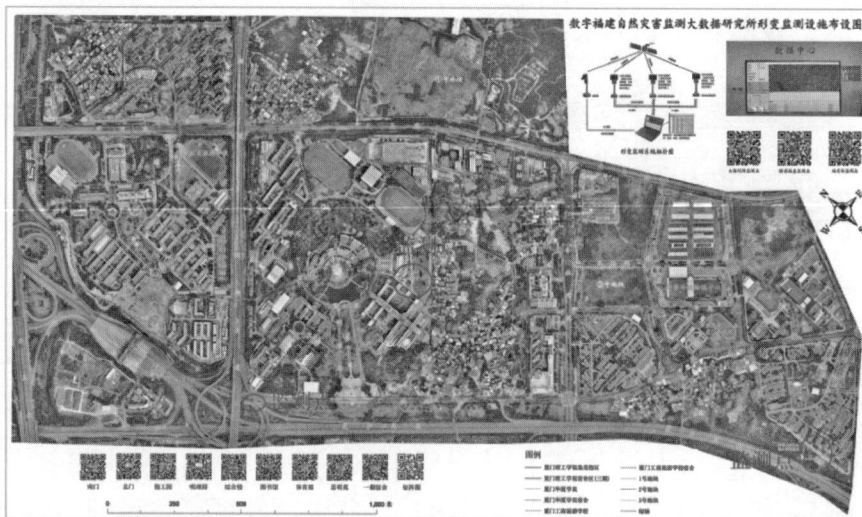

图 7　GNSS 监测站布设

（4）三维可视化平台

1）PS－InSAR 监测模块。PS－InSAR 监测模块主要用于展示 InSAR 监测数据，主要包含色域显示范围调整、监测图层选择、监测点三维渲染、形变速率变化曲线四个功能模块。PS 点加载显示主要依据其点位坐标的经纬度与系统二维地图匹配，后台配置将其按照地形起伏叠加显示，色域显示范围调整主要依据年平均形变速率的数值，设定其显色范围，PS 点根据形变速率值匹配分级色域，以不同颜色展示，如图 9 所示。

图 8　GNSS 监测站数据

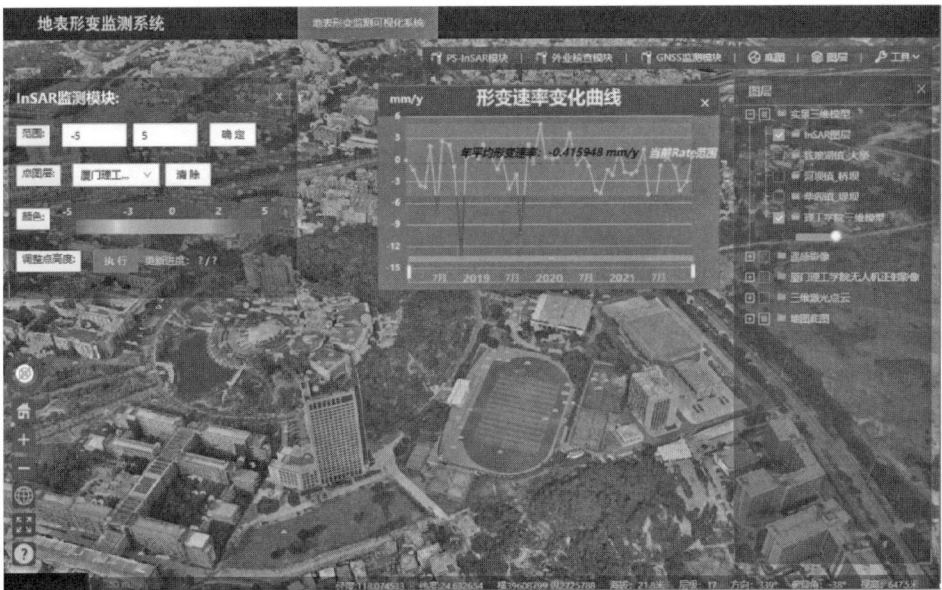

图 9　PS－InSAR 监测模块

2）GNSS 监测数据模块。GNSS 监测数据以点号、名称、经纬度、高程数据存储于数据库中。GNSS 监测数据模块则主要通过后端实时读取数据，不断迭代更新数据。X 轴表示实时时间，Y 轴表示高程数据，根据实时高程数据绘制 GNSS 监测数据曲线图，如图 10 所示。

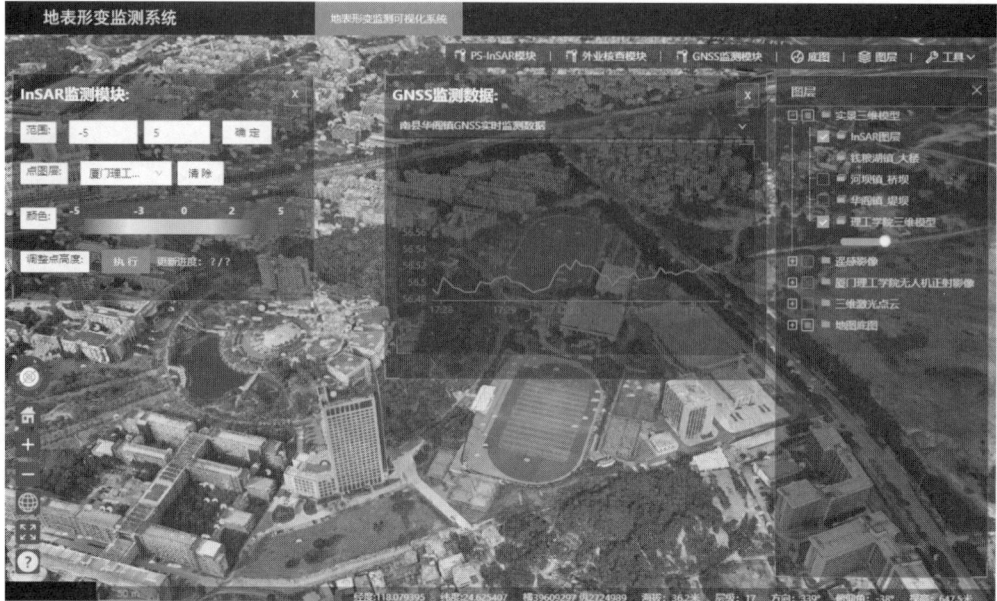

图 10　GNSS 监测数据曲线图

3）外业核查数据展示模块。外业核查 App 采集数据，由于散射体（PS 点）众多，采集信息数据量大，为了保障数据储存完整、数据查看与修改、照片查看，因此，构建外业核查数据模块，实现数据增删改查统一管理，并且以 PS 点 ID 唯一值作为信息录入、数据调用的匹配标准，保障前端数据调取展示。前端开启外业核查数据模块，用户通过点击 PS 点，系统调取核查数据，并以表格形式表征采集信息，如图 11 所示。

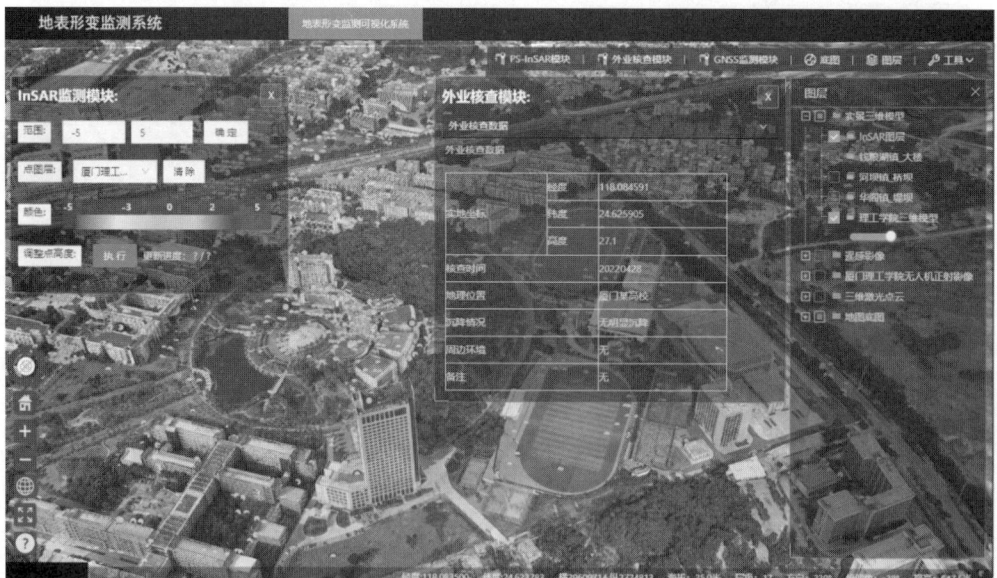

图 11　外业核查信息展示

2.2 实景三维与环境传感器的系统集成

本案例基于太阳能供电、无线数据传输，结合多源环境监测传感器、GNSS 等现代化监测技术，获取固废处理厂的实时空气环境数据、三维坐标数据。以实景三维为数字基底，基于 Cesium、Spring Boot 框架、MySQL 数据库，构建固废处理厂环境监测三维可视化平台（见图 12），设计数据三维展示、动态查询、预警预报等功能，并接入固体废料管理数据，系统管理危险废物产生源、危险废物转移、危险废物经营许可、危险废物处置，实现固体废料安全监管、空气质量动态监测，开展环境监测预警预报，保障空气质量，推动生态文明建设。

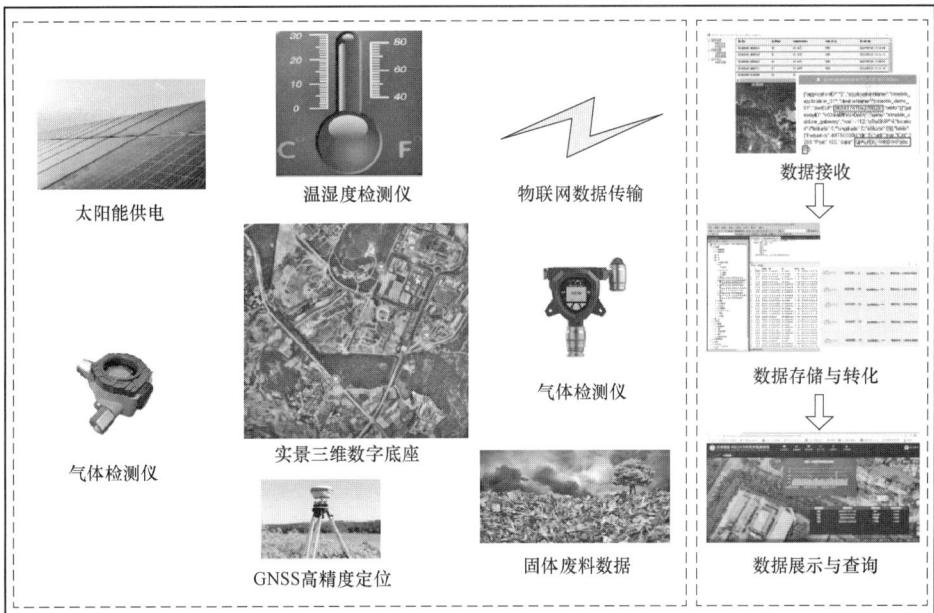

图 12　实景三维与环境监测系统集成

固体废料管理界面库存管理分为入库、出库、库存详情三大功能模块。选择将要入库的危废信息和对应的仓库，填写危废入库量和危废标签，即可完成危废的入库工作。出库功能用于选择准备出库的危废信息以提交至拣货区进行网上转移。库存详情模块，在各仓库的最右边有"查看详情"标签，即可查看固废料的库存状况，如图 13 所示。

将实时监测数据，通过互联网传输至数据库，三维可视化平台调取数据实时展示，包含有臭气浓度、氨气、硫化氢、三甲胺、苯乙烯等监测数据，并绘制柱状图展示平均每小时变化情况，如图 14 所示。

图 13　固体废料管理模块

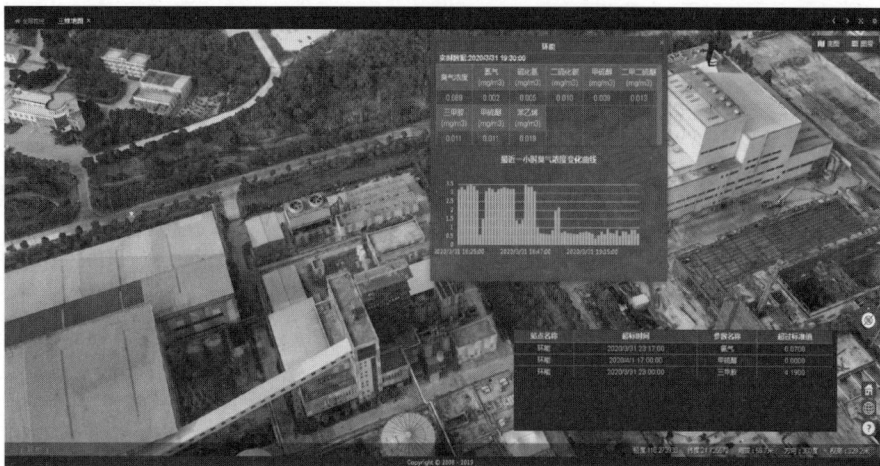

图 14　空气环境监测三维展示

3 关键技术

1）构建基于实景三维与物联网感知的灾害与生态环境分级监测体系："一级"基于遥感技术开展地表形变大范围普查，"二级"基于高精度实景三维模型与人工巡检进行安全排查，"三级"基于 GNSS 技术定点实时监测，实现全天候、全区域、全要素的立体监测。

2）研究集成多源传感监测设备，设计解决监测站点能量采集、供电管理与数据传输模块，保障监测设备实时采集与传输数据。

3）研究高精度实景三维模型、三维数据体与物联网感知数据的三维融合与三维可视化，实现实时展示、动态查询、多级联动；融合与分析多源监测数据，实现智能化监管与灾害预警预报。

4 创新点

1）基于卫星遥感、无人机遥感、三维激光等多源新型平台数据，提出构建空天地地表形变分级监测体系，开展城市地表大范围高动态普查—局部区域多时序安全排查—高精度定点实时监测三级形变监测，空天地协同、立体探测城市地表沉降情况，排查地表沉降安全隐患。

2）自主设计研发监测站点能量采集与电源管理系统，并与北斗高精度接收机、物联网传感器采集终端进行集成开发数据时空信息管理平台；研究多源传感器多阈值预警算法，构建形变灾害风险评估、空气环境监管及智能预警预报体系，实现灾害、空气污染预警预报，减少经济损失。

3）研究实景三维数据体、地灾体及多源监测数据的时空融合与集成；研发集成实景三维与物联网感知的城市地表沉降监测、生态环境监测的三维可视化系统，构建灾害与生态环境监测数字大屏，实现承灾体三维细化展示，多源监测数据多级联动查询，提供直观的监测数据。

5 社会效益

5.1 以厦门市为试点，自主研发基于实景三维与多源感知数据的地表形变监测系统

以厦门市岛内及周边为试验区，开展《基于实景三维与多源感知数据的地表形变监测系统》研究，构建全区地表形变分级监测体系，实现全天候、全区域、全要素的立体监测；基于实景三维开发设计形变监测可视化平台，实现多源形变监测数据三维动态展示与实时查询。该系统申请获得发明专利 2 项，获得软件著作权 4 项，取得一系列自主知识产权以及国家级专业竞赛成果，受到业界广泛关注。

5.2　洞庭湖区地表沉降监测系统大屏展示

依托"基于 BDS 与实景三维的洞庭湖地表形变监测系统集成开发及组网实施"项目，结合采用基于实景三维与多源感知数据的地表形变监测系统，开展了基于空天地多源数据的洞庭湖流域地表形变监测，实现洞庭湖区监测数据三维可视化，并在洞庭湖区生态环境遥感监测湖南省重点实验室设立数字大屏，实时展示监测数据，为湖区沉降监测提供直观的数据，也为相关部门提供数据参考，如图 15 所示。

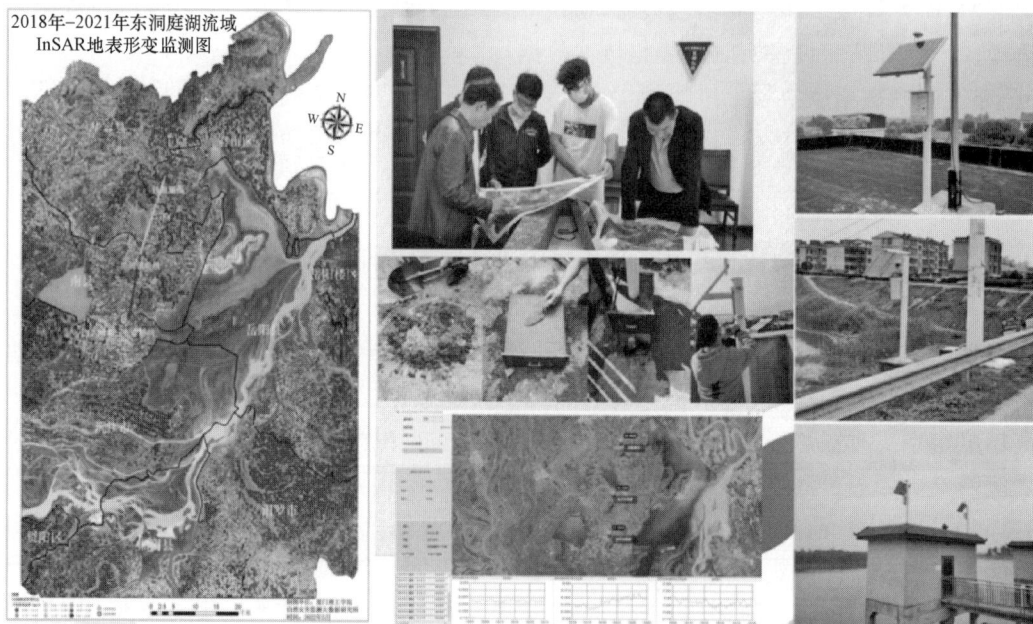

图 15　洞庭湖流域地表形变监测系统应用案例

5.3　固废处理厂实景三维与生态环境监测系统

以厦门市东部固废处理厂为试验区，基于实景三维为数字底座，集成多源环境监测设备，获取实时监测数据，构建实景三维与环境监测及固体废料管理系统，实现空气环境监测数据三维展示与动态查询、污染信息预警预报，并系统管理危险废物产生源、危险废物转移、危险废物经营许可、危险废物处置。为厦门市固废处理厂提供固体废料安全监管、空气质量预警预报，保障周边民众生活生产，进一步提高人民幸福指数。该系统可为矿山、流域生态环境监测等领域提供重要技术参考。

5.4　优化应用型测绘人才培养的条件要素，促进应用技术大学时代背景下的专业建设水平

通过本案例开展了实景三维、物联网感知、地质灾害监测、生态环境监测等测绘新技术、新业务及创新创业教育讲座 10 余场，建设了一批相关技术以及应用开发的展板、手册，录制了高质量的教学视频和成果案例，并集成到触摸式的自主学习系统与相关网

络课程中，开设校开放性实验课程，使得研发成果得以更好惠及多数学生对新技术、新业务的学习。《基于物联网与 GNSS 的地表形变监测》以及《矿区生态修复规划及生态效益评估》虚拟仿真实验教学课程已为省内外企事业单位、高校学生开展无人机遥感相关的新业态新技术培训 1000 多人次，实验次数 500 多人次，如图 16 所示。

图 16　虚拟仿真实验教学培训

智慧园林一张图及精细化管理平台

南京市测绘勘察研究院股份有限公司

1 项目背景

2017 年全国两会上，习近平总书记提出了"城市管理应该像绣花一样精细"的总体要求。实现城市管理精细化，成为全国各城市政府的一项重要任务。党的二十大报告围绕生态文明建设提出了许多重要论断、重大部署、重大举措，进一步丰富和发展了习近平生态文明思想，描绘了新时代生态文明建设的新画卷。因此，必须以习近平生态文明思想为指引，牢固树立和践行绿水青山就是金山银山的理念，站在人与自然和谐共生的高度谋划发展。聚焦建设生态友好的现代化新型城市，持续改善生态环境质量、促进经济社会发展全面绿色转型，创建更加整洁、安全、干净、有序、公正的城市生态环境，全面提升城市的吸引力、竞争力和内在魅力。

为全面落实习近平总书记提出的"城市管理应该像绣花一样精细"的要求，解决传统管理模式中"家底摸不准，评估难监管难，信息化手段少"的问题，"十三五"期间，南京市绿化园林局全力推进园林绿化管理的信息化和线上化工作，逐步实现园林绿化"互联网＋"的总体目标。经过 5 年的稳步推进，截至 2019 年，结合南京创建国家生态园林城市工作的深入推进，基本建成"南京市智慧园林精细化管理平台"，通过综合运用"互联网＋"思维和地理信息系统、物联网、大数据分析、云计算、移动通信、智能终端等新一代信息技术进行城市园林科学化、精细化、智能化管护运营，达成了"全景可视、过程可控、问题可溯、绩效可评、指标可算"的园林绿化管理目标，在南京市园林绿化的规划、建设和养护管理中发挥了显著的作用，为南京市生态环境的保护和改善提供了重要的技术支撑。

2 项目内容

2.1 领导驾驶舱系统

领导驾驶舱是基于数据中心构建的综合资源管理系统大数据可视化集成展现与分析平台。通过对园林养护系统业务与数据的融合分析，实现多业务、多层级、多维度、多形态的信息组织、关联分析与趋势预测，全面展示各管理对象的宏观运行态势，以及各养护管理业务情况，为园林日常运营各要素、资源、事件的科学管理及重要事件的高效组织指挥、决策提供重要的信息支撑，辅助园林管理部门决策。

滚动显示各类数据。包含指标类统计、绿地类统计、行道树统计、古树名木统计、工程类统计、公园雕塑统计、养护日报统计、养护监督统计等信息。领导驾驶舱如图1所示。

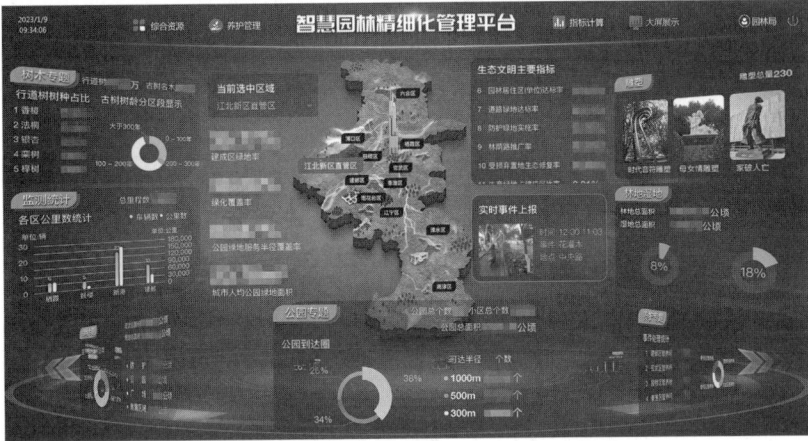

图 1　领导驾驶舱

2.2　园林绿化一张图系统

实现了园林数据的全景可视，解决有多少、在哪里、生长现状怎么样的问题，形成城市绿化园林的一本明细账，为城市绿化园林的建设、养护、管理提供准确完整、清晰可见的数据，实现园林资产动态实时掌握，绿地类型、面积、种类实时更新。

系统以图形化的方式呈现园林绿化的管理对象，包含各类绿地空间的现状、规划布局信息，古树名木、行道树、公园、林地、湿地等重要城市绿化设施的分布情况和属性信息，可用于绿地规划、数据统计、计划编制、设施管理等工作的辅助决策，可实现各类数据的精确查询，同时进行各类本地数据的统计。园林绿化一张图见图2。

图 2　园林绿化一张图

2.3 园林绿化工程管理系统

实现对重大园林工程进度的有效跟踪，建设单位和监理单位可通过"园林App"上报工程进度情况以及发现的问题，系统支持工程资料进行上传、操作，工程信息的统计分析操作。整个工程过程实时可视可控，满足工程管理信息化的需要，同时也是重大园林工程各个阶段成果的综合资料库。

2.4 园林绿化审查申报辅助系统

主要由城市建设工程项目附属绿化工程设计方案审查数据库、科研项目申报数据库组成，对完成"绿色图章"审查和园林绿化科研项目申报的项目进行智慧化管理，方便数据核实、查询、备案等工作。

2.5 园林绿化智能监测系统

包含养护人员轨迹、养护车辆轨迹、土壤墒情、空气质量等实时数据展现，历史数据查询及曲线图展现，历史数据趋势性分析等以及重点关注位置处视频监控。基于地图直观展现指标变化情况，可实现园林绿化环境的智能分析，是建设生态城市前端感知系统。

2.6 园林绿化养护监督系统

面向园林主管部门、养护公司、养护监理单位，从养护日报、养护监督两个方面将三者有机串联起来。养护公司通过"园林App"的养护日报上传功能以图文方式证明养护行为的真实性，监理单位通过监督上报提交养护问题并通过流程跟踪并关闭问题，园林主管部门通过该系统可以获得各类统计信息，从而确保养护工作的有效实施。

整个养护过程实时可视可控。平台将园林管理人为经验与管理数据结合，应对城市园林管理的新要求，加强对一线作业人员的监督，提升工作效率。针对园林应急事件，第一时间掌握现场情况，及时处理。精细化养护过程管理落实园林养护经费使用情况，单位养护财政支出有据可依。养护管理见图3。

2.7 生态园林城市指标计算系统

基于绿化园林空间化本底数据，实现图文一体化，为用户提供一键式的指标计算功能，包括建成区绿化覆盖率、建成区绿地率、人均公园绿地面积、公园绿地服务半径覆盖率等，同时可按照生态园林城市等指标计算要求一键生成指标计算汇总表格和清单表格，为园林绿化管理工作的信息化、标准化、动态化提供分析支撑。生态园林城市指标计算如图4所示。

图 3　养护管理

图 4　生态园林城市指标计算

2.8　智慧园林 App

智慧园林 App 通过智能移动终端设备打破了时间和位置的局限性，与管理平台系统相辅相成，实现了养护工作"随身走"，使得园林养护更加便捷，养护问题处理更加及时。同时实现了园林数据的查看"自由"，另外接入物联传感设备、视频监控系统、自动喷淋系统，实现了园林绿化部分养护工作的自动化管养。

养护公司和建设单位使用"智慧园林 App"的上传功能通过图文方式证明养护行为及工程建设的真实性，监理单位通过"智慧园林 App"的监督上报提交养护问题和工程建设问题并通过流程跟踪并关闭问题，园林主管部门通过该系统可以获得各类统计信息，从而确保养护工作和工程建设的有效实施。智慧园林 App 如图 5 所示。

2.9 运维管理系统

实现对整个应用系统的配置和管理，对养护组织、养护公司、养护人员基本信息进行管理，包含组织管理、用户管理、角色管理、功能权限管理等功能，使养护服务更加高效、安全、便利。

根据不同层级的用户，实现用户权限的分配与管理，管理不同用户的数据浏览权限、功能使用权限。建立管理机制，实现系统权限的灵活管理，可配合实际用户变化情况开展用户权限管理。

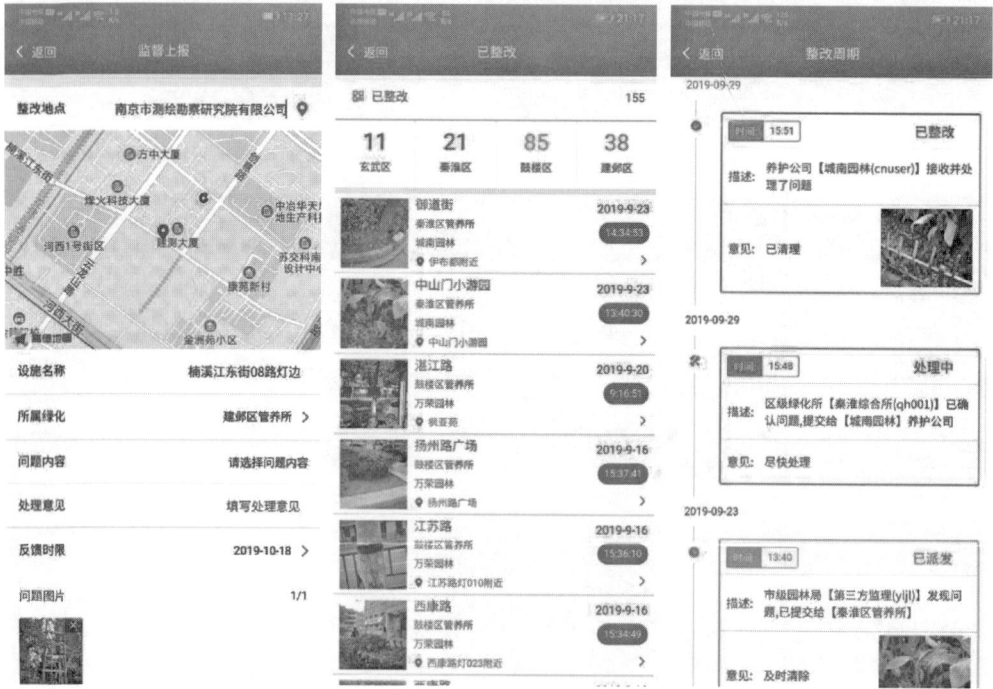

图 5　智慧园林 App

3　关键技术

3.1　面向园林数字化资产的高效数据采集技术

综合使用无人机技术、车载激光扫描和街景技术、静态站激光扫描技术、基于影像的深度学习 AI 技术，实现了包括矢量、影像、生态红线、重点规划片区等的园林绿化基础数据、绿地规划数据、绿地现状数据、古树名木专题数据、行道树专题数据、公园专题数据、林地专题数据、湿地专题数据、自然保护地专题数据、雕塑专题数据、代征绿地数据、绿色图章专题数据等园林绿化数据的高效、准确采集，并建立了园林绿化本

504

地数据库，实现了"对象清，状态明"的目标，同时因为新技术的引入也极大地提高了数据采集和更新的频率，为实现数据动态更新提供了良好地技术保障。

3.2 建立了绿化园林养护精细化管理的考核机制

信息化技术的价值体现一定要通过机制进行保障和推动，本项目建立了精细化管理和考核机制，通过智能终端和移动 App 实现绿化园林资产数字化呈现和养护资金绩效的有效跟踪和验证，极大提高了对养护公司的日常监管和问题的自动发现。

4 创新点

4.1 建立了基于新一代 ICT 技术和园林绿化管养需求的便捷有效养护监管手段和绩效评估方法

通过信息系统的建设，实现了从绿地规划、项目实施、项目移交到长效养护的全过程管理，一方面通过本底数据可以准确评估养护经费的计划，另一方面通过对养护过程的跟踪，有效提高了养护的及时性、有效性和针对性，提高了养护资金使用的绩效。

4.2 实现了园林绿化数据资产与管养综合信息的统一汇聚与一体化多屏联动管理

由于政府角色的转变，园林绿化主管部门更多的是承担规划、计划、监管职责，无论是规划阶段、建设阶段，还是维护阶段，都需要一个信息汇聚展示平台以获得宏观性、统计性、焦点性的数据，本项目的建设为园林绿化管理部门提供了数据汇聚、检索、统计的平台，实现了全景可视、过程可控、问题可溯、绩效可评、指标可算的"一屏览全局"的建设目标。

4.3 奠定了"双碳"目标下城市园林绿化生态保护的重要地位以及园林绿化碳汇量计算的重要数据基础

城市园林绿化精细化管理平台的建设，收集汇聚了城市园林绿化生态环境、土壤墒情、水文和气象等监测数据，建立了园林绿化相关的各类详细指标数据库，通过大数据、人工智能等科学有效的方法模型，实现对城市园林生态系统空间变化的立体化监测，进一步形成生态产品目录清单，展示城市园林绿化生态产品数量分布、质量等级、功能特点、权益归属、保护和开发利用情况等信息，进一步奠定了城市园林绿化生态保护的重要地位，同时也为"双碳"目标下的城市园林绿化碳汇量核算提供了重要的数据基础。

5 示范效应

目前使用本项目建设成果的部门包括市绿化园林局机关相关业务处室及局属单位、

区各园林绿化养护公司、第三方监理公司，为市住建委、市规划资源局、市城管局、景观设计单位提供园林绿化数据服务或离线数据。

5.1 科学管控，精细管理

项目建设本着"从需求中来，到应用中去"的基本指导思想，紧密贴合园林绿化信息化、精细化管理需求，从本底数据库建设到精细化管理系统建设，分步实施，稳步推进，确保的阶段成果的有效达成。科学统筹园林信息化建设思路，高起点构建"智慧园林一张图及精细化管理平台"，确保建设过程的科学性、建设成果的实用性和前瞻性。

5.2 业务引领，落地应用

通过多年的技术开发与经验沉淀积累，智慧园林一张图及精细化管理平台在园林信息化本底数据库建设的实现路径和技术路线、园林信息化系统总体设计及业务应用等方面，都处于国内先进水平。项目荣获"中国地理信息科技进步奖""全国优秀测绘工程奖"等多个国家级奖项。

通过多年的不断完善和扩展，智慧园林一张图及精细化管理平台已经先后在南京市绿化园林局、杭州市园林文物局、苏州市姑苏区绿化管理站、泰州医药高新区、宁波市园林管理局、南京市浦口区园林局、南京六合新城建设（集团）有限公司等多个城市园林绿化管理部门得到推广应用，取得了良好的社会效益和经济效益。

5.3 创新示范，生态增效

智慧园林一张图及精细化管理平台采用了大量新型测绘技术和新一代 ICT 技术，如通过无人机采集高精度城市绿地，采用扫描车采集行道树，采用应力波无损技术监测树木健康状况，采用深度学习技术自动识别树种，采用物联网和 5G 技术实现对土壤墒情的自动监测和对喷灌系统的自动控制，对于城市行道树、公园园林、各类绿地（大型生态绿地、环城绿地、大型交通绿地以及居住区绿地等）进行科学化规划建设和精细化养护管理，从城市生态系统的视角强调城市绿地的连通性、城郊绿地的结合性、景观与生态的共融性。

智慧园林一张图及精细化管理平台依托创新技术应用，不断推进园林绿化信息化特色发展、融合发展，为城市园林绿化多场景智慧化应用赋能，形成了城市园林绿化科学化精细化管理的创新应用示范，为实现城市社会经济、文化和生态环境的可持续发展助力。